普通高等教育"十三五"规划教材

高 等 数 学

（农林类）

（第二版）

主　编　张庆国(安徽农业大学)　　汪宏喜(安徽农业大学)
　　　　徐　丽(安徽农业大学)

副主编　刘爱国(安徽农业大学)　　杨明辉(南京林业大学)
　　　　王　凯(安徽农业大学)　　武　东(安徽农业大学)

参　编　曹宗宏(安徽建筑大学)　　张成堂(安徽农业大学)
　　　　陈德玲(安徽农业大学)

科学出版社

北　京

内 容 简 介

本书是为适应高等教育改革新形势的需要而编写的. 全书共 10 章, 内容包括极限与连续、导数与微分、微分中值定理与导数的应用、不定积分、定积分及其应用、多元函数微分学、二重积分、微分方程与差分方程、无穷级数、数学实验. 每节后附有习题, 每章后附有总习题, 书后附有部分习题答案与提示. 编者根据自己多年的教学经验, 注重对教学内容的整体优化, 在讲解高等数学内容的同时, 力求应用数学方法解决实际问题. 书中引入了数学实验的内容, 将高等数学教学与计算机应用结合起来.

本书可作为高等农林院校非数学类各专业高等数学课程的教材, 也可作为其他普通高等院校非数学类各专业的高等数学教材和教学参考书, 还可作为研究生入学考试的参考书.

图书在版编目(CIP)数据

高等数学: 农林类/张庆国, 汪宏喜, 徐丽主编. —2 版. —北京: 科学出版社, 2019.8

普通高等教育"十三五"规划教材

ISBN 978-7-03-062005-7

Ⅰ. ①高… Ⅱ. ①张… ②汪… ③徐… Ⅲ. ①高等数学-高等学校-教材 Ⅳ. ①O13

中国版本图书馆 CIP 数据核字(2019) 第 159723 号

责任编辑: 张中兴 梁 清 / 责任校对: 杨聪敏
责任印制: 师艳茹 / 封面设计: 迷底书装

斜 学 出 版 社 出版
北京东黄城根北街 16 号
邮政编码: 100717
http://www.sciencep.com

三河市骏杰印刷有限公司 印刷
科学出版社发行 各地新华书店经销
*
2011 年 8 月第 一 版 开本: 720 × 1000 1/16
2019 年 8 月第 二 版 印张: 27 1/4
2020 年 8 月第十一次印刷 字数: 540 000
定价: **65. 00 元**
(如有印装质量问题, 我社负责调换)

前　言

"高等数学"是高等院校本科教育的重要基础课,也是很多专业研究生入学考试的必考课程.本书第一版自 2011 年 8 月出版以来,经过 9 次印刷.第二版是在第一版的基础上修订而成,对于书中的一些疏漏和不妥之处作了修改.

为了便于教学和学生自学,我们在这一版增加了各章的本章导读、习题分析和同步训练.感谢科学出版社的数字资源平台,我们把这些内容做成了数字资源,放在各章首尾处.大家可以通过扫描书中的二维码进行阅读.本章导读包括各章的基本要求、重点与难点和内容提要,习题分析对书中部分习题进行了分析和解答,同步练习增加一些考试题,帮助学生加强练习和自我测试.

书中不足之处,诚恳地希望读者批评指正.

编　者
2019 年 2 月

第一版前言

"高等数学"是高等院校本科教育的重要基础课, 也是很多专业研究生入学考试的必考课程. 本书是根据全国高等农林院校高等数学的教学大纲编写而成, 同时参考了"全国硕士研究生入学统一考试 —— 农学门类联考考试大纲". 全书共 10 章, 内容有极限与连续, 导数与微分, 微分中值定理与导数的应用, 不定积分, 定积分及其应用, 多元函数微分学, 二重积分, 微分方程与差分方程, 无穷级数, 数学实验. 本书可作为高等农林院校非数学类各专业高等数学课程的教材, 也可作为其他普通高等院校非数学类各专业的高等数学教材和教学参考书. 编者根据自己多年的教学经验和积累, 在教学内容、例题和习题的选取与编写上, 既考虑知识点的相互联系和教学的基本要求, 又针对考研的需要, 配备了一些需要综合知识的习题, 供教学时选用.

为了适应新形势下教学改革的需要, 本书编写时在两方面做了加强: 一是加强应用, 包括数学在生物学、经济学中的应用, 力求理论联系实际; 二是引入数学实验内容, 在第 10 章针对高等数学的相关内容选编了一些数学实验的例题. 随着计算机技术的快速发展, 高等数学中的很多计算可以通过一些专门的数学软件来完成. 数学实验由此应运而生, 它可以用计算机来验证数学课程中的一些计算和理论, 帮助学生生动直观地理解高等数学的基本概念和基本理论, 了解相关的数值计算方法.

本书的第 1 章由张成堂、陈德玲编写, 第 2 章由王凯编写, 第 3 章由武东编写, 第 4 章由徐丽编写, 第 5 章由曹宗宏编写, 第 6 章由汪宏喜编写, 第 7 章由杨明辉编写, 第 8 章由刘爱国编写, 第 9 章由张庆国编写, 第 10 章由各章相关编者编写、张庆国统稿修改. 全书的编写由张庆国组织协调, 最后全书的统稿由张庆国、汪宏喜、徐丽完成. 沈艳对全部数学实验进行了运行和验算, 并录入、编写了附录 1、2、3.

编者在此要感谢科学出版社对本书出版所给予的大力支持.

由于时间仓促, 编者的水平有限, 本书疏漏和不足之处在所难免, 敬请大家批评指正.

编 者

2011 年 6 月

目 录

本书同步学习辅导教材《高等数学学习辅导》为您提供详尽的习题分析及其解答，助您学有所成!

书名:《高等数学学习辅导》

书号: 978-7-03-034907-1

科学出版社电子商务平台上本辅导书购买的二维码如下:

第1章

极限与连续

本章导读

极限概念是微积分的理论基础, 极限方法是微积分的基本分析方法, 因此, 掌握、运用好极限方法是学好微积分的关键. 连续是函数的一个重要性态. 本章介绍函数、极限与连续的基本知识和相关性质, 为今后的学习打下必要的基础.

1.1 集合与函数

1.1.1 集合

集合论的基础是由德国数学家康托尔 (Cantor) 在 19 世纪 70 年代奠定的, 发展至今已经确立了其在现代数学领域中的基础地位, 因此学习高等数学课程要从集合入手. 下面回顾和介绍有关集合的一些基本概念及问题.

1. 集合的概念

定义 1.1.1 具有某种特定性质的对象所组成的总体称为集合. 通常用大写字母 $A, B, C, \cdots$ 表示. 例如, 全体自然数构成一个集合, 某校 2010 级农学系的全体同学构成一个集合等.

定义 1.1.2 组成某集合的对象称为该集合的元素. 通常用小写字母 $a, b, c, \cdots$ 表示. 如果元素 a 属于集合 B, 记作 $a \in B$; 否则记作 $a \notin B$, 表示元素 a 不属于 B.

一个集合, 若它只含有有限个元素, 则称为有限集; 不是有限集的集合称为无限集.

集合的表示法通常有两种: 枚举法、描述法.

(1) 枚举法. 按某种方式把集合的全体元素一一列举出来.

例如, 自然数集 $\mathbf{N} = \{0, 1, 2, \cdots, n, \cdots\}$;

正整数集 $\mathbf{N}^+ = \{1, 2, \cdots, n, \cdots\}$;

整数集 $\mathbf{Z} = \{\cdots, -n, \cdots, -2, -1, 0, 1, 2, \cdots, n, \cdots\}$.

(2) **描述法**. 若集合 M 是由具有某种性质 P 的元素 x 的全体所组成, 则 M 可表示为 $M = \{x|x$具有性质$P\}$.

例如, 有理数集 $\mathbf{Q} = \left\{ \dfrac{p}{q} \middle| p \in \mathbf{Z},\ q \in \mathbf{N}^+,\ \text{且}\ p,\ q\text{互质} \right\}$;

实数集 $\mathbf{R} = \{x|x$为有理数或无理数$\}$.

如果集合 A 的元素都是集合 B 的元素, 则称 A 是 B 的子集, 记作 $A \subset B$(读作 A 包含于 B) 或 $B \supset A$.

如果集合 A 与集合 B 互为子集, 即 $A \subset B$ 且 $B \subset A$, 则称集合 A 与集合 B 相等, 记作 $A = B$.

若 $A \subset B$ 且 $A \neq B$, 则称 A 是 B 的真子集, 记作 $A \subsetneqq B$. 例如, $\mathbf{N} \subsetneqq \mathbf{Z} \subsetneqq \mathbf{Q} \subsetneqq \mathbf{R}$. 不含任何元素的集合称为空集, 记作 $\varnothing$. 规定空集是任何集合的子集.

2. 集合的运算

设 A, B 是两个集合, 可定义如下基本运算.

(1) 并集. $A \bigcup B = \{x|x \in A$ 或 $x \in B\}$.

(2) 交集. $A \bigcap B = \{x|x \in A$ 且 $x \in B\}$.

(3) 差集. $A \backslash B = \{x|x \in A$ 且 $x \notin B\}$.

(4) 余集. 对于一个给定的全集 I, 称 $I \backslash A$ 为 A 的余集或补集, 记作 A^{c}.

例如, 对于实数集 $\mathbf{R}$, 集合 $A = \{x|2 \leqslant x \leqslant 9\}$ 的余集为

$$A^{\mathrm{c}} = \{x|x < 2 \text{ 或 } x > 9\}.$$

(5) 直积. $A \times B = \{(x,y)|x \in A$且$y \in B\}$, 其中 (x,y) 是一个有序对.

例如, $\mathbf{R} \times \mathbf{R} = \{(x,y)|x \in \mathbf{R}$且$y \in \mathbf{R}\}$, 表示 xOy 平面上的全体点的集合, 记作 $\mathbf{R}^2$.

对于三个任意集合 A, B, C, 其交、并、余满足下列运算律.

(1) 交换律. $A \bigcup B = B \bigcup A$, $A \bigcap B = B \bigcap A$.

(2) 结合律. $(A \bigcup B) \bigcup C = A \bigcup (B \bigcup C)$,

$\qquad (A \bigcap B) \bigcap C = A \bigcap (B \bigcap C)$.

(3) 分配律. $(A \bigcup B) \bigcap C = (A \bigcap C) \bigcup (B \bigcap C)$,

$\qquad (A \bigcap B) \bigcup C = (A \bigcup C) \bigcap (B \bigcup C)$.

(4) 对偶律. $(A \bigcup B)^{\mathrm{c}} = A^{\mathrm{c}} \bigcap B^{\mathrm{c}}$, $(A \bigcap B)^{\mathrm{c}} = A^{\mathrm{c}} \bigcup B^{\mathrm{c}}$.

3. 重要的集合

1) 区间

区间是高等数学中常用的实数集, 分为有限区间和无限区间两类.

(1) **有限区间**. 设 a, b 为两个实数, 且 $a < b$, 数集 $\{x|a < x < b\}$ 称为开区间, 记作 (a, b), 即 $(a, b) = \{x|a < x < b\}$.

类似地, 有闭区间和半开半闭区间:

$$[a, b] = \{x|a \leqslant x \leqslant b\};$$
$$[a, b) = \{x|a \leqslant x < b\};$$
$$(a, b] = \{x|a < x \leqslant b\},$$

其中 a 和 b 称为区间的**端点**, $b - a$ 称为区间的**长度**.

(2) **无限区间**. 引入记号 $+\infty$(读作正无穷大) 及 $-\infty$(读作负无穷大), 则可类似地表示无限区间:

$$[a, +\infty) = \{x|a \leqslant x\};$$
$$(-\infty, b) = \{x|x < b\}.$$

特别地, 全体实数的集合 $\mathbf{R}$ 也可表示为无限区间 $(-\infty, +\infty)$.

注 1.1.1　今后无特别说明, 上述区间均简称为 "区间", 常常记作 I.

2) 邻域

定义 1.1.3　设 a 与 δ 是两个实数, 且 $\delta > 0$, 满足下列不等式

$$|x - a| < \delta$$

的实数 x 的全体, 称为点 a 的 δ 邻域, 记作 $U(a, \delta)$. 即

$$U(a, \delta) = \{x|a - \delta < x < a + \delta\},$$

其中点 a 称为该邻域的**中心**, δ 称为该邻域的**半径**(图 1.1.1). 因此点 a 的 δ 邻域可以用点 a 为中心、2δ 为长度的开区间 $(a - \delta, a + \delta)$ 表示.

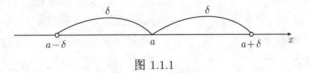

图 1.1.1

若把邻域 $U(a, \delta)$ 的中心去掉, 所得到的邻域称为点 a 的**去心 δ 邻域**, 记作 $\mathring{U}(a, \delta)$, 即

$$\mathring{U}(a, \delta) = \{x|0 < |x - a| < \delta\}.$$

点 a 的去心 δ 邻域可以表示为 $(a - \delta, a) \bigcup (a, a + \delta)$, 为了方便, 也把开区间 $(a - \delta, a)$ 称为点 a 的**左 δ 邻域**, 把开区间 $(a, a + \delta)$ 称为点 a 的**右 δ 邻域**.

更一般地, 以点 a 为中心的任何开区间均是 a 的邻域, 在不需要辨明邻域的半径时, 可简记作 $U(a)$.

1.1.2 函数

在考察某一自然现象或生产过程时, 往往会遇到多个变量, 这些变量基本都相互联系并遵循一定的规律. 函数就是描述这种变量之间依赖关系的一个法则. 本节先通过映射的概念引入两个变量的函数关系, 以后会进一步讨论多个变量的情形.

1. 映射

定义 1.1.4 设 X, Y 是两个非空集合, 若存在一个对应法则 f, 使得 $\forall x \in X$, 按法则 f, 有唯一确定的 $y \in Y$ 与之对应, 则称 f 为 X 到 Y 的映射, 记作

$$f : X \to Y,$$

其中 y 称为元素 x 在映射 f 下的象, 记作 $f(x)$, 即 $y = f(x)$; x 称为元素 y 在映射 f 下的一个原象; 集合 X 称为映射 f 的定义域, 记作 D_f; X 中所有元素的象所组成的集合称为映射 f 的值域, 记作 R_f 或 $f(X)$, 即

$$R_f = f(X) = \{f(x) | x \in X\}.$$

注 1.1.2 为了表述方便, 引入记号 "$\forall$" (表示 "对于任意给定的" 或 "对于每一个") 以及 "$\exists$" (表示 "存在").

例 1.1.1 设 X 是平面上所有三角形的全体, Y 是平面上所有圆的全体. 因为每个三角形都有唯一确定的外接圆, 若定义对应法则 $f : X \to Y$, 则 f 显然是一个映射, 其定义域为 $D_f = X$, 值域为 $R_f = Y$.

概括起来, 关于映射应该注意以下两点:

(1) 构成一个映射必须具备三个基本要素: 集合 X, 即定义域 $D_f = X$; 集合 Y, 即值域的范围: $R_f \subset Y$; 对应法则 f, 使得 $\forall x \in X$, 有唯一确定的 $y = f(x)$ 与之对应;

(2) 映射要求元素的象必须是唯一的; 映射并不要求原象也具有唯一性.

映射又称为算子, 根据集合 X, Y 的不同情形, 在不同的数学分支中有不同的惯用名称. 例如, 从实数集 X 到实数集 X 的映射通常称为定义在 X 上的函数.

2. 函数

1) 函数概念

定义 1.1.5 设数集 $D \subset \mathbf{R}$, 则称映射 $f : D \to \mathbf{R}$ 为定义在 D 上的函数, 通常记作

$$y = f(x), \quad x \in D,$$

其中 x 称为自变量, y 称为因变量, D 称为函数 f 的定义域, 也记作 D_f.

对 $\forall x \in D$, 按对应法则 f, 总有唯一确定的值 y 与之对应, 则称 y 为函数 f 在点 x 处的函数值, 记作 $f(x)$. 函数值 $f(x)$ 的全体所构成的集合称为函数 f 的值域, 记作

R_f, 即

$$R_f = f(D) = \{y | y = f(x), x \in D\}.$$

关于函数的定义域, 在实际问题中应根据问题的实际意义具体确定. 否则是指该函数的自变量的最大取值范围, 称为自然定义域.

例 1.1.2　圆的面积 S 与半径 r 存在函数关系

$$S = \pi r^2.$$

根据问题的实际背景, 函数的定义域为开区间 $(0, +\infty)$.

例 1.1.3　函数 $y = x + \dfrac{1}{x}$ 的自然定义域 $D = (-\infty, 0) \bigcup (0, +\infty)$, 值域 $R_f = (-\infty, -2] \bigcup [2, +\infty)$.

由函数定义可知, 确定函数的两个要素是定义域和对应法则. 因此, 对于两个函数, 只有当它们的定义域和对应法则都相同时, 才能称之为相同函数.

如果自变量在定义域内任意取一个数值, 对应的函数值总是只有一个, 这种函数称为单值函数, 否则称为多值函数.

注 1.1.3　今后若无特别说明, 所讨论的函数均指单值函数.

通常, 一个一元函数都可以用坐标平面上的曲线表示出来. 以自变量的数值为横坐标、因变量的相应值为纵坐标的点描出的轨迹, 称为函数的图形.

函数常用的表示方法有三种: 表格法、图形法、解析法 (公式法).

(1) **表格法**. 将一系列自变量的值与对应的函数值列成表格的方法.

(2) **图形法**. 在坐标系中用图形直观描述函数关系的方法.

(3) **解析法**. 用数学表达式 (解析表达式) 表示自变量和因变量之间对应关系的方法.

根据函数的解析表达式的不同形式, 函数也可以分为显函数、隐函数和分段函数三种, 其中, 显函数能由自变量的解析表达式直接表示, 如例 1.1.3 中的函数; 隐函数的自变量 x 与因变量 y 的对应关系由方程 $F(x, y) = 0$ 来确定, 例如, $\cos y = \ln(x - y)$; 分段函数在其定义域的不同范围内, 具有不同的解析式. 以下是几个分段函数的例子.

例 1.1.4　绝对值函数

$$y = |x| = \begin{cases} x, & x \geqslant 0, \\ -x, & x < 0 \end{cases}$$

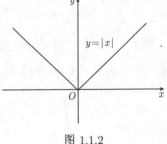

图 1.1.2

的自然定义域 $D = (-\infty, +\infty)$, 值域 $R_f = [0, +\infty)$. 图形如图 1.1.2 所示.

例 1.1.5 符号函数

$$y = \operatorname{sgn} x = \begin{cases} 1, & x > 0, \\ 0, & x = 0, \\ -1, & x < 0 \end{cases}$$

的定义域为 $D = (-\infty, +\infty)$, 值域为 $R_f = \{-1, 0, 1\}$. 图形如图 1.1.3 所示.

显然, 对 $\forall x \in \mathbf{R}$, 有 $|x| = x \cdot \operatorname{sgn} x$.

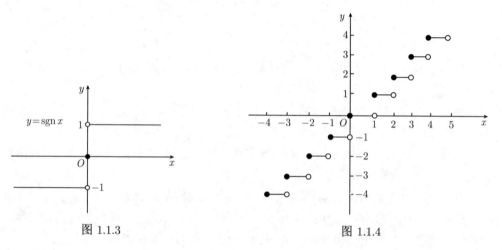

图 1.1.3   图 1.1.4

例 1.1.6 取整函数

$$y = [x],$$

其中 $[x]$ 表示不超过 x 的最大整数. 例如,

$$[\sqrt{3}] = 1, \quad [-6.18] = -7, \quad [\pi] = 3.$$

可见, 取整函数的定义域 $D = (-\infty, +\infty)$, 值域为 $R_f = \mathbf{Z}$. 图形呈现出跃度为 1 的阶梯曲线, 如图 1.1.4 所示.

对于取整函数 $[x]$, 可以证明: 对 $\forall x \in \mathbf{R}$, 有不等式

$$[x] \leqslant x < [x] + 1.$$

注 1.1.4 分段函数的定义域是其各段定义域的并集; 另外, 分段函数在其整个定义域上是一个函数, 而不是几个函数.

2) 函数特性

(1) 有界性. 设函数 $f(x)$ 的定义域为 D, 数集 $X \subset D$. 如果存在数 K_1, 使对 $\forall x \in X$, 有

$$f(x) \leqslant K_1,$$

则称函数 $f(x)$ 在 X 上有上界, 而 K_1 称为函数 $f(x)$ 在 X 上的一个上界. 图形特点是 $y = f(x)$ 的图形在直线 $y = K_1$ 的下方.

如果存在数 K_2, 使对 $\forall x \in X$, 有

$$f(x) \geqslant K_2,$$

则称函数 $f(x)$ 在 X 上有下界, 而 K_2 称为函数 $f(x)$ 在 X 上的一个下界. 图形特点是函数 $y = f(x)$ 的图形在直线 $y = K_2$ 的上方.

如果存在正数 M, 使对 $\forall x \in X$, 有

$$|f(x)| \leqslant M,$$

则称函数 $f(x)$ 在 X 上有界. 图形特点是函数 $y = f(x)$ 的图形在直线 $y = -M$ 和 $y = M$ 之间. 如果这样的 M 不存在, 则称函数 $f(x)$ 在 X 上无界.

函数 $f(x)$ 无界, 就是说对 $\forall M > 0$, 总存在 $x_1 \in X$, 使 $|f(x_1)| > M$.

例如, $f(x) = \sin x$ 在 $(-\infty, +\infty)$ 上是有界的, 又 $|\sin x| \leqslant 1$, 因此 $\sin x$ 在 $(-\infty, +\infty)$ 上有上界 1 和下界 -1; 函数 $f(x) = \dfrac{1}{x}$ 在开区间 $(0,1)$ 内无上界而有下界, 即无界, 但在 $[1, +\infty)$ 上有界.

显然, 函数 $f(x)$ 在 X 上有界的充要条件是 $f(x)$ 在 X 上既有上界又有下界.

(2) 奇偶性. 设函数 $f(x)$ 的定义域 D 关于原点对称, 若 $\forall x \in D$, 恒有

$$f(-x) = f(x),$$

则称 $f(x)$ 为偶函数. 若 $\forall x \in D$, 恒有

$$f(-x) = -f(x),$$

则称 $f(x)$ 为奇函数.

偶函数的图形关于 y 轴对称, 奇函数的图形关于原点对称.

例如, $f(x) = \cos x$ 是偶函数, $f(x) = x^2 \sin x$ 是奇函数, $f(x) = [x]$ 是非奇非偶函数, $f(x) = 0$ 是奇且偶函数.

例 1.1.7　判断函数 $y = \ln\left(x + \sqrt{1 + x^2}\right)$ 的奇偶性.

解　$f(-x) = \ln\left(-x + \sqrt{1 + (-x)^2}\right) = \ln(-x + \sqrt{1 + x^2})$

$$= \ln \frac{\left(-x + \sqrt{1 + x^2}\right)\left(x + \sqrt{1 + x^2}\right)}{x + \sqrt{1 + x^2}}$$

$$= \ln \frac{1}{x + \sqrt{1 + x^2}} = -\ln\left(x + \sqrt{1 + x^2}\right) = -f(x).$$

由定义知 $f(x)$ 为奇函数.

(3) 单调性. 设函数 $f(x)$ 的定义域为 D, 区间 $I \subset D$. 若 $\forall x_1, x_2 \in I$, 当 $x_1 < x_2$ 时, 恒有

$$f(x_1) < f(x_2),$$

则称函数 $f(x)$ 在区间 I 上是单调增加函数(图 1.1.5). 若 $\forall x_1, x_2 \in I$, 当 $x_1 < x_2$ 时, 恒有

$$f(x_1) > f(x_2),$$

则称函数 $f(x)$ 在区间 I 上是单调减少函数(图 1.1.6).

单调增加函数和单调减少函数统称为单调函数.

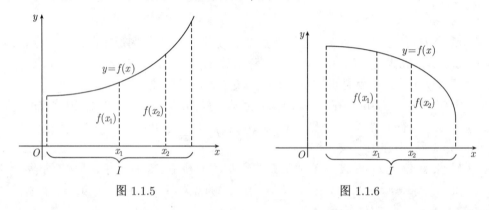

图 1.1.5   图 1.1.6

也有许多函数在它的自然定义域中并非单调, 但在较小的范围内却具有单调性. 例如, 函数 $y = x^2$ 在 $(-\infty, +\infty)$ 上不是单调函数, 但在区间 $(-\infty, 0]$ 上是单调减少函数, 在区间 $[0, +\infty)$ 上是单调增加函数.

(4) 周期性. 设函数 $f(x)$ 的定义域为 D. 若 $\exists l > 0$, 使得 $\forall x \in D$, 有 $x + l \in D$, 且有

$$f(x + l) = f(x)$$

成立, 则称 $f(x)$ 为周期函数, l 称为 $f(x)$ 的周期.

周期函数的图形特点是, 在函数的定义域内, 每个长度为 l 的区间上, 函数的图形有相同的形状.

一般来说, 函数周期是指最小正周期. 但并非每个周期函数都有最小正周期, 例如狄利克雷 (Dirichlet) 函数

$$D(x) = \begin{cases} 1, & x \in \mathbf{Q}, \\ 0, & x \in \mathbf{Q}^c, \end{cases}$$

任何正有理数都是它的周期, 但不存在最小的正有理数, 因此这个函数没有最小正周期.

3) 函数运算

(1) **四则运算.** 设函数 $f(x)$, $g(x)$ 的定义域依次为 D_1, D_2, $D_1 \bigcap D_2 = D \neq \varnothing$, 则可以定义这两个函数的四则运算:

和 (差)$f \pm g$ $(f \pm g)(x) = f(x) \pm g(x), \quad x \in D;$

积 $f \cdot g$ $(f \cdot g)(x) = f(x) \cdot g(x), \quad x \in D;$

商 $\dfrac{f}{g}$ $\left(\dfrac{f}{g}\right)(x) = \dfrac{f(x)}{g(x)}, \quad x \in D \backslash \{x | g(x) = 0, x \in D\}.$

例 1.1.8 证明: 定义域关于原点对称的函数必可以表示成一个奇函数与一个偶函数之和的形式.

证 设函数 $f(x)$ 的定义域 D 关于原点对称, 并设

$$f(x) = g(x) + h(x), \tag{1.1}$$

其中不妨记 $g(x)$ 为奇函数, $h(x)$ 为偶函数, 则有

$$f(-x) = g(-x) + h(-x).$$

依据函数的奇偶性定义, 可得

$$f(-x) = -g(x) + h(x). \tag{1.2}$$

联立式 (1.1)、式 (1.2), 解得

$$g(x) = \frac{f(x) - f(-x)}{2},$$

$$h(x) = \frac{f(x) + f(-x)}{2}.$$

因此, 函数 $f(x)$ 可以表示成奇函数 $g(x)$ 与偶函数 $h(x)$ 之和

$$f(x) = \frac{f(x) - f(-x)}{2} + \frac{f(x) + f(-x)}{2}, \quad x \in D.$$

(2) **复合运算.** 设函数 $y = f(u)$ 的定义域为 D_f, 函数 $u = g(x)$ 在 D 上有定义且 $g(D) \subset D_f$, 则由下式确定的函数

$$y = f(g(x)), \quad x \in D$$

称为由函数 $u = g(x)$ 和函数 $y = f(u)$ 构成的**复合函数**, 它的定义域为 D, 变量 u 称为中间变量.

函数 g 与函数 f 构成的复合函数 $f(g(x))$ 的条件是: 内函数 g 的值域 R_g 与外函数 f 的定义域 D_f 满足

$$R_g \bigcap D_f \neq \varnothing.$$

9

否则, 不能构成复合函数.

由 g 与 f 的复合运算构成的函数通常记作 $f \circ g$, 即

$$f \circ g = f(g(x)).$$

例如, $f(u) = \arcsin u$ 的定义域为 $[-1, 1]$, $u = g(x) = 2\sqrt{1 - x^2}$ 在 $D = \left[-1, -\dfrac{\sqrt{3}}{2}\right]$ $\bigcup \left[\dfrac{\sqrt{3}}{2}, 1\right]$ 上有定义, 且 $g(D) \subset [-1, 1]$, 则 g 与 f 可构成复合函数

$$f(g(x)) = \arcsin 2\sqrt{1 - x^2}, \quad x \in D.$$

但函数 $y = \arcsin u$ 和 $u = 3 + x^2$ 不能构成复合函数, 这是因为对 $\forall x \in \mathbf{R}$, $u = 3 + x^2$ 的值域均不在 $y = \arcsin u$ 的定义域 $[-1, 1]$ 内.

(3) 反函数. 设函数 $y = f(x)$ 的定义域为 D, 值域为 R_f. 对 $\forall y \in R_f$, 在定义域 D 上至少可以确定一个数值 x 与 y 对应, 且满足关系式

$$f(x) = y.$$

如果把 y 作为自变量, x 作为函数, 则由上述关系可以确定一个新函数

$$x = \varphi(y) \quad (\text{或} x = f^{-1}(y)),$$

这个新函数称为函数 $y = f(x)$ 的反函数. 反函数的定义域为 R_f, 值域为 D.

为了习惯起见, 一般将函数 $y = f(x), x \in D$ 的反函数记作 $y = f^{-1}(x), x \in R_f$. 相对于反函数 $y = f^{-1}(x)$, 原来的函数 $y = f(x)$ 称为直接函数.

例如, 函数 $y = x^2$ 的定义域为 $(-\infty, +\infty)$, 值域为 $[0, +\infty)$. 显然, $y = x^2$ 的反函数是多值函数, 即 $x = \pm\sqrt{y}$. 当把 x 限制在 $[0, +\infty)$ 上时, $y = x^2$ 的反函数是单值函数 $x = \sqrt{y}$, 可记作 $f^{-1}(x) = \sqrt{x}, x \in [0, +\infty)$.

今后为了避免讨论多值函数情形, 可以假设 f 是定义在 D 上的单调函数, 那么反函数 f^{-1} 必定存在, 而且容易验证 f^{-1} 也是定义域 $f(D)$ 上的单值函数和单调函数.

在同一个坐标平面内, 函数 $y = f(x)$ 和反函数 $y = f^{-1}(x)$ 的图形关于直线 $y = x$ 对称.

4) 初等函数

(1) 基本初等函数. 在这里, 简要复习一下中学数学里学习过的 5 类基本初等函数.

幂函数 $y = x^a (a \in \mathbf{R}$ 是常数$)$;

指数函数 $y = a^x (a > 0$ 且 $a \neq 1$, 特别当 $a = e$ 时, 记作 $y = e^x)$;

对数函数　$y = \log_a x (a > 0 且 a \neq 1,$ 特别当 $a = e$ 时, 记作 $y = \ln x$);

三角函数　$y = \sin x,\ y = \cos x,\ y = \tan x,\ y = \cot x,\ y = \sec x,\ y = \csc x$;

反三角函数　$y = \arcsin x,\ y = \arccos x,\ y = \arctan x,\ y = \operatorname{arccot} x.$

(2) 初等函数. 由常数和基本初等函数经过有限次的四则运算和有限次的复合运算所构成并可用一个式子表示的函数, 称为初等函数. 例如,

$$y = 1 + \arctan x^2, \quad y = \cos^2 \ln\left(2 + \sqrt{1 + x^2}\right), \quad y = x^3 \csc e^{\sqrt{x}}$$

等都是初等函数.

初等函数的基本特征是: 在函数定义区间内, 初等函数的图形是不间断的. 符号函数 $y = \operatorname{sgn} x$, 取整函数 $y = [x]$ 等分段函数均不是初等函数.

初等函数也可以分解成若干个基本初等函数的构成. 例如, 初等函数

$$y = \cos^2 \ln\left(2 + \sqrt{1 + x^2}\right)$$

可以看成是由

$$y = u^2, \quad u = \cos v, \quad v = \ln w, \quad w = 2 + t, \quad t = \sqrt{h}, \quad h = 1 + x^2$$

6 个函数的运算而构成的.

在科学和工程技术领域中, 初等函数有着极其广泛和重要的应用. 下面给出几个初等函数在细菌繁殖、鱼类生长等问题中的应用实例.

例 1.1.9　在细菌培养中, 如果培养开始时细菌的数量为 N_0, t 小时后细菌数 N 将增加至 $N_0 \times 2^t$ 个, 细菌数 N 与时间 t 这两个变量之间存在如下函数关系:

$$N = N_0 \times 2^t,$$

当时间 t 在 $[0, T]$ 上任意取一个数值时, 通过上述函数可以确定 N 的相应数值, 称 N 是 t 的函数.

一般在生物学中, 理想状态下细菌的繁殖数量可以由

$$N = N_0 e^{kt}$$

表示, 其中 N_0, k 为常数. 当 $k > 0$ 时, 称为指数增长模型, 当 $k < 0$ 时, 称为指数衰减模型.

例 1.1.10　在鱼类生长过程中体长 L 与体重 W 之间有如下函数关系:

$$W = aL^b,$$

其中 a, b 均为常数, 分别表示鱼的生长条件因子、种群相关因子. 如果将鱼中最大者的体长记作 L_m, 在 $[0, L_m]$ 中取体长 L, 可以由上述函数计算出体重 W.

另外, 还有几个特殊的初等函数: 双曲函数以及反双曲函数.

$$双曲正弦 \qquad \mathrm{sh}x = \frac{\mathrm{e}^x - \mathrm{e}^{-x}}{2};$$

$$双曲余弦 \qquad \mathrm{ch}x = \frac{\mathrm{e}^x + \mathrm{e}^{-x}}{2};$$

$$双曲正切 \qquad \mathrm{th}x = \frac{\mathrm{sh}x}{\mathrm{ch}x} = \frac{\mathrm{e}^x - \mathrm{e}^{-x}}{\mathrm{e}^x + \mathrm{e}^{-x}};$$

$$反双曲正弦 \quad \mathrm{arsh}x = \ln\left(x + \sqrt{x^2 + 1}\right);$$

$$反双曲余弦 \quad \mathrm{arch}x = \ln\left(x + \sqrt{x^2 - 1}\right);$$

$$反双曲正切 \quad \mathrm{arth}x = \frac{1}{2}\ln\frac{1+x}{1-x}.$$

容易验证, 双曲函数具有类似于三角函数的基本公式.

$$\mathrm{ch}^2x - \mathrm{sh}^2x = 1;$$
$$\mathrm{sh}(x \pm y) = \mathrm{sh}x\mathrm{ch}y \pm \mathrm{ch}x\mathrm{sh}y;$$
$$\mathrm{ch}(x \pm y) = \mathrm{ch}x\mathrm{ch}y \pm \mathrm{sh}x\mathrm{sh}y;$$
$$\mathrm{sh}2x = 2\mathrm{sh}x\mathrm{ch}x;$$
$$\mathrm{ch}2x = \mathrm{ch}^2x + \mathrm{sh}^2x = 1 + 2\mathrm{sh}^2x = 2\mathrm{ch}^2x - 1;$$
$$\mathrm{sh}x + \mathrm{sh}y = 2\mathrm{sh}\frac{x+y}{2}\mathrm{ch}\frac{x-y}{2}.$$

习题 1.1

1. 设 A, B 是任意两个集合, 证明对偶律: $(A\bigcup B)^c = A^c\bigcap B^c$.

2. 求下列函数的自然定义域:

(1) $y = \dfrac{x+1}{3} + \dfrac{3}{x+1}$; \qquad (2) $y = \sqrt{5-x^2} + \arctan\dfrac{1}{x-2}$;

(3) $y = \dfrac{\lg(3-x)}{\sqrt{|x|-1}}$; \qquad (4) $y = \log_{x-1}(16-x^2)$;

(5) $y = \ln\sin x$; \qquad (6) $y = \arcsin\ln\sqrt{1-x}$.

3. 设 $f(x)$ 为定义在 $(-l, l)$ 内的奇函数, 若 $f(x)$ 在 $(0, l)$ 内单调增加, 证明: $f(x)$ 在 $(-l, 0)$ 内也单调增加.

4. 下列各组函数是否相同? 为什么?

(1) $y = |x|$ 与 $y = (\sqrt{x})^2$; \qquad (2) $y = 1$ 与 $y = \sec^2 x - \tan^2 x$;

(3) $y = \sqrt{2}\cos x$ 与 $y = \sqrt{1 + \cos 2x}$; \quad (4) $y = \begin{cases} x, & x \leqslant a, \\ a, & x > a \end{cases}$ 与 $y = \dfrac{1}{2}\left[a + x - \sqrt{(a-x)^2}\right]$.

5. 设函数 $f(x) = \begin{cases} 3x+1, & x < 1, \\ x, & x \geqslant 1, \end{cases}$ 求 $f[f(x)]$.

6. 设 $f(x)$ 的定义域 $D = [0, 1]$, 求下列各函数的定义域:

(1) $f(\ln x)$; (2) $f(x^2)$;

(3) $f(x+a) + f(x-a)$, $a > 0$; (4) $f\left(\sqrt{1-x^2}\right)$.

7. 已知 $f(x) = \sin x$, $f[\varphi(x)] = 1 - x^2$, 求 $\varphi(x)$ 及其定义域.

8. 下列函数中哪些是奇函数? 哪些是偶函数? 哪些既非奇函数也非偶函数?

(1) $y = x(x-3)(x+3)$; (2) $y = |x \cos x| e^{\tan x} + 1$;

(3) $y = \dfrac{a^x + a^{-x}}{2}$; (4) $y = \ln \dfrac{1 - \sin x}{1 + \sin x}$.

9. 设下面所讨论的函数都是定义在区间 $(-l, l)$ 上的. 证明:

(1) 两个偶函数的和是偶函数, 两个奇函数的和是奇函数;

(2) 两个偶函数的乘积是偶函数, 两个奇函数的乘积是偶函数, 偶函数与奇函数的乘积是奇函数.

10. 下列函数中哪些是周期函数? 对于周期函数, 指出其周期.

(1) $y = \sin^2 x$; (2) $y = 1 + \sin \pi x$; (3) $y = x \cos x$.

11. 判断下列函数在指定区间内的有界性:

(1) $y = \dfrac{1}{x^2}$, 区间 $(0,5)$; (2) $y = \sin \dfrac{1}{x}$, 区间 $(-\infty, 0) \bigcup (0, +\infty)$.

12. 指出下列各函数是由哪些基本初等函数复合而成的:

(1) $y = \arctan e^{\sqrt{x}}$; (2) $y = \dfrac{1}{3} \ln^3 (x^2 - 1)$;

(3) $y = x^x$; (4) $y = \lg \cos \sqrt{\arcsin x}$.

13. 某化工厂销售化肥, 购买 30 吨以下, 每吨售价 3 千元, 购买 30 吨及 30 吨以上, 按 90% 售价出售, 试写出销售化肥 x(吨) 与销售额 y(千元) 之间的函数关系式.

14. 若 x 小时后在某细菌培养液中的细菌数为 $B = 100 e^{0.693x}$, 问:

(1) 一开始的细菌数是多少?

(2) 6 小时后有多少细菌?

(3) 近似计算一下什么时候细菌数为 200?

15. 设 $f(x)$ 是定义在 $\mathbf{R}$ 上的函数, 证明:

$$|f(x)| = f(x)\mathrm{sgn}(f(x)).$$

其中, $\mathrm{sgn}\, x$ 为符号函数.

1.2 数列的极限

极限概念是研究变量变化趋势的基础, 极限与连续是微积分学中非常重要的基本概念. 掌握好数列极限的概念, 有助于对函数极限概念的理解与把握. 本节只对中学数学中已经学过的数列及其极限作一个简要的回顾.

1.2.1 数列的概念

定义 1.2.1 按一定次序排列的无穷多个数

$$x_1, \quad x_2, \quad \cdots, \quad x_n, \quad \cdots$$

称为无穷数列, 简称数列, 可简记作 $\{x_n\}$.

数列中的每一个数称为数列的项, 第 n 项 x_n 称为数列的通项(也可以称为一般项), n 称为 x_n 的下标.

例 1.2.1 下面给出几个简单的数列:

(1) $\{2n-1\}$: $\quad 1, \quad 3, \quad 5, \quad \cdots, \quad 2n-1, \quad \cdots$;

(2) $\left\{\dfrac{1}{2^n}\right\}$: $\quad \dfrac{1}{2}, \dfrac{1}{4}, \dfrac{1}{8}, \quad \cdots, \quad \dfrac{1}{2^n}, \quad \cdots$;

(3) $\left\{\dfrac{n+1}{n}\right\}$: $\quad 2, \quad \dfrac{3}{2}, \quad \dfrac{4}{3}, \quad \cdots, \quad \dfrac{n+1}{n}, \quad \cdots$;

(4) $\{(-1)^n\}$: $\quad -1, \quad 1, \quad -1, \quad 1, \quad \cdots, \quad (-1)^n, \quad \cdots$.

注意, 尽管数列与数集的记号类似, 但两者的概念有很大的区别. 在数集中, 元素之间没有次序关系, 所以重复出现的数看成同一个元素; 但在数列中, 每一个数都有确定的编号, 前后次序不能混乱, 重复出现的数不可以舍去.

例如, 上述数列 $\{(-1)^n\}$ 中, 两个数 -1 与 1 无限次重复交替出现, 是反映这个数列的一种特殊的变化规律, 显然, 不能把它仅仅看作是由 -1 与 1 所构成的一个数集.

数列 $\{x_n\}$ 既可看成数轴上的一个动点, 它在数轴上的取值依次为 $x_1, x_2, \cdots,$ $x_n, \cdots$, 也可看成自变量为正整数 n 的函数 (即整标函数):

$$x_n = f(n), \quad n \in \mathbf{N}^+.$$

当自变量 n 依次取正整数 $1, 2, 3, \cdots$ 时, 对应的函数值就排成数列 $\{x_n\}$.

因此, 数列也有类似于函数的一些性质: 单调性、有界性.

1. 单调数列

对数列 $\{x_n\}$, 若 $x_1 \leqslant x_2 \leqslant \cdots \leqslant x_n \leqslant \cdots$, 则称数列 $\{x_n\}$ 为单调增加数列; 反之, 称为单调减少数列. 单调增加数列和单调减少数列统称为单调数列.

例如, 数列 $\{2n-1\}$, $\left\{\dfrac{1}{2^n}\right\}$, $\left\{\dfrac{n+1}{n}\right\}$ 均为单调数列.

2. 有界数列

对数列 $\{x_n\}$, 如果存在正数 M, 使 $\forall n \in \mathbf{N}^+$, 恒有

$$|x_n| \leqslant M,$$

则称数列 $\{x_n\}$ 为有界数列. 否则, 称为无界数列.

例如, 数列 $\left\{\dfrac{1}{2^n}\right\}$, $\left\{\dfrac{n+1}{n}\right\}$, $\{(-1)^n\}$ 均为有界数列.

1.2.2　数列极限的定义

引例　古代数学家刘徽的"割圆术": 利用圆内接正多边形推算圆的面积的方法.

为了计算圆的面积 S, 首先作圆的内接正六边形, 其面积为 S_1; 然后作内接正十二 (6×2^1) 边形, 其面积为 S_2; 再作正二十四 (6×2^2) 边形, 其面积记作 S_3, 如此下去, 可得圆内接正多边形面积的数列:

$$S_1, \quad S_2, \quad S_3, \quad \cdots, \quad S_n, \quad \cdots,$$

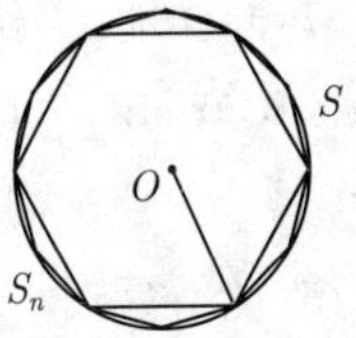

其中 S_n 为圆的内接正 $6\times2^{n-1}$ 边形的面积, 如图 1.2.1 所示.

图 1.2.1

当 n 无限增大时, 即内接正多边形的边数无限增多时, 其面积 S_n 无限地接近于圆的面积 S(定值). 即当 $n\to+\infty$ 时, $S_n\to S$.

正如刘徽所说:"割之弥细, 所失弥少; 割之又割, 以至于不可割, 则与圆周合体而无所失矣." 这是极限思想在几何学上的应用.

分析例 1.2.1 中的 4 个数列, 可以发现:

(1) 当 $n\to+\infty$ 时, 数列 $\{2n-1\}\to+\infty$;

(2) 当 $n\to+\infty$ 时, 数列 $\left\{\dfrac{1}{2^n}\right\}\to0$;

(3) 当 $n\to+\infty$ 时, 数列 $\left\{\dfrac{n+1}{n}\right\}\to1$;

(4) 当 $n\to+\infty$ 时, 数列 $\{(-1)^n\}$ 的各项无限重复取 -1 与 1 两个数, 而不会无限接近于某一个确定的常数.

因此, 数列的变化趋势可分为两类: 一类是当 n 无限增大时, 数列无限接近于某个常数, 如例 1.2.1 中的数列 (2), (3); 另一类则无此特点, 即当 n 无限增大时, 数列不能与某个唯一的常数无限接近, 如例 1.2.1 中的数列 (1), (4).

以上对数列变化趋势的叙述都是描述性的, 下面就数列 $\left\{\dfrac{n+1}{n}\right\}$, 用精确的数学语言来刻画这一事实.

对于任意给定的无论多么小的正数 ε, 当 n 充分大以后 (记作第 N 项以后) 的一切 x_n 都满足

$$|x_n-1|<\varepsilon.$$

例如, 若给定 $\varepsilon=\dfrac{1}{10}$, 欲使 $|x_n-1|=\left|\dfrac{n+1}{n}-1\right|=\dfrac{1}{n}<\dfrac{1}{10}$, 只需 $n>10$(可取

$N = 10$), 即上述数列从第 11 项起, 后面的一切项

$$x_{11}, \quad x_{12}, \quad x_{13}, \quad \cdots$$

均能使不等式

$$|x_n - 1| < \frac{1}{10}$$

成立.

同样地, 若给定 $\varepsilon = \dfrac{1}{1000}$, 只要 $n > 1000$(可取 $N = 1000$), 即上述数列从第 1001 项起, 后面的一切项

$$x_{1001}, \quad x_{1002}, \quad x_{1003}, \quad \cdots$$

均能使不等式

$$|x_n - 1| < \frac{1}{1000}$$

成立.

这样, 不论给定的 ε 是多么小的正数, 总存在一个正整数 N, 使得对于 $n > N$ 的一切 x_n, 即从第 $N + 1$ 项起, 后面的一切项

$$x_{N+1}, \quad x_{N+2}, \quad x_{N+3}, \quad \cdots$$

均能使不等式

$$|x_n - 1| < \varepsilon$$

成立.

经过提炼, 可以给出用数学语言表达的数列极限的定量描述.

定义 1.2.2 (" ε-N " 语言) 设有数列 $\{x_n\}$ 和常数 a, 若对 $\forall \varepsilon > 0$, 总是 $\exists N \in \mathbf{N}^+$, 使得当 $n > N$ 时, 恒有

$$|x_n - a| < \varepsilon$$

成立, 则称常数 a 是数列 $\{x_n\}$ 的极限, 或称数列 $\{x_n\}$ 收敛于常数 a. 记作

$$\lim_{n \to +\infty} x_n = a \quad \text{或} \quad x_n \to a \, (n \to +\infty).$$

如果数列 $\{x_n\}$ 没有极限, 就说数列 $\{x_n\}$ 是发散的.

关于数列的极限定义, 说明以下几点:

(1) 正数 ε 具有任意性, 它刻画了数列 $\{x_n\}$ 与常数 a 的接近程度. $\dfrac{\varepsilon}{2}$, 2ε, ε^2 等也具有任意性, 它们也可代替 ε;

(2) 正整数 N 与 ε 有关, 但并不是 ε 的函数, 因此 N 的选取不唯一;

(3) $n > N$ 时, $|x_n - a| < \varepsilon$ 成立, 即 N 以后的一切项 x_n 都满足不等式

$$|x_{N+1} - a| < \varepsilon, \quad |x_{N+2} - a| < \varepsilon, \quad |x_{N+3} - a| < \varepsilon, \quad \cdots;$$

(4) 数列 $\{x_n\}$ 收敛与否, 以及收敛数列的极限是什么, 与数列前有限项无关, 因此改变数列前有限项, 不影响数列的收敛性及收敛数列的极限.

数列 $\{x_n\}$ 极限的定义可表达为

$$\lim_{n\to+\infty} x_n = a \Leftrightarrow \forall \varepsilon > 0,\ \exists N \in \mathbf{N}^+,\ 当\ n > N\ 时, 恒有\ |x_n - a| < \varepsilon.$$

数列 $\{x_n\}$ 以 a 为极限的几何解释:

对任意小的正数 ε, x_N 以后的无限多个点 x_{N+1}, x_{N+2}, $\cdots$ 都落在 a 的邻域 $U(a,\varepsilon)$ 内, 而只有有限多个点 (最多有 N 个) x_1, x_2, $\cdots$, x_N 落在这个邻域之外, 并可发现数列 $\{x_n\}$ 随着 n 的增大而凝聚在点 a 的近旁 (图 1.2.2).

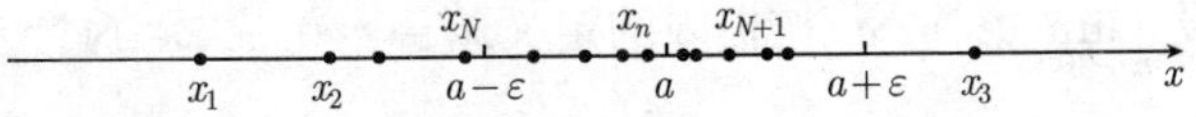

图 1.2.2

例 1.2.2　用极限定义证明 $\lim\limits_{n\to+\infty} \dfrac{n}{n+3} = 1$.

证　$\forall \varepsilon > 0$, 要使

$$\left| \frac{n}{n+3} - 1 \right| = \frac{3}{n+3} < \varepsilon,$$

只需

$$n > \frac{3}{\varepsilon} - 3.$$

因此 N 可以取大于 $\dfrac{3}{\varepsilon} - 3$ 的任意正整数, 不妨取 $N = \left[\dfrac{3}{\varepsilon}\right] - 3 \in \mathbf{N}^+$, 则当 $n > N$ 时, 恒有

$$\left| \frac{n}{n+3} - 1 \right| = \frac{3}{n+3} < \frac{3}{\dfrac{3}{\varepsilon} - 3 + 3} = \varepsilon,$$

即

$$\lim_{n\to+\infty} \frac{n}{n+3} = 1.$$

例 1.2.3　用极限定义证明 $\lim\limits_{n\to+\infty} \dfrac{(-1)^n}{n^2} = 0$.

证　$\forall \varepsilon > 0$, 要使

$$\left| \frac{(-1)^n}{n^2} - 0 \right| = \frac{1}{n^2} < \varepsilon,$$

只需

$$n > \frac{1}{\sqrt{\varepsilon}}.$$

因此不妨取 $N = \left[\dfrac{1}{\sqrt{\varepsilon}}\right] + 1 \in \mathbf{N}^+$, 则当 $n > N$ 时, 恒有

$$\left| \frac{(-1)^n}{n^2} - 0 \right| = \frac{1}{n^2} < \frac{1}{\left(\frac{1}{\sqrt{\varepsilon}} \right)^2} = \varepsilon,$$

即

$$\lim_{n \to +\infty} \frac{(-1)^n}{n^2} = 0.$$

上述证明过程并未给出求极限的方法, 只是利用极限定义论证了数列 $\{x_n\}$ 的极限为 a, 此方法常称为 N-ε 论证法.

例 1.2.4 设 $x_n > 0$, 且 $\lim\limits_{n \to +\infty} x_n = a > 0$, 证明: $\lim\limits_{n \to +\infty} \sqrt{x_n} = \sqrt{a}$.

证 由题设 $\lim\limits_{n \to +\infty} x_n = a$, 按极限的定义, $\forall \varepsilon_1 > 0, \exists N \in \mathbf{N}^+$, 当 $n > N$ 时, 恒有

$$|x_n - a| < \varepsilon_1,$$

从而

$$\left| \sqrt{x_n} - \sqrt{a} \right| = \frac{|x_n - a|}{\sqrt{x_n} + \sqrt{a}} < \frac{|x_n - a|}{\sqrt{a}} < \frac{\varepsilon_1}{\sqrt{a}} = \varepsilon,$$

即

$$\lim_{n \to +\infty} \sqrt{x_n} = \sqrt{a}.$$

注 1.2.1 有时找 N 比较困难, 这时可把 $|x_n - a|$ 适当地变形、放大 (千万不可缩小), 若放大后小于 ε, 那么必有 $|x_n - a| < \varepsilon$.

1.2.3 收敛数列的性质

定理 1.2.1 (唯一性) 若数列 $\{x_n\}$ 收敛, 则其极限必唯一.

证 采用"同一法", 证明收敛数列的极限必唯一这个性质.

不妨设 $\lim\limits_{n \to +\infty} x_n = a$, $\lim\limits_{n \to +\infty} x_n = b$, 下证 $a = b$.

根据极限的定义得

$\forall \varepsilon > 0, \exists N_1, N_2 \in \mathbf{N}^+$, 使得当 $n > N_1$ 时, 恒有 $|x_n - a| < \dfrac{\varepsilon}{2}$; 当 $n > N_2$ 时, 恒有 $|x_n - b| < \dfrac{\varepsilon}{2}$.

取 $N = \max\{N_1, N_2\}$, 则当 $n > N$ 时, 同时有

$$|x_n - a| < \frac{\varepsilon}{2}, \quad |x_n - b| < \frac{\varepsilon}{2}$$

成立.

因此

$$|a - b| = |(x_n - b) - (x_n - a)| \leqslant |x_n - b| + |x_n - a| < \frac{\varepsilon}{2} + \frac{\varepsilon}{2} = \varepsilon.$$

上式仅当 $a = b$ 时才能成立, 从而证得结论.

例 1.2.5 证明数列 $x_n = (-1)^{n+1}(n = 1, 2, \cdots)$ 是发散的.

证 用反证法. 如果该数列收敛, 根据定理 1.2.1 知它有唯一的极限, 设极限为 a, 即

$$\lim_{n \to +\infty} x_n = a,$$

由数列极限的定义, 对于 $\varepsilon = \dfrac{1}{2}$, $\exists N \in \mathbf{N}^+$, 当 $n > N$ 时, 有 $|x_n - a| < \dfrac{1}{2}$, 即当 $n > N$ 时, x_n 都在开区间 $\left(a - \dfrac{1}{2}, a + \dfrac{1}{2}\right)$ 内, 区间长度为 1. 而 x_n 无限重复取 -1, 1 两个数, 不可能同时位于长度为 1 的区间内, 因此该数列是发散的.

定理 1.2.2 (有界性) 若数列 $\{x_n\}$ 收敛, 则其必有界.

证 设 $\lim\limits_{n \to +\infty} x_n = a$, 由定义, 若取 $\varepsilon = \varepsilon_0 > 0$, 则 $\exists N \in \mathbf{N}^+$, 当 $n > N$ 时, 恒有

$$|x_n - a| < \varepsilon_0.$$

所以 $|x_n| = |(x_n - a) + a| \leqslant |x_n - a| + |a| < \varepsilon_0 + |a|.$

若记 $M = \max\{\varepsilon_0 + |a|, |x_1|, |x_2|, \cdots, |x_N|\}$, 则对一切 $n \in \mathbf{N}^+$, 恒有

$$|x_n| \leqslant M$$

成立.

因此, 数列 $\{x_n\}$ 有界.

注 1.2.2 定理 1.2.2 的逆命题未必成立, 如例 1.2.5 中的数列 $\{(-1)^{n+1}\}$ 有界但并不收敛; 定理 1.2.2 的逆否命题是成立的, 即无界数列一定发散.

定理 1.2.3 (保号性) 若 $\lim\limits_{n \to +\infty} x_n = a$, 且 $a > 0$(或 $a < 0$), 则 $\exists N \in \mathbf{N}^+$, 当 $n > N$ 时, 恒有 $x_n > 0$(或 $x_n < 0$).

证 先证 $a > 0$ 的情形. 按定义, 对 $\varepsilon = \dfrac{a}{2} > 0$, $\exists N \in \mathbf{N}^+$, 当 $n > N$ 时, 有

$$|x_n - a| < \frac{a}{2},$$

即

$$x_n > a - \frac{a}{2} = \frac{a}{2} > 0.$$

同理可证 $a < 0$ 的情形.

习题 1.2

1. 写出下列数列的通项, 并观察判断其中收敛数列的极限值:

(1) $1, \dfrac{1}{2}, \dfrac{1}{6}, \dfrac{1}{24}, \dfrac{1}{120}, \cdots$;

(2) $3, \dfrac{5}{2}, \dfrac{7}{3}, \dfrac{9}{4}, \dfrac{11}{5}, \cdots$;

(3) $-1, \dfrac{1}{2}, -\dfrac{1}{3}, \dfrac{1}{4}, -\dfrac{1}{5}, \cdots$;

(4) $\dfrac{1}{3}, \dfrac{5}{9}, \dfrac{19}{27}, \dfrac{65}{81}, \dfrac{211}{243}, \cdots$.

2. 根据数列极限的定义证明:

(1) $\lim\limits_{n \to +\infty} \dfrac{3n+1}{4n-1} = \dfrac{3}{4}$;   (2) $\lim\limits_{n \to +\infty} \dfrac{1}{\sqrt{n}} = 0$;

(3) $\lim\limits_{n \to +\infty} \dfrac{\sqrt{n^2 + a^2}}{n} = 1$;   (4) $\lim\limits_{n \to +\infty} \dfrac{\sin n}{n} = 0$.

3. 设数列 $\{x_n\}$ 的通项 $x_n = \dfrac{1}{n} \sin \dfrac{n\pi}{2}$. 问 $\lim\limits_{n \to +\infty} x_n = ?$ 当 $\varepsilon = 0.0001$ 时, 求出 N, 使当 $n > N$ 时, x_n 与其极限之差的绝对值小于正数 ε.

4. 设数列 $\{x_n\}$ 有界, 又 $\lim\limits_{n \to +\infty} y_n = 0$, 证明: $\lim\limits_{n \to +\infty} x_n y_n = 0$.

5. 证明: 当 $|q| < 1$ 时, $\lim\limits_{n \to +\infty} q^n = 0$.

1.3   函数的极限

高等数学主要研究的是函数的极限, 而数列的极限只是函数极限的一种特殊情况, 即 1.2 节研究的是定义在正整数集 $\mathbf{N}^+$ 上的函数. 本节来研究定义在实数集 $\mathbf{R}$ 上的函数的极限, 即自变量连续变化时函数的极限, 下面将分成自变量趋向于无穷大或有限值两种情况来讨论.

1.3.1   自变量趋向于无穷大时函数的极限

引例   考察函数

$$f(x) = \frac{x+1}{x} \quad (x > 0)$$

当自变量 x 无限增大时, $f(x)$ 的变化状态如表 1.3.1.

表 1.3.1

x	1	4	9	99	9999	$\cdots$
$f(x)$	2	$\dfrac{5}{4}$	$\dfrac{10}{9}$	$\dfrac{100}{99}$	$\dfrac{10000}{9999}$	$\cdots$

表 1.3.1 中的数字说明, 当自变量 x 越来越大时, $f(x)$ 就越来越接近于 1. 只要 x 足够大, $\left| \dfrac{x+1}{x} - 1 \right| = \left| \dfrac{1}{x} \right|$ 就可以小于任意给定的正数, 或者说, 当 x 无限增大时, $\dfrac{x+1}{x}$ 就无限接近于常数 1.

定义 1.3.1 ("$\varepsilon\text{-}X$"语言)　设有常数 A, 当 $|x|$ 大于某一正数时函数 $f(x)$ 有定义. 若 $\forall \varepsilon > 0$, 总是 $\exists X > 0$, 使得当 $|x| > X$ 时, 恒有

$$|f(x) - A| < \varepsilon,$$

则称常数 A 为函数 $f(x)$ 当 $x \to \infty$ 时的**极限**, 记作

$$\lim_{x \to \infty} f(x) = A \quad \text{或} \quad f(x) \to A \ (x \to \infty).$$

上述定义可简单表达为

$$\lim_{x \to \infty} f(x) = A \Leftrightarrow \forall \varepsilon > 0,\ \exists X > 0,\ \text{当} |x| > X \text{时},\ \text{有} |f(x) - A| < \varepsilon.$$

如果 $x > 0$ 且无限增大 (记作 $x \to +\infty$), 那么只要把上述定义中的 $|x| > X$ 改为 $x > X$, 就得到 $\lim\limits_{x \to +\infty} f(x) = A$ 的定义; 同样, 如果 $x < 0$ 而 $|x|$ 无限增大 (记作 $x \to -\infty$), 把 $|x| > X$ 改为 $x < -X$, 就得到 $\lim\limits_{x \to -\infty} f(x) = A$ 的定义.

极限 $\lim\limits_{x \to +\infty} f(x) = A$ 与极限 $\lim\limits_{x \to -\infty} f(x) = A$ 称为**单侧极限**.

定理 1.3.1　$\lim\limits_{x \to \infty} f(x) = A \Leftrightarrow \lim\limits_{x \to +\infty} f(x) = \lim\limits_{x \to -\infty} f(x) = A.$

考察函数 $y = \arctan x$ 的函数值随自变量趋向于无穷大时的变化趋势, 见图 1.3.1.

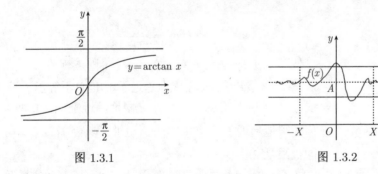

图 1.3.1　　　　　　　　　　图 1.3.2

从图形上看, 随 x 无限地增大, 曲线 $y = \arctan x$ 上对应的点与直线 $y = \dfrac{\pi}{2}$ 的距离无限地变小, 即随 x 无限增大, $y = \arctan x$ 的值无限地趋于 $\dfrac{\pi}{2}$, 因此 $\lim\limits_{x \to +\infty} \arctan x = \dfrac{\pi}{2}$; 随 x 无限地减小, 但 $|x|$ 无限地增大, 曲线 $y = \arctan x$ 上对应的点与直线 $y = -\dfrac{\pi}{2}$ 的距离无限地变小, 即 $y = \arctan x$ 的值无限地趋于 $-\dfrac{\pi}{2}$, 因此 $\lim\limits_{x \to -\infty} \arctan x = -\dfrac{\pi}{2}$. 但 $\lim\limits_{x \to \infty} \arctan x$ 不存在.

注 1.3.1　定义中的 ε 刻画了 $f(x)$ 与 A 的接近程度, X 刻画了 $|x|$ 充分大的程度, X 的选取与 ε 有关.

$\lim\limits_{x \to \infty} f(x) = A$ 的几何意义: 总是 $\exists X > 0$, 在区间 $[-X, X]$ 外, 函数 $f(x)$ 的图形

总是介于两条直线 $y = A - \varepsilon$ 和 $y = A + \varepsilon$ 之间 (图 1.3.2).

例 1.3.1 用极限定义证明

$$\lim_{x \to \infty} \frac{\sin x}{x} = 0.$$

证 因为

$$\left| \frac{\sin x}{x} - 0 \right| = \left| \frac{\sin x}{x} \right| \leqslant \frac{1}{|x|},$$

于是, $\forall \varepsilon > 0$, 要使 $\left| \frac{1}{x} \right| < \varepsilon$, 只需使 $|x| > \frac{1}{\varepsilon}$.

因此, 可取 $X = \frac{1}{\varepsilon}$, 当 $|x| > X$ 时, 恒有

$$\left| \frac{\sin x}{x} - 0 \right| < \varepsilon,$$

故

$$\lim_{x \to \infty} \frac{\sin x}{x} = 0.$$

1.3.2 自变量趋向于有限值时函数的极限

引例 考察函数

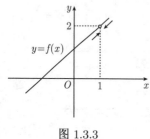

图 1.3.3

$$f(x) = \frac{x^2 - 1}{x - 1},$$

显然, $x = 1$ 时, 函数没有定义; $x \neq 1$ 时, 函数 $f(x) = x+1$. 从图 1.3.3 看出, 当 x 无限地趋近于 1, 但总不等于 1 时, 曲线 $y = f(x)$ 上的点 $(x, f(x))$ 无限地趋近于 $(1, 2)$, 即函数值无限地趋近于 2. 亦即当 $x \to 1$ 时, 函数 $f(x) = \frac{x^2 - 1}{x - 1}$ 的极限是 2.

x 无限地趋近于 1 时, 函数 $f(x)$ 无限趋近于 2 的意思是: 当 x 与 1 充分靠近, 即当 $|x - 1|$ 充分小时, $f(x)$ 与 2 可以接近到任何预先要求的程度, 即 $|f(x) - 2|$ 可以小于预先给定的任何小正数, 无论它多么小.

定义 1.3.2 ("ε-δ" 语言) 设函数 $f(x)$ 在点 x_0 的某一去心邻域内有定义. 若 $\forall \varepsilon > 0$, 总是 $\exists \delta > 0$, 使得当 x 满足不等式 $0 < |x - x_0| < \delta$ 时, 恒有

$$|f(x) - A| < \varepsilon,$$

则称常数 A 为函数 $f(x)$ 当 $x \to x_0$ 时的极限, 记作

$$\lim_{x \to x_0} f(x) = A \quad \text{或} \quad f(x) \to A \,(x \to x_0).$$

上述定义可简单表达为

$$\lim_{x \to x_0} f(x) = A \Leftrightarrow \forall \varepsilon > 0, \exists \delta > 0, \text{当} x \in \overset{\circ}{U}(x_0, \delta) \text{ 时, 有 } |f(x) - A| < \varepsilon.$$

注 1.3.2 函数 $f(x)$ 的极限与 $f(x)$ 在点 x_0 上是否有定义无关, δ 与任意给定的正数 ε 有关.

$\lim\limits_{x \to x_0} f(x) = A$ 的几何意义:

对于给定的正数 ε, 存在点 x_0 的去心邻域 $\overset{\circ}{U}(x_0, \delta)$, 当横坐标 x 落在此去心邻域内时, 对应于 x 的函数 $f(x)$ 图形总是介于两条直线 $y = A - \varepsilon$ 和 $y = A + \varepsilon$ 为边界的带状区域之内 (图 1.3.4).

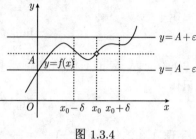

图 1.3.4

例 1.3.2 证明

$$\lim_{x \to 2} \frac{2(x^2 - 4)}{x - 2} = 8.$$

证 因为

$$\left| \frac{2(x^2 - 4)}{x - 2} - 8 \right| = |2(x + 2) - 8| = 2|x - 2|,$$

于是, $\forall \varepsilon > 0$, 要使 $2|x - 2| < \varepsilon$, 只需使 $|x - 2| < \dfrac{\varepsilon}{2}$.

因此, 可取 $\delta = \dfrac{\varepsilon}{2}$, 当 $0 < |x - 2| < \delta$ 时, 恒有

$$\left| \frac{2(x^2 - 4)}{x - 2} - 8 \right| = 2|x - 2| < \varepsilon,$$

故 $\lim\limits_{x \to 2} \dfrac{2(x^2 - 4)}{x - 2} = 8.$

例 1.3.3 证明

$$\lim_{x \to x_0} \sin x = \sin x_0.$$

证 因为

$$|\sin x - \sin x_0| = \left| 2 \cos \frac{x + x_0}{2} \sin \frac{x - x_0}{2} \right| = 2 \left| \cos \frac{x + x_0}{2} \right| \left| \sin \frac{x - x_0}{2} \right|$$

$$\leqslant 2 \left| \sin \frac{x - x_0}{2} \right| \leqslant 2 \left| \frac{x - x_0}{2} \right|$$

$$= |x - x_0|,$$

于是, $\forall \varepsilon > 0$, 只需取 $\delta = \varepsilon$, 当 $0 < |x - x_0| < \delta$ 时, 恒有

$$|\sin x - \sin x_0| \leqslant |x - x_0| < \varepsilon,$$

故 $\lim\limits_{x \to x_0} \sin x = \sin x_0$.

若将 "$\varepsilon\text{-}\delta$" 定义中的 $0 < |x - x_0| < \delta$ 分成 $-\delta < x - x_0 < 0$ 和 $0 < x - x_0 < \delta$ 两个部分, 即考察:

(1) 当 x 从 x_0 的左侧趋向于 x_0 时, 函数 $f(x)$ 的极限, 称为 $f(x)$ 在点 x_0 的**左极限**, 记作

$$\lim\limits_{x \to x_0^-} f(x) \text{ 或 } f(x_0 - 0).$$

(2) 当 x 从 x_0 的右侧趋向于 x_0 时, 函数 $f(x)$ 的极限, 称为 $f(x)$ 在点 x_0 的**右极限**, 记作

$$\lim\limits_{x \to x_0^+} f(x) \text{ 或 } f(x_0 + 0).$$

定理 1.3.2　$\lim\limits_{x \to x_0} f(x) = A \Leftrightarrow \lim\limits_{x \to x_0^-} f(x) = \lim\limits_{x \to x_0^+} f(x) = A.$

因此, $\lim\limits_{x \to x_0^-} f(x) \neq \lim\limits_{x \to x_0^+} f(x)$ 或者 $\lim\limits_{x \to x_0^-} f(x),\ \lim\limits_{x \to x_0^+} f(x)$ 中有一个不存在, 均说明极限 $\lim\limits_{x \to x_0} f(x)$ 不存在.

例 1.3.4　证明 $\lim\limits_{x \to 0} \dfrac{|x|}{x}$ 不存在.

证　因为

$$\lim\limits_{x \to 0^+} \frac{|x|}{x} = \lim\limits_{x \to 0^+} \frac{x}{x} = 1,$$
$$\lim\limits_{x \to 0^-} \frac{|x|}{x} = \lim\limits_{x \to 0^-} \frac{-x}{x} = -1,$$

左极限和右极限都存在但不相等, 因此, $\lim\limits_{x \to 0} \dfrac{|x|}{x}$ 不存在.

例 1.3.5　设 $f(x) = \begin{cases} x, & x \geqslant 0, \\ -x + 1, & x < 0, \end{cases}$　求 $\lim\limits_{x \to 0} f(x)$.

证　因为

$$\lim\limits_{x \to 0^+} f(x) = \lim\limits_{x \to 0^+} x = 0,$$
$$\lim\limits_{x \to 0^-} f(x) = \lim\limits_{x \to 0^-} (-x + 1) = 1,$$

即有

$$\lim\limits_{x \to 0^+} f(x) \neq \lim\limits_{x \to 0^-} f(x),$$

故 $\lim\limits_{x \to 0} f(x)$ 不存在.

1.3.3　函数极限的性质

下面仅以 $x \to x_0$ 的极限形式为代表给出这些性质, 至于其他形式的极限性质, 可类似得到.

定理 1.3.3 (唯一性)　若 $\lim\limits_{x \to x_0} f(x)$ 存在, 则其极限唯一.

定理 1.3.4 (局部有界性)　若 $\lim\limits_{x \to x_0} f(x) = A$, 则存在 $M > 0$ 和 $\delta > 0$, 使得当 $0 < |x - x_0| < \delta$ 时, 有 $|f(x)| \leqslant M$.

上述函数极限的性质与数列极限性质的证明类似, 请读者自己完成.

定理 1.3.5 (局部保号性)　若 $\lim\limits_{x \to x_0} f(x) = A$, 且 $A > 0$(或 $A < 0$), 则存在常数 $\delta > 0$, 使得当 $0 < |x - x_0| < \delta$ 时, 有 $f(x) > 0$(或 $f(x) < 0$).

证　就 $A > 0$ 的情形证明.

因 $\lim\limits_{x \to x_0} f(x) = A > 0$, 故取 $\varepsilon = \dfrac{A}{2} > 0$, 则 $\exists \delta > 0$, 当 $0 < |x - x_0| < \delta$ 时, 有

$$|f(x) - A| < \frac{A}{2} \Rightarrow f(x) > A - \frac{A}{2} = \frac{A}{2} > 0.$$

同理可以证明 $A < 0$ 的情形.

由定理 1.3.5, 易得以下推论.

推论 1.3.1　若 $\lim\limits_{x \to x_0} f(x) = A$, 且在 x_0 的某去心邻域内 $f(x) \geqslant 0$(或 $f(x) \leqslant 0$), 则 $A \geqslant 0$(或 $A \leqslant 0$).

习题 1.3

1. 设函数 $y = \dfrac{x^2 - 1}{x - 1}$, 问当 $|x - 1| < \delta$ 中的 δ 等于多少时, $|y - 2| < 0.5$?

2. 当 $x \to \infty$ 时, $y = \dfrac{x^2 - 1}{x^2 + 3} \to 1$. 问 X 等于多少, 使当 $|x| > X$ 时, $|y - 1| < 0.01$?

3. 用函数极限的定义证明:

(1) $\lim\limits_{x \to \infty} \dfrac{2x + 3}{3x} = \dfrac{2}{3}$;　　(2) $\lim\limits_{x \to +\infty} \dfrac{\sin x}{\sqrt{x}} = 0$;　　(3) $\lim\limits_{x \to 2} (3x + 4) = 10$;

(4) $\lim\limits_{x \to 1} \dfrac{x^2 - 1}{x^2 - x} = 2$;　　(5) $\lim\limits_{x \to +\infty} \left(\dfrac{1}{2} \right)^x = 0$;　　(6) $\lim\limits_{x \to a} \cos x = \cos a$.

4. 设函数

$$f(x) = \begin{cases} 1 - x, & x \leqslant 1, \\ 1 + x, & x > 1, \end{cases}$$

求 $\lim\limits_{x \to 1} f(x)$.

5. 证明: 函数 $f(x) = x \operatorname{sgn} x$ 当 $x \to 0$ 时极限为零.

1.4　无穷小与无穷大

1.4.1　无穷小

定义 1.4.1　若 $\lim\limits_{x \to x_0} f(x) = 0 \left(\text{或} \lim\limits_{x \to \infty} f(x) = 0 \right)$, 则称函数 $f(x)$ 为 $x \to x_0$(或 $x \to \infty$) 时的无穷小.

根据函数极限的"ε-δ"(或"ε-X")语言, 可以给出无穷小的定义如下:

$\forall \varepsilon > 0$, $\exists \delta > 0$(或 $X > 0$), 当 $0 < |x - x_0| < \delta$(或 $|x| > X$)时, 有 $|f(x)| < \varepsilon$.

例如,

(1) $\lim\limits_{x \to 1}(1 - x) = 0$, 称函数 $f(x) = 1 - x$ 为 $x \to 1$ 时的无穷小;

(2) $\lim\limits_{x \to \infty}\dfrac{1}{x} = 0$, 称函数 $f(x) = \dfrac{1}{x}$ 为 $x \to \infty$ 时的无穷小;

(3) $\lim\limits_{n \to +\infty}\dfrac{(-1)^n}{n} = 0$, 称数列 $\left\{\dfrac{(-1)^n}{n}\right\}$ 为 $n \to +\infty$ 时的无穷小.

关于无穷小, 有以下几点说明:

(1) 无穷小是相对于 x 的某个变化过程而言的. 例如, 当 $x \to \infty$ 时, $\dfrac{1}{x}$ 是无穷小, 但当 $x \to 1$ 时, $\dfrac{1}{x}$ 不是无穷小;

(2) 无穷小是一个变量, 不要把无穷小与很小的数 (例如千万分之一) 混为一谈, 但零是可以作为无穷小的唯一常数;

(3) ε 可以是任意小, 但不是无穷小, ε 是预先给定的, 在给出以前有任意性, 在给出以后就是一个常数了.

定理 1.4.1 $\lim\limits_{x \to x_0} f(x) = A$ 的充分必要条件是

$$f(x) = A + \alpha,$$

其中 α 为 $x \to x_0$ 时的无穷小.

证 **必要性** 设 $\lim\limits_{x \to x_0} f(x) = A$, 则 $\forall \varepsilon > 0$, $\exists \delta > 0$, 当 $0 < |x - x_0| < \delta$ 时, 恒有

$$|f(x) - A| < \varepsilon,$$

令 $\alpha = f(x) - A$, 则 α 是当 $x \to x_0$ 时的无穷小, 且

$$f(x) = A + \alpha.$$

充分性 设 $f(x) = A + \alpha$, 其中 A 为常数, α 是当 $x \to x_0$ 时的无穷小, 于是

$$|f(x) - A| = |\alpha|.$$

因 α 是当 $x \to x_0$ 时的无穷小, 故 $\forall \varepsilon > 0$, $\exists \delta > 0$, 当 $0 < |x - x_0| < \delta$ 时, 恒有 $|\alpha| < \varepsilon$, 即

$$|f(x) - A| < \varepsilon,$$

从而 $\lim\limits_{x \to x_0} f(x) = A$.

注 1.4.1 类似地, 可以证明定理 1.4.1 对 $x \to \infty$ 等情形也成立.

1.4.2 无穷大

定义 1.4.2 若 $\lim\limits_{x \to x_0} f(x) = \infty \left(\text{或} \lim\limits_{x \to \infty} f(x) = \infty\right)$,则称函数 $f(x)$ 为 $x \to x_0$(或 $x \to \infty$) 时的无穷大.

根据函数极限的 "$M\text{-}\delta$"(或 "$M\text{-}X$") 语言,可以给出无穷大的定义如下:

$\forall M > 0,\ \exists \delta > 0(\text{或} X > 0)$,当 $0 < |x - x_0| < \delta(\text{或} |x| > X)$ 时,有 $|f(x)| > M$.

注 1.4.2 这里 M 是任意大的正数,而记法 "$\lim\limits_{x \to x_0} f(x) = \infty \left(\text{或} \lim\limits_{x \to \infty} f(x) = \infty\right)$" 只是为了表示函数这一性态方便,实际上函数 $f(x)$ 的极限是不存在的.

如果将上述 "$M\text{-}\delta$" 定义中的 $|f(x)| > M$ 换成 $f(x) > M$(或 $f(x) < -M$),则称函数 $f(x)$ 为 $x \to x_0$ 时的正无穷大 (或负无穷大),记作

$$\lim_{x \to x_0} f(x) = +\infty \quad (\text{或} \lim_{x \to x_0} f(x) = -\infty).$$

例如,从正切函数的图形可以看出

$$\lim_{x \to \frac{\pi}{2}} \tan x = \infty, \quad \lim_{x \to \frac{\pi}{2}^-} \tan x = +\infty, \quad \lim_{x \to \frac{\pi}{2}^+} \tan x = -\infty.$$

同样要注意,无穷大 (∞) 不是数,不能与很大的数 (如一千万、一百亿等) 混为一谈.

例 1.4.1 证明 $\lim\limits_{x \to 1} \dfrac{1}{x - 1} = \infty$.

证 $\forall M > 0$,要使

$$\left| \frac{1}{x - 1} \right| > M,$$

只要

$$|x - 1| < \frac{1}{M}.$$

所以,可取 $\delta = \dfrac{1}{M}$,当 $0 < |x - 1| < \delta$ 时,有

$$\left| \frac{1}{x - 1} \right| > \frac{1}{\delta} = M,$$

即 $\lim\limits_{x \to 1} \dfrac{1}{x - 1} = \infty$.

定理 1.4.2 在自变量的同一变化过程中,无穷大的倒数为无穷小;非零无穷小的倒数为无穷大.

证 设 $\lim\limits_{x \to x_0} f(x) = \infty$. $\forall \varepsilon > 0$,由无穷大的定义,对于 $M = \dfrac{1}{\varepsilon}$,$\exists \delta > 0$,当 $0 < |x - x_0| < \delta$ 时,恒有

$$|f(x)| > M = \frac{1}{\varepsilon},$$

即

$$\left|\frac{1}{f(x)}\right| < \varepsilon,$$

因此 $\frac{1}{f(x)}$ 为 $x \to x_0$ 时的无穷小.

反之, 设 $\lim\limits_{x \to x_0} f(x) = 0$, 且 $f(x) \neq 0$. $\forall M > 0$, 由无穷小定义, 对于 $\varepsilon = \frac{1}{M}$, $\exists \delta > 0$, 当 $0 < |x - x_0| < \delta$ 时, 恒有

$$|f(x)| < \varepsilon = \frac{1}{M},$$

由于 $f(x) \neq 0$, 从而

$$\left|\frac{1}{f(x)}\right| > M,$$

因此 $\frac{1}{f(x)}$ 为 $x \to x_0$ 时的无穷大.

类似地, 可以证明 $x \to \infty$ 时的情形.

1.4.3 无穷小的性质

下面仅讨论当 $x \to x_0$ 时函数为无穷小的情形, 至于 $x \to \infty$ 等其他情形可完全类似给出.

定理 1.4.3 有限个无穷小的代数和仍是无穷小.

证 不妨考虑当 $x \to x_0$ 时两个无穷小 α, β 的代数和

$$\alpha \pm \beta.$$

由无穷小定义, $\forall \varepsilon > 0$, 一方面, $\exists \delta_1 > 0$, 当 $0 < |x - x_0| < \delta_1$ 时, 恒有

$$|\alpha| < \frac{\varepsilon}{2}.$$

另一方面, $\exists \delta_2 > 0$, 当 $0 < |x - x_0| < \delta_2$ 时, 恒有

$$|\beta| < \frac{\varepsilon}{2}.$$

可取 $\delta = \min\{\delta_1, \delta_2\}$, 则当 $0 < |x - x_0| < \delta$ 时, 同时有

$$|\alpha| < \frac{\varepsilon}{2}, \quad |\beta| < \frac{\varepsilon}{2}$$

成立. 从而

$$|\alpha \pm \beta| \leqslant |\alpha| + |\beta| < \frac{\varepsilon}{2} + \frac{\varepsilon}{2} = \varepsilon,$$

所以 $\alpha \pm \beta$ 为 $x \to x_0$ 时的无穷小.

有限个无穷大之和的情形可以同样证明.

定理 1.4.4 有界函数与无穷小的乘积是无穷小.

证 设函数 u 在 $0 < |x - x_0| < \delta_1$ 内有界, 则 $\exists M > 0$, 当 $0 < |x - x_0| < \delta_1$ 时, 恒有

$$|u| \leqslant M.$$

再设 α 为 $x \to x_0$ 时的无穷小, 则 $\forall \varepsilon > 0, \exists \delta_2 > 0$, 当 $0 < |x - x_0| < \delta_2$ 时, 恒有

$$|\alpha| < \frac{\varepsilon}{M}.$$

可取 $\delta = \min\{\delta_1, \delta_2\}$, 则当 $0 < |x - x_0| < \delta$ 时, 同时有

$$|u| \leqslant M, \quad |\alpha| < \frac{\varepsilon}{M}$$

成立. 从而

$$|u \cdot \alpha| = |u| \cdot |\alpha| < M \cdot \frac{\varepsilon}{M} = \varepsilon,$$

所以 $u \cdot \alpha$ 为 $x \to x_0$ 时的无穷小.

推论 1.4.1 常数与无穷小的乘积是无穷小.

推论 1.4.2 有限个无穷小的乘积仍是无穷小.

习题 1.4

1. 下列各种说法是否正确? 为什么?

(1) 无穷小是最小的常数;

(2) 非常大的数是无穷大;

(3) 零是无穷小;

(4) 无穷小是零;

(5) 两个无穷大的和一定是无穷大;

(6) 两个无穷小的商是无穷小.

2. 下列各题中, 哪些是无穷小? 哪些是无穷大?

(1) $\dfrac{x^2 - 9}{x + 3} (x \to 3)$;　　　　(2) $\dfrac{x + 1}{x^2 - 4} (x \to 2)$;

(3) $\dfrac{1 + (-1)^n}{n} (n \to +\infty)$;　　(4) $2^{-x} - 1 (x \to 0)$;

(5) $\lg x (x \to 0^+)$;　　　　　　(6) $\dfrac{\sin x}{1 + \cos x} (x \to 0)$.

3. 根据定义证明:

(1) $y = \dfrac{x^2 - 4}{x + 2}$ 为 $x \to 2$ 时的无穷小;

(2) $y = x \sin \dfrac{1}{x}$ 为 $x \to 0$ 时的无穷小.

4. 求下列极限, 并说明理由:

(1) $\lim\limits_{x\to\infty}\dfrac{3x+2}{x}$; (2) $\lim\limits_{x\to 0}\dfrac{9-x^2}{3-x}$; (3) $\lim\limits_{x\to 0}\dfrac{1}{1-\cos x}$.

*5. 判断 $\lim\limits_{x\to\infty}\mathrm{e}^{\frac{1}{x}}$ 是否存在. 若将极限过程改为 $x\to 0$ 呢?

1.5 极限运算法则

本节主要建立极限的四则运算法则. 在下面的讨论中, 记号 "lim" 没有标明自变量的变化过程, 是指对 $x\to x_0$ 和 $x\to\infty$ 以及单侧极限均成立. 但在论证时, 只给出了 $x\to x_0$ 的情形.

定理 1.5.1 (极限的四则运算法则) 设 $\lim f(x)=A$, $\lim g(x)=B$, 则

(1) $\lim[f(x)\pm g(x)]=\lim f(x)\pm\lim g(x)=A\pm B$;

(2) $\lim[f(x)\cdot g(x)]=\lim f(x)\cdot\lim g(x)=A\cdot B$;

(3) 若又有 $B\neq 0$, 那么

$$\lim\frac{f(x)}{g(x)}=\frac{\lim f(x)}{\lim g(x)}=\frac{A}{B}.$$

证 关于 (1) 的证明, 建议读者作为练习. 下面证 (2).

根据定理 1.4.1, 有

$$f(x)=A+\alpha,\quad g(x)=B+\beta,$$

其中 α 及 β 为无穷小, 再由无穷小的性质可得

$$f(x)\cdot g(x)-A\cdot B=(A+\alpha)(B+\beta)-AB=(A\beta+B\alpha)+\alpha\beta\to 0,$$

即 $\lim[f(x)\cdot g(x)]=A\cdot B$ 成立.

再证 (3). 因为

$$f(x)=A+\alpha,\quad g(x)=B+\beta,$$

其中 α 及 β 为无穷小, 于是

$$\frac{f(x)}{g(x)}-\frac{A}{B}=\frac{A+\alpha}{B+\beta}-\frac{A}{B}=\frac{1}{B(B+\beta)}(B\alpha-A\beta),$$

而 $\dfrac{1}{B(B+\beta)}(B\alpha-A\beta)$ 可以看成两个函数的乘积, 其中函数 $B\alpha-A\beta$ 为无穷小, 下面证明另一个函数 $\dfrac{1}{B(B+\beta)}$ 在点 x_0 的某一邻域内有界.

由定理 1.3.5 的证明过程可知, 若 $\lim g(x)=B\neq 0$, 则存在点 x_0 的某一去心邻域 $\overset{\circ}{U}(x_0)$, 当 $x\in\overset{\circ}{U}(x_0)$ 时, 有 $|g(x)|>\dfrac{|B|}{2}$, 从而 $\left|\dfrac{1}{g(x)}\right|<\dfrac{2}{|B|}$, 于是

$$\left|\frac{1}{B(B+\beta)}\right|=\frac{1}{|B|}\cdot\left|\frac{1}{g(x)}\right|<\frac{1}{|B|}\cdot\frac{2}{|B|}=\frac{2}{|B|^2}.$$

从而证明了 $\dfrac{1}{B(B+\beta)}$ 在点 x_0 的去心邻域 $\overset{\circ}{U}(x_0)$ 内有界. 因此, 根据定理 1.4.4 得出

$$\frac{1}{B(B+\beta)}(B\alpha - A\beta)$$

为无穷小, 即 $\dfrac{f(x)}{g(x)} - \dfrac{A}{B}$ 为无穷小.

所以在 $B \neq 0$ 时, 有 $\lim \dfrac{f(x)}{g(x)} = \dfrac{A}{B}$ 成立.

注 1.5.1　利用四则运算法则计算极限时, 每个函数的极限必须存在, 并且在商的运算中, 还要求分母的极限不为零.

定理 1.5.1 中的 (1), (2) 可推广到有限个函数的情形. 例如, 若 $\lim f(x)$, $\lim g(x)$, $\lim h(x)$ 都存在, 则有

$$\lim[f(x) - g(x) + h(x)] = \lim f(x) - \lim g(x) + \lim h(x),$$

$$\lim[f(x) \cdot g(x) \cdot h(x)] = \lim f(x) \cdot \lim g(x) \cdot \lim h(x).$$

关于定理 1.5.1 中的 (2), 有如下推论:

推论 1.5.1　若 $\lim f(x)$ 存在, 而 c 为常数, 则

$$\lim[cf(x)] = c\lim f(x).$$

推论 1.5.2　若 $\lim f(x)$ 存在, 而 n 为正整数, 则

$$\lim[f(x)]^n = [\lim f(x)]^n.$$

事实上,

$$\lim[f(x)]^n = \lim[f(x) \cdot f(x) \cdots f(x)]$$
$$= \lim f(x) \cdot \lim f(x) \cdots \lim f(x) = [\lim f(x)]^n.$$

定理 1.5.2　若 $f(x) \geqslant g(x)$, 且 $\lim f(x) = A$, $\lim g(x) = B$, 则 $A \geqslant B$.

证　令 $\varphi(x) = f(x) - g(x)$, 则 $\varphi(x) \geqslant 0$, 由四则运算法则

$$\lim \varphi(x) = \lim[f(x) - g(x)]$$
$$= \lim f(x) - \lim g(x) = A - B.$$

由定理 1.3.5 推论, 有 $\lim \varphi(x) \geqslant 0$, 故 $A - B \geqslant 0$, 即 $A \geqslant B$.

例 1.5.1　求 $\lim\limits_{x \to 2}(x^2 - 5x + 7)$.

解
$$\lim_{x \to 2}(x^2 - 5x + 7) = \lim_{x \to 2} x^2 - \lim_{x \to 2} 5x + \lim_{x \to 2} 7$$
$$= \left(\lim_{x \to 2} x\right)^2 - 5 \lim_{x \to 2} x + \lim_{x \to 2} 7 = 2^2 - 5 \cdot 2 + 7 = 1.$$

例 1.5.2 求 $\lim\limits_{x \to 3} \dfrac{3x^2 - 4}{x^3 + x - 6}$.

解 因为分母的极限

$$\lim_{x \to 3}(x^3 + x - 6) = \left(\lim_{x \to 3} x\right)^3 + \lim_{x \to 3} x - \lim_{x \to 3} 6$$
$$= 3^3 + 3 - 6 = 24 \neq 0,$$

所以

$$\lim_{x \to 3} \frac{3x^2 - 4}{x^3 + x - 6} = \frac{\lim\limits_{x \to 3}(3x^2 - 4)}{\lim\limits_{x \to 3}(x^3 + x - 6)}$$
$$= \frac{\lim\limits_{x \to 3}(3x^2 - 4)}{\lim\limits_{x \to 3}(x^3 + x - 6)} = \frac{3\left(\lim\limits_{x \to 3} x\right)^2 - \lim\limits_{x \to 3} 4}{24} = \frac{23}{24}.$$

注 1.5.2 一般地, 对 $x \to x_0$ 时的有理整函数或有理分式函数 (分母极限不为零), 只要将 x_0 代替函数中的 x 即可求得极限.

例 1.5.3 求 $\lim\limits_{x \to 1} \dfrac{4x - 9}{x^2 + 2x - 3}$.

解 因为分母的极限 $\lim\limits_{x \to 1}(x^2 + 2x - 3) = 0$, 商的运算法则不能用. 但

$$\lim_{x \to 1} \frac{x^2 + 2x - 3}{4x - 9} = \frac{1^2 + 2 \cdot 1 - 3}{4 \cdot 1 - 9} = 0,$$

所以 $\dfrac{x^2 + 2x - 3}{4x - 9}$ 为 $x \to 1$ 时的无穷小, 根据无穷小与无穷大的关系有

$$\lim_{x \to 1} \frac{4x - 9}{x^2 + 2x - 3} = \infty.$$

例 1.5.4 求 $\lim\limits_{x \to 4} \dfrac{x^2 - 6x + 8}{x^2 - 5x + 4}$.

解 当 $x \to 4$ 时, 分子和分母的极限都是零. 此时, 应先约去趋于零但不为零的公因子 $x - 4$ 后再求极限.

$$\lim_{x \to 4} \frac{x^2 - 6x + 8}{x^2 - 5x + 4} = \lim_{x \to 4} \frac{(x-4)(x-2)}{(x-4)(x-1)}$$
$$= \lim_{x \to 4} \frac{x - 2}{x - 1} = \frac{2}{3}.$$

注 1.5.3 一般地, 对 $x \to x_0$ 时的 "$\dfrac{0}{0}$" 型极限, 都是设法约去其公因子 $x - x_0$

后再求极限.

例 1.5.5 求 $\lim\limits_{x \to \infty} \dfrac{5x^3 + 2x^2 + 3}{6x^4 - 7x^3 + 8}$.

解 当 $x \to \infty$ 时, 分子和分母都趋于无穷大. 先将分子和分母同时除以 x^4, 再求极限.

$$\lim_{x \to \infty} \frac{5x^3 + 2x^2 + 3}{6x^4 - 7x^3 + 8} = \lim_{x \to \infty} \frac{\dfrac{5}{x} + \dfrac{2}{x^2} + \dfrac{3}{x^4}}{6 - \dfrac{7}{x} + \dfrac{8}{x^4}} = \frac{0}{6} = 0.$$

注 1.5.4 一般地, 对 $x \to \infty$ 时的 "$\dfrac{\infty}{\infty}$" 型极限, 可以将分子和分母同时除以分母中自变量的最高次幂, 然后求极限.

当 $a_0 \neq 0, b_0 \neq 0, m$ 和 n 为非负整数时, 一般有

$$\lim_{x \to \infty} \frac{a_0 x^m + a_1 x^{m-1} + \cdots + a_m}{b_0 x^n + b_1 x^{n-1} + \cdots + b_n} = \begin{cases} 0, & n > m, \\ \dfrac{a_0}{b_0}, & n = m, \\ \infty, & n < m. \end{cases}$$

例 1.5.6 求 $\lim\limits_{n \to +\infty} \left(\dfrac{1}{n^2} + \dfrac{2}{n^2} + \cdots + \dfrac{n}{n^2} \right)$.

解 当 $n \to +\infty$ 时, 题设为无限个无穷小之和, 不能直接运用极限的和的运算法则, 应先将数列求和, 再计算其极限.

$$\begin{aligned}
\lim_{n \to +\infty} \left(\frac{1}{n^2} + \frac{2}{n^2} + \cdots + \frac{n}{n^2} \right) &= \lim_{n \to +\infty} \frac{1 + 2 + \cdots + n}{n^2} \\
&= \lim_{n \to +\infty} \frac{\dfrac{1}{2} n(n+1)}{n^2} \\
&= \frac{1}{2} \lim_{n \to +\infty} \left(1 + \frac{1}{n} \right) = \frac{1}{2}.
\end{aligned}$$

例 1.5.7 求 $\lim\limits_{x \to 1} \left(\dfrac{1}{x-1} - \dfrac{3}{x^3-1} \right)$.

解 当 $x \to 1$ 时, $\dfrac{1}{x-1}$ 和 $\dfrac{3}{x^3-1}$ 都是无穷大, 不能运用极限的差的运算法则, 事实上

$$\begin{aligned}
\lim_{x \to 1} \left(\frac{1}{x-1} - \frac{3}{x^3-1} \right) &= \lim_{x \to 1} \frac{x^2 + x - 2}{x^3 - 1} \\
&= \lim_{x \to 1} \frac{(x-1)(x+2)}{(x-1)(x^2 + x + 1)} \\
&= \lim_{x \to 1} \frac{x+2}{x^2 + x + 1} = 1.
\end{aligned}$$

注 1.5.5 对这类 "$\infty - \infty$" 型极限, 一般是将式子通过通分、有理化等方法变形为 "$\dfrac{0}{0}$" 型或 "$\dfrac{\infty}{\infty}$" 型后再求解.

习题 1.5

1. 计算下列极限:

(1) $\lim\limits_{x \to 2} \dfrac{3x - 5}{4x^2 - x + 1}$;

(2) $\lim\limits_{x \to \infty} \dfrac{x^2 + 6}{4x^2 - 3x + 1}$;

(3) $\lim\limits_{x \to 2} \dfrac{2 + x}{2 - x}$;

(4) $\lim\limits_{x \to 3} \dfrac{x^2 - 9}{x^2 - 5x + 4}$;

(5) $\lim\limits_{h \to 0} \dfrac{(x + h)^3 - x^3}{h}$;

(6) $\lim\limits_{x \to \infty} \left(6 + \dfrac{3}{x} - \dfrac{1}{x^2} \right)$;

(7) $\lim\limits_{x \to 1} \dfrac{x^3 - 1}{x^2 - 1}$;

(8) $\lim\limits_{x \to 9} \dfrac{x - 2\sqrt{x} - 3}{x - 9}$;

(9) $\lim\limits_{x \to 1} \left(\dfrac{2}{1 - x^2} - \dfrac{1}{1 - x} \right)$;

(10) $\lim\limits_{x \to +\infty} (\sqrt{x + 1} - \sqrt{x})$;

(11) $\lim\limits_{n \to +\infty} \dfrac{2n + 1}{\sqrt{n^2 + n}}$;

(12) $\lim\limits_{n \to +\infty} \dfrac{1 + 2 + 3 + \cdots + (n - 2)}{n^2}$;

(13) $\lim\limits_{n \to +\infty} \left(1 + \dfrac{1}{n} \right) \left(3 - \dfrac{1}{n^2} \right)$;

(14) $\lim\limits_{x \to +\infty} x(\sqrt{1 + x^2} - x)$.

2. 计算下列极限:

(1) $\lim\limits_{x \to \infty} \dfrac{x^2 \cdot \sin x}{1 + x^3}$;

(2) $\lim\limits_{x \to \infty} \dfrac{\arctan x}{x}$;

(3) $\lim\limits_{n \to +\infty} \left(1 + \dfrac{1}{3} + \dfrac{1}{3^2} + \cdots + \dfrac{1}{3^n} \right)$;

(4) $\lim\limits_{n \to +\infty} \left(\dfrac{1}{1 \cdot 2} + \dfrac{1}{2 \cdot 3} + \cdots + \dfrac{1}{n(n + 1)} \right)$.

3. 设函数

$$f(x) = \begin{cases} 3x + 2, & x \leqslant 0, \\ x^2 + 1, & 0 < x \leqslant 1, \\ \dfrac{2}{x}, & 1 < x. \end{cases}$$

分别讨论 $x \to 0$ 及 $x \to 1$ 时 $f(x)$ 的极限是否存在, 并求 $\lim\limits_{x \to -\infty} f(x)$ 及 $\lim\limits_{x \to +\infty} f(x)$.

4. 若 $\lim\limits_{x \to 3} \dfrac{x^2 - 2x + k}{x - 3} = 4$, 求 k 的值.

5. 已知 $\lim\limits_{x \to 2} \dfrac{x^3 + ax + b}{x^2 - 4} = 4$, 求 a, b 的值.

1.6 两个重要极限

本节主要介绍判定极限存在的两个准则以及作为应用准则的例子, 讨论两个重要极限 $\lim\limits_{x \to 0} \dfrac{\sin x}{x} = 1$ 及 $\lim\limits_{x \to \infty} \left(1 + \dfrac{1}{x} \right)^x = \mathrm{e}$.

1.6.1 极限存在准则

准则 I (夹逼准则) 设在点 x_0 的某一去心邻域 $\overset{\circ}{U}(x_0)$ 内, 恒有

(1) $g(x) \leqslant f(x) \leqslant h(x)$;

(2) $\lim\limits_{x \to x_0} g(x) = \lim\limits_{x \to x_0} h(x) = A$

成立, 则极限 $\lim\limits_{x\to x_0} f(x)$ 存在, 且有 $\lim\limits_{x\to x_0} f(x) = A$.

证　因为 $\lim\limits_{x\to x_0} g(x) = \lim\limits_{x\to x_0} h(x) = A$, 则 $\forall \varepsilon > 0, \exists \delta_1, \delta_2 > 0$, 使得

当 $0 < |x - x_0| < \delta_1$ 时, 有 $|g(x) - A| < \varepsilon$, 即有

$$A - \varepsilon < g(x) < A + \varepsilon;$$

当 $0 < |x - x_0| < \delta_2$ 时, 有 $|h(x) - A| < \varepsilon$, 即有

$$A - \varepsilon < h(x) < A + \varepsilon.$$

可取 $\delta = \min\{\delta_1, \delta_2\}$, 于是当 $0 < |x - x_0| < \delta$ 时, 同时有

$$A - \varepsilon < g(x) < A + \varepsilon, \quad A - \varepsilon < h(x) < A + \varepsilon$$

成立, 从而有 $A - \varepsilon < g(x) \leqslant f(x) \leqslant h(x) < A + \varepsilon$, 即有

$$|f(x) - A| < \varepsilon.$$

由极限定义可知 $\lim\limits_{x\to x_0} f(x) = A$.

注 1.6.1　数列的极限、其他如 $x \to \infty$ 等形式的极限, 也有类似于准则 I 的结论.

例 1.6.1　求 $\lim\limits_{n\to+\infty}\left(\dfrac{1}{\sqrt{n^2+1}} + \dfrac{1}{\sqrt{n^2+2}} + \cdots + \dfrac{1}{\sqrt{n^2+n}}\right)$.

解　设 $x_n = \dfrac{1}{\sqrt{n^2+1}} + \dfrac{1}{\sqrt{n^2+2}} + \cdots + \dfrac{1}{\sqrt{n^2+n}}$, 则有

$$\frac{n}{\sqrt{n^2+n}} \leqslant x_n \leqslant \frac{n}{\sqrt{n^2+1}}.$$

而

$$\lim_{n\to+\infty} \frac{n}{\sqrt{n^2+n}} = \lim_{n\to+\infty} \frac{1}{\sqrt{1+\dfrac{1}{n}}} = 1,$$

$$\lim_{n\to+\infty} \frac{n}{\sqrt{n^2+1}} = \lim_{n\to+\infty} \frac{1}{\sqrt{1+\dfrac{1}{n^2}}} = 1.$$

由数列形式的夹逼准则, 有

$$\lim_{n\to+\infty}\left(\frac{1}{\sqrt{n^2+1}} + \frac{1}{\sqrt{n^2+2}} + \cdots + \frac{1}{\sqrt{n^2+n}}\right) = 1.$$

例 1.6.2　求 $\lim\limits_{x\to 0} \cos x$.

解　因 $0 < 1 - \cos x = 2\sin^2\dfrac{x}{2} < 2\cdot\left(\dfrac{x}{2}\right)^2 = \dfrac{x^2}{2}$, 故由夹逼准则, 得

$$\lim_{x\to 0}(1-\cos x) = 0, \quad 即 \lim_{x\to 0}\cos x = 1.$$

准则 II　单调有界数列必有极限.

我们知道收敛的数列一定有界, 但有界的数列未必一定收敛. 准则 II 表明, 如果一个数列不仅有界, 而且单调, 则该数列一定收敛.

对准则 II 不作证明, 仅给出如下几何解释:

从数轴上看 (图 1.6.1), 单调增加数列 $\{x_n\}$ 的点只可能向右边一个方向移动: 或者无限向右移动; 或者无限趋近于某一定点 A. 而对有界数列只可能有后者情况发生, 即单调有界数列只能与某一定数无限接近, 说明此数列有极限.

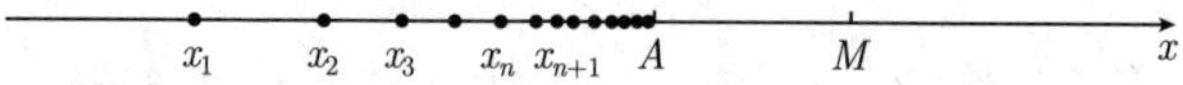

图 1.6.1

1.6.2　两个重要极限

极限 I　作为准则 I 的应用, 下面证明第一个重要极限

$$\lim_{x\to 0}\frac{\sin x}{x} = 1.$$

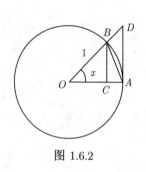

图 1.6.2

证　由于 $\dfrac{\sin x}{x}$ 是偶函数, 故只需讨论 $x \to 0^+$ 的情形, 不妨考虑 $0 < x < \dfrac{\pi}{2}$.

作单位圆 (图 1.6.2), 设圆心角 $\angle AOB = x$, 由于

$$\triangle OAB\text{面积} < 扇形OAB\text{面积} < \triangle OAD\text{面积},$$

所以 $\dfrac{1}{2}\sin x < \dfrac{1}{2}x < \dfrac{1}{2}\tan x$, 即

$$\sin x < x < \tan x, \quad x \in \left(0, \frac{\pi}{2}\right).$$

整理得

$$\cos x < \frac{\sin x}{x} < 1, \quad x \in \left(0, \frac{\pi}{2}\right).$$

而 $\lim\limits_{x\to 0}\cos x = 1$, $\lim\limits_{x\to 0}1 = 1$, 由夹逼准则得

$$\lim_{x\to 0}\frac{\sin x}{x} = 1.$$

注 1.6.2　极限 I 为 "$\dfrac{0}{0}$" 型极限, 可表示为

$$\lim_{\square\to 0}\frac{\sin \square}{\square} = 1,$$

其中方框 "□" 中的变量要相同, 且 □ → 0.

例 1.6.3　求 $\lim\limits_{x \to 0} \dfrac{\sin 4x}{x}$.

解　
$$
\begin{aligned}
\lim\limits_{x \to 0} \frac{\sin 4x}{x} &= \lim\limits_{x \to 0} \left(\frac{\sin 4x}{4x} \cdot 4 \right) \\
&= 4 \cdot \lim\limits_{x \to 0} \frac{\sin 4x}{4x} = 4 \cdot 1 = 4.
\end{aligned}
$$

例 1.6.4　求 $\lim\limits_{x \to 0} \dfrac{1 - \cos x}{x^2}$.

解　
$$
\begin{aligned}
\lim\limits_{x \to 0} \frac{1 - \cos x}{x^2} &= \lim\limits_{x \to 0} \frac{2 \sin^2 \dfrac{x}{2}}{x^2} = \frac{1}{2} \lim\limits_{x \to 0} \frac{\sin^2 \dfrac{x}{2}}{\left(\dfrac{x}{2} \right)^2} \\
&= \frac{1}{2} \lim\limits_{x \to 0} \left(\frac{\sin \dfrac{x}{2}}{\dfrac{x}{2}} \right)^2 = \frac{1}{2} \cdot 1^2 = \frac{1}{2}.
\end{aligned}
$$

例 1.6.5　求 $\lim\limits_{x \to +\infty} x \sin \dfrac{\pi}{x}$.

解　令 $t = \dfrac{\pi}{x}$, 则当 $x \to +\infty$ 时, 有 $t \to 0$. 于是

$$
\begin{aligned}
\lim\limits_{x \to +\infty} x \sin \frac{\pi}{x} &= \lim\limits_{x \to +\infty} \left(\pi \cdot \frac{\sin \dfrac{\pi}{x}}{\dfrac{\pi}{x}} \right) \\
&= \pi \cdot \lim\limits_{t \to 0} \frac{\sin t}{t} = \pi \cdot 1 = \pi.
\end{aligned}
$$

极限 II　作为准则 II 的应用, 下面讨论另一个重要极限

$$
\lim\limits_{x \to \infty} \left(1 + \frac{1}{x} \right)^x = \mathrm{e}.
$$

这个极限不作证明, 这里可通过列表直观地观察函数 $\left(1 + \dfrac{1}{x} \right)^x$ 在 x 逐渐增大时的变化趋势 (表 1.6.1).

表 1.6.1

x	1	2	3	10	100	1000	10000	100000	$\cdots$
$\left(1 + \dfrac{1}{x} \right)^x$	2	2.25	2.3704	2.5937	2.7048	2.7169	2.7181	2.7182	$\cdots$

从表 1.6.1 可以看出, 随着自变量 x 逐渐增大, 函数 $\left(1 + \dfrac{1}{x} \right)^x$ 的值也逐渐增大,

但增大的速度越来越慢, 且逐渐与一个常数无限接近, 这个常数就是无理数 e, 即

$$\lim_{x \to \infty} \left(1 + \frac{1}{x}\right)^x = e.$$

可以利用准则 II 证明这个极限成立. 其中无理数 e 是数学中的一个重要常数, 其值为

$$e = 2.718281828459045 \cdots.$$

指数函数 $y = e^x$ 以及自然对数函数 $y = \ln x$ 中的底数 e 就是这个常数.

注 1.6.3　极限 II 为 "1^∞" 型极限, 可表示为

$$\lim_{\square \to \infty} \left(1 + \frac{1}{\square}\right)^{\square} = e,$$

其中方框 "$\square$" 中的变量也要相同, 且 $\square \to \infty$.

若令 $u = \dfrac{1}{x}$, 可得极限 II 的另一个形式:

$$\lim_{u \to 0} (1 + u)^{\frac{1}{u}} = e.$$

例 1.6.6　求 $\lim\limits_{x \to \infty} \left(1 - \dfrac{5}{x}\right)^x$.

解　$\lim\limits_{x \to \infty} \left(1 - \dfrac{5}{x}\right)^x = \lim\limits_{x \to \infty} \left[\left(1 - \dfrac{5}{x}\right)^{\frac{x}{-5}}\right]^{-5}$

$\qquad = \left[\lim\limits_{x \to \infty} \left(1 + \dfrac{-5}{x}\right)^{\frac{x}{-5}}\right]^{-5} = e^{-5}.$

例 1.6.7　求 $\lim\limits_{x \to 0} (1 + 3\sin x)^{\frac{1}{\sin x}}$.

解　$\lim\limits_{x \to 0} (1 + 3\sin x)^{\frac{1}{\sin x}} = \lim\limits_{x \to 0} \left[(1 + 3\sin x)^{\frac{1}{3\sin x}}\right]^3$

$\qquad = \left[\lim\limits_{x \to 0} (1 + 3\sin x)^{\frac{1}{3\sin x}}\right]^3 = e^3.$

例 1.6.8　求 $\lim\limits_{x \to \infty} \left(\dfrac{x-1}{x+1}\right)^{x+1}$.

解　$\lim\limits_{x \to \infty} \left(\dfrac{x-1}{x+1}\right)^{x+1} = \lim\limits_{x \to \infty} \left(1 - \dfrac{2}{x+1}\right)^{x+1} = \lim\limits_{x \to \infty} \left[\left(1 + \dfrac{-2}{x+1}\right)^{\frac{x+1}{-2}}\right]^{-2}$

$\qquad = \left[\lim\limits_{x \to \infty} \left(1 + \dfrac{-2}{x+1}\right)^{\frac{x+1}{-2}}\right]^{-2} = e^{-2}.$

例 1.6.9 (连续复利问题)　设本金为 A_0, 年利率为 r, 则一年末结算时本利和为 $A_1 = A_0(1 + r)$. 如果一年分 n 期计息, 每期利率按 $\dfrac{r}{n}$ 计算, 且前一期本利和为后一期的本金, 则一年末的本利和为 $A_n = A_0 \left(1 + \dfrac{r}{n}\right)^n$.

于是 t 年共计复利 nt 次, 其本利和为

$$A_n(t) = A_0 \left(1 + \frac{r}{n}\right)^{nt}.$$

令 $n \to +\infty$, 则表示利息随时计入本金, 这样 t 年末的本利和为

$$A(t) = \lim_{n \to +\infty} A_n(t) = \lim_{n \to +\infty} A_0 \left(1 + \frac{r}{n}\right)^{nt} = A_0 \mathrm{e}^{rt}.$$

上述极限称为连续复利公式, 式中的 t 可视为连续变量.

类似于连续复利问题的数学模型, 在研究放射性元素的衰变、人口自然增长、细胞分裂、树木的生长等许多实际问题中都会遇到, 因此有很重要的实际意义.

习题 1.6

1. 计算下列极限:

(1) $\displaystyle\lim_{x \to 0} \frac{\tan x}{x}$;

(2) $\displaystyle\lim_{x \to 0} \frac{\sin 3x}{\sin 4x}$;

(3) $\displaystyle\lim_{x \to 0} \frac{x - \sin 2x}{x + \sin 2x}$;

(4) $\displaystyle\lim_{x \to 0} x \cot(kx) \ (k \neq 0)$;

(5) $\displaystyle\lim_{x \to 0} \frac{\tan x - \sin x}{x^3}$;

(6) $\displaystyle\lim_{x \to 0} \frac{1 - \cos 2x}{x \sin x}$;

(7) $\displaystyle\lim_{x \to 0^+} \frac{x}{\sqrt{1 - \cos x}}$;

(8) $\displaystyle\lim_{x \to 0} \frac{2 \arcsin x}{3x}$.

2. 计算下列极限:

(1) $\displaystyle\lim_{x \to \infty} \left(1 - \frac{1}{x}\right)^{kx} \ (k \in \mathbf{N}^+)$;

(2) $\displaystyle\lim_{x \to 0} \sqrt[x]{1 - 2x}$;

(3) $\displaystyle\lim_{x \to \infty} \left(1 + \frac{2}{x}\right)^{3x+5}$;

(4) $\displaystyle\lim_{x \to \infty} \left(1 + \frac{1}{x+1}\right)^{x}$;

(5) $\displaystyle\lim_{x \to 0} \left(1 + \frac{x}{3}\right)^{\frac{1}{x}}$;

(6) $\displaystyle\lim_{x \to \infty} \left(\frac{x}{x-1}\right)^{3x-3}$.

3. 已知 $\displaystyle\lim_{x \to \infty} \left(\frac{x+c}{x-c}\right)^{\frac{x}{2}} = 3$, 求 c.

4. 利用极限存在准则证明:

(1) $\displaystyle\lim_{n \to +\infty} n \left(\frac{1}{n^2 + \pi} + \frac{1}{n^2 + 2\pi} + \cdots + \frac{1}{n^2 + n\pi}\right) = 1$;

(2) $\displaystyle\lim_{x \to 0^+} x \left[\frac{1}{x}\right] = 1$;

(3) 数列 $\sqrt{3}, \ \sqrt{3 + \sqrt{3}}, \ \sqrt{3 + \sqrt{3 + \sqrt{3}}}, \ \cdots$ 的极限存在.

5. 小孩出生之后, 父母拿出 A_0 元作为初始投资, 希望到孩子 20 岁生日时增长到 50000 元, 如果投资按 6% 的连续复利计算, 则初始投资应该是多少?

1.7 无穷小的比较

无穷小是以零为极限的变量, 但不同的无穷小趋于零的速度不一定相同, 例如, 当 $x \to 0$ 时, x, x^2, $\sin x$ 都是无穷小, 而

$$\lim_{x \to 0} \frac{x^2}{x} = 0, \quad \lim_{x \to 0} \frac{x}{x^2} = \infty, \quad \lim_{x \to 0} \frac{\sin x}{x} = 1.$$

从中可以看出各无穷小趋于零的快慢程度: x^2 比 x 快些, x 比 x^2 慢些, $\sin x$ 与 x 大致相同. 即无穷小之比的极限不同, 反映了各无穷小的阶的不同.

定义 1.7.1 设 α, β 是在自变量变化的同一过程中的两个无穷小, 且 $\alpha \neq 0$.

(1) 若 $\lim \dfrac{\beta}{\alpha} = 0$, 则称 β 是比 α 高阶的无穷小, 记作 $\beta = o(\alpha)$;

(2) 若 $\lim \dfrac{\beta}{\alpha} = \infty$, 则称 β 是比 α 低阶的无穷小;

(3) 若 $\lim \dfrac{\beta}{\alpha} = c \neq 0$, 则称 β 与 α 是同阶无穷小. 特别地, 当 $c = 1$ 时, 即 $\lim \dfrac{\beta}{\alpha} = 1$, 此时称 β 与 α 是等价无穷小, 记作 $\alpha \sim \beta$.

例如, 在 $x \to 0$ 时, x^2 是比 x 高阶的无穷小, x 是比 x^2 低阶的无穷小, 而 $\sin x$ 与 x 是等价无穷小.

例 1.7.1 当 $x \to 0$ 时, 比较下列各对无穷小的阶:

(1) $2x^2$ 与 $x - x^3 \tan x$;   (2) $1 - \cos x$ 与 x^2;

(3) $x - x^2$ 与 $x^2 - x^3$;   (4) $\sin 2x$ 与 $2x$.

解 (1) 因为

$$\lim_{x \to 0} \frac{2x^2}{x - x^3 \tan x} = \lim_{x \to 0} \frac{2x}{1 - x^2 \tan x} = 0,$$

所以, 当 $x \to 0$ 时, $2x^2$ 是比 $x - x^3 \tan x$ 高阶的无穷小, 即 $2x = o(x - x^3 \tan x)$.

(2) 因为

$$\lim_{x \to 0} \frac{1 - \cos x}{x^2} = \frac{1}{2},$$

所以, 当 $x \to 0$ 时, $1 - \cos x$ 与 x^2 是同阶无穷小.

(3) 因为

$$\lim_{x \to 0} \frac{x - x^2}{x^2 - x^3} = \lim_{x \to 0} \frac{1}{x} = \infty,$$

所以, 当 $x \to 0$ 时, $x - x^2$ 是比 $x^2 - x^3$ 低阶的无穷小.

(4) 因为

$$\lim_{x \to 0} \frac{\sin 2x}{2x} = 1,$$

所以, 当 $x \to 0$ 时, $\sin 2x$ 与 $2x$ 是等价无穷小, 即 $\sin 2x \sim 2x$.

关于等价无穷小, 有如下定理成立.

定理 1.7.1 (等价无穷小代换定理) 设在自变量同一变化过程中, $\alpha, \alpha', \beta, \beta'$ 都是无穷小, 且 $\alpha \sim \alpha', \beta \sim \beta'$. 如果 $\lim \dfrac{\alpha'}{\beta'} = A$, 那么

$$\lim \frac{\alpha}{\beta} = \lim \frac{\alpha'}{\beta'} = A.$$

证 由题设 $\lim \dfrac{\alpha'}{\beta'} = A$, 则

$$\lim \frac{\alpha}{\beta} = \lim \left(\frac{\alpha}{\alpha'} \cdot \frac{\alpha'}{\beta'} \cdot \frac{\beta'}{\beta} \right) = \lim \frac{\alpha}{\alpha'} \cdot \lim \frac{\alpha'}{\beta'} \cdot \lim \frac{\beta'}{\beta}$$

$$= 1 \cdot \lim \frac{\alpha'}{\beta'} \cdot 1 = \lim \frac{\alpha'}{\beta'} = A.$$

在极限计算中, 等价无穷小代换起着举足轻重的作用. 依据等价无穷小的定义, 可以证明, 当 $x \to 0$ 时, 有下列常用的等价无穷小关系:

$$\tan x \sim x, \quad \sin x \sim x;$$
$$\arcsin x \sim x, \quad \arctan x \sim x, \quad 1 - \cos x \sim \frac{x^2}{2};$$
$$\ln(1+x) \sim x, \quad \mathrm{e}^x - 1 \sim x, \quad a^x - 1 \sim x \ln a \, (a > 0);$$
$$(1+x)^k - 1 \sim kx \quad (k \neq 0 \text{且为常数}).$$

例 1.7.2 证明: 当 $x \to 0$ 时, $\mathrm{e}^x - 1 \sim x$.

证 令 $\mathrm{e}^x - 1 = y$, 则 $x = \ln(1+y)$, 且 $x \to 0$ 时, $y \to 0$. 于是

$$\lim_{x \to 0} \frac{\mathrm{e}^x - 1}{x} = \lim_{y \to 0} \frac{y}{\ln(1+y)}$$

$$= \lim_{y \to 0} \frac{1}{\ln(1+y)^{\frac{1}{y}}} = \frac{1}{\ln \mathrm{e}} = 1.$$

因此有 $x \to 0$ 时, $\mathrm{e}^x - 1 \sim x$.

上述证明过程也表明了等价关系 $\ln(1+x) \sim x \, (x \to 0)$ 成立.

注 1.7.1 这里 $x \to 0$ 时, $\mathrm{e}^x - 1 \sim x$, 只能说明 $\mathrm{e}^x - 1 = x + o(x)$, 实际上 $\mathrm{e}^x - 1 \neq x$. 类似地, $x \to 0$ 时, $1 - \cos x \sim \dfrac{x^2}{2}$, 说明 $1 - \cos x = \dfrac{x^2}{2} + o(x^2)$.

例 1.7.3 证明: 当 $x \to 0$ 时, $(1+x)^k - 1 \sim kx \, (k \neq 0 \text{且为常数})$.

证 令 $(1+x)^k - 1 = y$, 且 $x \to 0$ 时, $y \to 0$, 于是

$$\lim_{x \to 0} \frac{(1+x)^k - 1}{kx} = \lim_{x \to 0} \left[\frac{(1+x)^k - 1}{\ln(1+x)^k} \cdot \frac{\ln(1+x)^k}{kx} \right]$$

$$= \lim_{y \to 0} \frac{y}{\ln(1+y)} \cdot \lim_{x \to 0} \frac{k \ln(1+x)}{kx}$$

$$= \lim_{y \to 0} \frac{1}{\ln(1+y)^{\frac{1}{y}}} \cdot \lim_{x \to 0} \ln(1+x)^{\frac{1}{x}} = \frac{1}{\ln e} \cdot \ln e = 1.$$

因此有 $x \to 0$ 时, $(1+x)^k - 1 \sim kx \, (k \neq 0 \text{且为常数}).$

例 1.7.4 求 $\lim\limits_{x \to 0} \dfrac{1 - \cos x}{\sin 3x \cdot \tan 2x}.$

解 当 $x \to 0$ 时, $1 - \cos x \sim \dfrac{x^2}{2}$, $\sin 3x \sim 3x$, $\tan 2x \sim 2x$, 所以

$$\lim_{x \to 0} \frac{1 - \cos x}{\sin 3x \cdot \tan 2x} = \lim_{x \to 0} \frac{\dfrac{x^2}{2}}{3x \cdot 2x} = \frac{1}{12}.$$

例 1.7.5 求 $\lim\limits_{x \to 0} \dfrac{\tan x - \sin x}{x \sin^2 x}.$

解 当 $x \to 0$ 时, $\sin x \sim x$, $\tan x - \sin x = \tan x(1 - \cos x) \sim \dfrac{x^3}{2}$, 所以

$$\lim_{x \to 0} \frac{\tan x - \sin x}{x \sin^2 x} = \lim_{x \to 0} \frac{\dfrac{x^3}{2}}{x^3} = \frac{1}{2}.$$

习题 1.7

1. 比较下列各对无穷小的阶:

(1) $x \sin x$ 与 $2x^3 (x \to 0)$; (2) $\dfrac{1}{2}(1 - x^2)$ 与 $1 - x(x \to 1)$;

(3) $\sqrt{1 + \dfrac{x}{2}} - \sqrt{1 + \dfrac{x}{4}}$ 与 $\dfrac{x}{3}(x \to 0)$; (4) $\dfrac{1}{x^2}$ 与 $\sqrt{x^2 + 1} - x(x \to \infty)$.

2. 利用等价无穷小代换定理求下列极限:

(1) $\lim\limits_{x \to 0} \dfrac{\sin 2x}{\sin \dfrac{x}{3}}$; (2) $\lim\limits_{x \to 0} \dfrac{\ln(1+x)}{\sqrt[3]{1+x} - 1}$;

(3) $\lim\limits_{x \to 0} \dfrac{e^{5x} - 1}{\arctan x}$; (4) $\lim\limits_{x \to 0} \dfrac{\cos x - 1}{\ln(1 + 2x \tan x)}$;

(5) $\lim\limits_{x \to 0} \dfrac{3x^2 + 4x^5 + 5x^6}{\sqrt{1 + x^2} - 1}$; (6) $\lim\limits_{x \to 0} \dfrac{3^x - 1}{\arcsin x}$.

3. 设 $a > 0$, $a \neq 1$, 证明: $a^x - 1 \sim x \ln a(x \to 0)$.

4. 证明: β 与 α 是等价无穷小的充分必要条件是

$$\beta = \alpha + o(\alpha).$$

1.8 函数的连续性与间断点

1.8.1 函数的连续性

对一天内气温的变化, 大家都有这样的体会, 在很短的时间间隔内几乎感觉不到气温的变化, 也就是说当时间变化很微小时, 气温的变化也很微小. 事实上, 在自然

界中存在着许多变量的变化都具有上述特点, 如植物的生长、河水的流动. 为什么气温的变化会给我们这样的感觉, 因为它的变化是连续不断的, 这种特点在函数关系上的反映就是函数的连续性. 为了更好地理解函数的连续性, 不妨先研究下面两条曲线图形.

观察函数 $y = x^2$ 与 $y = \begin{cases} 1+x, & x > 0, \\ 0, & x = 0, \\ x-1, & x < 0 \end{cases}$ 对应的曲线, 如图 1.8.1、图 1.8.2 所

示, $y = x^2$ 对应的曲线连续不断, 而 $y = \begin{cases} 1+x, & x > 0, \\ 0, & x = 0, \\ x-1, & x < 0 \end{cases}$ 对应的曲线却在原点处断

开了. 不难发现, 在原点 $x = 0$ 处, 当自变量增加很小时, $y = x^2$ 的函数值变化也很

小, 但对函数 $y = \begin{cases} 1+x, & x > 0, \\ 0, & x = 0, \\ x-1, & x < 0 \end{cases}$ 而言, 函数值变化却较大, 也就是说, 如果当自变

量增加很小时, 函数值变化也很小, 则函数对应的曲线是连续不断的, 否则函数对应的曲线是断开的, 所以函数是否连续与函数值变化多少有某种对应关系, 那么如何在数量上描述这种对应关系呢. 为此首先引入增量的概念, 再给出函数的连续性的定义.

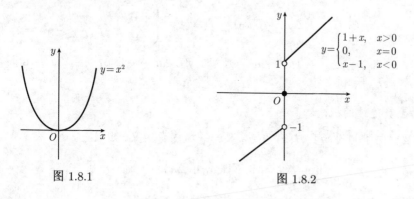

图 1.8.1

图 1.8.2

1. 函数的增量

设函数 $y = f(x)$ 在点 x_0 某邻域内有定义, 自变量 x 在该邻域内从初值 x_0 变到终值 $x_0 + \Delta x$, 称终值与初值的差 $\Delta x = x - x_0$ 为自变量 x 在点 x_0 的增量, 相应地函数 y 从 $f(x_0)$ 变到 $f(x_0 + \Delta x)$, 称

$$\Delta y = f(x_0 + \Delta x) - f(x_0)$$

为函数 $y = f(x)$ 相应 Δx 的增量. 如图 1.8.3、图 1.8.4 所示.

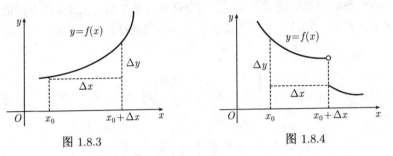

图 1.8.3   图 1.8.4

注 1.8.1 (1) 自变量增量 Δx 可正, 可负, 可以是零, 函数增量 Δy 也如此.

(2) 记号 Δx, Δy 都是整体不可分割的记号.

有了增量概念, 函数值变化多少可用增量大小表示.

对函数 $y = x^2$, 在 $x_0 \in (-\infty, +\infty)$ 处, 若自变量有增量 Δx, 相应地函数的增量为

$$\Delta y = (x_0 + \Delta x)^2 - x_0^2 = (2x_0 + \Delta x)\Delta x,$$

且当 $\Delta x \to 0$ 时, 有 $\Delta y \to 0$. 而函数 $y = \begin{cases} 1+x, & x > 0, \\ 0, & x = 0, \\ x-1, & x < 0 \end{cases}$ 在 $x_0 = 0$ 处, 若自变量

有增量 Δx, 相应地函数的增量为

$$\Delta y = f(x_0 + \Delta x) - f(x_0) = f(\Delta x) = \begin{cases} 1 + \Delta x, & \Delta x > 0, \\ \Delta x - 1, & \Delta x < 0, \end{cases}$$

当 $\Delta x \to 0^+$ 时, 有 $\Delta y \to 1$. 当 $\Delta x \to 0^-$ 时, 有 $\Delta y \to -1$. 所以当 $\Delta x \to 0$ 时, Δy 不趋于 0.

2. 函数连续的概念

定义 1.8.1 设函数 $f(x)$ 在 x_0 某一邻域内有定义, 如果

$$\lim_{\Delta x \to 0} \Delta y = \lim_{\Delta x \to 0} [f(x_0 + \Delta x) - f(x_0)] = 0,$$

那么, 就称函数 $f(x)$ 在点 x_0 连续, x_0 称为 $f(x)$ 的连续点.

由定义 1.8.1 知函数 $y = x^2$ 在 $x_0 \in (-\infty, +\infty)$ 处连续, 函数 $y = \begin{cases} 1+x, & x > 0, \\ 0, & x = 0, \\ x-1, & x < 0 \end{cases}$

在 $x_0 = 0$ 处不连续.

因 $\Delta x = x - x_0$, 故有 $x = \Delta x + x_0$, 当 $\Delta x \to 0$ 时就是 $x \to x_0$, 又由于

$$\Delta y = f(x_0 + \Delta x) - f(x_0) = f(x) - f(x_0),$$

于是 $\Delta y \to 0$ 就是 $f(x) \to f(x_0)$. 所以可得函数连续的另一等价定义.

定义 1.8.2　设函数 $f(x)$ 在 x_0 的某一邻域内有定义, 如果

$$\lim_{x \to x_0} f(x) = f(x_0),$$

那么, 就称函数 $f(x)$ 在点 x_0 **连续**.

由函数 $f(x)$ 当 $x \to x_0$ 时极限定义可知, 函数 $f(x)$ 在点 x_0 连续的定义可用 "$\varepsilon\text{-}\delta$" 语言表达如下:

函数 $f(x)$ 在点 x_0 连续 $\Leftrightarrow \forall \varepsilon > 0, \exists \delta > 0$, 使当 $|x - x_0| < \delta$ 时, 恒有

$$|f(x) - f(x_0)| < \varepsilon.$$

例 1.8.1　试证函数 $f(x) = \begin{cases} x \sin \dfrac{1}{x}, & x \neq 0, \\ 0, & x = 0 \end{cases}$ 在 $x = 0$ 处连续.

解　因为 $\lim\limits_{x \to 0} x \sin \dfrac{1}{x} = 0$, 又 $f(0) = 0$, 所以 $\lim\limits_{x \to 0} f(x) = f(0)$, 即函数 $f(x)$ 在 $x = 0$ 处连续.

例 1.8.2　讨论函数 $f(x) = \begin{cases} x + 2, & x \geqslant 0, \\ x - 2, & x < 0 \end{cases}$ 在 $x = 0$ 处的连续性.

解　因为 $f(0) = 2$,

$$\lim_{x \to 0^+} f(x) = \lim_{x \to 0^+} (x + 2) = 2,$$
$$\lim_{x \to 0^-} f(x) = \lim_{x \to 0^-} (x - 2) = -2,$$

所以

$$\lim_{x \to 0^+} f(x) \neq \lim_{x \to 0^-} f(x),$$

即 $\lim\limits_{x \to 0} f(x)$ 不存在, 所以函数 $f(x)$ 在 $x = 0$ 处不连续 (图 1.8.5).

对例 1.8.2, 有 $\lim\limits_{x \to 0^-} f(x) = f(0)$, 但 $\lim\limits_{x \to 0^+} f(x) \neq f(0)$, 即在 $x = 0$ 处左右两侧函数的变化趋势是不同的, 如图 1.8.5. 故需讨论函数在 $x = 0$ 两侧的连续性.

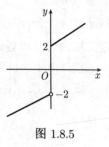

图 1.8.5

3. 单侧连续性

若 $\lim\limits_{x \to x_0^-} f(x) = f(x_0)$, 则称 $f(x)$ 在点 x_0 处**左连续**.

若 $\lim\limits_{x \to x_0^+} f(x) = f(x_0)$, 则称 $f(x)$ 在点 x_0 处**右连续**.

由定理 $\lim\limits_{x \to x_0} f(x) = A \Leftrightarrow \lim\limits_{x \to x_0^+} f(x) = \lim\limits_{x \to x_0^-} f(x) = A$ 可得结论:

函数 $f(x)$ 在点 x_0 连续 $\Leftrightarrow f(x)$ 在点 x_0 处既左连续又右连续.

对例 1.8.2, 有 $\lim\limits_{x \to 0^+} f(x) = f(0) \neq \lim\limits_{x \to 0^-} f(x)$, 故 $f(x)$ 在点 $x = 0$ 处仅右连续但不左连续, 所以 $f(x)$ 在点 $x = 0$ 处不连续.

例 1.8.3 当 a 取何值时函数 $f(x) = \begin{cases} \cos x, & x < 0, \\ a + x, & x \geqslant 0 \end{cases}$ 在 $x = 0$ 处连续.

解 因为

$$f(0) = a,$$

$$\lim_{x \to 0^-} f(x) = \lim_{x \to 0^-} \cos x = 1,$$

$$\lim_{x \to 0^+} f(x) = \lim_{x \to 0^+} (a + x) = a,$$

要使函数 $f(x)$ 在 $x = 0$ 处连续, 必须有 $\lim\limits_{x \to 0^+} f(x) = \lim\limits_{x \to 0^-} f(x) = f(0)$, 即 $a = 1$, 故当 $a = 1$ 时, 函数 $f(x)$ 在 $x = 0$ 处连续.

由例 1.8.2 和例 1.8.3 得单侧连续性尤其适合讨论分段函数在分段点处的连续性.

4. 连续函数

如果函数 $f(x)$ 是在区间 (a, b) 内每一点都连续的函数, 则称 $f(x)$ 在区间 (a, b) 内连续或称 $f(x)$ 是区间 (a, b) 内的连续函数. 区间 (a, b) 称为 $f(x)$ 的连续区间.

如果函数 $f(x)$ 是区间 (a, b) 内连续的函数, 并且在左端点 $x = a$ 处右连续, 即 $\lim\limits_{x \to a^+} f(x) = f(a)$, 在右端点 $x = b$ 处左连续, 即 $\lim\limits_{x \to b^-} f(x) = f(b)$, 则称 $f(x)$ 在闭区间 $[a, b]$ 上连续.

在函数极限的学习中已证明: 如果 $f(x)$ 是有理整式函数, 则对 $\forall x_0 \in (-\infty, +\infty)$ 都有 $\lim\limits_{x \to x_0} f(x) = f(x_0)$, 因此有理整式函数在区间 $(-\infty, +\infty)$ 内连续. 对有理分式函数 $f(x) = \dfrac{p(x)}{q(x)}$ 而言, 只要 $q(x_0) \neq 0$ 就有 $\lim\limits_{x \to x_0} f(x) = f(x_0)$, 因此有理分式函数在其定义域内每一点皆连续.

例 1.8.4 证明函数 $y = \sin x$ 在区间 $(-\infty, +\infty)$ 内连续.

证 任取 $x \in (-\infty, +\infty)$,

$$\Delta y = \sin(x + \Delta x) - \sin x = 2 \sin \frac{\Delta x}{2} \cdot \cos \left(x + \frac{\Delta x}{2} \right),$$

因为

$$\left| \cos \left(x + \frac{\Delta x}{2} \right) \right| \leqslant 1, \ \text{故} \ |\Delta y| \leqslant 2 \left| \sin \frac{\Delta x}{2} \right| < |\Delta x|,$$

所以

$$\lim_{\Delta x \to 0} \Delta y = 0.$$

由定义 1.8.1 得, 函数 $y = \sin x$ 对任意 $x \in (-\infty, +\infty)$ 都是连续的, 即在 $(-\infty, +\infty)$ 内连续.

同理可证函数 $y = \cos x$ 在 $(-\infty, +\infty)$ 内也是连续的.

例 1.8.5 证明函数 $y = a^x(a > 0,\ a \neq 1)$ 在区间 $(-\infty, +\infty)$ 内连续.

证 任取 $x_0 \in (-\infty, +\infty)$,

$$\lim_{x \to x_0} a^x = a^{x_0} \cdot \lim_{x \to x_0} a^{x - x_0} = a^{x_0} \cdot 1 = a^{x_0},$$

所以函数 $y = a^x(a > 0,\ a \neq 1)$ 在区间 $(-\infty, +\infty)$ 内连续.

前面学习了函数的连续性, 当然也存在在点 x_0 处不连续的函数. 所以讨论函数不连续的情况是十分必要的.

1.8.2 函数的间断点

1. 间断点的定义

若函数 $f(x)$ 在点 x_0 处不连续, 则称函数 $f(x)$ 在点 x_0 处间断. 点 x_0 称为 $f(x)$ 的间断点或不连续点.

显然, 设函数 $f(x)$ 在点 x_0 的某去心邻域内有定义, 在此前提下, 如果函数 $f(x)$ 有下列三种情形之一发生, 则点 x_0 就是 $f(x)$ 的间断点:

(1) $f(x)$ 在 $x = x_0$ 没有定义;

(2) 虽 $f(x)$ 在 $x = x_0$ 有定义, 但 $\lim\limits_{x \to x_0} f(x)$ 不存在;

(3) 虽 $f(x)$ 在 $x = x_0$ 有定义, 且 $\lim\limits_{x \to x_0} f(x)$ 存在, 但 $\lim\limits_{x \to x_0} f(x) \neq f(x_0)$.

如例 1.8.2, 因 $\lim\limits_{x \to 0} f(x)$ 不存在, 故 $x = 0$ 是函数 $f(x)$ 的间断点.

前面学过, 函数 $f(x)$ 在点 x_0 连续 $\Leftrightarrow \lim\limits_{x \to x_0} f(x) = f(x_0)$. 但如果 x_0 是 $f(x)$ 的间断点, 那么函数 $f(x)$ 在点 x_0 附近的变化趋势将各不相同, 下面就举例归纳其类型.

2. 间断点的常见类型

(1) 跳跃间断点. 如果函数 $f(x)$ 当 $x \to x_0$ 时, 左、右极限都存在, 但不相等, 即 $\lim\limits_{x \to x_0^+} f(x) \neq \lim\limits_{x \to x_0^-} f(x)$, 则称 x_0 是 $f(x)$ 的跳跃间断点.

例 1.8.6 求函数 $f(x) = \begin{cases} -x, & x < 0, \\ 1 + x, & x > 0 \end{cases}$ 的间断点.

解 因 $f(x)$ 在 $x = 0$ 无定义, 故 $x = 0$ 是函数间断点. 又

$$\lim_{x \to 0^-} f(x) = 0, \qquad \lim_{x \to 0^+} f(x) = 1,$$

即

$$\lim_{x \to 0^-} f(x) \neq \lim_{x \to 0^+} f(x),$$

因图形在 $x = 0$ 处产生跳跃现象 (图 1.8.6), 所以称 $x = 0$ 是 $f(x)$ 的跳跃间断点.

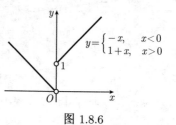

图 1.8.6

47

(2) 可去间断点. 如果函数 $f(x)$ 当 $x \to x_0$ 时, 左、右极限存在且相等, 但不等于函数值 $f(x_0)$ 或函数 $f(x)$ 在 x_0 处无定义, 则称 x_0 是 $f(x)$ 的可去间断点.

例 1.8.7   求函数 $f(x) = \begin{cases} 2\sqrt{x}, & 0 \leqslant x < 1, \\ 1, & x = 1, \\ 1+x, & x > 1 \end{cases}$ 的间断点.

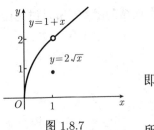

图 1.8.7

解   由于

$$\lim_{x \to 1^-} f(x) = 2, \quad \lim_{x \to 1^+} f(x) = 2,$$

即

$$\lim_{x \to 1} f(x) = 2 \neq f(1),$$

所以 $x = 1$ 是 $f(x)$ 的间断点 (图 1.8.7).

但如果改变函数 $f(x)$ 在 $x = 1$ 处的定义: 令 $f(1) = 2$, 则函数 $f(x)$ 在 $x = 1$ 处连续. 所以 $x = 1$ 称为 $f(x)$ 的可去间断点.

例 1.8.8   求函数 $f(x) = x \cos \dfrac{1}{x}$ 的间断点.

解   因函数 $f(x)$ 在 $x = 0$ 处无定义, 所以 $x = 0$ 是 $f(x)$ 间断点. 又

$$\lim_{x \to 0} x \cos \frac{1}{x} = 0,$$

如果补充函数 $f(x)$ 在 $x = 0$ 处的定义: 令 $f(0) = 0$, 则函数 $f(x)$ 在 $x = 0$ 处连续, 所以 $x = 0$ 称为 $f(x)$ 的可去间断点.

跳跃间断点和可去间断点的共同特点是函数在此类间断点处的左、右极限都存在, 所以把它们统称为第一类间断点.

(3) 第二类间断点. 除第一类间断点以外, 函数的其他间断点统称为第二类间断点. 其特点是在此类间断点处的左、右极限至少有一个不存在.

例 1.8.9   讨论函数 $f(x) = \begin{cases} \dfrac{1}{x}, & x > 0, \\ x, & x \leqslant 0 \end{cases}$ 在 $x = 0$ 处的连续性.

解   虽 $f(x)$ 在 $x = 0$ 处有定义, 由于

$$\lim_{x \to 0^-} f(x) = \lim_{x \to 0^-} x = 0,$$

$$\lim_{x \to 0^+} f(x) = \lim_{x \to 0^+} \frac{1}{x} = +\infty,$$

即当 $x \to 0$ 时 $f(x)$ 右极限不存在. 则 $x = 0$ 是 $f(x)$ 的第二类间断点. 又 $\lim\limits_{x \to 0^+} f(x) = +\infty$, 所以也称 $x = 0$ 是 $f(x)$ 的无穷间断点(图 1.8.8).

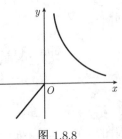

图 1.8.8

例 1.8.10 函数 $f(x) = \sin \dfrac{1}{x}$ 在 $x = 0$ 无定义, 且 $\lim\limits_{x \to 0^+} \sin \dfrac{1}{x}$ 与 $\lim\limits_{x \to 0^-} \sin \dfrac{1}{x}$ 皆不存在, 所以 $x = 0$ 是 $f(x)$ 的第二类间断点.

又在 $x \to 0$ 的过程中, 函数值在 -1 与 1 之间来回变动, 所以点 $x = 0$ 称为 $f(x)$ 的振荡间断点(图 1.8.9).

可把函数间断点类型用图 1.8.10 直观表示.

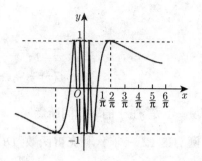

图 1.8.9

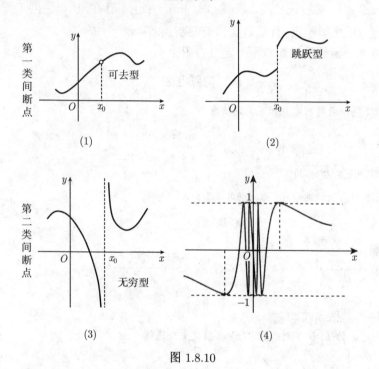

(1)   (2)

(3)   (4)

图 1.8.10

例 1.8.11 求函数 $f(x) = \dfrac{x}{\mathrm{e}^{\frac{x}{x-1}} - 1}$ 的间断点并判别其类型.

解 因为 $f(x)$ 在 $x = 0, x = 1$ 处无定义, 所以 $x = 0$, $x = 1$ 是 $f(x)$ 间断点. 又

$$\lim_{x \to 0} f(x) = \lim_{x \to 0} \frac{x}{\dfrac{x}{x-1}} = \lim_{x \to 0} (x - 1) = -1,$$

所以 $x = 0$ 是 $f(x)$ 的可去间断点;

因为

$$\lim_{x\to 1^-}\frac{x}{x-1}=-\infty,\quad \lim_{x\to 1^+}\frac{x}{x-1}=+\infty,$$

$$\lim_{x\to 1^-}f(x)=-1\neq\lim_{x\to 1^+}f(x)=0,$$

所以 $x=1$ 是 $f(x)$ 的跳跃间断点.

例 1.8.12　求狄利克雷函数 $D(x)=\begin{cases}1,&x是有理数,\\0,&x是无理数\end{cases}$ 的间断点并判别其

类型.

解　$\forall x_0\in(-\infty,+\infty)$, 当 $x\to x_0$ 时 $\lim\limits_{x\to x_0}D(x)$ 不存在, 所以区间 $(-\infty,+\infty)$ 内每一点都是 $D(x)$ 间断点, 且都是第二类间断点.

注 1.8.2　函数的间断点不一定是有限个.

习题 1.8

1. 作出下列函数的图形并研究其连续性:

(1) $f(x)=\begin{cases}x,&|x|\leqslant 1,\\1,&|x|>1;\end{cases}$

(2) $f(x)=\sqrt{x^2(x-1)^3}$.

2. 指出下列函数的间断点, 并判别其类型:

(1) $f(x)=\dfrac{x^2-x}{|x|\,(x^2-1)}$;　　　(2) $f(x)=\dfrac{\sin x}{x^2-x}$;

(3) $f(x)=\dfrac{1-e^{\frac{1}{x}}}{1+e^{\frac{1}{x}}}$;　　　(4) $f(x)=\dfrac{x\arctan\dfrac{1}{x-1}}{\sin\dfrac{\pi}{2}x}$;

(5) $f(x)=\lim\limits_{n\to+\infty}\dfrac{1-x^{2n}}{1+x^{2n}}$.

3. 试确定 a 的值, 使下列函数 $f(x)$ 在指定点处连续:

(1) $f(x)=\begin{cases}\dfrac{2}{x},&x\geqslant 1,\\a\cos\pi x,&x<1\end{cases}$ 在 $x=1$ 处;

(2) $f(x)=\begin{cases}(\cos x)^{x^{-2}},&x\geqslant 0,\\a,&x<0\end{cases}$ 在 $x=0$ 处;

(3) $f(x)=\begin{cases}x^a\sin\dfrac{1}{x},&x>0,\\e^x-1,&x\leqslant 0\end{cases}$ 在 $x=0$ 处.

4. 若函数 $f(x)$ 在 x_0 连续, 则 $|f(x)|$, $f^2(x)$ 在 x_0 是否连续? 又若 $|f(x)|$, $f^2(x)$ 在 x_0 连续, 则 $f(x)$ 在 x_0 是否连续? 若连续, 请说明理由; 若不连续, 请举出反例.

1.9 连续函数的运算与初等函数的连续性

由极限的运算法则可得连续函数的运算性质.

1.9.1 连续函数的运算性质

定理 1.9.1 若函数 $f(x)$, $g(x)$ 在点 x_0 处连续, 则函数 $f(x) \pm g(x)$, $f(x) \cdot g(x)$, $\dfrac{f(x)}{g(x)}(g(x_0) \neq 0)$ 在点 x_0 处连续.

例如, 1.8 节已经证明 $\sin x$, $\cos x$ 在 $(-\infty, +\infty)$ 内连续, 由定理 1.9.1 可得

$$\tan x = \frac{\sin x}{\cos x}, \quad \cot x = \frac{\cos x}{\sin x}, \quad \sec x = \frac{1}{\cos x}, \quad \csc x = \frac{1}{\sin x}$$

在其定义域内连续. 总之三角函数在其定义域内都连续.

例 1.9.1 设函数 $f(x)$ 与 $g(x)$ 在 x_0 连续, 证明函数 $\phi(x) = \max\{f(x),\, g(x)\}$ 在 x_0 连续.

证 因有

$$\phi(x) = \max\{f(x),\, g(x)\}$$
$$= \frac{1}{2}[f(x) + g(x) + |f(x) - g(x)|],$$

又若 $f(x)$ 在 x_0 连续, 则 $|f(x)|$ 在 x_0 也连续, 再由定理 1.9.1 即得 $\phi(x)$ 在 x_0 连续.

1.9.2 反函数与复合函数的连续性

定理 1.9.2 (反函数的连续性) 如果函数 $y = f(x)$ 在区间 I_x 上单调增加 (或单调减少) 且连续, 那么它的反函数 $x = f^{-1}(y)$ 也在对应的区间 I_y 上单调增加 (或单调减少) 且连续.

证明从略.

例如, 由 $\sin x$ 在闭区间 $\left[-\dfrac{\pi}{2}, \dfrac{\pi}{2}\right]$ 上单调增加且连续及定理 1.9.2 可得: 它的反函数 $y = \arcsin x$ 在闭区间 $[-1,1]$ 上也是单调增加且连续的.

同样, 由定理 1.9.2 可证: 函数 $y = \arccos x$ 在闭区间 $[-1,1]$ 上单调减少且连续; $y = \arctan x$ 在区间 $(-\infty, +\infty)$ 内单调增加且连续; 函数 $y = \text{arccot}x$ 在区间 $(-\infty, +\infty)$ 内单调减少且连续.

总之, 反三角函数 $\arcsin x$, $\arccos x$, $\arctan x$, $\text{arccot}x$ 分别在其定义域内都是连续的.

再如, 由指数函数 $y = a^x(a > 0,\, a \neq 1)$ 在区间 $(-\infty, +\infty)$ 内的单调性和连续性及定理 1.9.2 可得: 对数函数 $y = \log_a x(a > 0,\, a \neq 1)$ 在区间 $(0, +\infty)$ 内单调且连续.

定理 1.9.3 设函数 $y = f(g(x))$ 由函数 $u = g(x)$ 与函数 $y = f(u)$ 复合而成, $\overset{\circ}{U}(x_0) \subset D_{f \circ g}$. 若 $\lim\limits_{x \to x_0} g(x) = u_0$, 而函数 $y = f(u)$ 在 $u = u_0$ 连续, 则

$$\lim_{x \to x_0} f(g(x)) = f(u_0) = f\left(\lim_{x \to x_0} g(x)\right). \tag{1.1}$$

证 按函数极限的定义, 即要证: $\forall \varepsilon > 0$, $\exists \delta > 0$, 使得当 $0 < |x - x_0| < \delta$ 时, 有 $|f(g(x)) - f(u_0)| < \varepsilon$ 成立.

因为 $y = f(u)$ 在 $u = u_0$ 连续, 所以 $\forall \varepsilon > 0$, $\exists \eta > 0$, 使得当 $|u - u_0| < \eta$ 时, 恒有

$$|f(u) - f(u_0)| < \varepsilon$$

成立.

又因 $\lim\limits_{x \to x_0} g(x) = u_0$, 对上述的 $\eta > 0$, $\exists \delta > 0$, 使得当 $0 < |x - x_0| < \delta$ 时, 有

$$|g(x) - u_0| = |u - u_0| < \eta$$

成立.

将上面两步合起来有: $\forall \varepsilon > 0$, $\exists \delta > 0$, 使得当 $0 < |x - x_0| < \delta$ 时, 有

$$|f(u) - f(u_0)| = |f(g(x)) - f(u_0)| < \varepsilon$$

成立. 即证明了 $\lim\limits_{x \to x_0} f(g(x)) = f(u_0)$.

注 1.9.1 (1) 式 (1.1) 表明在定理 1.9.3 的条件下, 如果作代换 $u = g(x)$, 那么 $\lim\limits_{x \to x_0} f(g(x)) = \lim\limits_{u \to u_0} f(u)$.

(2) 式 (1.1) 表明在定理 1.9.3 的条件下, 当求复合函数 $f(g(x))$ 的极限时, 函数符号 f 与极限符号 $\lim\limits_{x \to x_0}$ 可以交换次序.

(3) 把定理 1.9.3 中的 $x \to x_0$ 换成 $x \to \infty$, 结论亦成立.

例 1.9.2 求 $\lim\limits_{x \to 0} \dfrac{\ln(1 + x)}{x}$.

解 因 $y = \dfrac{\ln(1 + x)}{x} = \ln(1 + x)^{\frac{1}{x}}$, 则 $y = \ln(1 + x)^{\frac{1}{x}}$ 可看成由 $y = \ln u$ 与 $u = (1 + x)^{\frac{1}{x}}$ 复合而成. 又 $\lim\limits_{x \to 0}(1 + x)^{\frac{1}{x}} = \mathrm{e}$, 且函数 $y = \ln u$ 在点 $u = \mathrm{e}$ 处连续, 故

$$\lim_{x \to 0} \ln(1 + x)^{\frac{1}{x}} = \lim_{u \to \mathrm{e}} \ln u = \ln \mathrm{e} = 1.$$

上式也可以写成 $\lim\limits_{x \to 0} \ln(1 + x)^{\frac{1}{x}} = \ln\left[\lim\limits_{x \to 0}(1 + x)^{\frac{1}{x}}\right] = \ln \mathrm{e} = 1$.

例 1.9.3 求 $\lim\limits_{x \to 0} \dfrac{\mathrm{e}^x - 1}{x}$.

解 令 $\mathrm{e}^x - 1 = y$, 则有 $x = \ln(1 + y)$, 当 $x \to 0$ 时 $y \to 0$. 于是

$$\lim_{x \to 0} \frac{\mathrm{e}^x - 1}{x} = \lim_{y \to 0} \frac{y}{\ln(1 + y)} = \lim_{y \to 0} \frac{1}{\ln(1 + y)^{\frac{1}{y}}} = 1.$$

同样可求得

$$\lim_{x \to 0} \frac{a^x - 1}{x} = \ln a.$$

由等价无穷小定义得, 当 $x \to 0$ 时, $\ln(1+x) \sim x$, $\mathrm{e}^x - 1 \sim x$.

定理 1.9.4 (复合函数的连续性) 设函数 $y = f(g(x))$ 由函数 $u = g(x)$ 与函数 $y = f(u)$ 复合而成, $U(x_0) \subset D_{fog}$. 若函数 $u = g(x)$ 在 $x = x_0$ 连续, 且 $g(x_0) = u_0$, 而函数 $y = f(u)$ 在 $u = u_0$ 连续, 则复合函数 $y = f(g(x))$ 在 $x = x_0$ 也连续.

证 按函数连续性定义, 即要证 $\lim\limits_{x \to x_0} f(g(x)) = f(g(x_0))$. 这只要在定理 1.9.3 中令 $g(x_0) = u_0$, 则函数 $u = g(x)$ 在点 $x = x_0$ 处连续, 于是由式 (1.1) 得

$$\lim_{x \to x_0} f(g(x)) = f(u_0) = f(g(x_0)).$$

例 1.9.4 讨论函数 $\sin \dfrac{1}{x}$ 的连续性.

解 函数 $\sin \dfrac{1}{x}$ 可看成是由 $u = \dfrac{1}{x}$ 及 $y = \sin u$ 复合而成的. 函数 $u = \dfrac{1}{x}$ 在 $(-\infty, 0) \bigcup (0, +\infty)$ 内连续, 函数 $y = \sin u$ 在 $(-\infty, +\infty)$ 内连续, 根据定理 1.9.4, 函数 $\sin \dfrac{1}{x}$ 在 $(-\infty, 0) \bigcup (0, +\infty)$ 内连续.

例 1.9.5 证明幂函数 $y = x^\alpha (\alpha$ 为实数) 在 $(0, +\infty)$ 内连续.

证 当时, 函数 $y = x^\alpha = \mathrm{e}^{\alpha \ln x}$ 可看作是由 $y = \mathrm{e}^u$ 与 $u = \alpha \ln x$ 复合而成的. 函数 $u = \alpha \ln x$ 在 $(0, +\infty)$ 内连续, $y = \mathrm{e}^u$ 在 $(-\infty, +\infty)$ 内连续, 根据定理 1.9.4, 函数 $y = x^\alpha$ 在 $(0, +\infty)$ 内连续.

幂函数 $y = x^\alpha$ 的定义域随幂指数 α 的值而异. 如果对幂指数 α 的不同值分别加以讨论, 可以证明: 幂函数在它的定义域内是连续的.

1.9.3 初等函数的连续性

回顾前面所学函数的连续性知道三角函数、反三角函数、指数函数、对数函数、幂函数分别在各自的定义域内是连续的. 综合起来得到: 基本初等函数在它们的定义域内都是连续的.

由基本初等函数的连续性及定理 1.9.1、定理 1.9.4 可得初等函数的连续性:

一切初等函数在其定义区间内都是连续的. 所谓定义区间就是包含在定义域内的区间.

注 1.9.2 (1) 初等函数在其定义区间内都是连续的, 但在其定义域内不一定连续.

例如, 函数 $y = \sqrt{\cos x - 1}$, 定义域是 $D : x = 0, \pm 2\pi, \pm 4\pi, \cdots$ 只是无穷个孤立点, 在这些孤立点的邻域内函数没有定义, 所以 $x = 0, \pm 2\pi, \pm 4\pi, \cdots$ 是 $\sqrt{\cos x - 1}$ 的间断点.

(2) 可利用初等函数的连续性求函数的极限: 若 $f(x)$ 是初等函数, 且 x_0 是 $f(x)$ 的定义区间内的点, 则

$$\lim_{x \to x_0} f(x) = f(x_0).$$

(3) 因为分段函数不是初等函数, 所以其在定义区间内不一定连续.

例 1.9.6 求 $\lim\limits_{x \to 1} \sin \sqrt{e^x - 1}$.

解 点 $x = 1$ 是初等函数 $\sin \sqrt{e^x - 1}$ 的定义区间 $[0, 2]$ 内的点, 所以

$$\lim_{x \to 1} \sin \sqrt{e^x - 1} = \sin \sqrt{e^1 - 1} = \sin \sqrt{e - 1}.$$

例 1.9.7 求 $\lim\limits_{x \to 0} (1 + x)^{\frac{2}{\tan x}}$.

解 因为

$$(1 + x)^{\frac{2}{\tan x}} = (1 + x)^{\frac{1}{x} \cdot \frac{2x}{\tan x}} = e^{\frac{2x}{\tan x} \ln(1+x)^{\frac{1}{x}}},$$

根据定理 1.9.3 及极限的运算法则, 便有

$$\lim_{x \to 0} (1 + x)^{\frac{2}{\tan x}} = e^{\lim\limits_{x \to 0} \frac{2x}{\tan x} \ln(1+x)^{\frac{1}{x}}} = e^2.$$

一般地, 对于形如 $u(x)^{v(x)}(u(x) > 0,\ u(x) \neq 1)$ 的函数, 如果

$$\lim u(x) = a > 0, \quad \lim v(x) = b,$$

那么

$$\lim u(x)^{v(x)} = a^b.$$

这里三个 $\lim$ 都表示在同一自变量变化过程中的极限.

例 1.9.8 讨论函数 $f(x) = \lim\limits_{n \to +\infty} \dfrac{x^n - 1}{x^n + 1}$ 的连续性.

解 当 $|x| > 1$ 时, 有

$$f(x) = \lim_{n \to +\infty} \frac{x^n - 1}{x^n + 1} = 1;$$

当 $|x| < 1$ 时, 有

$$f(x) = \lim_{n \to +\infty} \frac{x^n - 1}{x^n + 1} = -1;$$

当 $x = -1$ 时, $f(x)$ 无定义, 而 $f(1) = 0$.
于是

$$f(x) = \begin{cases} -1, & |x| < 1, \\ 0, & x = 1, \\ 1, & |x| > 1. \end{cases}$$

显然, $x = \pm 1$ 是 $f(x)$ 的间断点, 所以 $f(x)$ 在定义区间 $(-1, +\infty)$ 内不连续, 而分别在区间 $(-\infty, -1),\ (-1, 1),\ (1, +\infty)$ 内连续.

注 1.9.3 含参数的极限一定要考虑参数的取值范围.

1.9.4 闭区间上连续函数的性质

若函数 $f(x)$ 在闭区间 $[a,b]$ 上连续, 则从它的几何图形明显可以看出它具有的性质, 如最大值与最小值 (图 1.9.1). 而这些性质无论是在微积分的理论还是在应用中都有重要的作用. 下面以定理形式分别介绍两个常用的重要性质.

1. 最大值与最小值性质

定义 1.9.1 设函数 $f(x)$ 在区间 I 上有定义, 如果存在 $x_0 \in I$, 使得对于任一 $x \in I$ 都有

$$f(x) \leqslant f(x_0) \quad (f(x) \geqslant f(x_0)),$$

则称 $f(x_0)$ 是函数 $f(x)$ 在区间 I 上的最大 (小) 值.

定理 1.9.5 (最大值与最小值性质) 在闭区间上连续的函数一定有最大值与最小值. 即若函数 $f(x)$ 在闭区间 $[a,b]$ 上连续, 则至少 $\exists \xi_1, \xi_2 \in [a,b]$, 使得 $\forall x \in [a,b]$, 有

$$f(\xi_1) \geqslant f(x), \quad f(\xi_2) \leqslant f(x).$$

如图 1.9.1.

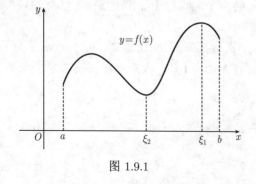

图 1.9.1

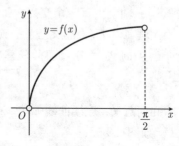

图 1.9.2

注 1.9.4 (1) 若区间是开区间定理不一定成立.

例如, 函数 $y = \sin x$ 在开区间 $\left(0, \dfrac{\pi}{2}\right)$ 内连续, 但在区间 $\left(0, \dfrac{\pi}{2}\right)$ 内既无最大值也无最小值. 如图 1.9.2.

(2) 若区间内有间断点定理不一定成立.

例如, 对函数 $f(x) = \begin{cases} 1-x, & 0 \leqslant x < 1, \\ 1, & x = 1, \\ 3-x, & 1 < x \leqslant 2, \end{cases}$ 点 $x = 1$ 是它的间断点, 其在闭区间

$[0, 2]$ 上既无最大值也无最小值. 如图 1.9.3.

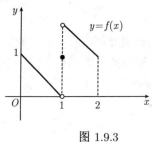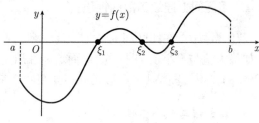

图 1.9.3   图 1.9.4

推论 1.9.1   在闭区间上连续的函数一定在该区间上有界.

2. 介值定理

观察图 1.9.4, 曲线 $f(x)$ 与 x 轴相交于三点 ξ_1, ξ_2, ξ_3, 即 $f(\xi_1) = f(\xi_2) = f(\xi_3) = 0$, 称 ξ_1, ξ_2, ξ_3 为 $f(x)$ 的零点.

定理 1.9.6 (零点定理)   设函数 $f(x)$ 在闭区间 $[a,b]$ 上连续, 且 $f(a)$ 与 $f(b)$ 异号, 即 $f(a) \cdot f(b) < 0$, 那么在开区间 (a,b) 内至少有函数的一个零点, 即至少存在一点 $\xi \in (a,b)$ 使

$$f(\xi) = 0,$$

即 $\xi \in (a,b)$ 是方程 $f(x) = 0$ 的一个实根.

几何意义: 如果连续曲线弧 $y = f(x)$ 的两个端点位于 x 轴的两侧, 那么这段曲线弧与 x 轴至少有一个交点.

定理 1.9.7 (介值定理)   设函数 $f(x)$ 在闭区间 $[a,b]$ 上连续, 且 $f(a) \neq f(b)$, c 是介于 $f(a)$ 与 $f(b)$ 之间的任意实数, 那么在开区间 (a,b) 内至少存在一点 $\xi \in (a,b)$, 使

$$f(\xi) = c.$$

几何意义: 连续曲线弧 $y = f(x)$ 与水平直线 $y = c(f(a) < c < f(b))$ 至少有一个交点. 如图 1.9.5.

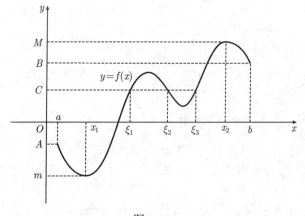

图 1.9.5

证 设 $\phi(x) = f(x) - c$, 则 $\phi(x)$ 在 $[a,b]$ 上连续, 且 $\phi(a) = f(a) - c$, $\phi(b) = f(b) - c$, 因为 $f(a) \neq f(b)$, 且 c 介于 $f(a)$ 与 $f(b)$ 之间, 所以 $\phi(a) \cdot \phi(b) < 0$, 由零点定理知, $\exists \xi \in (a,b)$, 使 $\phi(\xi) = 0$, 即

$$\phi(\xi) = f(\xi) - c = 0,$$

亦即 $f(\xi) = c$.

推论 1.9.2 在闭区间上连续的函数必能取得介于最大值 M 与最小值 m 之间的任何值.

例 1.9.9 证明方程 $x^3 - 4x^2 + 1 = 0$ 在区间 $(0,1)$ 内至少有一实根.

证 令 $f(x) = x^3 - 4x^2 + 1$, 则 $f(x)$ 在闭区间 $[0,1]$ 上连续, 又

$$f(0) = 1 > 0, \quad f(1) = -2 < 0,$$

由零点定理知, $\exists \xi \in (a,b)$, 使 $f(\xi) = 0$, 即 $\xi^3 - 4\xi^2 + 1 = 0$, 所以方程 $x^3 - 4x^2 + 1 = 0$ 在 $(0,1)$ 内至少有一实根 ξ.

例 1.9.10 设函数 $f(x)$ 在闭区间 $[a,b]$ 上连续, 且 $f(a) < a$, $f(b) > b$. 证明 $\exists \xi \in (a,b)$, 使得 $f(\xi) = \xi$.

解 令 $F(x) = f(x) - x$, 由函数 $f(x)$ 在闭区间 $[a,b]$ 上连续, 则 $F(x)$ 在闭区间 $[a,b]$ 上连续. 而 $f(a) < a$, $f(b) > b$, 于是

$$F(a) = f(a) - a < 0, \quad F(b) = f(b) - b > 0,$$

由零点定理知, $\exists \xi \in (a,b)$, 使 $F(\xi) = f(\xi) - \xi = 0$, 即 $f(\xi) = \xi$.

习题 1.9

1. 求下列函数的连续区间:

$$(1)\ f(x) = \frac{x-2}{|x-2|}; \qquad (2)\ f(x) = \begin{cases} \dfrac{\ln(1-x)}{x}, & x < 0, \\[2mm] 0, & x = 0, \\[2mm] \dfrac{\sin x}{x-1}, & x > 0. \end{cases}$$

2. 求下列极限:

$(1)\ \lim\limits_{x \to 0} \dfrac{\sqrt{1+x^2} - 1}{x};$

$(2)\ \lim\limits_{x \to a} \dfrac{\sin x - \sin a}{x - a};$

$(3)\ \lim\limits_{x \to \frac{\pi}{6}} \ln\left(2\cos 2x + \sqrt{2 + x^2}\right);$

$(4)\ \lim\limits_{x \to 0} (1 + 3\tan^2 x)^{\cot x};$

$(5)\ \lim\limits_{x \to \infty} \left(\dfrac{2x-3}{2x+1}\right)^{x+1};$

$(6)\ \lim\limits_{t \to 1} \dfrac{2^t - 2}{3^t - 3};$

$(7)\ \lim\limits_{x \to 0} \dfrac{3\sin x + x^2 \cos \dfrac{1}{x}}{(1 + \cos x)\ln(1+x)};$

$(8)\ \lim\limits_{x \to 0} \left(\dfrac{a^x + b^x}{2}\right)^{\frac{3}{x}} \ (a > 0,\ b > 0 均为常数).$

3. 试确定 $a,\ b$ 的值使下列函数 $f(x)$ 在 $(-\infty, +\infty)$ 内连续:

(1) $f(x) = \begin{cases} \dfrac{1}{x}\sin x, & x < 0, \\ a, & x = 0, \\ \dfrac{1}{x}\sin x + b, & x > 0; \end{cases}$

(2) 设 $f(x) = \phi(x) + \varphi(x)$, 其中 $\phi(x) = \begin{cases} x, & x < 1, \\ a, & x \geqslant 1, \end{cases}$ $\varphi(x) = \begin{cases} b, & x < 0, \\ x + 2, & x \geqslant 0. \end{cases}$

4. 证明:

(1) 曲线 $y = \mathrm{e}^x - 2$ 与直线 $y = x$ 在 $(0, 2)$ 内至少有一个交点.

(2) 方程 $x = a\sin x + b(a > 0,\ b > 0)$ 至少有一个不超过 $a + b$ 的正根.

(3) 奇次多项式 $P(x) = a_0 x^{2n+1} + a_1 x^{2n} + \cdots + a_{2n+1}$, $a_0 \neq 0$ 至少存在一个实根.

5. 设函数 $f(x)$ 在闭区间 $[a, b]$ 上连续, $a < c < d < b$. 证明: 对任意 p 和 q 正数, 至少存在一点 $\xi \in (a, b)$, 使 $pf(c) + qf(d) = (p + q)f(\xi)$.

6. 下述命题是否正确, 若正确请说明理由, 若不正确举出反例.

如果 $f(x)$ 在闭区间 $[a, b]$ 上有定义, 在 (a, b) 内连续, 且 $f(a) \cdot f(b) < 0$, 那么 $f(x)$ 在 (a, b) 内必有零点.

总习题 1

1. 填空题.

(1) 设 $f\left(\dfrac{1}{x} - 1\right) = \dfrac{x}{2x - 1}$, 则 $f(x) = $ ____.

(2) 点 $x = 1$ 是函数 $y = \dfrac{x^2 - 1}{x - 1}\mathrm{e}^{\frac{1}{x-1}}$ 的第 ____ 类 ____ 间断点.

(3) 若 $\lim\limits_{x \to 1} \dfrac{x^3 + a}{(x - 1)(x + 2)}$ 存在, 则 $a = $ ____.

(4) 若 $f(x) = \dfrac{x}{2^{\frac{1}{x}} + 1}$ 在 $x = 0$ 处连续, 则 $f(0) = $ ____.

(5) 设 $f(x) = \begin{cases} 1 + x, & x < 2, \\ 0, & x = 2, \\ x^2 - 1, & x > 2, \end{cases}$ 则 $f\left(\lim\limits_{x \to 1} f(x)\right) = $ ____.

2. 选择题.

(1) 设函数 $f(x) = \begin{cases} 3\mathrm{e}^x, & x < 0, \\ x^2 + 2a, & x \geqslant 0 \end{cases}$ 在 $x = 0$ 处连续, 则 a 的值等于 ( ).

A. 0; B. 1; C. $-\dfrac{3}{2}$; D. $\dfrac{3}{2}$.

(2) 当 $x \to 0^+$ 时, 下列函数中与 $\sqrt{x}$ 等价的无穷小量是 (   ).

A. $1 - \mathrm{e}^{\sqrt{x}}$;　　　B. $\ln \dfrac{1+x}{1-\sqrt{x}}$;　　　C. $\sqrt{1+\sqrt{x}} - 1$;　　　D. $1 - \cos \sqrt{x}$.

(3) 设函数 $f(x)$ 在闭区间 $[a,b]$ 上连续且无零点, $f(a) > 0$, 则下列说法正确的是 (   ).

A. $f(b) > 0$;　　　B. $f(b) = 0$;　　　C. $f(b) < 0$;　　　D. 不能确定 $f(b)$ 的符号.

(4) 函数 $f(x)$ 在 x_0 处连续的充要条件是在 $x \to x_0$ 时 (   ).

A. $f(x)$ 是无穷小量;　　　　　　B. $f(x) = f(x_0) + \alpha(x)$, $\alpha(x)$ 是当 $x \to x_0$ 时无穷小量;

C. $f(x)$ 的左、右极限存在;　　　D. $f(x)$ 的极限存在.

(5) 若函数 $f(x) = \lim\limits_{n \to +\infty} \dfrac{1+x}{1+x^{2n}}$, 则关于 $f(x)$ 的间断点的正确结论是 (   ).

A. 不存在间断点;　　　　　　　　　B. 存在间断点 $x = 1$;

C. 存在间断点 $x = 0$;　　　　　　　D. 存在间断点 $x = -1$.

3. 设函数 $f(x) = \begin{cases} 1 - x, & x \leqslant 0, \\ 1 + x^2, & x > 0, \end{cases}$　$g(x) = \begin{cases} x^2, & x < 0, \\ -x^3, & x \geqslant 0, \end{cases}$　求 $\lim\limits_{x \to 0} f(g(x))$.

4. 用极限定义证明下列极限:

(1) $\lim\limits_{x \to -2} \dfrac{x+2}{x^2-4} = -\dfrac{1}{4}$;　　　(2) $\lim\limits_{x \to \infty} \dfrac{x+1}{x^2+2} = 0$.

5. 用夹逼准则求下列极限:

(1) $\lim\limits_{n \to +\infty} \dfrac{1}{n\sqrt{n}} \left(1 + \sqrt[3]{2} + \sqrt[3]{3} + \cdots + \sqrt[3]{n} \right)$;

(2) 设 $[x]$ 表示 x 的最大整数部分, 求 $\lim\limits_{x \to 0} x \left[\dfrac{3}{x} \right]$.

6. 计算下列各极限:

(1) $\lim\limits_{x \to +\infty} \dfrac{\sqrt{x + \sqrt{x + \sqrt{x}}}}{\sqrt{x+3}}$;　　　(2) $\lim\limits_{x \to \infty} \dfrac{1}{x} \cos \dfrac{1}{x}$;

(3) $\lim\limits_{x \to \frac{\pi}{4}} \dfrac{\sqrt{2} - 2\cos x}{\tan^2 x}$;　　　(4) $\lim\limits_{x \to 0} \dfrac{\sqrt{1 + \tan x} - \sqrt{1 + \sin x}}{x\sqrt{1 + \sin^2 x} - x}$;

(5) $\lim\limits_{x \to 0} \dfrac{(2+x)^x - 2^x}{x^2}$;　　　(6) $\lim\limits_{x \to 0} \dfrac{\cos(x\mathrm{e}^{2x}) - \cos(x\mathrm{e}^{-2x})}{x^3}$;

(7) 已知 $\lim\limits_{x \to 0} \dfrac{\sin 3x + xf(x)}{x^3} = 0$, 求 $\lim\limits_{x \to 0} \dfrac{3 + f(x)}{x^2}$;

(8) $\lim\limits_{n \to +\infty} \sqrt[n]{3^n + 4^n + 5^n}$.

7. 设函数 $f(x) = \dfrac{\mathrm{e}^x - b}{(x-a)(x-1)}$, 问: (1) 当 a, b 为何值时, $f(x)$ 有无穷间断点 $x = 0$?

(2) 当 a, b 为何值时, $f(x)$ 有可去间断点 $x = 1$?

8. 设 $\lim\limits_{x \to \infty} x \sin \dfrac{\mathrm{e}}{x} = \lim\limits_{x \to \infty} \left(1 - \dfrac{k}{x} \right)^{x+3}$, 求常数 k.

9. 设 $f(x)$ 在闭区间 $[a,b]$ 上连续, $a < x_1 < x_2 < \cdots < x_n < b$, 则在 $[x_1, x_n]$ 上必有 ξ, 使

$$\frac{f(x_1) + f(x_2) + \cdots + f(x_n)}{n} = f(\xi).$$

10. 证明: 若函数 $f(x)$ 是以 2π 为周期的连续函数, 则存在 ξ, 使 $f(\xi) = f(\pi + \xi)$.

11. 求具有下列两个性质的多项式 $f(x)$:

$$\lim_{x \to \infty} \frac{f(x)}{x^2 - 1} = 1, \quad \lim_{x \to 1} \frac{f(x)}{x^2 - 1} = 2.$$

12. 设 $f(x) = \begin{cases} 1, & |x| \leqslant 1, \\ 0, & |x| > 1, \end{cases}$ $g(x) = \begin{cases} 2 - x^2, & |x| \leqslant 2, \\ 2, & |x| > 2, \end{cases}$ 求 $f(g(x))$ 的间断点.

习题分析

同步训练

第 **2** 章

导数与微分

本章导读

在了解函数与极限这两个概念的基础上, 进一步介绍微积分的重要组成部分 —— 微分学.

本章主要讨论微分学中导数与微分的概念, 以及它们的运算法则等.

2.1 导数的概念

2.1.1 问题的提出

17 世纪, 在自然科学领域, 一些学科在研究过程中产生了许多相类似的问题, 如物理学中变速运动的瞬时速度问题, 数学中函数的最大值与最小值问题, 曲线的切线斜率问题等. 这些问题的解决不仅要求建立起变量之间的函数关系, 而且需要研究分析函数相对于自变量的变化快慢程度, 即函数的变化率. 牛顿和莱布尼茨分别从瞬时速度和切线斜率出发, 给出了导数的概念.

1. 变速直线运动的瞬时速度

设某质点沿直线运动, 在 $[0, t]$ 时间段内经过的路程为 s, 则路程 s 是时间 t 的函数 $s = s(t)$.

如果质点做匀速直线运动, 那么其在任意时刻 $t_0 \in [0, t]$ 的速度 $v = \dfrac{s(t)}{t}$. 但如果质点运动并不是匀速的, 而是变速直线运动, 那么如何确定质点在时刻 t_0 的速度?

首先可以考虑近似求解, 即取较短时间段内的平均速度 $\bar{v}$ 来近似 t_0 时刻的速度, 如取时间间隔 $[t_0, t_0 + \Delta t]$, 该时间段内质点经过的路程为

$$\Delta s = s(t_0 + \Delta t) - s(t_0),$$

则 $[t_0, t_0 + \Delta t]$ 时间段内质点的平均速度为

$$\bar{v} = \frac{\Delta s}{\Delta t} = \frac{s(t_0 + \Delta t) - s(t_0)}{\Delta t}.$$

显然, 这种近似是不精确的, 但是可以看出, 所取时间间隔越小, 近似的精确程度越高. 因此, 令 $\Delta t \to 0$, 如果 $\bar{v}$ 的极限存在, 记作 v, 即

$$v = \lim_{\Delta t \to 0} \frac{\Delta s}{\Delta t} = \lim_{\Delta t \to 0} \frac{s(t_0 + \Delta t) - s(t_0)}{\Delta t}.$$

那么称此极限值 v 是质点在时刻 t_0 的瞬时速度.

2. 平面曲线的切线

在中学的解析几何中, 圆的切线被定义为与曲线只有一个交点的直线. 显然这个定义对于一般的曲线并不成立, 如抛物线 $y = x^2$, x 轴和 y 轴都与其只有一个交点, x 轴是它的切线, 而 y 轴并不是.

事实上, 平面曲线的切线可按如下方法定义:

设 M 为平面曲线 C 上的一点 (图 2.1.1), 在曲线 C 上取点 M 外的一点 N, 作割线 MN. 当点 N 沿着曲线 C 趋于点 M 时, 割线 MN 绕点 M 趋于其极限位置 MT, 则称直线 MT 为曲线 C 在点 M 处的切线. 这里极限位置的含义是弦长 $|MN|$ 趋于零, $\angle NMT$ 也趋于零.

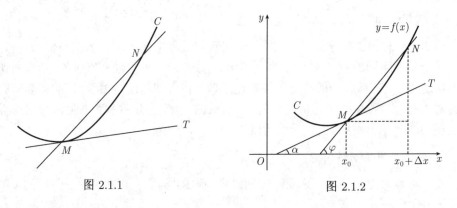

图 2.1.1   图 2.1.2

根据上述定义, 由直线的点斜式方程可知, 已知切点坐标, 确定切线方程只需确定其斜率即可.

记割线 MN 的倾角为 φ, 切线 MT 的倾角为 α(图 2.1.2). 显然, 当点 N 沿着曲线 C 趋于点 M 时, 割线 MN 的倾角 φ 趋于切线 MT 的倾角 α, 那么割线 MN 的斜率 $\tan \varphi$ 也趋于切线 MT 的斜率 $\tan \alpha$.

设点 M, N 坐标分别为 (x_0, y_0), $(x_0 + \Delta x, y_0 + \Delta y)$, 其中 $\Delta x \neq 0$, 则割线 MN 斜率为

$$\tan \varphi = \frac{\Delta y}{\Delta x} = \frac{f(x_0 + \Delta x) - f(x_0)}{\Delta x}.$$

当点 N 沿着曲线 C 趋于点 M, 即当 $\Delta x \to 0$ 时, 如果 $\tan\varphi$ 的极限存在, 记为 k,

$$k = \lim_{\Delta x \to 0} \frac{\Delta y}{\Delta x} = \lim_{\Delta x \to 0} \frac{f(x_0 + \Delta x) - f(x_0)}{\Delta x},$$

则称此极限 k 就是曲线 C 在点 M 处的切线的斜率, 即 $k = \tan\alpha$.

2.1.2 导数的定义

1. 函数在一点处的导数

通过以上的讨论可以看出, 变速直线运动的瞬时速度和切线的斜率这两个问题, 都可归结为函数增量与自变量增量的比值的极限: $\lim\limits_{\Delta t \to 0} \dfrac{\Delta s}{\Delta t}$ 和 $\lim\limits_{\Delta x \to 0} \dfrac{\Delta y}{\Delta x}$.

事实上, 在自然科学、工程技术和经济管理等很多领域, 都会牵涉到这种函数相对于自变量的变化快慢程度, 即函数的变化率问题, 如农作物的单位收获量、电流强度、角速度和边际收益、边际成本等. 去除这些问题的具体意义, 抽象出其中的数学共性, 可以得到导数的概念.

定义 2.1.1 设函数 $y = f(x)$ 在点 x_0 的某邻域内有定义, 当自变量 x 在点 x_0 处取得增量 Δx(点 $x_0 + \Delta x$ 仍在该邻域内) 时, 相应的函数取得增量 $\Delta y = f(x_0 + \Delta x) - f(x_0)$; 如果当 $\Delta x \to 0$ 时, 极限

$$\lim_{\Delta x \to 0} \frac{\Delta y}{\Delta x} = \lim_{\Delta x \to 0} \frac{f(x_0 + \Delta x) - f(x_0)}{\Delta x} \tag{2.1}$$

存在, 则称函数 $y = f(x)$ 在点 x_0 处可导, 并称此极限值为函数 $y = f(x)$ 在点 x_0 处的导数, 记作 $f'(x_0)$, $y'|_{x=x_0}$, $\left.\dfrac{\mathrm{d}f(x)}{\mathrm{d}x}\right|_{x=x_0}$ 或 $\left.\dfrac{\mathrm{d}y}{\mathrm{d}x}\right|_{x=x_0}$.

如果式 (2.1) 极限不存在, 则称函数 $y = f(x)$ 在点 x_0 处不可导.

根据导数定义, 在上述两例中, 做变速直线运动的质点在 t_0 时刻的瞬时速度就是路程函数 $s(t)$ 在 t_0 处对时间 t 的导数 $s'(t_0)$; 平面曲线 C 在点 M 处的切线斜率为 $f'(x_0)$.

在导数的定义中, 可以看出导数讨论的仍然是函数的增量与自变量的增量之间的关系, 从而类似于对函数连续性的定义的分析, 下面给出函数在一点处的导数的另外一种定义方法:

设 $x = x_0 + \Delta x$, 则 $\Delta x \to 0$ 就是 $x \to x_0$, 相应的

$$\Delta y = f(x_0 + \Delta x) - f(x_0) = f(x) - f(x_0),$$

于是式 (2.1) 可改写为

$$\lim_{x \to x_0} \frac{f(x) - f(x_0)}{x - x_0}.$$

设函数 $y = f(x)$ 在点 x_0 的某邻域内有定义, 如果当 $x \to x_0$ 时, 极限

$$\lim_{x \to x_0} \frac{f(x) - f(x_0)}{x - x_0}$$

存在, 则称函数 $y = f(x)$ 在点 x_0 可导.

2. 单侧导数

在第 1 章极限与连续的讨论中, 我们知道, 当计算函数 $y = f(x)$ 在点 x_0 处的极限时, $x \to x_0$ 的方向是包括左右两侧的. 下面依据左、右极限, 给出左导数和右导数的概念:

如果 x 仅从左侧趋于 x_0, 即 $\Delta x \to 0^-$ 或 $x \to x_0^-$, 极限

$$\lim_{\Delta x \to 0^-} \frac{f(x_0 + \Delta x) - f(x_0)}{\Delta x} \quad \text{或} \quad \lim_{x \to x_0^-} \frac{f(x) - f(x_0)}{x - x_0}$$

存在, 则称此极限值为函数 $y = f(x)$ 在点 x_0 处的**左导数**, 记作 $f'_-(x_0)$;

如果 x 仅从右侧趋于 x_0, 即 $\Delta x \to 0^+$ 或 $x \to x_0^+$, 极限

$$\lim_{\Delta x \to 0^+} \frac{f(x_0 + \Delta x) - f(x_0)}{\Delta x} \quad \text{或} \quad \lim_{x \to x_0^+} \frac{f(x) - f(x_0)}{x - x_0}$$

存在, 则称此极限值为函数 $y = f(x)$ 在点 x_0 处的**右导数**, 记作 $f'_+(x_0)$.

左导数和右导数统称为单侧导数.

由函数极限存在的充分必要条件, 立刻可以得到如下定理.

定理 2.1.1 函数 $y = f(x)$ 在点 x_0 处可导的充分必要条件是函数 $y = f(x)$ 在点 x_0 处的左、右导数都存在且相等.

3. 函数在区间内的可导性

以上讨论的都是函数在一点处的导数. 如果函数 $y = f(x)$ 在开区间 (a, b) 内的每一点都可导, 则称函数 $y = f(x)$ 在开区间 (a, b) 内可导.

若函数 $y = f(x)$ 在开区间 (a, b) 内可导, 则对于任一 $x \in (a, b)$, 都有一个导数值 $f'(x)$ 与之对应, 从而构成一个新的函数, 即 $f'(x)$ 也是 x 的函数, 称其为 $f(x)$ 的导函数, 记作 $f'(x)$, y', $\dfrac{\mathrm{d}f(x)}{\mathrm{d}x}$ 或 $\dfrac{\mathrm{d}y}{\mathrm{d}x}$.

由于导函数是对开区间 (a, b) 内的任一点定义, 所以其定义式只需把式 (2.1) 中的 x_0 换作 x, 即

$$f'(x) = \lim_{\Delta x \to 0} \frac{f(x + \Delta x) - f(x)}{\Delta x}.$$

显然, 函数 $y = f(x)$ 在点 x_0 处的导数 $f'(x_0)$ 就是导函数 $f'(x)$ 在点 x_0 处的函数值, 即

$$f'(x_0) = f'(x)|_{x=x_0}.$$

今后, 导函数 $f'(x)$ 简称为导数, 而 $f'(x_0)$ 称为函数 $f(x)$ 在点 x_0 处的导数或导数 $f'(x)$ 在点 x_0 处的值.

进一步考虑闭区间 $[a,b]$, 显然在区间端点处, 函数 $y = f(x)$ 只能取单侧导数, 从而对于闭区间 $[a,b]$:

如果函数 $y = f(x)$ 在开区间 (a,b) 内可导, 且 $f'_+(a)$ 和 $f'_-(b)$ 都存在, 那么称函数 $f(x)$ 在闭区间 $[a,b]$ 上可导.

4. 求导举例

下面根据导数的定义求一些简单函数的导数以及计算一些极限.

例 2.1.1　求函数 $f(x) = C(C$ 为常数$)$ 的导数.

解　$f'(x) = \lim\limits_{\Delta x \to 0} \dfrac{f(x + \Delta x) - f(x)}{\Delta x} = \lim\limits_{\Delta x \to 0} \dfrac{C - C}{\Delta x} = 0,$ 即

$$(C)' = 0,$$

这就是说, 常数的导数等于零.

例 2.1.2　求函数 $f(x) = x^n(n$ 为正整数$)$ 的导数.

解　$\begin{aligned} f'(x) &= \lim\limits_{\Delta x \to 0} \dfrac{f(x + \Delta x) - f(x)}{\Delta x} = \lim\limits_{\Delta x \to 0} \dfrac{(x + \Delta x)^n - x^n}{\Delta x} \\ &= \lim\limits_{\Delta x \to 0} \dfrac{\mathrm{C}_n^0 x^n + \mathrm{C}_n^1 x^{n-1}\Delta x + \mathrm{C}_n^2 x^{n-2}(\Delta x)^2 + \cdots + \mathrm{C}_n^n(\Delta x)^n - x^n}{\Delta x} \\ &= \lim\limits_{\Delta x \to 0}[\mathrm{C}_n^1 x^{n-1} + \mathrm{C}_n^2 x^{n-2}\Delta x + \cdots + \mathrm{C}_n^n(\Delta x)^{n-1}] \\ &= nx^{n-1}, \end{aligned}$

即 $(x^n)' = nx^{n-1}$.

注 2.1.1　在利用定义计算函数的导数时, 极限中的 Δx 是变量, 而 x 是常量. 更一般地, 幂函数 $y = x^\mu(\mu$ 为常数$)$ 的导数为

$$(x^\mu)' = \mu x^{\mu-1},$$

这就是幂函数的导数公式.

例如, 当 $\mu = \dfrac{1}{2}$ 时, $(\sqrt{x})' = \left(x^{\frac{1}{2}}\right)' = \dfrac{1}{2} x^{\frac{1}{2}-1} = \dfrac{1}{2\sqrt{x}}$;

当 $\mu = -1$ 时, $\left(\dfrac{1}{x}\right)' = (x^{-1})' = (-1)x^{-1-1} = -\dfrac{1}{x^2}$.

例 2.1.3　求函数 $f(x) = \sin x$ 的导数.

解　$f'(x) = \lim\limits_{\Delta x \to 0} \dfrac{f(x+\Delta x)-f(x)}{\Delta x} = \lim\limits_{\Delta x \to 0} \dfrac{\sin(x+\Delta x)-\sin x}{\Delta x}$

$$= \lim_{\Delta x \to 0} \frac{2\cos\left(x+\dfrac{\Delta x}{2}\right)\sin\dfrac{\Delta x}{2}}{\Delta x} = \lim_{\Delta x \to 0} \cos\left(x+\frac{\Delta x}{2}\right)\frac{\sin\dfrac{\Delta x}{2}}{\dfrac{\Delta x}{2}}$$

$$= \cos x,$$

即 $(\sin x)' = \cos x$. 同理可得 $(\cos x)' = -\sin x$. 这就是正弦函数和余弦函数的导数公式.

例 2.1.4　求函数 $f(x) = \log_a x (a>0, a\neq 1)$ 的导数.

解　$f'(x) = \lim\limits_{\Delta x \to 0} \dfrac{f(x+\Delta x)-f(x)}{\Delta x} = \lim\limits_{\Delta x \to 0} \dfrac{\log_a(x+\Delta x)-\log_a x}{\Delta x}$

$$= \lim_{\Delta x \to 0} \frac{1}{\Delta x}\log_a\frac{x+\Delta x}{x} = \lim_{\Delta x \to 0} \frac{1}{x}\cdot\frac{x}{\Delta x}\log_a\left(1+\frac{\Delta x}{x}\right)$$

$$= \lim_{\Delta x \to 0} \frac{1}{x}\log_a\left(1+\frac{\Delta x}{x}\right)^{\frac{x}{\Delta x}} = \frac{1}{x}\log_a\mathrm{e}$$

$$= \frac{1}{x\ln a},$$

即 $(\log_a x)' = \dfrac{1}{x\ln a}$. 这就是对数函数的导数公式.

特殊的, 当 $a=\mathrm{e}$ 时, $f(x) = \ln x$, 则

$$(\ln x)' = \frac{1}{x}.$$

例 2.1.5　利用导数的定义求下列极限:

(1) 设 $f'(x_0) = 2$, 求极限 $\lim\limits_{h\to 0} \dfrac{f(x_0+h)-f(x_0-h)}{h}$;

(2) 已知函数 $f(x)$ 在点 $x=0$ 处可导, 且 $f(0)=0$, 求极限 $\lim\limits_{x\to 0} \dfrac{f(x)}{x}$.

解　(1) 已知 $f'(x_0) = 2$, 即 $\lim\limits_{\Delta x \to 0} \dfrac{f(x_0+\Delta x)-f(x_0)}{\Delta x} = 2$.

令 $\Delta x = h$, 则 $f'(x_0) = \lim\limits_{h\to 0} \dfrac{f(x_0+h)-f(x_0)}{h} = 2$, 所求极限中 $f(x_0+h)-$ $f(x_0-h)$ 可看成: 当函数 $f(x)$ 的自变量 x 从 x_0-h 变化到 x_0+h, 即自变量增量为 $2h$ 时, 相应的函数增量为 $f(x_0+h)-f(x_0-h)$, 故

$$\lim_{h\to 0} \frac{f(x_0+h)-f(x_0-h)}{h} = \lim_{h\to 0} 2\cdot\frac{f(x_0+h)-f(x_0-h)}{2h}$$

$$= 2f'(x_0) = 4.$$

(2) 已知函数 $f(x)$ 在点 $x=0$ 处可导, 即 $f'(0)$ 存在, 又 $f(0)=0$, 则

$$\lim_{x\to 0} \frac{f(x)}{x} = \lim_{x\to 0} \frac{f(x)-f(0)}{x-0} = f'(0).$$

注 2.1.2　导数的本质是函数的变化率. 对于导数的理解, 不要拘泥于自变量的增量只能是 Δx, 相应函数增量是 $f(x_0 + \Delta x) - f(x_0)$. 实际上, 只需是相应的函数增量与自变量增量的比值的极限即可.

例 2.1.6　求函数 $f(x) = \begin{cases} \sin x, & x < 0, \\ x, & x \geqslant 0 \end{cases}$ 在 $x = 0$ 处的导数.

解　由于 $f(x)$ 是分段函数, 其在点 $x = 0$ 的两侧, 函数的解析式不同, 所以求 $x = 0$ 处的导数需要分别计算左导数和右导数.

左导数:

$$\lim_{x \to 0^-} \frac{f(x) - f(0)}{x - 0} = \lim_{x \to 0^-} \frac{\sin x - 0}{x - 0} = \lim_{x \to 0^-} \frac{\sin x}{x} = 1;$$

右导数:

$$\lim_{x \to 0^+} \frac{f(x) - f(0)}{x - 0} = \lim_{x \to 0^+} \frac{x - 0}{x - 0} = \lim_{x \to 0^+} \frac{x}{x} = 1.$$

因为 $f'_-(0) = f'_+(0) = 1$, 所以 $f'(0) = 1$.

注 2.1.3　求分段函数在分段点处的导数时, 一定要使用左、右导数的定义来计算, 而不能直接套用导数公式. 只有当分段点处的左、右导数都存在且相等时, 函数在该点处才可导.

2.1.3　导数的几何意义

根据对平面曲线的切线的讨论可知, 如果函数 $y = f(x)$ 在点 x_0 处可导, 那么 $f'(x_0)$ 在几何上表示曲线 $y = f(x)$ 在点 $M(x_0, y_0)$ 处的切线的斜率, 即

$$k = \tan \alpha = f'(x_0),$$

其中 α 是点 M 处切线的倾角 (图 2.1.3). 从而由直线的点斜式方程可知, 曲线 $y = f(x)$ 在点 $M(x_0, y_0)$ 处的切线方程为

$$y - y_0 = f'(x_0)(x - x_0),$$

法线方程为

$$y - y_0 = -\frac{1}{f'(x_0)}(x - x_0).$$

当 $f'(x_0) = 0$ 时, 即切线斜率为 0, 则切线平行于 x 轴;

当 $f'(x_0) = \infty$ 时, 即切线斜率为 ∞, 则切线垂直于 x 轴, 且切线方程为 $x = x_0$.

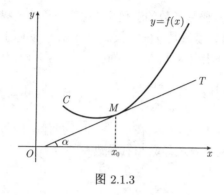

图 2.1.3

例 2.1.7　求曲线 $y = x^{\frac{3}{2}}$ 在点 $(4, 8)$ 处的切线方程和法线方程.

解　已知切点, 所以求切线方程只需求出其斜率, 根据导数的几何意义, 即计算函数在切点处的导数.

因为 $y' = \left(x^{\frac{3}{2}} \right)' = \frac{3}{2} x^{\frac{1}{2}} = \frac{3}{2} \sqrt{x}$, 所以 $y'|_{x=4} = 3$, 故切线方程为 $y - 8 = 3(x - 4)$, 即 $3x - y - 4 = 0$; 法线方程为 $y - 8 = -\frac{1}{3}(x - 4)$, 即 $x + 3y - 28 = 0$.

2.1.4　可导性与连续性的关系

通过对导数的定义可以看到, 函数的导数讨论的是函数的增量与自变量的增量之间的变化关系. 在第 1 章中, 函数的连续性分析的也是这两者之间的关系, 那么函数的可导性和连续性之间有什么样的联系呢?

定理 2.1.2　若函数 $y = f(x)$ 在点 x_0 处可导, 则函数 $y = f(x)$ 在点 x_0 处连续.

证　设函数 $y = f(x)$ 在点 x_0 处可导, 即

$$\lim_{\Delta x \to 0} \frac{\Delta y}{\Delta x} = f'(x_0)$$

存在. 根据具有极限的函数与无穷小的关系可知

$$\frac{\Delta y}{\Delta x} = f'(x_0) + \alpha,$$

其中 α 是当 $\Delta x \to 0$ 时的无穷小, 则 $\Delta y = f'(x_0) \Delta x + \alpha \Delta x$, 从而

$$\lim_{\Delta x \to 0} \Delta y = \lim_{\Delta x \to 0} [f'(x_0) \Delta x + \alpha \Delta x] = 0,$$

所以函数 $y = f(x)$ 在点 x_0 处连续.

注 2.1.4　定理 2.1.2 的逆命题未必成立, 即函数 $y = f(x)$ 在点 x_0 处连续, 但不一定在点 x_0 处可导.

例 2.1.8　讨论函数 $f(x) = |x|$ 在 $x = 0$ 处的连续性与可导性.

解　函数 $f(x) = |x|$ 实际上是分段函数

$$f(x) = \begin{cases} x, & x \geqslant 0, \\ -x, & x < 0, \end{cases}$$

所以其在 $x = 0$ 处的连续性和可导性要分左、右连续和左、右导数来讨论.

连续性:

$$\lim_{x \to 0^-} f(x) = \lim_{x \to 0^-} (-x) = 0, \quad \lim_{x \to 0^+} f(x) = \lim_{x \to 0^+} x = 0, \quad f(0) = 0,$$

因为 $\lim\limits_{x \to 0^-} f(x) = \lim\limits_{x \to 0^+} f(x) = f(0)$, 所以函数 $f(x) = |x|$ 在 $x = 0$ 处连续.

可导性:

$$\lim_{x \to 0^-} \frac{f(x) - f(0)}{x - 0} = \lim_{x \to 0^-} \frac{-x}{x} = -1, \quad \lim_{x \to 0^+} \frac{f(x) - f(0)}{x - 0} = \lim_{x \to 0^+} \frac{x}{x} = 1,$$

因为 $f'_-(0) \neq f'_+(0)$, 所以函数 $f(x) = |x|$ 在 $x = 0$ 处不可导.

例 2.1.9　讨论函数 $f(x) = \sqrt[3]{x}$ 在定义域内的连续性和可导性.

解　函数 $f(x) = \sqrt[3]{x}$ 的定义域为 $(-\infty, +\infty)$. 由于 $f(x) = \sqrt[3]{x}$ 为初等函数, 所以其在定义域 $(-\infty, +\infty)$ 内连续.

根据幂函数导数公式, 有

$$f'(x) = \left(\sqrt[3]{x}\right)' = \frac{1}{3} x^{-\frac{2}{3}},$$

显然, $f'(x)$ 在 $x = 0$ 处无定义.

事实上, 当 $x \to 0$ 时, 极限

$$\lim_{x \to 0} \frac{f(x) - f(0)}{x - 0} = \lim_{x \to 0} \frac{\sqrt[3]{x} - 0}{x - 0} = \lim_{x \to 0} \frac{1}{x^{2/3}} = +\infty.$$

所以函数 $f(x) = \sqrt[3]{x}$ 在点 $x = 0$ 处不可导.

故函数 $f(x) = \sqrt[3]{x}$ 在定义域 $(-\infty, +\infty)$ 内连续, 但仅在 $(-\infty, 0) \cup (0, +\infty)$ 内可导.

综合定理 2.1.2 和以上两例, 可将函数的可导性与连续性的关系简述为: 可导必连续, 但连续未必可导.

习题 2.1

1. 利用导数的定义求函数 $y = 1 - x^2$ 在 $x = 1$ 处的导数.

2. 已知物体的运动规律为 $s = t^3 (\text{m})$, 求这个物体在 $t = 2(\text{s})$ 时的速度.

3. 设 $f'(x_0)$ 存在, 利用导数的定义求下列极限:

(1) $\lim\limits_{\Delta x \to 0} \dfrac{f(x_0 + 3\Delta x) - f(x_0)}{\Delta x}$;　　　　(2) $\lim\limits_{h \to 0} \dfrac{f(x_0 - h) - f(x_0)}{h}$.

4. 求下列函数的导数:

(1) $y = x^5$;   (2) $y = \sqrt[5]{x^3}$;   (3) $y = \dfrac{1}{\sqrt{x}}$;   (4) $y = x^2 \sqrt[3]{x}$.

5. 求函数 $y = (1 + |x - 1|)\sin(x - 1)$ 在 $x = 1$ 处的导数.

6. 求函数 $f(x) = \begin{cases} x, & x < 0, \\ \ln(1 + x), & x \geqslant 0 \end{cases}$ 在 $x = 0$ 处的导数.

7. 求曲线 $y = \dfrac{1}{x}$ 在点 $(1, 1)$ 处的切线方程.

8. 求曲线 $y = \sin x$ 在点 $\left(\dfrac{\pi}{4}, \dfrac{\sqrt{2}}{2} \right)$ 处的切线方程与法线方程.

9. 求曲线 $y = \ln x$ 在点 $(1, 0)$ 处的切线方程与法线方程.

10. 设函数

$$f(x) = \begin{cases} x^2 \sin \dfrac{1}{x}, & x \neq 0, \\ 0, & 0 = 0, \end{cases}$$

讨论函数在 $x = 0$ 处的连续性与可导性.

11. 设函数

$$f(x) = \begin{cases} x^2 + 1, & 0 \leqslant x < 1, \\ 3x - 1, & x \geqslant 1, \end{cases}$$

讨论函数在 $x = 1$ 处的连续性与可导性.

12. 设函数

$$f(x) = \begin{cases} x^2, & x \leqslant 1, \\ ax + b, & x > 1, \end{cases}$$

问当 a, b 取何值时, 函数 $f(x)$ 在 $x = 1$ 处可导.

2.2　函数的求导法则

利用导数的定义求函数的导数, 是求导的最基本方法, 但如果对每个函数求导都使用导数的定义, 会很烦琐复杂. 本节将在导数定义的基础上, 推导一些求导的基本法则和基本初等函数的导数公式, 从而根据这些法则和公式可以较方便地计算一些常见初等函数的导数.

2.2.1　函数的和、差、积、商的求导法则

定理 2.2.1　如果函数 $u = u(x)$ 和 $v = v(x)$ 都在点 x 处可导, 那么它们的和、差、积、商 (除分母为零的点外) 都在点 x 处可导, 且

(1) $[u(x) \pm v(x)]' = u'(x) \pm v'(x)$;

(2) $[u(x)v(x)]' = u'(x)v(x) + u(x)v'(x)$;

(3) $\left[\dfrac{u(x)}{v(x)} \right]' = \dfrac{u'(x)v(x) - u(x)v'(x)}{v^2(x)} \ (v(x) \neq 0)$.

证　(1) 根据导数的定义可知

$$[u(x) \pm v(x)]' = \lim_{\Delta x \to 0} \frac{[u(x + \Delta x) \pm v(x + \Delta x)] - [u(x) \pm v(x)]}{\Delta x}$$

$$= \lim_{\Delta x \to 0} \frac{u(x + \Delta x) - u(x)}{\Delta x} \pm \lim_{\Delta x \to 0} \frac{v(x + \Delta x) - v(x)}{\Delta x}$$

$$= u'(x) \pm v'(x).$$

(2)

$$[u(x)v(x)]'$$

$$= \lim_{\Delta x \to 0} \frac{u(x + \Delta x)v(x + \Delta x) - u(x)v(x)}{\Delta x}$$

$$= \lim_{\Delta x \to 0} \frac{u(x + \Delta x)v(x + \Delta x) - u(x)v(x + \Delta x) + u(x)v(x + \Delta x) - u(x)v(x)}{\Delta x}$$

$$= \lim_{\Delta x \to 0} \left[\frac{u(x + \Delta x) - u(x)}{\Delta x} \cdot v(x + \Delta x) + u(x) \cdot \frac{v(x + \Delta x) - v(x)}{\Delta x} \right]$$

$$= \lim_{\Delta x \to 0} \frac{u(x + \Delta x) - u(x)}{\Delta x} \cdot \lim_{\Delta x \to 0} v(x + \Delta x) + u(x) \cdot \lim_{\Delta x \to 0} \frac{v(x + \Delta x) - v(x)}{\Delta x}$$

$$= u'(x)v(x) + u(x)v'(x).$$

(3)

$$\left[\frac{u(x)}{v(x)} \right]'$$

$$= \lim_{\Delta x \to 0} \frac{\dfrac{u(x + \Delta x)}{v(x + \Delta x)} - \dfrac{u(x)}{v(x)}}{\Delta x}$$

$$= \lim_{\Delta x \to 0} \frac{u(x + \Delta x)v(x) - u(x)v(x + \Delta x)}{v(x + \Delta x)v(x)\Delta x}$$

$$= \lim_{\Delta x \to 0} \frac{u(x + \Delta x)v(x) - u(x)v(x) + u(x)v(x) - u(x)v(x + \Delta x)}{v(x + \Delta x)v(x)\Delta x}$$

$$= \lim_{\Delta x \to 0} \frac{[u(x + \Delta x) - u(x)]v(x) - u(x)[v(x + \Delta x) - v(x)]}{v(x + \Delta x)v(x)\Delta x}$$

$$= \lim_{\Delta x \to 0} \left[\frac{u(x + \Delta x) - u(x)}{\Delta x}v(x) - u(x)\frac{v(x + \Delta x) - v(x)}{\Delta x} \right] \cdot \frac{1}{v(x + \Delta x)v(x)}$$

$$= \frac{u'(x)v(x) - u(x)v'(x)}{v^2(x)}.$$

注 2.2.1 (1) 定理 2.2.1 中法则 (1), (2) 可推广到有限多个可导函数的情形. 例如, 设 $u = u(x)$, $v = v(x)$ 和 $w = w(x)$ 都可导, 则

$$(u \pm v \pm w)' = u' \pm v' \pm w';$$

$$(uvw)' = [(uv)w]' = (uv)'w + (uv)w' = u'vw + uv'w + uvw'.$$

(2) 在法则 (2) 中, 若 $v(x) = C$(C 为常数), 则

$$(Cu)' = Cu'.$$

(3) 在法则 (3) 中, 若 $u(x) = C(C$ 为常数), 则

$$\left[\frac{C}{v}\right]' = -C\frac{v'}{v^2}.$$

例 2.2.1 设函数 $y = x^3 - 2x^2 + \sqrt{x} + 3$, 求 y'.

解 $y' = (x^3 - 2x^2 + \sqrt{x} + 3)'$

$$= (x^3)' - (2x^2)' + (\sqrt{x})' + (3)'$$

$$= 3x^2 - 4x + \frac{1}{2\sqrt{x}}.$$

例 2.2.2 设函数 $f(x) = x^2 - \sin x + \cos\frac{\pi}{4}$, 求 $f'(x)$ 及 $f'\left(\frac{\pi}{4}\right)$.

解 $f'(x) = 2x - \cos x, f'\left(\frac{\pi}{4}\right) = \frac{\pi}{2} - \frac{\sqrt{2}}{2}.$

例 2.2.3 求函数 $y = 2x\sin x$ 的导数.

解 $y' = (2x\sin x)' = 2(x'\sin x + x\sin' x) = 2(\sin x + x\cos x).$

例 2.2.4 求函数 $y = \tan x$ 的导数.

解 $y' = (\tan x)' = \left[\frac{\sin x}{\cos x}\right]'$

$$= \frac{(\sin x)'\cos x - \sin x(\cos x)'}{\cos^2 x}$$

$$= \frac{\cos^2 x + \sin^2 x}{\cos^2 x} = \frac{1}{\cos^2 x} = \sec^2 x,$$

即 $(\tan x)' = \sec^2 x$. 这就是正切函数的导数公式.

例 2.2.5 求函数 $y = \sec x$ 的导数.

解 $y' = (\sec x)' = \left[\frac{1}{\cos x}\right]'$

$$= -\frac{(\cos x)'}{\cos^2 x} = \frac{\sin x}{\cos^2 x}$$

$$= \sec x\tan x,$$

即 $(\sec x)' = \sec x\tan x$. 这就是正割函数的导数公式.

同理可以推导余切函数和余割函数的求导公式:

$$(\cot x)' = -\csc^2 x, \quad (\csc x)' = -\csc x\cot x.$$

2.2.2 反函数的求导法则

定理 2.2.2 如果函数 $x = f^{-1}(y)$ 在区间 I_y 内单调、可导且

$$[f^{-1}(y)]' = \frac{\mathrm{d}[f^{-1}(y)]}{\mathrm{d}y} \neq 0,$$

那么它的反函数 $y = f(x)$ 在区间 $I_x = \{x | x = f^{-1}(y), y \in I_y\}$ 内也可导, 且

$$f'(x) = \frac{1}{[f^{-1}(y)]'} \quad \text{或} \quad \frac{\mathrm{d}y}{\mathrm{d}x} = \frac{1}{\dfrac{\mathrm{d}x}{\mathrm{d}y}},$$

证　因为函数 $x = f^{-1}(y)$ 在区间 I_y 内单调、可导, 则 $x = f^{-1}(y)$ 在区间 I_y 内单调、连续, 从而其反函数 $y = f(x)$ 存在, 且在区间 I_x 内也单调、连续.

任取 $x \in I_x$, 设 x 取增量 $\Delta x \neq 0 (x + \Delta x \in I_x)$, 则相应函数的增量

$$\Delta y = f(x + \Delta x) - f(x) \neq 0,$$

又函数 $y = f(x)$ 在区间 I_x 内连续, 即

$$\lim_{\Delta x \to 0} \Delta y = 0,$$

故

$$f'(x) = \lim_{\Delta x \to 0} \frac{\Delta y}{\Delta x} = \lim_{\Delta y \to 0} \frac{1}{\dfrac{\Delta x}{\Delta y}} = \frac{1}{[f^{-1}(y)]'}.$$

反函数求导法则可简述为: 反函数的导数等于直接函数导数的倒数.

例 2.2.6　求函数 $= \arcsin x$ 的导数.

解　因为 $y = \arcsin x (x \in (-1, 1))$ 是函数 $x = \sin y \left(y \in \left(-\dfrac{\pi}{2}, \dfrac{\pi}{2} \right) \right)$ 的反函数, 且 $x = \sin y$ 在区间 $\left(-\dfrac{\pi}{2}, \dfrac{\pi}{2} \right)$ 内单调、可导, 故

$$y' = (\arcsin x)' = \frac{1}{(\sin y)'} = \frac{1}{\cos y} = \frac{1}{\sqrt{1 - \sin^2 y}} = \frac{1}{\sqrt{1 - x^2}},$$

即

$$(\arcsin x)' = \frac{1}{\sqrt{1 - x^2}}.$$

这就是反正弦函数的导数公式.

同理可推导得反余弦函数的导数公式:

$$(\arccos x)' = -\frac{1}{\sqrt{1 - x^2}}.$$

例 2.2.7　求函数 $y = \arctan x$ 的导数.

解　因为 $y = \arctan x (x \in (-\infty, +\infty))$ 是函数 $x = \tan y \left(y \in \left(-\dfrac{\pi}{2}, \dfrac{\pi}{2} \right) \right)$ 的反函数, 且 $x = \tan y$ 在区间 $\left(-\dfrac{\pi}{2}, \dfrac{\pi}{2} \right)$ 内单调、可导, 故

$$y' = (\arctan x)' = \frac{1}{(\tan y)'} = \frac{1}{\sec^2 y} = \frac{1}{1 + \tan^2 y} = \frac{1}{1 + x^2},$$

即 $(\arctan x)' = \dfrac{1}{1+x^2}.$

这就是反正切函数的导数公式.

同理可推导得反余切函数的导数公式:

$$(\operatorname{arccot} x)' = -\frac{1}{1+x^2}.$$

例 2.2.8　求函数 $y = a^x (a > 0, a \neq 1)$ 的导数.

解　因为函数 $y = a^x (x \in (-\infty, +\infty))$ 是函数 $x = \log_a y (y \in (0, +\infty))$ 的反函数, 且 $x = \log_a y$ 在区间 $(0, +\infty)$ 内单调、可导, 故

$$y' = (a^x)' = \frac{1}{(\log_a y)'} = \frac{1}{\dfrac{1}{y \ln a}} = y \ln a = a^x \ln a,$$

即 $(a^x)' = a^x \ln a.$

这就是指数函数的导数公式.

特殊的, 当 $a = \mathrm{e}$ 时, 函数 $y = \mathrm{e}^x$, 则

$$(\mathrm{e}^x)' = \mathrm{e}^x.$$

2.2.3　复合函数求导法则

定理 2.2.3　如果 $u = \varphi(x)$ 在点 x 处可导, 而 $y = f(u)$ 在点 $u = \varphi(x)$ 处可导, 则复合函数 $y = f[\varphi(x)]$ 在点 x 处可导, 且

$$\frac{\mathrm{d}y}{\mathrm{d}x} = f'(u)\varphi'(x) \quad \text{或} \quad \frac{\mathrm{d}y}{\mathrm{d}x} = \frac{\mathrm{d}y}{\mathrm{d}u} \cdot \frac{\mathrm{d}u}{\mathrm{d}x}.$$

证　因为 $y = f(u)$ 在点 u 处可导, 所以极限

$$f'(u) = \lim_{\Delta u \to 0} \frac{\Delta y}{\Delta u}$$

存在, 则

$$\frac{\Delta y}{\Delta u} = f'(u) + \alpha,$$

其中 α 为 $\Delta u \to 0$ 时的无穷小. 由上式可知

$$\Delta y = f'(u)\Delta u + \alpha \Delta u,$$

等式两端同除以 Δx 得

$$\frac{\Delta y}{\Delta x} = f'(u)\frac{\Delta u}{\Delta x} + \alpha \frac{\Delta u}{\Delta x},$$

又因为 $u = \varphi(x)$ 在点 x 处可导, 则 $u = \varphi(x)$ 在点 x 处可导连续, 所以

$$\lim_{\Delta x \to 0} \Delta u = 0, \quad u'(x) = \lim_{\Delta x \to 0} \frac{\Delta u}{\Delta x},$$

故

$$\lim_{\Delta x \to 0} \alpha \frac{\Delta u}{\Delta x} = 0,$$

于是

$$\begin{aligned}
\lim_{\Delta x \to 0} \frac{\Delta y}{\Delta x} &= \lim_{\Delta x \to 0} \left[f'(u) \frac{\Delta u}{\Delta x} + \alpha \frac{\Delta u}{\Delta x} \right] \\
&= f'(u) \lim_{\Delta x \to 0} \frac{\Delta u}{\Delta x} \\
&= f'(u) u'(x).
\end{aligned}$$

注 2.2.2　复合函数求导法则可简述为: 复合函数的导数等于函数对中间变量的导数乘以中间变量对自变量的导数. 该法则称为**链式法则**.

复合函数求导法则可推广到有限重复合的情形. 例如, 设函数 $y = f(u)$, $u = \varphi(v)$, $v = \psi(x)$ 在相应点处的导数都存在, 则复合函数 $y = f\{\varphi[\psi(x)]\}$ 的导数为

$$\frac{\mathrm{d}y}{\mathrm{d}x} = \frac{\mathrm{d}y}{\mathrm{d}u} \cdot \frac{\mathrm{d}u}{\mathrm{d}v} \cdot \frac{\mathrm{d}v}{\mathrm{d}x}.$$

例 2.2.9　求函数 $y = \ln \cos x$ 的导数.

解　函数 $y = \ln \cos x$ 可看成由 $y = \ln u$ 和 $u = \cos x$ 复合而成, 故

$$\frac{\mathrm{d}y}{\mathrm{d}x} = \frac{\mathrm{d}y}{\mathrm{d}u} \cdot \frac{\mathrm{d}u}{\mathrm{d}x} = \frac{1}{u} \cdot (-\sin x) = -\frac{\sin x}{\cos x} = -\tan x.$$

例 2.2.10　求函数 $y = \mathrm{e}^{x^3}$ 的导数.

解　函数 $y = \mathrm{e}^{x^3}$ 可看成由 $y = \mathrm{e}^u$ 和 $u = x^3$ 复合而成, 故

$$\frac{\mathrm{d}y}{\mathrm{d}x} = \frac{\mathrm{d}y}{\mathrm{d}u} \cdot \frac{\mathrm{d}u}{\mathrm{d}x} = \mathrm{e}^u \cdot (3x^2) = 3x^2 \mathrm{e}^{x^3}.$$

例 2.2.11　求函数 $y = \mathrm{e}^{\sin^2 x}$ 的导数.

解　函数 $y = \mathrm{e}^{\sin^2 x}$ 可看成由 $y = \mathrm{e}^u$, $u = v^2$, $v = \sin x$ 复合而成, 故

$$\begin{aligned}
\frac{\mathrm{d}y}{\mathrm{d}x} &= \frac{\mathrm{d}y}{\mathrm{d}u} \cdot \frac{\mathrm{d}u}{\mathrm{d}v} \cdot \frac{\mathrm{d}v}{\mathrm{d}x} = \mathrm{e}^u \cdot (2v) \cdot \cos x \\
&= \mathrm{e}^{\sin^2 x} \cdot (2 \sin x) \cos x = \mathrm{e}^{\sin^2 x} \sin 2x.
\end{aligned}$$

刚开始练习复合函数求导法则时, 可以一一写出中间变量以观察求导过程, 在运用熟练后, 可以不写出中间变量, 直接求导.

例 2.2.12 求函数 $y = \sqrt{x^2 + x}$ 的导数.

解 这里不写出中间变量, 直接求导得

$$y' = \left(\sqrt{x^2 + x}\right)' = \frac{1}{2\sqrt{x^2 + x}} \cdot (x^2 + x)' = \frac{2x + 1}{2\sqrt{x^2 + x}}.$$

例 2.2.13 求函数 $y = \arctan\left(\dfrac{1}{2x + 1}\right)$ 的导数.

解 不写出中间变量, 直接求导得

$$y' = \left[\arctan\left(\frac{1}{2x + 1}\right)\right]' = \frac{1}{1 + \left(\dfrac{1}{2x + 1}\right)^2} \cdot \left(\frac{1}{2x + 1}\right)'$$

$$= \frac{(2x + 1)^2}{1 + (2x + 1)^2} \cdot \left[-\frac{1}{(2x + 1)^2}\right] \cdot (2x + 1)'$$

$$= -\frac{1}{2x^2 + 2x + 1}.$$

例 2.2.14 求函数 $y = \ln\left(x + \sqrt{a^2 + x^2}\right)$ 的导数.

解 $y' = \left[\ln\left(x + \sqrt{a^2 + x^2}\right)\right]' = \dfrac{\left(x + \sqrt{a^2 + x^2}\right)'}{x + \sqrt{a^2 + x^2}} = \dfrac{1 + \left(\sqrt{a^2 + x^2}\right)'}{x + \sqrt{a^2 + x^2}}$

$$= \frac{1 + \dfrac{(a^2 + x^2)'}{2\sqrt{a^2 + x^2}}}{x + \sqrt{a^2 + x^2}} = \frac{1 + \dfrac{2x}{2\sqrt{a^2 + x^2}}}{x + \sqrt{a^2 + x^2}} = \frac{1}{\sqrt{a^2 + x^2}}.$$

例 2.2.15 设 $f(u)$ 可导, 求函数 $y = f(e^{2x})$ 的导数.

解 $y' = [f(e^{2x})]' = f'(e^{2x}) \cdot (e^{2x})' = 2e^{2x} f'(e^{2x}).$

注 2.2.3 $f'(e^{2x})$ 指 $f(e^{2x})$ 对 e^{2x} 求导, 即 $\dfrac{df(e^{2x})}{d(e^{2x})}$, 而不是对 x 的导数. 今后 $f'(u)$ 都是指 $\dfrac{df(u)}{du}$, 而不是 $\dfrac{df(u)}{dx}$.

2.2.4 基本求导法则与导数公式

已知初等函数由基本初等函数经过有限次四则运算或有限次复合运算形成, 从而根据前面章节中对求导法则的讨论以及求导举例, 现将基本初等函数的导数公式和基本求导法则归纳如下:

1. 常数和基本初等函数的导数公式

(1) $(C)' = 0(C$ 为常数$)$;

(2) $(x^\mu)' = \mu x^{\mu - 1}$;

(3) $(a^x)' = a^x \ln a \, (a > 0, a \neq 1)$;

(4) $(e^x)' = e^x$;

(5) $(\log_a x)' = \dfrac{1}{x \ln a} \, (a > 0, a \neq 1)$;

(6) $(\ln x)' = \dfrac{1}{x}$;

(7) $(\sin x)' = \cos x$;

(8) $(\cos x)' = -\sin x$;

(9) $(\tan x)' = \sec^2 x$;

(10) $(\cot x)' = -\csc^2 x$;

(11) $(\sec x)' = \sec x \tan x$;

(12) $(\csc x)' = -\csc x \cot x$;

(13) $(\arcsin x)' = \dfrac{1}{\sqrt{1-x^2}}$;

(14) $(\arccos x)' = -\dfrac{1}{\sqrt{1-x^2}}$;

(15) $(\arctan x)' = \dfrac{1}{1+x^2}$;

(16) $(\operatorname{arccot} x)' = -\dfrac{1}{1+x^2}$.

2. 函数的求导法则

(1) 和、差、积、商求导法则.

设函数 $u = u(x)$ 和 $v = v(x)$ 都在点 x 处可导, 则

$(u \pm v)' = u' \pm v'$;

$(uv)' = u'v + uv'$; $\qquad (Cu)' = Cu'$（C为常数）;

$\left(\dfrac{u}{v}\right)' = \dfrac{u'v - uv'}{v^2}$ $(v \neq 0)$; $\quad \left(\dfrac{C}{v}\right)' = -C\dfrac{v'}{v^2}$（$C$为常数）.

(2) 反函数求导法则.

设函数 $x = f^{-1}(y)$ 在区间 I_y 内单调、可导且 $[f^{-1}(y)]' \neq 0$, 则其反函数 $y = f(x)$ 在区间 $I_x = \left\{ x \Big| x = f^{-1}(y), y \in I_y \right\}$ 内也可导, 且

$$f'(x) = \frac{1}{[f^{-1}(y)]'} \quad \text{或} \quad \frac{\mathrm{d}y}{\mathrm{d}x} = \frac{1}{\dfrac{\mathrm{d}x}{\mathrm{d}y}}.$$

(3) 复合函数求导法则.

设函数 $u = \varphi(x)$, $y = f(u)$ 分别在点 x 和点 $u = \varphi(x)$ 处可导, 则复合函数 $y = f(\varphi(x))$ 的导数为

$$\frac{\mathrm{d}y}{\mathrm{d}x} = f'(u)\varphi'(x) \quad \text{或} \quad \frac{\mathrm{d}y}{\mathrm{d}x} = \frac{\mathrm{d}y}{\mathrm{d}u} \cdot \frac{\mathrm{d}u}{\mathrm{d}x}.$$

例 2.2.16 求函数 $y = \sin nx \cdot \sin^n x$ 的导数.

解 $y' = (\sin nx \cdot \sin^n x)' = (\sin nx)' \cdot \sin^n x + \sin nx \cdot (\sin^n x)'$

$= n \cos nx \cdot \sin^n x + \sin nx \cdot n \sin^{n-1} x \cdot \cos x$

$= n \sin^{n-1} x(\cos nx \cdot \sin x + \sin nx \cdot \cos x)$

$= n \sin^{n-1} x \cdot \sin(n+1)x.$

例 2.2.17 已知 $f(x) = \ln \dfrac{\sqrt{x^2+1}}{\sqrt[3]{x-2}}(x > 2)$, 求 $f'(3)$.

解 $f(x) = \ln \dfrac{\sqrt{x^2+1}}{\sqrt[3]{x-2}}$

$\qquad\qquad = \ln \sqrt{x^2+1} - \ln \sqrt[3]{x-2}$

$\qquad\qquad = \dfrac{1}{2}\ln(x^2+1) - \dfrac{1}{3}\ln(x-2),$

则

$$f'(x) = \frac{1}{2} \cdot \frac{2x}{x^2+1} - \frac{1}{3} \cdot \frac{1}{x-2} = \frac{x}{x^2+1} - \frac{1}{3(x-2)},$$

故 $f'(3) = -\dfrac{1}{30}.$

习题 2.2

1. 求下列函数的导数:

(1) $y = x^4 - 2x^3 + 3x^2 - x + 1$;

(2) $y = 3x + 5\sqrt{x} - \dfrac{1}{x^2}$;

(3) $y = x^3 + 3^x - 3e^x$;

(4) $y = \tan x + 2\sec x - 1$;

(5) $y = x\sin x + \cos x$;

(6) $y = x^2 \ln x$;

(7) $y = e^x(x^2 + 2x - 1)$;

(8) $y = \dfrac{x}{1+x^2}$;

(9) $y = \dfrac{\ln x}{x}$;

(10) $y = \dfrac{1+\sin x}{1+\cos x}$;

(11) $y = \dfrac{\sin x}{x} + \dfrac{x}{\sin x}$;

(12) $y = x^3 \ln x \cos x$.

2. 求下列函数在给定点处的导数:

(1) $y = \dfrac{3}{3-x} + \dfrac{x^3}{3}$,求 $y'|_{x=0}$;

(2) $f(x) = e^x \sin x$,求 $f'\left(\dfrac{\pi}{2}\right)$.

3. 求曲线 $y = xe^x$ 在原点处的切线方程.

4. 设曲线 $y = x^2 + 5x + 4$,问 b 取何值时,直线 $y = 3x + b$ 为该曲线的切线.

5. 求下列函数的导数:

(1) $y = (3x+4)^5$;

(2) $y = \cos(2x-1)$;

(3) $y = e^{2x^2+x}$;

(4) $y = \ln(1+x+x^2)$;

(5) $y = \cot(x^3)$;

(6) $y = \sin^3(2x+1)$;

(7) $y = \sqrt{a^2 - x^2}$;

(8) $y = \arctan(e^x)$;

(9) $y = \arccos\dfrac{1}{x}$;

(10) $y = \ln[\ln(\ln x)]$.

6. 求下列函数的导数:

(1) $y = x^2 \sin\dfrac{1}{x}$;

(2) $y = \sin(x^2) \cdot \sin^2 x$;

(3) $y = \ln(\sec x + \tan x)$;

(4) $y = \arcsin\sqrt{\dfrac{1-x}{1+x}}$;

(5) $y = e^{-\frac{x}{2}}\cos 3x$;

(6) $y = \sin xe^{\cos x}$;

(7) $y = e^{\arctan\sqrt{2x+1}}$;

(8) $y = 10^{x\tan 2x}$;

(9) $y = \sqrt{x + \sqrt{x}}$; (10) $y = \ln \dfrac{1 + \sqrt{x}}{1 - \sqrt{x}}$.

7. 设函数 $f(x)$ 为可导函数, 求下列函数的导数 $\dfrac{\mathrm{d}y}{\mathrm{d}x}$:

(1) $y = f(x^2)$; (2) $y = f(\sin^2 x) + f(\cos^2 x)$.

8. 设 $f(1 - x) = x\mathrm{e}^{-x}$, 且 $f(x)$ 可导, 求 $f'(x)$.

9. 设 $f(u)$ 为可导函数, 且 $f(x + 2) = (x - 1)^4$, 求 $f'(x + 2)$, $f'(x)$.

10. 设 $f(x)$ 在 $(-\infty, +\infty)$ 内可导, 且 $F(x) = f(x^2 - 1) + f(1 - x^2)$, 证明: $F'(1) = F'(-1)$.

2.3 高 阶 导 数

在前面的求导举例中可以看到, 一个函数 $y = f(x)$ 的导数 $f'(x)$ 仍然是 x 的函数, 所以 $f'(x)$ 可能也有导数, 如函数 $y = \sin x$ 的导数是 $\cos x$, 而 $\cos x$ 可以继续求导, 其导数为 $-\sin x$.

在现实中, 这种导数的导数也很常见, 如变速直线运动的瞬时速度 v 是路程 $s(t)$ 对时间 t 的导数, 而加速度 a 是速度相对于时间的变化率, 即速度 v 对时间 t 的导数, 也就是路程 $s(t)$ 对时间 t 的导数的导数. 从而下面给出二阶导数的定义.

定义 2.3.1 若函数 $y = f(x)$ 的导数 $f'(x)$ 在点 x 处可导, 则称 $f'(x)$ 在点 x 处的导数为函数 $y = f(x)$ 在点 x 处的二阶导数, 记作 y'', $f''(x)$, $\dfrac{\mathrm{d}^2 y}{\mathrm{d}x^2}$ 或 $\dfrac{\mathrm{d}^2 f(x)}{\mathrm{d}x^2}$, 即

$$f''(x) = [f'(x)]' \quad \text{或} \quad \frac{\mathrm{d}^2 y}{\mathrm{d}x^2} = \frac{\mathrm{d}}{\mathrm{d}x}\left(\frac{\mathrm{d}y}{\mathrm{d}x}\right).$$

相应地, 称 $y = f(x)$ 的导数 $f'(x)$ 为 $y = f(x)$ 的一阶导数.

类似地, 如果函数 $y = f(x)$ 的二阶导数 $f''(x)$ 的导数存在, 则称其为函数 $y = f(x)$ 的三阶导数, 记为 y''', $f'''(x)$, $\dfrac{\mathrm{d}^3 y}{\mathrm{d}x^3}$ 或 $\dfrac{\mathrm{d}^3 f(x)}{\mathrm{d}x^3}$. 以此类推, 可以定义 4 阶导数, 5 阶导数, $\cdots\cdots$

一般地, 函数 $y = f(x)$ 的 $n-1$ 阶导数的导数 (如果存在的话), 称为函数 $y = f(x)$ 的 n 阶导数.

从 4 阶导数开始, 各阶导数分别记作

$$y^{(4)}, \quad y^{(5)}, \quad \cdots, \quad y^{(n)}$$

或

$$\frac{\mathrm{d}^4 y}{\mathrm{d}x^4}, \quad \frac{\mathrm{d}^5 y}{\mathrm{d}x^5}, \quad \cdots, \quad \frac{\mathrm{d}^n y}{\mathrm{d}x^n}.$$

函数的二阶及二阶以上导数统称为高阶导数. 函数 $y = f(x)$ 有 n 阶导数也可称为函数 $y = f(x)$ 的 n 阶可导.

显然, 如果函数 $y = f(x)$ 在点 x 处 n 阶可导, 那么 $y = f(x)$ 在点 x 处具有一切低于 n 阶的导数.

由于高阶导数就是导数继续求导, 所以其运算法则与前面相同, 常用法则列举如下.

设函数 $u = u(x)$, $v = v(x)$ 都在点 x 处 n 阶可导, 则

(1) $(u \pm v)^{(n)} = u^{(n)} \pm v^{(n)}$;

(2) $(Cu)^{(n)} = Cu^{(n)}$(C 为常数);

(3) 莱布尼茨 (Leibniz) 公式

$$(uv)^{(n)} = \sum_{k=0}^{n} C_n^k u^{(n-k)} v^{(k)},$$

其中 $u^{(0)} = u$, $v^{(0)} = v$.

证 (1), (2) 证明很容易, 仅给出 (3) 的证明, 利用数学归纳法.

当 $n = 1$ 时, $(uv)' = u'v + uv'$, 公式成立;

假设对 $n - 1$ 阶导数也成立, 即

$$(uv)^{(n-1)} = \sum_{k=0}^{n-1} C_{n-1}^k u^{(n-k-1)} v^{(k)},$$

则 n 阶导数

$$(uv)^{(n)} = [(uv)^{(n-1)}]' = \left[\sum_{k=0}^{n-1} C_{n-1}^k u^{(n-k-1)} v^{(k)} \right]' = \sum_{k=0}^{n-1} C_{n-1}^k \left[u^{(n-k-1)} v^{(k)} \right]'$$

$$= \sum_{k=0}^{n-1} C_{n-1}^k \left[u^{(n-k)} v^{(k)} + u^{(n-k-1)} v^{(k+1)} \right]$$

$$= \sum_{k=0}^{n-1} C_{n-1}^k u^{(n-k)} v^{(k)} + \sum_{k=0}^{n-1} C_{n-1}^k u^{(n-k-1)} v^{(k+1)}$$

$$= C_{n-1}^0 u^{(n)} v + C_{n-1}^1 u^{(n-1)} v' + C_{n-1}^2 u^{(n-2)} v'' + \cdots + C_{n-1}^{n-1} u' v^{(n-1)}$$

$$+ C_{n-1}^0 u^{(n-1)} v' + C_{n-1}^1 u^{(n-2)} v'' + \cdots + C_{n-1}^{n-2} u' v^{(n-1)} + C_{n-1}^{n-1} uv^{(n)},$$

因为

$$C_{n-1}^0 = C_n^0, \quad C_{n-1}^{n-1} = C_n^n, \quad C_{n-1}^{k-1} + C_{n-1}^k = C_n^k,$$

所以按上述箭头对应相加可得

$$(uv)^{(n)} = C_n^0 u^{(n)} v + C_n^1 u^{(n-1)} v' + C_n^2 u^{(n-2)} v'' + \cdots + C_n^{n-1} u' v^{(n-1)} + C_n^n uv^{(n)},$$

即

$$(uv)^{(n)} = \sum_{k=0}^{n} \mathrm{C}_n^k u^{(n-k)} v^{(k)}.$$

故对于任意的正整数 n, 都有

$$(uv)^{(n)} = \sum_{k=0}^{n} \mathrm{C}_n^k u^{(n-k)} v^{(k)}.$$

例 2.3.1　设 $y = ax + b(a, b$ 为常数), 求 y''.

解　$y' = a, y'' = 0$.

例 2.3.2　设 $f(x) = \arctan x$, 求 $f'''(0)$.

解　$f'(x) = \dfrac{1}{1+x^2}, f''(x) = -\dfrac{2x}{(1+x^2)^2}, f'''(x) = \dfrac{6x^2-2}{(1+x^2)^3}$, 故 $f'''(0) = -2$.

例 2.3.3　设 $y = x^n(n$ 为正整数), 求 $y^{(n)}, y^{(n+1)}$.

解　$y' = nx^{n-1}, \quad y'' = n(n-1)x^{n-2}$,

$y''' = n(n-1)(n-2)x^{n-3}$,

$y^{(4)} = n(n-1)(n-2)(n-3)x^{n-4}$,

$\cdots\cdots$

由归纳法可得

$$y^{(n)} = n(n-1)(n-2)(n-3)\cdots 3 \cdot 2 \cdot 1 = n!,$$

而 $y^{(n+1)} = (n!)' = 0$.

例 2.3.4　设 $y = \mathrm{e}^{kx}$, 求 $y^{(n)}$.

解　$y' = k\mathrm{e}^{kx}, \quad y'' = k \cdot k\mathrm{e}^{kx} = k^2\mathrm{e}^{kx}$,

$y''' = k^2 \cdot k\mathrm{e}^{kx} = k^3\mathrm{e}^{kx}, y^{(4)} = k^3 \cdot k\mathrm{e}^{kx} = k^4\mathrm{e}^{kx}$,

$\cdots\cdots$

由归纳法可得

$$y^{(n)} = (\mathrm{e}^{kx})^{(n)} = k^n\mathrm{e}^{kx}.$$

若 $k = 1$, 则 $(\mathrm{e}^x)^{(n)} = \mathrm{e}^x$.

例 2.3.5　设 $y = \sin x$, 求 $y^{(n)}$.

解　$y = \sin x$,

$y' = \cos x = \sin\left(x + \dfrac{\pi}{2}\right)$,

$y'' = -\sin x = \sin\left(x + 2 \cdot \dfrac{\pi}{2}\right)$,

$y''' = -\cos x = \sin\left(x + 3 \cdot \dfrac{\pi}{2}\right)$,

$y^{(4)} = \sin x = \sin\left(x + 4 \cdot \dfrac{\pi}{2}\right)$,

$\cdots\cdots$

由归纳法可得

$$y^{(n)} = (\sin x)^{(n)} = \sin\left(x + n \cdot \frac{\pi}{2}\right).$$

同理可得

$$(\cos x)^{(n)} = \cos\left(x + n \cdot \frac{\pi}{2}\right).$$

例 2.3.6 设 $y = \ln(1+x)$, 求 $y^{(n)}$.

解 $y' = \dfrac{1}{1+x},\quad y'' = -\dfrac{1}{(1+x)^2},$

$y''' = \dfrac{1 \cdot 2}{(1+x)^3},\quad y^{(4)} = -\dfrac{1 \cdot 2 \cdot 3}{(1+x)^4},$

......

由归纳法可得

$$y^{(n)} = [(\ln(1+x)]^{(n)} = (-1)^{n-1} \frac{(n-1)!}{(1+x)^n}.$$

例 2.3.7 设 $y = \ln(1 + 2x - 3x^2)$, 求 $y^{(n)}$.

解 因为

$$y = \ln(1 + 2x - 3x^2) = \ln(1-x) + \ln(1+3x),$$

所以

$$y^{(n)} = [\ln(1 + 2x - 3x^2)]^{(n)} = [\ln(1-x)]^{(n)} + [\ln(1+3x)]^{(n)},$$

根据例 2.3.6 可知

$$[\ln(1-x)]^{(n)} = (-1)^{n-1} \cdot (-1)^n \cdot \frac{(n-1)!}{(1-x)^n},$$

$$[\ln(1+3x)]^{(n)} = (-1)^{n-1} \cdot 3^n \cdot \frac{(n-1)!}{(1+3x)^n},$$

故

$$y^{(n)} = (-1)^{n-1} \cdot (-1)^n \cdot \frac{(n-1)!}{(1-x)^n} + (-1)^{n-1} \cdot 3^n \cdot \frac{(n-1)!}{(1+3x)^n}$$

$$= \left[\frac{(-1)^{n-1} \cdot 3^n}{(1+3x)^n} - \frac{1}{(1-x)^n}\right] \cdot (n-1)!.$$

根据定义直接求高阶导数的方法, 习惯称为直接法, 而利用已知高阶导数公式以及四则运算法则、变量代换等来计算高阶导数 (如例 2.3.7), 这种方法称为间接法.

例 2.3.8 设 $y = x^2 \mathrm{e}^{2x}$, 求 $y^{(20)}$.

解 设 $u = x^2$, $v = \mathrm{e}^{2x}$, 则

$$u' = 2x,\quad u'' = 2,\quad u''' = u^{(4)} = \cdots = u^{(20)} = 0,$$

$$v^{(k)} = 2^k \mathrm{e}^{2x} \quad (k = 1, 2, \cdots, 20),$$

根据莱布尼茨公式可得

$$\begin{aligned}
y^{(20)} &= \sum_{k=0}^{20} \mathrm{C}_{20}^k u^{(20-k)} v^{(k)} \\
&= \mathrm{C}_{20}^{20} u v^{(20)} + \mathrm{C}_{20}^{19} u' v^{(19)} + \mathrm{C}_{20}^{18} u'' v^{(18)} \\
&= x^2 \cdot 2^{20} \mathrm{e}^{2x} + 20 \times 2x \cdot 2^{19} \mathrm{e}^{2x} + \frac{20 \times 19}{2!} \times 2 \times 2^{18} \mathrm{e}^{2x} \\
&= 2^{20} \mathrm{e}^{2x} (x^2 + 20x + 95).
\end{aligned}$$

习题 2.3

1. 求下列函数的二阶导数:

(1) $y = x^4 - 2x^3 + 3x^2 - x + 1$;

(2) $y = x \sin x$;

(3) $y = \mathrm{e}^{-x} \sin x$;

(4) $y = \sqrt{1 - x^2}$;

(5) $y = \tan x$;

(6) $y = \dfrac{1}{1 + x^2}$;

(7) $y = (1 + x^2) \arctan x$;

(8) $y = \ln \left(x + \sqrt{a^2 + x^2} \right)$.

2. 设 $f''(x)$ 存在, 求下列函数的二阶导数 $\dfrac{\mathrm{d}^2 y}{\mathrm{d} x^2}$:

(1) $y = f(x^2)$;

(2) $y = \ln[f(x)]$.

3. 求下列函数的 n 阶导数:

(1) $y = (2x + 1)^n$;

(2) $y = x \mathrm{e}^x$;

(3) $y = \dfrac{1}{1 + x}$;

(4) $y = x \ln x$.

4. 利用间接法求下列函数的 n 阶导数:

(1) $y = \dfrac{x}{x^2 - 3x + 2}$;

(2) $y = \sin^2 x$.

5. 求下列函数所指定的阶的导数:

(1) $y = x^3 \mathrm{e}^x$, 求 $y^{(30)}$;

(2) $y = x^2 \sin 2x$, 求 $y^{(50)}$.

6. 求函数 $f(x) = x^2 \ln(1 + x)$ 在 $x = 0$ 处的 n 阶导数 $f^{(n)}(0)(n \geqslant 3)$.

2.4 隐函数及参数方程所确定的函数的导数

2.4.1 隐函数的导数

前面介绍的求导法则主要适用于显函数. 所谓显函数是指因变量 y 可由含有自变量 x 的表达式表示的函数, 形如 $y = f(x)$, 等式的左端是因变量, 右端是含有自变量的解析式, 如 $y = x^2 + 1$, $y = \sin x$ 等.

而有些函数形式并非如此, 如方程 $\mathrm{e}^{x+y} - xy = 0$, 同样表达了变量 x 与 y 之间的函数关系, 当自变量 x 在定义域内取定一值时, 因变量 y 有唯一确定的值与之对应.

一般地, 如果变量 x 和 y 满足一个方程 $F(x, y) = 0$. 在一定条件下, 当 x 取某区间内的任一值时, 相应地总有满足这方程的唯一的 y 值存在, 那么称方程 $F(x, y) = 0$ 在该区间内确定了一个隐函数.

如果方程 $F(x, y) = 0$ 可以改写为 $y = f(x)$ 的形式, 即隐函数可以化成显函数, 这称为隐函数的显化. 例如, 方程 $x + y^3 - 1 = 0$ 可化为 $y = \sqrt[3]{1-x}$. 可以显化的隐函数求导方法与前面相同. 但并非所有隐函数都可显化, 如, 方程 $e^{x+y} - xy = 0$ 就无法改写成 $y = f(x)$ 的形式, 所以下面讨论对于所有的隐函数都适用的求导方法.

设由方程 $F(x, y) = 0$ 确定的函数为 $y = y(x)$, 将其代回方程得

$$F[x, y(x)] = 0.$$

根据复合函数求导法则, 等式两端同时对变量 x 求导, 则可解出所求导数 $\dfrac{\mathrm{d}y}{\mathrm{d}x}$, 即在求导过程中 y 已经是关于 x 的函数.

例 2.4.1 求由方程 $e^{x+y} - xy = 0$ 所确定的隐函数的导数 $\dfrac{\mathrm{d}y}{\mathrm{d}x}$.

解 方程的两边同时对变量 x 求导, 得

$$\frac{\mathrm{d}(e^{x+y} - xy)}{\mathrm{d}x} = 0,$$

根据求导法则得

$$e^{x+y}\left(1 + \frac{\mathrm{d}y}{\mathrm{d}x}\right) - \left(y + x \cdot \frac{\mathrm{d}y}{\mathrm{d}x}\right) = 0,$$

故

$$\frac{\mathrm{d}y}{\mathrm{d}x} = \frac{y - e^{x+y}}{e^{x+y} - x}.$$

注 2.4.1 在隐函数求导过程中, y 已经是 x 的函数, 从而类似于 y^2, e^y, $\sin y$, $\varphi(y)$ 等形式, 在对 x 求导时, 应该按照复合函数求导法则求导.

由方程 $F(x, y) = 0$ 确定的隐函数对 x 的导数中可以含有变量 y.

例 2.4.2 求由方程 $y \sin x - \cos(x - y) = e^2$ 所确定的隐函数的导数 $\dfrac{\mathrm{d}y}{\mathrm{d}x}$.

解 方程的两边同时对变量 x 求导, 得

$$\frac{\mathrm{d}[y \sin x - \cos(x - y)]}{\mathrm{d}x} = \frac{\mathrm{d}(e^2)}{\mathrm{d}x},$$

根据求导法则得

$$\frac{\mathrm{d}y}{\mathrm{d}x} \sin x + y \cos x - [-\sin(x - y)] \cdot \left(1 - \frac{\mathrm{d}y}{\mathrm{d}x}\right) = 0,$$

故

$$\frac{\mathrm{d}y}{\mathrm{d}x} = \frac{\sin(x - y) + y \cos x}{\sin(x - y) - \sin x}.$$

例 2.4.3 求曲线 $(5y+2)^3 = (2x+1)^5$ 在点 $x = 0$ 处的切线方程.

解 由导数的几何意义可知, 切线的斜率为 $\dfrac{\mathrm{d}y}{\mathrm{d}x}\Big|_{x=0}$, 利用隐函数求导法, 方程的两边同时对变量 x 求导, 得

$$3(5y+2)^2 \cdot 5 \cdot \frac{\mathrm{d}y}{\mathrm{d}x} = 5(2x+1)^4 \cdot 2,$$

解得

$$\frac{\mathrm{d}y}{\mathrm{d}x} = \frac{2(2x+1)^4}{3(5y+2)^2},$$

根据曲线的方程可知, 当 $x = 0$ 时, $y = -\dfrac{1}{5}$, 则

$$\frac{\mathrm{d}y}{\mathrm{d}x}\Big|_{x=0} = \frac{2}{3},$$

故切线方程为

$$y + \frac{1}{5} = \frac{2}{3}x,$$

即 $10x - 15y - 3 = 0$.

例 2.4.4 求由方程 $x - y + \sin y = 0$ 所确定的隐函数的二阶导数 $\dfrac{\mathrm{d}^2 y}{\mathrm{d}x^2}$.

解 首先求一阶导数, 方程的两边同时对变量 x 求导, 得

$$1 - \frac{\mathrm{d}y}{\mathrm{d}x} + \cos y \cdot \frac{\mathrm{d}y}{\mathrm{d}x} = 0, \tag{2.2}$$

解得

$$\frac{\mathrm{d}y}{\mathrm{d}x} = \frac{1}{1 - \cos y}. \tag{2.3}$$

再求二阶导数, 有两种方法:

方法一 式 (2.2) 两边继续对 x 求导, 得

$$0 - \frac{\mathrm{d}^2 y}{\mathrm{d}x^2} - \sin y \cdot \frac{\mathrm{d}y}{\mathrm{d}x} \cdot \frac{\mathrm{d}y}{\mathrm{d}x} + \cos y \cdot \frac{\mathrm{d}^2 y}{\mathrm{d}x^2} = 0,$$

解得

$$\frac{\mathrm{d}^2 y}{\mathrm{d}x^2} = \frac{\sin y}{\cos y - 1} \cdot \left(\frac{\mathrm{d}y}{\mathrm{d}x}\right)^2,$$

代入式 (2.3), 则

$$\frac{\mathrm{d}^2 y}{\mathrm{d}x^2} = \frac{\sin y}{(\cos y - 1)^3}.$$

方法二 一阶导数继续求导,

$$\frac{\mathrm{d}^2 y}{\mathrm{d}x^2} = \frac{\mathrm{d}}{\mathrm{d}x}\left(\frac{\mathrm{d}y}{\mathrm{d}x}\right) = \frac{\mathrm{d}}{\mathrm{d}x}\left(\frac{1}{1 - \cos y}\right) = \frac{-\sin y}{(1 - \cos y)^2} \cdot \frac{\mathrm{d}y}{\mathrm{d}x},$$

代入式 (2.3), 则

$$\frac{\mathrm{d}^2 y}{\mathrm{d}x^2} = \frac{\sin y}{(\cos y - 1)^3}.$$

注 2.4.2 隐函数求高阶导数时, y 仍然是关于 x 的函数.

2.4.2 对数求导法

前面讨论了函数的基本求导法则和隐函数求导法, 但对于一些特殊类型的函数, 如幂指函数 $y = u(x)^{v(x)} (u(x) > 0)$, 还没有可以直接使用的求导方法. 这里介绍对数求导法以计算这类函数的导数, 所谓对数求导法是指先在函数的两边取对数, 然后利用隐函数求导法求出函数的导数的方法. 当然对数求导法并不仅仅适用于幂指函数, 下面举例说明.

例 2.4.5 设函数 $y = u(x)^{v(x)}$, 其中 $u(x), v(x)$ 一阶可导, 且 $u(x) > 0$, 求 y'.

解 等式两边取对数, 得

$$\ln y = v(x) \ln[u(x)],$$

上式两边同时对 x 求导, 得

$$\frac{1}{y} \cdot y' = v'(x) \ln[u(x)] + v(x) \cdot \frac{u'(x)}{u(x)},$$

则

$$y' = y \cdot \left\{ v'(x) \ln[u(x)] + v(x) \cdot \frac{u'(x)}{u(x)} \right\},$$

即

$$y' = u^v \cdot \left(v' \ln u + \frac{vu'}{u} \right).$$

例 2.4.6 设函数 $y = (\sin x)^{\tan x} (\sin x > 0)$, 求 y'.

解 等式两边取对数, 得

$$\ln y = \tan x \ln(\sin x),$$

上式两边同时对 x 求导, 得

$$\frac{1}{y} \cdot y' = \sec^2 x \cdot \ln(\sin x) + \tan x \cdot \frac{\cos x}{\sin x},$$

故

$$y' = (\sin x)^{\tan x} \cdot [\sec^2 x \cdot \ln(\sin x) + 1].$$

例 2.4.7 求函数 $y = \sqrt{\dfrac{(x-1)(x-2)}{(x-3)(x-4)}} (x > 4)$ 的导数.

解　等式两边取对数, 得

$$\ln y = \frac{1}{2}\left[\ln(x-1) + \ln(x-2) - \ln(x-3) - \ln(x-4)\right],$$

上式两边同时对 x 求导, 得

$$\frac{1}{y}\cdot y' = \frac{1}{2}\left(\frac{1}{x-1} + \frac{1}{x-2} - \frac{1}{x-3} - \frac{1}{x-4}\right),$$

故

$$y' = \frac{1}{2}\sqrt{\frac{(x-1)(x-2)}{(x-3)(x-4)}}\cdot\left(\frac{1}{x-1} + \frac{1}{x-2} - \frac{1}{x-3} - \frac{1}{x-4}\right).$$

2.4.3　由参数方程所确定的函数的导数

在平面解析几何中, 很多曲线的方程可以用参数方程表示如下:

$$\begin{cases} x = \varphi(t), \\ y = \psi(t). \end{cases}$$

如以原点为圆心、长半轴为 a、短半轴为 b 的椭圆的参数方程为

$$\begin{cases} x = a\cos t, \\ y = b\sin t, \end{cases}$$

其中 t 为参数, $0 \leqslant t \leqslant 2\pi$.

这里 x, y 都是关于参数 t 的函数. 显然, 当 t 取定一值时, x, y 都有唯一值与之对应, 则 x 与 y 的取值也是相对应的, 即 y 与 x 之间也有函数关系.

一般的, 若参数方程

$$\begin{cases} x = \varphi(t), \\ y = \psi(t) \end{cases} \tag{2.4}$$

确定 y 与 x 之间的函数关系, 则称此函数关系所表达的函数为由参数方程 (2.4) 所确定的函数.

下面讨论由参数方程所确定的函数的求导方法.

设函数 $x = \varphi(t)$ 与 $y = \psi(t)$ 都可导, 且 $x = \varphi(t)$ 具有单调连续的反函数 $t = \varphi^{-1}(x)$. 如果函数 $t = \varphi^{-1}(x)$ 与 $y = \psi(t)$ 可构成复合函数, 那么由参数方程 (2.4) 确定的函数可以看成是由函数 $y = \psi(t)$ 和 $t = \varphi^{-1}(x)$ 复合而成的函数 $y = \psi(\varphi^{-1}(x))$, 则根据复合函数求导法则, 当 $\varphi'(t) \neq 0$ 时, 有

$$\frac{\mathrm{d}y}{\mathrm{d}x} = \frac{\mathrm{d}y}{\mathrm{d}t}\cdot\frac{\mathrm{d}t}{\mathrm{d}x} = \frac{\mathrm{d}y}{\mathrm{d}t}\cdot\frac{1}{\dfrac{\mathrm{d}x}{\mathrm{d}t}} = \frac{\psi'(t)}{\varphi'(t)},$$

即

$$\frac{\mathrm{d}y}{\mathrm{d}x} = \frac{\psi'(t)}{\varphi'(t)}.$$

这就是由参数方程 (2.4) 所确定的函数的导数公式.

如果 $x = \varphi(t)$ 与 $y = \psi(t)$ 都二阶可导, 那么可以继续求二阶导数. 二阶导数是一阶导数的导数, 由于一阶导数

$$\frac{\mathrm{d}y}{\mathrm{d}x} = \frac{\psi'(t)}{\varphi'(t)}$$

仍然是关于参数 t 的函数, 从而一阶导数的参数方程为

$$\begin{cases} \dfrac{\mathrm{d}y}{\mathrm{d}x} = \dfrac{\psi'(t)}{\varphi'(t)}, \\ x = \varphi(t), \end{cases}$$

根据一阶导数公式有

$$\frac{\mathrm{d}^2 y}{\mathrm{d}x^2} = \frac{\mathrm{d}}{\mathrm{d}x}\left(\frac{\mathrm{d}y}{\mathrm{d}x}\right) = \frac{\mathrm{d}}{\mathrm{d}t}\left(\frac{\mathrm{d}y}{\mathrm{d}x}\right) \cdot \frac{\mathrm{d}t}{\mathrm{d}x} = \frac{\mathrm{d}}{\mathrm{d}t}\left(\frac{\psi'(t)}{\varphi'(t)}\right) \cdot \frac{\mathrm{d}t}{\mathrm{d}x}$$

$$= \frac{\psi''(t)\varphi'(t) - \psi'(t)\varphi''(t)}{[\varphi'(t)]^2} \cdot \frac{1}{\varphi'(t)}$$

$$= \frac{\psi''(t)\varphi'(t) - \psi'(t)\varphi''(t)}{[\varphi'(t)]^3}.$$

这就是由参数方程 (2.4) 所确定的函数的二阶导数公式.

例 2.4.8 求由参数方程

$$\begin{cases} x = \arctan t, \\ y = \ln(1 + t^2) \end{cases}$$

所确定的函数的导数.

解 $\dfrac{\mathrm{d}y}{\mathrm{d}x} = \dfrac{\dfrac{\mathrm{d}\ln(1 + t^2)}{\mathrm{d}t}}{\dfrac{\mathrm{d}\arctan t}{\mathrm{d}t}} = \dfrac{\dfrac{2t}{1 + t^2}}{\dfrac{1}{1 + t^2}} = 2t$, 即

$$\frac{\mathrm{d}y}{\mathrm{d}x} = 2t.$$

例 2.4.9 已知椭圆的参数方程为

$$\begin{cases} x = a\cos t, \\ y = b\sin t, \end{cases}$$

求椭圆在 $t = \dfrac{\pi}{4}$ 相应的点处的切线方程.

解 根据导数的几何意义, 首先求函数的导数,

$$\frac{\mathrm{d}y}{\mathrm{d}x} = \frac{(b\sin t)'}{(a\cos t)'} = \frac{b\cos t}{-a\sin t} = -\frac{b}{a}\cot t,$$

则在 $t = \dfrac{\pi}{4}$ 相应的点处的切线斜率为

$$\left.\frac{\mathrm{d}y}{\mathrm{d}x}\right|_{t=\frac{\pi}{4}} = -\frac{b}{a}.$$

又当 $t = \dfrac{\pi}{4}$ 时, $x = \dfrac{\sqrt{2}}{2}a, y = \dfrac{\sqrt{2}}{2}b$, 故切线方程为

$$y - \frac{\sqrt{2}}{2}b = -\frac{b}{a}\left(x - \frac{\sqrt{2}}{2}a\right).$$

即 $bx + ay - \sqrt{2}ab = 0$.

例 2.4.10 已知摆线的参数方程为

$$\begin{cases} x = a(t - \sin t), \\ y = a(1 - \cos t), \end{cases}$$

求该参数方程所确定的函数 $y = y(x)$ 的二阶导数.

解 $\dfrac{\mathrm{d}y}{\mathrm{d}x} = \dfrac{\frac{\mathrm{d}y}{\mathrm{d}t}}{\frac{\mathrm{d}x}{\mathrm{d}t}} = \dfrac{a\sin t}{a(1 - \cos t)} = \dfrac{\sin t}{1 - \cos t}$,

$$\begin{aligned}
\frac{\mathrm{d}^2 y}{\mathrm{d}x^2} &= \frac{\mathrm{d}}{\mathrm{d}x}\left(\frac{\sin t}{1 - \cos t}\right) = \frac{\mathrm{d}}{\mathrm{d}t}\left(\frac{\sin t}{1 - \cos t}\right) \cdot \frac{\mathrm{d}t}{\mathrm{d}x} \\
&= \frac{\cos t(1 - \cos t) - \sin t \cdot \sin t}{(1 - \cos t)^2} \cdot \frac{1}{a(1 - \cos t)} \\
&= -\frac{1}{a(1 - \cos t)^2}.
\end{aligned}$$

习题 2.4

1. 求由下列方程所确定的隐函数的导数 $\dfrac{\mathrm{d}y}{\mathrm{d}x}$:

(1) $3x^2 + 4y^2 - 1 = 0$; (2) $\mathrm{e}^y = \sin(x + y)$;

(3) $y = 1 + x\mathrm{e}^y$; (4) $\arctan\dfrac{y}{x} = \ln\sqrt{x^2 + y^2}$.

2. 求曲线 $\sqrt{x} + \sqrt{y} = \sqrt{a}(a$ 为常数$)$ 在点 $\left(\dfrac{a}{4}, \dfrac{a}{4}\right)$ 处的切线方程和法线方程.

3. 求由下列方程所确定的隐函数的二阶导数 $\dfrac{\mathrm{d}^2 y}{\mathrm{d}x^2}$:

(1) $x^2 - y^2 = 1$; (2) $\sin y = \ln(x + y)$;

(3) $y = \tan(x + y)$; (4) $y = x + \ln y$.

4. 设函数 $y = y(x)$ 由方程 $\mathrm{e}^y + xy - \mathrm{e}^x = 0$ 确定, 求 $y''(0)$.

5. 利用对数求导法求下列函数的导数:

(1) $y = (1 + x^2)^{\tan x}$; (2) $y = \left(\dfrac{x}{1 + x}\right)^x$;

(3) $y = \sqrt[3]{\dfrac{3x - 2}{(5 - 2x)(x - 1)}}$; (4) $y = \dfrac{(2x + 3)^4\sqrt{x - 6}}{\sqrt[3]{x + 1}}$.

6. 求下列参数方程所确定的函数的导数 $\dfrac{\mathrm{d}y}{\mathrm{d}x}$：

(1) $\begin{cases} x = 2t, \\ y = 4t^2; \end{cases}$ 　　　　　(2) $\begin{cases} x = \sqrt{1+\theta}, \\ y = \sqrt{1-\theta}; \end{cases}$

(3) $\begin{cases} x = \mathrm{e}^t \sin t, \\ y = \mathrm{e}^t \cos t; \end{cases}$ 　　　　　(4) $\begin{cases} x = \dfrac{1+\ln t}{t^2}, \\ y = \dfrac{3+2\ln t}{t}. \end{cases}$

7. 求曲线 $\begin{cases} x = \ln(1+t^2), \\ y = \arctan t \end{cases}$ 在 $t=1$ 的对应点处的切线方程和法线方程.

8. 求下列参数方程所确定的函数的二阶导数 $\dfrac{\mathrm{d}^2 y}{\mathrm{d}x^2}$：

(1) $\begin{cases} x = 3\mathrm{e}^{-t}, \\ y = 2\mathrm{e}^t; \end{cases}$ 　　　　　(2) $\begin{cases} x = a\cos t, \\ y = b\sin t; \end{cases}$

(3) $\begin{cases} x = 1 - t^2, \\ y = t - t^3; \end{cases}$ 　　　　　(4) $\begin{cases} x = \ln(1+t^2), \\ y = t - \arctan t. \end{cases}$

2.5　函数的微分

　　已经学习的导数研究的是函数相对于自变量的变化快慢程度. 但在许多实际问题中, 不仅要了解这种相对变化, 还需要计算当自变量取得微小增量时, 相应的函数的绝对变化量, 即当自变量 x 取增量 Δx 时, 求函数增量 $\Delta y = f(x+\Delta x) - f(x)$ 的精确值. 然而, 如果函数 $y = f(x)$ 比较复杂, 这种计算是很烦琐的. 于是产生了微分的概念, 将 Δy 近似表达为关于 Δx 的线性函数, 从而求得 Δy 的近似值.

2.5.1　微分的定义及可微的条件

1. 微分的定义

　　先分析一个具体问题. 有一块正方形金属薄片, 由于受到温度变化的影响, 边长从 x_0 变到 $x_0 + \Delta x$(图 2.5.1), 问此薄片的面积改变了多少?

　　设此正方形薄片的边长为 x, 面积为 A, 则 A 是 x 的函数 $A = x^2$. 薄片受到温度变化的影响时面积的改变量, 可以看成当自变量 x 自 x_0 取得增量 Δx 时, 函数 $A = x^2$ 相应的增量 ΔA, 即

$$\Delta A = (x_0 + \Delta x)^2 - x_0^2 = 2x_0 \Delta x + (\Delta x)^2.$$

　　从上式可以看出, ΔA 包含两部分: 第一部分 $2x_0\Delta x$ 是关于 Δx 的线性函数, 即图 2.5.1 中带有斜线的两个矩形面积之和; 第二部分 $(\Delta x)^2$ 是图 2.5.1 中带有交叉斜线的小正方形面积, 当 $\Delta x \to 0$ 时, $(\Delta x)^2$ 是比 Δx 高阶的无穷小, 即 $(\Delta x)^2 = o(\Delta x)$.

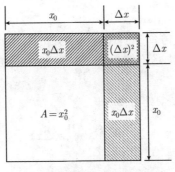

图 2.5.1

显然, 当边长的改变量很小, 即 $|\Delta x|$ 很小时, 可以用第一部分 $2x_0\Delta x$ 近似地表示 ΔA, 即 $\Delta A \approx 2x_0\Delta x$. 这个关于 Δx 的线性函数 $2x_0\Delta x$ 就是函数 $A = x^2$ 在点 x_0 处的微分.

一般地, 对于函数 $y = f(x)$ 给出微分的定义.

定义 2.5.1 设函数 $y = f(x)$ 在某区间内有定义, x_0 和 $x_0 + \Delta x$ 在该区间内, 如果函数的增量

$$\Delta y = f(x_0 + \Delta x) - f(x_0)$$

可表示为

$$\Delta y = A\Delta x + o(\Delta x),$$

其中 A 是不依赖于 Δx 的常数, 那么称函数 $y = f(x)$ 在点 x_0 处是可微的. 而 $A\Delta x$ 叫做函数 $y = f(x)$ 在点 x_0 相应于自变量增量 Δx 的微分, 记作 $\mathrm{d}y$, 即

$$\mathrm{d}y = A\Delta x.$$

由微分的定义可以看出, 函数 $y = f(x)$ 在点 x_0 处的微分 $\mathrm{d}y$ 就是自变量增量 Δx 的线性函数, 与函数的增量 Δy 之间仅相差 $o(\Delta x)$, $o(\Delta x)$ 是当 $\Delta x \to 0$ 时 Δx 的高阶无穷小.

事实上, 当 $\Delta x \to 0$ 时, 如果 $A \neq 0$, 那么 Δy 与 $\mathrm{d}y$ 是等价无穷小, 因为

$$\lim_{\Delta x \to 0} \frac{\Delta y}{\mathrm{d}y} = \lim_{\Delta x \to 0} \frac{\mathrm{d}y + o(\Delta x)}{\mathrm{d}y} = \lim_{\Delta x \to 0} \left(1 + \frac{o(\Delta x)}{A \cdot \Delta x}\right) = 1,$$

因此也称 $\mathrm{d}y$ 是 Δy 的线性主部.

从而, 当 $|\Delta x|$ 很小时, 可以用 $\mathrm{d}y$ 近似地表示 Δy, 即

$$\Delta y \approx \mathrm{d}y.$$

2. 函数可微的条件

根据微分的定义, 函数 $y = f(x)$ 在点 x_0 处的微分 dy 是自变量增量 Δx 的线性函数, 即 $dy = A\Delta x$, 其中 A 是不依赖于 Δx 的常数. 下面讨论如何确定这个常数 A, 同时讨论函数可微的条件.

设函数 $y = f(x)$ 在点 x_0 处可微, 即

$$\Delta y = A\Delta x + o(\Delta x),$$

上式两边除以 Δx, 得

$$\frac{\Delta y}{\Delta x} = A + \frac{o(\Delta x)}{\Delta x},$$

当 $\Delta x \to 0$ 时, 有

$$f'(x_0) = \lim_{\Delta x \to 0} \frac{\Delta y}{\Delta x} = \lim_{\Delta x \to 0} \left(A + \frac{o(\Delta x)}{\Delta x} \right) = A,$$

即 $A = f'(x_0)$. 因此, 如果函数 $y = f(x)$ 在点 x_0 处可微, 那么 $y = f(x)$ 在点 x_0 处一定可导 (即 $f'(x_0)$ 存在), 且 $A = f'(x_0)$.

反之, 如果函数 $y = f(x)$ 在点 x_0 处可导, 即

$$\lim_{\Delta x \to 0} \frac{\Delta y}{\Delta x} = f'(x_0)$$

存在, 根据极限与无穷小关系可知

$$\frac{\Delta y}{\Delta x} = f'(x_0) + \alpha,$$

其中 α 是 $\Delta x \to 0$ 时的无穷小. 上式两边乘以 Δx, 得

$$\Delta y = f'(x_0)\Delta x + \alpha\Delta x.$$

显然, 当 $\Delta x \to 0$ 时, $\lim\limits_{\Delta x \to 0} \dfrac{\alpha\Delta x}{\Delta x} = 0$, 即 $\alpha\Delta x$ 是比 Δx 高阶的无穷小 $o(\Delta x)$, 而 $f'(x_0)$ 不依赖于 Δx, 由微分定义可知, 函数 $y = f(x)$ 在点 x_0 处可微.

综合上述讨论可得如下定理.

定理 2.5.1 函数 $y = f(x)$ 在点 x_0 处可微的充分必要条件是函数 $y = f(x)$ 在点 x_0 处可导, 且当 $f(x)$ 在点 x_0 处可微时, 其微分是

$$dy = f'(x_0)\Delta x.$$

如果函数 $y = f(x)$ 在区间 I 内任一点 x 都可微, 那么称 $f(x)$ 是区间 I 内的可微函数. $f(x)$ 在任意点 x 的微分, 称为函数的微分, 记作 dy 或 $df(x)$, 即

$$dy = f'(x)\Delta x.$$

上式对于任意可微函数都成立, 如果取函数 $y = x$, 有

$$\mathrm{d}y = \mathrm{d}x = x' \Delta x = \Delta x,$$

则自变量的微分

$$\mathrm{d}x = \Delta x,$$

于是函数 $y = f(x)$ 的微分又可记作

$$\mathrm{d}y = f'(x)\mathrm{d}x,$$

即函数的微分等于函数的导数与自变量的微分的乘积. 从而有

$$\frac{\mathrm{d}y}{\mathrm{d}x} = f'(x).$$

这就是说, 函数的导数等于函数的微分 $\mathrm{d}y$ 与自变量的微分 $\mathrm{d}x$ 的商. 因此, 导数也叫做 "微商".

例 2.5.1　求函数 $y = x^2$ 当 $x = 1$, $\Delta x = 0.01$ 时的增量和微分.

解　函数的增量

$$\Delta y = (1 + 0.01)^2 - 1^2 = 0.0201,$$

函数在任意点 x 的微分

$$\mathrm{d}y = (x^2)' \Delta x = 2x\Delta x,$$

当 $x = 1$, $\Delta x = 0.01$ 时, 函数微分为

$$\mathrm{d}y \Big|_{\substack{x=1 \\ \Delta x = 0.01}} = 2 \times 1 \times 0.01 = 0.02.$$

例 2.5.2　求函数 $y = x \ln x$ 的微分.

解　已知函数的导数为 $y' = \ln x + 1$, 则函数的微分为 $\mathrm{d}y = (\ln x + 1)\mathrm{d}x$.

例 2.5.3　求函数 $y = \sin^2 x$ 在 $x = \dfrac{\pi}{4}$ 处的微分.

解　函数 $y = \sin^2 x$ 在 $x = \dfrac{\pi}{4}$ 处的微分为

$$\mathrm{d}y = (\sin^2 x)'\big|_{x=\frac{\pi}{4}} \, \mathrm{d}x = \sin 2x|_{x=\frac{\pi}{4}} \, \mathrm{d}x = \mathrm{d}x.$$

2.5.2　微分的几何意义

由微分的定义可知, 可以用函数的微分 $\mathrm{d}y$ 近似表示增量 Δy, 下面从几何上来直观地观察 $\mathrm{d}y$ 与 Δy, 并说明微分的几何意义.

设函数 $y = f(x)$ 表示图 2.5.2 中的曲线, 在曲线上取一点 $M(x,y)$, 当自变量 x 有微小增量 Δx 时, 得到曲线上另一点 $N(x + \Delta x, y + \Delta y)$. 过点 M, N 分别作垂直于 y 轴和 x 轴的垂线, 相交于点 Q, 则

$$MQ = \Delta x, \quad QN = \Delta y.$$

再过点 M 作曲线的切线 MT, 其倾角为 α, 与 QN 相交于点 P, 则

$$QP = MQ \cdot \tan \alpha = \Delta x \cdot f'(x) = \mathrm{d}y.$$

因此, 如果 $y = f(x)$ 是可微函数, 当 Δy 是曲线 $y = f(x)$ 上的点的纵坐标的增量时, $\mathrm{d}y$ 就是曲线的切线上点的纵坐标的相应增量.

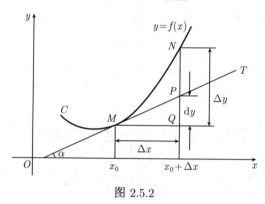

图 2.5.2

2.5.3 基本初等函数的微分公式与微分运算法则

函数的微分表达式为

$$\mathrm{d}y = f'(x)\mathrm{d}x,$$

即函数的微分等于函数的导数与自变量的微分的乘积. 所以求函数的微分, 主要还是计算函数的导数, 由此可以得到如下的微分公式和微分运算法则.

1. 基本初等函数的微分公式

(1) $\mathrm{d}(C) = 0(C$ 为常数);

(2) $\mathrm{d}(x^{\mu}) = \mu x^{\mu-1}\mathrm{d}x$;

(3) $\mathrm{d}(a^x) = a^x \ln a\mathrm{d}x\ (a > 0, a \neq 1)$;

(4) $\mathrm{d}(\mathrm{e}^x) = \mathrm{e}^x\mathrm{d}x$;

(5) $\mathrm{d}(\log_a x) = \dfrac{1}{x \ln a}\mathrm{d}x\ (a > 0, a \neq 1)$;

(6) $\mathrm{d}(\ln x) = \dfrac{1}{x}\mathrm{d}x$;

(7) $\mathrm{d}(\sin x) = \cos x\mathrm{d}x$;

(8) $\mathrm{d}(\cos x) = -\sin x\mathrm{d}x$;

(9) $\mathrm{d}(\tan x) = \sec^2 x\mathrm{d}x$;

(10) $\mathrm{d}(\cot x) = -\csc^2 x\mathrm{d}x$;

(11) $\mathrm{d}(\sec x) = \sec x \tan x\mathrm{d}x$;

(12) $\mathrm{d}(\csc x) = -\csc x \cot x\mathrm{d}x$;

(13) $\mathrm{d}(\arcsin x) = \dfrac{1}{\sqrt{1-x^2}}\mathrm{d}x$;

(14) $\mathrm{d}(\arccos x) = -\dfrac{1}{\sqrt{1-x^2}}\mathrm{d}x$;

(15) $\mathrm{d}(\arctan x) = \dfrac{1}{1+x^2}\mathrm{d}x$;

(16) $\mathrm{d}(\mathrm{arc}\cot x) = -\dfrac{1}{1+x^2}\mathrm{d}x$.

2. 函数和、差、积、商的微分法则

设函数 $u = u(x)$, $v = v(x)$ 都可导, 则

(1) $\mathrm{d}(u \pm v) = \mathrm{d}u \pm \mathrm{d}v$;

(2) $\mathrm{d}(uv) = v\mathrm{d}u + u\mathrm{d}v$，$\mathrm{d}(Cu) = C\mathrm{d}u(C$为常数)；

(3) $\mathrm{d}\left(\dfrac{u}{v}\right) = \dfrac{v\mathrm{d}u - u\mathrm{d}v}{v^2}$.

3. 复合函数的微分法则

设函数 $y = f(u)$ 和 $u = \varphi(x)$ 都可导, 则复合函数 $y = f(\varphi(x))$ 的导数为

$$\frac{\mathrm{d}y}{\mathrm{d}x} = \frac{\mathrm{d}y}{\mathrm{d}u} \cdot \frac{\mathrm{d}u}{\mathrm{d}x} = f'(u)\varphi'(x),$$

于是其微分为

$$\mathrm{d}y = f'(u)\varphi'(x)\mathrm{d}x.$$

由于 $\varphi'(x)\mathrm{d}x = \mathrm{d}u$, 所以复合函数 $y = f(\varphi(x))$ 的微分也可写作

$$\mathrm{d}y = f'(u)\mathrm{d}u.$$

由此可见, 无论 u 是自变量还是中间变量, 微分形式 $\mathrm{d}y = f'(u)\mathrm{d}u$ 保持不变. 这一性质称为一阶微分的形式不变性.

例 2.5.4　已知 $y = (2x + 1)^2$, 求 $\mathrm{d}y$.

解　记 $u = 2x + 1$, 则

$$\mathrm{d}y = \mathrm{d}(u^2) = 2u\mathrm{d}u = 2(2x+1)\mathrm{d}(2x+1)$$
$$= 2(2x+1) \cdot 2\mathrm{d}x = 4(2x+1)\mathrm{d}x.$$

例 2.5.5　已知 $y = \mathrm{e}^{\sin^2 x}$, 求 $\mathrm{d}y$.

解　$\mathrm{d}y = \mathrm{d}(\mathrm{e}^{\sin^2 x}) = \mathrm{e}^{\sin^2 x}\mathrm{d}(\sin^2 x)$
$$= \mathrm{e}^{\sin^2 x} \cdot 2\sin x\mathrm{d}(\sin x) = \mathrm{e}^{\sin^2 x} \cdot 2\sin x \cdot \cos x\mathrm{d}x$$
$$= \mathrm{e}^{\sin^2 x}\sin 2x\mathrm{d}x.$$

例 2.5.6　求由方程 $\mathrm{e}^{x+y} - xy = 0$ 所确定的隐函数的微分 $\mathrm{d}y$.

解　**方法一**　先求函数的导数, 再写出微分 $\mathrm{d}y$.

此函数的导数在例 2.4.1 中已经计算过, 其导数为

$$\frac{\mathrm{d}y}{\mathrm{d}x} = \frac{y - \mathrm{e}^{x+y}}{\mathrm{e}^{x+y} - x},$$

故微分为

$$\mathrm{d}y = \frac{y - \mathrm{e}^{x+y}}{\mathrm{e}^{x+y} - x}\mathrm{d}x.$$

方法二　直接运用微分运算公式与法则.

方程的两边取微分

$$\mathrm{d}(\mathrm{e}^{x+y} - xy) = \mathrm{d}(0),$$

则

$$\mathrm{d}(\mathrm{e}^{x+y}) - \mathrm{d}(xy) = 0,$$

于是

$$\mathrm{e}^{x+y}\mathrm{d}(x + y) - (y\mathrm{d}x + x\mathrm{d}y) = 0,$$

$$\mathrm{e}^{x+y}(\mathrm{d}x + \mathrm{d}y) - (y\mathrm{d}x + x\mathrm{d}y) = 0,$$

解得

$$\mathrm{d}y = \frac{y - \mathrm{e}^{x+y}}{\mathrm{e}^{x+y} - x}\mathrm{d}x.$$

例 2.5.7　在括号内填入适当的函数, 使等式成立.

(1) d(　　) = $x\mathrm{d}x$;　　　(2) d(　　) = $\sin 2x\mathrm{d}x$.

解　(1) 已知 $\mathrm{d}(x^2) = 2x\mathrm{d}x$, 所以 $x\mathrm{d}x = \frac{1}{2}\mathrm{d}(x^2) = \mathrm{d}\left(\frac{x^2}{2}\right)$, 即 $\mathrm{d}\left(\frac{x^2}{2}\right) = x\mathrm{d}x$.

注意到 $\left(\frac{x^2}{2} + C\right)' = x$($C$ 为任意常数), 一般地, 有

$$\mathrm{d}\left(\frac{x^2}{2} + C\right) = x\mathrm{d}x \quad (C\text{为任意常数}).$$

(2) 已知

$$\mathrm{d}(\cos 2x) = -2\sin 2x\mathrm{d}x,$$

所以

$$\sin 2x\mathrm{d}x = -\frac{1}{2}\mathrm{d}(\cos 2x) = \mathrm{d}\left(-\frac{\cos 2x}{2}\right),$$

即

$$\mathrm{d}\left(-\frac{\cos 2x}{2}\right) = \sin 2x\mathrm{d}x.$$

注意到 $\left(-\frac{\cos 2x}{2} + C\right)' = \sin 2x$($C$ 为任意常数), 一般地, 有

$$\mathrm{d}\left(-\frac{\cos 2x}{2} + C\right) = \sin 2x\mathrm{d}x \quad (C\text{为任意常数}).$$

2.5.4　微分在近似计算中的应用

在微分的概念部分, 我们知道, 如果函数 $y = f(x)$ 在点 x_0 处可导, 且 $f'(x) \neq 0$, 那么当 $|\Delta x|$ 很小时, 可以用函数的微分 $\mathrm{d}y$ 近似表示函数的增量 Δy, 即

$$\Delta y \approx \mathrm{d}y.$$

于是

$$\Delta y = f(x_0 + \Delta x) - f(x_0) \approx f'(x_0)\Delta x \tag{2.5}$$

或

$$f(x_0 + \Delta x) \approx f(x_0) + f'(x_0)\Delta x. \tag{2.6}$$

显然, 式 (2.5) 可以用来近似计算函数增量 Δy, 式 (2.6) 可以计算 $f(x_0 + \Delta x)$ 的近似值.

例 2.5.8　求 $\sqrt{1.02}$ 的近似值.

解　$\sqrt{1.02}$ 可以看成 $\sqrt{1 + 0.02}$, 从而记 $f(x) = \sqrt{x}$, $x_0 = 1$, $\Delta x = 0.02$, 由式 (2.6) 可得

$$\sqrt{1.02} = f(x_0 + \Delta x) \approx f(x_0) + f'(x_0)\Delta x$$
$$= \sqrt{1} + \frac{1}{2\sqrt{1}} \times 0.02 = 1.01,$$

即 $\sqrt{1.02} \approx 1.01$.

例 2.5.9　求 $\sqrt[3]{998.5}$ 的近似值.

解　$\sqrt[3]{998.5}$ 可以看成 $\sqrt[3]{1000 - 1.5} = 10 \times \sqrt[3]{1 - 0.0015}$, 从而记

$$f(x) = 10\sqrt[3]{x}, \quad x_0 = 1, \quad \Delta x = -0.0015,$$

由式 (2.6) 可得

$$\sqrt[3]{998.5} \approx 10 \times \sqrt[3]{1} + 10 \times \frac{1}{3} \times 1^{-\frac{2}{3}} \times (-0.0015) = 9.995.$$

例 2.5.10　证明: 当 $|x|$ 很小时, 有 $\mathrm{e}^x \approx 1 + x$.

证　记 $f(x) = \mathrm{e}^x$, $x_0 = 0$, $\Delta x = x$, 则

$$f(x_0 + \Delta x) = \mathrm{e}^x, \quad f(x_0) = 1, \quad f'(x_0) = 1,$$

根据式 (2.6) 有

$$\mathrm{e}^x \approx 1 + 1 \cdot x,$$

即 $\mathrm{e}^x \approx 1 + x$.

在上例的结论中, 近似等式的左式为函数 e^x, 右式是一个线性函数 $1 + x$, 即用一个线性函数来近似表达 e^x, 这称为函数的线性化.

类似地, 当 $|x|$ 很小时, 可以证明下列常用的近似公式:

(1) $(1 + x)^\alpha \approx 1 + \alpha x (x \in \mathbf{R})$;

(2) $\ln(1 + x) \approx x$;

(3) $\sin x \approx x (x$ 为弧度$)$;

(4) $\tan x \approx x (x$ 为弧度$)$.

从几何上来看, 函数的线性化就是曲线 $y = f(x)$ 在点 x_0 的邻近区域, 用其在点 x_0 处的切线近似代替该曲线.

习题 2.5

1. 求下列函数的微分:

(1) $y = x^2 + \sqrt{x} - \dfrac{1}{x^2}$;

(2) $y = x \sin 2x$;

(3) $y = \sqrt{1 - x^2}$;

(4) $y = \ln\left(\tan\dfrac{x}{2}\right)$;

(5) $y = \sqrt{\arcsin\sqrt{x}}$;

(6) $y = x^2 e^{2x}$;

(7) $y = \arctan\dfrac{1 - x^2}{1 + x^2}$;

(8) $y = (e^x + e^{-x})^2$.

2. 求由方程 $\cos(xy) = x^2 y^2$ 所确定的函数的微分 $\mathrm{d}y$.

3. 求由方程 $y^2 + \ln y = x^2$ 所确定的函数的微分 $\mathrm{d}y$.

4. 将适当的函数填入下列括号内, 使等式成立:

(1) $\mathrm{d}(\quad) = x^2 \mathrm{d}x$;

(2) $\mathrm{d}(\quad) = \dfrac{1}{x^2}\mathrm{d}x$;

(3) $\mathrm{d}(\quad) = e^{-2x}\mathrm{d}x$;

(4) $\mathrm{d}(\quad) = \cos 3x\mathrm{d}x$;

(5) $\mathrm{d}(\quad) = \dfrac{1}{1+x}\mathrm{d}x$;

(6) $\mathrm{d}(\quad) = \sec^2 5x\mathrm{d}x$;

(7) $\mathrm{d}(\quad) = \dfrac{1}{4+x^2}\mathrm{d}x$;

(8) $\mathrm{d}(\quad) = \dfrac{\ln x}{x}\mathrm{d}x$.

5. 求下列数值的近似值:

(1) $\sqrt{1.002}$;

(2) $\sqrt[3]{996}$;

(3) $\cos 29°$;

(4) $\arcsin 0.5002$.

6. 一正方体的棱长 $x = 10\mathrm{cm}$, 如果棱长增加 $0.1\mathrm{cm}$, 求此正方体体积增加的精确值和近似值.

总习题 2

1. 选择题.

(1) 函数 $f(x) = (x^2 - x - 2)\left|x^3 - x\right|$ 的不可导点的个数为 (　).

A. 0;　　　　　　　B. 1;　　　　　　　C. 2;　　　　　　　D. 3.

(2) 设函数 $f(x)$ 在 $x = 0$ 处连续, 且 $\lim\limits_{x \to 0}\dfrac{f(x^2)}{x^2} = 1$, 则 (　).

A. $f(0) = 0$ 且 $f'(0)$ 存在;　　　　　　B. $f(0) = 1$ 且 $f'(0)$ 存在;

C. $f(0) = 0$ 且 $f'_+(0)$ 存在;　　　　　　D. $f(0) = 1$ 且 $f'_+(0)$ 存在.

(3) 设 $f'(x)$ 在 $[a, b]$ 上连续, 且 $f'(a) > 0$, $f'(b) < 0$, 则下列结论错误的是 (　).

A. 至少存在一点 $x_0 \in (a, b)$, 使得 $f(x_0) > f(a)$;

B. 至少存在一点 $x_0 \in (a, b)$, 使得 $f(x_0) > f(b)$;

C. 至少存在一点 $x_0 \in (a, b)$, 使得 $f'(x_0) = 0$;

D. 至少存在一点 $x_0 \in (a, b)$, 使得 $f(x_0) = 0$.

(4) 设 $g(x)$ 可微, $h(x) = e^{1 + g(x)}$, 若 $h'(1) = 1$, $g'(1) = 2$, 则 $g(1) = ($　$)$.

A. $\ln 3 - 1$;　　　　B. $-\ln 3 - 1$;　　　　C. $-\ln 2 - 1$;　　　　D. $\ln 2 - 1$.

(5) 设函数 $y = f(x)$ 具有二阶导数, 且 $f'(x) > 0$, $f''(x) > 0$, Δx 为自变量 x 在 x_0 处的增量, Δy 与 $\mathrm{d}y$ 分别为 $f(x)$ 在点 x_0 处对应的增量与微分, 若 $\Delta x > 0$, 则 (　　).

A. $0 < \mathrm{d}y < \Delta y$;　　 B. $0 < \Delta y < \mathrm{d}y$;　　 C. $\Delta y < \mathrm{d}y < 0$;　　 D. $\mathrm{d}y < \Delta y < 0$.

2. 填空题.

(1) 设函数 $f(x) = \begin{cases} x^\lambda \cos \dfrac{1}{x}, & x \neq 0, \\ 0 & x = 0, \end{cases}$ 其导数在 $x = 0$ 处连续, 则 λ 的取值范围是

_____.

(2) 设函数 $f(x)$ 在 $x = 2$ 的某邻域内可导, 且 $f'(x) = \mathrm{e}^{f(x)}$, $f(2) = 1$, 则 $f'''(2) = $ _____.

(3) 曲线 $\begin{cases} x = \cos t + \cos^2 t, \\ y = 1 + \sin t \end{cases}$ 上对应于 $t = \dfrac{\pi}{4}$ 的点处的法线斜率为 _____.

(4) 设 $y = (1 + \sin x)^x$, 则 $\left. \mathrm{d}y \right|_{x = \pi} = $ _____.

(5) 设函数 $f(u)$ 可导, 若函数 $y = f(x^2)$ 的自变量 x 在 $x = -1$ 处取得增量 $\Delta x = -1$ 时, 相应函数增量 Δy 的线性主部等于 0.1, 则 $f'(1) = $ _____.

3. 求下列函数的导数:

(1) $y = (3x + 5)^3 (5x + 4)^5$;　　　　　　　　 (2) $y = \dfrac{\sqrt{1+x} - \sqrt{1-x}}{\sqrt{1+x} + \sqrt{1-x}}$;

(3) $y = \ln \tan \dfrac{x}{2} - \cos x \cdot \ln \tan x$;　　　 (4) $y = x \arcsin \dfrac{x}{2} + \sqrt{4 - x^2}$;

(5) $y = x^{\sin x}$ $(x > 0)$;　　　　　　　　　　 (6) $y = x^{\frac{1}{x}}$ $(x > 0)$.

4. 设 $f(x)$ 在 $x = 2$ 处连续, 且 $\lim\limits_{x \to 2} \dfrac{f(x)}{x - 2} = 2$, 求 $f'(2)$.

5. 设 $f(x) = x(x-1)(x-2) \cdots (x-100)$, 求 $f'(0)$.

6. 设 $f(x)$ 为可导函数, 求函数 $y = f(\mathrm{e}^x) \mathrm{e}^{f(x)}$ 的导数 $\dfrac{\mathrm{d}y}{\mathrm{d}x}$.

7. 已知 $\varphi(x) = a^{f^2(x)}$, 且 $f'(x) = \dfrac{1}{f(x) \ln a}$, 证明: $\varphi'(x) = 2\varphi(x)$.

8. 设 $f\left(\dfrac{1}{x}\right) = \dfrac{x}{1+x}$, 求 $f'(x)$.

9. 设 $x > 0$ 时, 可导函数 $f(x)$ 满足: $f(x) + 2f\left(\dfrac{1}{x}\right) = \dfrac{3}{x}$, 求 $f'(x)$.

10. 设函数 $f(x) = \lim\limits_{n \to +\infty} \dfrac{x^2 \mathrm{e}^{n(x-1)} + ax + b}{\mathrm{e}^{n(x-1)} + 1}$, 问当 a, b 取何值时, 函数 $f(x)$ 可导.

11. 设函数 $f(x) = \begin{cases} \dfrac{1 - \cos x}{\sqrt{x}}, & x > 0, \\ x^2 g(x), & x \leqslant 0, \end{cases}$ 其中 $g(x)$ 为有界函数, 试讨论函数 $f(x)$ 在 $x = 0$ 处的连续性和可导性.

12. 设函数 $y = f(x)$ 由方程 $xy + 2\ln x = y^4$ 确定, 求曲线 $y = f(x)$ 在点 $(1, 1)$ 处的切线方程.

13. 证明: 曲线 $y = \dfrac{1}{x}$ $(x > 0)$ 上任意点 $\left(x_0, \dfrac{1}{x_0}\right)$ 处切线与两坐标轴围成的直角三角形面积恒为 2.

14. 设曲线 $y = f(x)$ 与曲线 $y = \sin x$ 在原点相切, 求 $\lim\limits_{n \to +\infty} \sqrt{nf\left(\dfrac{2}{n}\right)}$.

15. 已知 $f(x)$ 是周期为 5 的连续函数, 它在 $x = 0$ 的某邻域内满足关系式

$$f(1 + \sin x) - 3f(1 - \sin x) = 8x + o(x),$$

且 $f(x)$ 在 $x = 1$ 处可导, 求曲线 $y = f(x)$ 在点 $(6, f(6))$ 处的切线方程.

16. 证明: 可导的周期函数的导函数仍为周期函数.

17. 证明: 可导的奇函数的导函数为偶函数, 可导的偶函数的导函数为奇函数.

18. 设函数 $y = y(x)$ 由方程 $e^y + 6xy + x^2 - 1 = 0$ 确定, 求 $y''(0)$.

19. 设函数 $y = f(x)$ 为可导函数且 $f'(x) \neq 0$, 求其反函数 $x = g(y)$ 的二阶导数.

20. 求下列函数的 n 阶导数:

(1) $y = \dfrac{1}{x^2 - 3x + 2}$; \qquad (2) $y = \sin^4 x + \cos^4 x$.

21. 设 $y = f(\ln x)\mathrm{e}^{f(x)}$, 其中 f 可微, 求 $\mathrm{d}y$.

22. 已知 $y = \cos x^2$, 求 $\dfrac{\mathrm{d}y}{\mathrm{d}x}, \dfrac{\mathrm{d}y}{\mathrm{d}x^2}, \dfrac{\mathrm{d}^2y}{\mathrm{d}x^2}$.

23. 一飞机在离地面 2km 的高度, 以每小时 200km 的速度飞临某目标的上空, 以便进行航空摄影, 试求飞机飞至该目标上方时摄像机转动的速度.

24. 某人身高 1.8m, 在水平路面上以 1.6m/s 的速率走向一街灯, 若此街灯在路面上方 5m, 当此人与灯的水平距离为 4m 时, 人影端点移动的速率为多少?

25. 某家有一机械挂钟, 钟摆的周期为 1s. 在冬季, 摆长缩短了 0.01cm, 这只钟每天大约快多少?

习题分析 \qquad\qquad\qquad 同步训练

第**3**章

微分中值定理与导数的应用

本章导读

第 2 章为了研究因变量相对于自变量的变化快慢而引入了导数的概念, 而导数只是反映函数在一点附近的局部特性. 本章将应用导数来研究函数在区间上的整体特性以及曲线的某些性态, 并利用这些知识解决一些实际问题. 为此, 先介绍几个微分中值定理, 它们是微分学中的最重要的结论之一, 在下面的章节中, 将以它们为中心, 来分别介绍微分学中与其联系的几个重要应用.

3.1　微分中值定理

下面先介绍一个预备定理 —— 费马 (Fermat) 定理, 然后讲罗尔 (Rolle) 定理, 再根据它推出拉格朗日 (Lagrange) 中值定理和柯西 (Cauchy) 中值定理.

3.1.1　费马定理

首先, 从导数的概念知道, $f'(x)$ 表示 $f(x)$ 在点 x 处的变化率, 我们观察图 3.1.1, 容易看出在点 x_0 处的变化率为 0, 即 $f'(x_0) = 0$. 由分析语言将这种几何现象描述出来, 就可得下面的费马定理.

定理 3.1.1（费马定理）　设函数 $f(x)$ 在点 x_0 的某邻域 $U(x_0)$ 内有定义, 并且在 x_0 处可导, 如果对任意的 $x \in U(x_0)$, 有 $f(x) \leqslant f(x_0)$(或 $f(x) \geqslant f(x_0)$), 那么

$$f'(x_0) = 0.$$

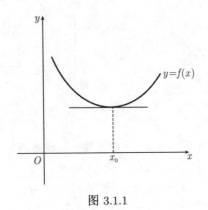

图 3.1.1

证　不妨设 $x \in U(x_0)$ 时, $f(x) \leqslant f(x_0)$.

因此, 当 $x < x_0$ 时, 有

$$\frac{f(x) - f(x_0)}{x - x_0} \geqslant 0.$$

而当 $x > x_0$ 时,

$$\frac{f(x) - f(x_0)}{x - x_0} \leqslant 0.$$

根据函数在 x_0 处可导及极限的保号性, 得到

$$f'(x_0) = f'_+(x_0) = \lim_{x \to x_0^+} \frac{f(x) - f(x_0)}{x - x_0} \leqslant 0,$$

$$f'(x_0) = f'_-(x_0) = \lim_{x \to x_0^-} \frac{f(x) - f(x_0)}{x - x_0} \geqslant 0.$$

于是

$$f'(x_0) = 0.$$

如果 $f(x) \geqslant f(x_0)$, 可以类似地证明.

通常称满足方程 $f'(x) = 0$ 的点 x_0 为函数的驻点(或稳定点、临界点). 例如, $f(x) = x^2$, 因为 $f'(0) = 0$, 所以 $x = 0$ 为 $f(x)$ 的驻点.

3.1.2 罗尔定理

先观察图 3.1.2. 设曲线弧 $\overset{\frown}{AB}$ 是函数 $y = f(x)$, $x \in [a, b]$ 的图形. 两个端点的纵坐标相等, 即 $f(a) = f(b)$. 可以发现曲线弧的最高点 C 处, 曲线有水平的切线. 如果记 C 点的横坐标为 ξ, 则应有 $f'(\xi) = 0$. 可表达为如下的罗尔定理.

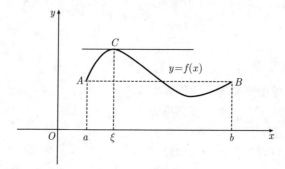

图 3.1.2

定理 3.1.2 (罗尔定理) 如果函数 $f(x)$ 满足

(1) $f(x)$ 在闭区间 $[a, b]$ 上连续;

(2) $f(x)$ 在开区间 (a, b) 内可导;

(3) $f(x)$ 在区间端点的函数值相等, 即 $f(a) = f(b)$, 那么在 (a, b) 内至少有一点 $\xi(a < \xi < b)$, 使得函数 $f(x)$ 在该点的导数等于零, 即 $f'(\xi) = 0$.

证 因为 $f(x)$ 在 $[a,b]$ 上连续, 根据闭区间上连续函数最大值最小值定理, 必有最大值 M 和最小值 m, 这样, 分下面两种情形讨论:

(1) 若 $M = m$. 此时 $f(x)$ 在 $[a,b]$ 恒为常数 M, $f(x) = M$. 因此 $\forall x \in (a,b)$, 有 $f'(x) = 0$. 任取 $\xi \in (a,b)$, 都有 $f'(\xi) = 0$.

(2) 若 $M > m$. 因为 $f(a) = f(b)$, 这时 M 和 m 中至少有一个与 $f(a)$(也即 $f(b)$) 不同, 不妨设 $M \neq f(a)$, 那么必存在一点 $\xi \in (a,b)$, 使 $f(\xi) = M$. 因此, $\forall x \in [a,b]$, 有 $f(x) \leqslant f(\xi)$, 由费马定理得 $f'(\xi) = 0$.

3.1.3 拉格朗日中值定理

再来分析一下罗尔定理的三个条件, 如果前两个条件仍满足, 即 $f(x)$ 在闭区间 $[a,b]$ 上连续且在开区间 (a,b) 内可导, 但是函数 $f(x)$ 在两端点处的函数值不相等, $f(a) \neq f(b)$, 情况又会如何, 对此, 有下面的拉格朗日中值定理.

定理 3.1.3 (拉格朗日中值定理)　如果函数 $f(x)$ 满足

(1) 在闭区间 $[a,b]$ 上连续;

(2) 在开区间 (a,b) 内可导,

那么, 至少存在一点 $\xi \in (a,b)$, 使得

$$f(b) - f(a) = f'(\xi)(b-a). \tag{3.1}$$

在证明此定理之前, 先来观察一下它的几何意义, 把式 (3.1) 改写成

$$\frac{f(b) - f(a)}{b - a} = f'(\xi).$$

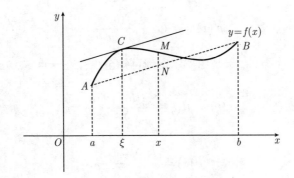

图 3.1.3

由图 3.1.3 可以看出, $\dfrac{f(b) - f(a)}{b - a}$ 表示弦 AB 的斜率, 而 $f'(\xi)$ 表示曲线在点 C 处的切线的斜率. 因此, 拉格朗日中值定理的几何意义是: 如果连续曲线 $y = f(x)$ 的弧上除端点外处处具有不垂直于 x 轴的切线, 那么该弧上至少有一点 C, 使曲线在 C 处的切线平行于弦 AB.

由上述分析可知罗尔定理是拉格朗日中值定理的一种特殊情况. 正因为如此, 只需对函数 $f(x)$ 作适当变形, 便可应用罗尔定理导出拉格朗日中值定理. 但在拉格朗日中值定理的条件中, 函数 $f(x)$ 并不满足 $f(a) = f(b)$ 这个条件, 为此需要构造一个与 $f(x)$ 有密切联系的辅助函数 $\varphi(x)$, 使得 $\varphi(a) = \varphi(b)$, 然后对 $\varphi(x)$ 应用罗尔定理, 从而可以获得证明.

设直线 AB 的方程为 $y = L(x)$, 则

$$L(x) = f(a) + \frac{f(b) - f(a)}{b - a}(x - a).$$

从图 3.1.3 中可以看到, 直线 AB 与曲线弧 $\overset{\frown}{AB}$ 在两端点重合, 从而它们的函数值在两端点处相等, 即 $L(a) = f(a), L(b) = f(b)$. 由于点 M, N 的纵坐标依次为 $f(x)$ 和 $L(x)$, 故表示有向线段 MN 的值的函数

$$\varphi(x) = f(x) - L(x) = f(x) - f(a) - \frac{f(b) - f(a)}{b - a}(x - a).$$

证 作辅助函数

$$\varphi(x) = f(x) - f(a) - \frac{f(b) - f(a)}{b - a}(x - a), \quad x \in [a, b].$$

由于函数 $f(x)$ 在闭区间 $[a, b]$ 上连续, 在开区间 (a, b) 内可导, 所以函数 $\varphi(x)$ 也在闭区间 $[a, b]$ 上连续, 在开区间 (a, b) 内可导, 且有

$$\varphi(a) = \varphi(b) = 0,$$

$$\varphi'(x) = f'(x) - \frac{f(b) - f(a)}{b - a}$$

满足罗尔定理的三个条件, 于是由罗尔定理可知至少存在一点 $\xi \in (a, b)$, 使 $\varphi'(\xi) = 0$, 即

$$\varphi'(\xi) = f'(\xi) - \frac{f(b) - f(a)}{b - a} = 0.$$

整理后, 得

$$f'(\xi) = \frac{f(b) - f(a)}{b - a}.$$

定理证毕.

拉格朗日中值定理的结论

$$f'(\xi) = \frac{f(b) - f(a)}{b - a}, \quad \xi \in (a, b) \tag{3.2}$$

一般称为拉格朗日公式.

由于 $\xi \in (a, b)$, 所以总可以找到某个 $\theta \in (0, 1)$, 使得

$$\xi = a + \theta(b - a),$$

于是拉格朗日公式可以写成

$$f(b) - f(a) = f'(a + \theta(b - a))(b - a), \quad \theta \in (0, 1),$$

记 a 为 x, $b - a$ 为 Δx, 则上式可以写为

$$f(x + \Delta x) - f(x) = f'(x + \theta \Delta x)\Delta x, \quad \theta \in (0, 1).$$

若记 $f(x)$ 为 y, 则

$$\Delta y = f'(x + \theta \Delta x)\Delta x \tag{3.3}$$

是拉格朗日公式的另一种表达形式, 它给出了自变量、因变量的差分和函数的导数值的精确关系, 因此拉格朗日中值定理也称为有限增量定理, 式 (3.3) 也称为有限增量公式.

物理解释: 把数 $\dfrac{f(b) - f(a)}{b - a}$ 设想为 $f(x)$ 在区间 $[a, b]$ 上的平均变化率而 $f'(\xi)$ 是 $f(x)$ 在 $x = \xi$ 的瞬时变化率. 拉格朗日中值定理是说, 至少存在某个内点, 该内点处的瞬时变化率等于整个区间上的平均变化率.

下面举两个应用拉格朗日中值定理的例子.

例 3.1.1　设 $f(x)$ 在区间 $[a, b]$ 上连续, 在 (a, b) 内可导, 证明: 在 (a, b) 内至少存在一点 ξ, 使得

$$\frac{bf(b) - af(a)}{b - a} = f(\xi) + \xi f'(\xi).$$

证　作辅助函数 $F(x) = xf(x)$, 则 $F(x)$ 在 $[a, b]$ 上满足拉格朗日中值定理的条件, 因此, 在 (a, b) 内至少存在一点 ξ, 使得

$$\frac{F(b) - F(a)}{b - a} = F'(\xi).$$

由于 $F'(x) = f(x) + xf'(x)$, 可见

$$\frac{bf(b) - af(a)}{b - a} = f(\xi) + \xi f'(\xi).$$

例 3.1.2　设 $0 < a < b$, 证明不等式

$$\frac{2a}{a^2 + b^2} < \frac{\ln b - \ln a}{b - a}.$$

证 设函数 $f(x) = \ln x(x > a > 0)$, 由拉格朗日中值定理知, 至少存在一点 $\xi \in (a,b)$, 使

$$\frac{\ln b - \ln a}{b - a} = (\ln x)'|_{x=\xi} = \frac{1}{\xi}.$$

由于 $0 < a < \xi < b$, 故 $\dfrac{1}{\xi} > \dfrac{1}{b} > \dfrac{2a}{a^2 + b^2}$, 从而

$$\frac{\ln b - \ln a}{b - a} > \frac{2a}{a^2 + b^2}.$$

3.1.4 柯西中值定理

下面给出更一般的中值定理.

定理 3.1.4 (柯西中值定理) 如果函数 $f(x)$ 及 $g(x)$ 在闭区间 $[a,b]$ 上连续, 在开区间 (a,b) 内可导, 且 $g'(x)$ 在 (a,b) 内每一点处均不为零, 那么在 (a,b) 内至少有一点 $\xi(a < \xi < b)$, 使等式

$$\frac{f(b) - f(a)}{g(b) - g(a)} = \frac{f'(\xi)}{g'(\xi)}$$

成立.

显然, 当 $g'(x) = 1$ 时, 上式即为拉格朗日公式, 所以说拉格朗日中值定理是柯西中值定理的一种特殊情况.

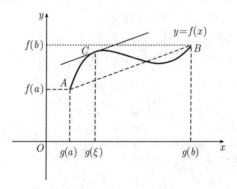

图 3.1.4

在图 3.1.4 中, 假设 $\overset{\frown}{AB}$ 的参数方程为

$$\begin{cases} x = g(t), \\ y = f(t), \end{cases} \quad t \in [a,b],$$

由参数形式的微分公式, 曲线上点 (x,y) 的切线的斜率为

$$\frac{\mathrm{d}y}{\mathrm{d}x} = \frac{f'(x)}{g'(x)},$$

弦 AB 的斜率为

$$\frac{f(b)-f(a)}{g(b)-g(a)},$$

假定点 C 对应于参数 $x=\xi$, 那么曲线上点 C 处的切线平行于弦 AB, 表示为

$$\frac{f'(\xi)}{g'(\xi)}=\frac{f(b)-f(a)}{g(b)-g(a)}.$$

证 因为 $g'(x)\neq 0, x\in(a,b)$, 所以存在 $\eta\in(a,b)$, 使得

$$g(b)-g(a)=g'(\eta)(b-a)\neq 0.$$

类似于拉格朗日中值定理的证明, 用直线 AB 的方程作为辅助函数

$$H(x)=f(a)+\frac{f(b)-f(a)}{g(b)-g(a)}(g(x)-g(a)),\quad x\in[a,b],$$

于是有

$$H(a)=f(a),\quad H(b)=f(b),\quad H'(x)=\frac{f(b)-f(a)}{g(b)-g(a)}g'(x).$$

考虑函数

$$\varphi(x)=f(x)-H(x),\quad x\in[a,b],$$

$\varphi(x)$ 在 $[a,b]$ 连续, 且在 (a,b) 可导, 又 $\varphi(a)=\varphi(b)=0$, 由罗尔定理知: 存在 $\xi\in(a,b)$, 使得 $\varphi'(\xi)=0$, 即

$$\varphi'(\xi)=f'(\xi)-H'(\xi)=f'(\xi)-\frac{f(b)-f(a)}{g(b)-g(a)}g'(\xi)=0,$$

所以 $\dfrac{f(b)-f(a)}{g(b)-g(a)}=\dfrac{f'(\xi)}{g'(\xi)}, \xi\in(a,b).$

习题 3.1

1. 验证罗尔定理对函数 $f(x)=\ln\sin x$ 在区间 $\left[\dfrac{\pi}{6},\dfrac{5\pi}{6}\right]$ 上的正确性.

2. 验证拉格朗日中值定理对函数 $f(x)=2x^2-7x+10$ 在区间 $[2,5]$ 上的正确性.

3. 利用 $f(x)=x^2$ 及 $g(x)=x+1$ 在区间 $[0,1]$ 上验证柯西中值定理的正确性.

4. 不用求出函数 $f(x)=(x-1)(x-2)(x-3)$ 的导数, 说明方程 $f'(x)=0$ 有几个实根, 并指出它们所在的区间.

5. 证明恒等式 $\arcsin x+\arccos x=\dfrac{\pi}{2}(0\leqslant x\leqslant 1)$.

6. 若函数 $f(x)$ 在 (a,b) 内具有二阶导数, 且 $f(x_1)=f(x_2)=f(x_3)$, 其中 $a<x_1<x_2<x_3<b$, 证明: 在 (x_1,x_3) 内至少有一点 ξ, 使得 $f''(\xi)=0$.

7. 设 $a>b>0, n>1$, 证明:

$$nb^{n-1}(a-b)<a^n-b^n<na^{n-1}(a-b).$$

8. 设 $a > b > 0$, 证明:

$$\frac{a-b}{a} < \ln \frac{a}{b} < \frac{a-b}{b}.$$

9. 证明不等式:

(1) $|\arctan x - \arctan y| \leqslant |x - y|$;

(2) $e^x > 1 + x (x > 0)$.

10. 证明方程 $x^3 + x - 1 = 0$ 只有一个实根.

11. 设 $f(x), g(x)$ 在 $[a,b]$ 上连续, 在 (a,b) 内可导, 证明在 (a,b) 内有一点 ξ, 使

$$\begin{vmatrix} f(a) & f(b) \\ g(a) & g(b) \end{vmatrix} = (b-a) \begin{vmatrix} f(a) & f'(\xi) \\ g(a) & g'(\xi) \end{vmatrix}.$$

12. 证明若函数 $f(x)$ 在 $(-\infty, +\infty)$ 内满足 $f'(x) = f(x)$, 且 $f(0) = 1$, 则 $f(x) = e^x$.

13. 设函数 $f(x), g(x)$ 在 $[a,b]$ 上连续, 在 (a,b) 内具有二阶导数且存在相等的最大值, $f(a) = g(a), f(b) = g(b)$, 证明存在 $\xi \in (a,b)$, 使得 $f''(\xi) = g''(\xi)$.

3.2 洛必达法则

在计算一个分式 $\lim\limits_{x \to x_0} \dfrac{f(x)}{g(x)}$ 极限时, 若分子分母同时趋于零或无穷大, 分式函数的极限有可能存在, 也有可能不存在. 通常把这类极限 $\left(\dfrac{0}{0} \text{ 型}, \dfrac{\infty}{\infty} \text{ 型} \right)$ 称为未定式. 对于这类极限, "商的极限等于极限的商" 这一法则就不能使用. 洛必达 (L'Hospital) 法则主要用于解决未定式的极限.

未定式除了 $\dfrac{0}{0}$ 型, $\dfrac{\infty}{\infty}$ 型外, 还有 $0 \cdot \infty$ 型、$\infty - \infty$ 型、∞^0 型、1^∞ 型、0^0 型等, 但后面 5 种情形均可以化为前面两种情形.

下面分别讨论当 $x \to a$, $x \to \infty$ 时 $\dfrac{0}{0}$ 型的情形.

定理 3.2.1 (洛必达法则) 设

(1) 当 $x \to a$ 时, $\lim\limits_{x \to a} f(x) = 0$, $\lim\limits_{x \to a} g(x) = 0$;

(2) 在 a 的某去心邻域 $\overset{\circ}{U}(a)$ 内, $f'(x)$ 与 $g'(x)$ 都存在且 $g'(x) \neq 0$;

(3) $\lim\limits_{x \to a} \dfrac{f'(x)}{g'(x)}$ 存在 (或为无穷大),

则有

$$\lim_{x \to a} \frac{f(x)}{g(x)} = \lim_{x \to a} \frac{f'(x)}{g'(x)}.$$

证   因为当 $x \to a$ 时, $\dfrac{f(x)}{g(x)}$ 的极限与 $f(a)$ 和 $g(a)$ 无关, 不妨设 $f(a) = g(a)=0$, 所以 $f(t)$ 与 $g(t)$ 在 $\overset{\circ}{U}(x_0)$ 内连续, 任意 $x \in \overset{\circ}{U}(x_0)$, 则 $f(t)$ 与 $g(t)$ 在以 a, x 为端点

的区间上满足柯西中值定理的条件, 所以

$$\frac{f(x) - f(a)}{g(x) - g(a)} = \frac{f'(\xi)}{g'(\xi)}, \quad \xi 在 a 与 x 之间,$$

即

$$\frac{f(x)}{g(x)} = \frac{f'(\xi)}{g'(\xi)},$$

从而

$$\lim_{x \to a} \frac{f(x)}{g(x)} = \lim_{x \to a} \frac{f'(\xi)}{g'(\xi)} = \lim_{x \to a} \frac{f'(x)}{g'(x)}.$$

注 3.2.1　(1) 定理表明: 如果未定式 $\frac{0}{0}$ 型满足洛必达法则的条件, 则未定式的极限可用对分子分母分别求导再求极限来确定.

(2) 如果 $\lim\limits_{x \to a} \dfrac{f'(x)}{g'(x)}$ 还是 $\dfrac{0}{0}$ 型, 可再用一次洛必达法则, 直至不是未定式 $\dfrac{0}{0}$ 型为止, 即

$$\lim_{x \to a} \frac{f(x)}{g(x)} = \lim_{x \to a} \frac{f'(\xi)}{g'(\xi)} = \cdots = \lim_{x \to a} \frac{f^{(n)}(x)}{g^{(n)}(x)}.$$

(3) 洛必达法则对 $x \to \infty$ 时的未定式 $\dfrac{0}{0}$ 型也适用, 对 $x \to a$ 或 $x \to \infty$ 的未定式 $\dfrac{\infty}{\infty}$ 型也适用.

(4) 如果不是未定式, 则不能用洛必达法则.

例 3.2.1　求 $\lim\limits_{x \to 1} \dfrac{x^3 - 3x + 2}{x^3 - x^2 - x + 1}$.

解　$\dfrac{0}{0}$ 型.

$$原式 = \lim_{x \to 1} \frac{3x^2 - 3}{3x^2 - 2x - 1} = \lim_{x \to 1} \frac{(3x^2 - 3)'}{(3x^2 - 2x - 1)'} = \lim_{x \to 1} \frac{6x}{6x - 2} = \frac{3}{2}.$$

例 3.2.2　求 $\lim\limits_{x \to 0} \dfrac{\tan x - \sin x}{\sin^3 x}$.

解　$\dfrac{0}{0}$ 型.

$$\begin{aligned}
\lim_{x \to 0} \frac{\tan x - \sin x}{\sin^3 x} &= \lim_{x \to 0} \frac{\tan x - \sin x}{x^3} \quad (\sin x \sim x, x \to 0) \\
&= \lim_{x \to 0} \frac{\sec^2 x - \cos x}{3x^2} = \frac{1}{3} \lim_{x \to 0} \frac{1 - \cos^3 x}{x^2 \cos^2 x} \\
&= \frac{1}{3} \lim_{x \to 0} \frac{1 - \cos^3 x}{x^2} \quad \left(\lim_{x \to 0} \cos x = 1 \right) \\
&= \frac{1}{3} \lim_{x \to 0} \frac{3 \cos^2 x \sin x}{2x} = \frac{1}{2} \lim_{x \to 0} \frac{\sin x}{x} = \frac{1}{2}.
\end{aligned}$$

注 3.2.2 本题在计算时连续使用洛必达法则三次.

例 3.2.3 求 $\lim\limits_{x\to 0}\dfrac{xe^{2x}+xe^x-2e^{2x}+2e^x}{(e^x-1)^3}$.

解 $\lim\limits_{x\to 0}\dfrac{xe^{2x}+xe^x-2e^{2x}+2e^x}{(e^x-1)^3}=\lim\limits_{x\to 0}\dfrac{xe^x+x-2e^x+2}{x^3}$ $(e^x-1\sim x)$

$\overset{\frac{0}{0}}{=}\lim\limits_{x\to 0}\dfrac{xe^x-e^x+1}{3x^2}\overset{\frac{0}{0}}{=}\lim\limits_{x\to 0}\dfrac{xe^x}{6x}=\dfrac{1}{6}\lim\limits_{x\to 0}e^x=\dfrac{1}{6}$.

注 3.2.3 在运用洛必达法则的过程中, 如果出现极限不为零的因子, 可先计算其因子的极限; 如果出现极限为零的因子, 可用其等价无穷小来代替, 以简化求极限的计算.

定理 3.2.2 设

(1) 当 $x\to\infty$ 时, $\lim\limits_{x\to\infty}f(x)=0$, $\lim\limits_{x\to\infty}g(x)=0$;

(2) 当 $|x|>N$ 内, $f'(x)$ 与 $g'(x)$ 都存在, 且 $g'(x)\neq 0$;

(3) $\lim\limits_{x\to\infty}\dfrac{f'(x)}{g'(x)}$ 存在 (或为无穷大),

则有

$$\lim\limits_{x\to\infty}\dfrac{f(x)}{g(x)}=\lim\limits_{x\to\infty}\dfrac{f'(x)}{g'(x)}.$$

例 3.2.4 求 $\lim\limits_{x\to+\infty}\dfrac{\dfrac{\pi}{2}-\arctan x}{\sin\dfrac{1}{x}}$.

解 $\dfrac{0}{0}$ 型.

$$\lim\limits_{x\to+\infty}\dfrac{\dfrac{\pi}{2}-\arctan x}{\sin\dfrac{1}{x}}=\lim\limits_{x\to+\infty}\dfrac{-\dfrac{1}{1+x^2}}{\left(\cos\dfrac{1}{x}\right)\left(-\dfrac{1}{x^2}\right)}$$

$$=\lim\limits_{x\to+\infty}\dfrac{1}{\left(\cos\dfrac{1}{x}\right)}\cdot\lim\limits_{x\to+\infty}\dfrac{x^2}{1+x^2}=1.$$

例 3.2.5 设 $n>0$, 求 $\lim\limits_{x\to\infty}\dfrac{\ln x}{x^n}$.

解 $\lim\limits_{x\to\infty}\dfrac{\ln x}{x^n}\overset{\frac{\infty}{\infty}}{=}\lim\limits_{x\to\infty}\dfrac{\dfrac{1}{x}}{nx^{n-1}}=\lim\limits_{x\to\infty}\dfrac{1}{nx^n}=0$.

例 3.2.6 求 $\lim\limits_{x\to+\infty}\dfrac{x^n}{e^{\lambda x}}$ (n 为正整数, $\lambda>0$).

解 $\lim\limits_{x\to+\infty}\dfrac{x^n}{e^{\lambda x}}\overset{\frac{\infty}{\infty}}{=}\lim\limits_{x\to+\infty}\dfrac{nx^{n-1}}{\lambda e^{\lambda x}}=\cdots=\lim\limits_{x\to+\infty}\dfrac{n!}{\lambda^n e^{\lambda x}}=0$.

对于其他未定式, 都可以化为 $\dfrac{0}{0}$ 型或 $\dfrac{\infty}{\infty}$ 型来计算.

例 3.2.7　求 $\lim\limits_{x\to+\infty} x\left(\dfrac{\pi}{2}-\arctan x\right)$.

解　这是 $0\cdot\infty$ 型.

$$\lim_{x\to+\infty} x\left(\frac{\pi}{2}-\arctan x\right) = \lim_{x\to+\infty} \frac{\dfrac{\pi}{2}-\arctan x}{\dfrac{1}{x}}$$

$$\overset{\frac{0}{0}}{=\!=} \lim_{x\to+\infty} \frac{-\dfrac{1}{1+x^2}}{-\dfrac{1}{x^2}} = \lim_{x\to+\infty} \frac{x^2}{1+x^2} = 1.$$

例 3.2.8　求 $\lim\limits_{x\to\frac{\pi}{2}}(\sec x-\tan x)$.

解　这是 $\infty-\infty$ 型.

$$\lim_{x\to\frac{\pi}{2}}(\sec x-\tan x) = \lim_{x\to\frac{\pi}{2}} \frac{1-\sin x}{\cos x} \overset{\frac{0}{0}}{=\!=} \lim_{x\to\frac{\pi}{2}} \frac{-\cos x}{-\sin x} = 0.$$

例 3.2.9　求 $\lim\limits_{x\to 0^+} x^x$.

解　这是 0^0 型.

令 $y=x^x$, 两边取对数

$$\ln y = x\ln x.$$

$$\lim_{x\to 0^+}\ln y = \lim_{x\to 0^+} x\ln x \overset{0\cdot\infty}{=\!=\!=} \lim_{x\to 0^+} \frac{\ln x}{\dfrac{1}{x}} \overset{\frac{\infty}{\infty}}{=\!=} \lim_{x\to 0^+} \frac{\dfrac{1}{x}}{-\dfrac{1}{x^2}} = -\lim_{x\to 0^+} x = 0,$$

故 $\lim\limits_{x\to 0^+} x^x = \mathrm{e}^0 = 1$.

另外, 其他几种如 ∞^0 型、1^∞ 型均可化为对数形式, 然后再利用洛必达法则来求.

洛必达法则在求未定式极限时也不是万能的. 请看如下例子,

例 3.2.10　求 $\lim\limits_{x\to\infty} \dfrac{x+\sin x}{x-\sin x}$.

解　$\lim\limits_{x\to\infty} \dfrac{x+\sin x}{x-\sin x} = \lim\limits_{x\to\infty} \dfrac{1+\dfrac{\sin x}{x}}{1-\dfrac{\sin x}{x}} = 1$. 如果用洛必达法则,

$$\lim_{x\to\infty} \frac{x+\sin x}{x-\sin x} = \lim_{x\to\infty} \frac{1+\cos x}{1-\cos x}$$

不存在, 原因是 $\lim\limits_{x\to\infty} \dfrac{f'(x)}{g'(x)} = \lim\limits_{x\to\infty} \dfrac{1+\cos x}{1-\cos x}$ 不存在, 不满足洛必达法则的条件.

习题 3.2

1. 求下列极限:

(1) $\lim\limits_{x \to 0} \dfrac{\ln(1+x)}{x}$;

(2) $\lim\limits_{x \to 0} \dfrac{e^x - e^{-x}}{\sin x}$;

(3) $\lim\limits_{x \to a} \dfrac{\sin x - \sin a}{x - a}$;

(4) $\lim\limits_{x \to \pi} \dfrac{\sin 3x}{\tan 5x}$;

(5) $\lim\limits_{x \to \frac{\pi}{2}} \dfrac{\ln \sin x}{(\pi - 2x)^2}$;

(6) $\lim\limits_{x \to \frac{\pi}{2}} \dfrac{\tan x}{\tan 3x}$;

(7) $\lim\limits_{x \to 0^+} \dfrac{\ln \tan 7x}{\ln \tan 2x}$;

(8) $\lim\limits_{x \to a} \dfrac{x^m - a^m}{x^n - a^n}(a \neq 0)$;

(9) $\lim\limits_{x \to +\infty} \dfrac{\ln\left(1 + \dfrac{1}{x}\right)}{\operatorname{arc cot} x}$;

(10) $\lim\limits_{x \to 0} \dfrac{\ln(1 + x^2)}{\sec x - \cos x}$;

(11) $\lim\limits_{x \to 0} x \cot 2x$;

(12) $\lim\limits_{x \to 0} x^2 e^{\frac{1}{x^2}}$;

(13) $\lim\limits_{x \to 0^+} \left(\dfrac{1}{x}\right)^{\tan x}$;

(14) $\lim\limits_{x \to 0} \left(\dfrac{1}{x} - \dfrac{1}{e^x - 1}\right)$;

(15) $\lim\limits_{x \to 0^+} \left(\ln \dfrac{1}{x}\right)^{\sin x}$;

(16) $\lim\limits_{x \to 1} \left(x^{\frac{1}{1-x}}\right)$;

(17) $\lim\limits_{x \to 0} \dfrac{3\sin x + x^2 \cos^2 x}{(1 + \cos x)\ln(1 + x)}$;

(18) $\lim\limits_{x \to 0} \dfrac{\sqrt{1+x} + \sqrt{1-x} - 2}{x^2}$.

2. 说明不能用洛必达法则求下列极限:

(1) $\lim\limits_{x \to 0} \dfrac{x^2 \sin \dfrac{1}{x}}{\sin x}$;

(2) $\lim\limits_{x \to \infty} \dfrac{x + \sin x}{x}$.

3. 讨论函数

$$f(x) = \begin{cases} \left[\dfrac{(1+x)^{\frac{1}{x}}}{e}\right]^{\frac{1}{x}}, & x > 0, \\ e^{-\frac{1}{2}}, & x \leqslant 0 \end{cases}$$

在 $x = 0$ 处的连续性.

3.3 泰勒公式

对于一些较为复杂的函数, 常常希望用一些简单的函数来近似表示. 由于多项式表示的函数只要对自变量进行有限次加、减、乘三种算术运算, 就可以求出它的函数值, 所以经常利用多项式近似表示函数. 下面介绍泰勒 (Taylor) 中值定理.

定理 3.3.1 (泰勒中值定理) 如果 $f(x)$ 在 $U(x_0)$ 内有直到 $n+1$ 阶导数, 则当 $x \in U(x_0)$ 时, $f(x)$ 可表示为 $(x - x_0)$ 的一个 n 次多项式 $p_n(x)$ 与一个余项 $R_n(x)$ 之和, 即

$$f(x) = f(x_0) + \dfrac{f'(x_0)}{1!}(x - x_0) + \dfrac{f''(x_0)}{2!}(x - x_0)^2 + \cdots$$

$$+ \frac{f^{(n)}(x_0)}{n!}(x - x_0)^n + R_n(x), \tag{3.4}$$

其中

$$P_n(x) = f(x_0) + \frac{f'(x_0)}{1!}(x - x_0) + \frac{f''(x_0)}{2!}(x - x_0)^2 + \cdots + \frac{f^{(n)}(x_0)}{n!}(x - x_0)^n, \tag{3.5}$$

$$R_n(x) = \frac{f^{(n+1)}(\xi)}{(n+1)!}(x - x_0)^{n+1}, \quad \xi \text{ 在 } x \text{ 与 } x_0 \text{ 之间.}$$

证 由于 $R_n(x) = f(x) - P_n(x)$, 故只需证明

$$R_n(x) = \frac{f^{(n+1)}(\xi)}{(n+1)!}(x - x_0)^{n+1}, \quad \xi \text{ 在 } x \text{ 与 } x_0 \text{ 之间.}$$

注意到 $R_n(x) = f(x) - P_n(x)$ 在 $U(x_0)$ 内有直到 $n+1$ 阶导数, 且

$$R_n(x_0) = R_n'(x_0) = R_n''(x_0) = \cdots = R_n^{(n)}(x_0) = 0.$$

令 $g(x) = (x - x_0)^{n+1}$, 显然 $R_n(x)$ 及 $g(x)$ 在以 x_0, x 为端点的区间上满足柯西中值定理的条件, 由柯西中值定理得

$$\frac{R_n'(\xi_1)}{(n+1)(\xi_1 - x_0)^n} = \frac{R_n(x) - R_n(x_0)}{g(x) - g(x_0)} = \frac{R_n(x)}{(x - x_0)^{n+1}}, \quad \xi_1 \text{ 在 } x_0 \text{ 与 } x \text{ 之间.}$$

再对 $R_n'(x)$ 和 $(n+1)(x - x_0)^n$ 在以 ξ_1 和 x_0 为端点的区间上应用柯西中值定理, 有

$$\begin{aligned} \frac{R_n'(\xi_1)}{(n+1)(\xi_1 - x_0)^n} &= \frac{R_n'(\xi_1) - R_n'(x_0)}{(n+1)(\xi_1 - x_0)^n - 0} \\ &= \frac{R_n''(\xi_2)}{(n+1)n(\xi_2 - x_0)^{n-1}}, \quad \xi_2 \text{ 在 } x_0 \text{ 和 } \xi_1 \text{ 之间,} \end{aligned}$$

如此继续做下去, 经过 $(n+1)$ 次后, 有

$$\frac{R_n(x)}{(x - x_0)^{n+1}} = \frac{R_n^{(n+1)}(\xi)}{(n+1)!},$$

ξ 在 x_0 和 ξ_n 之间, 因而 ξ 也在 x_0 与 x 之间. 又因为 $R_n^{(n+1)}(x) = f^{(n+1)}(x)$, 所以由上式得

$$R_n(x) = \frac{f^{(n+1)}(\xi)}{(n+1)!}(x - x_0)^{n+1}, \quad \xi \text{ 在 } x \text{ 与 } x_0 \text{ 之间.}$$

证毕.

n 次多项式 $P_n(x)$ 称为 $f(x)$ 按 $(x - x_0)$ 的幂展开的 n 阶泰勒公式, 公式

$$f(x) = P_n(x) + R_n(x)$$

称为 $f(x)$ 按 $(x - x_0)$ 的幂展开的 n 阶泰勒公式, 而 $R_n(x)$ 称为**拉格朗日型余项**.

当 $n = 0$ 时, 泰勒公式变成拉格朗日公式:

$$f(x) = f(x_0) + f'(\xi)(x - x_0), \quad \xi \text{ 在 } x_0 \text{ 与 } x \text{ 之间.}$$

因此, 泰勒中值定理是拉格朗日中值定理的推广.

由泰勒中值定理可知, 以多项式 $P_n(x)$ 近似表示函数 $f(x)$ 时, 其误差为 $|R_n(x)|$, 如果对某个固定的 n, 当 $x \in U(x_0)$ 时, $|f^{(n+1)}(x)| \leqslant M$, 则有估计式

$$|R_n(x)| = \left| \frac{f^{(n+1)}(\xi)}{(n+1)!}(x-x_0)^{n+1} \right| \leqslant \frac{M}{(n+1)!}|x-x_0|^{n+1},$$

故

$$\lim_{x \to x_0} \frac{R_n(x)}{(x-x_0)^n} = 0.$$

所以当 $x \to x_0$ 时, 误差 $|R_n(x)|$ 是比 $(x-x_0)^n$ 高阶的无穷小, 即 $R_n(x) = o[(x-x_0)^n]$, 此式称为佩亚诺 (Peano) 型余项.

故在不需要余项的精确表达式时, n 阶泰勒公式又可写为

$$f(x) = f(x_0) + \frac{f'(x_0)}{1!}(x-x_0) + \frac{f''(x_0)}{2!}(x-x_0)^2 + \cdots$$
$$+ \frac{f^{(n)}(x_0)}{n!}(x-x_0)^n + o[(x-x_0)^n]. \tag{3.6}$$

如果取 $x_0 = 0$, 此时 $\xi = x_0 + \theta x = \theta x (0 < \theta < 1)$, 从而泰勒公式变成较简单的形式, 得到带有拉格朗日型余项的麦克劳林 (Maclaurin) 公式

$$f(x) = f(0) + \frac{f'(0)}{1!}x + \frac{f''(0)}{2!}x^2 + \cdots + \frac{f^{(n)}(0)}{n!}x^n$$
$$+ \frac{f^{(n+1)}(\theta x)}{(n+1)!}x^{n+1}, \quad 0 < \theta < 1. \tag{3.7}$$

在泰勒公式 (3.6) 中, 如果取 $x_0 = 0$, 则得到带有佩亚诺型余项的麦克劳林公式

$$f(x) = f(0) + \frac{f'(0)}{1!}x + \frac{f''(0)}{2!}x^2 + \cdots + \frac{f^{(n)}(0)}{n!}x^n + o(x^n). \tag{3.8}$$

由式 (3.7) 或式 (3.8) 可得近似公式

$$f(x) \approx f(0) + \frac{f'(0)}{1!}x + \frac{f''(0)}{2!}x^2 + \cdots + \frac{f^{(n)}(0)}{n!}x^n,$$

相应地, 此时误差估计式变为

$$|R_n(x)| \leqslant \frac{M}{(n+1)!}|x|^{n+1}.$$

例 3.3.1 求 $f(x) = e^x$ 的带有拉格朗日型余项的 n 阶麦克劳林公式.

解 因为 $f(x) = e^x, f'(x) = f''(x) = \cdots = f^{(n)}(x) = e^x$, 所以

$$f(0) = f'(0) = f''(0) = \cdots = f^{(n)}(0) = e^0 = 1,$$
$$f^{(n+1)}(\theta x) = e^{\theta x}, \quad 0 < \theta < 1.$$

将这些值代入式 (3.7), 便得 $f(x) = e^x$ 的带有拉格朗日型余项的 n 阶麦克劳林公式

$$e^x = 1 + x + \frac{x^2}{2!} + \cdots + \frac{x^n}{n!} + \frac{e^{\theta x}}{(n+1)!} x^{n+1}, \quad 0 < \theta < 1.$$

由这个公式可知, e^x 的 n 次近似多项式为

$$e^x \approx 1 + x + \frac{x^2}{2!} + \cdots + \frac{x^n}{n!},$$

此时产生的误差估计为

$$|R_n(x)| \leqslant \left| \frac{e^{\theta x}}{(n+1)!} x^{n+1} \right| < \frac{e^{|x|}}{(n+1)!} |x|^{n+1}, \quad 0 < \theta < 1.$$

当 $x = 1$ 时, $e^x = e \approx 1 + 1 + \frac{1}{2!} + \cdots + \frac{1}{n!}$, 此时的误差估计为

$$|R_n(x)| = \left| \frac{e^{\theta}}{(n+1)!} \right| \leqslant \frac{e}{(n+1)!} < \frac{3}{(n+1)!}, \quad 0 < \theta < 1.$$

当 $n = 10$ 时, 可算出 $e \approx 2.718282$, 其误差不超过 10^{-6}.

例 3.3.2　求 $f(x) = \sin x$ 的带有佩亚诺型余项的 n 阶麦克劳林公式.

解　因为

$$f'(x) = \cos x, \quad f''(x) = -\sin x, \quad f'''(x) = -\cos x,$$

$$f^{(4)}(x) = \sin x, \quad \cdots, \quad f^{(n)}(x) = \sin\left(x + \frac{n\pi}{2}\right),$$

所以

$$f(0) = 0, \quad f'(0) = 1, \quad f''(0) = 0, \quad f'''(0) = -1, \quad f^{(4)}(0) = 0$$

等. 它们顺序循环地取 4 个值 $1, 0, -1, 0$, 于是按式 (3.8) 得

$$\sin x = x - \frac{x^3}{3!} + \frac{x^5}{5!} - \cdots + (-1)^m \frac{x^{2m+1}}{(2m+1)!} + o(x^{2m+2}).$$

取 $m = 1$, 则 $\sin x \approx x$, 此时的误差估计为

$$|R_2(x)| = \left| \frac{\sin\left(\theta x + \frac{3}{2}\pi\right)}{3!} x^3 \right| \leqslant \frac{|x|^3}{6}, \quad 0 < \theta < 1.$$

类似地, 还可以得到如下初等函数的麦克劳林公式

$$\cos x = 1 - \frac{x^2}{2!} + \frac{x^4}{4!} - \cdots + (-1)^m \frac{x^{2m}}{(2m)!} + o(x^{2m+1});$$

$$\arctan x = x - \frac{x^3}{3} + \frac{x^5}{5} - \cdots + (-1)^m \frac{x^{2m+1}}{2m+1} + o(x^{2m+2});$$

$$\ln(1+x) = x - \frac{1}{2}x^2 + \frac{1}{3}x^3 - \cdots + (-1)^{n-1}\frac{1}{n}x^n + o(x^n);$$

$$\frac{1}{1-x} = 1 + x + x^2 + \cdots + x^n + o(x^n);$$

$$(1+x)^\alpha = 1 + \alpha x + \frac{\alpha(\alpha-1)}{2!}x^2 + \cdots + \frac{\alpha(\alpha-1)\cdots(\alpha-n+1)}{n!}x^n + o(x^n).$$

例 3.3.3 求函数 $f(x) = \tan x$ 的带佩亚诺型余项的 5 阶麦克劳林公式.

解 因为

$$f'(x) = \sec^2 x, f''(x) = 2\sec^2 x \tan x,$$
$$f'''(x) = 4\sec^2 x \tan^2 x + 2\sec^4 x,$$
$$f^{(4)}(x) = 8\sec^2 x \tan^3 x + 16\sec^4 x \tan x,$$
$$f^{(5)}(x) = 16\sec^2 x \tan^4 x + 88\sec^4 x \tan^2 x + 16\sec^6 x,$$

所以

$$f'(0) = 1, \quad f''(0) = 0, \quad f'''(0) = 2, \quad f^{(4)}(0) = 0, \quad f^{(5)}(0) = 16,$$

于是按式 (3.8) 得

$$\tan x = x + \frac{2}{3!}x^3 + \frac{16}{5!}x^5 + o(x^5).$$

例 3.3.4 利用带佩亚诺型余项的麦克劳林公式, 求 $\lim\limits_{x \to 0} \dfrac{\tan x - \sin x}{x^3}$.

解 由于分式的分子为 $\tan x - \sin x (x \to 0)$, 只需将分子中的 $\tan x$ 和 $\sin x$ 分别用带有佩亚诺型余项的三阶麦克劳林公式表示, 即

$$\tan x = x + \frac{x^3}{3} + o(x^3), \quad \sin x = x - \frac{x^3}{3!} + o(x^3),$$

于是

$$\tan x - \sin x = \left[x + \frac{x^3}{3} + o(x^3)\right] - \left[x - \frac{x^3}{3!} + o(x^3)\right]$$
$$= \frac{x^3}{2} + o(x^3),$$

对上式作运算时, 把两个比 x^3 高阶的无穷小的代数和仍记作 $o(x^3)$, 故

$$\lim_{x \to 0} \frac{\tan x - \sin x}{x^3} = \lim_{x \to 0} \frac{\frac{1}{2}x^3 + o(x^3)}{x^3} = \frac{1}{2}.$$

习题 3.3

1. 求下列函数的带佩亚诺型余项的麦克劳林公式:

(1) $f(x) = (x^2 - 3x + 1)^3$, $n = 3$;　　　　(2) $f(x) = \cos(x + \alpha)$, $n = 4$;

(3) $f(x) = e^{\sin x}$, $n = 3$;　　　　　　　　(4) $f(x) = \tan x$, $n = 3$.

2. 求函数 $f(x) = x \cdot e^x$ 的带拉格朗日型余项的麦克劳林公式.

3. 求下列函数在指定点处的 n 阶泰勒公式:

(1) $f(x) = -2x^3 + 3x^2 - 2$, $x_0 = 1$;　　(2) $f(x) = \ln x$, $x_0 = 1$;

(3) $f(x) = \sqrt{x}$, $x_0 = 2$.

4. 利用泰勒公式求下列近似值 (精确到 10^{-4}):

(1) $\sin 18°$;　　　　　　(2) $\sqrt[5]{250}$.

5. 利用 e^x 的带佩亚诺型余项的麦克劳林公式近似计算 e 值, 使误差不超过 10^{-6}.

6. 利用泰勒公式求下列极限:

(1) $\lim\limits_{x \to 0} \dfrac{e^x \sin x - x(1 + x)}{x^3}$;　　　　(2) $\lim\limits_{x \to 0} \dfrac{e^{x^2} + 2\cos x - 3}{x^4}$;

(3) $\lim\limits_{x \to +\infty} \left(\sqrt[3]{x^3 + 3x^2} - \sqrt[4]{x^4 - 2x^3} \right)$;　(4) $\lim\limits_{x \to 0} \dfrac{1}{x} \left(\dfrac{1}{x} - \dfrac{1}{\tan x} \right)$;

(5) $\lim\limits_{x \to 0} \dfrac{\sin x - x\cos x}{\sin^3 x}$.

3.4　函数的增减性

本节利用导数来研究函数的单调性. 如果函数 $y = f(x)$ 在 $[a, b]$ 上单调增加 (减少), 它的图形是一条沿 x 轴正向上升 (下降) 的曲线, 这时, 如图 3.4.1, 曲线上各点处的切线斜率是非负的 (非正的), 即 $y' = f'(x) \geqslant 0 (y' = f'(x) \leqslant 0)$. 由此可见, 函数单调性与导数的符号有着密切的关系.

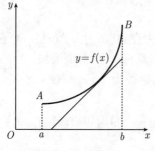
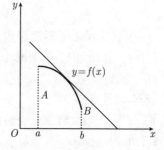

(1) 函数图形上升时切线斜率非负　　(2) 函数图形下降时切线斜率非正

图 3.4.1

反之, 能否用导数的符号来判定函数的单调性呢? 下面定理回答该问题.

定理 3.4.1　设函数 $y = f(x)$ 在 $[a, b]$ 上连续, 在 (a, b) 内可导, 且

(1) 若在 (a, b) 内 $f'(x) > 0$, 则 $y = f(x)$ 在 $[a, b]$ 上单调增加;

(2) 若在 (a,b) 内 $f'(x) < 0$, 则 $y = f(x)$ 在 $[a,b]$ 上单调减少.

证 对于 $[a,b]$ 内任意两点 x_1, x_2, 设 $x_1 < x_2$, 在区间 $[x_1, x_2]$ 上运用拉格朗日中值定理, 有

$$f(x_2) - f(x_1) = f'(\xi)(x_2 - x_1), \quad x_1 < \xi < x_2.$$

若 $f'(x) > 0$, 则 $f'(\xi) > 0$, 所以 $f(x_2) - f(x_1) > 0$, 即 $f(x_1) < f(x_2)$, 所以 $f(x)$ 在 $[a,b]$ 上单调增加.

同理, 若 $f'(x) < 0$, 则 $f(x)$ 在 $[a,b]$ 上单调减少.

注 3.4.1 (1) 如果将定理中的闭区间换成其他任何区间, 结论也成立.

(2) 如果 $f(x)$ 在其定义区间上连续, 除去有限个导数不存在的点外导数存在且连续. 用 $f'(x) = 0$ 的点 (称为函数 $f(x)$ 的驻点) 和导数不存在的点划分定义区间为一些小区间, 则 $f'(x)$ 在这些小区间内符号恒定, 从而 $f(x)$ 在这些小区间上分别单调增加 (或减少).

(3) 求 $f(x)$ 的单调区间的基本步骤是

① 求 $f(x)$ 的定义域 (如果给定所讨论的范围, 此步省);

② 求 $f'(x) = 0$ 的点和 $f'(x)$ 不存在的点;

③ 将②中的点插入①中得到一些小区间, 在这些小区间上分别讨论 $f'(x)$ 的符号, 从而确定 $f(x)$ 的单调区间.

例 3.4.1 求下列函数的单调区间:

(1) $f(x) = 2x + \dfrac{8}{x}, x > 0$; (2) $f(x) = \mathrm{e}^x - x - 1$.

解 (1) $f'(x) = 2 - \dfrac{8}{x^2} = 2\left(1 - \dfrac{4}{x^2}\right)$, 解方程 $f'(x) = 0$, 即

$$f'(x) = 2\left(1 - \frac{4}{x^2}\right) = 0,$$

解得驻点 $x = 2$, 在 $x > 0$ 上无不可导点. 因为在 $(0,2]$ 上, $f'(x) < 0$, 在 $[2, +\infty)$ 上, $f'(x) > 0$, 所以 $f(x)$ 在 $(0,2]$ 上单调减少, 在 $[2, +\infty)$ 上单调增加.

(2) 函数 $f(x)$ 的定义域为 $(-\infty, +\infty)$, 其导数为 $f'(x) = \mathrm{e}^x - 1$, 令 $f'(x) = 0$, 解得驻点 $x = 1$, 无不可导点.

当 $x > 0$ 时, $f'(x) > 0$; 当 $x < 0$ 时, $f'(x) < 0$, 所以 $f(x)$ 在 $(0, +\infty)$ 上单调增加, 在 $(-\infty, 0)$ 上单调减少.

例 3.4.2 讨论 $f(x) = x - \cos x$ 的单调性.

解 $f'(x) = 1 + \sin x \geqslant 0$, 所以 $f(x) = x - \cos x$ 在 $(-\infty, +\infty)$ 上单调增加.

下面举一应用函数的单调性证明不等式的例子.

例 3.4.3 证明不等式:

(1) 当 $x > 0$ 时, $1 + \dfrac{1}{2}x > \sqrt{1+x}$;

(2) 当 $0 < x < \dfrac{\pi}{2}$ 时, $\sin x + \tan x > 2x$.

证　(1) 令 $f(x) = 1 + \dfrac{1}{2}x - \sqrt{1+x}$,　$f(0) = 1 + 0 - 1 = 0$. 因为

$$f'(x) = \frac{1}{2} - \frac{1}{2\sqrt{1+x}} = \frac{1}{2}\left(1 - \frac{1}{\sqrt{1+x}}\right) > 0, \quad x > 0,$$

所以 $f(x) > f(0) = 0$, 即

$$1 + \frac{1}{2}x - \sqrt{1+x} > 0,$$

于是 $1 + \dfrac{1}{2}x > \sqrt{1+x}$.

(2) 令 $f(x) = \sin x + \tan x - 2x$, 因为

$$f(0) = 0, \quad x \in \left[0, \frac{\pi}{2}\right],$$

$$f'(x) = \cos x + \sec^2 -2, \quad f'(0) = 0,$$

$$f''(x) = -\sin x + 2\sec^2 x \tan x = -\sin x + \frac{2\sin x}{\cos^3 x} = \sin x\left(\frac{2}{\cos^3 x} - 1\right) > 0,$$

所以 $f'(x) > f'(0) = 0$, 得 $f(x) > f(0) = 0$, 故

$$\sin x + \tan x - 2x > 0, 即 \sin x + \tan x > 2x.$$

习题 3.4

1. 确定下列函数的单调区间:

(1) $y = 2x^3 - 3x^2 - 12x + 1$;

(2) $y = 2x^3 - 6x^2 - 18x - 7$;

(3) $y = 3x + \dfrac{4}{x}$;

(4) $y = x + \dfrac{4}{x}(x > 0)$;

(5) $y = x + \sin x$;

(6) $y = x - \ln(1+x)$;

(7) $y = 2\mathrm{e}^x + \mathrm{e}^{-x}$;

(8) $y = x^n \mathrm{e}^{-x}, \quad x \geqslant 0$.

2. 证明不等式: 当 $x > 0$ 时, $\sin x > x - \dfrac{x^3}{6}$.

3. 设 $k > 0$, 试问 k 为何值时, 方程 $\arctan x - kx = 0$ 存在正实根.

3.5　函数的极值

3.5.1　极值的概念

定义 3.5.1　设函数 $f(x)$ 在点 x_0 的某邻域 $U(x_0)$ 内定义, 若对于 x_0 的去心邻域 $\overset{\circ}{U}(x_0)$ 内的任一 x, 有

$$f(x) < f(x_0) \quad (或 f(x) > f(x_0)),$$

则称 x_0 是 $f(x)$ 在 (a, b) 上的一个极大值点 (或极小值点), $f(x_0)$ 就称为极大值 (或极小值).

函数的极大值与极小值统称为函数的极值, 使函数取得极值的点称为函数的极值点.

注 3.5.1 (1) 函数的极值是局部性的概念, 而不是整体性的概念. 所谓 "极大" "极小" 只是在 x_0 附近的一个局部范围的函数大小值间的关系.

(2) 极大值不一定是最大值; 极小值也不一定是最小值. 在同一个区间内, $f(x)$ 的一个极大值完全有可能小于某些极小值.

(3) 函数的极值点是区间的内点 (即在区间的内部), 从而区间的端点必不是极值点.

极值点和导数的关系如何? 由图 3.5.1 可知.

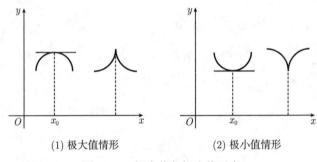

(1) 极大值情形　　　　(2) 极小值情形

图 3.5.1　极大值与极小值示意

3.5.2　极值的判定条件

定理 3.5.1 (必要条件)　若函数 $f(x)$ 在 x_0 处可导, 且在 x_0 处取得极值, 则 $f'(x_0) = 0$.

证　以 $f(x_0)$ 是极小值为例. 设 x 为 x_0 某一邻域内异于 x_0 的任一点, 则

$$f(x) > f(x_0),$$

由费马定理, 可以得到 $f'(x_0) = 0$.

特别注意, 定理 3.5.1 的逆定理是不成立的, 即有 $f'(x_0) = 0$ 或 $f'(x_0)$ 不存在, 函数 $f(x)$ 在 x_0 处不一定必是极值点, 如

$$f(x) = x^3, \quad f'(x) = 3x^2, \quad f'(0) = 0,$$

但 $x = 0$ 点不是函数 $f(x)$ 的极值点.

$$f(x) = x^{\frac{1}{3}}, \quad f'(x) = \frac{1}{3}x^{-\frac{2}{3}}, \quad f'(0)\text{不存在},$$

但 $x = 0$ 点不是函数 $f(x)$ 的极值点. 见图 3.5.2.

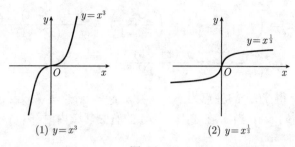

(1) $y = x^3$　　　　　　(2) $y = x^{\frac{1}{3}}$

图 3.5.2

凡是使 $f'(x) = 0$ 的点称为函数 $y = f(x)$ 的驻点. 对可导函数而言, 极值点必是驻点, 但驻点不一定是极值点.

定理 3.5.2 (第一充分条件)　函数 $f(x)$ 在点 x_0 处连续, 在点 x_0 的某一去心邻域内可导, 如果

(1) 当 $x < x_0$ 时, $f'(x) > 0$; 当 $x > x_0$ 时, $f'(x) < 0$, 则函数 $f(x)$ 在点 x_0 处取得极大值 $f(x_0)$;

(2) 当 $x < x_0$ 时, $f'(x) < 0$; 当 $x > x_0$ 时, $f'(x) > 0$, 则函数 $f(x)$ 在点 x_0 处取得极小值 $f(x_0)$;

(3) 当 x 从 x_0 的左侧变化到右侧时, $f'(x)$ 不变号, 则函数 $f(x)$ 在点 x_0 处无极值.

例 3.5.1　求函数 $f(x) = x^2 e^{-x}$ 的极值.

解　因为 $f'(x) = 2x e^{-x} - x^2 e^{-x} = x e^{-x}(2 - x)$, 令 $f'(x) = 0$ 得驻点 $x = 0$, $x = 2$.

当 $x < 0$ 时, $f'(x) < 0$; 当 $0 < x < 2$ 时, $f'(x) > 0$; 当 $x > 2$ 时, $f'(x) < 0$. 所以函数在 $x = 0$ 处取得极小值 $f(0) = 0$; 在 $x = 2$ 处取得极大值 $f(2) = 4e^{-2}$.

例 3.5.2　求 $f(x) = x^3 - 3x^2 - 9x + 5$ 的极值.

解　函数的定义域为 $(-\infty, +\infty)$, $f'(x) = 3x^2 - 6x - 9 = 3(x + 1)(x - 3)$, 令 $f'(x) = 0$ 得驻点: $x_1 = -1, x_2 = 3$; 无不可导点.

为了便于讨论, 将上述结果列成表 (表 3.5.1).

表 3.5.1

x	$(-\infty, -1)$	-1	$(-1, 3)$	3	$(3, +\infty)$
y'	$+$	0	$-$	0	$+$
y	$\uparrow$	极大值	$\downarrow$	极小值	$\uparrow$

这里符号 "$\uparrow$" 表示函数是单调上升的, "$\downarrow$" 表示函数是单调下降的.

由表 3.5.1 可知, $f(x)$ 在 $x = -1$ 处有极大值 $f(-1) = 10$; 在 $x = 3$ 处有极小值 $f(3) = -22$.

例 3.5.3　求 $f(x) = x + \dfrac{x}{x^2 - 1}$ 的极值.

解 函数 $f(x)$ 的定义域为 $(-\infty, -1) \bigcup (-1, 1) \bigcup (1, +\infty)$.

$$f'(x) = \left(x + \frac{x}{x^2 - 1} \right)' = \left(\frac{x^3}{x^2 - 1} \right)' = \frac{3x^2(x^2 - 1) - 2x^4}{(x^2 - 1)^2}$$

$$= \frac{x^4 - 3x^2}{(x^2 - 1)^2} = \frac{x^2(x^2 - 3)}{(x^2 - 1)^2}.$$

令 $f'(x) = 0$, 得 $f(x)$ 的驻点为 $x_1 = -\sqrt{3}, x_2 = 0, x_3 = \sqrt{3}$. 当 x 在 $x_1 = -\sqrt{3}$ 的左侧邻域内时 $f'(x) > 0$; 当 x 在 $x_1 = -\sqrt{3}$ 的右侧邻域内时 $f'(x) < 0$, 故 $f(-\sqrt{3}) = -\frac{3\sqrt{3}}{2}$ 是极大值.

当 x 在 $x_2 = 0$ 的左侧邻域和右侧邻域内时 $f'(x)$ 恒为负, 故 $f(0) = 0$ 不是极值.

当 x 在 $x_3 = \sqrt{3}$ 的左侧邻域内时 $f'(x) < 0$, 当 x 在 $x_3 = \sqrt{3}$ 的右侧邻域内时 $f'(x) > 0$, 故 $f(\sqrt{3}) = \frac{3\sqrt{3}}{2}$ 是极小值.

当函数在驻点处二阶导数存在时, 有以下判定定理.

定理 3.5.3 (第二充分条件)   设函数 $f(x)$ 在点 x_0 处具有二阶导数 $f''(x_0)$, 且 $f'(x_0) = 0$, 则有

(1) 当 $f''(x_0) < 0$ 时, 函数 $f(x)$ 在点 x_0 处取得极大值;

(2) 当 $f''(x_0) > 0$ 时, 函数 $f(x)$ 在点 x_0 处取得极小值.

证   (1) $f''(x_0) = \lim\limits_{x \to x_0} \frac{f'(x) - f'(x_0)}{x - x_0} = \lim\limits_{x \to x_0} \frac{f'(x)}{x - x_0} < 0$, 由函数极限的局部保号性, 当 x 在 x_0 的足够小的去心邻域内时必有 $\frac{f'(x)}{x - x_0} < 0$, 说明 x 在这个去心邻域内 $f'(x)$ 与 $x - x_0$ 异号, 即当 $x < x_0$ 时, $f'(x) > 0$; 当 $x > x_0$ 时, $f'(x) < 0$, 于是由定理 3.5.2 知, $f(x)$ 在点 x_0 处取得极大值.

同理可证情形 (2).

定理 3.5.3 表明, 如果函数 $f(x)$ 在驻点 x_0 处的二阶导数 $f'(x_0) \neq 0$, 那么该驻点 x_0 一定是极值点, 并且可以按二阶导数 $f''(x_0)$ 的符号来判定 $f(x_0)$ 是极大值还是极小值. 但如果 $f''(x_0) = 0$, 定理 3.5.3 不能直接应用. 事实上, 当 $f'(x_0) = 0$, $f''(x_0) = 0$ 时, $f(x)$ 在 x_0 处可能有极大值, 也可能有极小值, 也可能无极值. 例如, $f_1(x) = -x^6, f_2(x) = x^6, f_3(x) = x^5$ 这三个函数在 $x = 0$ 处就分别属于这三种情形. 因此, 如果函数在驻点处的二阶导数为零, 必须使用定理 3.5.2(即一阶导数在驻点左右邻近的符号) 来判定.

例 3.5.4   用定理 3.5.3 求 $f(x) = x^3 - 3x^2 - 9x + 5$ 的极值.

解   如在例 3.5.2 中, $x_1 = -1, x_2 = 3$ 是驻点, 而 $f''(x) = 6x - 6 = 6(x - 1)$. 因为 $f''(-1) = -12 < 0$, 所以 $x_1 = -1$ 为极大值点, $f(x)$ 在 $x_1 = -1$ 处有极大值 $f(-1) = 10$.

因为 $f''(3) = 12 > 0$, 所以 $f(x)$ 在 $x = 3$ 处有极小值 $f(3) = -22$.

例 3.5.5　设 $f(x)$ 在区间 $[a,b]$ 上有二阶导数, 且 $|f''(x)| \leqslant M$. 若 $f(x)$ 在 (a,b) 内的一点 x_0 处取得极大值, 证明

$$|f'(a)| + |f'(b)| \leqslant M(b-a).$$

证　函数 $f(x)$ 的导函数 $f'(x)$ 在区间 $[a,x_0]$ 和 $[x_0,b]$ 上满足拉格朗日中值定理, 从而有

$$f'(a) = f'(x_0) + f''(\xi_1)(a-x_0),$$
$$f'(b) = f'(x_0) + f''(\xi_2)(b-x_0),$$

其中 $a < \xi_1 < x_0 < \xi_2 < b$.

因为 $f(x)$ 在 $[a,b]$ 上可导且 x_0 是 $f(x)$ 的极值点, 故必有 $f'(x_0) = 0$. 因此有

$$f'(a) = f''(\xi_1)(a-x_0), \quad f'(b) = f''(\xi_2)(b-x_0),$$

所以

$$|f'(a)| + |f'(b)| = |f''(\xi_1)| \cdot |a-x_0| + |f''(\xi_2)| \cdot |b-x_0|$$
$$\leqslant M(x_0-a) + M(b-x_0) = M(b-a).$$

习题 3.5

1. 求下列函数的极值:

(1) $f(x) = 2x^3 - x^4$;　　　　　　　　(2) $f(x) = \begin{cases} x^2 \sin^4 \dfrac{1}{x}, & x \neq 0, \\ 0, & x = 0; \end{cases}$

(3) $f(x) = \dfrac{3x}{1+x^2}$;　　　　　　　　(4) $f(x) = \dfrac{(x-1)^2}{3(1+x)}$;

(5) $f(x) = \arctan x - x$;　　　　　　(6) $f(x) = 2\mathrm{e}^x + \mathrm{e}^{-x}$;

(7) $f(x) = \dfrac{x(x^2+1)}{x^4-x^2+1}$;　　　　　　(8) $f(x) = (x-1)^2(x+1)^3$.

2. 设 $f(x) = a\ln x + bx^2 + x$ 在 $x_1 = 1, x_2 = 2$ 处取到极值, 试求 a 与 b; 并说明 $f(x)$ 在 x_1 与 x_2 处取得极大值还是极小值?

3. 试确定 a 的值, 使函数 $f(x) = a\sin x + \dfrac{1}{3}\sin 3x$ 在 $x = \dfrac{\pi}{3}$ 处取得极值, 并指出它是极大值还是极小值, 并求出此极值.

3.6　函数的最大值和最小值

在工农业生产和科学实验中, 常要遇到在一定条件下, 怎样用料最省、效率最高或性能最好等问题, 这些问题归结到数学上, 即为求函数的最大值或最小值问题. 如果能获得函数的最值, 就能解决以下的油井问题.

例 3.6.1 (油井问题)　用输油管把离岸 12 英里[①]的一座油井和沿岸往下 20 英里处的炼油厂连接起来 (图 3.6.1). 如果水下输油管的铺设成本为每英里 50000 美元

[①] 1 英里 $\approx$ 1609 米.

而陆地输油管的铺设成本为每英里 30000 美元. 采用水下和陆地输油管的什么样的组合能使这种连接的费用最小?

下面试试几种可能性以获得对问题的感性认识:

(1) 水下输油管最短.

因为水下输油管铺设比较贵, 所以尽可能少铺设水下输油管. 如果水下铺设到最近的岸边 (12 英里) 再陆地铺设输油管 (20 英里) 到炼油厂, 成本为

$$12 \times 50000 + 20 \times 30000 = 1200000(美元).$$

(2) 全部铺设水下输油管 (最直接的路程).

如果从水下直铺到炼油厂, 成本为

$$\sqrt{12^2 + 20^2} \times 50000 = \sqrt{544} \times 50000 \approx 1166190(美元).$$

这比方案 (1) 要便宜点 (图 3.6.1).

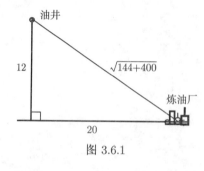

图 3.6.1

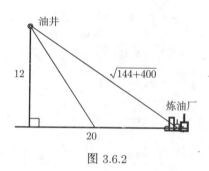

图 3.6.2

(3) 折中方案.

如果从水下铺设到沿岸离炼油厂 10 英里处再陆地铺设到炼油厂 (图 3.6.2), 成本为

$$\sqrt{12^2 + 10^2} \times 50000 + 10 \times 30000 \approx 1081025(美元).$$

两个极端的方案 (方案 (1) 和 (2)) 都没有给出最优解. 折中方案相对好一点. 但是 10 英里那个点是随便取的. 那么还有更好的方案吗? 下面研究用微分方法求函数的最大值和最小值, 再来解决这个问题.

假定函数 $y = f(x)$ 在闭区间 $[a,b]$ 上连续, 在开区间 (a,b) 内除有限个点外可导, 且至多有有限个驻点. 在上述条件下, 下面来讨论 $y = f(x)$ 在 $[a,b]$ 的最大值和最小值.

首先, 根据闭区间上连续函数的性质知, 必存在最大值和最小值.

其次, 如果最大值或最小值在开区间 (a,b) 内的点 x_0 处取得, 那么根据假定, $f(x_0)$ 一定也是 $f(x)$ 的极大值 (或极小值), 从而 x_0 一定是 $f(x)$ 的驻点或不可导点.

又 $f(x)$ 的最大值和最小值也可能在区间的端点处取得. 因此, $f(x)$ 在 $[a,b]$ 上的最大值和最小值的求法可按如下步骤进行:

(1) 求出 $f(x)$ 在 (a,b) 内的所有驻点 $x_1, x_2, \cdots, x_m$ 及不可导点 $y_1, y_2, \cdots, y_n$;

(2) 计算 $f(x_i)$ $(i=1,2,\cdots,m), f(y_j)$ $(j=1,2,\cdots,n)$ 及端点处的函数值 $f(a), f(b)$;

(3) 比较 (2) 中所有值的大小, 其中最大的就是函数在闭区间 $[a,b]$ 上的最大值, 最小的就是函数在 $[a,b]$ 上的最小值.

例 3.6.2　求 $f(x) = 2x^3 + 3x^2 - 12x + 14$ 在 $[-3,4]$ 上的最大值与最小值.

解　$f'(x) = 6x^2 + 6x - 12 = 6(x+2)(x-1)$, 令 $f'(x) = 0$, 得到 $f(x)$ 的驻点为 $x_1 = -2, x_2 = 1$, 所以 $f(x)$ 的最值只能出现在 $x = -3, -2, 1, 4$ 处. 又 $f(-3) = 23, f(-2) = 34, f(1) = 7, f(4) = 142$, 所以 $f(x)$ 在 $[-3,4]$ 上的最大值为

$$M = \max\{f(-3), f(-2), f(1), f(4)\} = f(4) = 142.$$

$f(x)$ 在 $[-3,4]$ 上的最小值为

$$m = \min\{f(-3), f(-2), f(1), f(4)\} = f(1) = 7.$$

例 3.6.3　证明: $1 + x\ln\left(x + \sqrt{1+x^2}\right) \geqslant \sqrt{1+x^2}, -\infty < x < +\infty$.

证　设 $f(x) = 1 + x\ln\left(x + \sqrt{1+x^2}\right) - \sqrt{1+x^2}, -\infty < x < +\infty$.

$$f'(x) = \ln\left(x + \sqrt{1+x^2}\right) + \frac{x}{\sqrt{1+x^2}} - \frac{x}{\sqrt{1+x^2}}$$
$$= \ln\left(x + \sqrt{1+x^2}\right).$$

令 $f'(x) = 0$, 得 $x + \sqrt{1+x^2} = 1$, 得唯一驻点 $x = 0$.

$$f''(x) = \frac{1}{\sqrt{1+x^2}}, \quad f''(0) = 1 > 0,$$

故 $x = 0$ 是 $f(x)$ 的极小值点, 再由驻点 $x = 0$ 的唯一性可知 $x = 0$ 是 $f(x)$ 的最小值点. $f(x)$ 的最小值为 $f(0) = 0$, 所以

$$f(x) \geqslant f(0) = 0,$$

即 $1 + x\ln\left(x + \sqrt{1+x^2}\right) \geqslant \sqrt{1+x^2}$.

例 3.6.4　人体对一定剂量药物的反应函数表示如下:

$$R(x) = x^2\left(\frac{C}{2} - \frac{x}{3}\right),$$

其中 C 是一正常数, x 是血液中吸收的一定量的药物. $R(x)$ 表示血压的变化 (单位: 毫米汞柱), 导数 $R'(x)$ 表示人体对药物的敏感性, 求人体最敏感的药量是多少?

125

解 $R'(x) = x(C - x)$, $R''(x) = C - 2x$, 令 $R'(x) = 0$, 解得驻点为 $x = 0, x = C$, 而 $R''(x)|_{x=C} = -C < 0$, 故当 $x = C$ 时, $R(x)$ 达到最大, 故人体最敏感的药量为 C.

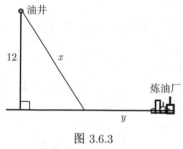

图 3.6.3

例 3.6.5 (例 3.6.1 油井问题的解)

解 本节开始部分曾粗略地算了一下成本的多少, 现在把水下输油管的长度 x 和陆地输油管的长度 y 作为变量 (图 3.6.3). 由勾股定理得到 $x = \sqrt{144 + (20 - y)^2}$. 输油管的成本为

$$f(y) = 50000\sqrt{144 + (20 - y)^2} + 30000y, \quad 0 \leqslant y \leqslant 20.$$

因为 $f'(y) = -50000\dfrac{20 - y}{\sqrt{144 + (20 - y)^2}} + 30000.$ 令 $f'(y) = 0$, 解得驻点 $y = 11$ 或 29.

而只有 $y = 11$ 位于我们感兴趣的区间里, 在 $y = 11$ 处的成本为 $f(11) = 1080000$. 所以花费最小的连接成本为 1080000 美元, 通过把水下输油管通到离炼油厂 11 英里的地方就能做到这点.

例 3.6.6 一商家销售某种商品的价格 (单位: 万元/吨) 满足关系 $p = 7 - 0.2x$, x 为销售量 (单位: 吨), 商品的成本函数 (单位: 万元) 是 $C = 3x + 1$.

(1) 若每销售一吨商品, 政府要征税 t 万元, 求该商家最大利润时的销售量;

(2) 当 t 为何值时, 政府税收总额最大.

解 (1) 总税额为 $T = tx$, 商品销售总收入为

$$R = px = (7 - 0.2x)x = 7x - 0.2x^2,$$

利润函数为

$$\pi = R - C - T = -0.2x^2 + (4 - t)x - 1,$$

故

$$\frac{\mathrm{d}\pi}{\mathrm{d}x} = -0.4x + 4 - t,$$

令 $\dfrac{\mathrm{d}\pi}{\mathrm{d}x} = 0$, 得 $x = \dfrac{5}{2}(4 - t)$.

因为 $\dfrac{\mathrm{d}^2\pi}{\mathrm{d}x^2} = -0.4 < 0$, 所以 $x = \dfrac{5}{2}(4 - t)$ 为利润最大时的销售量.

(2) 将 $x = \dfrac{5}{2}(4 - t)$ 代入 $T = tx$, 得 $T = 10t - \dfrac{5}{2}t^2$.

由于 $\dfrac{\mathrm{d}T}{\mathrm{d}t} = 10 - 5t, \dfrac{\mathrm{d}^2T}{\mathrm{d}t^2} = -5 < 0$, 所以 $t = 2$ 为唯一极大值点, 故当 $t = 2$ 时, T 有最大值, 此时, 政府税收总额最大.

例 3.6.7　设排水阴沟的横断面面积一定, 断面的上部是半圆形, 下部是矩形 (矩形的宽度等于圆的直径), 问圆半径 r 与矩形高 h 之比为何值时, 建沟所用材料 (包括顶部、底部及侧壁) 为最省.

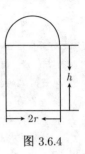

图 3.6.4

解　由图 3.6.4 所示, 排水阴沟的横断面面积 S 为

$$S = \frac{1}{2}\pi r^2 + 2rh,$$

解得

$$h = \frac{S}{2r} - \frac{\pi}{4}r.$$

由 $h > 0$, 得 $0 < r < \sqrt{\dfrac{2S}{\pi}}$. 阴沟的横断面的周长为

$$L(r) = \pi r + 2r + 2h = \pi r + 2r + 2\left(\frac{S}{2r} - \frac{\pi}{4}r\right)$$

$$= 2r + \frac{\pi}{2}r + \frac{S}{r}, \quad 0 < r < \sqrt{\frac{2S}{\pi}}.$$

问题化为求 $L(r) = 2r + \dfrac{\pi}{2}r + \dfrac{S}{r}$ 在 $\left(0, \sqrt{\dfrac{2S}{\pi}}\right)$ 中的最小值问题.

$$L'(r) = 2 + \frac{\pi}{2} - \frac{S}{r^2}, \quad L''(r) = \frac{2S}{r^3}.$$

令 $L'(r) = 0$, 得唯一驻点 $r = \sqrt{\dfrac{2S}{\pi+4}}$, 又 $L''(r) = \dfrac{2S}{r^3} > 0$, 故当 $r = \sqrt{\dfrac{2S}{\pi+4}}$ 时, $L(r)$ 取得最小值, 此时

$$h = \left(\frac{S}{2r} - \frac{\pi}{4}r\right)\Bigg|_{r=\sqrt{\frac{2S}{\pi+4}}} = \sqrt{\frac{2S}{\pi+4}},$$

即当 $\dfrac{r}{h} = 1$ 时, 建沟所用材料最省.

习题 3.6

1. 求下列函数的最大值、最小值:

(1) $f(x) = 2x^3 - 3x^2, x \in [-1, 4]$;

(2) $f(x) = x^4 - 8x^2 + 2, x \in [-1, 3]$;

(3) $f(x) = x^5 - 5x^4 + 5x^3 + 1, x \in [-1, 2]$;

(4) $f(x) = \sqrt{x}\ln x, (0, +\infty)$;

(5) $f(x) = x + \sqrt{1-x}, x \in [-5, 1]$.

2. 问函数 $f(x) = x^2 - \dfrac{54}{x}(x < 0)$ 在何处取得最小值?

3. 问函数 $f(x) = \dfrac{x}{x^2+1}(x \geqslant 0)$ 在何处取得最大值?

4. 敌人乘汽车从河的北岸 A 处以 1km/min 的速度向正北逃窜, 同时我军摩托车从河的南岸 B 处向正东追击, 速度为 2km/min, 河宽为 0.5km. B 与 A 的水平距离为 4km. 问我军摩托车何时射击最好 (相距最近射击最好)?

5. 把长为 l 的线段截为两段, 问怎样截法能使以这两段为边所组成的矩形的面积最大.

6. 将边长为 a 的正方形四角截去 4 个相等的小正方形, 然后拆成一个无盖的盒, 问小正方形边长为多少时, 能使盒子的容积最大?

7. 某房地产公司有 50 套公寓要出租, 当租金定为每月 180 元时, 公寓会全部租出去. 当租金每月增加 10 元时, 就有一套公寓租不出去, 而租出去的房子每月需花费 20 元的整修维护费. 试问房租定为多少可获得最大收入?

8. 某商品进价为每件 a 元, 根据以往经验, 当销售价为每件 b 元时, 销售量为 c 件, a, b, c 均为正常数, 且 $b \geqslant \dfrac{4a}{3}$, 市场调查表明, 销售价每下降 10%, 销售量可增加 40%, 现决定一次性降价, 问当销售价定为多少时, 可获得最大利润? 并求出最大利润.

9. 一稳压电源回路, 电动势为 E, 内阻为 r, 负载电阻为 R, 问如何选择 R, 才能使输出功率最大?

3.7 函数作图法

在中学里曾学过的描点作图法中, 首先求出几个点的坐标, 然后把它们逐个连接起来, 就得到函数的图像. 一般来说, 这样得到的图像比较粗糙, 某些弯曲情形常常得不到准确的反映. 掌握微分学这个工具之后, 就可以在描点的基础上进一步研究函数的形态, 再结合周期性、奇偶性等, 如借助一阶导数的符号, 可以确定函数的单调性与极值, 知道了这些条件后, 可以较为准确地作出函数的图形.

描绘函数图像的一般步骤如下:

(1) 确定函数的定义域, 若有对称性, 也需要考虑, 并求出一、二阶导数 $f'(x), f''(x)$;

(2) 解出方程 $f'(x) = 0, f''(x) = 0$ 的全部实根, 一、二阶导数不存在的所有点, 以及间断点, 并以此作分点, 从小到大依次将定义域分成几个部分区间;

(3) 确定每个部分区间 $f'(x), f''(x)$ 的符号, 并由此确定函数的增减和凸凹、极值点和拐点、函数的渐近线;

(4) 计算方程 $f'(x) = 0, f''(x) = 0$ 的根所对应的函数值, 以及一、二阶导数不存在的点的函数值, 定出图形上的相应点, 有时还要补充一些其他适当的点, 最后用平滑曲线进行连接, 画出函数 $y = f(x)$ 的图形.

在讨论函数图形的描绘前, 先介绍函数的凸凹性、拐点和渐近线.

3.7.1 函数的凸凹性

前面研究了函数单调性的判定法. 函数的单调性反映了函数曲线的上升或下降. 但是, 曲线在上升或下降的过程中, 还有一个弯曲方向的问题. 仅了解函数的单调性是不够的, 还应了解它的弯曲方向以及不同弯曲方向的分界点. 下面将利用二阶导数来研究曲线的凸凹性.

从图 3.7.1 中可以看出, 曲线上各点的切线都位于曲线的上方, 从图 3.7.2 中可以看出, 曲线上各点的切线都位于曲线的下方, 看到的这种现象称为曲线的凸凹性, 下面给出曲线凸凹性的定义及判定定理.

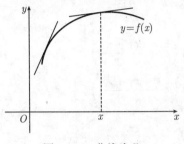

图 3.7.1 曲线为凸

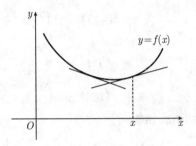

图 3.7.2 曲线为凹

定义 3.7.1 设 $f(x)$ 在 (a,b) 内连续, 如果对 (a,b) 内任意两点 x_1, x_2, 恒有

$$f\left(\frac{x_1 + x_2}{2}\right) > \frac{f(x_1) + f(x_2)}{2},$$

那么称 $f(x)$ 在 (a,b) 内的图形是(向上) 凸的 (图 3.7.3).

如果对 (a,b) 内任意两点 x_1, x_2, 恒有

$$f\left(\frac{x_1 + x_2}{2}\right) < \frac{f(x_1) + f(x_2)}{2},$$

那么称 $f(x)$ 在 (a,b) 内的图形是(向下) 凹的 (图 3.7.4).

当曲线 $y = f(x)$ 在 (a,b) 内为凸的时, 则曲线在 (a,b) 内的各点的切线都位于曲线的上方; 当曲线在 (a,b) 内为凹的时, 则曲线在 (a,b) 内的各点切线都位于曲线的下方. 如果函数 $f(x)$ 在 $[a,b]$ 内连续, 且在 (a,b) 内的图形是凹 (或凸) 的, 那么称 $f(x)$ 在 $[a,b]$ 内的图形是凹 (或凸) 的.

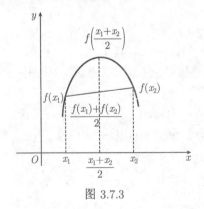

图 3.7.3

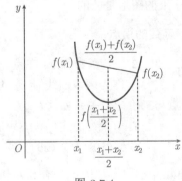

图 3.7.4

如果函数 $y = f(x)$ 在 (a,b) 内具有二阶导数, 那么可以利用二阶导数的符号来判定曲线的凸凹性, 下面就是曲线凸凹性的判定定理.

定理 3.7.1 设 $y = f(x)$ 在 (a, b) 上连续, 在 (a, b) 内具有一阶和二阶导数, 那么

(1) 若在 (a, b) 内 $f''(x) < 0$, 则 $f(x)$ 在 (a, b) 上的图形是凸的;

(2) 若在 (a, b) 内 $f''(x) > 0$, 则 $f(x)$ 在 (a, b) 上的图形是凹的.

证 仅证情形 (1), 设 x_1, x_2 为 (a, b) 内任意两点, 且 $x_1 < x_2$, 在区间 $\left[x_1, \dfrac{x_1 + x_2}{2} \right]$ 和 $\left[\dfrac{x_1 + x_2}{2}, x_2 \right]$ 应用拉格朗日公式, 得

$$f(x_1) = f\left(\frac{x_1 + x_2}{2} \right) + f'(\xi_1) \left(x_1 - \frac{x_1 + x_2}{2} \right),$$

$$f(x_2) = f\left(\frac{x_1 + x_2}{2} \right) + f'(\xi_2) \left(x_2 - \frac{x_1 + x_2}{2} \right),$$

将上面两式相加, 得

$$f(x_1) + f(x_2) = 2f\left(\frac{x_1 + x_2}{2} \right) + (f'(\xi_1) - f'(\xi_2)) \cdot \frac{x_1 - x_2}{2}.$$

对 $f'(x)$ 在区间 $[\xi_1, \xi_2]$ 上再应用拉格朗日中值定理, 得

$$f'(\xi_1) - f'(\xi_2) = f''(\xi)(\xi_1 - \xi_2),$$

其中 $\xi_1 < \xi < \xi_2$, 按情形 (1) 的假设, $f''(\xi) < 0$, 故

$$\frac{f(x_1) + f(x_2)}{2} < f\left(\frac{x_1 + x_2}{2} \right),$$

所以 $f(x)$ 在 (a, b) 上的图形是凸的.

类似地可证明情形 (2).

例 3.7.1 讨论函数 $f(x) = \arctan x$ 的凸凹性.

解 因为 $f'(x) = \dfrac{1}{1 + x^2}, f''(x) = -\dfrac{2x}{(1 + x^2)^2}$, 所以当 $x < 0$ 时, $f''(x) > 0$; 所以函数 $f(x)$ 在 $(-\infty, 0)$ 上的图形是凹的. 当 $x > 0$ 时, $f''(x) < 0$, 所以函数 $f(x)$ 在 $(0, +\infty)$ 上的图形是凸的.

3.7.2 函数的拐点

定义 3.7.2 若函数 $f(x)$ 在点 $x = x_0$ 处连续并且在其左右邻域上凸凹性相反, 则点 $(x_0, f(x_0))$ 称为函数曲线 $f(x)$ 的拐点.

拐点与二阶导数关系如何?

若点 $(x_0, f(x_0))$ 为曲线 $y = f(x)$ 的一个拐点, 则必有 $f''(x_0) = 0$ 或 $f''(x_0)$ 不存在, 如 $y = x^{\frac{1}{3}}$, 点 $(0, 0)$ 为曲线的拐点, 则 $f''(0)$ 不存在.

$f''(x_0) = 0$ 或 $f''(x_0)$ 不存在是拐点存在的必要但不充分条件. 那么如何寻找曲线 $y = f(x)$ 的拐点呢?

从定理 3.7.1 知道, 由函数 $f''(x)$ 的符号可以判定曲线的凸凹性, 若二阶导函数 $f''(x)$ 在点 x_0 左右两侧变号, 则点 $(x_0, f(x_0))$ 为曲线 $y = f(x)$ 的拐点, 否则不是拐

点. 所以要寻找拐点, 只要找出 $f''(x)$ 符号发生变化的分界点即可. 综合上述分析, 可以按下列步骤来判定区间 I 上的连续曲线 $y = f(x)$ 的拐点:

(1) 求 $f''(x)$;

(2) 令 $f''(x) = 0$, 解出该方程在区间 I 内的实根, 并求在区间 I 内 $f''(x)$ 不存在的点;

(3) 对于 (2) 中求出的每个实根或二阶导数不存在的点 x_0, 检查 $f''(x)$ 在 x_0 处左、右两侧邻近的符号, 那么当两侧的符号相反时, 点 $(x_0, f(x_0))$ 是拐点, 当两侧的符号相同时, 点 $(x_0, f(x_0))$ 不是拐点.

例 3.7.2　求曲线 $f(x) = 3x^2 - x^3$ 的凸凹区间.

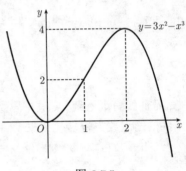

图 3.7.5

解　因为 $f'(x) = 6x - 3x^2$, $f''(x) = 6 - 6x = 6(1 - x)$, 所以当 $x < 1$ 时, $f''(x) > 0$, 所以函数在 $(-\infty, 1)$ 上的图形是凹的.

当 $x > 1$ 时, $f''(x) < 0$, 所以函数在 $(1, +\infty)$ 上的图形是凸的 (图 3.7.5). $x = 1$ 是凸凹区间的一个分界点, $f''(1) = 0$, 故点 $(1, 2)$ 是曲线的拐点.

3.7.3　曲线的渐近线

由平面解析几何知道, 双曲线 $\dfrac{x^2}{a^2} - \dfrac{y^2}{b^2} = 1$ 有渐近线 $\dfrac{x}{a} \pm \dfrac{y}{b} = 0$(图 3.7.6), 下面讨论一般曲线的渐近线.

定义 3.7.3　若曲线 C 上的点 M 沿着曲线无限地远离原点时, 点 M 与某一直线 L 的距离趋于 0, 则称直线 L 为曲线 C 的渐近线 (图 3.7.7).

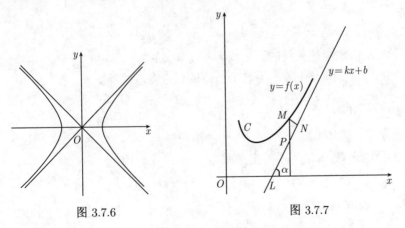

图 3.7.6　　　　　　　　　　图 3.7.7

注意, 并不是所有能无限伸展的曲线都有渐近线, 如抛物线 $y = x^2$ 就没有渐近线. 下面我们研究曲线在什么情况下存在渐近线及如何求出渐近线方程.

设曲线 $y = f(x)$ 有渐近线 $y = kx + b$, 求出常数 k 及 b 就能确定它. 为此, 观察图 3.7.7, 曲线上动点 $M(x, f(x))$ 到渐近线的距离

$$|MN| = |MP \cos \alpha| = |f(x) - (kx + b)| \cdot \frac{1}{\sqrt{1 + k^2}}. \tag{3.9}$$

由渐近线的定义, 当 $x \to +\infty$(或 $x \to -\infty$) 时, $|MN| \to 0$, 从而由式 (3.9) 有

$$\lim_{x \to +\infty} f(x) - kx = b. \tag{3.10}$$

又由 $\lim\limits_{x \to +\infty} \dfrac{f(x)}{x} - k = \lim\limits_{x \to +\infty} \dfrac{f(x) - kx}{x} = \lim\limits_{x \to +\infty} \dfrac{b}{x} = 0$ 得到

$$\lim_{x \to +\infty} \frac{f(x)}{x} = k. \tag{3.11}$$

于是, 若曲线有渐近线, 则其中常数 k 及 b 可由式 (3.11)、式 (3.10) 确定. 可以看出, 求曲线的渐近线方程转化为求 (3.11), (3.10) 两式的极限问题.

若 $\lim\limits_{x \to +\infty} f(x) = b$, 则曲线 $y = f(x)$ 有水平渐近线 $y = b$. 若 $\lim\limits_{x \to x_0^+} f(x) = \infty$ (或 $\lim\limits_{x \to x_0^-} f(x) = \infty$), 则曲线 $y = f(x)$ 有铅直渐近线 $x = x_0$.

例 3.7.3　求函数 $f(x) = (x + 6) \mathrm{e}^{\frac{1}{x}}$ 的渐近线.

解　由式 (3.11) 得

$$\lim_{x \to \infty} \frac{f(x)}{x} = \lim_{x \to \infty} \frac{(x + 6) \mathrm{e}^{\frac{1}{x}}}{x} = 1,$$

故得 $k = 1$. 再由式 (3.10),

$$\lim_{x \to \infty} [f(x) - x] = \lim_{x \to \infty} [(x + 6) \mathrm{e}^{\frac{1}{x}} - x] = 7,$$

故得 $b = 7$, 从而求得该曲线的渐近线方程 $y = x + 7$.

又 $\lim\limits_{x \to 0^+} f(x) = +\infty$, 故求得这个曲线的铅直渐近线 $x = 0$.

3.7.4　函数的作图

例 3.7.4　描绘 $y = \dfrac{1}{3} x^3 - x^2 + 2$ 的图形.

解　所给函数 $y = f(x)$ 的定义域为 $(-\infty, +\infty)$, 而

$$f'(x) = x^2 - 2x, \quad f''(x) = 2x - 2.$$

$f'(x)$ 的零点为 $x = 0$ 或 2; $f''(x)$ 的零点为 $x = 1$. 将 $0, 2, 1$ 由小到大排列, 依次把定义域 $(-\infty, +\infty)$ 划分成下列 4 个部分区间:

$$(-\infty, 0], \quad [0, 1], \quad [1, 2], \quad [2, +\infty).$$

在 $(-\infty, 0]$ 内, $y' > 0, y'' < 0$, 所以 $f(x)$ 在 $(-\infty, 0]$ 上单调增加且图形是凸的. 在 $[0, 1]$ 内, $y' < 0, y'' < 0$, 所以 $f(x)$ 在 $[0, 1]$ 上单调减少且图形是凸的.

同样, 可以讨论 $f(x)$ 在区间 $[1, 2]$ 上及在区间 $[2, +\infty)$ 上的单调性和图形的凸凹性. 为了明确起见, 把所得的结论列成表 3.7.1.

表 3.7.1

x	$(-\infty, 0]$	0	$[0, 1]$	1	$[1, 2]$	2	$[2, +\infty)$
$f'(x)$	$+$	0	$-$	$-$	$-$	0	$+$
$f''(x)$	$-$	-2	$-$	0	$+$	2	$+$
$y = f(x)$ 的图形	⤴	极大值 2	⤵	拐点	↘	极小值 $\dfrac{2}{3}$	⤴

这里记号 "⤴" 表示曲线弧上升而且是凸的, "⤵" 表示曲线弧下降而且是凸的, "↘" 表示曲线弧下降而且是凹的, "↗" 表示曲线弧上升而且是凹的.

$f(0) = 2$ 为极大值, $f(2) = \dfrac{2}{3}$ 为极小值.

函数 $y = \dfrac{1}{3}x^3 - x^2 + 2$ 图形如图 3.7.8 所示.

例 3.7.5 画出函数 $y = \dfrac{2x^2}{(1-x)^2}$ 的图形.

解 (1) 所给函数 $y = f(x)$ 的定义域为 $(-\infty, 1) \bigcup (1, +\infty)$, 而

$$f'(x) = \frac{4x}{(1-x)^3}, \quad f''(x) = \frac{8x+4}{(1-x)^4}.$$

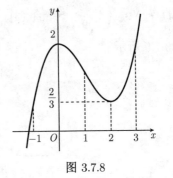

图 3.7.8

(2) $f'(x)$ 的零点为 $x = 0$; $f''(x)$ 的零点为 $x = -\dfrac{1}{2}$. 将 $x = -\dfrac{1}{2}, 0$ 由小到大排列, 依次把定义域 $(-\infty, 1) \bigcup (1, +\infty)$ 划分成下列 4 个部分区间:

$$\left(-\infty, -\frac{1}{2}\right], \quad \left[-\frac{1}{2}, 0\right], \quad [0, 1), \quad (1, +\infty).$$

(3) 在 $\left(-\infty, -\dfrac{1}{2}\right]$ 内, $f'(x) < 0, f''(x) < 0$, 所以 $f(x)$ 在 $\left(-\infty, -\dfrac{1}{2}\right]$ 上单调减少且图形是凸的.

在 $\left[-\dfrac{1}{2}, 0\right]$ 内, $f'(x) < 0, f''(x) > 0$, 所以 $f(x)$ 在 $\left(-\infty, -\dfrac{1}{2}\right]$ 上单调减少且图形是凹的.

同样, 可以讨论 $f(x)$ 在区间 $[0, 1)$ 上及在区间 $(1, +\infty)$ 上的单调性和图形的凸凹性. 为了明确起见, 把所得的结论列成表 3.7.2.

表 3.7.2

x	$\left(-\infty, -\dfrac{1}{2}\right]$	$-\dfrac{1}{2}$	$\left[-\dfrac{1}{2}, 0\right]$	0	$[0, 1)$	1	$(1, +\infty)$
$f'(x)$	$-$	$-\dfrac{16}{27}$	$-$	0	$+$		$-$
$f''(x)$	$-$	0	$+$	4	$+$		$+$
$y = f(x)$ 的图形	↘	拐点	↘	极小值	↗		↘

(4) 由 $\lim\limits_{x \to \infty} f(x) = 2$, $\lim\limits_{x \to 1} f(x) = +\infty$, 知图形有一条水平渐近线 $y = 2$ 和一条铅直渐近线 $x = 1$.

(5) 算出 $x = -\dfrac{1}{2}, 0$ 处的函数值:

$$f\left(-\frac{1}{2}\right) = \frac{2}{9}, \quad f(0) = 0.$$

从而得到 $M = \left(-\dfrac{1}{2}, \dfrac{2}{9}\right)$ 是曲线的拐点, 且图形过原点. 又由于 $f(4) = \dfrac{32}{9}$, 得图形上的点 $N = \left(4, \dfrac{32}{9}\right)$. 结合 (3), (4) 中得到的结果, 画出函数 $y = \dfrac{2x^2}{(1-x)^2}$ 的图形如图 3.7.9 所示.

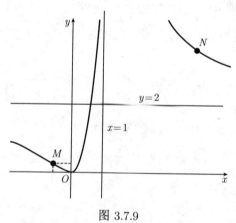

图 3.7.9

习题 3.7

1. 判定下列曲线的凸凹性:

(1) $f(x) = 4x - x^2$;

(2) $f(x) = 1 + \dfrac{1}{x} (x > 0)$;

(3) $f(x) = x^2 + \dfrac{1}{x}$;

(4) $f(x) = \dfrac{1}{1 + x^2}$.

2. 求曲线 $y = 10 + 5x^2 + \dfrac{10}{3}x^3$ 的凸凹区间与拐点.

3. 问 a 和 b 为何值时, 点 $(1, 3)$ 为曲线 $y = ax^3 + bx^2$ 的拐点.

4. 应用曲线的凸凹性证明下面不等式:

(1) 对任意实数 x, y, 有 $\mathrm{e}^{\frac{x+y}{2}} \leqslant \frac{1}{2}(\mathrm{e}^x + \mathrm{e}^y)$;

(2) 当 $x > 0$ 时, 有 $(x^2 - 1)\ln x \geqslant (x - 1)^2$.

5. 求曲线 $y = \dfrac{x + 3}{(x - 1)(x - 2)}$ 的渐近线.

6. 描绘下列函数的图形:

(1) $y = \dfrac{1}{5}(x^4 - 6x^2 + 8x + 7)$; (2) $y = \dfrac{x}{1 + x^2}$;

(3) $y = x - 2\arctan x$; (4) $y = x\mathrm{e}^{-x}$.

总习题 3

1. 填空题.

(1) 当 $x \to 0$ 时, $\alpha(x) = kx^2$ 与 $\beta(x) = \sqrt{1 + x\arcsin x} - \sqrt{\cos x}$ 是等价无穷小, 则 $k = $____.

(2) 当 $x = $____时, 函数 $y = x2^x$ 取得极小值.

(3) 函数 $y = x + 2\cos x$ 在区间 $\left[0, \dfrac{\pi}{2}\right]$ 上的最大值为_____.

(4) 曲线 $y = \mathrm{e}^{-x^2}$ 的凸区间是_____.

(5) 曲线 $y = x\ln\left(\mathrm{e} + \dfrac{1}{x}\right)$ $(x > 0)$ 的渐近线方程为_____.

2. 选择题.

(1) 若函数 $f(x)$ 在区间 (a, b) 内可导, x_1 和 x_2 是区间 (a, b) 内任意两点, 且 $x_1 < x_2$, 则至少存在一点 ξ, 使 (　　).

A. $f(b) - f(a) = f'(\xi)(b - a)$, 其中 $a < \xi < b$;

B. $f(b) - f(x_1) = f'(\xi)(b - x_1)$, 其中 $x_1 < \xi < b$;

C. $f(x_2) - f(x_1) = f'(\xi)(x_2 - x_1)$, 其中 $x_1 < \xi < x_2$;

D. $f(x_2) - f(a) = f'(\xi)(x_2 - a)$, 其中 $a < \xi < x_2$.

(2) 设在 $[0, 1]$ 上 $f''(x) > 0$, 则 $f'(0), f'(1), f(1) - f(0)$ 或 $f(0) - f(1)$ 的大小顺序是 (　　).

A. $f'(1) > f'(0) > f(1) - f(0)$; B. $f'(1) > f(1) - f(0) > f'(0)$;

C. $f(1) - f(0) > f'(1) > f'(0)$; D. $f'(1) > f(0) - f(1) > f'(0)$.

(3) 设 $\lim\limits_{x \to a} \dfrac{f(x) - f(a)}{(x - a)^2} = -1$, 则在点 $x = a$ 处 (　　).

A. $f(x)$ 的导数存在, 且 $f'(a) \neq 0$; B. $f(x)$ 取得极大值;

C. $f(x)$ 取得极小值; D. $f(x)$ 的导数不存在.

(4) 设函数 $f(x)$ 连续, 且 $f'(0) > 0$, 则存在 $\delta > 0$, 使得 (　　).

A. $f(x)$ 在 $(0, \delta)$ 内单调增加;

B. $f(x)$ 在 $(-\delta, 0)$ 内单调减少;

C. 对任意的 $x \in (0, \delta)$ 有 $f(x) > f(0)$;

D. 对任意的 $x \in (-\delta, 0)$ 有 $f(x) > f(0)$.

3. 利用导数证明: 当 $x > 1$ 时, $\dfrac{\ln(1 + x)}{\ln x} > \dfrac{x}{1 + x}$.

4. 设 $\lim\limits_{x \to 0} \dfrac{f(x)}{x} = 1$, 且 $f''(x) > 0$, 证明: $f(x) \geqslant x$.

5. 设 $x > 0$, 常数 $a > \mathrm{e}$. 证明: $(a + x)^a > a^{a+x}$.

6. 设函数 $f(x)$ 在 $[a,b]$ 上连续, 在 (a,b) 内可导, 且 $f'(x) \neq 0$. 试证存在 $\xi, \eta \in (a,b)$, 使得
$$\frac{f'(\xi)}{f'(\eta)} = \frac{e^b - e^a}{b - a} \cdot e^{-\eta}.$$

7. 设 $y = f(x)$ 在 $(-1,1)$ 内具有二阶连续导数且 $f''(x) \neq 0$. 试证:

(1) 对于 $(-1,1)$ 内的任一 $x \neq 0$, 存在唯一的 $\theta(x) \in (0,1)$, 使 $f(x) = f(0) + xf'(\theta(x)x)$ 成立;

(2) $\lim\limits_{x \to 0} \theta(x) = \dfrac{1}{2}$.

8. 设某厂家打算生产一批商品投放市场, 已知该商品的需求函数为 $p = p(x) = 10e^{-\frac{x}{2}}$, 且最大需求量为 6, 其中 x 表示需求量, p 表示价格.

(1) 求该商品的收益函数;

(2) 求使收益最大时的产量、最大收益和相应的价格;

(3) 画出收益函数的图形.

9. 已知某厂生产 x 件产品的成本 (单位: 元) 为

$$C(x) = 25000 + 200x + \frac{1}{40}x^2.$$

问: (1) 要使平均成本最小, 应生产多少件产品?

(2) 若产品以每件 500 元售出, 要使利润最大, 应生产多少件产品?

10. 求函数 $y = (x-1)e^{\frac{\pi}{2} + \arctan x}$ 的单调区间和极值, 并求该函数图形和渐近线.

习题分析

同步训练

第 **4** 章

<h1 style="text-align:center">不 定 积 分</h1>

本章导读

第 2 章学习了如何求一个函数的导数问题. 本章将讨论它的相反问题: 已知函数 $F(x)$ 的导数 $f(x)$, 求 $F(x)$, 使得 $F'(x) = f(x)$. 这是积分学的基本问题之一, 在科学技术和经济管理的许多理论和应用问题中也经常需要解决这类问题.

4.1 原函数与不定积分

4.1.1 原函数的概念

在微分学中讨论了求已知函数的导数或微分的问题, 但在实际问题中, 常常会遇到与此相反的问题, 例如:

已知物体在时刻 t 的运动速度是 $v(t) = s'(t)$, 求物体的运动方程 $s = s(t)$;

已知曲线上任意一点处的切线斜率为 $k(x) = F'(x)$, 求曲线的方程 $y = F(x)$.

以上两个具体的问题中, 尽管实际内容不同, 但其抽象的数学概念是一样的. 都可以归结为同一个问题, 就是已知某函数的导函数, 求这个函数, 即已知 $F'(x) = f(x)$, 求 $F(x)$. 因此引入原函数的概念.

定义 4.1.1 在区间 I 上, 可导函数 $F(x)$ 的导数为 $f(x)$, 即对任一 $x \in I$, 都有

$$F'(x) = f(x) \quad 或 \quad \mathrm{d}F(x) = f(x)\mathrm{d}x,$$

则称函数 $F(x)$ 为 $f(x)$(或 $f(x)\mathrm{d}x$) 在区间 I 上的*原函数*.

例如, 在区间 $(-\infty, +\infty)$ 内, 因 $(\sin x)' = \cos x$, 所以 $\sin x$ 是 $\cos x$ 的一个原函数, 而 $(\sin x - 2)' = \cos x$, $(\sin x + C)' = \cos x$, 其中 C 为任意常数, 因此 $\sin x - 2$, $\sin x + C$ 等都是 $\cos x$ 的原函数, 可以看出一个函数如果有原函数, 可能不只一个, 因此研究原函数, 必须解决下面几个问题:

(1) 在什么条件下, 一个函数的原函数存在?

(2) 如果一个函数的原函数存在, 是否唯一?

(3) 若已知某函数的原函数存在, 怎样把它表示出来?

关于前两个问题, 有以下定理.

定理 4.1.1 如果函数 $f(x)$ 在区间 I 上连续, 则在区间 I 上存在可导函数 $F(x)$, 使得对于任一 $x \in I$ 都有

$$F'(x) = f(x).$$

简单地说就是: 连续函数一定有原函数.

注 4.1.1 定理 4.1.1 的证明将在第 5 章给出.

由于初等函数在其定义区间上都是连续的, 所以, 从定理 4.1.1 可知每个初等函数在其定义区间上都存在原函数.

定理 4.1.2 设 $F(x)$ 是 $f(x)$ 在某个区间上的一个原函数, 则

(1) $F(x) + C$ 也是 $f(x)$ 在此区间上的原函数, 其中 C 为任意常数;

(2) $f(x)$ 的任意两个原函数之间相差一个常数.

证 (1) 由于 $F'(x) = f(x)$, 所以

$$[F(x) + C]' = F'(x) = f(x),$$

因此 $F(x) + C$ 也是 $f(x)$ 的原函数.

(2) 设 $F(x)$ 和 $G(x)$ 都是 $f(x)$ 在此区间上的任意两个原函数, 由于

$$[F(x) - G(x)]' = F'(x) - G'(x) = f(x) - f(x) \equiv 0,$$

所以

$$F(x) - G(x) = C.$$

定理 4.1.2 表明, 如果函数有一个原函数存在, 则必有无穷多个原函数, 且它们彼此之间只相差一个常数. 定理 4.1.2 也揭示了全体原函数的结构, 即要求已知函数的全体原函数, 只需求出其中任意一个, 由它加上一个任意常数便得到全部的原函数.

由定理 4.1.2 结论可以得到: 若 $F(x)$ 为 $f(x)$ 的一个原函数, 则 $f(x)$ 的所有原函数可以表示为

$$F(x) + C,$$

其中 C 是任意常数.

4.1.2　不定积分的概念

定义 4.1.2 在区间 I 上的函数 $f(x)$, 若存在原函数, 则称 $f(x)$ 为可积函数, 并将 $f(x)$ 的全体原函数记为

$$\int f(x)\mathrm{d}x,$$

并称它是 $f(x)$ (或 $f(x)\mathrm{d}x$) 在区间 I 上的不定积分, 其中记号 $\int$ 称为积分号, x 称为积分变量, $f(x)$ 称为被积函数, $f(x)\mathrm{d}x$ 称为被积表达式.

由定义可知: (1) 如果 $F(x)$ 是 $f(x)$ 的一个原函数, 则有

$$\int f(x)\mathrm{d}x = F(x) + C, \quad C \text{ 称为积分常数.}$$

求已知函数的不定积分, 就归结为求出它的一个原函数, 再加上任意常数 C.

(2) 不定积分与原函数是整体与个体的关系, 不定积分 $\int f(x)\mathrm{d}x$ 是 $f(x)$ 的原函数的全体, 是一族函数. 进一步说, 若 $F(x)$ 为 $f(x)$ 在某个区间上的一个原函数, 函数 $f(x)$ 在此区间上的不定积分就是集合 $\{F(x) + C \mid -\infty < C < +\infty\}$, 但为了书写方便, 通常写作

$$\int f(x)\mathrm{d}x = F(x) + C, \quad C \text{ 是任意常数.}$$

例如, $\int \cos x\mathrm{d}x = \sin x + C$.

例 4.1.1　求下列不定积分:

(1) $\int x^3\mathrm{d}x$;　　(2) $\int \dfrac{1}{x}\mathrm{d}x$;　　(3) $\int \sin 3x\mathrm{d}x$.

解　(1) 因为 $\left(\dfrac{x^4}{4}\right)' = x^3$, 所以 $\dfrac{x^4}{4}$ 是 x^3 的一个原函数, 因此

$$\int x^3\mathrm{d}x = \frac{x^4}{4} + C, \quad C \text{ 是任意常数.}$$

(2) 当 $x > 0$ 时, 由于 $(\ln x)' = \dfrac{1}{x}$, 所以 $\ln x$ 是 $\dfrac{1}{x}$ 在 $(0, +\infty)$ 内的一个原函数. 因此, 在 $(0, +\infty)$ 内,

$$\int \frac{1}{x}\mathrm{d}x = \ln x + C.$$

当 $x < 0$ 时, 由于 $[\ln(-x)]' = -\dfrac{1}{x} \cdot (-1) = \dfrac{1}{x}$, 所以 $\ln(-x)$ 是 $\dfrac{1}{x}$ 在 $(-\infty, 0)$ 内的一个原函数. 因此, 在 $(-\infty, 0)$ 内,

$$\int \frac{1}{x}\mathrm{d}x = \ln(-x) + C.$$

把 $x < 0$ 及 $x > 0$ 内的结果合起来, 可以写作

$$\int \frac{1}{x}\mathrm{d}x = \ln|x| + C.$$

(3) 因为 $\left(-\dfrac{1}{3}\cos 3x\right)' = \sin 3x$, 所以 $-\dfrac{1}{3}\cos 3x$ 是 $\sin 3x$ 的一个原函数, 因此

$$\int \sin 3x\mathrm{d}x = -\frac{1}{3}\cos 3x + C.$$

例 4.1.2 $\dfrac{\mathrm{d}}{\mathrm{d}x}\left(\displaystyle\int f(x)\mathrm{d}x\right)$ 与 $\displaystyle\int f'(x)\mathrm{d}x$ 是否相等?

解 设 $F'(x) = f(x)$, 则

$$\frac{\mathrm{d}}{\mathrm{d}x}\left(\int f(x)\mathrm{d}x\right) = (F(x) + C)' = F'(x) + 0 = f(x),$$

由不定积分定义得

$$\int f'(x)\mathrm{d}x = f(x) + C, \quad C \text{ 为任意常数},$$

所以

$$\frac{\mathrm{d}}{\mathrm{d}x}\left(\int f(x)\mathrm{d}x\right) \neq \int f'(x)\mathrm{d}x.$$

检验不定积分是否正确, 首先检查积分常数, 再检查右端结果求导是否等于被积函数.

例 4.1.3 检验下列不定积分的正确性:

(1) $\displaystyle\int x\cos x\mathrm{d}x = x\sin x + \cos x + C$;   (2) $\displaystyle\int \sin x \cdot \cos x\mathrm{d}x = \dfrac{1}{2}\cos^2 x + C$.

解 (1) 正确, 因为

$$(x\sin x + \cos x + C)' = x\cos x + \sin x - \sin x + 0 = x\cos x.$$

(2) 错误, 因为对等式右端求导不等于被积函数:

$$\left(\frac{1}{2}\cos^2 x + C\right)' = -\cos x \cdot \sin x + 0 = -\cos x \cdot \sin x.$$

4.1.3 不定积分的几何意义

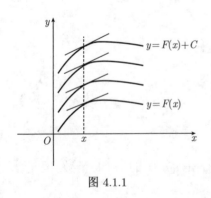

图 4.1.1

若 $F(x)$ 是 $f(x)$ 的一个原函数, 则称 $y = F(x)$ 的图像为 $f(x)$ 的一条积分曲线. 于是函数 $f(x)$ 的不定积分表示 $f(x)$ 的某一条积分曲线沿着纵轴方向任意地平行移动所得到的所有积分曲线组成的曲线族. 显然, 若在每一条积分曲线上横坐标相同的点处作切线, 则这些切线都是相互平行的 (图 4.1.1).

由此可见, 不定积分 $\displaystyle\int f(x)\mathrm{d}x$ 在几何上表示 $f(x)$ 的全部积分曲线所组成的平行曲线族. 若想找出其中某一条曲线, 还必须再有附加条件, 相应也就确定了积分常数 C 的一个值.

例 4.1.4 已知某曲线上任意一点处的切线斜率为 $2x$, 又知曲线经过点 $(0, 1)$, 求此曲线的方程.

解 设所求曲线的方程为 $y = f(x)$, 依题意, 曲线上任一点 (x, y) 处的切线斜率为

$$f'(x) = 2x,$$

即 $f(x)$ 是 $2x$ 的一个原函数.

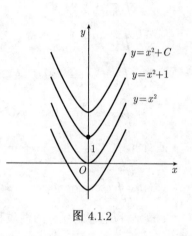

因为 $(x^2)' = 2x$, 所以 $\int 2x \mathrm{d}x = x^2 + C$, 得积分曲线族

$$y = x^2 + C.$$

又因曲线经过点 $(0, 1)$, 代入上式得 $1 = 0^2 + C$, 即 $C = 1$. 因此, 所求曲线的方程为

$$y = x^2 + 1.$$

从几何上看, $y = x^2 + C$ 表示一族抛物线 (图 4.1.2), 而所求的曲线 $y = x^2 + 1$ 是过点 $(0, 1)$ 的那一条.

图 4.1.2

4.1.4 不定积分的性质

性质 4.1.1 不定积分的导数 (或微分) 等于被积函数 (或被积表达式), 即

$$\left[\int f(x)\mathrm{d}x\right]' = f(x) \quad \text{或} \quad \mathrm{d}\left[\int f(x)\mathrm{d}x\right] = f(x)\mathrm{d}x.$$

性质 4.1.2 一个函数的导数或微分的不定积分与这个函数相差一个任意常数, 即

$$\int F'(x)\mathrm{d}x = F(x) + C \quad \text{或} \quad \int \mathrm{d}F(x) = F(x) + C.$$

注 4.1.2 由上可见, 微分运算与积分运算是互逆的. 当积分符号 "$\int$" 与微分符号 "d" 连在一起时, 或相互抵消, 或抵消后相差一个常数.

性质 4.1.3 被积函数中不为零的常数因子可以提到积分符号外面, 即

$$\int kf(x)\mathrm{d}x = k\int f(x)\mathrm{d}x \quad (k \neq 0).$$

性质 4.1.4 两个函数代数和的不定积分等于各个函数的不定积分的代数和, 即

$$\int [f(x) \pm g(x)]\mathrm{d}x = \int f(x)\mathrm{d}x \pm \int g(x)\mathrm{d}x.$$

4.1.5 不定积分的基本公式

因为积分运算是微分运算的逆运算, 所以就可以根据导数的基本公式得到不定积分的基本公式, 列举如下:

(1) $\int k\mathrm{d}x = kx + C$ (k 是常数);　　　　(2) $\int x^{\alpha}\mathrm{d}x = \dfrac{1}{\alpha+1}x^{\alpha+1} + C$ $(\alpha \neq -1)$;

(3) $\int \dfrac{1}{x}\mathrm{d}x = \ln|x| + C$;　　　　　　(4) $\int a^{x}\mathrm{d}x = \dfrac{a^{x}}{\ln a} + C$ $(a > 0, a \neq 1)$;

(5) $\int \mathrm{e}^{x}\mathrm{d}x = \mathrm{e}^{x} + C$;　　　　　　　(6) $\int \cos x\mathrm{d}x = \sin x + C$;

(7) $\int \sin x\mathrm{d}x = -\cos x + C$;　　　　(8) $\int \dfrac{1}{\cos^2 x}\mathrm{d}x = \int \sec^2 x\mathrm{d}x = \tan x + C$;

(9) $\int \dfrac{1}{\sin^2 x}\mathrm{d}x = \int \csc^2 x\mathrm{d}x = -\cot x + C$; (10) $\int \dfrac{1}{\sqrt{1-x^2}}\mathrm{d}x = \arcsin x + C$;

(11) $\int \dfrac{1}{1+x^2}\mathrm{d}x = \arctan x + C$;　　　(12) $\int \sec x\tan x\mathrm{d}x = \sec x + C$;

(13) $\int \csc x\cot x\mathrm{d}x = -\csc x + C$.

下面利用不定积分的性质和基本公式, 直接求不定积分.

例 4.1.5　求 $\int \dfrac{(x-1)^2}{x}\mathrm{d}x$.

解　$\displaystyle \int \dfrac{(x-1)^2}{x}\mathrm{d}x = \int \dfrac{x^2-2x+1}{x}\mathrm{d}x = \int \left(x - 2 + \dfrac{1}{x}\right)\mathrm{d}x = \dfrac{1}{2}x^2 - 2x + \ln|x| + C$.

例 4.1.6　求 $\int 2^x \cdot \mathrm{e}^x\mathrm{d}x$.

解　$\displaystyle \int 2^x \cdot \mathrm{e}^x\mathrm{d}x = \int (2\mathrm{e})^x\mathrm{d}x = \dfrac{(2\mathrm{e})^x}{\ln 2\mathrm{e}} + C = \dfrac{2^x \cdot \mathrm{e}^x}{1 + \ln 2} + C$.

例 4.1.7　求 $\int \tan^2 x\mathrm{d}x$.

解　$\displaystyle \int \tan^2 x\mathrm{d}x = \int (\sec^2 x - 1)\mathrm{d}x = \tan x - x + C$.

例 4.1.8　求 $\int \dfrac{x^4}{1+x^2}\mathrm{d}x$.

解　$\displaystyle \int \dfrac{x^4}{1+x^2}\mathrm{d}x = \int \dfrac{x^4-1+1}{1+x^2}\mathrm{d}x = \int \dfrac{(x^2+1)(x^2-1)+1}{1+x^2}\mathrm{d}x$

$\displaystyle \qquad = \int \left(x^2 - 1 + \dfrac{1}{1+x^2}\right)\mathrm{d}x = \int x^2\mathrm{d}x - \int \mathrm{d}x + \int \dfrac{1}{1+x^2}\mathrm{d}x$

$\displaystyle \qquad = \dfrac{1}{3}x^3 - x + \arctan x + C$.

例 4.1.9　求 $\displaystyle\int \frac{1}{\sin^2\dfrac{x}{2}\cos^2\dfrac{x}{2}}\mathrm{d}x$.

解　$\displaystyle\int \frac{1}{\sin^2\dfrac{x}{2}\cos^2\dfrac{x}{2}}\mathrm{d}x = 4\int \frac{1}{\sin^2 x}\mathrm{d}x = -4\cot x + C$.

例 4.1.10　一物体做直线运动, 速度 (单位: m/s) 为 $v(t) = 2t^2 + 1$, 当 $t = 1\mathrm{s}$ 时, 物体所经过的路程为 3m, 求物体的运动方程.

解　设物体的运动方程为 $s = s(t)$, 依题意有

$$s'(t) = v(t) = 2t^2 + 1,$$

所以

$$s(t) = \int (2t^2 + 1)\mathrm{d}t = \frac{2}{3}t^3 + t + C.$$

将 $t = 1, s = 3$ 代入上式, 得 $C = \dfrac{4}{3}$. 因此, 所求物体的运动方程为

$$s(t) = \frac{2}{3}t^3 + t + \frac{4}{3}.$$

习题 4.1

1. 判定正误:

(1) $\displaystyle\int \ln x\mathrm{d}x = \frac{1}{x} + C$;

(2) $\displaystyle\int \mathrm{d}x = x + C$;

(3) $\displaystyle\int \arctan x\mathrm{d}x = \frac{1}{1+x^2} + C$;

(4) $\mathrm{d}\left[\displaystyle\int f(x)\mathrm{d}x\right] = f(x)$.

2. 填空题:

(1) $(\qquad)' = x^3$;

(2) $\dfrac{1}{\sqrt{1-x^2}}\mathrm{d}x = \mathrm{d}(\qquad)$;

(3) $\mathrm{d}(\qquad) = \cos x\mathrm{d}x$;

(4) x 的全体原函数为 ($\qquad$), 其中经过点 $(0,2)$ 的一个原函数是 ($\qquad$).

3. 求下列不定积分:

(1) $\displaystyle\int \frac{1}{x^3}\mathrm{d}x$;

(2) $\displaystyle\int x^2\sqrt{x}\mathrm{d}x$;

(3) $\displaystyle\int \frac{\mathrm{d}x}{x\sqrt[3]{x}}$;

(4) $\displaystyle\int \frac{(x-1)^3}{x^2}\mathrm{d}x$;

(5) $\displaystyle\int \sqrt{x}(x^2 - 5)\mathrm{d}x$;

(6) $\displaystyle\int (\mathrm{e}^x - 3\cos x)\mathrm{d}x$;

(7) $\displaystyle\int \frac{1+x+x^2}{x(1+x^2)}\mathrm{d}x$;

(8) $\displaystyle\int \sin^2\frac{x}{2}\mathrm{d}x$;

(9) $\displaystyle\int (2^x - 3\cos x + 4)\mathrm{d}x;$ 　　　　(10) $\displaystyle\int \frac{5^x - 2^x}{3^x}\mathrm{d}x;$

(11) $\displaystyle\int \frac{1}{\sin^2 x \cos^2 x}\mathrm{d}x;$ 　　　　(12) $\displaystyle\int \frac{x^6}{x^2 + 1}\mathrm{d}x;$

(13) $\displaystyle\int \frac{\mathrm{d}x}{x^2(1 + x^2)};$ 　　　　(14) $\displaystyle\int \frac{(2x - 1)^2}{\sqrt{x}}\mathrm{d}x;$

(15) $\displaystyle\int \sqrt{x\sqrt{x}}\left(1 - \frac{1}{x^2}\right)\mathrm{d}x;$ 　　　　(16) $\displaystyle\int (10^x + \cot^2 x)\mathrm{d}x;$

(17) $\displaystyle\int \left(\sqrt{\frac{1 - x}{1 + x}} + \sqrt{\frac{1 + x}{1 - x}}\right)\mathrm{d}x;$ 　　(18) $\displaystyle\int \frac{\cos 2x}{\cos x - \sin x}\mathrm{d}x.$

4. 设 $f(x)$ 的导函数是 $\sin x$, 求 $f(x)$ 的全体原函数.

5. 已知 $\displaystyle\int \frac{x^2}{\sqrt{1 - x^2}}\mathrm{d}x = A\,x\sqrt{1 - x^2} + B\int \frac{\mathrm{d}x}{\sqrt{1 - x^2}}$, 求 A, B.

6. 若 e^{-x} 是 $f(x)$ 的原函数, 求 $\displaystyle\int x^2 f(\ln x)\mathrm{d}x.$

7. 一曲线通过点 $(\mathrm{e}^2, 3)$, 且在任一点处的切线的斜率等于该点横坐标的倒数, 求该曲线的方程.

8. 验证函数 $\dfrac{\sin^2 x}{2}, -\dfrac{\cos^2 x}{2}$ 和 $-\dfrac{\cos 2x}{4}$ 都是 $\sin x\cos x$ 的原函数.

4.2　换元积分法

　　利用不定积分的性质和基本积分公式能够直接计算的不定积分是很有限的. 因此, 有必要进一步来研究不定积分的求法. 本节介绍的换元积分法, 是将复合函数的求导法则反过来用于不定积分, 通过适当的变量替换 (即换元), 把某些不定积分化为可以利用基本积分公式的形式, 再计算出所求不定积分.

4.2.1　第一类换元法 (凑微分法)

　　定理 4.2.1 (第一类换元法) 　设 $f(u)$ 具有原函数 $F(u), u = \varphi(x)$ 可导, 则有换元公式

$$\int f(\varphi(x))\varphi'(x)\mathrm{d}x = F(\varphi(x)) + C. \tag{4.1}$$

　　证　因为 $F'(u) = f(u)$, 由复合函数的求导法则有

$$\{F(\varphi(x))\}' = F'(u)\varphi'(x) = f(u)\varphi'(x) = f(\varphi(x))\varphi'(x),$$

所以式 (4.1) 成立.

　　在求积分 $\displaystyle\int g(x)\mathrm{d}x$ 时, 如果函数 $g(x)$ 可以化为 $g(x) = f(\varphi(x))\varphi'(x)$ 的形式,

那么

$$\int g(x)\mathrm{d}x \xlongequal{\text{变形}} \int f(\varphi(x))\varphi'(x)\mathrm{d}x = \int f(\varphi(x))\mathrm{d}\varphi(x) \xlongequal[\text{令}]{\text{换元}} \varphi(x) = u \int f(u)\mathrm{d}u$$

$$= F(u) + C \xlongequal[u=\varphi(x)]{\text{回代}} F(\varphi(x)) + C.$$

注 4.2.1 如果中间换了元, 积分完了后一定要回代, 即将积分后函数中的变量 u 换成 $\varphi(x)$; 如果熟练过后, 可以不要换元这步, 就将 $\varphi(x)$ 当作一个变量来积分即可, 最后也不需要回代了.

例 4.2.1 求 $\displaystyle\int \sqrt{ax+b}\, \mathrm{d}x \ (a \neq 0)$.

解 $\displaystyle\int \sqrt{ax+b}\,\mathrm{d}x = \int \sqrt{ax+b} \cdot \frac{1}{a}\mathrm{d}(ax+b)$

$$\xlongequal{\text{令}ax+b=u} \frac{1}{a}\int \sqrt{u}\mathrm{d}u = \frac{2}{3a}u^{\frac{3}{2}} + C$$

$$\xlongequal{\text{回代}u=ax+b} \frac{2}{3a}(ax+b)^{\frac{3}{2}} + C.$$

例 4.2.2 求 $\displaystyle\int \cos(2x+5)\mathrm{d}x$.

解 $\displaystyle\int \cos(2x+5)\mathrm{d}x = \frac{1}{2}\int \cos(2x+5)\mathrm{d}(2x+5)$

$$\xlongequal{\text{令}2x+5=u} \frac{1}{2}\int \cos u\mathrm{d}u = \frac{1}{2}\sin u + C$$

$$\xlongequal{\text{回代}u=2x+5} \frac{1}{2}\sin(2x+5) + C.$$

例 4.2.3 求 $\displaystyle\int \frac{\mathrm{e}^{3\sqrt{x}}}{\sqrt{x}}\mathrm{d}x$.

解 $\displaystyle\int \frac{\mathrm{e}^{3\sqrt{x}}}{\sqrt{x}}\mathrm{d}x = 2\int \mathrm{e}^{3\sqrt{x}}\mathrm{d}(\sqrt{x})$

$$= \frac{2}{3}\int \mathrm{e}^{3\sqrt{x}}\mathrm{d}(3\sqrt{x}) = \frac{2}{3}\mathrm{e}^{3\sqrt{x}} + C.$$

例 4.2.4 求 $\displaystyle\int \frac{\ln^2 x}{x}\mathrm{d}x$.

解 $\displaystyle\int \frac{\ln^2 x}{x}\mathrm{d}x = \int \ln^2 x\mathrm{d}(\ln x) = \frac{1}{3}\ln^3 x + C.$

由以上几个例题可以看出, 在使用凑微分法计算积分时, 常要用到表 4.2.1 的微分式子来将被积表达式凑成易求的积分形式, 熟悉它们有助于积分的计算.

表 4.2.1　常用凑微分公式

积分类型	换元公式
1. $\int f(ax+b)\mathrm{d}x = \dfrac{1}{a}\int f(ax+b)\mathrm{d}(ax+b)\quad(a\neq0)$	$u=ax+b$
2. $\int f(x^\mu)x^{\mu-1}\mathrm{d}x = \dfrac{1}{\mu}\int f(x^\mu)\mathrm{d}(x^\mu)\quad(\mu\neq0)$	$u=x^\mu$
3. $\int f(\ln x)\dfrac{1}{x}\mathrm{d}x = \int f(\ln x)\mathrm{d}(\ln x)$	$u=\ln x$
4. $\int f(\mathrm{e}^x)\mathrm{e}^x\mathrm{d}x = \int f(\mathrm{e}^x)\mathrm{d}(\mathrm{e}^x)$	$u=\mathrm{e}^x$
5. $\int f(a^x)a^x\mathrm{d}x = \dfrac{1}{\ln a}\int f(a^x)\mathrm{d}(a^x)\ (a>0,a\neq1)$	$u=a^x$
6. $\int f(\sin x)\cdot\cos x\mathrm{d}x = \int f(\sin x)\mathrm{d}(\sin x)$	$u=\sin x$
7. $\int f(\cos x)\cdot\sin x\mathrm{d}x = -\int f(\cos x)\mathrm{d}(\cos x)$	$u=\cos x$
8. $\int f(\tan x)\sec^2 x\mathrm{d}x = \int f(\tan x)\mathrm{d}(\tan x)$	$u=\tan x$
9. $\int f(\cot x)\csc^2 x\mathrm{d}x = -\int f(\cot x)\mathrm{d}(\cot x)$	$u=\cot x$
10. $\int f(\arctan x)\dfrac{1}{1+x^2}\mathrm{d}x = \int f(\arctan x)\mathrm{d}(\arctan x)$	$u=\arctan x$
11. $\int f(\arcsin x)\dfrac{1}{\sqrt{1-x^2}}\mathrm{d}x = \int f(\arcsin x)\mathrm{d}(\arcsin x)$	$u=\arcsin x$

（左侧竖排标注：第一类换元法）

例 4.2.5　求 $\displaystyle\int\dfrac{1}{\sqrt{a^2-x^2}}\mathrm{d}x\,(a>0)$.

解　$\displaystyle\int\dfrac{1}{\sqrt{a^2-x^2}}\mathrm{d}x = \int\dfrac{\mathrm{d}x}{a\sqrt{1-\left(\dfrac{x}{a}\right)^2}} = \int\dfrac{\mathrm{d}\left(\dfrac{x}{a}\right)}{\sqrt{1-\left(\dfrac{x}{a}\right)^2}} = \arcsin\dfrac{x}{a}+C.$

例 4.2.6　求 $\displaystyle\int\dfrac{1}{a^2+x^2}\mathrm{d}x\,(a\neq0)$.

解　$\displaystyle\int\dfrac{1}{a^2+x^2}\mathrm{d}x = \dfrac{1}{a^2}\int\dfrac{\mathrm{d}x}{1+\left(\dfrac{x}{a}\right)^2} = \dfrac{1}{a}\int\dfrac{\mathrm{d}\left(\dfrac{x}{a}\right)}{1+\left(\dfrac{x}{a}\right)^2} = \dfrac{1}{a}\arctan\dfrac{x}{a}+C.$

例 4.2.7　求 $\displaystyle\int\dfrac{1}{x^2-a^2}\mathrm{d}x\,(a\neq0)$.

解　由于

$$\dfrac{1}{x^2-a^2} = \dfrac{1}{2a}\left(\dfrac{1}{x-a}-\dfrac{1}{x+a}\right),$$

所以

$$\int \frac{1}{x^2 - a^2} \mathrm{d}x = \frac{1}{2a} \int \left(\frac{1}{x-a} - \frac{1}{x+a} \right) \mathrm{d}x$$

$$= \frac{1}{2a} \left[\int \frac{\mathrm{d}(x-a)}{x-a} - \int \frac{\mathrm{d}(x+a)}{x+a} \right]$$

$$= \frac{1}{2a} \left(\ln|x-a| - \ln|x+a| \right) + C$$

$$= \frac{1}{2a} \ln \left| \frac{x-a}{x+a} \right| + C.$$

例 4.2.8 求 $\int \sin^2 x \cdot \cos^5 x \mathrm{d}x$.

解 $\int \sin^2 x \cdot \cos^5 x \mathrm{d}x = \int \sin^2 x \cdot \cos^4 x \mathrm{d}(\sin x)$

$$= \int \sin^2 x \cdot \left(1 - \sin^2 x \right)^2 \mathrm{d}(\sin x)$$

$$= \int (\sin^2 x - 2\sin^4 x + \sin^6 x)\mathrm{d}(\sin x)$$

$$= \frac{1}{3} \sin^3 x - \frac{2}{5} \sin^5 x + \frac{1}{7} \sin^7 x + C.$$

注 4.2.2 当被积函数是三角函数的乘积时, 拆开奇次项去凑微分; 当被积函数为三角函数的偶次幂时, 常用半角公式通过降幂次的方法来计算.

例 4.2.9 求 $\int \cos^2 x \mathrm{d}x$.

解 $\int \cos^2 x \mathrm{d}x = \int \frac{1 + \cos 2x}{2} \mathrm{d}x = \frac{1}{2} \left(\int \mathrm{d}x + \int \cos 2x \mathrm{d}x \right)$

$$= \frac{1}{2} \int \mathrm{d}x + \frac{1}{4} \int \cos 2x \mathrm{d}(2x) = \frac{1}{2} x + \frac{1}{4} \sin 2x + C.$$

例 4.2.10 求 $\int \tan x \mathrm{d}x$.

解 $\int \tan x \mathrm{d}x = \int \frac{\sin x}{\cos x} \mathrm{d}x = -\int \frac{1}{\cos x} \mathrm{d}(\cos x) = -\ln|\cos x| + C.$

类似地可得

$$\int \cot x \mathrm{d}x = \ln|\sin x| + C.$$

例 4.2.11 求 $\int \csc x \mathrm{d}x$.

解 $\int \csc x \mathrm{d}x = \int \frac{1}{\sin x} \mathrm{d}x = \int \frac{\mathrm{d}x}{2\sin\frac{x}{2}\cos\frac{x}{2}} = \int \frac{\mathrm{d}\left(\frac{x}{2}\right)}{\tan\frac{x}{2}\cos^2\frac{x}{2}}$

$$= \int \frac{\sec^2 \frac{x}{2} \mathrm{d}\left(\frac{x}{2}\right)}{\tan \frac{x}{2}} = \int \frac{\mathrm{d}\left(\tan \frac{x}{2}\right)}{\tan \frac{x}{2}} = \ln\left|\tan \frac{x}{2}\right| + C,$$

因为

$$\tan \frac{x}{2} = \frac{\sin \frac{x}{2}}{\cos \frac{x}{2}} = \frac{2\sin^2 \frac{x}{2}}{\sin x} = \frac{1 - \cos x}{\sin x} = \csc x - \cot x,$$

所以上述不定积分可以表示为

$$\int \csc x \mathrm{d}x = \ln|\csc x - \cot x| + C.$$

类似地可得

$$\int \sec x \mathrm{d}x = \ln|\sec x + \tan x| + C.$$

例 4.2.12 求 $\displaystyle\int \sin x \cos x \mathrm{d}x$.

解 **方法一** $\displaystyle\int \sin x \cos x \mathrm{d}x = \int \sin x \mathrm{d}(\sin x) = \frac{1}{2}\sin^2 x + C.$

  方法二 $\displaystyle\int \sin x \cos x \mathrm{d}x = -\int \cos x \mathrm{d}(\cos x) = -\frac{1}{2}\cos^2 x + C.$

  方法三 $\displaystyle\int \sin x \cos x \mathrm{d}x = \frac{1}{2}\int \sin 2x \mathrm{d}x$

$$= \frac{1}{4}\int \sin 2x \mathrm{d}(2x) = -\frac{1}{4}\cos 2x + C.$$

注 4.2.3 三种方法求解得到的原函数并不相同, 但它们之间仅仅相差一个常数. 这说明用不同方法求解, 得到的原函数不一定相同.

检验积分结果是否正确, 只要对结果求导, 如果导数等于被积函数, 则结果正确, 否则结果错误.

易检验, 上述 $\dfrac{1}{2}\sin^2 x + C$, $-\dfrac{1}{2}\cos^2 x + C$, $-\dfrac{1}{4}\cos 2x + C$ 均为 $\sin x \cos x$ 的原函数.

4.2.2 第二类换元法

在不定积分的第一类换元法中, 是用新变量 u 代换被积函数中的可微函数 $\varphi(x)$, 从而使不定积分容易计算. 而第二类换元法从形式上看与第一类换元法恰好相反, 它是将不定积分 $\displaystyle\int f(x)\mathrm{d}x$ 通过 $x = \varphi(t)$ 转换成关于新积分变量 t 的不定积分

$$\int f(\varphi(t))\, \varphi'(t)\mathrm{d}t$$

来计算, 则可解决 $\int f(x)\mathrm{d}x$ 的计算问题, 这就是第二类换元积分法.

定理 4.2.2 (第二类换元法)　设 $x = \varphi(t)$ 是单调的、可导的函数, 并且 $\varphi'(t) \neq 0$, 又设 $f(\varphi(t))\varphi'(t)$ 具有原函数 $F(t)$, 则有换元公式

$$\int f(x)\mathrm{d}x = \int f(\varphi(t))\varphi'(t)\mathrm{d}t = F(t) + C = F(\varphi^{-1}(x)) + C, \qquad (4.2)$$

其中 $t = \varphi^{-1}(x)$ 是 $x = \varphi(t)$ 的反函数.

证　因为 $F(t)$ 是 $f(\varphi(t))\varphi'(t)$ 的原函数, 令 $G(x) = F(\varphi^{-1}(x))$, 则

$$G'(x) = \frac{\mathrm{d}F}{\mathrm{d}t} \cdot \frac{\mathrm{d}t}{\mathrm{d}x} = f(\varphi(t))\varphi'(t) \cdot \frac{1}{\varphi'(t)} = f(\varphi(t)) = f(x),$$

即 $G(x)$ 为 $f(x)$ 的一个原函数. 从而 (4.2) 式成立.

例 4.2.13　求 $\int \dfrac{\mathrm{d}x}{1 + \sqrt{x}}$.

解　设 $t = \sqrt{x}$, $x = t^2$ $(t > 0)$, $\mathrm{d}x = 2t\mathrm{d}t$, 于是

$$\begin{aligned}
\int \frac{\mathrm{d}x}{1 + \sqrt{x}} &= \int \frac{2t\mathrm{d}t}{1 + t} = 2\int \frac{t + 1 - 1}{1 + t}\mathrm{d}t \\
&= 2\int \mathrm{d}t - 2\int \frac{1}{1 + t}\mathrm{d}(1 + t) \\
&= 2t - 2\ln(1 + t) + C \\
&\xlongequal{\text{回代}\, t = \sqrt{x}} 2\sqrt{x} - 2\ln(1 + \sqrt{x}) + C.
\end{aligned}$$

注 4.2.4　由例 4.2.13 可看出, 在第二类换元积分法换元表达式 $x = \varphi(t)$ 中, 新变量 t 处于自变量的地位, 而在第一类换元积分法中新变量 u 是因变量. 还要注意在令 $t = \sqrt{x}$ 的同时, 给出了 $t > 0$ 的条件, 为了解题简便, 下面约定本章中所设的 $x = \varphi(t)$ 都在同一区间内满足单调、可导, 且 $\varphi'(t) \neq 0$, 例如, 令 $x = a\sin t$ 和 $x = a\tan t$ 时, 约定它是在区间 $\left(-\dfrac{\pi}{2} < t < \dfrac{\pi}{2}\right)$ 内进行计算的; 令 $x = a\sec t$ 时, 它是在 $\left(0 < t < \dfrac{\pi}{2}\right)$ 内进行计算的.

例 4.2.14　求 $\int \sqrt{a^2 - x^2}\mathrm{d}x\,(a > 0)$.

解　设 $x = a\sin t$, $-\dfrac{\pi}{2} < t < \dfrac{\pi}{2}$, 那么 $\sqrt{a^2 - x^2} = \sqrt{a^2 - a^2\sin^2 t} = a\cos t,$

$\mathrm{d}x = a\cos t\mathrm{d}t$, 于是

$$\int \sqrt{a^2 - x^2}\mathrm{d}x = \int a\cos t \cdot a\cos t\mathrm{d}t = a^2 \int \cos^2 t\mathrm{d}t$$

$$= \frac{a^2}{2} \int (1 + \cos 2t)\,\mathrm{d}t = \frac{a^2}{2}\left(t + \frac{1}{2}\sin 2t\right) + C$$

$$= \frac{a^2}{2}(t + \sin t\cos t) + C.$$

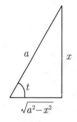

为了将变量 t 表示为原来的积分变量 x, 由 $x = a\sin t$ 作直角三角形 (图 4.2.1), 可知 $\cos t = \dfrac{\sqrt{a^2 - x^2}}{a}, t = \arcsin\dfrac{x}{a}$, 代入上式, 于是所求积分为

$$\int \sqrt{a^2 - x^2}\mathrm{d}x = \frac{a^2}{2}\arcsin\frac{x}{a} + \frac{1}{2}x\sqrt{a^2 - x^2} + C.$$

图 4.2.1

例 4.2.15 求 $\displaystyle\int \frac{1}{\sqrt{x^2 + a^2}}\mathrm{d}x(a > 0)$.

解 和上例相似, 仍利用三角公式来消去根式. 如图 4.2.2, 设 $x = a\tan t, -\dfrac{\pi}{2} < t < \dfrac{\pi}{2}$, 则

$$\sqrt{x^2 + a^2} = \sqrt{a^2\tan^2 t + a^2} = a\sqrt{\tan^2 t + 1}$$

$$= a\sec t, \quad \mathrm{d}x = a\sec^2 t\mathrm{d}t,$$

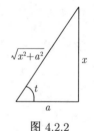

图 4.2.2

于是所求积分为

$$\int \frac{1}{\sqrt{x^2 + a^2}}\mathrm{d}x = \int \frac{1}{a\sec t}a\sec^2 t\mathrm{d}t = \int \sec t\mathrm{d}t$$

$$= \ln|\sec t + \tan t| + C_1.$$

将 $\sec t = \dfrac{\sqrt{x^2 + a^2}}{a}, \tan t = \dfrac{x}{a}$ 代入上式, 因此所求积分为

$$\int \frac{\mathrm{d}x}{\sqrt{x^2 + a^2}} = \ln\left|\frac{\sqrt{x^2 + a^2}}{a} + \frac{x}{a}\right| + C_1 = \ln\left|\sqrt{x^2 + a^2} + x\right| + C_1 - \ln a$$

$$= \ln|\sqrt{x^2 + a^2} + x| + C, \quad \text{其中 } C = C_1 - \ln a.$$

类似地, 可得

$$\int \frac{\mathrm{d}x}{\sqrt{x^2 - a^2}} = \ln\left|\sqrt{x^2 - a^2} + x\right| + C, \quad a > 0.$$

注 4.2.5 以上几例所使用的均为三角代换, 目的是消去根式, 其一般规律如

下：若被积函数中含有 $\sqrt{a^2-x^2}$，则令 $x = a\sin t, t \in \left(-\dfrac{\pi}{2}, \dfrac{\pi}{2}\right)$；若被积函数中含有 $\sqrt{x^2+a^2}$，则令 $x = a\tan t, \ t \in \left(-\dfrac{\pi}{2}, \dfrac{\pi}{2}\right)$；若被积函数中含有 $\sqrt{x^2-a^2}$，则令 $x = a\sec t, t \in \left(0, \dfrac{\pi}{2}\right)$.

例 4.2.16 求 $\displaystyle\int \frac{\mathrm{d}x}{x\sqrt{x^2-1}}(x > 1)$.

解 方法一 (三角代换) 和以上两例类似，可以利用公式

$$\tan^2 t = \sec^2 t - 1$$

来消去根式. 如图 4.2.3, 设 $x = \sec t, \ t \in \left(0, \dfrac{\pi}{2}\right)$, 则 $\sqrt{x^2-1} = \tan t$, $\mathrm{d}x = \sec t \tan t \mathrm{d}t$, 于是

$$\int \frac{\mathrm{d}x}{x\sqrt{x^2-1}} = \int \frac{\sec t \cdot \tan t}{\sec t \cdot \tan t}\mathrm{d}t = \int \mathrm{d}t = t+C = \arccos \frac{1}{x}+C.$$

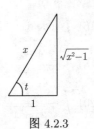

图 4.2.3

方法二 (换根代换法) 设 $\sqrt{x^2-1} = t, x^2 = 1+t^2, x\mathrm{d}x = t\mathrm{d}t$, 于是

$$\int \frac{\mathrm{d}x}{x\sqrt{x^2-1}} = \int \frac{x\mathrm{d}x}{x^2\sqrt{x^2-1}} = \int \frac{t\mathrm{d}t}{(1+t^2)t} = \int \frac{\mathrm{d}t}{1+t^2}$$
$$= \arctan t + C = \arctan \sqrt{x^2-1} + C.$$

方法三 (倒代换法) 设 $x = \dfrac{1}{t}, \mathrm{d}x = -\dfrac{1}{t^2}\mathrm{d}t$, 于是

$$\int \frac{\mathrm{d}x}{x\sqrt{x^2-1}} = \int \frac{-\dfrac{1}{t^2}\mathrm{d}t}{\dfrac{1}{t}\sqrt{\dfrac{1}{t^2}-1}} = -\int \frac{\mathrm{d}t}{\sqrt{1-t^2}} = \arccos t + C = \arccos \frac{1}{x} + C.$$

方法四 (凑微分法)

$$\int \frac{\mathrm{d}x}{x\sqrt{x^2-1}} = \int \frac{\mathrm{d}x}{x^2\sqrt{1-\dfrac{1}{x^2}}} = -\int \frac{\mathrm{d}\left(\dfrac{1}{x}\right)}{\sqrt{1-\dfrac{1}{x^2}}} = \arccos \frac{1}{x} + C.$$

例 4.2.17 求 $\displaystyle\int \frac{x}{\sqrt{x-3}}\mathrm{d}x$.

解 方法一 用第一类换元法, 得

$$\int \frac{x}{\sqrt{x-3}}\mathrm{d}x = \int \frac{x-3+3}{\sqrt{x-3}}\mathrm{d}x = \int \left(\sqrt{x-3} + \frac{3}{\sqrt{x-3}}\right)\mathrm{d}(x-3)$$
$$= \frac{2}{3}(x-3)^{\frac{3}{2}} + 6(x-3)^{\frac{1}{2}} + C = \frac{2}{3}\sqrt{(x-3)^3} + 6\sqrt{x-3} + C.$$

方法二 用第二类换元法, 设 $\sqrt{x-3}=t$, 则 $x=t^2+3, \mathrm{d}x=2t\mathrm{d}t$, 于是

$$\int \frac{x}{\sqrt{x-3}}\mathrm{d}x = \int \frac{t^2+3}{t}\cdot 2t\mathrm{d}t = 2\int (t^2+3)\mathrm{d}t = 2\left(\frac{t^3}{3}+3t\right)+C$$

$$= \frac{2}{3}\sqrt{(x-3)^3}+6\sqrt{x-3}+C.$$

在本节的例题中, 有一些积分结果以后会经常用到, 现在也作为基本积分公式列举如下:

$(14)\displaystyle\int \tan x\mathrm{d}x = -\ln|\cos x|+C;$ $(15)\displaystyle\int \cot x\mathrm{d}x = \ln|\sin x|+C;$

$(16)\displaystyle\int \sec x\mathrm{d}x = \ln|\sec x+\tan x|+C;$ $(17)\displaystyle\int \csc x\mathrm{d}x = \ln|\csc x-\cot x|+C;$

$(18)\displaystyle\int \frac{\mathrm{d}x}{a^2+x^2} = \frac{1}{a}\arctan\frac{x}{a}+C;$ $(19)\displaystyle\int \frac{\mathrm{d}x}{x^2-a^2} = \frac{1}{2a}\ln\left|\frac{x-a}{x+a}\right|+C;$

$(20)\displaystyle\int \frac{\mathrm{d}x}{\sqrt{a^2-x^2}} = \arcsin\frac{x}{a}+C;$ $(21)\displaystyle\int \frac{\mathrm{d}x}{\sqrt{x^2\pm a^2}} = \ln\left|\sqrt{x^2\pm a^2}+x\right|+C.$

例 4.2.18 求 $\displaystyle\int \frac{1}{\sqrt{4x^2+9}}\mathrm{d}x.$

解 这个积分不能在积分表中直接查到, 但是可以化为公式 (21) 的形式, 再利用公式即得结果.

$$\int \frac{1}{\sqrt{4x^2+9}}\mathrm{d}x = \int \frac{1}{\sqrt{(2x)^2+3^2}}\mathrm{d}x$$

$$= \frac{1}{2}\int \frac{1}{\sqrt{(2x)^2+3^2}}\mathrm{d}(2x) = \frac{1}{2}\ln\left|\sqrt{4x^2+9}+2x\right|+C.$$

习题 4.2

1. 填空题.

(1) $\dfrac{1}{1+4x^2}\mathrm{d}x = (\quad)\mathrm{d}(\arctan 2x);$

(2) $\mathrm{e}^{3x}\mathrm{d}x = (\quad)\mathrm{d}(\mathrm{e}^{3x});$

(3) $\displaystyle\int \mathrm{d}(\sin x) = (\quad);$

(4) $x\sin x^2\mathrm{d}x = (\quad)\mathrm{d}(\cos x^2);$

(5) $\cos\dfrac{2}{3}x\mathrm{d}x = (\quad)\mathrm{d}\left(\sin\dfrac{2}{3}x\right);$

(6) $\displaystyle\int 0\mathrm{d}x = (\quad);$

(7) $\dfrac{x}{\sqrt{x^2+a^2}}\mathrm{d}x = (\quad)\mathrm{d}(\sqrt{x^2+a^2});$

(8) $\dfrac{1}{\cos^2 2x}\mathrm{d}x = (\quad)\mathrm{d}(\tan 2x);$

(9) $\dfrac{1}{x}\mathrm{d}x = (\quad)\mathrm{d}(5\ln|x|);$

(10) $\dfrac{1}{\sqrt{x}}\mathrm{d}x = (\quad)\mathrm{d}(\sqrt{x}).$

2. 求下列不定积分:

(1) $\displaystyle\int \frac{1}{3-2x}\mathrm{d}x$;

(2) $\displaystyle\int \frac{\sqrt{\ln x}}{x}\mathrm{d}x$;

(3) $\displaystyle\int \cos x \sin^4 x \mathrm{d}x$;

(4) $\displaystyle\int \frac{x}{\sqrt{1-x^2}}\mathrm{d}x$;

(5) $\displaystyle\int x^2 \mathrm{e}^{-x^3}\mathrm{d}x$;

(6) $\displaystyle\int \frac{1}{9+4x^2}\mathrm{d}x$;

(7) $\displaystyle\int \frac{1}{x^2+2x+5}\mathrm{d}x$;

(8) $\displaystyle\int \frac{\sec^2 x}{\sqrt{\tan x+1}}\mathrm{d}x$;

(9) $\displaystyle\int \frac{\cos \sqrt{x}}{\sqrt{x}}\mathrm{d}x$;

(10) $\displaystyle\int \mathrm{e}^x \sin(\mathrm{e}^x+1)\mathrm{d}x$;

(11) $\displaystyle\int \frac{\arcsin^4 x}{\sqrt{1-x^2}}\mathrm{d}x$;

(12) $\displaystyle\int \tan^4 x \mathrm{d}x$;

(13) $\displaystyle\int \frac{\arctan \sqrt{x}}{(1+x)\sqrt{x}}\mathrm{d}x$;

(14) $\displaystyle\int \frac{1}{1+\mathrm{e}^x}\mathrm{d}x$;

(15) $\displaystyle\int \frac{\mathrm{d}x}{\sqrt{3+2x-x^2}}$;

(16) $\displaystyle\int \frac{\sqrt{x^2-9}}{x}\mathrm{d}x$;

(17) $\displaystyle\int x\sqrt{1-x^2}\mathrm{d}x$;

(18) $\displaystyle\int \frac{x^2}{\sqrt{1-x^2}}\mathrm{d}x$;

(19) $\displaystyle\int \frac{1}{x^2\sqrt{1+x^2}}\mathrm{d}x$;

(20) $\displaystyle\int \frac{1}{1+\sqrt{1-x^2}}\mathrm{d}x$;

(21) $\displaystyle\int \frac{x^3}{\sqrt{x^2+1}}\mathrm{d}x$;

(22) $\displaystyle\int \frac{1}{(x^2+a^2)^{3/2}}\mathrm{d}x$.

3. 求函数 $f(x)$, 满足 $f'(x)=\dfrac{1}{1+\sqrt{2x}}$, 且 $f(0)=1$.

4.3　分部积分法

4.2 节利用复合函数求导法则, 得到了换元积分法. 本节利用两个函数乘积的求导法则, 来推导出另一个求不定积分的重要方法, 即分部积分法.

定理 4.3.1 (分部积分法)　设函数 $u=u(x), v=v(x)$ 有连续的导数, 则有

$$\int u(x)v'(x)\mathrm{d}x = u(x)v(x) - \int u'(x)v(x)\mathrm{d}x. \tag{4.3}$$

证　由于

$$[u(x)v(x)]' = u'(x)v(x) + u(x)v'(x)$$

或

$$u(x)v'(x) = [u(x)v(x)]' - u'(x)v(x),$$

两边积分得

$$\int u(x)v'(x)\mathrm{d}x = u(x)v(x) - \int u'(x)v(x)\mathrm{d}x.$$

式 (4.3) 称为分部积分公式, 常简写为

$$\int uv' \mathrm{d}x = uv - \int vu' \mathrm{d}x \quad \left(或 \int u\mathrm{d}v = uv - \int v\mathrm{d}u \right).$$

注 4.3.1 使用分部积分公式求不定积分的方法称为分部积分法. 分部积分法的核心是将不易求出的积分 $\int u\mathrm{d}v$ 转化为较易求出的积分 $\int v\mathrm{d}u$, 而关键是把积分 $\int f(x)\mathrm{d}x$ 写成 $\int u\mathrm{d}v$ 的形式, 这个形式就是要正确地选取 $u = u(x), v = v(x)$, 使积分 $\int v\mathrm{d}u$ 比积分 $\int u\mathrm{d}v$ 容易求出.

例 4.3.1 求 $\int x\cos x\mathrm{d}x$.

解 设 $u = x, \mathrm{d}v = \cos x\mathrm{d}x$, 则 $v = \sin x$, 于是

$$\int x\cos x\mathrm{d}x = \int x\mathrm{d}(\sin x) = x\sin x - \int \sin x\mathrm{d}x$$
$$= x\sin x - (-\cos x) + C$$
$$= x\sin x + \cos x + C.$$

此题若设 $u = \cos x, \mathrm{d}v = x\mathrm{d}x$, 则 $v = \dfrac{1}{2}x^2$, 于是

$$\int x\cos x\mathrm{d}x = \int \cos x\mathrm{d}\left(\frac{1}{2}x^2\right) = \cos x \cdot \frac{1}{2}x^2 - \int \frac{1}{2}x^2\mathrm{d}(\cos x)$$
$$= \frac{1}{2}x^2\cos x + \int \frac{1}{2}x^2\sin x\mathrm{d}x.$$

这样新得到的积分 $\int \dfrac{1}{2}x^2\sin x\mathrm{d}x$ 反而比原积分 $\int x\cos x\mathrm{d}x$ 更难求了. 所以在分部积分法中, $u = u(x)$ 和 $\mathrm{d}v = \mathrm{d}v(x)$ 的选择不是任意的, 如果选取不当, 就得不出结果. 在通常情况下, 按以下两个原则选择 $u = u(x)$ 和 $\mathrm{d}v = \mathrm{d}v(x)$:

(1) $v(x)$ 要容易求, 这是使用分部积分公式的前提;

(2) $\int v\mathrm{d}u$ 要比 $\int u\mathrm{d}v$ 容易求出, 这是使用分部积分公式的目的.

例 4.3.2 求 $\int x\mathrm{e}^x\mathrm{d}x$.

解 设 $u = x, \mathrm{d}v = \mathrm{e}^x\mathrm{d}x$, 则 $v = \mathrm{e}^x$, 于是

$$\int x\mathrm{e}^x\mathrm{d}x = \int x\mathrm{d}\mathrm{e}^x = x\mathrm{e}^x - \int \mathrm{e}^x\mathrm{d}x = x\mathrm{e}^x - \mathrm{e}^x + C.$$

注 4.3.2 在分部积分法中, u 与 dv 的选择有一定规律的. 当被积函数为幂函数 (指数为正整数) 与正 (余) 弦或指数函数的乘积时, 往往选取幂函数为 u. 而将其余部分凑微分进入微分号, 使得应用分部积分公式后, 幂函数的次数降低一次.

例 4.3.3 求 $\int x^2 \ln x \mathrm{d}x$.

解 为使 v 容易求得, 选取 $u = \ln x$, $\mathrm{d}v = x^2 \mathrm{d}x = \mathrm{d}\left(\dfrac{1}{3}x^3\right)$, 则 $v = \dfrac{1}{3}x^3$, 于是

$$\int x^2 \ln x \mathrm{d}x = \frac{1}{3}\int \ln x \mathrm{d}x^3 = \frac{1}{3}x^3 \ln x - \frac{1}{3}\int x^3 \mathrm{d}(\ln x)$$
$$= \frac{1}{3}x^3 \ln x - \frac{1}{3}\int x^2 \mathrm{d}x = \frac{1}{3}x^3 \ln x - \frac{1}{9}x^3 + C.$$

例 4.3.4 求 $\int \arctan x \mathrm{d}x$.

解 设 $u = \arctan x$, $\mathrm{d}v = \mathrm{d}x$, 则 $v = x$, 于是

$$\int \arctan x \mathrm{d}x = x \arctan x - \int x \mathrm{d}(\arctan x)$$
$$= x \arctan x - \int x \cdot \frac{1}{1+x^2}\mathrm{d}x$$
$$= x \arctan x - \frac{1}{2}\int \frac{1}{1+x^2}\mathrm{d}(1+x^2)$$
$$= x \arctan x - \frac{1}{2}\ln|1+x^2| + C.$$

例 4.3.5 求 $\int x \arctan x \mathrm{d}x$.

解 $$\int x \arctan x \mathrm{d}x = \int \arctan x \mathrm{d}\left(\frac{1}{2}x^2\right)$$

$$= \frac{1}{2}x^2 \arctan x - \frac{1}{2}\int x^2 \mathrm{d}(\arctan x)$$
$$= \frac{1}{2}x^2 \arctan x - \frac{1}{2}\int x^2 \cdot \frac{1}{1+x^2}\mathrm{d}x$$
$$= \frac{1}{2}x^2 \arctan x - \frac{1}{2}\int \left(1 - \frac{1}{1+x^2}\right)\mathrm{d}x$$
$$= \frac{1}{2}x^2 \arctan x - \frac{1}{2}(x - \arctan x) + C.$$

注 4.3.3 (1) 如果被积函数含有对数函数或反三角函数, 可以考虑用分部积分法, 并设对数函数或反三角函数为 u. 一般选择 u 可按 "反对幂指三" 的顺序进行, 其中, 反: 反三角函数, 对: 对数函数, 幂: 幂函数, 指: 指数函数, 三: 三角函数.

(2) 在分部积分法应用熟练后, 可把认定的 u, dv 记在心里, 而不必写出来, 直接在分部积分公式中应用.

例 4.3.6　求 $\displaystyle\int \mathrm{e}^x \sin x \mathrm{d}x$.

解　$\displaystyle\int \mathrm{e}^x \sin x \mathrm{d}x = \int \mathrm{e}^x \mathrm{d}(-\cos x) = -\mathrm{e}^x \cos x + \int \mathrm{e}^x \cos x \mathrm{d}x$

$$= -\mathrm{e}^x \cos x + \int \mathrm{e}^x \mathrm{d}(\sin x)$$

$$= -\mathrm{e}^x \cos x + \mathrm{e}^x \sin x - \int \mathrm{e}^x \sin x \mathrm{d}x.$$

由于上式第三项就是所求的积分 $\displaystyle\int \mathrm{e}^x \sin x \mathrm{d}x$, 把它移到等式左边, 再两边同除以 2, 于是所求积分为

$$\int \mathrm{e}^x \sin x \mathrm{d}x = \frac{1}{2}\mathrm{e}^x(\sin x - \cos x) + C.$$

注 4.3.4　如果被积函数为指数函数与正 (余) 弦函数的乘积, 可任选其中一项为 u, 但一经选定, 在后面的解题过程中要始终选用同类型的 u. 经过两次分部积分后, 出现了 "循环现象", 这时可通过解方程的方法求得不定积分.

有时求一个不定积分, 需要将换元积分法和分部积分法结合起来使用.

例 4.3.7　求 $\displaystyle\int \mathrm{e}^{\sqrt{x}}\mathrm{d}x$.

解　先去根号, 设 $\sqrt{x} = t$, 则 $x = t^2$, $\mathrm{d}x = 2t\mathrm{d}t$, 于是

$$\int \mathrm{e}^{\sqrt{x}}\mathrm{d}x = \int \mathrm{e}^t \cdot 2t\mathrm{d}t = 2\int t\mathrm{d}\mathrm{e}^t = 2t\mathrm{e}^t - 2\int \mathrm{e}^t \mathrm{d}t$$

$$= 2t\mathrm{e}^t - 2\mathrm{e}^t + C = 2\mathrm{e}^{\sqrt{x}}\left(\sqrt{x} - 1\right) + C.$$

例 4.3.8　求 $\displaystyle\int \sqrt{x^2 + a^2}\mathrm{d}x\,(a > 0)$.

解　$\displaystyle\int \sqrt{x^2 + a^2}\mathrm{d}x = x\sqrt{x^2 + a^2} - \int \frac{x^2}{\sqrt{x^2 + a^2}}\mathrm{d}x$

$$= x\sqrt{x^2 + a^2} - \int \frac{(x^2 + a^2) - a^2}{\sqrt{x^2 + a^2}}\mathrm{d}x$$

$$= x\sqrt{x^2 + a^2} - \int \sqrt{x^2 + a^2}\mathrm{d}x + a^2\int \frac{1}{\sqrt{x^2 + a^2}}\mathrm{d}x,$$

移项整理, 得

$$\int \sqrt{x^2 + a^2}\mathrm{d}x = \frac{1}{2}x\sqrt{x^2 + a^2} + \frac{a^2}{2}\ln\left(x + \sqrt{x^2 + a^2}\right) + C.$$

例 4.3.9 已知 $f(x)$ 的一个原函数是 $\dfrac{\cos x}{x}$, 求 $\displaystyle\int xf'(x)\mathrm{d}x$.

解 根据题意

$$\int f(x)\mathrm{d}x = \frac{\cos x}{x} + C,$$

上式两边同时对 x 求导, 得

$$f(x) = \left(\frac{\cos x}{x}\right)' = \frac{-x\cdot\sin x - \cos x}{x^2},$$

所以

$$\begin{aligned}
\int xf'(x)\mathrm{d}x &= \int x\mathrm{d}f(x) = xf(x) - \int f(x)\mathrm{d}x \\
&= x\frac{-x\cdot\sin x - \cos x}{x^2} - \frac{\cos x}{x} + C \\
&= -\sin x - 2\frac{\cos x}{x} + C.
\end{aligned}$$

此题若先求出 $f'(x)$ 再求积分反而复杂.

习题 4.3

1. 求下列不定积分:

(1) $\displaystyle\int x\sin x\mathrm{d}x$;

(2) $\displaystyle\int \frac{\ln x}{x^2}\mathrm{d}x$;

(3) $\displaystyle\int \frac{\ln\ln x}{x}\mathrm{d}x$;

(4) $\displaystyle\int x^2\cos x\mathrm{d}x$;

(5) $\displaystyle\int ye^{-2y}\mathrm{d}y$;

(6) $\displaystyle\int (\arcsin x)^2\mathrm{d}x$;

(7) $\displaystyle\int x\tan^2 x\mathrm{d}x$;

(8) $\displaystyle\int e^{2x}\cos e^x\mathrm{d}x$;

(9) $\displaystyle\int \arcsin x\mathrm{d}x$;

(10) $\displaystyle\int (\arccos x)^2\mathrm{d}x$;

(11) $\displaystyle\int \frac{\ln\cos x}{\cos^2 x}\mathrm{d}x$;

(12) $\displaystyle\int \cos\sqrt{x}\mathrm{d}x$;

(13) $\displaystyle\int e^{2x}\sin x\mathrm{d}x$;

(14) $\displaystyle\int x\ln(1+x)\mathrm{d}x$;

(15) $\displaystyle\int \cos\ln x\mathrm{d}x$;

(16) $\displaystyle\int \ln^2 x\mathrm{d}x$;

(17) $\displaystyle\int \frac{x\arcsin x}{\sqrt{1-x^2}}\mathrm{d}x$;

(18) $\displaystyle\int x^2\sin^2 x\mathrm{d}x$;

(19) $\displaystyle\int \ln(x+\sqrt{1+x^2})\mathrm{d}x$;

(20) $\displaystyle\int \frac{\ln(1+x)}{\sqrt{x}}\mathrm{d}x$;

(21) $\displaystyle\int \frac{\sin^2 x}{e^x}\mathrm{d}x$;

(22) $\displaystyle\int e^{\sqrt[3]{x}}\mathrm{d}x$.

2. 设 $f(x)$ 的一个原函数是 $\dfrac{\sin x}{x}$, 求 $\displaystyle\int x^3 f'(x)\mathrm{d}x$.

3. 已知 $f(x) = \dfrac{e^x}{x}$, 求 $\displaystyle\int xf''(x)\mathrm{d}x$.

4.4 有理函数的积分

4.4.1 有理函数的不定积分

有理函数的一般形式

$$\frac{P(x)}{Q(x)} = \frac{a_n x^n + a_{n-1} x^{n-1} + \cdots + a_0}{b_m x^m + b_{m-1} x^{m-1} + \cdots + b_0}, \tag{4.4}$$

其中 m, n 为非负整数, $a_0, \cdots, a_n$ 及 $b_0, \cdots, b_m$ 为常数, 且 $a_n \neq 0$, $b_m \neq 0$, 且假定 $P(x)$ 与 $Q(x)$ 没有公因式.

当 $n \geqslant m$ 时, 式 (4.4) 为假分式, 当 $n < m$ 时, 式 (4.4) 为真分式.

而任何一个假分式都可以化为整式和真分式的和, 例如, $\dfrac{x^2 + x + 1}{x^2 + 1} = 1 + \dfrac{x}{x^2 + 1}$. 于是只研究真分式的不定积分, 为此总假设式 (4.4) 为真分式, 即 $n < m$, 一般地, 有

$$\frac{P(x)}{Q(x)} = \frac{A_1}{(x-a)^\alpha} + \frac{A_2}{(x-a)^{\alpha-1}} + \cdots + \frac{A_\alpha}{x-a} + \cdots + \frac{B_1}{(x-b)^\beta} + \frac{B_2}{(x-b)^{\beta-1}} + \cdots$$
$$+ \frac{B_\beta}{x-b} + \frac{M_1 x + N_1}{(x^2 + px + q)^\lambda} + \frac{M_2 x + N_2}{(x^2 + px + q)^{\lambda-1}} + \cdots + \frac{M_\lambda x + N_\lambda}{x^2 + px + q} + \cdots \tag{4.5}$$

对于式 (4.5) 应注意以下两点:

(1) 分母 $Q(x)$ 中, 如果含有因式 $(x-a)^k$, 则分解后有下列 k 个部分分式之和:

$$\frac{A_1}{(x-a)^k} + \frac{\Lambda_2}{(x-a)^{k-1}} + \cdots + \frac{A_k}{x-a},$$

其中 $A_1, A_2, \cdots, A_k$ 都是常数.

(2) 分母 $Q(x)$ 中, 如果含有因式 $(x^2 + px + q)^k$, 其中 $p^2 - 4q < 0$, 则分解后有下列 k 个部分分式之和:

$$\frac{M_1 x + N_1}{(x^2 + px + q)^k} + \frac{M_2 x + N_2}{(x^2 + px + q)^{k-1}} + \cdots + \frac{M_k x + N_k}{x^2 + px + q},$$

其中 M_i, N_i 都是常数.

如果将一个真分式分解成若干个最简分式之和, 则真分式的积分就容易求得了. 所谓最简分式是指以下 4 种形式:

(1) $\dfrac{A}{x-a}$;

(2) $\dfrac{A}{(x-a)^k} \ (k \in \mathbf{N})$;

(3) $\dfrac{Ax + B}{x^2 + px + q} \ (p^2 - 4q < 0)$;

(4) $\dfrac{Ax + B}{(x^2 + px + q)^k}$ $(k \in \mathbf{N}, p^2 - 4q < 0)$.

下面举例说明有理函数的不定积分.

例 4.4.1 求 $\displaystyle\int \dfrac{x + 3}{x^2 - 5x + 6}\mathrm{d}x$.

解 分解 $\dfrac{x + 3}{x^2 - 5x + 6}$ 为最简分式,

$$\frac{x + 3}{x^2 - 5x + 6} = \frac{x + 3}{(x - 2)(x - 3)} = \frac{A}{x - 2} + \frac{B}{x - 3},$$

其中 A, B 为待定常数, 可以用如下的方法求出待定系数.

方法一 两端去分母后, 得

$$x + 3 = A(x - 3) + B(x - 2)$$

或

$$x + 3 = (A + B)x - (3A + 2B).$$

因为这是恒等式, 等式两端 x 的系数和常数项必须分别相等, 于是有

$$\begin{cases} A + B = 1, \\ -(3A + 2B) = 3. \end{cases}$$

从而解得

$$A = -5, \quad B = 6.$$

方法二 在恒等式 $x + 3 = A(x - 3) + B(x - 2)$ 中, 代入特殊的 x 值, 从而求出待定的常数. 在上式中令 $x = 2$, 得 $A = -5$, 令 $x = 3$, 得 $B = 6$.

于是

$$\frac{x + 3}{(x - 2)(x - 3)} = \frac{-5}{x - 2} + \frac{6}{x - 3}.$$

所以

$$\begin{aligned} \int \frac{x + 3}{x^2 - 5x + 6}\mathrm{d}x &= \int \frac{-5}{x - 2}\mathrm{d}x + \int \frac{6}{x - 3}\mathrm{d}x \\ &= -5\ln|x - 2| + 6\ln|x - 3| + C. \end{aligned}$$

例 4.4.2 求 $\displaystyle\int \dfrac{1}{x(x - 1)^2}\mathrm{d}x$.

解 因为

$$\frac{1}{x(x - 1)^2} = \frac{A_1}{x} + \frac{A_2}{x - 1} + \frac{A_3}{(x - 1)^2},$$

两端去分母后, 得 $A_1(x-1)^2 + A_2 x(x-1) + A_3 x = 1$, 令 $x=0$, 得 $A_1 = 1$; 令 $x=1$, 得 $A_3 = 1$; 令 $x=2$, 得 $A_2 = -1$, 即

$$A_1 = 1, \quad A_2 = -1, \quad A_3 = 1.$$

因此

$$\frac{1}{x(x-1)^2} = \frac{1}{x} + \frac{-1}{x-1} + \frac{1}{(x-1)^2},$$

所以

$$\int \frac{1}{x(x-1)^2} dx = \ln|x| - \ln|x-1| - \frac{1}{x-1} + C.$$

例 4.4.3 求 $\int \frac{5x+4}{x^2+2x+3} dx$.

解

$$\int \frac{5x+4}{x^2+2x+3} dx = \frac{5}{2} \int \frac{2x+2}{x^2+2x+3} dx - \int \frac{1}{x^2+2x+3} dx$$

$$= \frac{5}{2} \ln|x^2+2x+3| - \int \frac{1}{(x+1)^2+2} dx$$

$$= \frac{5}{2} \ln|x^2+2x+3| - \frac{1}{\sqrt{2}} \arctan \frac{x+1}{\sqrt{2}} + C.$$

对于有理函数的不定积分, 在理论上总可以化为以上 4 种形式的最简分式的不定积分, 但在具体积分时, 化被积函数为最简分式往往较困难. 因此应根据被积函数的特点, 灵活选择积分方法来计算.

例 4.4.4 求 $\int \frac{1}{x(x^7+2)} dx$.

解 方法一 利用倒代换法, 设 $x = \frac{1}{t}$, 则 $dx = -\frac{1}{t^2} dt$, 于是

$$\int \frac{1}{x(x^7+2)} dx = \int \frac{1}{\frac{1}{t}\left(\frac{1}{t^7}+2\right)} \left(-\frac{1}{t^2}\right) dt$$

$$= -\int \frac{t^6}{1+2t^7} dt = -\frac{1}{14} \int \frac{d(1+2t^7)}{1+2t^7}$$

$$= -\frac{1}{14} \ln|1+2t^7| + C = -\frac{1}{14} \ln|2+x^7| + \frac{1}{2} \ln|x| + C.$$

方法二 利用凑微分法:

$$\int \frac{1}{x(x^7+2)} dx = \int \frac{x^6}{x^7(x^7+2)} dx$$

$$= \frac{1}{7} \int \frac{1}{x^7(x^7+2)} dx^7 = \frac{1}{14} \int \left(\frac{1}{x^7} - \frac{1}{x^7+2}\right) dx^7$$

$$= \frac{1}{14} \ln|x^7| - \frac{1}{14} \ln|x^7+2| + C = \frac{1}{2} \ln|x| - \frac{1}{14} \ln|x^7+2| + C.$$

4.4.2 简单无理函数的积分

被积函数为简单根式的有理式, 可通过根式代换化为有理函数的积分. 例如,

$\int R(x, \sqrt[n]{ax+b})\mathrm{d}x$, 设 $t = \sqrt[n]{ax+b}$;

$\int R\left(x, \sqrt[n]{\dfrac{ax+b}{cx+d}}\right)\mathrm{d}x$; 设 $t = \sqrt[n]{\dfrac{ax+b}{cx+d}}$;

$\int R(x, \sqrt[n]{ax+b}, \sqrt[m]{ax+b})\mathrm{d}x$, 设 $t = \sqrt[p]{ax+b}, p$ 为 m, n 的最小公倍数.

例 4.4.5 求 $\int \dfrac{x}{\sqrt[3]{3x+1}}\mathrm{d}x$.

解 为了去掉根号, 设 $\sqrt[3]{3x+1} = t$, 则 $x = \dfrac{t^3-1}{3}$, $\mathrm{d}x = t^2\mathrm{d}t$, 于是

$$\int \frac{x}{\sqrt[3]{3x+1}}\mathrm{d}x = \int \frac{t^3-1}{3t}t^2\mathrm{d}t = \frac{1}{3}\int (t^4-t)\mathrm{d}t = \frac{1}{3}\left(\frac{t^5}{5} - \frac{t^2}{2}\right) + C$$
$$= \frac{1}{15}t^5 - \frac{1}{6}t^2 + C = \frac{1}{15}(3x+1)^{\frac{5}{3}} - \frac{1}{6}(3x+1)^{\frac{2}{3}} + C.$$

例 4.4.6 求 $\int \dfrac{\mathrm{d}x}{\sqrt{x}+\sqrt[3]{x}}$.

解 为去掉被积函数分母中的根式, 取根指数 2, 3 的最小公倍数 6, 设 $x = t^6$, $\mathrm{d}x = 6t^5\mathrm{d}t$, 于是

$$\int \frac{\mathrm{d}x}{\sqrt{x}+\sqrt[3]{x}} = \int \frac{6t^5\mathrm{d}t}{t^3+t^2}$$
$$= 6\int \left(t^2-t+1-\frac{1}{1+t}\right)\mathrm{d}t$$
$$= 6\left(\frac{1}{3}t^3 - \frac{1}{2}t^2 + t - \ln|1+t|\right) + C$$
$$= 2\sqrt{x} - 3\sqrt[3]{x} + 6\sqrt[6]{x} - 6\ln(1+\sqrt[6]{x}) + C.$$

例 4.4.7 求 $\int \dfrac{1}{x}\sqrt{\dfrac{1+x}{x}}\mathrm{d}x$.

解 设 $\sqrt{\dfrac{1+x}{x}} = t$, 则 $x = \dfrac{1}{t^2-1}$, $\mathrm{d}x = -\dfrac{2t}{(t^2-1)^2}\mathrm{d}t$, 于是

$$\int \frac{1}{x}\sqrt{\frac{1+x}{x}}\mathrm{d}x = -\int (t^2-1)t \cdot \frac{2t}{(t^2-1)^2}\mathrm{d}t = -2\int \frac{t^2}{t^2-1}\mathrm{d}t$$
$$= -2\int \left(1+\frac{1}{t^2-1}\right)\mathrm{d}t = -2t - \ln\left|\frac{t-1}{t+1}\right| + C$$
$$= -2t + 2\ln(t+1) - \ln|t^2-1| + C$$

$$= -2\sqrt{\frac{1+x}{x}} + 2\ln\left(\sqrt{\frac{1+x}{x}} + 1\right) + \ln|x| + C.$$

根式有理化是化简不定积分计算的常用方法之一, 但是在具体计算时应根据被积函数的特点灵活计算.

例 4.4.8　求 $\displaystyle\int \sqrt{\frac{2-3x}{2+3x}}\mathrm{d}x.$

解　$\displaystyle\int \sqrt{\frac{2-3x}{2+3x}}\mathrm{d}x = \int \frac{2-3x}{\sqrt{4-9x^2}}\mathrm{d}x = \int \frac{2}{\sqrt{4-9x^2}}\mathrm{d}x - \int \frac{3x}{\sqrt{4-9x^2}}\mathrm{d}x$

$$= \frac{2}{3}\int \frac{1}{\sqrt{2^2-(3x)^2}}\mathrm{d}(3x) + \frac{1}{6}\int \frac{1}{\sqrt{4-9x^2}}\mathrm{d}(4-9x^2)$$

$$= \frac{2}{3}\arcsin\frac{3x}{2} + \frac{1}{3}\sqrt{4-9x^2} + C.$$

例 4.4.9　求 $\displaystyle\int \frac{x}{\sqrt{3x+1}+\sqrt{2x+1}}\mathrm{d}x.$

解　先对分母进行有理化, 于是

$$\int \frac{x}{\sqrt{3x+1}+\sqrt{2x+1}}\mathrm{d}x = \int \frac{x(\sqrt{3x+1}-\sqrt{2x+1})}{(\sqrt{3x+1}+\sqrt{2x+1})(\sqrt{3x+1}-\sqrt{2x+1})}\mathrm{d}x$$

$$= \int (\sqrt{3x+1}-\sqrt{2x+1})\mathrm{d}x$$

$$= \frac{1}{3}\int \sqrt{3x+1}\mathrm{d}(3x+1) - \frac{1}{2}\int \sqrt{2x+1}\mathrm{d}(2x+1)$$

$$= \frac{2}{9}(3x+1)^{\frac{3}{2}} - \frac{1}{3}(2x+1)^{\frac{3}{2}} + C.$$

本章介绍了不定积分的概念及计算方法. 必须指出的是: 初等函数在它的定义区间上的不定积分一定存在, 但不定积分不一定都能用初等函数表示出来. 事实上, 有很多初等函数, 它们的不定积分是存在的, 但是它们的不定积分却无法用初等函数表示出来, 如

$$\int \mathrm{e}^{-x^2}\mathrm{d}x, \quad \int \frac{\sin x}{x}\mathrm{d}x, \quad \int \frac{1}{\sqrt{1+x^4}}\mathrm{d}x, \quad \int \frac{\mathrm{d}x}{\ln x}$$

等, 都不是初等函数.

习题 4.4

1. 求下列不定积分:

(1) $\displaystyle\int \frac{x^3}{x+3}\mathrm{d}x$;　　　　(2) $\displaystyle\int \frac{x-2}{x^2+2x+3}\mathrm{d}x$;　　　　(3) $\displaystyle\int \frac{x+4}{x^3+4x}\mathrm{d}x$;

(4) $\displaystyle\int \frac{x}{(x+2)(x+3)^2}\mathrm{d}x$;　　　(5) $\displaystyle\int \frac{3x+1}{x^2-3x+2}\mathrm{d}x$;　　　(6) $\displaystyle\int \frac{\mathrm{d}x}{(x^2+x)(x^2+1)}$;

(7) $\displaystyle\int \frac{\mathrm{d}x}{x(x^n+1)}$;　　　(8) $\displaystyle\int \frac{\mathrm{d}x}{x(x^6+4)}$;　　　(9) $\displaystyle\int \frac{x^2}{1-x^6}\mathrm{d}x$;

(10) $\displaystyle\int \frac{\mathrm{d}x}{x(x^3+1)^2}$.

2. 求下列不定积分:

(1) $\displaystyle\int \frac{\sqrt{x-1}}{x}\mathrm{d}x$;　　　(2) $\displaystyle\int \frac{\mathrm{d}x}{(2-x)\sqrt{1-x}}$;　　　(3) $\displaystyle\int \frac{(\sqrt{x})^3+1}{\sqrt{x}+1}\mathrm{d}x$;

(4) $\displaystyle\int \frac{1}{\sqrt{x}+\sqrt[4]{x}}\mathrm{d}x$;　　　(5) $\displaystyle\int \sqrt{\frac{a+x}{a-x}}\mathrm{d}x$;　　　(6) $\displaystyle\int \frac{\sqrt{x}}{\sqrt[4]{x^3}+1}\mathrm{d}x$.

4.5 不定积分的应用举例

前面已经学习了不定积分的概念与计算, 下面介绍一些不定积分的应用.

例 4.5.1 (成本函数) 某工厂生产某产品, 每日生产的总成本 y 的变化率 (边际成本) 是 $y'=5+\dfrac{1}{\sqrt{x}}$, 其中 x 为产量, 已知固定成本为 $y(0)=10000$ 元, 求总成本函数 $y=y(x)$.

解 因为 $y'=5+\dfrac{1}{\sqrt{x}}$, 所以

$$y=\int \left(5+\frac{1}{\sqrt{x}}\right)\mathrm{d}x=5x+2\sqrt{x}+C,$$

又已知固定成本为 10000 元, 即当 $x=0$ 时, $y=10000$, 因此 $C=10000$, 从而有

$$y=5x+2\sqrt{x}+10000,\quad x>0,$$

即总成本函数是 $y=5x+2\sqrt{x}+10000(x>0)$.

例 4.5.2 (石油的消耗量) 近年来, 世界范围内每年的石油消耗量呈指数增长, 增长指数大约为 0.07. 在 1970 年初, 消耗率大约为每年 161 亿桶. 设 $R(t)$(单位: 亿桶) 表示从 1970 年起第 t 年的石油消耗率, 则 $R(t)=161\mathrm{e}^{0.07t}$. 试用此式估算从 1970 年到 1990 年间石油消耗的总量.

解 设 $T=T(t)$ 表示从 1970 年起 $(t=0)$ 直到第 t 年的石油消耗总量, 要求从 1970 年到 1990 年间石油消耗的总量, 即求 $T(20)$. 由于 $T=T(t)$ 是石油消耗的总量, 所以 $T'(t)$ 就是石油消耗率 $R(t)$, 于是

$$T'(t)=R(t).$$

因此, $T(t)$ 是 $R(t)$ 的一个原函数. 由题设知 $R(t) = 161e^{0.07t}$, 于是

$$T(t) = \int T'(t)dt = \int R(t)dt = \int 161e^{0.07t}dt$$

$$= \frac{161}{0.07}e^{0.07t} + C = 2300e^{0.07t} + C.$$

由 $T(0) = 0$, 得 $C = -2300$, 所以得到从 1970 年起到第 t 年的石油消耗总量为

$$T(t) = 2300(e^{0.07t} - 1), \quad t > 0,$$

从 1970 年到 1990 年间石油的消耗总量为: $T(20) \approx 7027$ (亿桶).

例 4.5.3 (污染问题) 某工厂每周向河流排放污染物的速率为 $\dfrac{dx}{dt} = \dfrac{1}{600}t^{\frac{3}{4}}$, 其中 t 为排污时间 (单位: 周), x 是排放污染物的数量 (单位: t).

(1) 求排放污染物数量的函数表达式;

(2) 第一年工厂排放的污染物是多少?

解 (1) 因为 $\dfrac{dx}{dt} = \dfrac{1}{600}t^{\frac{3}{4}}$, 所以有

$$x = \int x'(t)dt = \int \frac{1}{600}t^{\frac{3}{4}}dt = \frac{1}{600} \cdot \frac{4}{7}t^{\frac{7}{4}} + C$$

$$= \frac{1}{1050}t^{\frac{7}{4}} + C,$$

由于当 $t = 0$ 时, $x = 0$, 得 $C = 0$, 所以排放污染物数量的函数表达式为

$$x = \frac{1}{1050}t^{\frac{7}{4}}, \quad t \geqslant 0.$$

(2) 第一年 (即 52 周) 工厂排放的污染物数量是 $x = \dfrac{1}{1050}t^{\frac{7}{4}}\big|_{t=52} = 0.96$ (t).

例 4.5.4 (高速公路限速与安全车距) 为了安全, 在公路上行驶的汽车之间应保持必要的距离. 按照规定, 高速公路上行驶的汽车安全距离为 200m, 最高时速为 120km/h, 驾驶员发现情况的平均反应时间为 0.65s, 通过计算来说明安全距离为 200m 的理论依据 (汽车制动时的加速度为 $a = -3.2\text{m/s}^2$).

解 本题关键是要求出从驾驶员发现情况到汽车完全停住所行的距离, 而这个距离由两部分组成: 一部分是驾驶员从发现情况到做出反应的 0.65s 内汽车行驶的距离; 另一部分是汽车从开始制动到汽车完全停住所行驶的距离.

而驾驶员从发现情况到做出反应的 0.65s 内, 汽车所行驶距离为

$$120 \times \frac{1000}{3600} \times 0.65 = 21.67(\text{m}).$$

再求汽车从开始制动到汽车完全停住所行驶的距离. 设制动后 t 秒汽车行驶了 s 米, 即 $s = s(t)$, 于是

$$v = v(t) = s'(t), \quad a = v'(t) = s''(t) = -3.2,$$

由 $v'(t) = -3.2$ 两边积分, 得

$$v = v(t) = \int (-3.2)\mathrm{d}t = -3.2t + C_1, \tag{4.6}$$

而

$$s = s(t) = \int v(t)\mathrm{d}t = \int (-3.2t + C_1)\mathrm{d}t = -1.6t^2 + C_1 t + C_2, \tag{4.7}$$

当 $t = 0$ 时, $s = 0$, 且速度为 $v = \dfrac{120 \times 1000}{3600} = \dfrac{100}{3}$m/s, 代入式 (4.6) 与式 (4.7), 得 $C_1 = \dfrac{100}{3}$, $C_2 = 0$, 于是

$$v = v(t) = -3.2t + \frac{100}{3}, \quad s = s(t) = -1.6t^2 + \frac{100}{3}t.$$

由 $v = v(t) = -3.2t + \dfrac{100}{3}$, 令 $v = 0$, 解得汽车从开始制动到完全停住所需时间为 $t = \dfrac{100}{3.2 \times 3} = 10.42(\mathrm{s})$. 汽车从开始制动到完全停住所行驶的距离为

$$s(10.42) = \left. \left(-1.6t^2 + \frac{100}{3}t \right) \right|_{t=10.42} = 173.61(\mathrm{m}).$$

因此, 从驾驶员发现情况到汽车完全停住所行驶的距离为

$$s = 173.61 + 21.67 = 195.28(\mathrm{m}).$$

由此可知安全距离为 200m 是必要的.

总习题 4

1. 选择以下各题给出的 4 个结论中一个正确的结论.

(1) 在下列等式中, 正确的结果是_____.

A. $\displaystyle\int f'(x)\mathrm{d}x = f(x)$; B. $\displaystyle\int \mathrm{d}f(x) = f(x)$;

C. $\dfrac{\mathrm{d}}{\mathrm{d}x} \displaystyle\int f(x)\mathrm{d}x = f(x)$; D. $\mathrm{d}\displaystyle\int f(x)\mathrm{d}x = f(x)$.

(2) 若 $\displaystyle\int f(x)\mathrm{d}x = x^2 \mathrm{e}^{2x} + C$, 则 $f(x) = $_____.

A. $2x\mathrm{e}^{2x}(1+x)$; B. $2x^2\mathrm{e}^{2x}$; C. $x\mathrm{e}^{2x}$; D. $2x\mathrm{e}^{2x}$.

(3) 若 $f'(\sin^2 x) = \cos^2 x$, 则 $f(x) = $_____.

A. $\sin x - \dfrac{1}{2}\sin^2 x + C$; B. $x - \dfrac{1}{2}x^2 + C$;

C. $\dfrac{1}{2}x^2 - x + C$; D. $\cos x - \sin x + C$.

(4) $\displaystyle\int \sqrt{\dfrac{1+x}{1-x}}\,\mathrm{d}x =$ _____.

A. $x - \cos x + C$;

B. $\arccos x - \sqrt{1-x^2} + C$;

C. $\arcsin x + \sqrt{1-x^2} + C$;

D. $\arcsin x - \sqrt{1-x^2} + C$.

(5) 设 $f(x)$ 有一个原函数是 e^{-2x}, 则 $\displaystyle\int x f(x)\,\mathrm{d}x =$ _____.

A. $\mathrm{e}^{-2x}\left(x + \dfrac{1}{2}\right)$;

B. $\mathrm{e}^{-2x}\left(x + \dfrac{1}{2}\right) + C$;

C. $\mathrm{e}^{-2x}\left(x - \dfrac{1}{2}\right) + C$;

D. $\mathrm{e}^{-2x}x + C$.

2. 填空题.

(1) 已知 $f(x)$ 的导数是 $\sin x$, 则 $f(x)$ 的原函数 _____;

(2) 设 $\displaystyle\int x f(x)\,\mathrm{d}x = \arcsin x + C$, 则 $\displaystyle\int \dfrac{1}{f(x)}\,\mathrm{d}x =$ _____;

(3) 若 $\displaystyle\int f(x)\,\mathrm{d}x = F(x) + C$, 则 $\displaystyle\int \mathrm{e}^{-x} f\left(\mathrm{e}^{-x}\right)\,\mathrm{d}x =$ _____;

(4) 设 $f'(\ln x) = 3 + 2x$, 则 $f(x) =$ _____;

(5) $\displaystyle\int \dfrac{x \arcsin x}{\sqrt{1-x^2}}\,\mathrm{d}x =$ _____.

3. 设 $f'(x) = \dfrac{\cos x}{1 + \sin^2 x}$, 且 $f(0) = 0$, 求 $\displaystyle\int \dfrac{f'(x)}{1 + f^2(x)}\,\mathrm{d}x$.

4. 设 $f(x)$ 的原函数 $F(x)$ 恒为正, 且 $F(0) = 1$, 当 $x \geqslant 0$ 时, 有 $f(x)F(x) = \sin^2 2x$, 求 $f(x)$.

5. 计算下列不定积分:

(1) $\displaystyle\int \sqrt{\mathrm{e}^x}\,1\,\mathrm{d}x$;

(2) $\displaystyle\int \dfrac{1}{x^4\sqrt{1+x^2}}\,\mathrm{d}x$;

(3) $\displaystyle\int \dfrac{\mathrm{d}x}{\sin x + 1}$;

(4) $\displaystyle\int \dfrac{x^2 + \cos x}{x^3 + 3\sin x}\,\mathrm{d}x$;

(5) $\displaystyle\int \sqrt{\dfrac{1 - \sqrt{x}}{x}}\,\mathrm{d}x$;

(6) $\displaystyle\int \dfrac{\mathrm{d}x}{x(2 + x^{10})}$;

(7) $\displaystyle\int \dfrac{\cos x}{\cos^2 x + 4\sin x - 5}\,\mathrm{d}x$;

(8) $\displaystyle\int \dfrac{x\mathrm{e}^x}{(\mathrm{e}^x + 1)^2}\,\mathrm{d}x$;

(9) $\displaystyle\int \dfrac{\mathrm{d}x}{\sin x \cos^4 x}$;

(10) $\displaystyle\int \dfrac{\mathrm{e}^{3x} + \mathrm{e}^x}{\mathrm{e}^{4x} - \mathrm{e}^{2x} + 1}\,\mathrm{d}x$.

6. 列车在平直的线路上以 20m/s 的速度行驶, 当制动时列车获得加速度为 $-0.4\mathrm{m/s}^2$, 问开始制动后多少时间列车才能停住? 以及列车在这段时间内行驶了多少路程?

7. 某工厂生产某种产品的边际成本 (单位: 元/件) 为 $c'(x) = x^2 - 8x + 100$, 其中 x 为产量. 又已知固定成本为 2000 元, 求总成本函数 $c(x)$.

习题分析

同步训练

第 **5** 章

定积分及其应用

本章导读

第 4 章我们学习了不定积分, 本章将学习积分学的另一个基本问题 —— 定积分, 它与不定积分既有区别, 又有联系. 下面先从几何和物理问题出发引出定积分的定义, 然后给出它的基本性质和计算方法, 最后介绍定积分在几何、经济和生物等方面的一些简单应用.

5.1　定积分的概念与性质

5.1.1　定积分问题举例

1. 曲边梯形的面积

设函数 $y = f(x)$ 为闭区间 $[a, b]$ 上的非负、连续函数. 由曲线 $y = f(x)$ 与直线 $x = a, x = b$ 和 x 轴所围成的图形称为**曲边梯形**(图 5.1.1). 试问如何求此曲边梯形的面积 A?

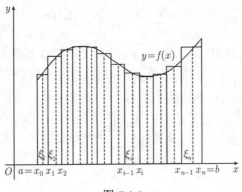

图 5.1.1

分析：由于曲边梯形在底边上各点处的高 $f(x)$ 在闭区间 $[a, b]$ 上是不断变化的, 因此不能用求矩形面积的公式:

$$矩形面积 = 底 \times 高$$

来求解曲边梯形的面积. 然而, 由于 $f(x)$ 在闭区间 $[a,b]$ 上连续, 在很小一段闭区间上它的变化幅度很小, 因此, 如果将区间 $[a,b]$ 分成许多小区间, 在每个小区间上认为它的高不变, 用其中某一点处的高所对应的矩形面积来近似地表示该小闭区间上的曲边梯形的面积, 再以这些小矩形面积之和作为曲边梯形面积的近似值, 并把 $[a,b]$ 无限细分下去, 使每个小闭区间的长度都趋向零, 这时所有小矩形面积之和的极限值可定义为曲边梯形的面积. 具体步骤如下:

(1) 划分. 将区间 $[a,b]$ 分成 n 个小区间, 即插入分点:

$$a = x_0 < x_1 < x_2 < \cdots < x_n = b,$$

把区间 $[a,b]$ 分成 n 个小区间

$$[x_0,x_1], \quad [x_1,x_2], \quad \cdots, \quad [x_{n-1},x_n],$$

其中第 i 个小区间的长度为

$$\Delta x_i = x_i - x_{i-1}, \quad i = 1, 2, \cdots, n.$$

(2) 取近似. 在每个小区间端点处作与 y 轴平行的直线段, 将整个曲边梯形分成 n 个小曲边梯形. 由于 $f(x)$ 连续, 故当 Δx_i 很小时, 第 i 个小曲边梯形各点的高变化很小. 在区间 $[x_{i-1}, x_i]$ 上任取一点 ξ_i, 以 $f(\xi_i)$ 为第 i 个小曲边梯形的平均高度, 因此, 这个小曲边梯形的面积 ΔA_i 可近似地表示为

$$\Delta A_i \approx f(\xi_i) \cdot \Delta x_i, \quad i = 1, 2, \cdots, n.$$

(3) 求和. 整个曲边梯形面积 A 可近似地表示为

$$A = \sum_{i=1}^{n} \Delta A_i \approx \sum_{i=1}^{n} f(\xi_i)\Delta x_i.$$

(4) 取极限. 容易看出: 当所有 Δx_i ($i = 1, 2, \cdots, n$) 都很小时, 上式右端的和式就越接近 A. 记 $\lambda = \max\limits_{1 \leqslant i \leqslant n}\{\Delta x_i\}$, 则当 $\lambda \to 0$ 时, 每个小区间的长度都无限缩小, 误差将趋于零. 因此, 所求曲边梯形的面积为

$$A = \lim_{\lambda \to 0} \sum_{i=1}^{n} f(\xi_i)\Delta x_i.$$

2. 变速直线运动的路程

设某物体做直线运动, 其速度 $v(t)$ 是时间 t 的连续函数, 且 $v(t) \geqslant 0$. 求物体在时间间隔 $[T_1, T_2]$ 内所经过的路程 s.

分析: 由于速度 $v(t)$ 是时刻变化的, 所以不能用匀速直线运动的公式:

$$路程 = 速度 \times 时间$$

来计算物体做变速运动的路程. 然而, 由于 $v(t)$ 连续, 当 t 的变化很小时, 速度的变化也非常小, 所以在很小的一段时间内, 变速运动可以近似看成匀速运动. 因此, 与求曲边梯形面积的方法一样, 采用划分、取近似、求和、取极限的方法来求变速直线运动的路程.

(1) 划分. 用分点 $T_1 = t_0 < t_1 < t_2 < \cdots t_{n-1} < t_n = T_2$ 将时间区间 $[T_1, T_2]$ 分成 n 个小区间 $[t_{i-1}, t_i](i = 1, 2, \cdots, n)$, 其中第 i 个时间段的长度为 $\Delta\tau_i = t_i - t_{i-1}$, 物体在此时间段内经过的路程为 Δs_i.

(2) 取近似. 当 $\Delta\tau_i$ 很小时, 在 $[t_{i-1}, t_i]$ 上任取一点 τ_i, 以 $v(\tau_i)$ 来替代 $[t_{i-1}, t_i]$ 上各时刻的速度, 则 $\Delta s_i \approx v(\tau_i) \cdot \Delta\tau_i (i = 1, 2, \cdots, n)$.

(3) 求和.

$$s = \sum_{i=1}^{n} \Delta s_i \approx \sum_{i=1}^{n} v(\tau_i)\Delta\tau_i.$$

(4) 取极限. 令 $\lambda = \max_{1 \leqslant i \leqslant n}\{\Delta\tau_i\}$, 则当 $\lambda \to 0$ 时, 上式右端的和式作为 s 近似值的误差会趋于 0, 因此

$$s = \lim_{\lambda \to 0} \sum_{i=1}^{n} v(\tau_i)\Delta\tau_i.$$

从上面两个例子看出, 不管是计算曲边梯形面积, 还是求解变速直线运动的路程, 都是通过 "划分、取近似、求和和取极限" 方法来求解和式极限问题. 以后还将看到, 在许多实际问题中, 都会出现这种形式的和式极限, 因此, 有必要在数学上统一地对它们进行研究.

5.1.2　定积分的定义

定义 5.1.1　设函数 $f(x)$ 在区间 $[a, b]$ 上有界, 在 $[a, b]$ 中任意插入 $n-1$ 个分点

$$a = x_0 < x_1 < x_2 < \cdots < x_n = b,$$

将 $[a, b]$ 分成 n 个小区间

$$[x_0, x_1], \quad [x_1, x_2], \quad \cdots, \quad [x_{n-1}, x_n].$$

$\Delta x_i = x_i - x_{i-1}$ 表示第 i 个小区间的长度, 在 $[x_{i-1}, x_i]$ 上任取一点 ξ_i, 作乘积 $f(\xi_i) \cdot \Delta x_i (i = 1, 2, \cdots, n)$, 并作和

$$\sum_{i=1}^{n} f(\xi_i)\Delta x_i.$$

记 $\lambda = \max_{1 \leqslant i \leqslant n}\{\Delta x_i\}$, 当 $\lambda \to 0$ 时, 如果上式的极限存在, 则称函数 $f(x)$ 在区间 $[a, b]$

上可积, 并称此极限值为 $f(x)$ 在 $[a, b]$ 上的定积分, 记作 $\int_a^b f(x)\mathrm{d}x$. 即

$$\int_a^b f(x)\mathrm{d}x = \lim_{\lambda \to 0} \sum_{i=1}^n f(\xi_i)\Delta x_i, \tag{5.1}$$

其中 $f(x)$ 称为被积函数, $f(x)\mathrm{d}x$ 称为被积表达式, x 称为积分变量, $[a, b]$ 称为积分区间, a, b 分别称为积分下限和积分上限.

利用定积分的定义, 前面所讨论的两个实际问题可以分别表述如下:

由图 5.1.1 所示的曲边梯形面积可表为

$$A = \int_a^b f(x)\mathrm{d}x. \tag{5.2}$$

物体做变速直线运动, 其速度为 $v(t)$, 则在时间区间 $[T_1, T_2]$ 上, 物体经过的路程为

$$s = \int_{T_1}^{T_2} v(t)\mathrm{d}t. \tag{5.3}$$

对于由式 (5.1) 定义的定积分, 需要注意以下几点:

(1) $f(x)$ 在 $[a, b]$ 上可积, 是指不管对区间划分的方式怎样, 也不管点 ξ_i 在小区间 $[x_{i-1}, x_i]$ 上如何选取, 只要 $\lambda \to 0$, 极限值总是唯一确定的.

(2) 式 (5.1) 右端极限中的 $\lambda \to 0$ 不能用 $n \to +\infty$ 替代.

(3) 定积分是一个数, 只与被积函数与积分区间有关, 而与积分变量的记号无关, 即

$$\int_a^b f(x)\mathrm{d}x = \int_a^b f(u)\mathrm{d}u = \int_a^b f(t)\mathrm{d}t.$$

但不定积分不允许随便改写积分变量.

(4) 定义定积分中已假定下限 a 小于上限 b, 为便于应用, 规定当 $b \leqslant a$ 时,

$$\int_a^b f(x)\mathrm{d}x = -\int_b^a f(x)\mathrm{d}x,$$
$$\int_a^a f(x)\mathrm{d}x = 0.$$

此规定说明: 将积分上下限互换时, 应改变积分的符号.

对于定积分, 一个重要的问题就是满足什么条件的函数一定可积? 这个问题本书不作深入讨论, 而只给出下面两个充分条件.

定理 5.1.1 设函数 $f(x)$ 在闭区间 $[a, b]$ 上连续, 则 $f(x)$ 在 $[a, b]$ 上可积.

定理 5.1.2 设函数 $f(x)$ 在闭区间 $[a, b]$ 上有界且只有有限个间断点, 则 $f(x)$ 在 $[a, b]$ 上可积.

5.1.3　定积分的几何意义

下面我们来讨论定积分的几何意义.

(1) 如果 $f(x) \geqslant 0$, 则 $\int_a^b f(x)\mathrm{d}x$ 表示如图 5.1.2 所示的曲边梯形的面积, 即

$$\int_a^b f(x)\mathrm{d}x = A.$$

(2) 如果 $f(x) \leqslant 0$, 则 $\int_a^b f(x)\mathrm{d}x$ 表示如图 5.1.3 所示的曲边梯形面积的负值, 即

$$\int_a^b f(x)\mathrm{d}x = -A.$$

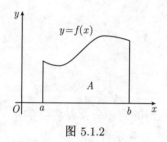

图 5.1.2

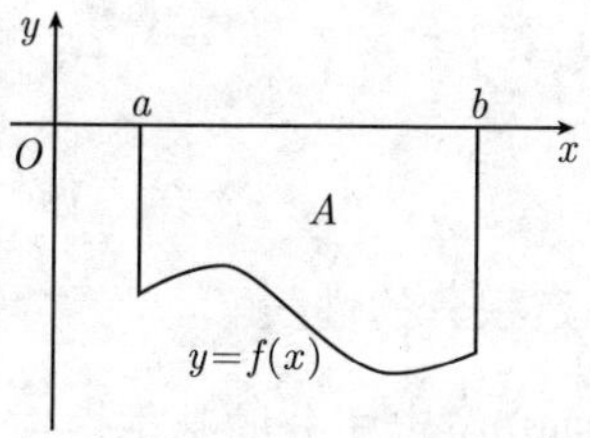

图 5.1.3

(3) 如果 $f(x)$ 在 $[a,b]$ 上的值有正有负, 如图 5.1.4 所示, 则 $\int_a^b f(x)\mathrm{d}x$ 表示介于 x 轴、曲线 $y = f(x)$ 及直线 $x = a, x = b$ 之间各部分面积的代数和, 即用 x 轴上方的图形面积减去 x 轴下方的图形面积:

$$\int_a^b f(x)\mathrm{d}x = A_1 - A_2 + A_3.$$

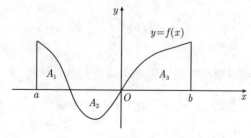

图 5.1.4

例 5.1.1　利用定积分定义求 $\int_0^1 x^2 \mathrm{d}x$.

解 因为 $y = x^2$ 在 $[0,1]$ 上连续, 所以它在 $[0,1]$ 上可积. 因为定积分的值与区间 $[0,1]$ 的划分方法以及每个小区间的取点 ξ_i 无关, 所以为了求极限方便, 不妨取 $[0,1]$ 的一个特殊划分与取特殊的 ξ_i.

将区间 $[0,1]$ 进行 n 等分, 即取分点 $x_0 = 0, x_1 = \dfrac{1}{n}, x_2 = \dfrac{2}{n}, \cdots, x_n = \dfrac{n}{n} = 1$, 所以 $\Delta x_i = \dfrac{1}{n}(i = 1, 2, \cdots, n)$, 取 ξ_i 为每个小区间的左端点: $\xi_i = \dfrac{i-1}{n}(i = 1, 2, \cdots, n)$, 作积分和

$$S_n = \sum_{i=1}^{n} f(\xi_i)\Delta x_i = \sum_{i=1}^{n} \left(\frac{i-1}{n}\right)^2 \cdot \frac{1}{n} = \frac{1}{n^3}\sum_{i=1}^{n}(i-1)^2 = \frac{1}{n^3} \cdot \frac{(n-1)n(2n-1)}{6}.$$

所以

$$\lim_{n\to\infty} S_n = \lim_{n\to\infty} \frac{(n-1)n(2n-1)}{6n^3} = \frac{1}{3},$$

因此

$$\int_0^1 x^2 \mathrm{d}x = \frac{1}{3}.$$

5.1.4 定积分的性质

下面介绍定积分的基本性质. 假定性质中所列出的定积分都是存在的.

性质 5.1.1 函数代数和的定积分等于它们的定积分的代数和, 即

$$\int_a^b [f(x) \pm g(x)]\mathrm{d}x = \int_a^b f(x)\mathrm{d}x \pm \int_a^h g(x)\mathrm{d}x.$$

证 $\displaystyle\int_a^b [f(x) \pm g(x)]\mathrm{d}x = \lim_{\lambda\to 0}\sum_{i=1}^{n}[f(\xi_i) \pm g(\xi_i)]\Delta x_i$

$$= \lim_{\lambda\to 0}\sum_{i=1}^{n} f(\xi_i)\Delta x_i \pm \lim_{\lambda\to 0}\sum_{i=1}^{n} g(\xi_i)\Delta x_i$$

$$= \int_a^b f(x)\mathrm{d}x \pm \int_a^b g(x)\mathrm{d}x.$$

注 5.1.1 此性质可以推广到有限多个函数代数和的情形. 类似可证如下性质.

性质 5.1.2 $\displaystyle\int_a^b kf(x)\mathrm{d}x = k\int_a^b f(x)\mathrm{d}x(k$ 为常数$)$.

性质 5.1.3 设 $a < c < b$, 则

$$\int_a^b f(x)\mathrm{d}x = \int_a^c f(x)\mathrm{d}x + \int_c^b f(x)\mathrm{d}x.$$

证　因为函数 $f(x)$ 在区间 $[a,b]$ 上可积, 所以不论把 $[a,b]$ 怎么分割, 积分和的极限总是不变的. 因此, 在分割区间时, 可以使 c 总是一个分点. 那么, $[a,b]$ 上的和式等于 $[a,c]$ 与 $[c,b]$ 上的和, 记为

$$\sum_{[a,b]} f(\xi_i)\Delta x_i = \sum_{[a,c]} f(\xi_i)\Delta x_i + \sum_{[c,b]} f(\xi_i)\Delta x_i.$$

令 $\lambda \to 0$, 在上式两端同时取极限, 可得

$$\int_a^b f(x)\mathrm{d}x = \int_a^c f(x)\mathrm{d}x + \int_c^b f(x)\mathrm{d}x. \tag{5.4}$$

注 5.1.1　性质 5.1.3 的条件 $a < c < b$ 如果不成立, 但只要式 (5.4) 中的三个定积分都存在, 那么, 式 (5.4) 仍然成立, 即不论 a, b, c 的相对位置如何, 总有

$$\int_a^b f(x)\mathrm{d}x = \int_a^c f(x)\mathrm{d}x + \int_c^b f(x)\mathrm{d}x.$$

性质 5.1.4　如果在区间 $[a,b]$ 上 $f(x) \geqslant 0$, 则

$$\int_a^b f(x)\mathrm{d}x \geqslant 0.$$

证　因为 $f(x) \geqslant 0$, 所以

$$f(\xi_i) \geqslant 0 \quad (i = 1, 2, \cdots, n).$$

又 $\Delta x_i \geqslant 0(i = 1, 2, \cdots, n)$, 因此

$$\sum_{i=1}^n f(\xi_i)\Delta x_i \geqslant 0.$$

令 $\lambda = \max\limits_{1 \leqslant i \leqslant n} \{\Delta x_i\} \to 0$, 则 $\int_a^b f(x)\mathrm{d}x = \lim\limits_{\lambda \to 0} \sum\limits_{i=1}^n f(\xi_i)\Delta x_i \geqslant 0$.

推论 5.1.1　如果在区间 $[a,b]$ 上, 恒有 $f(x) \geqslant g(x)$, 则

$$\int_a^b f(x)\mathrm{d}x \geqslant \int_a^b g(x)\mathrm{d}x.$$

证　因为 $f(x) - g(x) \geqslant 0$, 由性质 5.1.4 知, $\int_a^b [f(x) - g(x)]\mathrm{d}x \geqslant 0$, 再由性质 5.1.1 即可得证.

推论 5.1.2　若 $a < b$, 则 $\left| \int_a^b f(x)\mathrm{d}x \right| \leqslant \int_a^b |f(x)|\mathrm{d}x$.

173

证 由于

$$-|f(x)| \leqslant f(x) \leqslant |f(x)|,$$

所以

$$-\int_a^b |f(x)|\mathrm{d}x \leqslant \int_a^b f(x)\mathrm{d}x \leqslant \int_a^b |f(x)|\mathrm{d}x,$$

故

$$\left| \int_a^b f(x)\mathrm{d}x \right| \leqslant \int_a^b |f(x)|\mathrm{d}x.$$

例 5.1.2 比较定积分 $\int_0^1 \mathrm{e}^x\mathrm{d}x$ 和 $\int_0^1 \mathrm{e}x\mathrm{d}x$ 的大小.

解 令 $f(x) = \mathrm{e}^x - \mathrm{e}x$, 则

$$f'(x) = \mathrm{e}^x - \mathrm{e} < 0, \quad x \in (0,1),$$

所以 $f(x) = \mathrm{e}^x - \mathrm{e}x$ 在区间 $[0, 1]$ 上单调减小, 故 $f(x) > f(1) = 0$, 即

$$\int_0^1 (\mathrm{e}^x - \mathrm{e}x)\mathrm{d}x > 0,$$

即

$$\int_0^1 \mathrm{e}^x\mathrm{d}x > \int_0^1 \mathrm{e}x\mathrm{d}x.$$

性质 5.1.5 设函数 $f(x)$ 在区间 $[a,b]$ 上的最小值与最大值分别为 m 与 M, 则

$$m(b-a) \leqslant \int_a^b f(x)\mathrm{d}x \leqslant M(b-a).$$

证 由 $m \leqslant f(x) \leqslant M$ 和推论 5.1.1, 可得

$$\int_a^b m\mathrm{d}x \leqslant \int_a^b f(x)\mathrm{d}x \leqslant \int_a^b M\mathrm{d}x,$$

即

$$m\int_a^b \mathrm{d}x \leqslant \int_a^b f(x)\mathrm{d}x \leqslant M\int_a^b \mathrm{d}x,$$

故

$$m(b-a) \leqslant \int_a^b f(x)\mathrm{d}x \leqslant M(b-a).$$

由性质 5.1.5 知, 根据被积函数在积分区间上的最值, 可以估计出积分值的大致范围.

例 5.1.3 估计定积分 $\int_0^2 \mathrm{e}^{x^2-x}\mathrm{d}x$ 的值.

解　设 $f(x) = \mathrm{e}^{x^2-x}$, $x \in [0, 2]$, 则 $f'(x) = \mathrm{e}^{x^2-x}(2x-1)$, 令 $f'(x) = 0$, 得驻点 $x = \dfrac{1}{2}$. 又

$$f(0) = 1, \quad f\left(\frac{1}{2}\right) = \mathrm{e}^{-\frac{1}{4}}, \quad f(2) = \mathrm{e}^2,$$

所以, $f(x)$ 在 $[0,2]$ 内的最大值为 e^2, 最小值为 $\mathrm{e}^{-\frac{1}{4}}$, 故

$$\mathrm{e}^{-\frac{1}{4}} \leqslant \mathrm{e}^{x^2-x} \leqslant \mathrm{e}^2,$$

由性质 5.1.5 得

$$2\mathrm{e}^{-\frac{1}{4}} \leqslant \int_0^2 \mathrm{e}^{x^2-x}\mathrm{d}x \leqslant 2\mathrm{e}^2.$$

性质 5.1.6 (定积分中值定理)　如果 $f(x)$ 在闭区间 $[a,b]$ 上连续, 则在 $[a,b]$ 内至少存在一点 ξ, 使下式成立:

$$\int_a^b f(x)\mathrm{d}x = f(\xi)(b-a), \quad \xi \in [a,b],$$

这个公式称为积分中值公式.

证　把性质 5.1.5 的不等式各除以 $b-a$, 得

$$m \leqslant \frac{1}{b-a}\int_a^b f(x)\mathrm{d}x \leqslant M.$$

由于 $f(x)$ 在闭区间 $[a,b]$ 上连续, 且确定的常数 $\dfrac{1}{b-a}\displaystyle\int_a^b f(x)\mathrm{d}x$ 介于 $f(x)$ 的最小值 m 和最大值 M 之间, 根据闭区间上连续函数的介值定理, 在 $[a,b]$ 上至少存在一点 ξ, 使

$$f(\xi) = \frac{1}{b-a}\int_a^b f(x)\mathrm{d}x,$$

即

$$\int_a^b f(x)\mathrm{d}x = f(\xi)(b-a).$$

显然, 积分中值公式不论 $a < b$ 或 $a > b$ 都是成立的. 公式中 $f(\xi) = \dfrac{1}{b-a}\displaystyle\int_a^b f(x)\mathrm{d}x$ 称为函数 $f(x)$ 在区间 $[a,b]$ 上的平均值.

积分中值公式有如下的几何解释: 对曲边连续的曲边梯形, 总存在一个以 $b-a$ 为底, 以 $[a,b]$ 上一点 ξ 的纵坐标 $f(\xi)$ 为高的矩形, 其面积就等于曲边梯形的面积 (图 5.1.5).

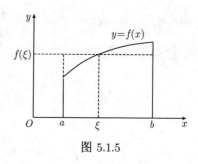

图 5.1.5

习题 5.1

1. 利用定积分定义计算下列积分:

(1) $\displaystyle\int_a^b k\mathrm{d}x$; 　　　　　(2) $\displaystyle\int_0^1 \mathrm{e}^x\mathrm{d}x$.

2. 指出下列积分的几何意义, 并借助几何意义给出定积分的值:

(1) $\displaystyle\int_a^b x\mathrm{d}x\,(a<b)$; 　　　　(2) $\displaystyle\int_0^{2\pi} \cos x\mathrm{d}x$;

(3) $\displaystyle\int_{-\pi}^{\pi} \sin x\mathrm{d}x$; 　　　　(4) $\displaystyle\int_0^a \sqrt{a^2-x^2}\mathrm{d}x$ $(a>0)$.

3. 不计算积分, 比较下列各组积分的大小:

(1) $\displaystyle\int_0^1 x\mathrm{d}x, \int_0^1 \sqrt{x}\mathrm{d}x$; 　　　(2) $\displaystyle\int_0^1 (1+x)\mathrm{d}x, \int_0^1 \mathrm{e}^x\mathrm{d}x$;

(3) $\displaystyle\int_0^1 x\mathrm{d}x, \int_0^1 \ln(1+x)\mathrm{d}x$; 　　(4) $\displaystyle\int_{-\frac{\pi}{2}}^0 \sin x\mathrm{d}x, \int_0^{\frac{\pi}{2}} \cos x\mathrm{d}x$.

4. 利用定积分性质, 估计下列各积分的值:

(1) $\displaystyle\int_{\frac{\pi}{4}}^{\frac{5\pi}{4}} (\sin^2 x+1)\mathrm{d}x$; 　　　(2) $\displaystyle\int_2^0 \mathrm{e}^{x^2-x+1}\mathrm{d}x$.

5. 设 $f(x)$ 与 $g(x)$ 在区间 $[a,b]$ 上连续, 证明:

(1) 如果在 $[a,b]$ 上 $f(x)\geqslant 0$, 且 $f(x)$ 不恒等于零, 则 $\displaystyle\int_a^b f(x)\mathrm{d}x>0$;

(2) 如果在 $[a,b]$ 上 $f(x)\geqslant g(x)$, 且 $\displaystyle\int_a^b f(x)\mathrm{d}x=\int_a^b g(x)\mathrm{d}x$, 则在 $[a,b]$ 上, 有 $f(x)\equiv g(x)$.

6. 利用定积分中值定理证明 $\displaystyle\lim_{n\to+\infty}\int_n^{n+1} x\sin\frac{1}{x}\mathrm{d}x=1$.

5.2 微积分基本公式

由例 5.1.1 可以看到, 尽管定积分可以用 "和式极限" 来计算, 但直接按定义来计算定积分是比较困难的, 有时甚至是不可能的. 因此必须寻求计算定积分的简便方法.

在 5.1 节中, 已经知道: 物体做变速直线运动, 其速度为 $v(t)$, 路程为 $s(t)$, 则在时间区间 $[T_1,T_2]$ 内运动的距离为 $\displaystyle\int_{T_1}^{T_2} v(t)\mathrm{d}t$; 另一方面, 由物理学知在时间区间 $[T_1,T_2]$ 内物体运动的距离为 $s(T_2)-s(T_1)$, 因此, 有

$$\int_{T_1}^{T_2} v(t)\mathrm{d}t = s(T_2)-s(T_1). \tag{5.5}$$

式 (5.5) 说明: $v(t)$ 在 $[T_1,T_2]$ 上的积分等于它的一个原函数在 $[T_1,T_2]$ 上的增量. 这一结论是否具有普遍性呢? 下面我们将证明, 如果函数 $f(x)$ 在区间 $[a,b]$ 上连续,

那么 $f(x)$ 在区间 $[a,b]$ 上的定积分就等于 $f(x)$ 的原函数 (设为 $F(x)$) 在区间 $[a,b]$ 上的增量 $F(b) - F(a)$.

5.2.1 积分上限的函数及其导数

设函数 $f(t)$ 在区间 $[a,b]$ 上连续, 任取 $x \in [a,b]$, 则函数 $f(t)$ 在 $[a,x]$ 上连续, 故积分 $\displaystyle\int_a^x f(t)\mathrm{d}t$ 存在. 显然, 对任意 $x \in [a,b]$, 都有一个确定的积分值与之对应 (图 5.2.1), 称为变上限积分函数, 记作 $\Phi(x)$, 即

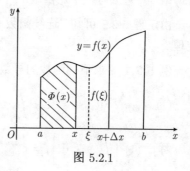

图 5.2.1

$$\Phi(x) = \int_a^x f(t)\mathrm{d}t \quad (a \leqslant x \leqslant b). \tag{5.6}$$

函数 $\Phi(x)$ 具有如下重要性质.

定理 5.2.1 如果函数 $f(x)$ 在区间 $[a,b]$ 上连续, 则由式 (5.6) 定义的变上限积分函数 $\Phi(x)$ 在 $[a,b]$ 上可导, 且有

$$\Phi'(x) = \left(\int_a^x f(t)\mathrm{d}t \right)' = f(x).$$

证 如果 $x \in (a,b)$, 给点 x 一个增量 Δx (取 Δx 的绝对值充分小使得 $a \leqslant x + \Delta x \leqslant b$), 则有

$$\begin{aligned}
\Delta \Phi &= \Phi(x + \Delta x) - \Phi(x) \\
&= \int_a^{x+\Delta x} f(t)\mathrm{d}t - \int_a^x f(t)\mathrm{d}t \\
&= \int_x^{x+\Delta x} f(t)\mathrm{d}t.
\end{aligned}$$

由于 $f(t)$ 在区间 $[a,b]$ 上连续, 由积分中值定理得 $\Delta \Phi = f(\xi) \cdot \Delta x$, ξ 介于 x 与 $x + \Delta x$ 之间, 故

$$\frac{\Delta \Phi}{\Delta x} = f(\xi).$$

当 $\Delta x \to 0$ 时, $\xi \to x$, 由 $f(x)$ 的连续性, 得

$$\Phi'(x) = \lim_{\Delta x \to 0} \frac{\Delta \Phi}{\Delta x} = \lim_{\xi \to x} f(\xi) = f(x).$$

如果 $x = a$, 取 $\Delta x > 0$, 同理可证 $\Phi'_+(a) = f(a)$; 如果 $x = b$, 取 $\Delta x < 0$, 同理可证 $\Phi'_-(b) = f(b)$.

证毕.

定理 5.2.1 告诉我们: 由连续函数 $f(x)$ 所定义的变上限积分函数 $\Phi(x)$ 是它的一个原函数, 其导数就是 $f(x)$.

定理 5.2.2 如果函数 $f(x)$ 在区间 $[a,b]$ 上连续, 则变上限的积分 $\displaystyle\int_a^x f(t)\mathrm{d}t$ 是 $f(x)$ 在 $[a,b]$ 上的一个原函数.

由定理 5.2.2 可知: 连续函数必有原函数. 由此证明了第 4 章给出的原函数存在定理.

例 5.2.1 求下列函数的导数:

(1) $\displaystyle\int_0^x \mathrm{e}^{-t^2}\mathrm{d}t$;　　　(2) $\displaystyle\int_x^1 \sqrt{1+t^2}\mathrm{d}t$.

解 (1) $\left[\displaystyle\int_0^x \mathrm{e}^{-t^2}\mathrm{d}t\right]' = \mathrm{e}^{-t^2}\Big|_{t=x} = \mathrm{e}^{-x^2}$.

(2) $\left[\displaystyle\int_x^1 \sqrt{1+t^2}\mathrm{d}t\right]' = \left[-\displaystyle\int_1^x \sqrt{1+t^2}\mathrm{d}t\right]' = -\sqrt{1+x^2}$.

例 5.2.2 设 $f(x)$ 处处连续, $a(x), b(x)$ 均可导, 求 $\displaystyle\int_{a(x)}^{b(x)} f(t)\mathrm{d}t$ 的导数.

解
$$\frac{\mathrm{d}}{\mathrm{d}x}\left[\int_{a(x)}^{b(x)} f(t)\mathrm{d}t\right] = \frac{\mathrm{d}}{\mathrm{d}x}\left[\int_{a(x)}^{0} f(t)\mathrm{d}t + \int_{0}^{b(x)} f(t)\mathrm{d}t\right]$$

$$= \frac{\mathrm{d}}{\mathrm{d}x}\left[-\int_{0}^{a(x)} f(t)\mathrm{d}t + \int_{0}^{b(x)} f(t)\mathrm{d}t\right]$$

$$= b'(x)f[b(x)] - a'(x)f[a(x)].$$

注 5.2.1 $\displaystyle\int_0^{b(x)} f(t)\mathrm{d}t$ 是复合函数, 它由 $\displaystyle\int_0^u f(t)\mathrm{d}t$, $u = b(x)$ 复合而成, 因此 $\displaystyle\int_0^{b(x)} f(t)\mathrm{d}t$ 的导数通过复合函数求导公式获得.

例 5.2.3 设 $f(x) = \displaystyle\int_0^{x^2} (t+1)\mathrm{e}^{-t^2}\mathrm{d}t$, 求 $f(x)$ 的极值.

解 由于 $f'(x) = 2x(x^2+1)\mathrm{e}^{-x^4}$, 令 $f'(x) = 0$, 得驻点 $x = 0$.

当 $x < 0$ 时, $f'(x) < 0$; 当 $x > 0$ 时, $f'(x) > 0$. 所以点 $x = 0$ 为 $f(x)$ 的最小值点, 对应的极小值为 $f(0) = \displaystyle\int_0^0 (t+1)\mathrm{e}^{-t^2}\mathrm{d}t = 0$.

例 5.2.4 求极限 $\displaystyle\lim_{x\to 0} \frac{\displaystyle\int_0^{x^2} (\tan\sqrt{t} - \sin\sqrt{t})\mathrm{d}t}{x^5}$.

解　此极限为 $\dfrac{0}{0}$ 型, 要用洛必达法则求解, 故

$$\lim_{x\to 0}\frac{\displaystyle\int_0^{x^2}(\tan\sqrt{t}-\sin\sqrt{t})\mathrm{d}t}{x^5}=\lim_{x\to 0}\frac{2x(\tan x-\sin x)}{5x^4}$$
$$=\lim_{x\to 0}\frac{2\sin x(1-\cos x)}{5x^3}\frac{1}{\cos x}=\lim_{x\to 0}\frac{x^3}{5x^3}=\frac{1}{5}.$$

5.2.2　牛顿–莱布尼茨公式

下面我们来证明一个重要定理, 它给出了用原函数计算定积分的公式.

定理 5.2.3 (牛顿–莱布尼茨(Newton-Leibniz)公式)　如果函数 $F(x)$ 是连续函数 $f(x)$ 在区间 $[a,b]$ 上的一个原函数, 则

$$\int_a^b f(x)\mathrm{d}x=F(b)-F(a). \tag{5.7}$$

证　由于 $F(x)$ 与 $\displaystyle\int_a^x f(t)\mathrm{d}t$ 均为 $f(x)$ 的原函数, 由原函数的性质知

$$F(x)=\int_a^x f(t)\mathrm{d}t+C.$$

上式中令 $x=a$, 得 $C=F(a)$; 再令 $x=b$, 得

$$F(b)=\int_a^b f(t)\mathrm{d}t+F(a),$$

即

$$\int_a^b f(x)\mathrm{d}x=F(b)-F(a).$$

式 (5.7) 称为牛顿–莱布尼茨公式.

牛顿–莱布尼茨公式是 17 世纪后半叶由牛顿与莱布尼茨各自独立地提出来的, 它揭示了定积分与导数的互逆运算关系, 因而被称为微积分基本定理. 这个定理为定积分的计算提供了一种简便的方法. 在运用时常将公式写成如下形式:

$$\int_a^b f(x)\mathrm{d}x=F(x)\Big|_a^b=F(b)-F(a). \tag{5.8}$$

例 5.2.5　计算 $\displaystyle\int_0^1 x^2\mathrm{d}x$.

解　$\displaystyle\int_0^1 x^2\mathrm{d}x=\frac{1}{3}x^3\Big|_0^1=\frac{1}{3}.$

例 5.2.6　求 $\displaystyle\int_0^2 \max\{x, x^2\}\mathrm{d}x$.

解　$\max\{x, x^2\} = \begin{cases} x, & 0 \leqslant x \leqslant 1, \\ x^2, & 1 < x \leqslant 2, \end{cases}$　由区间可加性, 得

$$\int_0^2 \max\{x, x^2\}\mathrm{d}x = \int_0^1 x\mathrm{d}x + \int_1^2 x^2\mathrm{d}x$$

$$= \frac{x^2}{2}\bigg|_0^1 + \frac{x^3}{3}\bigg|_1^2 = \frac{1}{2} + \frac{7}{3} = \frac{17}{6}.$$

例 5.2.7　设 $f(x) = \mathrm{e}^{-x} + x\displaystyle\int_0^1 f(x)\mathrm{d}x$, 求 $f(x)$ 的表达式.

分析　由于 $f(x)$ 中含有 $\displaystyle\int_0^1 f(x)\mathrm{d}x$, 所以知道 $\displaystyle\int_0^1 f(x)\mathrm{d}x$ 的值就可以求出 $f(x)$ 的表达式.

解　因为定积分 $\displaystyle\int_0^1 f(x)\mathrm{d}x$ 是一个常数, 所以设 $\displaystyle\int_0^1 f(x)\mathrm{d}x = A$, 则

$$f(x) = \mathrm{e}^{-x} + x \cdot A.$$

上式两边在 $[0, 1]$ 上积分得

$$A = \int_0^1 f(x)\mathrm{d}x = \int_0^1 \mathrm{e}^{-x}\mathrm{d}x + A\int_0^1 x\mathrm{d}x$$

$$= -\mathrm{e}^{-x}\bigg|_0^1 + \frac{A}{2}x^2\bigg|_0^1 = 1 - \mathrm{e}^{-1} + \frac{A}{2},$$

解得 $A = 2(1 - \mathrm{e}^{-1})$, 所以 $f(x)$ 的表达式为

$$f(x) = \mathrm{e}^{-x} + 2(1 - \mathrm{e}^{-1})x.$$

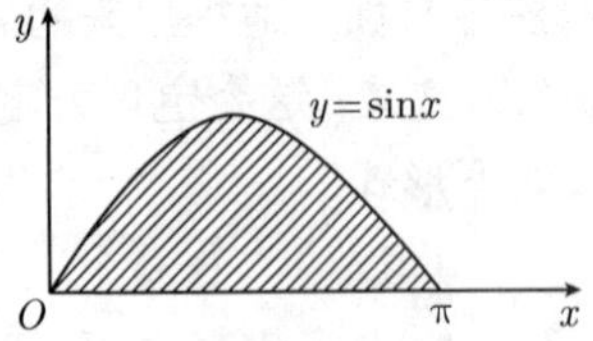

图 5.2.2

例 5.2.8　求正弦曲线 $y = \sin x$ 在 $[0, \pi]$ 上与 x 轴所围成的平面图形 (图 5.2.2) 的面积.

解　这个曲边梯形的面积

$$A = \int_0^\pi \sin x\mathrm{d}x = -\cos x\big|_0^\pi$$

$$= -(\cos \pi - \cos 0) = 2.$$

例 5.2.9　设 $f(x) = \begin{cases} x - x^2, & 0 \leqslant x \leqslant 1, \\ 0, & \text{其他}, \end{cases}$　求 $F(x) = \displaystyle\int_0^x f(t)\mathrm{d}t$ 的表达式.

解 当 $x \leqslant 0$ 时, $F(x) = \int_0^x f(t)\mathrm{d}t = \int_0^x 0\mathrm{d}t = 0$;

当 $0 < x \leqslant 1$ 时, $F(x) = \int_0^x f(t)\mathrm{d}t = \int_0^x (t - t^2)\mathrm{d}t = \frac{1}{2}x^2 - \frac{1}{3}x^3$;

当 $x > 1$ 时, $F(x) = \int_0^x f(t)\mathrm{d}t = \int_0^1 (t - t^2)\mathrm{d}t + \int_1^x 0\mathrm{d}t = \frac{1}{6}$.

因此,

$$F(x) = \begin{cases} 0, & x \leqslant 0, \\ \frac{1}{2}x^2 - \frac{1}{3}x^3, & 0 < x \leqslant 1, \\ \frac{1}{6}, & x > 1. \end{cases}$$

习题 5.2

1. 求下列函数的导数:

(1) $\int_0^{\frac{\pi}{2}} \sin x\mathrm{d}t$;

(2) $\int_{x^3}^{\sin x} \frac{\mathrm{d}t}{\sqrt{1+t^2}}$.

2. 求由 $\int_0^y \mathrm{e}^{t^2}\mathrm{d}t - \int_1^x \frac{\sin t}{t}\mathrm{d}t = 0$ 所确定的隐函数 $y = y(x)$ 的导数 $\frac{\mathrm{d}y}{\mathrm{d}x}$.

3. 求下列极限:

(1) $\lim_{x \to 0} \frac{1}{x^3} \int_0^x (1 - \cos t)\mathrm{d}t$;

(2) $\lim_{x \to 0} \frac{1}{x \sin x} \int_0^x \arcsin t\mathrm{d}t$;

(3) $\lim_{x \to 0} \frac{\int_0^x \ln(1+t)\mathrm{d}t}{x^2}$;

(4) $\lim_{x \to 0} \frac{\int_{-x}^x \cos t^2\mathrm{d}t}{\int_0^x (\mathrm{e}^t - 1)\mathrm{d}t}$.

4. 计算下列积分:

(1) $\int_0^1 (x + \sqrt{x})\mathrm{d}x$;

(2) $\int_0^1 \frac{3x^4 + 3x + 1}{1 + x^2}\mathrm{d}x$;

(3) $\int_4^9 \frac{1 - \sqrt{x}}{\sqrt{x}}\mathrm{d}x$;

(4) $\int_0^\pi (1 + \cos x)\mathrm{d}x$;

(5) $\int_0^{\pi/3} \sec^2 x\mathrm{d}x$;

(6) $\int_0^1 \frac{x}{x^2 - 2x - 3}\mathrm{d}x$;

(7) $\int_0^2 \frac{\mathrm{d}x}{4 + x^2}$;

(8) $\int_0^{\pi/2} \sin x \cos^4 x\mathrm{d}t$;

(9) $\int_0^{\pi/2} |\sin x - \cos x|\mathrm{d}x$;

(10) $\int_0^2 \min\{x, \sqrt{x}\}\mathrm{d}x$.

5. 设 $\int_1^x f(t)\mathrm{d}t = x^2 - \arctan x + 1$. 求 $f(x)$ 的表达式.

6. 设 $f(x)$ 连续, 且满足 $f(x) = e^x + x^2 \int_0^1 f(t)dt$, 求 $f(x)$ 的表达式.

7. 设

$$f(x) = \begin{cases} x+1, & x \in [0,1), \\ x^2, & x \in [1,2]. \end{cases}$$

求 $\Phi(x) = \int_0^x f(t)dt$ 在 $[0,2]$ 上的表达式, 并讨论 $\Phi(x)$ 在 $(0,2)$ 上的连续性.

8. 设

$$f(x) = \begin{cases} x(1-x^2), & 0 \leqslant x \leqslant 1, \\ 0, & \text{其他}. \end{cases}$$

求 $\Phi(x) = \int_0^x f(t)dt$ 在 $(-\infty, +\infty)$ 内的表达式.

9. 设 $f(x) > 0$, 且在 $[a,b]$ 上连续, 令 $F(x) = \int_a^x f(t)dt + \int_b^x \dfrac{dt}{f(t)}$, 求证:

(1) $F(x)$ 为单调递增函数;

(2) 方程 $F(x) = 0$ 在 (a,b) 内有且仅有一个实根.

5.3 定积分的换元积分法和分部积分法

由牛顿–莱布尼茨公式可知, 定积分的计算归结为求被积函数的原函数问题. 由第 4 章的内容知, 求解原函数常用不定积分的换元积分法和分部积分法. 下面我们讨论定积分的换元积分法和分部积分法.

5.3.1 定积分的换元积分法

下面的定理给出了定积分的换元积分法.

定理 5.3.1 设 $f(x)$ 在区间 $[a,b]$ 上连续, 函数 $x = \varphi(t)$ 满足下列条件:

(1) $a = \varphi(\alpha)$, $b = \varphi(\beta)$;

(2) 函数 $x = \varphi(t)$ 在区间 $[\alpha,\beta]$ (或 $[\beta,\alpha]$) 上有连续的导数, 且当 t 在 $[\alpha,\beta]$(或 $[\beta,\alpha]$) 上变化时, $x = \varphi(t)$ 的值在 $[a,b]$ 上变化, 则有

$$\int_a^b f(x)dx = \int_\alpha^\beta f(\varphi(t))\varphi'(t)dt. \tag{5.9}$$

证 由假设知式 (5.9) 两端的被积函数都是连续的, 因此两个积分都存在. 由于被积函数存在, 设 $F(x)$ 是 $f(x)$ 在 $[a,b]$ 上的一个原函数, $G(t) = F[\varphi(t)]$, 则

$$G'(t) = F'(\varphi(t)) \cdot \varphi'(t) = f(\varphi(t))\varphi'(t).$$

所以 $G(t) = F(\varphi(t))$ 是 $f(\varphi(t))\varphi'(t)$ 在区间 $[\alpha,\beta]$(或 $[\beta,\alpha]$) 上的一个原函数. 由于

$$G(\alpha) = F(\varphi(\alpha)) = F(a), \quad G(\beta) = F(\varphi(\beta)) = F(b),$$

由牛顿–莱布尼茨公式得

$$\int_a^b f(x)\mathrm{d}x = F(b) - F(a) = G(\beta) - G(\alpha) = \int_\alpha^\beta f\left[\varphi(t)\right]\varphi'(t)\mathrm{d}t.$$

因此式 (5.9) 成立.

在应用式 (5.9) 时必须注意变换 $x = \varphi(t)$ 应满足的条件, 在改变积分变量的同时注意相应改变积分上、下限.

例 5.3.1　计算 $\int_0^1 \sqrt{x+1}\mathrm{d}x$.

解　令 $\sqrt{x+1} = t$, 则 $x = t^2 - 1, \mathrm{d}x = 2t\mathrm{d}t$.

当 $x = 0$ 时, $t = 1$; 当 $x = 1$ 时, $t = \sqrt{2}$. 由积分的换元法可得

$$\int_0^1 \sqrt{x+1}\mathrm{d}x = \int_1^{\sqrt{2}} t \cdot 2t\mathrm{d}t$$
$$= \left(\frac{2}{3}t^3\right)\Big|_1^{\sqrt{2}} = \frac{2}{3}(2\sqrt{2} - 1).$$

例 5.3.2　计算 $\int_0^a \sqrt{a^2 - x^2}\mathrm{d}x(a > 0)$.

解　令 $x = a\sin t$, 则 $\mathrm{d}x = a\cos t\mathrm{d}t$.

当 $x = 0$ 时, $t = 0$; 当 $x = a$ 时, $t = \dfrac{\pi}{2}$. 故

$$\int_0^a \sqrt{a^2 - x^2}\mathrm{d}x = \int_0^{\frac{\pi}{2}} a\cos t \cdot a\cos t\mathrm{d}t$$
$$= \frac{a^2}{2}\int_0^{\frac{\pi}{2}}(1 + \cos 2t)\mathrm{d}t$$
$$= \frac{a^2}{2}\left(t + \frac{1}{2}\sin 2t\right)\Big|_0^{\frac{\pi}{2}} = \frac{\pi a^2}{4}.$$

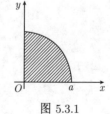

图 5.3.1

显然, 这个定积分的值就是圆 $x^2 + y^2 = a^2$ 在第一象限部分的面积 (图 5.3.1).

例 5.3.3　计算 $\int_0^{\pi/2} \sin^3 x\cos x\mathrm{d}x$.

解　方法一　令 $t = \sin x$, 则 $\mathrm{d}t = \cos x\mathrm{d}x$.

当 $x = 0$ 时, $t = 0$; 当 $x = \dfrac{\pi}{2}$ 时, $t = 1$. 所以

$$\int_0^{\pi/2} \sin^3 x\cos x\mathrm{d}x = \int_0^1 t^3\mathrm{d}t = \frac{1}{4}\,t^4\Big|_0^1 = \frac{1}{4}.$$

方法二 可以不写出新变量 t, 这样定积分的上、下限也不要改变.

$$\int_0^{\pi/2} \sin^3 x \cos x \mathrm{d}x = \int_0^{\pi/2} \sin^3 x \mathrm{d} \sin x$$

$$= \frac{1}{4} \sin^4 x \Big|_0^{\frac{\pi}{2}} = \frac{1}{4}.$$

例 5.3.4 计算 $\int_0^{\pi/2} \dfrac{\cos x}{\sqrt{1 + \cos^2 x}} \mathrm{d}x$.

解 设 $t = \sin x$, 则当 $x = 0$ 时, $t = 0$; 当 $x = \dfrac{\pi}{2}$ 时, $t = 1$.

$$\int_0^{\pi/2} \frac{\cos x}{\sqrt{1 + \cos^2 x}} \mathrm{d}x = \int_0^1 \frac{1}{\sqrt{2 - t^2}} \mathrm{d}t = \arcsin \frac{t}{\sqrt{2}} \Big|_0^1 = \frac{\pi}{4}.$$

例 5.3.5 设 $f(x)$ 在 $[-a, a]$ 上连续, 证明:

(1) $\displaystyle\int_{-a}^0 f(x)\mathrm{d}x = \int_0^a f(-x)\mathrm{d}x.$

(2) 如果 $f(x)$ 为奇函数, 则 $\displaystyle\int_{-a}^a f(x)\mathrm{d}x = 0$; 如果 $f(x)$ 为偶函数, 则 $\displaystyle\int_{-a}^a f(x)\mathrm{d}x = 2\int_0^a f(x)\mathrm{d}x.$

证 (1) 令 $t = -x$, 则

$$\int_{-a}^0 f(x)\mathrm{d}x = -\int_a^0 f(-t)\mathrm{d}t$$

$$= \int_0^a f(-t)\mathrm{d}t = \int_0^a f(-x)\mathrm{d}x.$$

(2) 由于

$$\int_{-a}^a f(x)\mathrm{d}x = \int_{-a}^0 f(x)\mathrm{d}x + \int_0^a f(x)\mathrm{d}x,$$

由 (1) 知, $\displaystyle\int_{-a}^0 f(x)\mathrm{d}x = \int_0^a f(-x)\mathrm{d}x$, 所以当 $f(x)$ 为奇函数时, $f(-x) = -f(x)$, 因此

$$\int_{-a}^a f(x)\mathrm{d}x = \int_0^a 0\mathrm{d}x = 0.$$

当 $f(x)$ 为偶函数时, $f(-x) = f(x)$, 因此

$$\int_{-a}^a f(x)\mathrm{d}x = \int_0^a 2f(x)\mathrm{d}x = 2\int_0^a f(x)\mathrm{d}x.$$

注 5.3.1　利用例 5.3.5 的结论能很方便地求出一些定积分的值. 例如,

$$\int_{-\pi}^{\pi} x^6 \sin x \mathrm{d}x = 0; \quad \int_{-1}^{1} \ln\left(x + \sqrt{1+x^2}\right) \mathrm{d}x = 0;$$

$$\int_{-1}^{1} \left(x + \sqrt{4-x^2}\right)^2 \mathrm{d}x = \int_{-1}^{1} \left(4 + 2x\sqrt{4-x^2}\right) \mathrm{d}x = 4\int_{-1}^{1} \mathrm{d}x + 0 = 8.$$

例 5.3.6　设 $f(x)$ 在 $[0,1]$ 上连续, 证明:

(1) $\displaystyle\int_0^{\frac{\pi}{2}} f(\sin x)\mathrm{d}x = \int_0^{\frac{\pi}{2}} f(\cos x)\mathrm{d}x$;

(2) $\displaystyle\int_0^{\pi} x f(\sin x)\mathrm{d}x = \frac{\pi}{2}\int_0^{\pi} f(\sin x)\mathrm{d}x$, 由此计算 $\displaystyle\int_0^{\pi} \frac{x\sin x}{1+\cos^2 x}\mathrm{d}x$.

证　(1) 设 $x = \dfrac{\pi}{2} - t$, 则 $\mathrm{d}x = -\mathrm{d}t$, 且当 $x = 0$ 时, $t = \dfrac{\pi}{2}$, 当 $x = \dfrac{\pi}{2}$ 时, $t = 0$.
于是

$$\int_0^{\frac{\pi}{2}} f(\sin x)\mathrm{d}x = -\int_{\frac{\pi}{2}}^{0} f\left[\sin\left(\frac{\pi}{2}-t\right)\right]\mathrm{d}t = \int_0^{\frac{\pi}{2}} f(\cos t)\mathrm{d}t = \int_0^{\frac{\pi}{2}} f(\cos x)\mathrm{d}x.$$

(2) 设 $x = \pi - t$, 则 $\mathrm{d}x = -\mathrm{d}t$, 且当 $x = 0$ 时, $t = \pi$; 当 $x = \pi$ 时, $t = 0$. 于是

$$\int_0^{\pi} x f(\sin x)\mathrm{d}x = -\int_{\pi}^{0} (\pi - t) f[\sin(\pi - t)]\mathrm{d}t = \int_0^{\pi} (\pi - t) f(\sin t)\mathrm{d}t$$

$$= \pi \int_0^{\pi} f(\sin t)\mathrm{d}t - \int_0^{\pi} t f(\sin t)\mathrm{d}t$$

$$= \pi \int_0^{\pi} f(\sin x)\mathrm{d}x - \int_0^{\pi} x f(\sin x)\mathrm{d}x.$$

所以

$$\int_0^{\pi} x f(\sin x)\mathrm{d}x = \frac{\pi}{2}\int_0^{\pi} f(\sin x)\mathrm{d}x.$$

利用上述结论, 得

$$\int_0^{\pi} \frac{x\sin x}{1+\cos^2 x}\mathrm{d}x = \frac{\pi}{2}\int_0^{\pi} \frac{\sin x}{1+\cos^2 x}\mathrm{d}x = -\frac{\pi}{2}\int_0^{\pi} \frac{\mathrm{d}(\cos x)}{1+\cos^2 x}$$

$$= -\frac{\pi}{2}\left[\arctan(\cos x)\right]\Big|_0^{\pi} = \frac{\pi^2}{4}.$$

5.3.2　定积分的分部积分法

设函数 $u(x)$ 与 $v(x)$ 均在区间 $[a,b]$ 上有连续的导数, 由微分法则 $\mathrm{d}(uv) = u\mathrm{d}v + v\mathrm{d}u$, 得

$$u\mathrm{d}v = \mathrm{d}(uv) - v\mathrm{d}u.$$

等式两边同时在区间 $[a, b]$ 上积分, 有

$$\int_a^b u \mathrm{d}v = (uv)\Big|_a^b - \int_a^b v \mathrm{d}u. \tag{5.10}$$

式 (5.10) 称为定积分的分部积分公式.

例 5.3.7　计算 $\displaystyle\int_0^1 x\mathrm{e}^{-x}\mathrm{d}x.$

解　利用分部积分法, 得

$$\int_0^1 x\mathrm{e}^{-x}\mathrm{d}x = \int_0^1 x\mathrm{d}(-\mathrm{e}^{-x}) = -x\mathrm{e}^{-x}\Big|_0^1 + \int_0^1 \mathrm{e}^{-x}\mathrm{d}x$$
$$= -\mathrm{e}^{-1} - \mathrm{e}^{-x}\Big|_0^1 = 1 - 2\mathrm{e}^{-1}.$$

例 5.3.8　计算 $\displaystyle\int_1^{\mathrm{e}} \ln^2 x\mathrm{d}x.$

解　令 $u = \ln^2 x, \mathrm{d}v = \mathrm{d}x$, 则

$$\int_1^{\mathrm{e}} \ln^2 x\mathrm{d}x = (x\ln^2 x)\Big|_1^{\mathrm{e}} - \int_1^{\mathrm{e}} 2x\ln x \cdot \frac{1}{x}\mathrm{d}x$$
$$= \mathrm{e} - 2\int_1^{\mathrm{e}} \ln x\mathrm{d}x = \mathrm{e} - 2(x\ln x)\Big|_1^{\mathrm{e}} + 2\int_1^{\mathrm{e}} x\frac{1}{x}\mathrm{d}x$$
$$= \mathrm{e} - 2\mathrm{e} + 2(\mathrm{e} - 1) = \mathrm{e} - 2.$$

例 5.3.9　计算 $\displaystyle\int_0^{\frac{\pi}{2}} x\cos 2x\mathrm{d}x.$

解　
$$\int_0^{\frac{\pi}{2}} x\cos 2x\mathrm{d}x = \frac{1}{2}\int_0^{\frac{\pi}{2}} x\mathrm{d}\sin 2x = \frac{1}{2}\left(x\sin 2x\Big|_0^{\frac{\pi}{2}} - \int_0^{\frac{\pi}{2}} \sin 2x\mathrm{d}x\right)$$
$$= \frac{1}{2}\left(0 + \frac{1}{2}\cos 2x\Big|_0^{\frac{\pi}{2}}\right) = -\frac{1}{2}.$$

例 5.3.10　计算 $\displaystyle\int_0^{\frac{\pi}{4}} \frac{x}{1 + \cos 2x}\mathrm{d}x.$

解　
$$\int_0^{\frac{\pi}{4}} \frac{x}{1 + \cos 2x}\mathrm{d}x = \int_0^{\frac{\pi}{4}} \frac{x}{2\cos^2 x}\mathrm{d}x = \frac{1}{2}\int_0^{\frac{\pi}{4}} x\mathrm{d}\tan x$$
$$= \frac{1}{2}\left(x\tan x\Big|_0^{\frac{\pi}{4}} - \int_0^{\frac{\pi}{4}} \tan x\mathrm{d}x\right)$$
$$= \frac{1}{2}\left(\frac{\pi}{4} + \ln\cos x\Big|_0^{\frac{\pi}{4}}\right) = \frac{\pi}{8} - \frac{1}{4}\ln 2.$$

例 5.3.11　计算 $\displaystyle\int_0^1 \mathrm{e}^x \sin x\mathrm{d}x.$

解
$$\int_0^1 \mathrm{e}^x \sin x \mathrm{d}x = \int_0^1 \mathrm{e}^x \mathrm{d}(-\cos x)$$

$$= -\mathrm{e}^x \cos x \Big|_0^1 + \int_0^1 \cos x \mathrm{d}(\mathrm{e}^x)$$

$$= 1 - \mathrm{e}\cos 1 + \int_0^1 \mathrm{e}^x \mathrm{d}\sin x$$

$$= 1 - \mathrm{e}\cos 1 + \mathrm{e}^x \sin x \Big|_0^1 - \int_0^1 \mathrm{e}^x \sin x \mathrm{d}x$$

$$= 1 - \mathrm{e}\cos 1 + \mathrm{e}\sin 1 - \int_0^1 \mathrm{e}^x \sin x \mathrm{d}x.$$

故
$$\int_0^1 \mathrm{e}^x \sin x \mathrm{d}x = \frac{1}{2}(1 - \mathrm{e}\cos x 1 + \mathrm{e}\sin 1).$$

例 5.3.12 证明

$$I_n = \int_0^{\frac{\pi}{2}} \sin^n x \mathrm{d}x = \int_0^{\frac{\pi}{2}} \cos^n x \mathrm{d}x$$

$$= \begin{cases} \dfrac{n-1}{n} \cdot \dfrac{n-3}{n-2} \cdots \cdots \dfrac{3}{4} \cdot \dfrac{1}{2} \cdot \dfrac{\pi}{2}, & n \text{ 为正偶数}, \\[2mm] \dfrac{n-1}{n} \cdot \dfrac{n-3}{n-2} \cdots \cdots \dfrac{4}{5} \cdot \dfrac{2}{3}, & n \text{ 为大于 } 1 \text{ 的正奇数}. \end{cases}$$

证 令 $x = \dfrac{\pi}{2} - t$, 则 $\mathrm{d}x = -\mathrm{d}t$.

当 $x = 0$ 时, $t = \dfrac{\pi}{2}$; 当 $x = \dfrac{\pi}{2}$ 时, $t = 0$. 故

$$\int_0^{\frac{\pi}{2}} \sin^n x \mathrm{d}x = -\int_{\frac{\pi}{2}}^0 \sin^n \left(\frac{\pi}{2} - t\right) \mathrm{d}t = \int_0^{\frac{\pi}{2}} \cos^n x \mathrm{d}x.$$

当 $n = 1$ 时,

$$I_1 = \int_0^{\frac{\pi}{2}} \sin x \mathrm{d}x = -\cos x \Big|_0^{\frac{\pi}{2}} = 1;$$

当 $n > 1$ 时,

$$I_n = \int_0^{\frac{\pi}{2}} \sin^n x \mathrm{d}x = \int_0^{\frac{\pi}{2}} \sin^{n-1} x \sin x \mathrm{d}x = -\int_0^{\frac{\pi}{2}} \sin^{n-1} x \mathrm{d}\cos x$$

$$= -\left(\sin^{n-1} x \cos x\right)\Big|_0^{\frac{\pi}{2}} + \int_0^{\frac{\pi}{2}} (n-1) \cos^2 x \sin^{n-2} x \mathrm{d}x$$

$$= (n-1) \int_0^{\frac{\pi}{2}} (1 - \sin^2 x) \sin^{n-2} x \mathrm{d}x$$

$$= (n-1) \int_0^{\frac{\pi}{2}} \sin^{n-2} x \mathrm{d}x - (n-1) \int_0^{\frac{\pi}{2}} \sin^n x \mathrm{d}x,$$

故有 $I_n = (n-1)I_{n-2} - (n-1)I_n$, 所以 $I_n = \dfrac{n-1}{n}I_{n-2}$. 如果把 n 换成 $n-2$, 则有 $I_{n-2} = \dfrac{n-3}{n-2}I_{n-4}$, 以此类推, 直到 I_n 的下标递减到 0 或者 1 为止. 从而

$$I_{2m} = \frac{2m-1}{2m} \cdot \frac{2m-3}{2m-2} \cdot \dots \cdot \frac{5}{6} \cdot \frac{3}{4} \cdot \frac{1}{2} \cdot I_0,$$

$$I_{2m+1} = \frac{2m}{2m+1} \cdot \frac{2m-2}{2m-1} \cdot \dots \cdot \frac{6}{7} \cdot \frac{4}{5} \cdot \frac{2}{3} \cdot I_1,$$

其中 m 是正整数.

因为

$$I_0 = \int_0^{\frac{\pi}{2}} \mathrm{d}x = \frac{\pi}{2}, \quad I_1 = 1,$$

所以

$$I_{2m} = \int_0^{\frac{\pi}{2}} \sin^{2m} \mathrm{d}x = \frac{2m-1}{2m} \cdot \frac{2m-3}{2m-2} \cdot \dots \cdot \frac{5}{6} \cdot \frac{3}{4} \cdot \frac{1}{2} \cdot \frac{\pi}{2},$$

$$I_{2m+1} = \int_0^{\frac{\pi}{2}} \sin^{2m+1} x \mathrm{d}x = \frac{2m}{2m+1} \cdot \frac{2m-2}{2m-1} \cdot \dots \cdot \frac{6}{7} \cdot \frac{4}{5} \cdot \frac{2}{3},$$

即

$$I_n = \int_0^{\frac{\pi}{2}} \sin^n x \mathrm{d}x = \int_0^{\frac{\pi}{2}} \cos^n x \mathrm{d}x$$

$$= \begin{cases} \dfrac{n-1}{n} \cdot \dfrac{n-3}{n-2} \cdot \dots \cdot \dfrac{3}{4} \cdot \dfrac{1}{2} \cdot \dfrac{\pi}{2}, & n \text{ 为正偶数}, \\[2mm] \dfrac{n-1}{n} \cdot \dfrac{n-3}{n-2} \cdot \dots \cdot \dfrac{4}{5} \cdot \dfrac{2}{3}, & n \text{ 为大于 } 1 \text{ 的正奇数}. \end{cases}$$

习题 5.3

1. 计算下列积分:

(1) $\displaystyle\int_{\frac{\pi}{3}}^{\frac{\pi}{2}} \cos\left(x - \frac{\pi}{3}\right) \mathrm{d}x$;

(2) $\displaystyle\int_0^1 \frac{1}{\sqrt{9-x^2}} \mathrm{d}x$;

(3) $\displaystyle\int_1^{\mathrm{e}} \frac{(1+\ln x)^2}{x} \mathrm{d}x$;

(4) $\displaystyle\int_0^{\frac{\pi}{2}} \sin 2\theta \cos 3\theta \mathrm{d}\theta$;

(5) $\displaystyle\int_0^{\frac{\pi}{2}} \sin^2 \theta \cos \theta \mathrm{d}\theta$;

(6) $\displaystyle\int_0^{\frac{\pi}{2}} \sqrt{1 - \sin 2x} \mathrm{d}x$;

(7) $\displaystyle\int_0^1 \frac{\mathrm{d}x}{x^2 - 2x + 4}$;

(8) $\displaystyle\int_0^1 \frac{\mathrm{d}x}{x^2 - 4x + 4}$;

(9) $\displaystyle\int_0^2 f(x)\mathrm{d}x$, 其中 $f(x) = \begin{cases} x, & x \leqslant 1, \\ x^2, & x > 1. \end{cases}$

2. 计算下列积分:

(1) $\int_0^1 \dfrac{x}{1+x^2}\mathrm{d}x$;

(2) $\int_{-1}^2 \dfrac{x}{\sqrt{2+x}}\mathrm{d}x$;

(3) $\int_0^9 \dfrac{1}{1+\sqrt{x}}\mathrm{d}x$;

(4) $\int_0^{\ln 2} \sqrt{\mathrm{e}^x-1}\mathrm{d}x$;

(5) $\int_0^{\frac{\pi}{2}} \cos^3 x \sin 2x \mathrm{d}x$;

(6) $\int_0^1 \dfrac{\mathrm{d}x}{\sqrt{x+1}+\sqrt[3]{x+1}}$;

(7) $\int_{-\frac{1}{2}}^{\frac{1}{2}} \dfrac{x\cos x}{\sqrt{1-x^2}}\mathrm{d}x$;

(8) $\int_{-1}^1 (x-1)\sqrt{1-x^2}\mathrm{d}x$;

(9) $\int_1^2 \dfrac{\sqrt{x^2-1}}{x}\mathrm{d}x$;

(10) $\int_{-2}^2 x^3\sqrt{4-x^2}\mathrm{d}x$;

(11) $\int_0^4 \dfrac{x+2}{\sqrt{2x+1}}\mathrm{d}x$;

(12) $\int_0^2 \dfrac{1}{x+\sqrt{4-x^2}}\mathrm{d}x$;

(13) $\int_{-1}^1 (x+\sqrt{1+x^2})^2\mathrm{d}x$;

(14) $\int_{-1}^1 \left(|x|\sqrt{1-x^2}+x\sqrt{1-x^4}\right)\mathrm{d}x$.

3. 计算下列积分:

(1) $\int_1^{\mathrm{e}} \dfrac{\ln x}{x^2}\mathrm{d}x$;

(2) $\int_0^{\ln 2} x\mathrm{e}^{-x}\mathrm{d}x$;

(3) $\int_1^{\mathrm{e}} (\ln x)^2\mathrm{d}x$;

(4) $\int_0^{\frac{\pi}{4}} \dfrac{x}{\cos^2 x}\mathrm{d}x$;

(5) $\int_0^{\pi} t\sin t\mathrm{d}t$;

(6) $\int_0^{\frac{\pi}{2}} \mathrm{e}^x\cos x\mathrm{d}x$;

(7) $\int_0^{\frac{\sqrt{3}}{2}} \arccos x\mathrm{d}x$;

(8) $\int_0^{\pi} x^2\cos\dfrac{x}{2}\mathrm{d}x$;

(9) $\int_1^{\mathrm{e}} \cos(\ln x)\mathrm{d}x$;

(10) $\int_{-\pi}^{\pi} |x|\cos^2 x\mathrm{d}x$.

4. 计算 $\int_0^{\pi} x\sin^n x\mathrm{d}x$($n$ 为自然数).

5. 设 $f(x)$ 在 $[a,b]$ 上连续, 证明: $\int_a^b f(x)\mathrm{d}x = \int_a^b f(a+b-x)\mathrm{d}x$.

6. 证明: $\int_0^{\pi} \sin^n x\mathrm{d}x = 2\int_0^{\frac{\pi}{2}} \sin^n x\mathrm{d}x$.

7. 设 $f(x)$ 为以 T 为周期的连续函数, 证明:

$$\int_a^{a+T} f(x)\mathrm{d}x = \int_0^T f(x)\mathrm{d}x \quad (a \text{ 为常数}).$$

8. 证明: 如果 $f(x)$ 是偶函数, 则 $\int_0^x f(t)\mathrm{d}t$ 为奇函数; 如果 $f(x)$ 是奇函数, 则 $\int_0^x f(t)\mathrm{d}t$ 为偶函数.

9. 证明: 设 $f(x)$ 在 $[0,1]$ 连续, 且单调增加. 证明: 函数 $F(x) = \dfrac{\displaystyle\int_0^x f(t)\mathrm{d}t}{x}$ 在 $(0,1)$ 内也单调增加.

5.4　反常积分与 Γ 函数

5.4.1　无穷限的反常积分

定义 5.4.1　设函数 $f(x)$ 在区间 $[a,+\infty)$ 上连续, 取 $b > a$, 如果极限

$$\lim_{b \to +\infty} \int_a^b f(x)\mathrm{d}x$$

存在, 则称此极限为函数 $f(x)$ 在无穷区间 $[a,+\infty)$ 上的**反常积分**, 记作 $\int_a^{+\infty} f(x)\mathrm{d}x$, 即

$$\int_a^{+\infty} f(x)\mathrm{d}x = \lim_{b \to +\infty} \int_a^b f(x)\mathrm{d}x.$$

这时也称反常积分 $\int_a^{+\infty} f(x)\mathrm{d}x$ 收敛; 如果上述极限不存在, 函数 $f(x)$ 在无穷区间 $[a,+\infty)$ 上的反常积分 $\int_a^{+\infty} f(x)\mathrm{d}x$ 就没有意义, 也称反常积分 $\int_a^{+\infty} f(x)\mathrm{d}x$ 发散, 这时记号 $\int_a^{+\infty} f(x)\mathrm{d}x$ 不再表示数值了.

类似地, 设函数 $f(x)$ 在区间 $(-\infty, b]$ 上连续, 取 $a < b$, 如果极限

$$\lim_{a \to -\infty} \int_a^b f(x)\mathrm{d}x$$

存在, 则称此极限为函数 $f(x)$ 在无穷区间 $(-\infty, b]$ 上的**反常积分**, 记作 $\int_{-\infty}^b f(x)\mathrm{d}x$, 即

$$\int_{-\infty}^b f(x)\mathrm{d}x = \lim_{a \to -\infty} \int_a^b f(x)\mathrm{d}x.$$

这时也称反常积分 $\int_{-\infty}^b f(x)\mathrm{d}x$ 收敛; 如果上述极限不存在, 就称反常积分 $\int_{-\infty}^b f(x)\mathrm{d}x$ 发散. 设函数 $f(x)$ 在区间 $(-\infty,+\infty)$ 上连续, 如果反常积分

$$\int_{-\infty}^0 f(x)\mathrm{d}x \quad \text{和} \quad \int_0^{+\infty} f(x)\mathrm{d}x$$

都收敛, 则称上述两反常积分之和为函数 $f(x)$ 在无穷区间 $(-\infty,+\infty)$ 上的反常积分, 记作 $\int_{-\infty}^{+\infty} f(x)\mathrm{d}x$, 即

$$\int_{-\infty}^{+\infty} f(x)\mathrm{d}x = \int_{-\infty}^0 f(x)\mathrm{d}x + \int_0^{+\infty} f(x)\mathrm{d}x$$

$$= \lim_{a \to -\infty} \int_a^0 f(x)\mathrm{d}x + \lim_{b \to +\infty} \int_0^b f(x)\mathrm{d}x.$$

这时也称反常积分 $\displaystyle\int_{-\infty}^{+\infty} f(x)\mathrm{d}x$ 收敛; 否则就称反常积分 $\displaystyle\int_{-\infty}^{+\infty} f(x)\mathrm{d}x$ 发散.

例 5.4.1　计算反常积分 $\displaystyle\int_{-\infty}^{+\infty} \frac{1}{1+x^2}\mathrm{d}x$.

解　$\displaystyle\int_{-\infty}^{+\infty} \frac{1}{1+x^2}\mathrm{d}x = \int_{-\infty}^0 \frac{1}{1+x^2}\mathrm{d}x + \int_0^{+\infty} \frac{1}{1+x^2}\mathrm{d}x$

$$= \lim_{a \to -\infty} \int_a^0 \frac{1}{1+x^2}\mathrm{d}x + \lim_{b \to +\infty} \int_0^b \frac{1}{1+x^2}\mathrm{d}x$$

$$= \lim_{a \to -\infty} \arctan x \Big|_a^0 + \lim_{b \to +\infty} \arctan x \Big|_0^b$$

$$= 0 - \left(-\frac{\pi}{2}\right) + \frac{\pi}{2} = \pi.$$

例 5.4.2　计算反常积分 $\displaystyle\int_0^{+\infty} te^{-pt}\mathrm{d}t$ (p 是常数, 且 $p > 0$).

解　$\displaystyle\int_0^{+\infty} te^{-pt}\mathrm{d}t = \lim_{b \to +\infty} \int_0^b te^{-pt}\mathrm{d}t$

$$= \lim_{b \to +\infty} \left[-\frac{t}{p}e^{-pt}\Big|_0^b + \frac{1}{p}\int_0^b e^{-pt}\mathrm{d}t \right]$$

$$= -\frac{t}{p}e^{-pt}\Big|_0^{+\infty} - \frac{1}{p^2}e^{-pt}\Big|_0^{+\infty}$$

$$= -\frac{1}{p}\lim_{t \to +\infty} te^{-pt} - 0 - \frac{1}{p^2}(0-1) = \frac{1}{p^2}.$$

例 5.4.3　证明反常积分 $\displaystyle\int_a^{+\infty} \frac{1}{x^p}\mathrm{d}x(a > 0)$ 当 $p > 1$ 时收敛, 当 $p \leqslant 1$ 时发散.

证　当 $p = 1$ 时,

$$\int_a^{+\infty} \frac{1}{x^p}\mathrm{d}x = \int_a^{+\infty} \frac{1}{x}\mathrm{d}x = \ln x \Big|_a^{+\infty} = +\infty.$$

当 $p \neq 1$ 时,

$$\int_a^{+\infty} \frac{1}{x^p}\mathrm{d}x = \frac{x^{1-p}}{1-p}\Big|_a^{+\infty} = \begin{cases} +\infty, & p < 1, \\ \dfrac{a^{1-p}}{p-1}, & p > 1. \end{cases}$$

故原命题成立.

5.4.2 无界函数的反常积分

定义 5.4.2 设函数 $f(x)$ 在 $(a,b]$ 上连续, 且 $\lim\limits_{x \to a^+} f(x) = \infty$, 取 $\varepsilon > 0$, 如果极限 $\lim\limits_{\varepsilon \to 0^+} \int_{a+\varepsilon}^b f(x)\mathrm{d}x$ 存在, 则称此极限为函数 $f(x)$ 在 $(a,b]$ 上的**反常积分**, 仍然记作 $\int_a^b f(x)\mathrm{d}x$, 即

$$\int_a^b f(x)\mathrm{d}x = \lim_{\varepsilon \to 0^+} \int_{a+\varepsilon}^b f(x)\mathrm{d}x,$$

这时也称反常积分 $\int_a^b f(x)\mathrm{d}x$ 收敛. 如果上述极限不存在, 就称反常积分 $\int_a^b f(x)\mathrm{d}x$ 发散.

类似地, 设函数 $f(x)$ 在 $[a,b)$ 上连续, 且 $\lim\limits_{x \to b^-} f(x) = \infty$, 取 $\varepsilon > 0$, 如果极限

$$\lim_{\varepsilon \to 0^+} \int_a^{b-\varepsilon} f(x)\mathrm{d}x$$

存在, 则定义

$$\int_a^b f(x)\mathrm{d}x = \lim_{\varepsilon \to 0^+} \int_a^{b-\varepsilon} f(x)\mathrm{d}x;$$

否则, 就称反常积分 $\int_a^b f(x)\mathrm{d}x$ 发散.

设函数 $f(x)$ 在 $[a,b]$ 上除点 $c(a < c < b)$ 外连续, 而在点 c 的某邻域内无界, 如果两个反常积分

$$\int_a^c f(x)\mathrm{d}x \quad 与 \quad \int_c^b f(x)\mathrm{d}x$$

都收敛, 则定义

$$\int_a^b f(x)\mathrm{d}x = \int_a^c f(x)\mathrm{d}x + \int_c^b f(x)\mathrm{d}x$$

$$= \lim_{\varepsilon \to 0^+} \int_a^{c-\varepsilon} f(x)\mathrm{d}x + \lim_{\varepsilon' \to 0^+} \int_{c+\varepsilon'}^b f(x)\mathrm{d}x;$$

否则, 就称反常积分 $\int_a^b f(x)\mathrm{d}x$ 发散.

例 5.4.4 计算反常积分 $\int_0^a \dfrac{\mathrm{d}x}{\sqrt{a^2 - x^2}} (a > 0)$.

解 $\displaystyle\int_0^a \frac{\mathrm{d}x}{\sqrt{a^2 - x^2}} = \lim_{\varepsilon \to 0^+} \int_0^{a-\varepsilon} \frac{\mathrm{d}x}{\sqrt{a^2 - x^2}} = \lim_{\varepsilon \to 0^+} \arcsin \frac{x}{a} \Big|_0^{a-\varepsilon}$

$$= \lim_{\varepsilon \to 0^+} \left(\arcsin \frac{a - \varepsilon}{a} - 0 \right) = \arcsin 1 = \frac{\pi}{2}.$$

例 5.4.5　讨论反常积分 $\displaystyle\int_{-1}^{1}\dfrac{1}{x^2}\mathrm{d}x$ 的敛散性.

解　$\displaystyle\int_{-1}^{1}\dfrac{1}{x^2}\mathrm{d}x = \int_{-1}^{0}\dfrac{1}{x^2}\mathrm{d}x + \int_{0}^{1}\dfrac{1}{x^2}\mathrm{d}x$, 由于

$$\int_{-1}^{0}\frac{1}{x^2}\mathrm{d}x = \lim_{\varepsilon \to 0^+}\int_{-1}^{-\varepsilon}\frac{1}{x^2}\mathrm{d}x = -\lim_{\varepsilon \to 0^+}\frac{1}{x}\bigg|_{-1}^{-\varepsilon}$$

$$= \lim_{\varepsilon \to 0^+}\left(\frac{1}{\varepsilon} - 1\right) = +\infty,$$

故反常积分 $\displaystyle\int_{-1}^{1}\dfrac{1}{x^2}\mathrm{d}x$ 发散.

5.4.3　Γ 函数

现在我们研究在理论上和应用上都有重要意义的 Γ 函数.

定义 5.4.3　称函数

$$\Gamma(s) = \int_0^{+\infty}\mathrm{e}^{-x}x^{s-1}\mathrm{d}x \quad (s > 0)$$

为 Γ 函数.

Γ 函数的几个重要性质:

(1) 递推公式 $\Gamma(s+1) = s\Gamma(s)(s > 0)$.

证　由分部积分法, 得

$$\Gamma(s+1) = \int_0^{+\infty}\mathrm{e}^{-x}x^s\mathrm{d}x = -\int_0^{+\infty}x^s\mathrm{d}\mathrm{e}^{-x}$$

$$= -x^s\mathrm{e}^{-x}\bigg|_0^{+\infty} + s\int_0^{+\infty}\mathrm{e}^{-x}x^{s-1}\mathrm{d}x$$

$$= s\Gamma(s).$$

显然,

$$\Gamma(1) = \int_0^{+\infty}\mathrm{e}^{-x}\mathrm{d}x = -\mathrm{e}^{-x}\bigg|_0^{+\infty} = 1;$$

$$\Gamma(2) = 1 \cdot \Gamma(1) = 1;$$

$$\Gamma(3) = 2 \cdot \Gamma(2) = 2!;$$

$$\Gamma(4) = 3 \cdot \Gamma(3) = 3!;$$

$$\cdots\cdots$$

$$\Gamma(n+1) = n!(n\text{为正整数}).$$

(2) 当 $s \to 0^+$ 时, $\Gamma(s) \to +\infty$.

证 由于 $\Gamma(s)$ 为 $s > 0$ 的连续函数, 所以

$$\lim_{s \to 0^+} \Gamma(s+1) = \Gamma(1) = 1,$$

因此 $\displaystyle\lim_{s \to 0^+} \Gamma(s) = \lim_{s \to 0^+} \frac{\Gamma(s+1)}{s} = +\infty.$

(3) $\Gamma(s)\Gamma(1-s) = \dfrac{\pi}{\sin(\pi s)} \ (0 < s < 1).$

此公式称为余元公式. 由余元公式可得

$$\Gamma\left(\frac{1}{2}\right) = \sqrt{\pi}.$$

习题 5.4

1. 计算下列反常积分:

(1) $\displaystyle\int_1^{+\infty} \frac{1}{x^2}\mathrm{d}x;$

(2) $\displaystyle\int_1^{+\infty} \frac{\mathrm{d}x}{x^2(x+1)};$

(3) $\displaystyle\int_e^{+\infty} \frac{\mathrm{d}x}{x(\ln x)^3};$

(4) $\displaystyle\int_1^{+\infty} \frac{\arctan x}{x^2}\mathrm{d}x;$

(5) $\displaystyle\int_0^{+\infty} \frac{\arctan e^x}{e^{2x}}\mathrm{d}x;$

(6) $\displaystyle\int_{-\infty}^{+\infty} (|x| + x)e^{-|x|}\mathrm{d}x;$

(7) $\displaystyle\int_1^{+\infty} \frac{x}{x^4 + x^2 + 1}\mathrm{d}x;$

(8) $\displaystyle\int_1^2 \frac{x}{\sqrt{x-1}}\mathrm{d}x;$

(9) $\displaystyle\int_0^2 \frac{1}{(1-x)^2}\mathrm{d}x;$

(10) $\displaystyle\int_0^2 \frac{\mathrm{d}x}{x^2 - 4x + 3}.$

2. 当 k 为何值时, 反常积分 $\displaystyle\int_2^{+\infty} \frac{\mathrm{d}x}{x(\ln x)^k}$ 收敛? k 为何值时, 这个反常积分发散? 又当 k 为何值时, 这个反常积分取得最小值?

3. 证明 $\Gamma\left(\dfrac{2k+1}{2}\right) = \dfrac{1 \cdot 3 \cdot 5 \cdots (2k-1)}{2^k}\sqrt{\pi}$, 其中 k 为自然数.

4. 证明以下各式:

(1) $2 \cdot 4 \cdot 6 \cdots 2n = 2^n\Gamma(n+1);$

(2) $1 \cdot 2 \cdot 5 \cdots (2n-1) = \dfrac{\Gamma(2n)}{2^{n-1}\Gamma(n)};$

(3) $\sqrt{\pi}\Gamma(2n) = 2^{2n-1}\Gamma(n)\Gamma\left(n+\dfrac{1}{2}\right)$ (勒让德 (Legendre) 倍量公式).

5.5 定积分的应用

5.5.1 元素法

现在将应用前面学过的定积分理论来分析和解决一些几何、物理和生物学中的问题, 首先介绍解决这些问题的分析方法——元素法.

在 5.1 节, 通过划分、取近似、求和和取极限 4 个步骤来求解曲边梯形面积. 在实际应用中, 为了简便起见, 用 ΔA 表示任一小区间 $[x, x+\mathrm{d}x]$ 上小曲边梯形的面积,

因此,

$$A = \sum \Delta A.$$

取 $[x, x + \mathrm{d}x]$ 的左端点 x 的函数值 $f(x)$ 为高、$\mathrm{d}x$ 为底的矩形面积 $f(x)\mathrm{d}x$ 为 ΔA 的近似值 (如图 5.5.1 中阴影部分所示), 即

$$\Delta A \approx f(x)\mathrm{d}x.$$

上式右端 $f(x)\mathrm{d}x$ 称为面积元素, 记作

$$\mathrm{d}A = f(x)\mathrm{d}x,$$

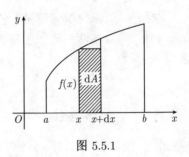

图 5.5.1

于是

$$A \approx \sum f(x)\mathrm{d}x,$$

故 $A = \lim \sum f(x)\mathrm{d}x = \int_a^b f(x)\mathrm{d}x.$

一般地, 如果某一个实际问题中的所求量 Q 符合下列条件:

(1) Q 与变量 x 的变化区间 $[a, b]$ 有关;

(2) 如果将 $[a, b]$ 分成很多小区间, 则 Q 也会相应地被分割成很多部分, 并且 Q 等于所有部分量的和, 这个性质称为所求总量对于区间具有可加性, 即

$$Q = \sum \Delta Q;$$

(3) 部分量 ΔQ 的近似值可以表示为 $f(x)\mathrm{d}x$, 即得到总量 Q 的元素

$$\mathrm{d}Q = f(x)\mathrm{d}x;$$

(4) 根据元素写出定积分, 即得到总量 Q 的表达式

$$Q = \int_a^b f(x)\mathrm{d}x,$$

称这种方法为元素法.

5.5.2 平面图形的面积

1. 直角坐标系情形

由曲线 $y = f(x)$ $(f(x) \geqslant 0)$ 及直线 $x = a, x = b (a < b)$ 与 x 轴所围成的曲边梯形面积 A (图 5.5.1), 可以用定积分来表示: $A = \int_a^b f(x)\mathrm{d}x$, 其中被积表达式 $f(x)\mathrm{d}x$ 为面积元素, 它表示一个高为 $f(x)$、宽为 $\mathrm{d}x$ 的矩形的面积.

通过计算这个定积分, 就能得到图 5.5.1 中曲边梯形的面积.

一般说来, 任意图形的面积都可用曲边梯形面积的和或者差来表达, 可以借助元素法写出对应定积分的被积表达式.

由曲线 $y = f(x)$ 与 $y = g(x)(f(x) \geqslant g(x))$ 及直线 $x = a$ 和 $x = b(a < b)$ 且所围成的图形如图 5.5.2 所示, 求它的面积 A.

取横坐标 x 为积分变量, 它的变化范围是 $[a,b]$, 相应于 $[a,b]$ 内的任一小区间 $[x, x+\mathrm{d}x]$ 的窄条面积近似于高为 $[f(x) - g(x)]$、宽为 $\mathrm{d}x$ 的小矩形面积, 从而面积元素为

$$\mathrm{d}A = [f(x) - g(x)]\mathrm{d}x.$$

将面积元素在 $[a,b]$ 上积分, 即可得所求面积

$$A = \int_a^b [f(x) - g(x)]\mathrm{d}x. \tag{5.11}$$

例 5.5.1 求椭圆 $\dfrac{x^2}{a^2} + \dfrac{y^2}{b^2} = 1(a > 0, b > 0)$ 的面积.

解 如图 5.5.3 所示的, 利用椭圆关于坐标轴的对称性, 记椭圆在第一象限内的面积为 A_1, 则

$$\begin{aligned}
A = 4A_1 &= 4\int_0^a y\mathrm{d}x \\
&= \frac{4b}{a}\int_0^a \sqrt{a^2 - x^2}\mathrm{d}x \\
&= \frac{4b}{a} \cdot \frac{\pi}{4}a^2 = \pi ab.
\end{aligned}$$

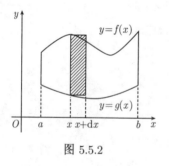

图 5.5.2

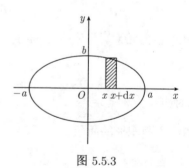

图 5.5.3

例 5.5.2 求曲线 $y = \sqrt{x}$ 和直线 $y = x - 2$ 以及 x 轴在第一象限中所围区域面积.

解 如图 5.5.4 所示, 由于所围区域下边界曲线有两条, 分别是 x 轴和直线 $y = x - 2$, 因此, 需要将区域分为 D_1, D_2 两个子区域, 则 D_1 面积为

$$A_1 = \int_0^2 \sqrt{x}\mathrm{d}x = \frac{2}{3}x^{\frac{3}{2}}\bigg|_0^2 = \frac{4\sqrt{2}}{3},$$

D_2 面积为

$$A_2 = \int_2^4 \left(\sqrt{x} - x + 2\right) \mathrm{d}x = \left(\frac{2}{3}x^{\frac{3}{2}} - \frac{x^2}{2} + 2x\right)\bigg|_2^4$$
$$= \frac{10}{3} - \frac{4\sqrt{2}}{3}.$$

所以所围区域面积等于 $A = A_1 + A_2 = \dfrac{10}{3}$.

如果选择 y 作为积分变量, 它的变化区间是 $[0, 2]$, 所以所求区域面积为

$$A = \int_0^2 (y + 2 - y^2)\mathrm{d}y = \left(\frac{1}{2}y^2 + 2y - \frac{1}{3}y^3\right)\bigg|_0^2 = \frac{10}{3}.$$

比较两种解法可知, 第二种解法更加简便, 因此在计算平面图形面积时要选取适当的积分变量.

2. 极坐标系情形

对于某些平面图形, 用极坐标计算面积更加方便.

设平面图形是由曲线 $r = \varphi(\theta)$ 及射线 $\theta = \alpha, \theta = \beta$ 所围成的曲边扇形 (图 5.5.5), 并且 $\varphi(\theta)$ 在 $[\alpha, \beta]$ 上连续. 取极角 θ 为积分变量, 它的变化区间是 $[\alpha, \beta]$, 相应于任一小区间 $[\theta, \theta + \mathrm{d}\theta]$ 的窄曲边扇形的面积可以用半径为 $r = \varphi(\theta)$、中心角为 $\mathrm{d}\theta$ 的圆扇形的面积来近似替代, 从而此曲边扇形的面积元素为

$$\mathrm{d}A = \frac{1}{2}r^2(\theta)\mathrm{d}\theta.$$

从而所求区边扇形的面积为

$$A = \int_\alpha^\beta \frac{1}{2}r^2(\theta)\mathrm{d}\theta. \tag{5.12}$$

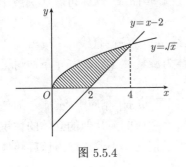

图 5.5.4

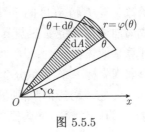

图 5.5.5

例 5.5.3 求心形线 $r = a(1 + \cos\theta)\ (a > 0)$ 所围成的图形面积.

解   如图 5.5.6, 根据曲边扇形面积计算公式得

$$
\begin{aligned}
A &= \frac{1}{2}\int_0^{2\pi} a^2\left(1+\cos\theta\right)^2 \mathrm{d}\theta \\
&= 2a^2\int_0^{2\pi}\cos^4\frac{\theta}{2}\mathrm{d}\theta \\
&= 4a^2\int_0^{\pi}\cos^4\frac{\theta}{2}\mathrm{d}\theta \quad \left(\diamondsuit\, t=\frac{\theta}{2}\right) \\
&= 8a^2\int_0^{\frac{\pi}{2}}\cos^4 t\,\mathrm{d}t = 8a^2\cdot\frac{3}{4}\cdot\frac{1}{2}\cdot\frac{\pi}{2} = \frac{3}{2}\pi a^2.
\end{aligned}
$$

例 5.5.4   求阿基米德 (Archimedes) 螺线 $r = a\theta(a>0)$ 上, 相应于 θ 从 0 变化到 2π 的一段弧与极轴所围成图形的面积.

解   如图 5.5.7 所示, 根据曲边扇形面积计算公式 (5.12) 得

$$
A = \int_0^{2\pi}\frac{1}{2}\left(a\theta\right)^2\mathrm{d}\theta = \frac{a^2}{2}\left.\frac{\theta^3}{3}\right|_0^{2\pi} = \frac{4}{3}a^2\pi^3.
$$

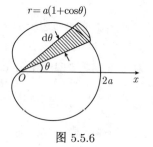

图 5.5.6

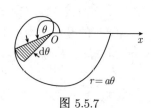

图 5.5.7

5.5.3   旋转体的体积

平面图形绕该平面内某一条直线旋转一周而产生的立体称为旋转体, 这条直线称为旋转轴. 例如, 圆柱体可看成矩形绕它的一条边旋转而成, 球体可看成圆或半圆绕一条直径旋转而成.

设函数 $y = f(x)$ 在区间 $[a,b]$ 上连续, 由曲线 $y = f(x)$, 直线 $x = a$, $x = b$ 和 x 轴所围成的曲边梯形绕 x 轴旋转一周生成的立体为旋转体 (图 5.5.8), 下面讨论用定积分来计算它的体积.

如果取横坐标 x 作为积分变量, 它的变化区间是 $[a,b]$, 相应于 $[a,b]$ 上的任一区间 $[x,x+\mathrm{d}x]$, 它所对应的窄曲边梯形绕 x 轴旋转而生成的薄片似的立体的体积近似等于以 $f(x)$ 为底半径、$\mathrm{d}x$ 为高的圆柱体体积, 可以把这个小薄片称为该旋转体的体积元素. 该体积元素值为

$$
\mathrm{d}V = \pi[f(x)]^2\mathrm{d}x.
$$

故所得的旋转体的体积为

$$V = \int_a^b \pi \left[f(x) \right]^2 \mathrm{d}x. \tag{5.13}$$

同理, 设函数 $x = \varphi(y)$ 在区间 $[c, d]$ 上连续, 则由曲线 $x = \varphi(y)$, 直线 $y = c, y = d$ 及 y 轴所围成的曲边梯形绕 y 轴旋转一周生成的立体如图 5.5.9 所示, 则所得的旋转体的体积为

$$V = \int_c^d \pi \left[\varphi(y) \right]^2 \mathrm{d}y. \tag{5.14}$$

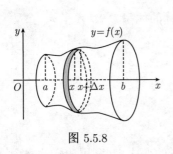

图 5.5.8　　　　　　　　　　图 5.5.9

在计算中我们只需要画出曲边梯形, 根据式 (5.13) 或式 (5.14) 计算出所求的旋转体积.

例 5.5.5　求由 $y = \sqrt{x}$, 直线 $x = 4$ 以及 x 轴所围区域分别绕 x 轴和 y 旋转一周所产生立体的体积.

解　如图 5.5.10 所示, 所给区域绕 x 轴旋转一周所产生立体的体积为

$$\begin{aligned}
V_x &= \int_0^4 \pi y^2 \mathrm{d}x = \int_0^4 \pi (\sqrt{x})^2 \mathrm{d}x \\
&= \pi \int_0^4 x \mathrm{d}x = \pi \left. \frac{x^2}{2} \right|_0^4 = 8\pi.
\end{aligned}$$

所给区域绕 y 旋转一周所产生立体的体积相当于矩形绕 y 旋转一周所产生立体的体积减去由 $y = \sqrt{x}$, 直线 $y = 2$ 以及 y 轴所围区域 y 旋转一周所产生立体的体积. 因此

$$V_y = \pi \cdot 4^2 \cdot 2 - \int_0^2 \pi x^2 \mathrm{d}y = 32\pi - \pi \int_0^2 y^4 \mathrm{d}y = \frac{128\pi}{5}.$$

例 5.5.6　求椭圆 $\dfrac{x^2}{a^2} + \dfrac{y^2}{b^2} = 1$ 所围成的图形绕 x 轴旋转而成的立体体积.

解　如图 5.5.11 所示, 这个旋转体可看成是由上半个椭圆 $y = \dfrac{b}{a}\sqrt{a^2 - x^2}$ 及 x 轴所围成的图形绕 x 轴旋转所生成的立体. 所以, 立体体积为

$$V = \pi \int_{-a}^a y^2 \mathrm{d}x = \frac{\pi b^2}{a^2} \int_{-a}^a (a^2 - x^2) \mathrm{d}x = \frac{4}{3}\pi ab^2.$$

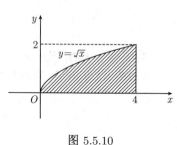

图 5.5.10   图 5.5.11

特别地, 当 $a = b = R$ 时, 可得半径为 R 球体的体积

$$V = \frac{4}{3}\pi R^3.$$

5.5.4 定积分在经济、生物上的应用

1. 边际问题

"边际" 是指自变量发生微小变动时, 因变量的变化率. 利用边际的概念, 很多经济量, 如成本、收益、净利、效用等, 都可以用边际来表示这些经济量的变化情况. 边际的连续性表现就是这些函数的导数. 通过本部分的学习, 在已知了某个经济量的边际后, 我们可以通过定积分公式求出原经济量的函数.

例 5.5.7 已知生产了 x 件产品时再生产一件产品的边际成本 (单位: 元) 是 $C'(x) = \dfrac{1}{\sqrt{x}}$, 求生产了 100 件产品后再追加生产 200 件产品所需要的成本.

解 设总成本函数为 $C(x)$, 则生产了 100 件产品后再追加生产 200 件产品所需要的成本为 $C(300) - C(100)$, 因为边际成本为 $C'(x) = \dfrac{1}{\sqrt{x}}$, 所以

$$C(300) - C(100) = \int_{100}^{300} C'(x)\mathrm{d}x = \int_{100}^{300} \frac{1}{\sqrt{x}}\mathrm{d}x = 2\sqrt{x}\Big|_{100}^{300} = 14.64(\text{元}).$$

2. 平均日库存

库存函数 $S(t)$ 是指一个公司在 t 时刻时手中商品的数目, 则 $S(t)$ 在一段时间范围内 $[a,b]$ 的平均值称为公司在该段时间的平均日库存.

如果 $S(t)$ 是关于时间 t 的连续变化函数, 那么公司在从 a 到 b 这个时间段上的库存量为 $\displaystyle\int_a^b S(t)\mathrm{d}t$, 因此, 在 $[a,b]$ 这段时期内的平均日库存为 $\dfrac{1}{b-a}\displaystyle\int_a^b S(t)\mathrm{d}t$.

例 5.5.8 已知某零件批发商每 30 天进货 1000 个零件, 一批货到达 t 天后, 手头的存货为 $1000 - 33t(0 \leqslant t \leqslant 30)$. 求

(1) 平均日库存;

(2) 如果每件零件每天需要保存费 0.1 元, 则平均日保存费是多少?

解　(1) 由题意, 库存函数 $S(t) = 1000 - 33t$, 所以平均日库存为

$$\frac{1}{30}\int_0^{30}(1000 - 33t)\mathrm{d}t = \frac{1}{30}\left(1000t - \frac{33}{2}t^2\right)\Big|_0^{33} = 501.05(\text{个}).$$

(2) 因为每个零件每天的保存费是 0.1 元, 所以平均日保存费是

$$501.05 \times 0.1 \approx 50.1(\text{元}).$$

3. 连续复利现金流的现值

如果在某个时间段内的经济收入 (支出) 不是固定的数额, 而是单位时间内都有收入 (或支出), 则称其为现金流量.

现金流按时间长度可分为离散和连续两种, 下面先介绍离散现金流的现值计算.

设某企业计划投资引入一条生产线, 与卖方谈判结果是分三年付清款额, 计划一年后付款 100 万, 二年后付款 200 万, 三年后付款 300 万, 假设年利率为 $r = 0.05$ 的连续复利, 问这一投资计划的现值是多少?

因为采用的是连续复利, 年利率为 r, 设 t 年后的本利和为 A, 则现在的投资额应该是 $A\mathrm{e}^{-rt}$, 因此上述问题的本利和现值应该是

$$100\mathrm{e}^{-0.05} \approx 95.12\ (\text{万元}),$$
$$200\mathrm{e}^{(-0.05)\times 2} = 180.97\ (\text{万元}),$$
$$300\mathrm{e}^{(-0.05)\times 3} = 258.21\ (\text{万元}),$$

故企业现在所需准备的资金应该是 534.29 万元.

上面讨论的是投资流量是离散的情况, 如果投资流量函数 $f(t)$ 在投资时间 $[a,b]$ 上是连续的, 则在一个很短的时间间隔 $[t, t+\mathrm{d}t]$ 内, 投资流量总量为 $f(t)\mathrm{d}t([t,t+\mathrm{d}t] \in [a,b])$. 如果按连续复利计算, 其现值将是 $\mathrm{e}^{-rt}f(t)\mathrm{d}t$, 从而 $[a,b]$ 时间段内投资流量总量的现值将是

$$\int_a^b \mathrm{e}^{-rt}f(t)\mathrm{d}t.$$

例 5.5.9　如果投资流量为 $f(t) = 100$ 元/年, 年利率为 7%, 如果连续投资了 5 年, 计算其现值应是多少?

解　因为投资流量 $f(t) = 100$, 从而投资流量总量的现值 A 为

$$A = \int_a^b \mathrm{e}^{-rt}f(t)\mathrm{d}t = \int_0^5 100\mathrm{e}^{(-0.07)\times t}\mathrm{d}t = \frac{100}{0.07}\left(1 - \mathrm{e}^{(-0.07)\times 5}\right) = 421.90\ (\text{元}).$$

4. 人体血流量的计算

例 5.5.10　人体的血液在血管内作层状流动, 其公式为

$$v(r) = \frac{P}{4\eta l}(R^2 - r^2),$$

其中 v 为血液血管方向流动的速率, R 为血管半径, l 为血管长度, r 为离血管中心轴的距离 $(0 < r < R)$, P 为血管两端的血压, η 为血黏度 (图 5.5.12).

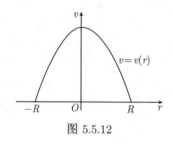

图 5.5.12

试求血流量 (单位时间流过一截面血液的总量).

解 假设血管截面为圆形, 在 $[0, R]$ 上任一 $[r, r+\mathrm{d}r]$ 层的血管截面面积元素为 $\mathrm{d}A = 2\pi r \mathrm{d}r$(圆环面积的近似值) 上, 血液的流速近似为 $v(r)$, 所以单位时间内流过环形截面血流量为 $v(r)\mathrm{d}A = 2\pi r v(r)\mathrm{d}r$, 由元素法知, 单位时间流过血管截面的血流量为

$$S = \int_0^R v(r)\mathrm{d}A = \int_0^R 2\pi r \frac{P}{4\eta l}(R^2 - r^2)\mathrm{d}r$$

$$= -\frac{\pi P}{4\eta l}\int_0^R (R^2 - r^2)\mathrm{d}(R^2 - r^2)$$

$$= -\frac{\pi P}{8\eta l}(R^2 - r^2)^2 \Big|_0^R = \frac{\pi P}{8\eta l}R^4.$$

这就是泊肃叶 (Poiseuille) 定律, 表明血流量与血管半径的 4 次方成正比例.

习题 5.5

1. 求下列曲线所围图形面积:

(1) $y = x^2, y = x^{\frac{1}{3}}$;　　　　　(2) $y = \mathrm{e}^x, y = \mathrm{e}^{-x}$ 与直线 $x = 1$;

(3) $y = \ln x, y = 0$, 与直线 $x = \mathrm{e}y$;　　(4) $y = x, y = x + \cos^2 x (0 \leqslant x \leqslant \pi)$.

2. 求抛物线 $y^2 = 2px$ 与其在点 $\left(\dfrac{p}{2}, p\right)$ 处的法线所围成的图形面积.

3. 求由曲线 $r = 2a(2 + \cos\theta)$ 所围图形的面积.

4. 求由曲线 $\begin{cases} x = a\cos^3 t, \\ y = a\sin^3 t \end{cases}$ 所围图形的面积.

5. 求下列曲线所确定区域按指定的轴旋转所产生的旋转体的体积:

(1) $y = x, y = 1, x = 0$, 绕 x 轴;　　(2) $y = \sqrt{x}, x = \sqrt{y}$, 绕 x 轴;

(3) $(x - 4)^2 + y^2 = 1$, 绕 y 轴;　　(4) 星形线 $x^{\frac{2}{3}} + y^{\frac{2}{3}} = a^{\frac{2}{3}}$, 绕 y 轴.

6. 求由曲线 $y = \mathrm{e}^x$ 和该曲线过原点的切线以及 y 轴所围成的图形绕 y 轴旋转所形成的旋转体的体积.

7. 设直线 $y = ax$ 与抛物线 $y = x^2$ 所围成图形的面积为 S_1, 它们与直线 $x = 1$ 所围成图形的面积为 S_2, 并且 $0 < a < 1$.

(1) 试确定 a 的值, 使 $S_1 + S_2$ 达到最小, 并求最小值;

(2) 求 $S_1 + S_2$ 达到最小值时, S_1 所对应的平面图形绕 x 轴旋转一周所得旋转体的体积.

8. 某工厂生产一种产品的固定成本 20 元, 生产 x 单位产品时商务边际成本 (单位: 元) 为 $C'(x) = 0.5x + 4$, 试求:

(1) 总成本函数 $C(x)$;

(2) 若该商品的销售单价为 20 元, 且产品全部售出, 问该工厂应生产多少单位产品才能获得最大利润, 最大利润多少?

9. 某超市每 30 天收到 300 箱饮料, 一批货物到达后 t 日后的手头的箱的数目是 $S(t) = 300 - 10t$. 求平均日库存, 如果每天每箱的保管费是 2.0 元, 求平均日保管费.

10. (1) 一银行账户, 以 10% 的利率连续复利方式盈利. 一对父母打算给孩子攒学费, 若要在 10 年内攒够 100000 元的学费, 问这对父母必须每年以定常速度多少的钱存入银行账户中?

(2) 若这对父母现在改为一次存够一总数, 用这一总数加上它的盈利作为孩子的将来学费, 若在 10 年后获得 100000 元的学费, 则必须一次存入多少钱?

11. 某一动物种群增长率 (单位: 万只/年) 为 $200 + 50t$, 其中 t 为年, 求从第 4 年到第 10 年间动物增长多少?

总习题 5

1. 填空题.

(1) 设 $f(x)$ 在 $[0, +\infty)$ 上连续, 且 $\int_0^{x^3} f(t)\mathrm{d}t = \sin x$, 则 $f(1) = $ _____;

(2) 函数 $f(x) = \int_x^1 \left(2 - \dfrac{1}{t^2}\right)\mathrm{d}t (x > 0)$ 的极大值点为 ____;

(3) 已知 $\int_1^x f(t^2)\mathrm{d}t = x^3$, 则 $\int_0^2 xf(x)\mathrm{d}x = $ ____;

(4) $\int_{-1}^1 \dfrac{x^2 \ln(x + \sqrt{1+x^2})}{1 + \cos^2 x}\mathrm{d}x = $ ____;

(5) 已知 $\int_0^1 f(x)\mathrm{d}x = 1, f(1) = 2$, 则 $\int_0^1 xf'(x)\mathrm{d}x$ ____.

2. 选择题.

(1) 设 $f(x) = \int_0^{\sin^2 x} \cos(t^2)\mathrm{d}t, g(x) = x^2 \sin x + x^4$, 则当 $x \to 0$ 时, $f(x)$ 是比 $g(x)$ (   ).

A. 低阶无穷小量;   B. 高阶无穷小量;

C. 同阶非等价无穷小量;   D. 等阶无穷小量.

(2) 设函数 $f(x) = \int_1^x (3t^2 + \sin t)\mathrm{d}t$, 则 $\lim\limits_{h \to 0} \dfrac{f(x+h) - f(x)}{h} = $ (   ).

A. $6x^2 + 2\sin x$;   B. $3x^2 + \sin x$;

C. $6x + \cos x$;   D. $12x + 2\cos x$.

(3) $\int_{-\pi}^{\pi} x[f(x) + f(-x)]\mathrm{d}x = $ (   ).

A. $2[f(\pi) + f(-\pi)]$;   B. $f(\pi) + f(-\pi)$;   C. 0;   D. $f(\pi) - f(-\pi)$.

(4) 下列反常积分中发散的是 (　　).

A. $\displaystyle\int_1^{+\infty} \frac{1}{x^2}\mathrm{d}x$;　　　　　　　　　　B. $\displaystyle\int_e^{+\infty} \frac{1}{x\ln^2 x}\mathrm{d}x$;

C. $\displaystyle\int_1^{+\infty} \frac{1}{\sqrt[3]{x}}\mathrm{d}x$;　　　　　　　　　　D. $\displaystyle\int_1^{+\infty} \frac{x}{1+x^4}\mathrm{d}x$.

(5) 下列说法一定错误的是 (　　).

A. $\displaystyle\int_0^{+\infty} f(x)\mathrm{d}x, \int_0^{+\infty} f(x)\mathrm{d}x$ 和 $\displaystyle\int_0^{+\infty} [f(x)+g(x)]\mathrm{d}x$ 三个都发散;

B. $\displaystyle\int_0^{+\infty} f(x)\mathrm{d}x, \int_0^{+\infty} f(x)\mathrm{d}x$ 和 $\displaystyle\int_0^{+\infty} [f(x)+g(x)]\mathrm{d}x$ 三个都收敛;

C. $\displaystyle\int_0^{+\infty} f(x)\mathrm{d}x, \int_0^{+\infty} f(x)\mathrm{d}x$ 和 $\displaystyle\int_0^{+\infty} [f(x)+g(x)]\mathrm{d}x$ 中有两个发散, 一个收敛;

D. $\displaystyle\int_0^{+\infty} f(x)\mathrm{d}x, \int_0^{+\infty} f(x)\mathrm{d}x$ 和 $\displaystyle\int_0^{+\infty} [f(x)+g(x)]\mathrm{d}x$ 中有两个收敛, 一个发散.

3. 求极限 $\displaystyle\lim_{n\to\infty} \left(\frac{1}{n}\sin\frac{1}{n} + \frac{2}{n}\sin\frac{2}{n} + \cdots + \frac{i}{n}\sin\frac{i}{n} + \cdots + \frac{n}{n}\sin\frac{n}{n}\right)\sin\frac{1}{n}$.

4. 设 $g(x)=\displaystyle\int_0^2 |x-t|\mathrm{d}t,\ 0<x<2$, 求 $g'(x)$.

5. 求常数 a, b, 使当 $x\to 0$ 时, $\displaystyle\int_0^x \frac{t^2}{\sqrt{a+t}}\mathrm{d}t$ 和 $bx-\sin x$ 为等价无穷小.

6. 设 $F(x)=\begin{cases}\dfrac{\displaystyle\int_0^x tf(t)\mathrm{d}t}{x^2}, & x\neq 0, \\ a, & x=0,\end{cases}$ 其中 $f(x)$ 有连续, 且 $f(0)=1$, 试确定 a 使 $F(x)$

连续.

7. 设函数 $f(x)$ 在 $[0,1]$ 上连续, 证明方程 $\dfrac{1}{1+x^2}-\displaystyle\int_0^x f^2(t)\mathrm{d}t=x$ 在 $(0,1)$ 内有且仅有一

实根.

8. 计算下列积分:

(1) $\displaystyle\int_0^{\frac{\pi}{2}} \frac{x+\sin x}{1+\cos x}\mathrm{d}x$;　　　　　　　　(2) $\displaystyle\int_0^{\frac{\pi}{4}} \ln(1+\tan x)\mathrm{d}x$;

(3) $\displaystyle\int_0^1 [1+xf'(x)]\mathrm{e}^{f(x)}\mathrm{d}x$;　　　　　(4) $\displaystyle\int_0^2 f(x-1)\mathrm{d}x$, 其中 $f(x)=\begin{cases}\dfrac{1}{x+1}, & x\geqslant 0, \\ \dfrac{1}{1+\mathrm{e}^x}, & x<0.\end{cases}$

9. 求 $\displaystyle\lim_{n\to+\infty}\int_0^1 \frac{x^{2n}}{1+x}\mathrm{d}x$.

10. 已知 $f(x)=x\mathrm{e}^{-x}+\sqrt{x}\displaystyle\int_0^1 f(x)\mathrm{d}x$, 求 $f(x)$.

11. 已知 $f(x)=\displaystyle\int_0^1 f(x)\mathrm{d}x+\lim_{x\to 1}f(x)+1$, 求 $f(x)$.

12. 已知 $\displaystyle\int_0^1 f(tx)\mathrm{d}t = \sin x, x \neq 0$, 求 $f(x)$.

13. 求 $\displaystyle\int_0^1 \left(\int_x^1 \mathrm{e}^{u^2}\mathrm{d}u\right)\mathrm{d}x$.

14. 设 $f(x)$ 为连续函数, 证明 $\displaystyle\int_0^x \left(\int_0^t f(u)\mathrm{d}u\right)\mathrm{d}t = \int_0^x (x-t)f(t)\mathrm{d}t$.

15. 设 $f(x)$ 和 $g(x)$ 在区间 $[a, b]$ 上均连续, 证明:

$$\left[\int_a^b f(x)g(x)\mathrm{d}x\right]^2 \leqslant \int_a^b f^2(x)\mathrm{d}x \cdot \int_a^b g^2(x)\mathrm{d}x \quad (\text{柯西–施瓦茨不等式}).$$

16. 求下列反常积分:

(1) $\displaystyle\int_2^{+\infty} \frac{\mathrm{d}x}{x^2 + x - 2}$;

(2) $\displaystyle\int_0^2 \frac{\mathrm{d}x}{\sqrt{2x - x^2}}$;

(3) $\displaystyle\int_0^{+\infty} \frac{\arctan x}{(1+x^2)^{\frac{3}{2}}}\mathrm{d}x$;

(4) $\displaystyle I_n = \int_0^{+\infty} x^n \mathrm{e}^{-x}\mathrm{d}x$ (n 为自然数).

17. 抛物线 $y^2 = 2x$ 分割圆 $x^2 + y^2 = 8$ 的面积为两部分, 求这两部分的面积比.

18. 设 D 是位于曲线 $y = \sqrt{x}a^{-\frac{x}{2a}}(a > 1$, $0 \leqslant x < +\infty)$ 下方、x 轴上方的无界区域.

(1) 求区域 D 绕 x 轴旋转一周所成旋转体的体积 $V(a)$;

(2) 当 a 为何值时, $V(a)$ 最小? 并求此最小值.

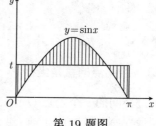

19. 如图所示, 试求:

(1) 图中阴影部分绕直线 $y = t(0 < t < 1)$ 旋转一周后所得旋转体体积 $V(t)$;

第 19 题图

(2) t 取何值时 $V(t)$ 达到最大, 最大值为多少?

20. 已知某产品的边际成本和边际收益函数分别为

$$C'(x) = x^2 - x + 10, R'(x) = 100 - \frac{100}{2x - 1},$$

固定成本为 100, 其中 x 为销售量, $C(x)$ 为总成本, $R(x)$ 为总收益, 求最大利润.

21. 如果投资流量为 $f(t) = 8000$ 元/年, 年利率为 5%, 如连续投资了 10 年, 计算其现值应是多少?

习题分析

同步训练

第 **6** 章

本章导读

多元函数微分学

前面各章所讨论的函数都是只有一个自变量的函数, 称为一元函数. 但在自然科学与工程技术问题中, 常常遇到含有两个或更多个自变量的函数, 即多元函数. 本章将在一元函数微分学的基础上讨论多元函数微分学及其应用. 讨论中将以二元函数为主, 然后把结果推广到一般的多元函数.

6.1 空间解析几何简介

6.1.1 空间点的直角坐标

过空间的一个定点 O 作三条相互垂直的直线, 并规定方向和单位, 这三条直线分别叫做 x 轴 (横轴)、y 轴 (纵轴)、z 轴 (竖轴), 统称为坐标轴. 这样的三条有向直线构成空间直角坐标系, 定点 O 称为坐标原点. x 轴、y 轴、z 轴的正方向符合右手法则. 所谓右手法则是指: 当右手的 4 个手指从正向 x 轴以 $\dfrac{\pi}{2}$ 角度转向 y 轴的正向时, 大拇指就是 z 轴的正向 (图 6.1.1).

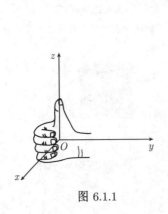

图 6.1.1

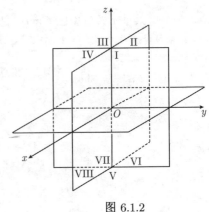

图 6.1.2

每两条坐标轴所确定的平面称为坐标面, 由此可确定三张坐标面: 由 x 轴和 y 轴所确定的坐标面称为 xOy 坐标面; 由 y 轴和 z 轴所确定的坐标面称为 yOz 坐标面; 由 z 轴和 x 轴所确定的坐标面称为 xOz 坐标面. 三张坐标面将空间分为 8 个部分, 每个部分称为一个卦限. 在 xOy 坐标面的上半部分, 由 x 轴的正方向开始按逆时针方向依次为 Ⅰ 卦限、Ⅱ 卦限、Ⅲ 卦限、Ⅳ 卦限; 在 xOy 坐标面的下半部分, 由 x 轴的正方向开始按逆时针方向依次为 Ⅴ 卦限、Ⅵ 卦限、Ⅶ 卦限、Ⅷ 卦限 (图 6.1.2).

在空间直角坐标系中, 可以建立起空间的点与数组之间的关系. 设 M 为空间一已知点. 过点 M 作三个平面分别垂直于 x 轴、y 轴和 z 轴, 它们与 x 轴、y 轴和 z 轴的交点依次为 P, Q, R(图 6.1.3), 这三点在 x 轴、y 轴和 z 轴上的坐标依次为 x, y, z. 于是空间的一点 M 就唯一地确定了一个有序数组 x, y, z; 反过来, 已知一有序数组 x, y, z, 可以在 x 轴上取坐标为 x 的点 P, 在 y 轴上取坐标为 y 的点 Q, 在 z 轴上取坐标为 z 的点 R, 然后过点 P, Q, R 分别作与 x 轴、y 轴

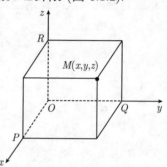

图 6.1.3

和 z 轴垂直的平面, 这三张垂直平面的交点 M 便是由有序数组 x, y, z 所确定的唯一的点. 这样, 就建立了空间的点 M 和有序数组 x, y, z 之间的一一对应关系, 数组 x, y, z 就叫做点 M 的坐标, 并依次称 x, y, z 为点 M 的横坐标、纵坐标和竖坐标. 坐标为 x, y, z 的点 M 通常记作 $M(x, y, z)$.

坐标面上的点和坐标轴上的点, 其坐标都有一定的特征. 如果点 M 在 yOz 坐标面上, 则 $x = 0$; 同样地, 在 xOz 坐标面上, 则 $y = 0$; 在 xOy 坐标面上, 则 $z = 0$. 如果点 M 在 x 轴上, 则 $y = z = 0$; 同样地, 在 y 轴上, 则 $z = x = 0$; 在 z 轴上, 则 $x = y = 0$. 如果 M 为坐标原点, 则 $x = y = z = 0$.

6.1.2 空间两点间的距离

设 $M_1(x_1, y_1, z_1)$, $M_2(x_2, y_2, z_2)$ 为空间的两点. 为了用两点的坐标来表达它们间的距离 d, 过点 M_1, M_2 各作三个分别与三条坐标轴垂直的平面, 这 6 个平面围成一个以 M_1M_2 为对角线的长方体 (图 6.1.4).

由于 $\triangle M_1NM_2$ 为直角三角形, $\angle M_1NM_2$ 为直角, 所以 $d^2 = |M_1M_2|^2 = |M_1N|^2 + |NM_2|^2$. 又 $\triangle M_1PN$ 为直角三角形, 且

$$|M_1N|^2 = |M_1P|^2 + |PN|^2,$$

所以

$$d^2 = |M_1M_2|^2 = |M_1P|^2 + |PN|^2 + |NM_2|^2.$$

又由于

$$|M_1P|=|P_1P_2|=|x_1-x_2|, \quad |PN|=|Q_1Q_2|=|y_1-y_2|, \quad |NM_2|=|R_1R_2|=|z_1-z_2|,$$

所以

$$d=|M_1M_2|=\sqrt{(x_2-x_1)^2+(y_2-y_1)^2+(z_2-z_1)^2}. \tag{6.1}$$

这就是空间两点间距离公式, 是平面上两点间距离公式的推广.

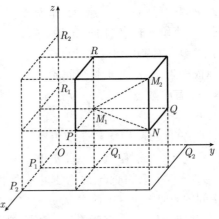

图 6.1.4

特别地, 点 $M(x,y,z)$ 与坐标原点 $O(0,0,0)$ 的距离为

$$d=|OM|=\sqrt{x^2+y^2+z^2}.$$

例 6.1.1 求证以 $A(4,1,9)$, $B(10,-1,6)$, $C(2,4,3)$ 为顶点的三角形为等腰直角三角形.

证 因为

$$|AB|^2=(10-4)^2+(-1-1)^2+(6-9)^2=49,$$
$$|AC|^2=(2-4)^2+(4-1)^2+(3-9)^2=49,$$
$$|BC|^2=(2-10)^2+(4+1)^2+(3-6)^2=98,$$

所以 $|AB|^2=|AC|^2$, 且 $|AB|^2+|AC|^2=|BC|^2$, 即 $\triangle ABC$ 为等腰直角三角形.

例 6.1.2 在 y 轴上求与点 $P(2,3,-4)$ 和 $Q(2,7,0)$ 等距离的点.

解 因为所求的点在 y 轴上, 所以设所求的点为 $M(0,y,0)$, 依题意有

$$|MP|^2=|MQ|^2,$$

即 $(2-0)^2+(y-3)^2+(0+4)^2=(2-0)^2+(y-7)^2+(0-0)^2$, 解得 $y=3$, 所以, 求的点为 $(0,3,0)$.

6.1.3 曲面方程的概念

如果曲面 S 与三元方程

$$F(x, y, z) = 0 \qquad (6.2)$$

满足下述关系:

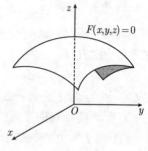

图 6.1.5

(1) 曲面 S 上任一点的坐标都满足方程 (6.2);

(2) 满足方程 (6.2) 的解 x, y, z 所对应的点 P 都在曲面 S 上, 则称方程 (6.2) 为曲面 S 的方程, 曲面 S 称为方程 (6.2) 所表示的图形 (图 6.1.5).

例 6.1.3 求以 $M_0(x_0, y_0, z_0)$ 为中心, 以 R 为半径的球面方程.

解 设 $M(x, y, z)$ 是球面上的任意一点, 则 $|M_0 M| = R$, 则由两点间的距离公式得

$$\sqrt{(x - x_0)^2 + (y - y_0)^2 + (z - z_0)^2} = R,$$

即

$$(x - x_0)^2 + (y - y_0)^2 + (z - z_0)^2 = R^2,$$

这就是所求的球面方程, 所表示的图形如图 6.1.6 所示.

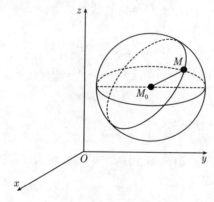

图 6.1.6

例 6.1.4 求到两点 $M_1(1, 0, -1)$ 与 $M_2(0, -1, 2)$ 距离相等的点的轨迹.

解 设 $M(x, y, z)$ 是所求轨迹上的任意一点, 则 $|MM_1| = |MM_2|$, 则由两点间的距离公式得

$$\sqrt{(x - 1)^2 + (y - 0)^2 + (z + 1)^2} = \sqrt{(x - 0)^2 + (y + 1)^2 + (z - 2)^2},$$

化简整理得所求轨迹方程为

$$2x + 2y - 6z + 3 = 0.$$

常见的空间曲面有平面、柱面、旋转曲面和二次曲面, 下面来分别介绍这几种常见的曲面.

1. 平面

从例 6.1.4 可知, 任一平面的方程都可以用一个三元一次方程来表示. 一般地, 设有三元一次方程

$$Ax + By + Cz + D = 0, \tag{6.3}$$

称方程 (6.3) 为平面的一般方程.

对于一些特殊的三元一次方程, 应该熟悉它们图形的特点.

(1) 当 $D = 0$ 时, 方程 (6.3) 为 $Ax + By + Cz = 0$, 它表示过原点的一个平面.

(2) 当 $A = 0$ 时, 方程 (6.3) 为 $By + Cz + D = 0$, 它表示与 x 轴平行的一个平面.

同样, 方程 $Ax + Cz + D = 0$, $Ax + By + D = 0$ 分别表示平行于 y 轴、z 轴的平面.

(3) 当 $A = D = 0$ 时, 方程 (6.3) 为 $By + Cz = 0$, 它表示过原点且平行于 x 轴的一个平面, 即此平面过 x 轴.

同样, 方程 $Ax + Cz = 0$, $Ax + By = 0$ 分别表示过 y 轴、z 轴的一个平面.

(4) 当 $A = B = 0$ 时, 方程 (6.3) 为 $Cz + D = 0$, 它表示与 x 轴和 y 轴都平行的一个平面, 即此平面为平行于坐标平面 xOy 的一个平面.

同样, 方程 $Ax + D = 0$, $By + D = 0$ 分别表示平行于坐标平面 yOz, xOz 的一个平面.

例 6.1.5 求过 y 轴和点 $A(-1, 3, 2)$ 的平面方程.

解 根据以上的结论, 因为所求平面过 y 轴, 所以 $B = D = 0$, 所以可设平面为

$$Ax + Cz = 0.$$

由于点 A 在平面上, 所以有

$$-A + 2C = 0.$$

将 $A = 2C$ 代入所设方程, 并消去 C 得所求平面方程为

$$2x + z = 0.$$

例 6.1.6 求过三点 $P_1(a, 0, 0)$, $P_2(0, b, 0)$, $P_3(0, 0, c)$ $(a \neq 0, \; b \neq 0, \; c \neq 0)$ 的平面方程.

解 设所求的平面方程为

$$Ax + By + Cz + D = 0.$$

因为 P_1, P_2, P_3 在平面上, 所以有

$$\begin{cases} aA + D = 0, \\ bB + D = 0, \\ cC + D = 0. \end{cases}$$

解得 $A = -\dfrac{D}{a}$, $B = -\dfrac{D}{b}$, $C = -\dfrac{D}{c}$.

代入所设方程并除以 $D(D \neq 0)$ 得所求的平面方程为

$$\frac{x}{a} + \frac{y}{b} + \frac{z}{c} = 1. \tag{6.4}$$

称方程 (6.4) 为平面的截距式方程, 而 a, b, c 分别称为平面在 x, y, z 轴上的截距 (图 6.1.7).

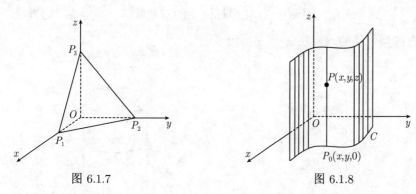

图 6.1.7　　　　　　　　　　　　　　　图 6.1.8

2. 柱面

平行于一条定直线 L 并沿一条定曲线 C 移动的直线所形成的轨迹称为柱面. 其中定直线 L 称为柱面的母线, 定曲线 C 称为柱面的准线. 下面来研究母线平行于坐标轴的柱面.

设柱面的母线平行于 z 轴 (x 轴、y 轴), 准线为坐标面 $xOy(yOz, xOz)$ 上的曲线 C:

$$F(x, y) = 0 \quad (F(y, z) = 0, \ F(x, z) = 0).$$

方程 $F(x, y) = 0$ 在坐标面 xOy 上代表的是一条曲线, 但在空间直角坐标系中, 它表示的是一个曲面, 同时由于方程 $F(x, y) = 0$ 不含 z, 所以如果点 $P_0(x, y, 0)$ 满足方程 $F(x, y) = 0$, 则点 $P(x, y, z)$ 也满足方程 $F(x, y) = 0$. 又因为 P_0P 所在的直线平行于 z 轴, 所以方程

$$F(x, y) = 0 \tag{6.5}$$

在空间直角坐标系中表示以 z 轴为母线, 曲线 C 为准线的柱面 (图 6.1.8).

同理, 方程 $F(y, z) = 0$ 在空间直角坐标系中表示母线平行于 x 轴, yOz 坐标面上曲线 $F(y, z) = 0$ 为其准线的柱面.

方程 $F(x, z) = 0$ 在空间直角坐标系中表示母线平行于 y 轴, xOz 坐标面上曲线 $F(x, z) = 0$ 为其准线的柱面.

常见的母线平行于 z 轴的柱面有

$x^2 + y^2 = R^2$ 在空间表示以 xOy 坐标面上的圆 $x^2 + y^2 = R^2$ 为准线, 平行于 z 轴的直线为母线的圆柱面(图 6.1.9).

$\dfrac{x^2}{a^2} + \dfrac{y^2}{b^2} = 1$ 在空间表示以 xOy 坐标面上的椭圆 $\dfrac{x^2}{a^2} + \dfrac{y^2}{b^2} = 1$ 为准线, 平行于 z 轴的直线为母线的椭圆柱面(图 6.1.10).

$y^2 = 2px$ 在空间表示以 xOy 坐标面上的抛物线 $y^2 = 2px$ 为准线, 平行于 z 轴的直线为母线的抛物柱面(图 6.1.11).

$\dfrac{x^2}{a^2} - \dfrac{y^2}{b^2} = 1$ 在空间表示以 xOy 坐标面上的双曲线 $\dfrac{x^2}{a^2} - \dfrac{y^2}{b^2} = 1$ 为准线, 平行于 z 轴的直线为母线的双曲柱面(图 6.1.12).

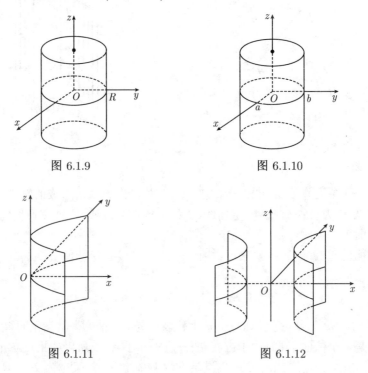

图 6.1.9   图 6.1.10

图 6.1.11   图 6.1.12

3. 旋转曲面

一条曲线 C 绕一条定直线 L 旋转一周所形成的曲面称为旋转曲面, 曲线 C 与定直线 L 分别称为旋转曲面的母线与旋转轴. 在此仅讨论一条平面曲线以坐标轴为旋转轴的旋转曲面方程..

设曲线 C: $F(y,z) = 0$ 为坐标面 yOz 上的一条曲线, 求 C 以 z 轴为旋转轴所得的旋转曲面方程 (图 6.1.13).

设旋转曲面上任一点 $P(x,y,z)$, 则 P 一定是由曲线 C 上的一点 P_0 旋转而成. 令

$P_0(0, y_0, z_0)$, 有

$$F(y_0, z_0) = 0. \tag{6.6}$$

又 P_0, P 在垂直于 z 轴的一个平面上, 则有

$$\begin{cases} z_0 = z, \\ y_0^2 = x^2 + y^2. \end{cases} \tag{6.7}$$

则由式 (6.6)、式 (6.7) 可得所求旋转曲面的方程为

$$F\left(\pm\sqrt{x^2 + y^2}, z\right) = 0. \tag{6.8}$$

同理曲线 C 绕 y 轴旋转所得的旋转曲面方程为

$$F\left(y, \pm\sqrt{x^2 + z^2}\right) = 0. \tag{6.9}$$

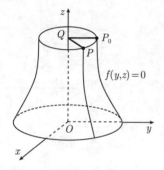

图 6.1.13

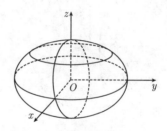

图 6.1.14

4. 椭球面

方程 $\dfrac{x^2}{a^2} + \dfrac{y^2}{b^2} + \dfrac{z^2}{c^2} = 1$ 所表示的曲面称为椭球面(图 6.1.14).

将坐标面 xOy 上的椭圆 $\dfrac{x^2}{a^2} + \dfrac{y^2}{b^2} = 1$ 绕 x 轴旋转一周所得的曲面称为旋转椭球面, 其方程为

$$\frac{x^2}{a^2} + \frac{y^2 + z^2}{b^2} = 1.$$

将坐标面 xOy 上的椭圆 $\dfrac{x^2}{a^2} + \dfrac{y^2}{b^2} = 1$ 绕 y 轴旋转一周所得的旋转椭球面的方程为

$$\frac{x^2 + z^2}{a^2} + \frac{y^2}{b^2} = 1.$$

在椭球面的方程中, 如果 $a = b = c$, 则方程可化为 $x^2 + y^2 + z^2 = a^2$, 它表示以原点为球心, a 为半径的球面.

5. 单叶双曲面

方程 $\dfrac{x^2}{a^2} + \dfrac{y^2}{b^2} - \dfrac{z^2}{c^2} = 1$ 所表示的曲面称为单叶双曲面(图 6.1.15). 特别地, 当 $a = b$ 时, 方程化为 $\dfrac{x^2}{a^2} + \dfrac{y^2}{a^2} - \dfrac{z^2}{c^2} = 1$, 此方程所表示的曲面为由坐标面 xOz 上的双曲线 $\dfrac{x^2}{a^2} - \dfrac{z^2}{c^2} = 1$ 绕 z 轴旋转一周所形成的旋转单叶双曲面.

6. 双叶双曲面

方程 $\dfrac{x^2}{a^2} + \dfrac{y^2}{b^2} - \dfrac{z^2}{c^2} = -1$ 所表示的曲面称为双叶双曲面(图 6.1.16). 特别地, 当 $a = b$ 时, 方程化为 $\dfrac{x^2}{a^2} + \dfrac{y^2}{a^2} - \dfrac{z^2}{c^2} = -1$, 此方程所表示的曲面为由坐标面 xOz 上的双曲线 $\dfrac{x^2}{a^2} - \dfrac{z^2}{c^2} = -1$ 绕 z 轴旋转一周所形成的旋转双叶双曲面.

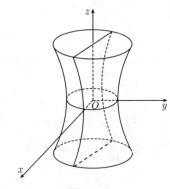

图 6.1.15

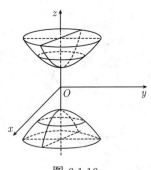

图 6.1.16

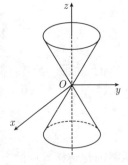

图 6.1.17

7. 二次锥面

方程 $\dfrac{x^2}{a^2} + \dfrac{y^2}{b^2} - \dfrac{z^2}{c^2} = 0$ 所表示的曲面称为二次锥面(图 6.1.17).

特别地, 当 $a = b$ 时, 方程化为

$$\frac{x^2}{a^2} + \frac{y^2}{a^2} - \frac{z^2}{c^2} = 0.$$

此方程所表示的曲面为由坐标面 xOz 上的直线 $\dfrac{x}{a} - \dfrac{z}{c} = 0$ 绕 z 轴旋转一周所形成的圆锥面.

8. 椭圆抛物面

方程 $z = \dfrac{x^2}{a^2} + \dfrac{y^2}{b^2}$ 所表示的曲面称为椭圆抛物面 (图 6.1.18), 原点称为其顶点.

当 $a = b$ 时, 方程化为 $z = \dfrac{x^2}{a^2} + \dfrac{y^2}{a^2}$, 此方程表示的曲面为由坐标面 xOz 上的抛物线 $z = \dfrac{x^2}{a^2}$ 绕 z 轴旋转所得的旋转抛物面.

9. 双曲抛物面

方程 $z = \dfrac{x^2}{a^2} - \dfrac{y^2}{b^2}$ 所表示的曲面称为**双曲抛物面**(又称马鞍面)(图 6.1.19).

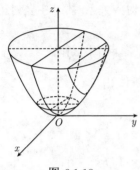 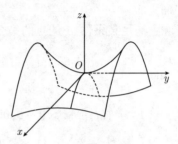

图 6.1.18 　　　　　　　　　　　图 6.1.19

习题 6.1

1. 在空间直角坐标系中, 指出下列各点在哪个卦限:

$A(-3, 1, 5)$, 　 $B(1, -2, 3)$, 　 $C(-2, -3, 6)$, 　 $D(1, -2, -4)$.

2. 在坐标面和坐标轴上的点的坐标各有什么特征? 指出下列各点的位置:

$A(2, 4, 0)$, 　 $B(0, -2, 3)$, 　 $C(2, 0, 0)$, 　 $D(0, -2, 0)$.

3. 求点 (a, b, c) 关于 (1) 各坐标面; 　(2) 各坐标轴; 　(3) 坐标原点的对称点.

4. 在 z 轴上求与点 $A(2, 3, 4)$ 和 $(-2, 4, 1)$ 等距离的点.

5. 求证以 $P(4, 3, 1)$, $Q(7, 1, 2)$, $R(5, 2, 3)$ 三点为顶点的三角形为等腰三角形.

6. 求以点 $(1, 3, -2)$ 为球心且过原点的球面方程.

7. 求下列旋转曲面的方程:

(1) xOz 面上的抛物线 $z^2 = 5x$ 分别绕 x 轴和 z 轴旋转;

(2) xOy 面上的直线 $y = 2x$ 分别绕 x 轴和 y 轴旋转;

(3) yOz 面上的双曲线 $5y^2 - 3z^2 = 15$ 分别绕 y 轴和 z 轴旋转.

8. 画出下列方程所表示的曲面:

(1) $\dfrac{x^2}{16} + \dfrac{y^2}{4} + z^2 = 1$; 　(2) $z = \dfrac{x^2}{4} + \dfrac{y^2}{9}$.

9. 画出下列各曲面所围成的立体图形:

(1) $x = 0$, $y = 0$, $z = 0$, $x = 2$, $y = 1$, $3x + 4y + 2z - 12 = 0$;

(2) $z = 0$, $z = 3$, $x = y$, $x = \sqrt{3}y$, $x^2 + y^2 = 1$(第一卦限).

6.2 多 元 函 数

6.2.1 平面点集的基本概念

1. 平面点集

在平面解析几何里, 平面上建立了直角坐标系后, 即建立了平面上的点 P 与有序实数组 (x,y) 间的一一对应, 而所有有序实数组 (x,y) 构成的集合称为 $\mathbf{R}^2$ 空间. 这样就将平面的点 P 与有序实数组 (x,y) 建立了一一对应关系. 本节主要讨论 $\mathbf{R}^2$ 的子集 —— 平面点集.

在 $\mathbf{R}^2$ 上, 满足某条件 T 的点的集合 —— 即平面点集, 记作

$$E = \{(x,y)|(x,y)满足某条件T\}.$$

例如,

$$E_1 = \{(x,y)\,|x > 0, y > 0\},\ E_2 = \{(x,y)\,|x^2 + y^2 \leqslant 1\};$$

$$E_3 = \{(x,y)\,|x > 1, y > -2\ \text{或}\ x < 1, y < -2\}.$$

分别见图 6.2.1∼ 图 6.2.3.

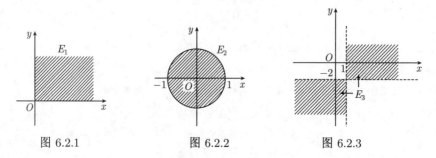

图 6.2.1   图 6.2.2   图 6.2.3

2. 邻域、内点、边界点

设 $P_0(x_0, y_0)$ 是 $\mathbf{R}^2$ 中的一点, δ 是一正数, 与 $P_0(x_0, y_0)$ 的距离小于 δ 的全体点 $P(x,y)$ 构成的集合, 称为点 P_0 的 δ 邻域, 记作 $U(P_0, \delta)$, 即

$$U(P_0, \delta) = \{(x,y)|\sqrt{(x-x_0)^2 + (y-y_0)^2} < \delta\}.$$

点 P_0 的去心邻域为

$$\mathring{U}(P_0, \delta) = \{(x,y)|0 < \sqrt{(x-x_0)^2 + (y-y_0)^2} < \delta\}.$$

点 P_0 的 δ 邻域从几何上看即为平面上以 $P_0(x_0, y_0)$ 为圆心、δ 为半径的圆内部点 $P(x,y)$ 的全体. 点 P_0 的去心邻域即为平面上以 $P_0(x_0, y_0)$ 为圆心、δ 为半径的圆内部除去圆心 $P_0(x_0, y_0)$ 的点 $P(x,y)$ 的全体.

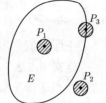

$\mathbf{R}^2$ 上的点 P_0 与平面点集 E 之间有如下 3 种关系:

(1) 内点. 如果可找到 P_0 的一个邻域 $U(P_0, \delta)$, 使 $U(P_0, \delta) \subset E$, 则称 P_0 为 E 的内点. 如图 6.2.4 中 P_1 为 E 的内点. 例 E_1, E_3 中的任一点均为其内点.

(2) 外点. 如果可找到 P_0 的某邻域 $U(P_0, \delta)$, 使 $U(P_0, \delta) \bigcap E = \varnothing$, 则称 P_0 为 E 的外点. 如图 6.2.4 中的 P_2 为 E 的外点.

图 6.2.4

(3) 边界点. 如果 P_0 的任一邻域内既含有 E 的点又含有不属于 E 的点, 则称 P_0 为 E 的边界点, 如图 6.2.4 中的 P_3.

E 的边界点的全体称为 E 的边界, 记作 ∂E.

例如, 前面的点集 E_1 的边界分别为 x 轴的正半轴与 y 轴的正半轴; E_2 的边界为圆心在原点而半径为 1 的圆周; E_3 的边界为直线 $x = 1$ 与 $y = -2$.

3. 区域、闭区域

如果平面点集 E 中的每一点均为它的内点, 则称 E 为开集.

例如, $D_1 = \{(x, y) \,|\, 1 < x^2 + y^2 < 2\}$ 为开集.

如果 $\mathbf{R}^2 - E$ 为开集, 则称 E 为闭集. 例如, E_2; 而 $D_2 = \{(x, y) \,|\, x > 0, y \geqslant 0\}$ 既非开集也非闭集.

如果存在某一正数 r, 使平面点集 E 有: $E \subset U(O, r)$(其中 O 为坐标原点), 则称 E 为有界集. 否则称 E 为无界集.

例如, E_2 为有界集, 而 $E_4 = \{(x, y) \,|\, x + y > 1\}$ 为无界集.

如果平面点集 E 内任意两点都可用全在 E 中的折线连接起来, 则称 E 为连通集.

连通的开集称为开区域, 简称区域. 开区域连同其边界所构成的集合称为闭区域.

例如, E_4 为开区域, E_2 为闭区域, 而 E_3 虽为开集但不连通, 故不是区域, E_2 为有界闭区域, 而 $E_5 = \{(x, y) \,|\, x^2 + y^2 \geqslant 1\}$ 为无界闭区域.

6.2.2　多元函数的概念

下面先看几个例子.

例 6.2.1　椭圆的面积 S 与它的长半轴 a、短半轴 b 有下面的关系:

$$S = \pi ab,$$

当 a, b 在点集 $\{(a, b) \,|\, a > 0, \ b > 0\}$ 内取定一对值 (a, b) 时, S 的值与它们对应也随之确定.

例 6.2.2　圆台的体积 V 与它的两个底半径 R, r 及高 h 之间有下面的关系:

$$V = \frac{\pi h}{3}(R^2 + Rr + r^2), \quad R > r > 0, \ h > 0.$$

当 R, r, h 在点集 $\{(R, r, h)|R > r > 0, h > 0\}$ 内取到值 (R, r, h) 时, V 的对应值也随之确定.

下面我们给出二元函数的定义如下.

定义 6.2.1 设 D 为 $\mathbf{R}^2$ 的一非空子集, 如果按某一确定的对应法则 f, 使 D 中的任一点 $P(x, y)$ 都有唯一的实数 z 与之对应, 则称 f 为定义在 D 上的二元函数, 记作

$$z = f(x, y),$$

其中 x, y 称为自变量, z 称为因变量. D 称为函数的定义域, $R = \{z|z = f(x, y), (x, y) \in D\}$ 称为 f 的值域.

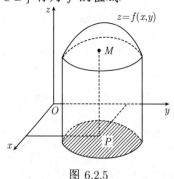

图 6.2.5

二元函数 $z = f(x, y)$ 的图像为 $\mathbf{R}^3$ 上的一张曲面, 其定义域 D 便是这曲面在 xOy 坐标面上的投影. 如图 6.2.5.

类似地可以定义三元及三元以上的函数. 一般地, 对 $n(n \geqslant 2)$ 维空间 $\mathbf{R}^n$ 内的点集 E, 函数

$$u = f(x_1, x_2, \cdots, x_n), \quad (x_1, x_2, \cdots, x_n) \in E$$

称为多元函数.

例 6.2.3 求 $z = \sqrt{R^2 - x^2 - y^2}$ 的定义域.

解 要使表达式 $\sqrt{R^2 - x^2 - y^2}$ 有意义, 必须 $R^2 - x^2 - y^2 \geqslant 0$, 即 $x^2 + y^2 \leqslant R^2$, 故函数的定义域为 $D = \left\{(x, y) \,\middle|\, x^2 + y^2 \leqslant R^2\right\}$.

此二元函数表示以原点为中心, R 为半径的上半球面 (图 6.2.6(1)).

其定义域 D 为在 xOy 平面上的以原点为圆心, R 为半径的闭圆域, 也即为此上半球面在 xOy 坐标面上的投影 (图 6.2.6(2)).

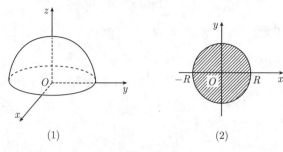

(1)   (2)

图 6.2.6

例 6.2.4 求 $z = \dfrac{\sqrt{2x - x^2 - y^2}}{\sqrt{x^2 + y^2 - 1}}$ 的定义域.

解　要使表达式 $\dfrac{\sqrt{2x-x^2-y^2}}{\sqrt{x^2+y^2-1}}$ 有意义, 必须

$$2x-x^2-y^2 \geqslant 0 \quad \text{且} \quad x^2+y^2-1 > 0,$$

即 $1 < x^2+y^2 \leqslant 2x$, 故函数的定义域为 $D = \left\{(x,y)\,\middle|\,1<x^2+y^2\leqslant 2x\right\}$. 此为如图 6.2.7 所示的月牙状的有界点集.

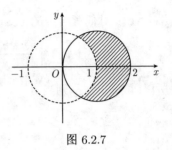

图 6.2.7

习题 6.2

1. 将圆弧所对之弦长 L 表示为: (1) 半径 r 与圆心角 θ 的函数; (2) 半径 r 与圆心到弦的距离 d 的函数 (这里 $\theta < \pi$).

2. 确定并给出下列函数的定义域, 画出定义域并指出其中的开区域与闭区域、连通集与非连通集、有界与无界集.

(1) $z = \sqrt{x - \sqrt{y}}$;

(2) $z = \sqrt{2 - x^2 - y^2} + \dfrac{1}{\sqrt{x^2+y^2-1}}$;

(3) $u = \dfrac{1}{\arccos(x^2+y^2+z^2)}$.

3. 如果 $z = x + y + f(x - y)$, 且当 $y = 0$ 时, $z = x^2$, 求函数 f 与 z.

6.3　二元函数的极限与连续

6.3.1　二元函数的极限

定义 6.3.1　设函数 $z = f(x,y)$ 在 $P_0(x_0,y_0)$ 的某去心邻域 $\mathring{U}(P_0,\delta)$ 内有定义, A 为一常数, 如果对任意给定的 $\varepsilon > 0$ 都存在一正数 δ, 使当 $0 < |PP_0| < \delta$ 时, 即 $0 < \sqrt{(x-x_0)^2+(y-y_0)^2} < \delta$, 都有 $|f(x,y) - A| < \varepsilon$, 则称函数 $f(x,y)$ 当 P 趋于 P_0 时以 A 为极限, 记作

$$\lim_{(x,y)\to(x_0,y_0)} f(x,y) = A \quad \text{或} \quad \lim_{\substack{x\to x_0 \\ y\to y_0}} f(x,y) = A \quad \text{或} \quad f(x,y) \to A(x\to x_0,\ y\to y_0).$$

注 6.3.1　类似于一元函数极限存在需要左右极限存在且相等, 这里 $P \to P_0$ 表示点 P 以任何方式趋于 P_0, 函数 $f(x,y)$ 都有极限, 且相等.

如果 $P(x,y)$ 按某一特定的方式趋于 $P_0(x_0,y_0)$, $f(x,y)$ 接近一定值 A, 此时不能肯定 $f(x,y)$ 以 A 为极限. 但如果 $P(x,y)$ 有不同的方式趋于 $P_0(x_0,y_0)$ 时, $f(x,y)$ 接近的数值不相同, 则可以肯定地说 $f(x,y)$ 当 $P \to P_0$ 时的极限不存在.

例 6.3.1　设 $f(x,y) = \dfrac{x^4+y^4}{x^2+y^2}$, 求证: $\displaystyle\lim_{\substack{x\to 0 \\ y\to 0}} f(x,y) = 0$.

证 对任意给定的 $\varepsilon > 0$, 要使 $|f(x,y) - 0| < \varepsilon$, 只需

$$|f(x,y) - 0| = \left| \frac{x^4 + y^4}{x^2 + y^2} \right| \leqslant \left| \frac{x^2}{x^2 + y^2} \right| |x^2| + \left| \frac{y^2}{x^2 + y^2} \right| |y^2| \leqslant x^2 + y^2 < \varepsilon,$$

所以, 取 $\delta = \sqrt{\varepsilon}$, 则当 $0 < \sqrt{(x-0)^2 + (y-0)^2} < \delta$ 时 (即 $(x,y) \in \overset{\circ}{U}(P_0, \delta)$), 总有

$$|f(x,y) - 0| < \varepsilon,$$

因此

$$\lim_{\substack{x \to 0 \\ y \to 0}} f(x,y) = 0.$$

例 6.3.2 讨论二元函数

$$f(x,y) = \begin{cases} \dfrac{xy}{x^2 + y^2}, & (x,y) \neq (0,0), \\ 0, & (x,y) = (0,0) \end{cases}$$

当 $(x,y) \to (0,0)$ 时的极限是否存在.

解 对 $y = kx(x \neq 0)$ 时,

$$\lim_{\substack{x \to 0 \\ y \to 0}} f(x,y) = \lim_{\substack{x \to 0 \\ y \to 0}} \frac{xy}{x^2 + y^2} = \lim_{\substack{x \to 0 \\ y = kx \to 0}} \frac{kx^2}{(1 + k^2)x^2} = \frac{k}{1 + k^2}.$$

其值随 k 的不同而不同, 故当 $(x,y) \to (0,0)$ 时, 极限值与路径有关, 从而 $\lim\limits_{\substack{x \to 0 \\ y \to 0}} f(x,y)$ 不存在.

例 6.3.3 讨论 $\lim\limits_{\substack{x \to 0 \\ y \to 0}} \dfrac{x^2 y}{x^4 + y^2}$ 是否存在.

解 当 $y = kx(x \neq 0)$ 时, $\lim\limits_{\substack{x \to 0 \\ y \to 0}} \dfrac{x^2 y}{x^4 + y^2} = \lim\limits_{\substack{x \to 0 \\ y = kx \to 0}} \dfrac{kx^3}{x^4 + k^2 x^2} = \lim\limits_{\substack{x \to 0 \\ y = kx \to 0}} \dfrac{kx}{x^2 + k^2} = 0$, 即当点 (x,y) 沿直线趋于 $(0,0)$ 时, $f(x,y)$ 趋于 0.

当 $y = x^2(x \neq 0)$ 时, $\lim\limits_{\substack{x \to 0 \\ y \to 0}} \dfrac{x^2 y}{x^4 + y^2} = \lim\limits_{\substack{x \to 0 \\ y = x^2 \to 0}} \dfrac{x^4}{x^4 + x^4} = \dfrac{1}{2}$, 即当点 (x,y) 沿抛物线 $y = x^2$ 趋于 $(0,0)$ 时, $f(x,y)$ 趋于 $\dfrac{1}{2}$.

因此, 点 (x,y) 趋于 $(0,0)$ 时的极限与路径有关, 故该极限不存在.

与一元函数极限一样, 如果二元函数极限存在, 则二元函数极限也类似地有相应的极限运算法则与有关结论. 例如, 极限的四则运算法则 (商时分母的极限不为零)、有界量与无穷小之积仍为无穷小、两个重要极限、夹逼定理等的结论在二元函数极限运算中仍成立.

例 6.3.4 求 $\lim\limits_{\substack{x \to 0 \\ y \to a}} \dfrac{\sin(xy)}{x}$.

解 $\lim\limits_{\substack{x \to 0 \\ y \to a}} \dfrac{\sin(xy)}{x} = \lim\limits_{\substack{x \to 0 \\ y \to a}} y \cdot \dfrac{\sin(xy)}{xy} = a.$

6.3.2　二元函数的连续性

有了二元函数极限的概念后, 就不难定义二元函数的连续性了.

定义 6.3.2　设函数 $z = f(x,y)$ 在 $P_0(x_0,y_0)$ 的某邻域内有定义, 如果

$$\lim_{\substack{x \to x_0 \\ y \to y_0}} f(x,y) = f(x_0,y_0),$$

则称函数 $f(x,y)$ 在 $P_0(x_0,y_0)$ 处连续, 并称 $P_0(x_0,y_0)$ 为 $f(x,y)$ 的连续点; 否则称 $P_0(x_0,y_0)$ 是 $f(x,y)$ 的间断点(或称不连续点).

与一元函数类似, 由极限运算法则知, 如果两函数 $f(x,y), g(x,y)$ 都在点 $P_0(x_0,y_0)$ 处连续, 则 $f(x,y) \pm g(x,y)$, $f(x,y)g(x,y)$, $\dfrac{f(x,y)}{g(x,y)}(g(x_0,y_0) \neq 0)$ 也在 $P_0(x_0,y_0)$ 处连续. 不仅如此, 多元连续函数的复合函数仍为连续函数.

每个自变量的基本初等函数经有限次的四则运算与有限次的复合而成的由一个表达式表达的函数, 统称为多元初等函数.

多元初等函数在它们定义区域 (即指定义域内的区域或闭区域) 的内点处均连续.

例如, 函数 $f(x,y) = \dfrac{xy}{1+x^2+y^2}$ 在任一点 $P(x,y) \in \mathbf{R}^2$ 处均有定义, 故此函数在整个实平面上处处连续.

函数 $f(x,y) = \sqrt{(x^2+y^2)(x^2+y^2-1)}$ 在定义区域 $x^2 + y^2 \geqslant 1$ 上连续, 但在 $(0,0)$ 处不连续 (虽然 $(0,0)$ 是定义域内的点).

函数 $f(x,y) = \dfrac{xy^2}{x^2+y^4}$ 在坐标原点 $(0,0)$ 处无定义, 故其在 $(0,0)$ 处不连续, 即函数在 $(0,0)$ 处间断.

函数 $f(x,y) = \sin \dfrac{1}{1-x^2-y^2}$ 在单位圆 $x^2+y^2 = 1$ 上无定义, 故其在 $x^2+y^2 = 1$ 上处处间断.

由此可见, 二元函数的间断点有时可形成一条或多条曲线. 在空间直角坐标系下, 定义在平面区域 D 上的二元连续函数 $z = f(x,y)$ 的图形, 即是定义在 D 上的一张 "无缝无孔" 的连续曲面.

由多元初等函数的连续性, 可进一步解决多元函数在其连续点处的极限, 其值即为该点处的函数值. 即 $\lim\limits_{\substack{x \to x_0 \\ y \to y_0}} f(x,y) = f(x_0,y_0)$.

例 6.3.5　求 $\lim\limits_{\substack{x \to 1 \\ y \to 1}} \dfrac{\sin \pi x + \ln(x+\mathrm{e}^y)}{xy}$.

解　由于 $f(x,y) = \dfrac{\sin \pi x + \ln(x+\mathrm{e}^y)}{xy}$ 在其定义域 $D = \big\{(x,y)\,\big|\,x \neq 0 \text{且} y \neq 0\big\}$ 内连续, 而 $P_0(1,1)$ 为 D 的内点, 故 $f(x,y)$ 在 $P_0(1,1)$ 连续, 所以

$$\lim_{\substack{x \to 1 \\ y \to 1}} \frac{\sin \pi x + \ln(x + e^y)}{xy} = f(1,1) = \ln(1 + e).$$

例 6.3.6　求 $\displaystyle\lim_{\substack{x \to 0 \\ y \to 0}} \frac{\sqrt{\sin(xy) + 1} - 1}{\sin(xy)}$.

解　$\displaystyle\lim_{\substack{x \to 0 \\ y \to 0}} \frac{\sqrt{\sin(xy) + 1} - 1}{\sin(xy)} = \lim_{\substack{x \to 0 \\ y \to 0}} \frac{\sin(xy)}{\sin(xy)(\sqrt{\sin(xy) + 1} + 1)}$

$$= \lim_{\substack{x \to 0 \\ y \to 0}} \frac{1}{\sqrt{\sin(xy) + 1} + 1} = \frac{1}{2}.$$

上述运算结果最终用到二元初等函数 $\dfrac{1}{\sqrt{\sin(xy) + 1} + 1}$ 在 $(0,0)$ 处的连续性.

6.3.3　闭区域上连续函数的性质

与在闭区间上连续的一元函数的性质类似, 在有界闭区域上的连续的二元函数也具有如下的重要性质.

性质 6.3.1 (最大 (小) 值定理)　在有界闭区域 D 上的连续函数, 必在 D 上有界, 且能取得最大值及最小值.

性质 6.3.2 (介值定理)　在有界闭区域 D 上的连续函数必能取到介于最大值与最小值之间的任何值.

习题 6.3

1. 求下列极限:

(1) $\displaystyle\lim_{\substack{x \to 0 \\ y \to 1}} \frac{1 - xy}{x^2 + y^2}$;　　(2) $\displaystyle\lim_{\substack{x \to 0 \\ y \to \pi}} [1 + \sin(xy)]^{\frac{y}{x}}$;　　(3) $\displaystyle\lim_{\substack{x \to 0 \\ y \to 0}} \frac{2 - \sqrt{xy + 4}}{xy}$;

(4) $\displaystyle\lim_{\substack{x \to 2 \\ y \to 0}} \frac{\sin xy}{y}$;　　(5) $\displaystyle\lim_{\substack{x \to 0 \\ y \to 0}} \frac{1 - \cos \sqrt{x^2 + y^2}}{(x^2 + y^2)e^{x^2 y^2}}$;　　(6) $\displaystyle\lim_{\substack{x \to 0 \\ y \to 0}} \frac{1 - e^{x^2 + y^2}}{\ln(1 + 2x^2 + 2y^2)}$.

2. 指出下列函数的间断点:

(1) $z = \dfrac{1}{x^2 + y^2}$;　　　　(2) $z = \ln|4 - x^2 - y^2|$;

(3) $z = \dfrac{\sin \sqrt{x^2 + y^2}}{xy}$;　　(4) $z = \dfrac{y^2 + 2x}{y^2 - 2x}$.

3. 证明下列极限不存在:

(1) $\displaystyle\lim_{\substack{x \to 0 \\ y \to 0}} \frac{x + y}{x - y}$;　　(2) $\displaystyle\lim_{\substack{x \to 0 \\ y \to 0}} \frac{x^2 y^2}{x^2 y^2 + (x - y)^2}$.

4. 证明 $\displaystyle\lim_{\substack{x \to 0 \\ y \to 0}} \frac{xy}{\sqrt{x^2 + y^2}} = 0$.

6.4　偏　导　数

6.4.1　偏导数的概念

在一元函数中, 曾讨论了一元函数 $y = f(x)$ 关于 x 的变化率, 即 $y = f(x)$ 关于 x 的导数. 对多元函数同样也需要讨论变化率的问题, 由于多元函数的关系较复杂, 自变量也不止一个, 故讨论其关于各自变量的变化率相应地复杂了许多. 但仍从一元函数出发, 通过其中间过程将多元函数的偏导数转化为用一元函数求导的方法来解决多元函数变化率的问题. 以二元函数为例, 有如下定义.

定义 6.4.1　设函数 $z = f(x, y)$ 在点 $P_0(x_0, y_0)$ 的某邻域有定义, 如果固定 y_0 后, 而 x 在 x_0 有改变量 Δx, 如果极限

$$\lim_{\Delta x \to 0} \frac{f(x_0 + \Delta x, y_0) - f(x_0, y_0)}{\Delta x}$$

存在, 则称此极限值为函数 $z = f(x, y)$ 在点 $P_0(x_0, y_0)$ 关于 x 的偏导数, 记作

$$f'_x(x_0, y_0), \quad \left.\frac{\partial f}{\partial x}\right|_{(x_0, y_0)}, \quad z'_x(x_0, y_0) \quad \text{或} \quad \left.\frac{\partial z}{\partial x}\right|_{(x_0, y_0)},$$

即

$$f'_x(x_0, y_0) = \lim_{\Delta x \to 0} \frac{f(x_0 + \Delta x, y_0) - f(x_0, y_0)}{\Delta x}.$$

同理可定义函数 $z = f(x, y)$ 在点 $P_0(x_0, y_0)$ 处关于 y 的偏导数, 记作

$$f'_y(x_0, y_0), \quad \left.\frac{\partial f}{\partial y}\right|_{(x_0, y_0)}, \quad z'_y(x_0, y_0) \quad \text{或} \quad \left.\frac{\partial z}{\partial y}\right|_{(x_0, y_0)}.$$

如果函数 $z = f(x, y)$ 在 D 内每一点的偏导数存在时, 则称函数 $z = f(x, y)$ 在区域 D 内的偏导数存在, 记作 $f'_x(x, y)$, $f'_y(x, y)$ 或者 $\dfrac{\partial z}{\partial x}, \dfrac{\partial z}{\partial y}$.

由于 $z = f(x, y)$ 在 D 内的偏导数 $f'_x(x, y)$, $f'_y(x, y)$ 存在时仍为关于 x, y 的二元函数, 故也称 $f'_x(x, y)$, $f'_y(x, y)$ 为 $z = f(x, y)$ 的偏导函数, 简称偏导数. 而 $z = f(x, y)$ 在定点 $P_0(x_0, y_0)$ 处的偏导数, 可视为偏导数 $\dfrac{\partial f}{\partial x}, \dfrac{\partial f}{\partial y}$ 在 $P_0(x_0, y_0)$ 处的函数值.

偏导数的概念也可推广到更多元的函数. 例如, $u = f(x, y, z)$ 在点 (x, y, z) 处关于 x 的偏导数定义为

$$f'_x(x, y, z) = \lim_{\Delta x \to 0} \frac{f(x + \Delta x, y, z) - f(x, y, z)}{\Delta x}.$$

多元函数求偏导数, 无需重新建立求导法则, 以二元函数 $z = f(x, y)$ 为例, 要求 $\dfrac{\partial f}{\partial x}$, 只需将函数 $f(x, y)$ 中的 y 视为常数, 对函数 $f(x, y)$ 求关于 x 的一元函数的导数即可; 同样, 要求 $\dfrac{\partial f}{\partial y}$ 只需将函数中的 x 视为常数, 对函数 $f(x, y)$ 求关于 y 的一元函数的导数. 因此, 在一元函数中的所有求导法则、求导公式在这里仍然适用. 对更多元的函数求偏导数也是转化为一元函数的求导.

例 6.4.1　求函数 $f(x, y) = x^4 + xy^2 - x^2y + \ln(x^2 + y^2)$ 的偏导数 $f'_x(x, y), f'_y(x, y)$ 以及 $f'_y(0, 1)$.

解 把 y 看成常数对 x 求导, 得

$$f'_x(x,y) = 4x^3 + y^2 - 2xy + \frac{2x}{x^2+y^2}.$$

把 x 看成常数对 y 求导, 得

$$f'_y(x,y) = 2xy - x^2 + \frac{2y}{x^2+y^2},$$

在 $f'_y(x,y)$ 中, 将 $(0,1)$ 代入即得 $f'_y(0,1) = 2$.

例 6.4.2 求 $u = \sqrt{x^2+y^2+z^2}$ 的偏导数.

解 求 $\dfrac{\partial u}{\partial x}$ 时, 视 y,z 为常数, 对 u 求关于 x 的导数, 得

$$\frac{\partial u}{\partial x} = \frac{x}{\sqrt{x^2+y^2+z^2}},$$

类似地,

$$\frac{\partial u}{\partial y} = \frac{y}{\sqrt{x^2+y^2+z^2}}, \quad \frac{\partial u}{\partial z} = \frac{z}{\sqrt{x^2+y^2+z^2}}.$$

例 6.4.3 设 $f(x,y) = \begin{cases} \dfrac{2y^3}{x^2+y^2}, & (x,y) \neq (0,0), \\ 0, & (x,y) = (0,0). \end{cases}$ 求 $f'_x(0,0)$ 和 $f'_y(0,0)$.

解 因为 $f(x,0) = 0$, $f(0,y) = 2y$, 所以

$$f'_x(0,0) = \lim_{\Delta x \to 0} \frac{f(\Delta x, 0) - f(0,0)}{\Delta x} = 0, \quad f'_y(0,0) = \lim_{\Delta y \to 0} \frac{f(0, \Delta y) - f(0,0)}{\Delta y} = 2.$$

注 6.4.1 在一元函数中, 函数在某点可导, 则它在该点必连续, 但对多元函数, 即使在某点处其偏导数都存在, 它在该点也未必连续.

例如, $f(x,y) = \begin{cases} \dfrac{xy}{x^2+y^2}, & (x,y) \neq (0,0), \\ 0, & (x,y) \neq (0,0) \end{cases}$ 在 $(0,0)$ 点的偏导数存在, 但不连续.

因为 $f'_x(0,0) = \lim\limits_{\Delta x \to 0} \dfrac{f(\Delta x, 0) - f(0,0)}{\Delta x} = 0$, $f'_y(0,0) = \lim\limits_{\Delta y \to 0} \dfrac{f(0, \Delta y) - f(0,0)}{\Delta y} = 0$, 所以函数在 $(0,0)$ 处的偏导数存在. 但由例 6.3.2 知 $\lim\limits_{\substack{x \to 0 \\ y \to 0}} f(x,y)$ 不存在. 因此, $f(x,y)$ 在 $(0,0)$ 不连续.

这是因为偏导数描述了多元函数在某点处各坐标轴的特定方向变化的分析性质, 而不是多元函数在相应点发生变化时整体的分析性质. 这也正是一元函数与多元函数间的重要区别之一.

6.4.2 高阶偏导数

如果函数 $z = f(x, y)$ 在区域 D 内的偏导数 $f'_x(x, y)$, $f'_y(x, y)$ 仍然有偏导数, 则称其偏导数为函数 $z = f(x, y)$ 的二阶偏导数. 二元函数的二阶偏导数有 4 个, 分别记作

$$\frac{\partial}{\partial x}\left(\frac{\partial z}{\partial x}\right) = \frac{\partial^2 z}{\partial x^2} = f''_{xx}(x, y), \quad \frac{\partial}{\partial y}\left(\frac{\partial z}{\partial x}\right) = \frac{\partial^2 z}{\partial x \partial y} = f''_{xy}(x, y),$$

$$\frac{\partial}{\partial x}\left(\frac{\partial z}{\partial y}\right) = \frac{\partial^2 z}{\partial y \partial x} = f''_{yx}(x, y), \quad \frac{\partial}{\partial y}\left(\frac{\partial z}{\partial y}\right) = \frac{\partial^2 z}{\partial y^2} = f''_{yy}(x, y),$$

其中 f''_{xy} 与 f''_{yx} 称为二阶混合偏导数.

二阶偏导数的偏导数, 称为三阶偏导数, 一般地, $n-1$ 阶偏导数的偏导数, 称为 n 阶偏导数, 二阶及二阶以上的偏导数统称为高阶偏导数.

例 6.4.4 求函数 $z = x^3 y^2 - x^2 y^3 + xy$ 的二阶偏导数.

解 $\quad \dfrac{\partial z}{\partial x} = 3x^2 y^2 - 2xy^3 + y, \qquad \dfrac{\partial z}{\partial y} = 2x^3 y - 3x^2 y^2 + x,$

$$\frac{\partial^2 z}{\partial x^2} = 6xy^2 - 2y^3, \qquad \frac{\partial^2 z}{\partial x \partial y} = 6x^2 y - 6xy^2 + 1,$$

$$\frac{\partial^2 z}{\partial y \partial x} = 6x^2 y - 6xy^2 + 1, \qquad \frac{\partial^2 z}{\partial y^2} = 2x^3 - 6x^2 y.$$

从这个例子看出两个二阶混合偏导数相等, 即 $\dfrac{\partial^2 z}{\partial x \partial y} = \dfrac{\partial^2 z}{\partial y \partial x}$, 这不是偶然的. 事实上, 有如下定理.

定理 6.4.1 如果二元函数 $z = f(x, y)$ 的两个混合偏导数 $\dfrac{\partial^2 z}{\partial x \partial y}, \dfrac{\partial^2 z}{\partial y \partial x}$ 在区域 D 内连续, 则在该区域内必有

$$\frac{\partial^2 z}{\partial x \partial y} = \frac{\partial^2 z}{\partial y \partial x}.$$

也就是说二阶混合偏导数在连续的条件下与求导次序无关. 证明从略.

例 6.4.5 设 $u = \dfrac{1}{\sqrt{x^2 + y^2 + z^2}}$, 证明 u 满足拉普拉斯 (Laplace) 方程

$$\frac{\partial^2 u}{\partial x^2} + \frac{\partial^2 u}{\partial y^2} + \frac{\partial^2 u}{\partial z^2} = 0.$$

证 $\quad \dfrac{\partial u}{\partial x} = -\dfrac{x}{(x^2 + y^2 + z^2)^{\frac{3}{2}}},$

$$\frac{\partial^2 u}{\partial x^2} = -\frac{1}{(x^2 + y^2 + z^2)^{\frac{3}{2}}} + \frac{3x^2}{(x^2 + y^2 + z^2)^{\frac{5}{2}}}.$$

由于函数关于自变量的对称性, 所以

$$\frac{\partial^2 u}{\partial y^2} = -\frac{1}{(x^2 + y^2 + z^2)^{\frac{3}{2}}} + \frac{3y^2}{(x^2 + y^2 + z^2)^{\frac{5}{2}}},$$

225

$$\frac{\partial^2 u}{\partial z^2} = -\frac{1}{(x^2+y^2+z^2)^{\frac{3}{2}}} + \frac{3z^2}{(x^2+y^2+z^2)^{\frac{5}{2}}}.$$

从而

$$\begin{aligned}
\frac{\partial^2 u}{\partial x^2} + \frac{\partial^2 u}{\partial y^2} + \frac{\partial^2 u}{\partial z^2} &= -\frac{3}{(x^2+y^2+z^2)^{\frac{3}{2}}} + \frac{3(x^2+y^2+z^2)}{(x^2+y^2+z^2)^{\frac{5}{2}}} \\
&= -\frac{3}{(x^2+y^2+z^2)^{\frac{3}{2}}} + \frac{3}{(x^2+y^2+z^2)^{\frac{3}{2}}} \\
&= 0.
\end{aligned}$$

习题 6.4

1. 求下列函数的偏导数:

(1) $z = x^3 y - y^3 x$;　　(2) $s = \dfrac{u^2+v^2}{uv}$;　　(3) $z = \sqrt{\ln(xy)}$;

(4) $z = \sin(xy) + \cos^2(xy)$;　　(5) $z = \mathrm{e}^{\tan\frac{x}{y}}$;　　(6) $z = (1+xy)^y$;

(7) $u = x^{\frac{y}{z}}$;　　(8) $u = \arctan(x-y)^z$;

2. 设 $z = \mathrm{e}^{-\left(\frac{1}{x}+\frac{1}{y}\right)}$, 求证: $x^2\dfrac{\partial z}{\partial x} + y^2\dfrac{\partial z}{\partial y} = 2z$.

3. 设 $f(x,y) = x + (y-1)\arcsin\sqrt{\dfrac{x}{y}}$, 求 $f_x'(x,1)$.

4. 求下列函数的 $\dfrac{\partial^2 z}{\partial x^2}$, $\dfrac{\partial^2 z}{\partial y^2}$ 和 $\dfrac{\partial^2 z}{\partial x\partial y}$:

(1) $z = x^4 + y^4 - 4x^2 y^2$;　　(2) $z = x\sin(x+y)$;

(3) $z = \arctan\dfrac{y}{x}$;　　(4) $z = y^x$.

5. 设 $f(x,y,z) = xy^2 + yz^2 + zx^2$, 求 $f_{xx}''(0,0,1)$, $f_{xz}''(1,0,2)$, $f_{yz}''(0,-1,0)$.

6. 设 $z = x\ln(xy)$, 求 $\dfrac{\partial^3 z}{\partial x^2\partial y}$, $\dfrac{\partial^3 z}{\partial x\partial y^2}$.

7. 验证:

(1) $y = \mathrm{e}^{-kn^2 t}\sin nx$ 满足 $\dfrac{\partial y}{\partial t} = k\dfrac{\partial^2 y}{\partial x^2}$;

(2) $r = \sqrt{x^2+y^2+z^2}$ 满足 $\dfrac{\partial^2 r}{\partial x^2} + \dfrac{\partial^2 r}{\partial y^2} + \dfrac{\partial^2 r}{\partial z^2} = \dfrac{2}{r}$;

(3) $z = \varphi(x)g(y)$, 满足 $z\cdot\dfrac{\partial^2 z}{\partial x\partial y} = \dfrac{\partial z}{\partial x}\cdot\dfrac{\partial z}{\partial y}$.

8. 设 $z = u(x,y)\mathrm{e}^{ax+y}$, $\dfrac{\partial^2 u}{\partial x\partial y} = 0$, 试求数 a, 使 $\dfrac{\partial^2 z}{\partial x\partial y} - \dfrac{\partial z}{\partial x} - \dfrac{\partial z}{\partial y} + z = 0$.

6.5　全微分及其应用

6.5.1　全微分的概念

对于一元函数 $y = f(x)$, 我们曾研究其关于 x 的微分, 我们注意到, 微分 $\mathrm{d}y = a\Delta x$ 具有下列两个性质:

(1) 它与自变量 x 在点 x_0 的改变量 Δx 成正比, 为 Δx 的线性函数;

(2) 当 $\Delta x \to 0$ 时, 它与函数增量 Δy 相差一个比 Δx 高阶的无穷小.

对于多元函数我们也希望引入一个具有类似性质的量. 以二元函数为例, 当 $z = f(x, y)$ 中两个自变量 x, y 都有相应的增量 Δx, Δy 时, 相应地函数的增量 $\Delta z = f(x + \Delta x, y + \Delta y) - f(x, y)$ 被称为函数 $z = f(x, y)$ 在点 $P(x, y)$ 处的全增量.

我们希望用自变量的增量 Δx, Δy 的线性函数来近似地将全增量 Δz 表出. 因此, 有如下定义.

定义 6.5.1　设函数 $z = f(x, y)$ 在区域 D 内有定义, 点 (x, y) 及 $(x + \Delta x, y + \Delta y) \in D(\Delta x,\ \Delta y$ 不同时为零), 如果函数在点 (x, y) 处全增量

$$\Delta z = f(x + \Delta x, y + \Delta y) - f(x, y)$$

可表示为

$$\Delta z = A\Delta x + B\Delta y + o(\rho),$$

其中 A, B 与 Δx, Δy 无关而仅与 x, y 有关, $\rho = \sqrt{\Delta x^2 + \Delta y^2}$, 则称函数 $z = f(x, y)$ 在点 (x, y) 处可微, $A\Delta x + B\Delta y$ 称为 $z = f(x, y)$ 在 (x, y) 处的全微分. 记作 $\mathrm{d}z$, 即

$$\mathrm{d}z = A\Delta x + B\Delta y. \tag{6.10}$$

如果 $z = f(x, y)$ 在区域 D 内的每一点都可微, 就说它在 D 内可微.

从全微分定义不难看出: **如果函数在某点可微, 则必在该点连续**.

事实上, 由可微定义即得 $\lim\limits_{\substack{\Delta x \to 0 \\ \Delta y \to 0}} \Delta z = \lim\limits_{\rho \to 0} \Delta z = \lim\limits_{\rho \to 0} [A\Delta x + B\Delta y + o(\rho)] = 0$, 故 $z = f(x, y)$ 在 (x, y) 处连续.

根据可微定义, 不能直接知道全微分形式中的 A, B 的形式是什么, 通过研究全微分与偏导之间的关系, 这些问题将得以解决.

定理 6.5.1　设函数 $z = f(x, y)$ 在点 $P_0(x_0, y_0)$ 处可微, 则此函数在点 $P_0(x_0, y_0)$ 处的两个偏导数必存在, 且 $\left.\dfrac{\partial z}{\partial x}\right|_{(x_0, y_0)} = A$, $\left.\dfrac{\partial z}{\partial x}\right|_{(x_0, y_0)} = B$. 函数 $z = f(x, y)$ 在点 $P_0(x_0, y_0)$ 的全微分为

$$\mathrm{d}z = \frac{\partial z}{\partial x}\Delta x + \frac{\partial z}{\partial y}\Delta y.$$

证　由于 $z = f(x, y)$ 在 $P_0(x_0, y_0)$ 处可微, 所以

$$\Delta z = f(x_0 + \Delta x, y_0 + \Delta y) - f(x_0, y_0) = A\Delta x + B\Delta y + o(\rho).$$

特别地, 取 $\Delta y = 0$, 有 $\Delta_x z = f(x_0 + \Delta x, y_0) - f(x_0, y_0) = A\Delta x + o(|\Delta x|)$, 从而

$$\left.\frac{\partial z}{\partial x}\right|_{(x_0, y_0)} = \lim_{\Delta x \to 0} \frac{\Delta_x z}{\Delta x} = \lim_{\Delta x \to 0} \frac{f(x_0 + \Delta x, y_0) - f(x_0, y_0)}{\Delta x}$$

$$= \lim_{\Delta x \to 0} \frac{A\Delta x + o\left(|\Delta x|\right)}{\Delta x} = A.$$

同理可证 $\left.\dfrac{\partial z}{\partial y}\right|_{(x_0, y_0)} = B$. 因此, 函数 $z = f(x, y)$ 在点 $P_0(x_0, y_0)$ 的全微分可表示为

$$\mathrm{d}z = \frac{\partial z}{\partial x}\Delta x + \frac{\partial z}{\partial y}\Delta y.$$

由于自变量的增量即为其微分, 即 $\Delta x = \mathrm{d}x$, $\Delta y = \mathrm{d}y$, 所以全微分通常写为

$$\mathrm{d}z = \frac{\partial z}{\partial x}\mathrm{d}x + \frac{\partial z}{\partial y}\mathrm{d}y.$$

定理 6.5.1 说明各偏导存在是可微的必要条件. 如果函数的各偏导数不仅存在且偏导数连续, 则将有如下定理.

定理 6.5.2 如果 $z = f(x, y)$ 的偏导数 $\dfrac{\partial z}{\partial x}$, $\dfrac{\partial z}{\partial y}$ 在点 $P_0(x_0, y_0)$ 的某邻域内存在, 且在 $P_0(x_0, y_0)$ 处连续, 则函数在 $P_0(x_0, y_0)$ 处可微.

此定理表明, 偏导数连续是可微的充分条件, 证明从略.

以上关于二元函数各种结论均可类似地推广到更多元的函数, 且全微分表达式也可类似地写出. 例如, 如果三元函数 $u = f(x, y, z)$ 可微, 则其全微分为

$$\mathrm{d}u = \frac{\partial u}{\partial x}\mathrm{d}x + \frac{\partial u}{\partial y}\mathrm{d}y + \frac{\partial u}{\partial z}\mathrm{d}z.$$

例 6.5.1 求函数 $z = xy$ 在 $(2, 1)$ 处关于 $\Delta x = 0.1$, $\Delta y = 0.2$ 的改变量 Δz 与全微分 $\mathrm{d}z$.

解 因为

$$\Delta z = (x + \Delta x)(y + \Delta y) - xy = y\Delta x + x\Delta y + \Delta x\Delta y,$$
$$\mathrm{d}z = \frac{\partial z}{\partial x}\mathrm{d}x + \frac{\partial z}{\partial y}\mathrm{d}y = y\mathrm{d}x + x\mathrm{d}y = y\Delta x + x\Delta y.$$

将 $x = 2$, $y = 1$, $\Delta x = 0.1$, $\Delta y = 0.2$ 代入以上两式, 得

$$\Delta z = 1 \times 0.1 + 2 \times 0.2 + 0.1 \times 0.2 = 0.52,$$
$$\mathrm{d}z = 1 \times 0.1 + 2 \times 0.2 = 0.5.$$

例 6.5.2 求函数 $z = \mathrm{e}^{x^2 - y}$ 在点 $(2, 1)$ 的全微分.

解 因为

$$\frac{\partial z}{\partial x} = 2x\mathrm{e}^{x^2 - y}, \quad \frac{\partial z}{\partial y} = -\mathrm{e}^{x^2 - y},$$

$$\left.\frac{\partial z}{\partial x}\right|_{\substack{x=2 \\ y=1}} = 4\mathrm{e}^3, \quad \left.\frac{\partial z}{\partial y}\right|_{\substack{x=2 \\ y=1}} = -\mathrm{e}^3,$$

所以

$$dz = 4e^3dx - e^3dy.$$

例 6.5.3 求三元函数 $u = e^{x+z}\sin(x+y)$ 的全微分.

解 因为

$$\frac{\partial u}{\partial x} = e^{x+z}\sin(x+y) + e^{x+z}\cos(x+y),$$

$$\frac{\partial u}{\partial y} = e^{x+z}\cos(x+y), \quad \frac{\partial u}{\partial z} = e^{x+z}\sin(x+y).$$

所以

$$du = \frac{\partial u}{\partial x}dx + \frac{\partial u}{\partial y}dy + \frac{\partial u}{\partial z}dz$$

$$= e^{x+z}[\sin(x+y) + \cos(x+y)]dx + e^{x+z}\cos(x+y)dy + e^{x+z}\sin(x+y)dz.$$

例 6.5.4 试证函数 $f(x,y) = \begin{cases} \dfrac{xy}{\sqrt{x^2+y^2}}, & (x,y) \neq (0,0), \\ 0, & (x,y) = (0,0) \end{cases}$ 在 $(0,0)$ 处偏导数存在, 但不可微.

证 因为 $\lim\limits_{\Delta x \to 0} \dfrac{f(0+\Delta x, 0) - f(0,0)}{\Delta x} = 0$, 从而 $f'_x(0,0) = 0$, 同理 $f'_y(0,0) = 0$.
即 $f(x,y)$ 在 $(0,0)$ 处两偏导数存在.

又由于

$$\Delta z - [f'_x(0,0)\Delta x + f'_y(0,0)\Delta y] = \frac{\Delta x \Delta y}{\sqrt{(\Delta x)^2 + (\Delta y)^2}},$$

但

$$\lim_{\substack{\Delta x \to 0 \\ \Delta y \to 0}} \frac{\dfrac{\Delta x \Delta y}{\sqrt{(\Delta x)^2 + (\Delta y)^2}}}{\rho} = \lim_{\substack{\Delta x \to 0 \\ \Delta y \to 0}} \frac{\Delta x \Delta y}{(\Delta x)^2 + (\Delta y)^2}$$

不存在, 更不用说是比 ρ 高阶的无穷小, 故 $f(x,y)$ 在 $(0,0)$ 处不可微.

6.5.2 全微分在近似计算中的应用

由二元函数全微分定义, 当 $z = f(x,y)$ 在 $P_0(x_0, y_0)$ 处可微, 且 $|\Delta x|$, $|\Delta y|$ 充分小时, 有近似公式

$$\Delta z \approx dz = f'_x(x_0, y_0)\Delta x + f'_y(x_0, y_0)\Delta y \tag{6.11}$$

及

$$f(x_0 + \Delta x, y_0 + \Delta y) \approx f(x_0, y_0) + f'_x(x_0, y_0)\Delta x + f'_y(x_0, y_0)\Delta y. \tag{6.12}$$

式 (6.11)、式 (6.12) 可用来对 Δz, $f(x_0 + \Delta x, y_0 + \Delta y)$ 作近似计算.

例 6.5.5 求 $(1.01)^{1.98}$ 的近似值.

解 设 $z = x^y$, 要求的即为 $f(1.01, 1.98)$ 的近似值. 取 $x_0 = 1$, $y_0 = 2$, $\Delta x = 0.01$, $\Delta y = -0.02$, 由于 $f'_x(x,y) = yx^{y-1}$, $f'_y(x,y) = x^y\ln x$, 由式 (6.12) 得

$$(1.01)^{1.98} = f(1 + 0.01, 2 - 0.02) \approx f(1,2) + f'_x(1,2)\Delta x + f'_y(1,2)\Delta y$$

$$= 1^2 + 2 \times 0.01 + 0 \times (-0.02) = 1.02.$$

例 6.5.6　一薄圆柱形的无盖锡罐, 其内直径与高分别为 15cm 与 20cm, 厚 0.3cm, 求锡罐体积的近似值.

解　设圆柱形的直径为 $x\,\mathrm{cm}$, 高为 $y\,\mathrm{cm}$, 体积为 $V\,\mathrm{cm}^3$, 则

$$V = \frac{1}{4}\pi x^2 y,$$

所求即为 $x = 15.6$, $y = 20.3$ 及 $x = 15$, $y = 20$ 时所得两体积之差 ΔV. 由式 (6.11) 知 $\Delta V \approx \mathrm{d}V$. 而

$$\mathrm{d}V = \frac{\partial V}{\partial x}\mathrm{d}x + \frac{\partial V}{\partial y}\mathrm{d}y = \frac{\pi}{2}xy\mathrm{d}x + \frac{\pi}{4}x^2\mathrm{d}y,$$

将 $x = 15$, $y = 20$, $\mathrm{d}x = 0.6$, $\mathrm{d}y = 0.3$ 代入上式得 $\mathrm{d}V = 335.6$, 即所求锡罐体积大约为 $335.6\mathrm{cm}^3$.

习题 6.5

1. 求下列函数的全微分:
(1) $u = x^y y^z z^x$;　　　(2) $z = \mathrm{e}^{\frac{y}{x}}$;　　　(3) $z = \dfrac{y}{\sqrt{x^2+y^2}}$;

(4) $u = x^{yz}$;　　　(5) $z = \ln\tan\left(\dfrac{y}{x}\right)$.

2. 求 $z = \ln(1 + x^2 + y^2)$ 在点 $(1,2)$ 处的全微分.

3. 求 $u = \left(\dfrac{x}{y}\right)^{\frac{1}{z}}$ 在点 $(1,1,1)$ 处的全微分.

4. 计算 $\sqrt{(1.02)^3 + (1.97)^3}$ 的近似值.

5. 计算 $(1.97)^{1.05}$ 的近似值 ($\ln 2 = 0.693$).

6. 已知边长为 $x = 6\mathrm{m}$ 与 $y = 8\mathrm{m}$ 的矩形, 如果 x 边增加 5cm 而 y 边减少 10cm, 问这个矩形的对角线的近似变化怎样?

6.6　复合函数与隐函数的微分法

6.6.1　多元复合函数的求导法则

与一元函数类似, 多元函数也常以复合函数的形式出现, 对多元函数也有其相应的多元复合函数的微分法.

定理 6.6.1　设 $z = f(u,v)$, $u = u(x,y)$, $v = v(x,y)$, 如果 $u = u(x,y)$ 和 $v = v(x,y)$ 在点 (x,y) 处的偏导数存在, 而 $z = f(u,v)$ 在对应的点 (u,v) 处可微, 则复合函数 $z = f(u(x,y), v(x,y))$ 在点 (x,y) 处关于 x 及 y 的偏导数存在, 且

$$\begin{cases} \dfrac{\partial z}{\partial x} = \dfrac{\partial z}{\partial u}\dfrac{\partial u}{\partial x} + \dfrac{\partial z}{\partial v}\dfrac{\partial v}{\partial x}, \\ \dfrac{\partial z}{\partial y} = \dfrac{\partial z}{\partial u}\dfrac{\partial u}{\partial y} + \dfrac{\partial z}{\partial v}\dfrac{\partial v}{\partial y}. \end{cases} \tag{6.13}$$

证 记自变量 x 的增量 Δx, 相应地中间变量有增量 $\Delta_x u$, $\Delta_x v$, 因此, $z = f(u,v)$ 也有相应的增量 Δz. 由于 $z = f(u,v)$ 可微, 故有

$$\Delta z = \frac{\partial z}{\partial u}\Delta_x u + \frac{\partial z}{\partial v}\Delta_x v + o(\rho),$$

其中 $\rho = \sqrt{(\Delta_x u)^2 + (\Delta_x v)^2}$, 上式两边同除 Δx, 得

$$\frac{\Delta z}{\Delta x} = \frac{\partial z}{\partial u}\frac{\Delta_x u}{\Delta x} + \frac{\partial z}{\partial v}\frac{\Delta_x v}{\Delta x} + \frac{o(\rho)}{\Delta x}.$$

由于 $u = u(x,y)$ 和 $v = v(x,y)$ 在点 (x,y) 处的偏导数存在, 故当 $\Delta x \to 0$ 时, 相应地有 $\Delta_x u \to 0$, $\Delta_x v \to 0$, 又

$$\lim_{\Delta x \to 0}\frac{\Delta_x u}{\Delta x} = \frac{\partial u}{\partial x}, \quad \lim_{\Delta x \to 0}\frac{\Delta_x v}{\Delta x} = \frac{\partial v}{\partial x},$$

而

$$\lim_{\Delta x \to 0}\frac{o(\rho)}{\Delta x} = \lim_{\Delta x \to 0}\frac{o(\rho)}{\rho}\cdot\frac{\rho}{\Delta x} = 0,$$

因此

$$\lim_{\Delta x \to 0}\frac{\Delta z}{\Delta x} = \lim_{\Delta x \to 0}\left[\frac{\partial z}{\partial u}\frac{\Delta_x u}{\Delta x} + \frac{\partial z}{\partial v}\frac{\Delta_x v}{\Delta x} + \frac{o(\rho)}{\Delta x}\right] = \frac{\partial z}{\partial u}\frac{\partial u}{\partial x} + \frac{\partial z}{\partial v}\frac{\partial v}{\partial x},$$

即

$$\frac{\partial z}{\partial x} = \frac{\partial z}{\partial u}\frac{\partial u}{\partial x} + \frac{\partial z}{\partial v}\frac{\partial v}{\partial x}.$$

同理可证 $\dfrac{\partial z}{\partial y} = \dfrac{\partial z}{\partial u}\dfrac{\partial u}{\partial y} + \dfrac{\partial z}{\partial v}\dfrac{\partial v}{\partial y}$.

式 (6.13) 称为复合函数求偏导的链式法则.

一般地, 如果 $z = f(u,v,w)$ 可微, 函数 $u = u(x,y)$, $v = v(x,y)$, $w = w(x,y)$ 在点 (x,y) 处的偏导数存在, 则 $z = f(u(x,y),v(x,y),w(x,y))$ 关于 x, y 的偏可导存在, 且

$$\frac{\partial z}{\partial x} = \frac{\partial z}{\partial u}\frac{\partial u}{\partial x} + \frac{\partial z}{\partial v}\frac{\partial v}{\partial x} + \frac{\partial z}{\partial w}\frac{\partial w}{\partial x}, \quad \frac{\partial z}{\partial y} = \frac{\partial z}{\partial u}\frac{\partial u}{\partial y} + \frac{\partial z}{\partial v}\frac{\partial v}{\partial y} + \frac{\partial z}{\partial w}\frac{\partial w}{\partial y}.$$

特殊地, 如果 $z = f(u,v)$ 可微, 函数 $u = u(x)$, $v = v(x)$ 关于 x 可导, 则 $z = f(u(x),v(x))$ 关于 x 可导, 且有

$$\frac{\mathrm{d}z}{\mathrm{d}x} = \frac{\partial z}{\partial u}\frac{\mathrm{d}u}{\mathrm{d}x} + \frac{\partial z}{\partial v}\frac{\mathrm{d}v}{\mathrm{d}x}, \tag{6.14}$$

式 (6.14) 被称为全导数公式.

例 6.6.1 设 $z = \mathrm{e}^u\sin v$, 而 $u = x + y$, $v = x - y$, 求 $\dfrac{\partial z}{\partial x}$, $\dfrac{\partial z}{\partial y}$.

解
$$\frac{\partial z}{\partial x} = \frac{\partial z}{\partial u} \cdot \frac{\partial u}{\partial x} + \frac{\partial z}{\partial v} \cdot \frac{\partial v}{\partial x} = \mathrm{e}^u \sin v + \mathrm{e}^u \cos v = \mathrm{e}^{x+y} \left[\sin (x - y) + \cos (x - y)\right],$$

$$\frac{\partial z}{\partial y} = \frac{\partial z}{\partial u} \cdot \frac{\partial u}{\partial y} + \frac{\partial z}{\partial v} \cdot \frac{\partial v}{\partial y} = \mathrm{e}^u \sin v - \mathrm{e}^u \cos v = \mathrm{e}^{x+y} \left[\sin (x - y) - \cos (x - y)\right].$$

例 6.6.2 设 $z = f(\mathrm{e}^x y^2, y - x^2)$, 且 f 存在一阶连续的偏导数, 求 $\dfrac{\partial z}{\partial x}, \dfrac{\partial z}{\partial y}$.

解 设 $u = \mathrm{e}^x y^2$, $v = y - x^2$, 则 $z = f(u, v)$, 所以

$$\frac{\partial z}{\partial x} = \frac{\partial f}{\partial u}\frac{\partial u}{\partial x} + \frac{\partial f}{\partial v}\frac{\partial v}{\partial x} = f_1' \cdot \mathrm{e}^x y^2 + f_2' \cdot (-2x) = \mathrm{e}^x y^2 f_1' - 2x f_2',$$

$$\frac{\partial z}{\partial y} = \frac{\partial f}{\partial u}\frac{\partial u}{\partial y} + \frac{\partial f}{\partial v}\frac{\partial v}{\partial y} = f_1' \cdot 2y\mathrm{e}^x + f_2' \cdot 1 = 2y\mathrm{e}^x f_1' + f_2'.$$

此例中 f_i' 表示 $f(u, v)$ 对其第 i 个中间变量求偏导, 此记法不依赖中间变量的表示形式, 简洁且含义明确. 一般地, 对 n 元函数 $z = f(x_1, x_2, \cdots x_n)$, $f_i' = \dfrac{\partial f}{\partial x_i}$, $i = 1, 2, \cdots, n$.

例 6.6.3 设 $z = xy + xF\left(\dfrac{y}{x}\right)$, 而且 F 可微, 试证 $x\dfrac{\partial z}{\partial x} + y\dfrac{\partial z}{\partial y} = xy + z$.

证 设 $\dfrac{y}{x} = u$, 则 $z = xy + xF(u)$, 由于

$$\frac{\partial z}{\partial x} = y + F(u) + xF'(u)\left(\frac{-y}{x^2}\right) = y + F(u) - \frac{y}{x}F'(u),$$

$$\frac{\partial z}{\partial y} = x + xF'(u)\left(\frac{1}{x}\right) = x + F'(u),$$

于是

$$x\frac{\partial z}{\partial x} + y\frac{\partial z}{\partial y} = [xy + xF(u) - yF'(u)] + [xy + yF'(u)]$$
$$= xy + xF(u) + xy = xy + z.$$

例 6.6.4 设 $z = \sin\dfrac{u}{v}$, $u = \mathrm{e}^x$, $v = x^2$, 求 $\dfrac{\mathrm{d}z}{\mathrm{d}x}$.

解 因为
$$\frac{\mathrm{d}z}{\mathrm{d}x} = \frac{\partial z}{\partial u}\frac{\mathrm{d}u}{\mathrm{d}x} + \frac{\partial z}{\partial v}\frac{\mathrm{d}v}{\mathrm{d}x},$$

而
$$\frac{\partial z}{\partial u} = \frac{1}{v}\cos\frac{u}{v}, \quad \frac{\partial z}{\partial v} = \frac{-u}{v^2}\cos\frac{u}{v}, \quad \frac{\mathrm{d}u}{\mathrm{d}x} = \mathrm{e}^x, \quad \frac{\mathrm{d}v}{\mathrm{d}x} = 2x,$$

所以
$$\frac{\mathrm{d}z}{\mathrm{d}x} = \frac{1}{v}\cos\frac{u}{v} \cdot \mathrm{e}^x + \frac{-u}{v^2}\cos\frac{u}{v} \cdot 2x$$
$$= \frac{1}{x^2}\cos\frac{\mathrm{e}^x}{x^2} \cdot \mathrm{e}^x + \frac{-\mathrm{e}^x}{x^4} \cdot \cos\frac{\mathrm{e}^x}{x^2} \cdot 2x$$

$$= \frac{xe^x - 2e^x}{x^3} \cdot \cos\frac{e^x}{x^2}.$$

例 6.6.5　设 $u = e^{ax}(y - z)$, $y = a\sin x$, $z = \cos x$(a 为常数), 求 $\dfrac{\mathrm{d}u}{\mathrm{d}x}$.

解　$\dfrac{\mathrm{d}u}{\mathrm{d}x} = \dfrac{\partial u}{\partial x} + \dfrac{\partial u}{\partial y}\dfrac{\mathrm{d}y}{\mathrm{d}x} + \dfrac{\partial u}{\partial z}\dfrac{\mathrm{d}z}{\mathrm{d}x}$, 而

$$\frac{\partial u}{\partial x} = ae^{ax}(y - z), \quad \frac{\partial u}{\partial y} = e^{ax}, \quad \frac{\partial u}{\partial z} = -e^{ax},$$

$$\frac{\mathrm{d}y}{\mathrm{d}x} = a\cos x, \quad \frac{\mathrm{d}z}{\mathrm{d}x} = -\sin x.$$

所以

$$\begin{aligned}
\frac{\mathrm{d}u}{\mathrm{d}x} &= ae^{ax}(y - z) + e^{ax}a\cos x + e^{ax}\sin x \\
&= ae^{ax}(a\sin x - \cos x) + ae^{ax}\cos x + e^{ax}\sin x \\
&= (a^2 + 1)e^{ax}\sin x.
\end{aligned}$$

对于一元函数 $y = f(x)$, 不论 x 是自变量还是复合函数中的中间变量, 在一定条件下, 都有 $\mathrm{d}y = f'(x)\,\mathrm{d}x$ 成立, 对于多元函数, 也有与其类似的性质.

设 $z = f(x, y)$ 可微, 当 x, y 为自变量时, 则全微分公式: $\mathrm{d}z = \dfrac{\partial z}{\partial x}\mathrm{d}x + \dfrac{\partial z}{\partial y}\mathrm{d}y$, 而当 $x = x(s, t)$, $y = y(s, t)$ 偏导存在时, 对复合函数 $z = f(x(s, t), y(s, t))$, 仍有

$$\mathrm{d}z = \frac{\partial z}{\partial x}\mathrm{d}x + \frac{\partial z}{\partial y}\mathrm{d}y.$$

这是因为

$$\begin{aligned}
\mathrm{d}z &= \frac{\partial z}{\partial s}\mathrm{d}s + \frac{\partial z}{\partial t}\mathrm{d}t = \left(\frac{\partial z}{\partial x}\frac{\partial x}{\partial s} + \frac{\partial z}{\partial y}\frac{\partial y}{\partial s}\right)\mathrm{d}s + \left(\frac{\partial z}{\partial x}\frac{\partial x}{\partial t} + \frac{\partial z}{\partial y}\frac{\partial y}{\partial t}\right)\mathrm{d}t \\
&= \frac{\partial z}{\partial x}\left(\frac{\partial x}{\partial s}\mathrm{d}s + \frac{\partial x}{\partial t}\mathrm{d}t\right) + \frac{\partial z}{\partial y}\left(\frac{\partial y}{\partial s}\mathrm{d}s + \frac{\partial y}{\partial t}\mathrm{d}t\right) \\
&= \frac{\partial z}{\partial x}\mathrm{d}x + \frac{\partial z}{\partial y}\mathrm{d}y.
\end{aligned}$$

此性质称为一阶全微分形式不变性. 它表明, 在一定条件下, 函数 $z = f(x, y)$ 无论 x, y 为自变量还是中间变量, 恒有公式 $\mathrm{d}z = \dfrac{\partial z}{\partial x}\mathrm{d}x + \dfrac{\partial z}{\partial y}\mathrm{d}y$ 成立.

利用一阶全微分形式不变性, 可由全微分同时求得偏导数, 有时非常方便.

例 6.6.6　设 $u = \ln\sqrt{x^2 + y^2 + z^2}$, 求 $\mathrm{d}u$, $\dfrac{\partial u}{\partial x}$, $\dfrac{\partial u}{\partial y}$, $\dfrac{\partial u}{\partial z}$.

解　$\mathrm{d}u = \mathrm{d}\left[\dfrac{1}{2}\ln(x^2 + y^2 + z^2)\right] = \dfrac{1}{2}\dfrac{1}{x^2 + y^2 + z^2}\mathrm{d}(x^2 + y^2 + z^2)$

$$= \frac{x\mathrm{d}x + y\mathrm{d}y + z\mathrm{d}z}{x^2 + y^2 + z^2}.$$

从而

$$\frac{\partial u}{\partial x} = \frac{x}{x^2 + y^2 + z^2}, \quad \frac{\partial u}{\partial y} = \frac{y}{x^2 + y^2 + z^2}, \quad \frac{\partial u}{\partial z} = \frac{z}{x^2 + y^2 + z^2}.$$

例 6.6.7   设 $z = f(x^y, y + 3)$ 且 f 具有二阶连续的偏导数, 求 $\dfrac{\partial^2 z}{\partial x \partial y}$.

解   设 $u = x^y$, $v = y + 3$, 则

$$\frac{\partial z}{\partial x} = \frac{\partial f}{\partial u} \frac{\partial u}{\partial x} + \frac{\partial f}{\partial v} \frac{\partial v}{\partial x} = f_1' \cdot yx^{y-1} + f_2' \cdot 0 = yx^{y-1} f_1',$$

$$
\begin{aligned}
\frac{\partial^2 z}{\partial x \partial y} &= (yx^{y-1} f_1')_y' = x^{y-1} f_1' + yx^{y-1} \ln x f_1' + \left(\frac{\partial f_1'}{\partial u} \frac{\partial u}{\partial y} + \frac{\partial f_1'}{\partial v} \frac{\partial v}{\partial y} \right) yx^{y-1} \\
&= x^{y-1} f_1' + yx^{y-1} \ln x \cdot f_1' + yx^{y-1} (f_{11}'' x^y \ln x + f_{12}'').
\end{aligned}
$$

6.6.2   隐函数的求导法则

在一元函数微分法中我们已确定一元隐函数求导法, 解决了由 $F(x, y) = 0$ 确定隐函数 $y = f(x)$ 的导数, 现在我们由多元函数的复合函数求导法给出隐函数的导数公式.

定理 6.6.2   设方程 $F(x, y) = 0$ 确定隐函数 $y = f(x)$, 且 $F(x, y)$ 关于 x, y 的偏导数 F_x', F_y' 存在且连续, 则当 $\dfrac{\partial F}{\partial y} \neq 0$ 时, 有隐函数求导公式

$$\frac{\mathrm{d}y}{\mathrm{d}x} = -\frac{\dfrac{\partial F}{\partial x}}{\dfrac{\partial F}{\partial y}} = -\frac{F_x'}{F_y'}. \tag{6.15}$$

证   由于 $y = f(x)$ 由 $F(x, y) = 0$ 确定, 故恒有 $F[x, f(x)] = 0$, 等式的两端同时对 x 求全导数 $\dfrac{\partial F}{\partial x} + \dfrac{\partial F}{\partial y} \dfrac{\mathrm{d}y}{\mathrm{d}x} = 0$. 由于 $\dfrac{\partial F}{\partial y} \neq 0$, 所以有

$$\frac{\mathrm{d}y}{\mathrm{d}x} = -\frac{\dfrac{\partial F}{\partial x}}{\dfrac{\partial F}{\partial y}}.$$

例 6.6.8   求由方程 $\cos y + \mathrm{e}^x - xy^2 = 3$ 所确定的隐函数 $y = f(x)$ 的导数.

解   因为 $F(x, y) = \cos y + \mathrm{e}^x - xy^2 - 3$, $F_x' = \mathrm{e}^x - y^2$, $F_y' = -\sin y - 2xy$, 所以

$$\frac{\mathrm{d}y}{\mathrm{d}x} = -\frac{\dfrac{\partial F}{\partial x}}{\dfrac{\partial F}{\partial y}} = \frac{\mathrm{e}^x - y^2}{\sin y + 2xy}.$$

与一元隐函数类似, 由方程 $F(x, y, z) = 0$ 确定的二元隐函数为 $z = f(x, y)$. 如果 $F(x, y, z)$ 关于 x, y, z 的偏导数 F_x', F_y', F_z' 存在且连续, 则当 $\dfrac{\partial F}{\partial z} \neq 0$ 时, 有

$$\frac{\partial z}{\partial x} = -\frac{F_x'}{F_z'}, \quad \frac{\partial z}{\partial y} = -\frac{F_y'}{F_z'}. \tag{6.16}$$

公式中, 当求 $\dfrac{\partial z}{\partial x}$ 时, 视方程 $F(x, y, z) = 0$ 中 y 为常数, 此即为一元隐函数的导数, 只是由于函数为多元函数, 故求导时用偏导数记号记. 所以有 $\dfrac{\partial z}{\partial x} = -\dfrac{F_x'}{F_z'}$.

同理可得 $\dfrac{\partial z}{\partial y} = -\dfrac{F_y'}{F_z'}$.

例 6.6.9　设 $z^3 - 3xyz = a^3$, 求 $\dfrac{\partial z}{\partial x}, \dfrac{\partial z}{\partial y}$.

解　设 $F(x, y, z) = z^3 - 3xyz - a^3$, 则

$$F_x' = -3yz, \quad F_y' = -3xz, \quad F_z' = 3z^2 - 3xy.$$

从而有

$$\frac{\partial z}{\partial x} = -\frac{F_x'}{F_z'} = -\frac{-3yz}{3z^2 - 3xy} = \frac{yz}{z^2 - xy},$$

$$\frac{\partial z}{\partial y} = -\frac{F_y'}{F_z'} = -\frac{-3xz}{3z^2 - 3xy} = \frac{xz}{z^2 - xy}.$$

例 6.6.10　设由方程 $xy + yz + xz = 1$ 所确定的隐函数 $z = f(x, y)$, 求 $\dfrac{\partial^2 z}{\partial x \partial y}$.

解　设 $F(x, y, z) = xy + yz + xz - 1$, 则由隐函数的偏导数公式得

$$\frac{\partial z}{\partial x} = -\frac{F_x'}{F_z'} = -\frac{y + z}{y + x}, \quad \frac{\partial z}{\partial y} = -\frac{F_y'}{F_z'} = -\frac{x + z}{y + x},$$

$$\frac{\partial^2 z}{\partial x \partial y} = \frac{\partial}{\partial y}\left(-\frac{y + z}{y + x}\right) = -\frac{(1 + z_y')(y + x) - (y + z)}{(y + x)^2}.$$

将 $\dfrac{\partial z}{\partial y} = -\dfrac{x + z}{y + x}$ 代入上式得

$$\frac{\partial^2 z}{\partial x \partial y} = -\frac{\left(1 - \dfrac{x + z}{y + x}\right)(y + x) - (y + z)}{(y + x)^2} = -\frac{-2z}{(y + x)^2} = \frac{2z}{(y + x)^2}.$$

习题 6.6

1. 求下列函数的全导数:

(1) 设 $y = u^v$, $u = \sin x$, $v = \ln x$, 求 $\dfrac{\mathrm{d}y}{\mathrm{d}x}$;

(2) 设 $z = \mathrm{e}^{x - 2y}$, 而 $x = \sin t$, $y = t^3$, 求 $\dfrac{\mathrm{d}z}{\mathrm{d}t}$;

(3) 设 $z = \arcsin(x - y)$, 而 $x = 3t$, $y = 4t^3$, 求 $\dfrac{\mathrm{d}z}{\mathrm{d}t}$;

(4) 设 $z = \arcsin(xy)$, 而 $y = \mathrm{e}^x$, 求 $\dfrac{\mathrm{d}z}{\mathrm{d}x}$.

2. 求下列函数的一阶偏导数:

(1) 设 $z = u^2 + v^2$, 而 $u = x + y$, $v = x - y$;

(2) 设 $z = u^2 \ln v$, 而 $u = \dfrac{x}{y}$, $v = 3x - 2y$;

(3) 设 $u = x^2 + y^2 + z^2$, 而 $z = x^2 \cos y$.

3. 求下列函数的一阶偏导数 (其中 f 具有一阶连续偏导数):

(1) $z = f(x, y)$, 而 $x = s + t$, $y = st$;

(2) $u = f(x, y, z)$, 而 $x = r^2 + s^2 + t^2$, $y = r^2 - s^2 - t^2$, $z = r^2 - s^2 + t^2$;

(3) $z = f(x^2 - y^2, \mathrm{e}^{xy})$;

(4) $u = f\left(\dfrac{x}{y}, \dfrac{y}{z}\right)$.

4. 设 $z = \arctan \dfrac{x}{y}$, 而 $x = u + v$, $y = u - v$, 验证: $\dfrac{\partial z}{\partial u} + \dfrac{\partial z}{\partial v} = \dfrac{u - v}{u^2 + v^2}$.

5. 设 $z = xf\left(\dfrac{y}{x}, \dfrac{x}{y}\right)$, 而 $f(u, v)$ 为可微函数, 证明: $x\dfrac{\partial z}{\partial x} + y\dfrac{\partial z}{\partial y} = z$.

6. 设 $z = \dfrac{y}{f(x^2 - y^2)}$, 其中 $f(u)$ 可微, 求 $\dfrac{1}{x}\dfrac{\partial z}{\partial x} + \dfrac{1}{y}\dfrac{\partial z}{\partial y}$.

7. 求下列函数的二阶偏导数 (其中 f 具有二阶连续偏导数):

(1) $z = f(x^2 + y^2)$;   (2) $z = f(xy, y)$;

(3) $z = f\left(x, \dfrac{x}{y}\right)$;   (4) $z = f(xy^2, x^2 y)$.

8. 求下列方程所确定的隐函数的导数或偏导数.

(1) $\ln \sqrt{x^2 + y^2} = \arctan \dfrac{y}{x}$, 求 $\dfrac{\mathrm{d}y}{\mathrm{d}x}$;

(2) $x^y = y^x (x \neq y)$, 求 $\dfrac{\mathrm{d}y}{\mathrm{d}x}$;

(3) $x + 2y + z - 2\sqrt{xyz} = 0$, 求 $\dfrac{\partial z}{\partial x}$, $\dfrac{\partial z}{\partial y}$.

9. 设 $\Phi(u, v)$ 具有连续偏导数, 证明由方程 $\Phi(cx - az, cy - bz) = 0$ 所确定的函数 $z = f(x, y)$ 满足 $a\dfrac{\partial z}{\partial x} + b\dfrac{\partial z}{\partial y} = c$.

10. 设由方程 $\mathrm{e}^{x+y} \sin(x + z) = 0$ 所确定的二元函数 $z = z(x, y)$, 求 $\mathrm{d}z$.

11. 设 $u = \mathrm{e}^{xz} + \sin yz$, 其中 z 是由方程 $\cos^2 x + \cos^2 y + \cos^2 z = 1$ 所确定的 x, y 的函数, 求 $\dfrac{\partial u}{\partial x}$.

12. 设 $\mathrm{e}^z - xyz = 0$, 求 $\dfrac{\partial^2 z}{\partial x^2}$.

13. 设 $x^2 + y^2 + z^2 - 4z = 0$, 求 $\dfrac{\partial^2 z}{\partial x^2}$.

6.7 多元函数的极值

6.7.1 无条件极值

与一元函数类似, 多元函数也有相应的极值问题, 它是多元函数微分学的一个重要的应用. 下面仍以二元函数为例讨论极值问题, 一般的多元函数的极值问题可以类推.

定义 6.7.1   设函数 $z = f(x, y)$ 在区域 D 内有定义, 点 $P_0(x_0, y_0)$ 为 D 的内点, 如果存在 P_0 的某邻域 $U(P_0, \delta)$, 使对任意的点 $P(x, y) \in \mathring{U}(P_0, \delta)$ 都有 $f(x, y) < f(x_0, y_0)$, 则称函数 $f(x, y)$ 在 $P_0(x_0, y_0)$ 处取得极大值, $P_0(x_0, y_0)$ 称为函数 $f(x, y)$ 的极大值点;

如果对 $P(x, y) \in \mathring{U}(P_0, \delta)$ 都有 $f(x, y) > f(x_0, y_0)$, 则称函数 $f(x, y)$ 在 $P_0(x_0, y_0)$ 处取得极小值, 此时 $P_0(x_0, y_0)$ 称为函数 $f(x, y)$ 的极小值点.

函数的极大值、极小值统称为函数的极值, 使函数取得极值的点统称为函数的极值点.

例如, $f(x, y) = 2x^2 + 3y^2$ 在 $(0, 0)$ 处取得极小值 $f(0, 0) = 0$. 这是因为对在 $(0, 0)$ 的任一邻域内异于 $(0, 0)$ 的点 (x, y), 均有 $f(x, y) > 0$.

从几何上看很明显, 函数 $f(x, y) = 2x^2 + 3y^2$ 表示一开口向上的椭圆抛物面, 而 $(0, 0, 0)$ 为其顶点, 因此均有 $f(x, y) > f(0, 0)$.

类似地, 函数 $z = 1 - \sqrt{x^2 + (y - 2)^2}$ 在 $(0, 2)$ 处取得极大值 $z\big|_{(0, 2)} = 1$.

函数 $z = xy$ 在 $(0, 0)$ 既取不到极大值又取不到极小值, 这是因为在 $(0, 0)$ 的任一邻域内其函数值既可取到正值又可取到负值, 而 $z\big|_{(0, 0)} = 0$.

由极值定义不难看出, 当函数 $z = f(x, y)$ 在 $P_0(x_0, y_0)$ 处取得极值时, 如果固定 $x = x_0$, 则一元函数 $z = f(x_0, y)$ 也应在 $y = y_0$ 处取得相同的极值; 同样, 一元函数 $z = f(x, y_0)$ 在 $x = x_0$ 也取得相同的极值, 于是类似于一元函数, 可通过偏导数来研究二元函数极值存在的条件.

定理 6.7.1 (极值存在的必要条件)   如果 $z = f(x, y)$ 在 $P_0(x_0, y_0)$ 存在偏导数, 且取得极值, 则有

$$f'_x(x_0, y_0) = 0, \quad f'_y(x_0, y_0) = 0.$$

证   不妨设 $z = f(x, y)$ 在 $P_0(x_0, y_0)$ 处取得极小值, 则存在 $U(P_0, \delta)$ 使 $P(x, y) \in \mathring{U}(P_0, \delta)$ 有 $f(x, y) > f(x_0, y_0)$.

对固定的 $x = x_0$, $y \neq y_0$ 仍有 $f(x_0, y) > f(x_0, y_0)$. 一元函数 $f(x_0, y)$ 在 $y = y_0$ 取得极小值, 由一元函数极值存在的条件有

$$f'_y(x_0, y_0) = 0.$$

同理可得 $f'_x(x_0, y_0) = 0$.

类似一元函数, 满足 $\begin{cases} f'_x(x_0, y_0) = 0, \\ f'_y(x_0, y_0) = 0 \end{cases}$ 的点 (x_0, y_0) 也称为函数 $z = f(x, y)$ 的驻点.

由以上讨论知, 偏导数存在的函数极值点一定为驻点, 但函数的驻点不一定是极值点. 例如, $z = xy$ 在 $(0,0)$ 处, $(0,0)$ 为函数的驻点, 但 $(0,0)$ 不是函数的极值点. 因此驻点是否是极值点需进一步判断. 下面我们给出极值存在的充分条件:

定理 6.7.2 (极值存在的充分条件)   设函数 $z = f(x,y)$ 在点 $P_0(x_0, y_0)$ 的某邻域 $U(P_0, \delta)$ 内有二阶连续的偏导数, 且 $P_0(x_0, y_0)$ 为驻点, 记

$$A = f''_{xx}(x_0, y_0), \quad B = f''_{xy}(x_0, y_0), \quad C = f''_{yy}(x_0, y_0), \quad \Delta = AC - B^2,$$

则

(1) 当 $\Delta > 0$ 时, $f(x_0, y_0)$ 为极值, 且当 $A < 0$ 时有极大值, 当 $A > 0$ 时有极小值;

(2) 当 $\Delta < 0$ 时, $f(x_0, y_0)$ 不是极值;

(3) 当 $\Delta = 0$ 时, 不能确定 $f(x_0, y_0)$ 是否取得极值, 需另作讨论.

证明从略.

根据以上定理求函数 $z = f(x,y)$ 极值的一般步骤如下:

第一步: 解方程组 $\begin{cases} f'_x(x_0, y_0) = 0, \\ f'_y(x_0, y_0) = 0, \end{cases}$ 求出所有驻点.

第二步: 对每一个驻点 (x_0, y_0), 求出相应的 A, B, C 及 Δ.

第三步: 由 Δ 的符号按定理 6.7.2 判断驻点 (x_0, y_0) 是否是极值点, 是极大值点还是极小值点, 求出极值点相应的函数值即得极值.

例 6.7.1   求 $f(x,y) = x^4 + y^4 - x^2 - 2xy - y^2$ 的极值.

解   先解方程组 $\begin{cases} f'_x = 4x^3 - 2x - 2y = 0, \\ f'_y = 4y^3 - 2x - 2y = 0, \end{cases}$ 求得驻点为 $(-1,-1)$, $(1,1)$, $(0,0)$.
再求出二阶偏导数:

$$f''_{xx} = 12x^2 - 2, \quad f''_{xy} = -2, \quad f''_{yy} = 12y^2 - 2.$$

在点 $(-1,-1)$ 处: $A = 10$, $B = -2$, $C = 10$, $\Delta = AC - B^2 = 96$, 且 $A = 10 > 0$, 所以 $(-1,-1)$ 为函数的极小值点, 极小值为 $f(-1,-1) = -2$.

在点 $(1,1)$ 处: $A = 10$, $B = -2$, $C = 10$, $\Delta = AC - B^2 = 96$, 且 $A = 10 > 0$, 所以 $(1,1)$ 为函数的极小值点, 极小值为 $f(1,1) = -2$.

在点 $(0,0)$ 处: $A = -2$, $B = -2$, $C = -2$, $\Delta = AC - B^2 = 0$, 不能确定 $(0,0)$ 是否是极值点.

考察 $f(x,y)$ 在 $(0,0)$ 附近的变化. 在点 $(0,0)$ 的充分小的邻域内, 沿 $y = -x$, 有 $f(x,y) = f(x,-x) = 2x^4 > f(0,0) = 0$; 沿 $y = x(0 < x < \sqrt{2})$, 有

$$f(x,y) = f(x,x) = 2x^4 - 4x^2 = 2x^2(x^2 - 2) < f(0,0) = 0,$$

故 $(0,0)$ 点不是函数的极值点.

需要特别指出的是, 在讨论极值问题时, 除驻点处可能取得极值外, 还有一类点, 即函数在个别点处偏导数不存在的点. 例如, $z = \sqrt{x^2 + y^2}$ 在 $(0,0)$ 处偏导数不存在, 但 $(0,0)$ 是函数的极小值点. 因此极值点含在两类点中, 一类为驻点, 另一类为偏导数不存在的点, 然后再进一步讨论这些点是否是极值点.

极值是函数的局部性质. 类似一元函数, 可由极值来求得函数的最值. 要想求得在有界闭区域 D 上连续的函数 $f(x,y)$ 的最大值、最小值, 需考察 $f(x,y)$ 的驻点、偏导数不存在的点, 以及区域 D 边界上的最值点, 求出其函数值, 再比较, 最大者为最大值, 最小者为最小值. 在实际应用中, 由实际意义出发, 如果函数 $f(x,y)$ 的最值在区域 D 内部取得, 而 D 内只有唯一的驻点, 则此时的极值即为最值, 无须再与边界值比较.

例 6.7.2　求函数 $z = x^3 + y^2$ 在闭区域 $D = \{(x,y) | x^2 + y^2 \leqslant 1\}$ 上的最大值、最小值.

解　由 $\begin{cases} z'_x = 3x^2 = 0, \\ z'_x = 2y = 0 \end{cases}$ 求得驻点 $(0,0)$, 且 $z(0,0) = 0$.

D 的边界为 $x^2 + y^2 = 1$, 求函数在其上的最大值、最小值, 即求 $z = x^3 + 1 - x^2$ 在 $[-1,1]$ 上的最大值、最小值.

按一元函数求最值的方法得边界上的最大值为 1, 最小值为 -1.

因此, $z = x^3 + y^2$ 在 D 上的最大值为 1, 最小值为 -1.

例 6.7.3　某厂要用铁板做成一体积为 $2\mathrm{m}^3$ 的有盖长方体水箱, 问当长、宽、高各为何值时, 才能使用料最省.

解　设水箱的长为 $x\,\mathrm{m}$, 宽为 $y\,\mathrm{m}$, 则其高为 $\dfrac{2}{xy}\,\mathrm{m}$, 水箱用料为

$$S = 2\left(xy + x\frac{2}{xy} + y\frac{2}{xy}\right) = 2\left(xy + \frac{2}{y} + \frac{2}{x}\right) \quad (x > 0,\ y > 0),$$

此时问题转化为求二元函数 S 的最小值.

由 $\begin{cases} S'_x = 2\left(y - \dfrac{2}{x^2}\right) = 0, \\ S'_y = 2\left(x - \dfrac{2}{y^2}\right) = 0, \end{cases}$ 得驻点 $(\sqrt[3]{2}, \sqrt[3]{2})$. 又 $S''_{xx} = \dfrac{8}{x^3}$, $S''_{xy} = 2$, $S''_{yy} = \dfrac{8}{x^3}$,

所以

$$A = S''_{xx}(\sqrt[3]{2}, \sqrt[3]{2}) = 4, \quad B = 2, \quad C = S''_{yy}(\sqrt[3]{2}, \sqrt[3]{2}) = 4, \quad \Delta = AC - B^2 = 12 > 0,$$

且 $A = 4 > 0$. 故点 $(\sqrt[3]{2}, \sqrt[3]{2})$ 为函数的极小值点, 由于为唯一的极小值点, 于是为最小值点.

因此, 当长为 $\sqrt[3]{2}\mathrm{m}$、宽为 $\sqrt[3]{2}\mathrm{m}$、高为 $\sqrt[3]{2}\mathrm{m}$ 时, 水箱用料最省.

例 6.7.4　求内接于椭球 $\dfrac{x^2}{a^2} + \dfrac{y^2}{b^2} + \dfrac{z^2}{c^2} = 1$ 的平行六面体的最大体积.

解 设长方体的各棱平行于坐标轴, 其在第一卦限的顶点为 $P(x, y, z)$, 则

$$V = 8xyz = 8cxy\sqrt{1 - \frac{x^2}{a^2} - \frac{y^2}{b^2}}, \quad D = \left\{(x, y) \left| \frac{x^2}{a^2} + \frac{y^2}{b^2} < 1, \ x > 0, \ y > 0 \right.\right\}.$$

此时问题转化为求二元函数 V 在 D 内的最大值.

由

$$\begin{cases} V'_x = \dfrac{8cy}{\sqrt{1 - \dfrac{x^2}{a^2} - \dfrac{y^2}{b^2}}} \left(1 - \dfrac{2x^2}{a^2} - \dfrac{y^2}{b^2}\right) = 0, \\ V'_x = \dfrac{8cx}{\sqrt{1 - \dfrac{x^2}{a^2} - \dfrac{y^2}{b^2}}} \left(1 - \dfrac{x^2}{a^2} - \dfrac{2y^2}{b^2}\right) = 0, \end{cases}$$

得驻点 $\left(\dfrac{a}{\sqrt{3}}, \dfrac{b}{\sqrt{3}}\right)$, 由其唯一性及 V 的最大值显然存在于 D 的内部, 故 $\left(\dfrac{a}{\sqrt{3}}, \dfrac{b}{\sqrt{3}}\right)$ 即为最大值点, 其最大值为 $V_{\max} = V\left(\dfrac{a}{\sqrt{3}}, \dfrac{b}{\sqrt{3}}\right) = \dfrac{8\sqrt{3}}{9}abc$.

6.7.2 条件极值与拉格朗日乘数法

前面我们讨论的极值均为无条件极值, 即函数的自变量除了限制在定义域内, 并无其他条件限制, 但在许多实际问题中往往遇到函数的自变量要受到某些条件的约束的情形. 这类附有约束条件的极值问题称为 **条件极值**, 约束条件又分为不等式约束与等式约束条件两类. 这里只讨论等式约束下的条件极值.

例如, 要设计一容量为 V 的长方体开口水箱, 问水箱的长、宽、高各为何值时, 其表面积最小.

设水箱的长宽高分别为 x, y, z, 则表面积 $S = 2(xz + yz) + xy$, 由实际意义, $S(x, y, z)$ 不仅要满足定义域的要求 $(x > 0, \ y > 0, \ z > 0)$, 且还应满足条件 $xyz = V$, 解得 $z = \dfrac{V}{xy}$, 代入 $S(x, y, z)$ 中, 于是问题就化为

$$S = 2\left(x \cdot \frac{V}{xy} + y \cdot \frac{V}{xy}\right) + xy, \quad x > 0, \ y > 0,$$

即 $S = 2\left(\dfrac{V}{y} + \dfrac{V}{x}\right) + xy(x > 0, y > 0)$. 此为二元函数的无条件极值了.

如果从条件方程 $\varphi(x, y) = 0$ 中解出 $y = y(x)$ 代入 $z = f(x, y)$, 即将二元函数 $z = f(x, y)$ 在约束条件 $\varphi(x, y) = 0$ 下的条件极值转化为一元函数的无条件极值, 此方法称为 **降元法**. 但许多情况下, 约束条件如果给出的是隐函数形式不那么容易通过降元法将其化为无条件极值了, 则必须寻求一个直接求条件极值的方法 —— **拉格朗日乘数法**.

求函数 $z = f(x, y)$ 在条件 $\varphi(x, y) = 0$ 下的极值, 具体步骤如下:

第一步: 构造辅助函数 (即拉格朗日函数).

$$F(x, y, \lambda) = f(x, y) + \lambda\varphi(x, y), \text{其中} \lambda \text{为参数}.$$

此时将原关于 x, y 的二元函数的条件极值化为关于 x, y, λ 的三元函数的无条件极值.

第二步：　再由无条件极值存在的必要条件 $\begin{cases} F'_x = f'_x + \lambda\varphi'_x = 0, \\ F'_y = f'_y + \lambda\varphi'_y = 0, \\ F'_\lambda = \varphi(x, y) = 0 \end{cases}$ 解出驻点

(x_0, y_0, λ_0), 这样得到的 (x_0, y_0) 就是 $z = f(x, y)$ 在约束条件 $\varphi(x, y) = 0$ 下的可能极值点.

第三步：　由实际意义出发判定得出的 (x_0, y_0) 是否为极值点.

此方法可推广到更多个自变量和更多约束条件的条件极值的情形.

例 6.7.5　设某工厂生产甲、乙两种产品, 产量 (单位: 千件) 分别为 x, y, 利润函数 (单位: 万元) 为

$$L(x, y) = 6x - x^2 + 16y - 4y^2 - 2,$$

已知生产这两种产品时, 每千件产品各需消耗某种原料 2000kg, 现有该原料 12000kg, 生产时将原料用尽. 问两种产品各生产多少千件时, 总利润最大? 最大利润为多少?

解　由题意知, 约束条件为

$$2000x + 2000y = 12000,$$

即 $x + y = 6$. 此时问题转化为在 $x + y = 6$ 的条件下求利润函数 $L(x, y)$ 的最大值.

构造拉格朗日函数:

$$F(x, y, \lambda) = L(x, y) + \lambda(x + y - 6),$$

即

$$F(x, y, \lambda) = 6x - x^2 + 16y - 4y^2 - 2 + \lambda(x + y - 6).$$

由 $\begin{cases} F'_x = 6 - 2x + \lambda = 0, \\ F'_y = 16 - 8y + \lambda = 0, \\ F'_\lambda = x + y - 6 = 0 \end{cases}$ 消去 λ 得到等价方程 $\begin{cases} -x + 4y = 5, \\ x + y = 6, \end{cases}$ 得 $\begin{cases} x = 3.8, \\ y = 2.2. \end{cases}$

这是唯一可能的极值点, 又因为由问题本身知最大值一定存在, 所以最大值就在这个可能的极值点取得. 即甲、乙两种产品各生产 3800 件、2200 件时, 可获得最大总利润

$$L(3.8, 2.2) = 6 \times 3.8 - 3.8^2 + 16 \times 2.2 - 4 \times 2.2^2 - 2 = 22.2(\text{万元}).$$

习题 6.7

1. 求下列函数的极值:

(1) $f(x, y) = 4(x - y) - x^2 - y^2$;　　　(2) $f(x, y) = xy + x^3 + y^3$;

(3) $f(x, y) = x^2 + y^2 - 2\ln x - 2\ln y$;　　(4) $f(x, y) = e^{2x}(x + y^2 + 2y)$.

2. 求椭圆 $\dfrac{x^2}{a^2} + \dfrac{y^2}{b^2} = 1$ 内接矩形的最大面积.

3. 求曲线 $y = \sqrt{x}$ 上动点到定点 $(a,0)$ 的最小距离.

4. 某工厂生产的一种产品同时在两个市场销售, 售价分别为 p_1, p_2, 销售量分别为 q_1, q_2, 需求函数分别为 $q_1 = 24 - 0.2p_1$, $q_2 = 10 - 0.05p_2$; 总成本函数为 $c = 35 + 40(q_1 + q_2)$.

试问: 厂家应如何确定两个市场的售价, 才能使其获得的利润最大? 最大总利润是多少?

5. 一帐幕下部为圆柱形, 上部覆以圆锥形的蓬顶. 设帐幕的容积为一定数 k, 今要使所用的布最少, 试证幕布尺寸间应有关系式 $R = \sqrt{5}H$, $h = 2H$, 其中 R, H 各为圆柱形的底半径和高, h 为圆锥形的高.

总习题 6

1. 填空题.

(1) $\lim\limits_{\substack{x \to 0 \\ y \to 0}} \dfrac{1 - \cos(x^2 + y^2)}{(2x + \cos y)(x^2 + y^2)^2} = $ ____.

(2) 设 $z = (3x + 2y)^{3x+2y}$, 则 $\left. \dfrac{\partial z}{\partial x} \right|_{(1,-1)} = $ ____.

(3) 设 $f(x, y, z) = \left(\dfrac{x}{y} \right)^z$, 则 $\mathrm{d}f(2, 2, 1) = $ ____.

(4) 设 $f(x, y)$ 可微, 对于任何 x 满足 $f(x, x^2 - 4x + 3) = 1$, 且已知 $f'_x(1, 0) = 2$, 则 $f'_y(1, 0) = $ ____.

(5) 设函数 $f(u)$ 可微, 且 $f'(0) = \dfrac{1}{2}$, 则 $z = f(4x^2 - y^2)$ 在点 $(1, 2)$ 处的全微分 $\mathrm{d}z|_{(1,2)} = $ ____.

(6) 设 $z = f(2x - y) + g(x, xy)$, 其中 $f(t)$ 可导, $f'(1) = -1$, $g(u, v)$ 具有连续的一阶偏导数, 且 $g'_1(1, 1) = 1$, $g'_2(1, 1) = 2$. 则 $\mathrm{d}z|_{(1,1)} = $ ____.

2. 选择题.

(1) 设 $f'_x(x_0, y_0)$ 存在, 则 $\lim\limits_{x \to 0} \dfrac{f(x_0 + x, y_0) - f(x_0 - x, y_0)}{x}$ 等于 (   ).

A. $f'_x(x_0, y_0)$;   B. 0;   C. $2f'_x(x_0, y_0)$;   D. $\dfrac{1}{2} f'_x(x_0, y_0)$.

(2) 函数 $z = f(x, y)$ 在点 (x_0, y_0) 具有偏导数 $f'_x(x_0, y_0)$ 和 $f'_y(x_0, y_0)$ 是函数在该点可微的 (   ).

A. 充分必要条件;   B. 充分非必要条件;

C. 必要非充分条件;   D. 既非充分又非必要条件.

(3) 设二元函数 $z = f(x, y)$, 下列命题中正确的是 (   ).

A. 如果在点 (x_0, y_0) 处, $\dfrac{\partial z}{\partial x}$ 与 $\dfrac{\partial z}{\partial y}$ 都存在, 则函数 $z = f(x, y)$ 在 (x_0, y_0) 处一定可微;

B. 函数 $z = f(x, y)$ 在 (x_0, y_0) 处可微, 则必在 (x_0, y_0) 处连续;

C. 如果在点 (x_0, y_0) 处, $\dfrac{\partial z}{\partial x}$ 与 $\dfrac{\partial z}{\partial y}$ 存在且相等, 则函数 $z = f(x, y)$ 在 (x_0, y_0) 处必连续;

D. 函数 $z = f(x, y)$ 在 (x_0, y_0) 处连续, 则 $\dfrac{\partial z}{\partial x}$ 与 $\dfrac{\partial z}{\partial y}$ 必存在.

(4) 设函数 $z = \arctan \mathrm{e}^{-xy}$, 则 $\mathrm{d}z = ($ 　　 $)$.

A. $-\dfrac{\mathrm{e}^{xy}}{1 + \mathrm{e}^{2xy}}(y\mathrm{d}x + x\mathrm{d}y)$;
　　　　　　B. $\dfrac{\mathrm{e}^{xy}}{1 + \mathrm{e}^{2xy}}(y\mathrm{d}x - x\mathrm{d}y)$;

C. $\dfrac{\mathrm{e}^{xy}}{1 + \mathrm{e}^{2xy}}(x\mathrm{d}x - y\mathrm{d}y)$;
　　　　　　D. $\dfrac{\mathrm{e}^{xy}}{1 + \mathrm{e}^{2xy}}(y\mathrm{d}x + x\mathrm{d}y)$.

(5) 设函数 $u(x,y) = \varphi(x+y) + \varphi(x-y) + \displaystyle\int_{x-y}^{x+y} \psi(t)\mathrm{d}t$, 其中函数 φ 具有二阶导数, ψ 具有一阶导数, 则必有 (　　).

A. $\dfrac{\partial^2 u}{\partial x^2} = -\dfrac{\partial^2 u}{\partial y^2}$;
　　B. $\dfrac{\partial^2 u}{\partial x^2} = \dfrac{\partial^2 u}{\partial y^2}$;
　　C. $\dfrac{\partial^2 u}{\partial x \partial y} = \dfrac{\partial^2 u}{\partial y^2}$;
　　D. $\dfrac{\partial^2 u}{\partial x \partial y} = \dfrac{\partial^2 u}{\partial x^2}$.

(6) 设 $f(1,1) = -1$ 为函数 $f(x,y) = ax^3 + by^3 + cxy$ 的极值, 则 a, b, c 分别等于 (　　).

A. $1, 1, -1$;　　B. $-1, -1, 3$;　　C. $-1, -1, -3$;　　D. $1, 1, -3$.

3. 设 $f(x,y) = \dfrac{y}{1 + xy} - \dfrac{1 - y\sin\dfrac{\pi x}{y}}{\arctan x}, x > 0, y > 0$, 求

(1) $g(x) = \displaystyle\lim_{y \to +\infty} f(x,y)$;　　(2) $\displaystyle\lim_{x \to 0^+} g(x)$.

4. 设 $z = x^2 \arctan\dfrac{y}{x} - y^2 \arctan\dfrac{x}{y}$, 求 $\dfrac{\partial^2 z}{\partial x \partial y}$.

5. 设 $z = f(u)$, 而 $u = u(x,y)$ 方程 $u = \varphi(u) + \displaystyle\int_y^x g(t)\mathrm{d}t$ 确定, 其中 f, φ 可导, g 连续.

证明: $g(y)\dfrac{\partial z}{\partial x} + g(x)\dfrac{\partial z}{\partial y} = 0$.

6. 设 $z = x^{x^y}$, 求全微分 $\mathrm{d}z$.

7. 设 $f(x)$ 为连续函数, 且 $x^2 + y^2 + z^2 = 2\displaystyle\int_x^y f(x+y-t)\mathrm{d}t$, 求 $z\left(\dfrac{\partial z}{\partial x} + \dfrac{\partial z}{\partial y}\right)$.

8. 设 $z = xf(u)$, 其中 $u = x^2 + y^2$, $f(u)$ 为可导函数. 证明: $\dfrac{1}{x}\dfrac{\partial z}{\partial x} - \dfrac{1}{y}\dfrac{\partial z}{\partial y} = \dfrac{z}{x^2}$.

9. 设 $z = \dfrac{1}{x}f(xy) + yf(x+y)$, 求 $\dfrac{\partial z}{\partial x}$, $\dfrac{\partial^2 z}{\partial x \partial y}$.

10. 设 $f(u)$ 具有二阶导数, 且 $g(x,y) = yf\left(\dfrac{x}{y}\right) + f\left(\dfrac{y}{x}\right)$, 求 $x^2\dfrac{\partial^2 g}{\partial x^2} - y^2\dfrac{\partial^2 g}{\partial y^2}$.

11. 设 $z = f(\mathrm{e}^x \sin y, x^2 + y^2)$, 其中 f 具有二阶连续偏导数, 求 $\dfrac{\partial^2 z}{\partial x \partial y}$.

12. 设函数 $z = f(x+y, xy)$, 其中 f 具有二阶连续偏导数, 求 $\dfrac{\partial z}{\partial x}$, $\dfrac{\partial^2 z}{\partial x \partial y}$.

13. 设 $u = f(x,y,z)$ 有连续偏导数, $y = y(x)$ 和 $z = z(x)$ 分别由方程 $\mathrm{e}^{xy} - y = 0$ 和 $\mathrm{e}^z - xz = 0$ 所确定, 求 $\dfrac{\mathrm{d}u}{\mathrm{d}x}$.

14. 设 $z = f(u,x,y)$, $u = x\mathrm{e}^y$, 其中 f 具有连续的二阶偏导数, 求 $\dfrac{\partial^2 z}{\partial x \partial y}$.

15. 设 $f(u,v)$ 具有二阶连续偏导数, 且满足 $\dfrac{\partial^2 f}{\partial u^2} + \dfrac{\partial^2 f}{\partial v^2} = 1$, 又 $g(x,y) = f\left[xy, \dfrac{1}{2}(x^2 - y^2)\right]$, 求 $\dfrac{\partial^2 g}{\partial x^2} + \dfrac{\partial^2 g}{\partial y^2}$.

16. 设二元函数 $z = z(x,y)$ 由 $yz + zx + xy = 1$ 确定, 求 $\mathrm{d}z$.

17. 设 $u = f\left(\sqrt{x^2 + y^2}, z\right)$, 其中 f 具有一阶连续偏导数, 且 $z = z(x, y)$, 由 $xy + x + y - z =$ e^z 确定, 求 $\mathrm{d}u$.

18. 函数 $z = z(x, y)$ 由方程 $\ln z = x + y + z - 1$ 所确定, 求 $\dfrac{\partial^2 z}{\partial x \partial y}$.

19. 设 $z = z(x, y)$ 是由方程 $x + y + z = \mathrm{e}^{-(x+y+z)}$ 确定的二元函数, 求 $\dfrac{\partial^2 z}{\partial x \partial y}$.

20. 设 $F(u, v)$ 为二元可微函数, 由方程 $F(x + y, xyz) = 0$ 确定隐函数 $z = z(x, y)$, 求 $\dfrac{\partial z}{\partial x}, \dfrac{\partial z}{\partial y}$.

21. 设函数 $z = f[x + y, g(x)]$, 其中 $f(u, v)$ 具有连续的二阶偏导数, $g(x)$ 为可导函数, 且在 $x = 1$ 处取得极值 $g(1) = 1$, 求 $\dfrac{\partial^2 z}{\partial x \partial y}\Big|_{\substack{x=1 \\ y=1}}$.

22. 求函数 $f(x, y) = x^2 + 2y^2 - x^2 y^2$ 在区域 $D = \{(x, y)|x^2 + y^2 \leqslant 4, y \geqslant 0\}$ 上的最大值与最小值.

23. 在椭圆 $\dfrac{x^2}{a^2} + \dfrac{y^2}{b^2} = 1$ 上的第一象限中, 求点 (ξ, η), 使过此点的切线与椭圆以及两坐标轴围成的图形绕 x 轴旋转产生的旋转体的体积为最小, 并求该最小的旋转体体积.

24. 某养殖场饲养两种鱼, 如果甲种鱼放养 x(万尾), 乙种鱼放养 y(万尾), 收获时两种鱼的收获量分别为: $(3 - \alpha x - \beta y)x$, $(4 - \beta x - 2\alpha y)y (\alpha > \beta > 0)$. 求使产鱼总量最大的放养数.

25. 某公司可通过电台及报纸两种方式做销售某种商品的广告, 根据统计资料, 销售收入 (单位: 万元)R 与电台广告费用 (单位: 万元)x_1 及报纸广告费用 (单位: 万元)x_2 之间的关系为 $R = 15 + 14x_1 + 32x_2 - 8x_1x_2 - 2x_1^2 - 10x_2^2$.

(1) 在广告费用不限的情况下, 求最优广告策略;

(2) 如果广告费用为 1.5 万元, 求相应的最优广告策略.

26. 某公司的一个研发部门研发甲乙两类高科技产品, 甲类产品可有 x 个品种选择, 乙类产品可有 y 个品种选择, 限于研发能力, 甲乙两类产品的品种需满足 $x + y \leqslant 9$, 如果每季度研发甲乙两类产品对该公司产生的效益函数 (单位: 百万元) 为 $f(x, y) = 4 + 2x + 2y - x^2 - y^2$. 问该研发部门每个季度应如何制定研发策略使其效益最大? 该研发部门每个季度潜在的最大风险 (亏损最大) 是什么?

习题分析

同步训练

第 7 章

二 重 积 分

本章导读

本章首先把一元函数积分学中的定积分概念推广到二元函数中去, 从而引进了二重积分的概念, 然后着重讨论了二重积分两种计算方法: 直角坐标法及极坐标法.

7.1 二重积分的概念与性质

7.1.1 重积分的定义

我们先来研究曲顶柱体的体积计算问题.

设有一立体, 它的底是 xOy 面上的闭区域 D, 它的侧面是以 D 的边界曲线为准线而母线平行于 z 轴的柱面, 它的顶是曲面 $z = f(x, y)$, 这里 $f(x, y) \geqslant 0$ 且在 D 上连续, 我们把这种立体称为曲顶柱体 (图 7.1.1). 下面来讨论如何计算上述曲顶柱体的体积 V.

我们知道, 平顶柱体的高是不变的, 它的体积可以用公式

$$体积 = 高 \times 底面积$$

来计算. 而曲顶柱体, 就不能用上面的计算方法来求其体积. 与利用元素法求曲边梯形的面积相仿, 下面也用 "分割、近似、求和、取极限" 的方法来求出曲顶柱体的体积 V.

先用一组曲线把 D 分割成 n 个小区域 $\Delta\sigma_1, \Delta\sigma_2, \cdots, \Delta\sigma_n$, 分别以这些小闭区域的边界曲线为准线, 作母线平行于 z 轴的柱面, 这些柱面把原来的曲顶柱体分为 n 个更小的细曲顶柱体 (图 7.1.2). 当这些小闭区域的直径很小时, 由于 $f(x, y)$ 变化很小, 这时细曲顶柱体可近似看成平顶柱体, 在每个 $\Delta\sigma_i (i = 1, 2, \cdots, n)$(它的面积仍记作 $\Delta\sigma_i$) 中任取一点 (ξ_i, η_i), 以 $f(\xi_i, \eta_i)$ 为高, 则 $\Delta\sigma_i$ 上的细曲顶柱体的体积近似为 $f(\xi_i, \eta_i)\Delta\sigma_i$, 从而这 n 个小曲顶柱体体积之和可近似地表示为

$$\sum_{i=1}^{n} f(\xi_i, \eta_i)\Delta\sigma_i,$$

记这 n 个小闭区域的直径中的最大值为 λ, 让 λ 趋于零, 即得曲顶柱体的体积

$$V = \lim_{\lambda \to 0} \sum_{i=1}^{n} f(\xi_i, \eta_i)\Delta\sigma_i.$$

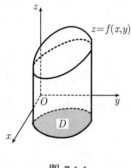

图 7.1.1

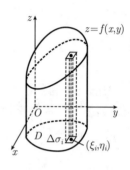

图 7.1.2

下面再来计算平面薄片的质量.

设有一平面薄片, 占有 xOy 坐标面上的闭区域 D, 在点 (x, y) 处的面密度为 $f(x, y)$, 假定 $f(x, y)$ 在 D 上连续, 且 $f(x, y) \geqslant 0$, 试求该平面薄片的质量.

我们知道, 如果该平面薄片的质量是均匀的, 即其面密度不变, 它的质量可以用公式

$$质量 = 面密度 \times 面积$$

来计算. 但对面密度是变化的平面薄片, 就不能用上面的方法来求出其质量. 与上述求曲顶柱体体积 V 的方法相同, 也用 "分割、近似、求和、取极限" 的元素法来解决该问题.

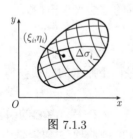

图 7.1.3

于是也先用一组曲线网把平面薄片 D 分割成 n 个更小的平面薄片 $\Delta\sigma_1, \Delta\sigma_2, \cdots, \Delta\sigma_n$ (图 7.1.3), 由于 $f(x, y)$ 在 D 上是连续的, 所以在每个 $\Delta\sigma_i(i = 1, 2, \cdots, n)$(它的面积仍记作 $\Delta\sigma_i$) 上面密度 $f(x, y)$ 变化不大, 这样每个小薄片 $\Delta\sigma_i(i = 1, 2, \cdots, n)$ 就可近似看成质量是均匀的, 在 $\Delta\sigma_i$ 上任取一点 (ξ_i, η_i), 其面密度为 $f(\xi_i, \eta_i)$. 于是 $\Delta\sigma_i$ 的质量近似为 $f(\xi_i, \eta_i)\Delta\sigma_i$,

整个平面薄片的质量近似为 $\sum\limits_{i=1}^{n} f(\xi_i, \eta_i)\Delta\sigma_i$, 记这 n 个小闭区域的直径中的最大值为 λ, 让 λ 趋于零, 即得整个平面薄片质量的精确值

$$M = \lim_{\lambda \to 0} \sum_{i=1}^{n} f(\xi_i, \eta_i)\Delta\sigma_i.$$

不难看出, 上面两个问题的实际意义虽然不同, 但所求量都可归结为有关二元函数的同一形式的和的极限问题. 在物理、力学、工程技术乃至经济研究中, 还有许多问题都可归结为这一形式的和的极限的计算. 因此要更一般地研究这种和的极限, 所以抽象出下述二重积分的定义.

定义 7.1.1 设 $f(x,y)$ 是有界闭区域 D 上的有界函数, 将闭区域 D 任意分成 n 个小闭区域 $\Delta\sigma_1, \Delta\sigma_2, \cdots, \Delta\sigma_n$(其中 $\Delta\sigma_i$ 既表示第 i 个小闭区域, 也表示它的面积), 在每个 $\Delta\sigma_i$ 上任取一点 (ξ_i, η_i), 作乘积

$$f(\xi_i, \eta_i)\Delta\sigma_i, \quad (i = 1, 2, \cdots, n),$$

并作和

$$\sum_{i=1}^{n} f(\xi_i, \eta_i)\Delta\sigma_i,$$

如果当各小闭区域的直径中的最大值 λ 趋近于零时, 该和式的极限仍存在, 则称此极限为函数 $f(x,y)$ 在闭区域 D 上的二重积分, 记作 $\iint\limits_{D} f(x,y)\mathrm{d}\sigma$, 即

$$\iint\limits_{D} f(x,y)\mathrm{d}\sigma = \lim_{\lambda \to 0} \sum_{i=1}^{n} f(\xi_i, \eta_i)\Delta\sigma_i,$$

其中称 $f(x,y)$ 为被积函数, 称 $f(x,y)\mathrm{d}\sigma$ 为被积表达式, 称 $\mathrm{d}\sigma$ 为面积元素, 称 x,y 为积分变量, 称 D 为积分区域, 称 $\sum\limits_{i=1}^{n} f(\xi_i, \eta_i)\Delta\sigma_i$ 为积分和.

由二重积分的定义可知, 上面的曲顶柱体体积可表示为曲顶函数 $z = f(x,y)$ 在底面区域 D 上的二重积分, 即

$$V = \iint\limits_{D} f(x,y)\mathrm{d}\sigma.$$

而平面薄片的质量也可表示为面密度 $f(x,y)$ 在薄片所占区域 D 上的二重积分, 即

$$M = \iint\limits_{D} f(x,y)\mathrm{d}\sigma.$$

可以证明, 当 $f(x,y)$ 在闭区域 D 上连续时, 定义中的和式极限必存在, 即二重积分 $\iint\limits_{D} f(x,y)\mathrm{d}\sigma$ 必存在.

在二重积分的定义中, 对闭区域 D 的划分是任意的, 因此, 在直角坐标系下若用平行于坐标轴的直线网来划分区域 D, 则面积元素为 $\mathrm{d}\sigma = \mathrm{d}x\mathrm{d}y$, 故二重积分又常常写为

$$\iint\limits_{D} f(x,y)\mathrm{d}\sigma = \iint\limits_{D} f(x,y)\mathrm{d}x\mathrm{d}y.$$

下面我们讨论二重积分的几何意义.

7.1.2 二重积分的几何意义

一般地, 如果 $f(x,y)$ 在平面闭区域 D 上连续, 且 $f(x,y) \geqslant 0$, 则二重积分 $\iint\limits_{D} f(x,y)\mathrm{d}\sigma$ 在几何上表示的就是以被积函数 $f(x,y)$ 为顶、以区域 D 为底的曲顶柱体的体积, 即 $\iint\limits_{D} f(x,y)\mathrm{d}\sigma = V$; 但如果 $f(x,y) < 0$, 柱体就在 xOy 面的下方, 这时二重积分的绝对值仍等于该柱体的体积, 但二重积分的值是负的, 即 $\iint\limits_{D} f(x,y)\mathrm{d}\sigma = -V$; 如果 $f(x,y)$ 在区域 D 的若干部分是正的, 其余部分是负的, 可将 xOy 面上方的柱体体积取为正的, xOy 面下方的柱体体积取为负的, 于是 $\iint\limits_{D} f(x,y)\mathrm{d}\sigma$ 就等于这些区域上各个柱体体积的代数和.

例 7.1.1 根据二重积分的几何意义, 不用计算求出下列二重积分的值.

(1) $I_1 = \iint\limits_{D} (1-x-y)\mathrm{d}x\mathrm{d}y$, 其中区域 D 是由 xOy 面上直线 $x+y=1$, $x=0, y=0$ 所围的在第一象限的部分.

(2) $I_2 = \iint\limits_{D} \sqrt{1-x^2-y^2}\mathrm{d}x\mathrm{d}y$, 其中区域 D 是由 xOy 面上曲线 $x^2+y^2=1$, $x=0, y=0$ 所围的在第一象限的部分.

解 (1) 根据二重积分的几何意义, $I_1 = \iint\limits_{D} (1-x-y)\mathrm{d}x\mathrm{d}y$ 表示的是三棱锥 $O\text{-}ABC$ 的体积, 如图 7.1.4(a) 所示, 故 $I_1 = \iint\limits_{D} (1-x-y)\mathrm{d}x\mathrm{d}y = \dfrac{1}{6}$.

(2) 根据二重积分的几何意义, $I_2 = \iint\limits_{D} \sqrt{1-x^2-y^2}\mathrm{d}x\mathrm{d}y$ 表示的是单位球 O 在第一卦限内的体积, 如图 7.1.4(b) 所示, 故 $I_2 = \iint\limits_{D} \sqrt{1-x^2-y^2}\mathrm{d}x\mathrm{d}y = \dfrac{\pi}{6}$.

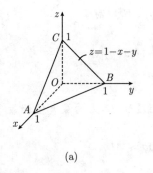
(a)

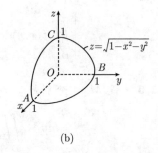
(b)

图 7.1.4

7.1.3 二重积分的性质

因为定积分与二重积分都是函数部分和的极限, 结构上完全一样, 故二重积分有与定积分类似的性质, 现叙述如下: 为了叙述方便, 下面的二重积分都假定是存在的.

性质 7.1.1 被积函数的常数因子可以提到二重积分的外面, 即

$$\iint\limits_{D} kf(x,y)\mathrm{d}\sigma = k \iint\limits_{D} f(x,y)\mathrm{d}\sigma \quad (k \text{为常数}).$$

性质 7.1.2 函数和 (或差) 的二重积分等于各个函数的二重积分的和差, 例如

$$\iint\limits_{D} [f(x,y) \pm g(x,y)]\mathrm{d}\sigma = \iint\limits_{D} f(x,y)\mathrm{d}\sigma \pm \iint\limits_{D} g(x,y)\mathrm{d}\sigma.$$

性质 7.1.3 如果闭区域 D 被有限条曲线分为有限个部分区域, 那么在 D 上的二重积分等于在各部分区域上二重积分的和.

例如, 当 D 分割成 D_1, D_2 两个无公共内点的闭区域时, 即 $D = D_1 \bigcup D_2$(图 7.1.5), 则

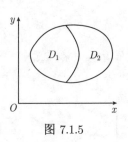

图 7.1.5

$$\iint\limits_{D} f(x,y)\mathrm{d}\sigma = \iint\limits_{D_1} f(x,y)\mathrm{d}\sigma + \iint\limits_{D_2} f(x,y)\mathrm{d}\sigma.$$

性质 7.1.4 设 σ 为区域 D 的面积, 则

$$\sigma = \iint\limits_{D} 1 \cdot \mathrm{d}\sigma = \iint\limits_{D} \mathrm{d}\sigma.$$

性质 7.1.5 在 D 上, 若有 $f(x,y) \leqslant g(x,y)$, 则有

$$\iint\limits_{D} f(x,y)\mathrm{d}\sigma \leqslant \iint\limits_{D} g(x,y)\mathrm{d}\sigma.$$

特别地, 由于 $-|f(x,y)| \leqslant f(x,y) \leqslant |f(x,y)|$, 所以有

$$\left| \iint\limits_{D} f(x,y)\mathrm{d}\sigma \right| \leqslant \iint\limits_{D} |f(x,y)| \, \mathrm{d}\sigma.$$

性质 7.1.6 设 M, m 分别是 $f(x,y)$ 在闭区域 D 上的最大值和最小值, σ 为 D 的面积, 则有

$$m\sigma \leqslant \iint\limits_{D} f(x,y)\mathrm{d}\sigma \leqslant M\sigma.$$

我们常用性质 7.1.5 来估计两个二重积分的值的大小, 常用性质 7.1.6 来估计某二重积分的值的范围.

性质 7.1.7(二重积分中值定理) 设函数 $f(x,y)$ 在闭区域 D 上连续, σ 为 D 的面积, 则在 D 上至少存在一点 (ξ, η) 使得

$$\iint\limits_{D} f(x,y)\mathrm{d}\sigma = f(\xi, \eta) \cdot \sigma.$$

例 7.1.2 估计 $I = \iint\limits_{D} \dfrac{\mathrm{d}\sigma}{\sqrt{x^2 + y^2 + 2xy + 16}}$ 的值, 其中 D: $0 \leqslant x \leqslant 1, 0 \leqslant y \leqslant 2$.

解 $f(x,y) = \dfrac{1}{\sqrt{(x+y)^2 + 16}}$, 在 D 上 $f(x,y)$ 的最大值为 $M = f(0,0) = \dfrac{1}{4}$, $f(x,y)$ 的最小值为 $m = f(1,2) = \dfrac{1}{5}$, 区域的面积为 $\sigma = 2$, 所以

$$\frac{2}{5} \leqslant I \leqslant \frac{1}{2}.$$

例 7.1.3 比较积分

$$\iint\limits_{D} \ln(x+y)\mathrm{d}\sigma \text{与} \iint\limits_{D} [\ln(x+y)]^2\mathrm{d}\sigma$$

的大小, 其中 D 是三角形闭区域, 三顶点分别为 $(1,0), (1,1), (2,0)$(图 7.1.6).

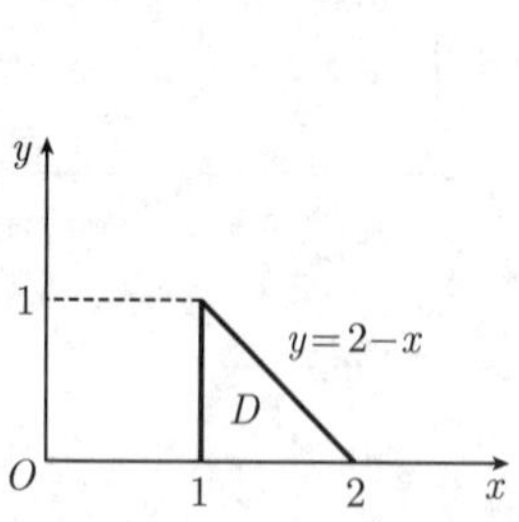

解 三角形的斜边为直线 $x+y=2$, 在 D 内有

$$1 \leqslant x+y \leqslant 2 < \mathrm{e},$$

图 7.1.6

故 $0 \leqslant \ln(x+y) < 1$. 所以在 D 上有

$$\ln(x+y) > [\ln(x+y)]^2.$$

从而 $\iint\limits_{D} \ln(x+y)\mathrm{d}\sigma > \iint\limits_{D} [\ln(x+y)]^2\mathrm{d}\sigma.$

习题 7.1

1. 设有一平面薄板 (不计其厚度), 占有 xOy 面上的闭区域 D, 薄板上分布着电荷, 其面密度为 $\mu = \mu(x,y)$, 且 $\mu(x,y)$ 在 D 上连续, 试用二重积分表达该薄板上的全部电荷量 Q.

2. 利用二重积分定义证明:

(1) $\iint\limits_{D} 1\mathrm{d}\sigma = \sigma(\sigma$ 为区域 D 的面积$)$;

(2) $\iint\limits_{D} kf(x,y)\mathrm{d}\sigma = k\iint\limits_{D} f(x,y)\mathrm{d}\sigma($其中 k 为常数$)$;

(3) $\iint\limits_{D} f(x,y)\mathrm{d}\sigma = \iint\limits_{D_1} f(x,y)\mathrm{d}\sigma + \iint\limits_{D_2} f(x,y)\mathrm{d}\sigma$, 其中 $D = D_1\bigcup D_2$, D_1, D_2 为两个无公共内点的闭区域.

3. 根据二重积分的几何意义, 写出下列二重积分的值:

(1) 若 D 为 $x^2+y^2 \leqslant R^2$, 则 $\iint\limits_{D} \sqrt{R^2-x^2-y^2}\mathrm{d}\sigma = $_____;

(2) 若 D 为 $|x| \leqslant 1, |y| \leqslant 1$, 则 $\iint\limits_{D} x\mathrm{d}\sigma = $_____;

(3) 若 D 为 $1 \leqslant x^2+y^2 \leqslant 4$, 则 $\iint\limits_{D} 5\mathrm{d}\sigma$_____.

4. 根据二重积分的性质, 比较下列二重积分的大小:

(1) $\iint\limits_{D} (x+y)^2\mathrm{d}\sigma$ 与 $\iint\limits_{D} (x+y)^3\mathrm{d}\sigma$, 其中 D 是由 x 轴、y 轴和 $x+y=1$ 所围区域;

(2) $\iint\limits_{D} (x+y)^2\mathrm{d}\sigma$ 与 $\iint\limits_{D} (x+y)^3\mathrm{d}\sigma$, 其中 D 是由 x 轴与直线 $x=1, x=3, y=1$ 所围区域.

5. 根据二重积分的性质估计下列二重积分的值:

(1) $\iint\limits_{D} xy(x+y)\mathrm{d}\sigma$, 其中 D 是矩形闭区域: $0 \leqslant x \leqslant 1, 0 \leqslant y \leqslant 1$;

(2) $\iint\limits_{D} (x^2+4y^2)\mathrm{d}\sigma$, 其中 D 为 $x^2+y^2 \leqslant 4$;

(3) $\iint\limits_{D} \sqrt{xy(x+y)}\mathrm{d}\sigma$, 其中 D 为 $0 \leqslant x \leqslant 1, 0 \leqslant y \leqslant 2$.

6. 试用二重积分的性质证明不等式

$$1 \leqslant \iint\limits_{D} (\sin x^2 + \cos y^2)\mathrm{d}\sigma \leqslant \sqrt{2},$$

其中 $D : 0 \leqslant x \leqslant 1, 0 \leqslant y \leqslant 1$.

7.2 直角坐标系下二重积分的计算

若按照二重积分的定义来计算二重积分, 仅对少数被积函数和积分区域特别简单的二重积分来说是可行的, 但对一般的函数和区域来说, 这不可行. 本节介绍一种计算二重积分的方法, 这种方法是把二重积分化为两次单积分 (即两次定积分) 来计算.

7.2.1 X 型区域下的二重积分的计算

首先介绍 X 型区域.

所谓 X 型区域是这样的区域, 它左右为两条垂直于 x 轴的直线 $x = a$, $x = b$ 所夹, 上下为两条曲线 $y = \varphi_1(x)$, $y = \varphi_2(x)$ 所夹, 如图 7.2.1(a), 图 7.2.1(b) 所示, 其中函数 $\varphi_1(x), \varphi_2(x)$ 在区间 $[a, b]$ 上连续.

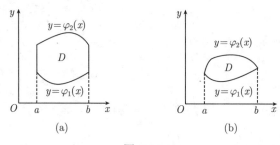

图 7.2.1

X 型区域 D 用集合可表示为 $D = \{(x, y) \,|\, a \leqslant x \leqslant b,\, \varphi_1(x) \leqslant y \leqslant \varphi_2(x)\}$, 简记作

$$a \leqslant x \leqslant b, \quad \varphi_1(x) \leqslant y \leqslant \varphi_2(x).$$

不难看出, X 型区域具有这样的特点: 穿过区域且平行于 y 轴的直线与区域边界相交不多于两个交点.

下面从几何观点来讨论二重积分 $\iint\limits_{D} f(x, y)\mathrm{d}x\mathrm{d}y$ 的计算问题. 在讨论中我们假定 $f(x, y) \geqslant 0$.

我们知道, $\iint\limits_{D} f(x, y)\mathrm{d}x\mathrm{d}y$ 的值等于以 D 为底、以曲面 $z = f(x, y)$ 为顶的曲顶柱体的体积 (图 7.2.2), 即

$$V = \iint\limits_{D} f(x, y)\mathrm{d}x\mathrm{d}y;$$

另一方面, 以平面 $x = x_0$ 去截该立体, 得截面面积 (图 7.2.2 中的阴影部分) 为

$$A(x_0) = \int_{\varphi_1(x_0)}^{\varphi_2(x_0)} f(x_0, y)\mathrm{d}y,$$

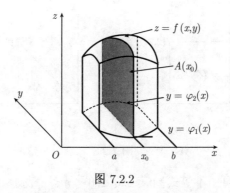

图 7.2.2

类似地, 在 x 处 $(a \leqslant x \leqslant b)$ 所得截面的面积为

$$A(x) = \int_{\varphi_1(x)}^{\varphi_2(x)} f(x,y)\mathrm{d}y,$$

应用 "求平行截面面积为已知的立体体积" 的方法, 得到

$$V = \int_a^b \left[\int_{\varphi_1(x)}^{\varphi_2(x)} f(x,y)\mathrm{d}y \right] \mathrm{d}x,$$

所以

$$\iint\limits_D f(x,y)\mathrm{d}x\mathrm{d}y = \int_a^b \left[\int_{\varphi_1(x)}^{\varphi_2(x)} f(x,y)\mathrm{d}y \right] \mathrm{d}x.$$

我们习惯上常把 $\int_a^b \left[\int_{\varphi_1(x)}^{\varphi_2(x)} f(x,y)\mathrm{d}y \right] \mathrm{d}x$ 记成 $\int_a^b \mathrm{d}x \int_{\varphi_1(x)}^{\varphi_2(x)} f(x,y)\mathrm{d}y$, 所以得下列公式:

$$\iint\limits_D f(x,y)\,\mathrm{d}x\mathrm{d}y = \int_a^b \left[\int_{\varphi_1(x)}^{\varphi_2(x)} f(x,y)\mathrm{d}y \right] \mathrm{d}x = \int_a^b \mathrm{d}x \int_{\varphi_1(x)}^{\varphi_2(x)} f(x,y)\mathrm{d}y. \tag{7.1}$$

上式右端的积分称为先对 y、后对 x 的二次积分. 在上述讨论中, 我们假定 $f(x,y) \geqslant 0$, 但实际上式 (7.1) 的成立并不受此条件的限制.

例 7.2.1　计算下列二重积分:

(1) $I_1 = \iint\limits_D xy\mathrm{d}x\mathrm{d}y$, 其中 D 由直线 $x=0, x=2, y=0, y=2$ 所围, 如图 7.2.3(a) 所示.

(2) $I_2 = \iint\limits_D xy\mathrm{d}x\mathrm{d}y$, 其中 D 由直线 $x=2, y=x$, x 轴所围, 如图 7.2.3(b) 所示.

253

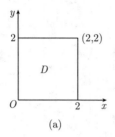
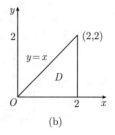

图 7.2.3

解 (1) 区域 D 可由不等式: $0 \leqslant x \leqslant 2, 0 \leqslant y \leqslant 2$ 表示, 故

$$I_1 = \iint\limits_{D} xy\mathrm{d}x\mathrm{d}y = \int_0^2 \mathrm{d}x \int_0^2 xy\mathrm{d}y = \int_0^2 2x\mathrm{d}x = 4.$$

(2) 区域 D 可由不等式: $0 \leqslant x \leqslant 2, 0 \leqslant y \leqslant x$ 表示, 故

$$I_2 = \iint\limits_{D} xy\mathrm{d}x\mathrm{d}y = \int_0^2 \mathrm{d}x \int_0^x xy\mathrm{d}y = \int_0^2 \frac{1}{2}x^3\mathrm{d}x = 2.$$

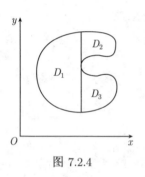

图 7.2.4

若区域 D 不是 X 型区域, 则可将 D 分成几个部分, 让每个部分均是 X 型区域, 使用积分公式 (7.1) 分别计算, 再相加即得计算结果. 例如, 图 7.2.4 中所示的区域 D, 则可将区域分成 3 块后进行计算:

$$\iint\limits_{D} f(x,y)\mathrm{d}\sigma = \iint\limits_{D_1} f(x,y)\mathrm{d}\sigma + \iint\limits_{D_2} f(x,y)\mathrm{d}\sigma + \iint\limits_{D_3} f(x,y)\mathrm{d}\sigma.$$

7.2.2 Y 型区域下的二重积分计算

下面介绍 Y 型区域.

如图 7.2.5(a)、图 7.2.5(b) 所示, 所谓 Y 型区域是这样的区域, 它上下为两条垂直于 y 轴的直线 $y = c, y = d$ 所夹, 左右为两条曲线 $x = \psi_1(y)$, $x = \psi_2(y)$ 所夹, 其中函

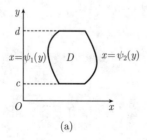
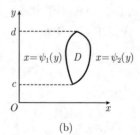

(a)   (b)

图 7.2.5

数 $\psi_1(y),\psi_2(y)$ 在区间 $[c,d]$ 上连续.

Y 型区域 D 可以用不等式 $c\leqslant y\leqslant d,\psi_1(y)\leqslant x\leqslant\psi_2(y)$ 来表示.

Y 型区域具有这样的特点: 穿过区域且平行于 x 轴的直线与区域边界相交不多于两个交点.

类似地, 如果积分区域 D 是 Y 型区域, 则可用不等式 $c\leqslant y\leqslant d,\psi_1(y)\leqslant x\leqslant\psi_2(y)$ 来表示, 同样有

$$\iint\limits_{D}f(x,y)\mathrm{d}x\mathrm{d}y=\int_c^d\left[\int_{\psi_1(y)}^{\psi_2(y)}f(x,y)\mathrm{d}x\right]\mathrm{d}y=\int_c^d\mathrm{d}y\int_{\psi_1(y)}^{\psi_2(y)}f(x,y)\mathrm{d}x. \qquad (7.2)$$

关于例 7.2.1, 我们也可利用式 (7.2) 来计算.

例 7.2.2　例 7.2.1(续).

解　(1) 区域 D 可由不等式: $0\leqslant y\leqslant 2,0\leqslant x\leqslant 2$ 表示, 故

$$I_1=\iint\limits_{D}xy\mathrm{d}x\mathrm{d}y=\int_0^2\mathrm{d}y\int_0^2xy\mathrm{d}x=\int_0^2 2y\mathrm{d}y=4.$$

(2) 区域 D 可由不等式: $0\leqslant y\leqslant 2,y\leqslant x\leqslant 2$ 表示, 故

$$I_2=\iint\limits_{D}xy\mathrm{d}x\mathrm{d}y=\int_0^2\mathrm{d}y\int_y^2xy\mathrm{d}x=\int_0^2\left(2y-\frac{1}{2}y^3\right)\mathrm{d}y=2.$$

例 7.2.3　计算 $\iint\limits_{D}xy\mathrm{d}\sigma$, 其中 D 是由抛物线 $y^2=x$ 及直线 $y=x-2$ 所围成的闭区域.

解　画出积分区域 D, 如图 7.2.6 所示. D 既是 X 型区域, 又是 Y 型区域, 若将 D 看成 X 型区域, 如图 7.2.6(1) 所示, 则可利用公式 (7.1) 来计算, 但由于在区间 $[0,1]$ 及 $[1,4]$ 上表示 $\varphi_1(x)$ 的式子不同, 所以要将区域分成两块, 即 $D=D_1+D_2$, 其中

$$D_1=\left\{(x,y)\,\big|\,0\leqslant x\leqslant 1,-\sqrt{x}\leqslant y\leqslant\sqrt{x}\right\}, \quad D_2=\left\{(x,y)\,\big|\,1\leqslant x\leqslant 4,x-2\leqslant y\leqslant\sqrt{x}\right\},$$

因此, 根据二重积分的性质, 得

$$\iint\limits_{D}xy\mathrm{d}x\mathrm{d}y=\iint\limits_{D_1}xy\mathrm{d}x\mathrm{d}y+\iint\limits_{D_2}xy\mathrm{d}x\mathrm{d}y$$

$$=\int_0^1\left[\int_{-\sqrt{x}}^{\sqrt{x}}xy\mathrm{d}y\right]\mathrm{d}x+\int_1^4\left[\int_{x-2}^{\sqrt{x}}xy\mathrm{d}y\right]\mathrm{d}x.$$

$$=\int_0^1\frac{1}{2}xy^2\,\Big|_{-\sqrt{x}}^{\sqrt{x}}\mathrm{d}x+\int_1^4\frac{1}{2}xy^2\,\Big|_{x-2}^{\sqrt{x}}\mathrm{d}x$$

$$= 0 + \int_1^4 \frac{1}{2}(x^2 - x^3 + 4x^2 - 4x)\mathrm{d}x$$

$$= \frac{1}{2}\left[\frac{5}{3}x^3 - 2x^2 - \frac{x^4}{4}\right]\bigg|_1^4 = 5\frac{5}{8}.$$

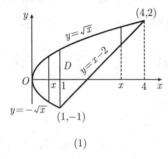 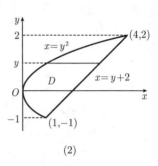

(1)   (2)

图 7.2.6

若将 D 看成 Y 型区域, 利用式 (7.2), 得

$$\iint\limits_D xy\mathrm{d}x\mathrm{d}y = \int_{-1}^2 \left[\int_{y^2}^{y+2} xy\mathrm{d}x\right]\mathrm{d}y = \int_{-1}^2 \left[\frac{x^2}{2}y\right]\bigg|_{y^2}^{y+2}\mathrm{d}y$$

$$= \frac{1}{2}\int_{-1}^2 [y(y+2)^2 - y^5]\mathrm{d}y = \frac{1}{2}\left[\frac{y^4}{4} + \frac{4}{3}y^3 + 2y^2 - \frac{y^6}{6}\right]\bigg|_{-1}^2 = 5\frac{5}{8}.$$

比较两种方法, 该题用式 (7.1) 计算比较麻烦. 由此可见, 计算二重积分时, 应根据积分的特点选择适当的积分次序来计算.

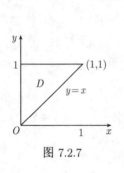

图 7.2.7

例 7.2.4 求 $\iint\limits_D x^2\mathrm{e}^{-y^2}\mathrm{d}x\mathrm{d}y$, 其中 D 是以 $(0,0),(1,1),(0,1)$ 为顶点的三角形.

解 画出积分区域 D(图 7.2.7). 当将 D 看成 X 型区域时, 根据式 (7.1) 得

$$\iint\limits_D x^2\mathrm{e}^{-y^2}\mathrm{d}x\mathrm{d}y = \int_0^1 \mathrm{d}x\int_x^1 x^2\mathrm{e}^{-y^2}\mathrm{d}y,$$

由于 $\int \mathrm{e}^{-y^2}\mathrm{d}y$ 无法用初等函数来表示, 故利用式 (7.1) 无法计算.

将 D 看成 Y 型区域时, 则 D 可用 $0 \leqslant y \leqslant 1, 0 \leqslant x \leqslant y$ 表示, 根据式 (7.2) 得

$$\iint\limits_D x^2\mathrm{e}^{-y^2}\mathrm{d}x\mathrm{d}y = \int_0^1 \mathrm{d}y\int_0^y x^2\mathrm{e}^{-y^2}\mathrm{d}x = \int_0^1 \mathrm{e}^{-y^2}\cdot\frac{y^3}{3}\mathrm{d}y = \frac{1}{6}\left(1 - \frac{2}{\mathrm{e}}\right).$$

由例 7.2.3、例 7.2.4 可见, 在计算二重积分时, 应根据积分区域的特点选用合适的公式.

例 7.2.5 改变下列积分的次序:

(1) $\int_0^1 \mathrm{d}x \int_0^{1-x} f(x,y)\mathrm{d}y$; (2) $\int_0^1 \mathrm{d}x \int_0^{\sqrt{2x-x^2}} f(x,y)\mathrm{d}y + \int_1^2 \mathrm{d}x \int_0^{2-x} f(x,y)\mathrm{d}y$.

解 (1) 分析: $\int_0^1 \mathrm{d}x \int_0^{1-x} f(x,y)\mathrm{d}y$ 可视为函数 $f(x,y)$ 在积分区域 D 上的二重积分的计算过程, 即 $\iint\limits_D f(x,y)\mathrm{d}\sigma = \int_0^1 \mathrm{d}x \int_0^{1-x} f(x,y)\mathrm{d}y$, 由该式可知, 区域 D 是 X 型区域, 用不等式表示为

$$0 \leqslant x \leqslant 1, \quad 0 \leqslant y \leqslant 1-x,$$

所以 D 由直线 $x=0, y=0, y=1-x$ 所围, 如图 7.2.8(1), 当我们将 D 看成 Y 型区域时, 则 D 可用不等式表示为 $0 \leqslant y \leqslant 1, 0 \leqslant x \leqslant 1-y$, 故

$$\int_0^1 \mathrm{d}x \int_0^{1-x} f(x,y)\mathrm{d}y = \int_0^1 \mathrm{d}y \int_0^{1-y} f(x,y)\mathrm{d}x.$$

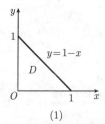 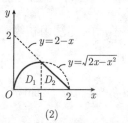

图 7.2.8

(2) 分析: $\int_0^1 \mathrm{d}x \int_0^{\sqrt{2x-x^2}} f(x,y)\mathrm{d}y$ 可视为函数 $f(x,y)$ 在积分区域 D_1 上的二重积分的计算过程, 即

$$\iint\limits_{D_1} f(x,y)\mathrm{d}\sigma = \int_0^1 \mathrm{d}x \int_0^{\sqrt{2x-x^2}} f(x,y)\mathrm{d}y.$$

由该式可知, 区域 D_1 是个 X 型区域, 用不等式表示为

$$0 \leqslant x \leqslant 1, \quad 0 \leqslant y \leqslant \sqrt{2x-x^2},$$

所以 D_1 由 $x=0, x=1, y=0, y=\sqrt{2x-x^2}$ 所围, 从而 D_1 为图 7.2.8(2) 中所示的四分之一圆部分, 而 $\int_1^2 \mathrm{d}x \int_0^{2-x} f(x,y)\mathrm{d}y$ 可视为函数 $f(x,y)$ 在积分区域 D_2 上的二

重积分的计算过程, 即

$$\iint\limits_{D_2} f(x,y)\mathrm{d}\sigma = \int_1^2 \mathrm{d}x \int_0^{2-x} f(x,y)\mathrm{d}y.$$

由该式可知, 区域 D_2 是个 X 型区域, 用不等式表示为

$$1 \leqslant x \leqslant 2, \quad 0 \leqslant y \leqslant 2 - x,$$

所以 D_2 由 $x = 1, x = 2, y = 0, y = 2 - x$ 所围, 从而积分区域如图 7.2.8(2) 中所示的等腰直角三角形部分, D_1, D_2 合并成一个积分区域 D(图 7.2.8(2)), 当我们将 D 看成是 Y 型区域时, 则 D 可用不等式表示为

$$0 \leqslant y \leqslant 1, \quad 1 - \sqrt{1 - y^2} \leqslant x \leqslant 2 - y,$$

故

$$\int_0^1 \mathrm{d}x \int_0^{\sqrt{2x - x^2}} f(x,y)\mathrm{d}y + \int_1^2 \mathrm{d}x \int_0^{2-x} f(x,y)\mathrm{d}y = \int_0^1 \mathrm{d}y \int_{1-\sqrt{1-y^2}}^{2-y} f(x,y)\mathrm{d}x.$$

例 7.2.6　计算 $\displaystyle\int_0^1 \mathrm{d}x \int_x^1 \sin y^2 \mathrm{d}y$.

解　由于 $\displaystyle\int \sin y^2 \mathrm{d}y$ 无法用初等函数来表示, $\displaystyle\int_0^1 \mathrm{d}x \int_x^1 \sin y^2 \mathrm{d}y$ 计算无法进行, 故交换积分次序来计算.

$$\int_0^1 \mathrm{d}x \int_x^1 \sin y^2 \mathrm{d}y = \int_0^1 \mathrm{d}y \int_0^y \sin y^2 \mathrm{d}x = \int_0^1 y \sin y^2 \mathrm{d}y = -\frac{\cos y^2}{2}\Big|_0^1 = \frac{1 - \cos 1}{2}.$$

例 7.2.7　求两个底圆半径都等于 R 的直交圆柱面所围成的立体体积.

解　设这两个圆柱面的方程分别为 $x^2 + y^2 = R^2$ 和 $x^2 + z^2 = R^2$. 利用立体关于坐标平面的对称性, 只要算出它在第一卦限部分如图 7.2.9(1) 的体积 V_1, 然后再乘以 8 就行了.

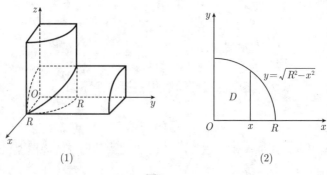

(1)　　　　　　　(2)

图 7.2.9

所求立体在第一卦限部分可以看成一个曲顶柱体, 它的底为 xOy 面上四分之一的圆

$$D = \{(x, y) \,|\, 0 \leqslant y \leqslant \sqrt{R^2 - x^2}, 0 \leqslant x \leqslant R\},$$

如图 7.2.9(2) 所示, 它的顶是柱面 $z = \sqrt{R^2 - x^2}$. 于是,

$$V_1 = \iint\limits_{D} \sqrt{R^2 - x^2}\mathrm{d}\sigma,$$

利用式 (7.1), 得

$$V_1 = \iint\limits_{D} \sqrt{R^2 - x^2}\mathrm{d}\sigma = \int_0^R \mathrm{d}x \int_0^{\sqrt{R^2-x^2}} \sqrt{R^2 - x^2}\mathrm{d}y$$

$$= \int_0^R \left[\sqrt{R^2 - x^2}\, y \right] \Big|_0^{\sqrt{R^2-x^2}} \mathrm{d}x = \int_0^R (R^2 - x^2)\mathrm{d}x = \frac{2}{3}R^3.$$

故所求的立体体积为 $V = 8V_1 = \dfrac{16}{3}R^3$.

例 7.2.8　已知 $\displaystyle\int_{-\infty}^{+\infty} \mathrm{e}^{-2x^2}\mathrm{d}x = \frac{\pi}{\sqrt{2}}$, 求 $\displaystyle\int_{-\infty}^{+\infty} \int_{-\infty}^{+\infty} \min\{x, y\}\, \mathrm{e}^{-(x^2+y^2)}\mathrm{d}x\mathrm{d}y$.

解　$\displaystyle\int_{-\infty}^{+\infty} \int_{-\infty}^{+\infty} \min\{x, y\}\, \mathrm{e}^{-(x^2+y^2)}\mathrm{d}x\mathrm{d}y$ 是在整个坐标面上 $\mathbf{R}^2$ 的广义二重积分 $\displaystyle\iint\limits_{\mathbf{R}^2} \min\{x, y\}\mathrm{e}^{-(x^2+y^2)}\mathrm{d}x\mathrm{d}y$ 的计算过程, 其中 $\mathbf{R}^2$ 为

$$-\infty < x < +\infty, \quad -\infty < y < +\infty,$$

为计算, 我们需将 $\mathbf{R}^2$ 分成 D_1, D_2 两部分, 即 $\mathbf{R}^2 = D_1 + D_2$, 其中

$$D_1 : -\infty < x < +\infty, -\infty < y < x, \quad D_2 : -\infty < x < +\infty, x \leqslant y < +\infty,$$

从而

$$\iint\limits_{\mathbf{R}^2} \min\{x, y\}\mathrm{e}^{-(x^2+y^2)}\mathrm{d}x\mathrm{d}y$$

$$= \iint\limits_{D_1} \min\{x, y\}\mathrm{e}^{-(x^2+y^2)}\mathrm{d}x\mathrm{d}y + \iint\limits_{D_2} \min\{x, y\}\mathrm{e}^{-(x^2+y^2)}\mathrm{d}x\mathrm{d}y$$

$$= \iint\limits_{D_1} y\mathrm{e}^{-(x^2+y^2)}\mathrm{d}x\mathrm{d}y + \iint\limits_{D_2} x\mathrm{e}^{-(x^2+y^2)}\mathrm{d}x\mathrm{d}y,$$

而

$$\iint\limits_{D_1} y\mathrm{e}^{-(x^2+y^2)}\mathrm{d}x\mathrm{d}y = \int_{-\infty}^{+\infty} \mathrm{d}x \int_{-\infty}^{x} y\mathrm{e}^{-(x^2+y^2)}\mathrm{d}y$$

$$= \int_{-\infty}^{+\infty} \left[-\frac{1}{2}e^{-x^2-y^2} \right] \Big|_{-\infty}^{x} dx = -\frac{1}{2} \int_{-\infty}^{+\infty} e^{-2x^2} dx,$$

$$\iint_{D_2} xe^{-(x^2+y^2)} dxdy = \int_{-\infty}^{+\infty} dx \int_{x}^{+\infty} xe^{-(x^2+y^2)} dy = \int_{-\infty}^{+\infty} dy \int_{-\infty}^{y} xe^{-(x^2+y^2)} dx$$

$$= \int_{-\infty}^{+\infty} \left[-\frac{1}{2}e^{-x^2-y^2} \right] \Big|_{-\infty}^{y} dy = -\frac{1}{2} \int_{-\infty}^{+\infty} e^{-2y^2} dy$$

$$= -\frac{1}{2} \int_{-\infty}^{+\infty} e^{-2x^2} dx,$$

所以

$$\iint_{\mathbf{R}^2} \min\{x,y\} e^{-(x^2+y^2)} dxdy = -\int_{-\infty}^{+\infty} e^{-2x^2} dx = -\frac{\pi}{\sqrt{2}}.$$

习题 7.2

1. 化二重积分 $\iint_D f(x,y)dxdy$ 为二次积分:

(1) D 是由 $y = \sqrt{1-x^2}$ 及 x 轴所围区域;

(2) D 是由 $y = \dfrac{1}{x}$, 直线 $y = x$ 及 $x = 2$ 所围区域.

2. 改变下列二次积分的积分次序:

(1) $\displaystyle\int_0^1 dy \int_0^y f(x,y)dx;$ (2) $\displaystyle\int_1^e dx \int_0^{\ln x} f(x,y)dy;$

(3) $\displaystyle\int_0^1 dy \int_{-\sqrt{1-y^2}}^{\sqrt{1-y^2}} f(x,y)dx;$ (4) $\displaystyle\int_0^1 dx \int_{x-1}^{1-x} f(x,y)dy;$

(5) $\displaystyle\int_0^1 dy \int_0^{2y} f(x,y)dx + \int_1^3 dy \int_0^{3-y} f(x,y)dx;$

(6) $\displaystyle\int_0^1 dx \int_0^x f(x,y)dy + \int_1^2 dx \int_0^{2-x} f(x,y)dy.$

3. 计算下列二重积分:

(1) $\displaystyle\iint_D \frac{y}{x} dxdy$, 其中 D 是由 $y = 2x, y = x, x = 2, x = 4$ 所围区域;

(2) $\displaystyle\iint_D (3x+2y)d\sigma$, 闭区域 D 由坐标轴与 $x+y=2$ 所围成;

(3) $\displaystyle\iint_D (x^3+3x^2y+y^3)d\sigma$, 其中 $D: 0 \leqslant x \leqslant 1, 0 \leqslant y \leqslant 1;$

(4) $\displaystyle\iint_D (x^2-y^2)d\sigma$, 其中 $D: 0 \leqslant x \leqslant \pi, 0 \leqslant y \leqslant \sin x;$

(5) $\displaystyle\iint_D \sin^2 x \sin^2 y d\sigma$, 其中 $D: 0 \leqslant x \leqslant \pi, 0 \leqslant y \leqslant \pi;$

(6) $\displaystyle\iint\limits_{D} (x+y)\mathrm{d}x\mathrm{d}y$, 其中 D 是由 $y = x, y = x + a, y = a, y = 3a(a > 0)$ 所围区域.

4. 画出积分区域, 并计算下列二重积分:

(1) $\displaystyle\iint\limits_{D} \mathrm{e}^{x+y}\mathrm{d}\sigma$, 其中 $D: |x| + |y| \leqslant 1$;

(2) $\displaystyle\iint\limits_{D} \frac{\sin x}{x}\mathrm{d}\sigma$, 其中 D 是由 $y = x, y = \dfrac{x}{2}, x = 2$ 所围成的区域;

(3) $\displaystyle\iint\limits_{D} \mathrm{e}^{-y^2}\mathrm{d}x\mathrm{d}y$, 其中 D 是以 $(0,0), (1,1), (0,1)$ 为顶点的三角形闭区域;

(4) $\displaystyle\iint\limits_{D} \frac{x}{y+1}\mathrm{d}\sigma$, 其中 D 是由 $y = x^2 + 1, y = 2x, x = 0$ 所围成的区域.

5. 计算 $\displaystyle\int_0^1 \mathrm{d}y \int_y^{\sqrt{y}} \frac{\sin x}{x}\mathrm{d}x$.

6. 求证: $\displaystyle\int_0^1 \mathrm{d}y \int_0^{\sqrt{y}} \mathrm{e}^y f(x)\mathrm{d}x = \int_0^1 (\mathrm{e} - \mathrm{e}^{x^2}) f(x)\mathrm{d}x$.

7. 如果二重积分 $\displaystyle\iint\limits_{D} f(x,y)\mathrm{d}x\mathrm{d}y$ 的被积函数 $f(x,y)$ 是两个函数 $f_1(x)$ 及 $f_2(y)$ 的乘积, 即 $f(x,y) = f_1(x)f_2(y)$, 积分区域 $D = \{(x,y) | a \leqslant x \leqslant b, c \leqslant y \leqslant d\}$, 证明:

$$\iint\limits_{D} f_1(x) \cdot f_2(y)\mathrm{d}x\mathrm{d}y = \left[\int_a^b f_1(x)\mathrm{d}x\right] \cdot \left[\int_c^d f_2(x)\mathrm{d}x\right].$$

8. 设平面薄片所占的闭区域 D 是由直线 $x + y = 2, y = x$ 和 x 轴所围成, 它的面密度 $\mu(x,y) = x^2 + y^2$, 求该薄片的质量.

9. 求由曲面 $z = 6 - x^2 - y^2, x + y = 1, x = 0, y = 0, z = 0$ 所围的立体体积.

7.3　极坐标系下二重积分的计算

在 7.2 节中, 我们介绍了利用直角坐标计算二重积分的方法. 该方法首先将积分区域用不等式表示出来, 再把二重积分化为两次定积分来计算. 但是有些积分区域在直角坐标系中表示较为烦琐, 有时被积函数用直角坐标表示也十分复杂, 因此换另外一种坐标系可能会使二重积分的计算变得更为简单. 本节我们介绍另外一种坐标系: 极坐标系, 并探讨利用极坐标计算二重积分的方法.

7.3.1　极坐标系及平面曲线的极坐标方程

在平面直角坐标系 xOy 面中, 取定 x 右半轴作为极轴 Ox, 于是平面上的点 $P(x,y)$ 我们也可以用这两个数来确定其位置: 一个是该点到极点 O 的距离 r; 另一个是这两点的连线与极轴 Ox 正向所成的夹角 θ. 这样就建立了平面极坐标系 (图 7.3.1). 我们称 (x,y) 为点 P 的直角坐标, 称 (r,θ) 为点 P 的极坐标.

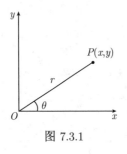

图 7.3.1

对于平面上的点 P, 若其直角坐标为 (x,y), 极坐标为 (r,θ), 容易看出它们间具有下述关系:

$$\begin{cases} x = r\cos\theta, \\ y = r\sin\theta. \end{cases} \tag{7.3}$$

式 (7.3) 称为直角坐标与极坐标的转换公式.

在极坐标系下, 某些曲线的方程大大简化. 例如, 在直角坐标系下, 单位圆 $x^2 + y^2 = 1$ 用极坐标表示就变成 $r = 1$, 而极坐标方程 $\theta = \dfrac{\pi}{4}$ 就表示起点为极点 O 且斜率为 1 的一条射线.

利用式 (7.3), 我们可将直角坐标系下的曲线 $F(x,y) = 0$ 化为极坐标方程. 方法是将式 (7.3) 代入 $F(x,y) = 0$, 得 $F(r\cos\theta, r\sin\theta) = 0$, 化简即可.

例 7.3.1 (1) 写出以 $(a,0)$ 为圆心, 以 a 为半径的圆 $x^2 + y^2 = 2ax$ 的极坐标方程.

(2) 将直角坐标系下的直线 $x + y = 1$ 化为极坐标方程.

解 (1) 将 $x = r\cos\theta, y = r\sin\theta$ 代入 $x^2 + y^2 = 2ax$ 并化简得 $r = 2a\cos\theta$.

(2) 将 $x = r\cos\theta, y = r\sin\theta$ 代入 $x + y = 1$ 并化简得 $r = \dfrac{1}{\cos\theta + \sin\theta}$.

类似地, 也可以用极坐标表示平面区域.

一般地, 称如图 7.3.2 所示的区域 D 为 θ-r 型区域. θ-r 型区域由两条射线 $\theta = \alpha$, $\theta = \beta$ 及两条曲线 $r = \varphi_1(\theta)$, $r = \varphi_2(\theta)$ 所围, 可用不等式

$$\alpha \leqslant \theta \leqslant \beta, \quad \varphi_1(\theta) \leqslant r \leqslant \varphi_2(\theta)$$

表示, 即

$$D = \{(r,\theta)\,|\,\alpha \leqslant \theta \leqslant \beta\,, \varphi_1(\theta) \leqslant r \leqslant \varphi_2(\theta)\}.$$

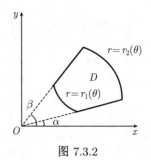

图 7.3.2

θ-r 型区域还有以下几种情形:

当图 7.3.3(1) 所示的 θ-r 型区域 D 中的射线 $\theta = \alpha$ 顺时针转到极轴 Ox, 射线 $\theta = \beta$ 逆时针转到极轴 Ox, 该区域就变成图 7.3.3(1) 中的区域 D, 这时区域 D 可用不等式 $0 \leqslant \theta \leqslant 2\pi$, $\varphi_1(\theta) \leqslant r \leqslant \varphi_2(\theta)$ 表示, 即 $D = \{(r,\theta)\,|\,0 \leqslant \theta \leqslant 2\pi\,, \varphi_1(\theta) \leqslant r \leqslant \varphi_2(\theta)\}$.

当图 7.3.3(2) 所示的 θ-r 型区域 D 中的曲线 $r = \varphi_1(\theta)$ 向极点 O 收缩, 此时 $r = \varphi_1(\theta) = 0$, 曲线 $r = \varphi_2(\theta) = \varphi(\theta)$, 该区域就变成图 7.3.3(2) 中的区域 D, 这时区域 D 可用不等式 $\alpha \leqslant \theta \leqslant \beta, 0 \leqslant r \leqslant \varphi(\theta)$ 表示, 即 $D = \{(r,\theta)\,|\,\alpha \leqslant \theta \leqslant \beta\,, 0 \leqslant r \leqslant \varphi(\theta)\}$.

当图 7.3.3(3) 所示的区域 D 中的曲线 $r = \varphi_1(\theta)$ 向极点 O 收缩, 此时 $r = \varphi_1(\theta) = $

0, 曲线 $r = \varphi_2(\theta) = \varphi(\theta)$, 这时区域 D 就变成图 7.3.3(3) 中的区域 D, 可用不等式 $0 \leqslant \theta \leqslant 2\pi, 0 \leqslant r \leqslant \varphi(\theta)$ 表示, 即 $D = \{(r,\theta) \,|\, 0 \leqslant \theta \leqslant 2\pi, 0 \leqslant r \leqslant \varphi(\theta)\}$.

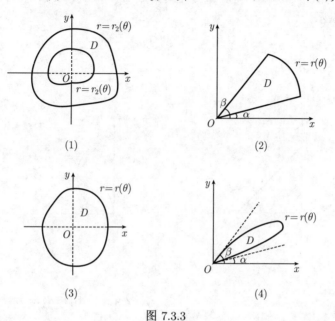

图 7.3.3

图 7.3.3(4) 所示的区域 D 具有这样的特点: 它由过极点 O 的封闭光滑曲线 $r = \varphi(\theta)$ 所围, 而两条射线 $\theta = \alpha, \theta = \beta$ 又分别是 $r = \varphi(\theta)$ 的两条切线, 这时区域 D 可用不等式 $\alpha \leqslant \theta \leqslant \beta, 0 \leqslant r \leqslant \varphi(\theta)$ 表示, 即 $D = \{(r,\theta) \,|\, \alpha \leqslant \theta \leqslant \beta, 0 \leqslant r \leqslant \varphi(\theta)\}$.

还有其他一些情形, 读者可类似讨论.

例 7.3.2　分别用直角坐标和极坐标两种方法表示以下平面区域:

(1) 由直线 $x + y = 1, x = 0, y = 0$ 所围的在第一象限的部分 D;

(2) 由圆 $x^2 + y^2 = 2ax$ 及 $x^2 + y^2 = 2ay$ 所围的在第一象限的部分 D, 其中 $a > 0$.

解　(1) 画出区域 D, 如图 7.3.4(1) 所示, 用直角坐标表示区域 D 可表示为

$$0 \leqslant x \leqslant 1, \quad 0 \leqslant y \leqslant 1 - x.$$

下面考虑用极坐标表示 D.

D 由射线 $\theta = 0, \theta = \dfrac{\pi}{2}$, 直线 $r = \dfrac{1}{\cos\theta + \sin\theta}$ 所围, 所以 D 用极坐标可表示为

$$0 \leqslant \theta \leqslant \frac{\pi}{2}, \quad 0 \leqslant r \leqslant \frac{1}{\cos\theta + \sin\theta}.$$

(2) 画出区域 D, 如图 7.3.4(2) 所示, 用直角坐标表示区域 D 可表示为

$$0 \leqslant x \leqslant a, \quad a - \sqrt{a^2 - x^2} \leqslant y \leqslant \sqrt{2ax - x^2}.$$

263

下面考虑用极坐标表示 D, 不难看出, D 的边界分别为圆 $r = 2a\cos\theta$ 及 $r = 2a\sin\theta$ 所围, 由图 7.3.4(2) 知 D 应分为两部分 D_1 和 D_2, 即 $D = D_1 + D_2$, 其中 D_1 用极坐标可表示为

$$0 \leqslant \theta \leqslant \frac{\pi}{4}, \quad 0 \leqslant r \leqslant 2a\sin\theta,$$

D_2 用极坐标可表示为

$$\frac{\pi}{4} \leqslant \theta \leqslant \frac{\pi}{2}, \quad 0 \leqslant r \leqslant 2a\cos\theta.$$

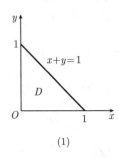
(1)

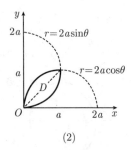
(2)

图 7.3.4

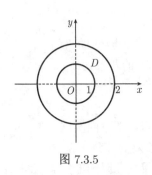

图 7.3.5

例 7.3.3 用极坐标方法表示由同心圆 $x^2 + y^2 = 1$ 及 $x^2 + y^2 = 4$ 所围的圆环区域 D(图 7.3.5).

解 D 的边界分别为圆 $r = 1$ 及 $r = 2$ 所围, 所以 D 用极坐标可表示为

$$0 \leqslant \theta \leqslant 2\pi, \quad 1 \leqslant r \leqslant 2.$$

从以上三个例子可以看出, 有些区域用直角坐标方法表示简单, 有些用极坐标方法表示简单, 因此计算二重积分时, 若当积分区域的边界用极坐标方程表示较为简单、或被积函数用极坐标表示较为方便时, 就可以考虑用极坐标来计算. 下面将研究如何利用极坐标来计算二重积分.

7.3.2 极坐标系下二重积分的计算

根据平面薄片质量的计算方法导出极坐标系下二重积分的计算公式.

设有一平面薄片, 占有 xOy 坐标面上的闭区域 D, 在点 (x, y) 处的面密度为 $f(x, y)$, 假定 $f(x, y)$ 在 D 上连续, 且 $f(x, y) \geqslant 0$, 试求该平面薄片的质量.

根据 7.1 节的引例, 可知该平面薄片的质量

$$M = \iint\limits_{D} f(x, y)\mathrm{d}\sigma.$$

另一方面, 用一系列以极点为中心的同心圆以及从极点出发的一系列射线将区域分割成若干小区域 (图 7.3.6), 设其中一个典型的小区域的面积为 $\Delta\sigma$, 它由 $\varphi = \theta$, $\varphi = \theta + \mathrm{d}\theta$ 这两条射线及两个圆 $\rho = r$, $\rho = r + \mathrm{d}r$ 所围. 由于 $\mathrm{d}r$, $\mathrm{d}\theta$ 很小, 所以小区域 $\Delta\sigma$ 可近似看成是边长分别为 $\mathrm{d}r, r\mathrm{d}\theta$ 的长方形, 其面积元素为

$$\mathrm{d}S = r\mathrm{d}r\mathrm{d}\theta,$$

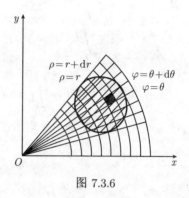

图 7.3.6

另外, 由于 $f(x,y)$ 在 $\Delta\sigma$ 上是连续的, 这样当 $\Delta\sigma$ 很小时, $\Delta\sigma$ 的质量可以看成是均匀的, 在其上取点 (x,y), 以该点的面密度 $f(x,y)$ 近似作为 $\Delta\sigma$ 上各点的面密度, 从而其质量元素

$$\mathrm{d}M = f(x,y)r\mathrm{d}r\mathrm{d}\theta = f(r\cos\theta, r\sin\theta)r\mathrm{d}r\mathrm{d}\theta,$$

所以平面薄片质量为

$$M = \iint\limits_{D} f(r\cos\theta, r\sin\theta)r\mathrm{d}r\mathrm{d}\theta,$$

从而得到

$$\iint\limits_{D} f(x,y)\,\mathrm{d}\sigma = \iint\limits_{D} f(r\cos\theta, r\sin\theta)r\mathrm{d}r\mathrm{d}\theta. \tag{7.4}$$

以上结论是假定 $f(x,y) \geqslant 0$ 时得到的, 但实际上式 (7.4) 的成立并不受此条件的限制, 式 (7.4) 是极坐标系下二重积分的计算公式.

当区域 D 为 θ-r 型区域时, 它可用不等式 $\alpha \leqslant \theta \leqslant \beta$, $\varphi_1(\theta) \leqslant r \leqslant \varphi_2(\theta)$ 表示, 即 $D = \{(r,\theta)\,|\,\alpha \leqslant \theta \leqslant \beta\,, \varphi_1(\theta) \leqslant r \leqslant \varphi_2(\theta)\}$, 此时式 (7.4) 可进一步写成

$$\iint\limits_{D} f(x,y)\mathrm{d}\sigma = \int_{\alpha}^{\beta} \mathrm{d}\theta \int_{\varphi_1(\theta)}^{\varphi_2(\theta)} f(r\cos\theta, r\sin\theta)r\mathrm{d}r. \tag{7.5}$$

下面例举几个利用极坐标计算二重积分的例子.

例 7.3.4 计算二重积分 $I = \iint\limits_{D} (1 - x^2 - y^2)\mathrm{d}x\mathrm{d}y$, 其中 D 由 $x^2 + y^2 = 1$, $y = x$ 及 x 轴在第一象限所围部分.

解 画出积分区域 D(图 7.3.7), 用极坐标表示 D 为

$$0 \leqslant \theta \leqslant \frac{\pi}{4}, \quad 0 \leqslant r \leqslant 1,$$

所以

$$I = \iint\limits_{D} (1 - x^2 - y^2)\mathrm{d}x\mathrm{d}y = \int_0^{\frac{\pi}{4}} \mathrm{d}\theta \int_0^1 (1 - r^2)r\mathrm{d}r = \frac{1}{16}\pi.$$

例 7.3.5 计算 $I = \iint\limits_{D} \arctan\dfrac{y}{x}\mathrm{d}x\mathrm{d}y$, 其中 D 由 $x^2 + y^2 = 1$ 及 $x^2 + y^2 = 4$ 与直线 $y = x, y = 0$ 在第一象限所围的区域 D(图 7.3.8).

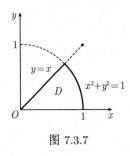

图 7.3.7

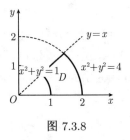

图 7.3.8

解 D 用极坐标可表示为

$$0 \leqslant \theta \leqslant \frac{\pi}{4}, \quad 1 \leqslant r \leqslant 2,$$

所以

$$I = \iint\limits_{D} \arctan\frac{y}{x}\mathrm{d}x\mathrm{d}y = \int_0^{\frac{\pi}{4}} \mathrm{d}\theta \int_1^2 \theta \cdot r\mathrm{d}r = \frac{3}{2}\int_0^{\frac{\pi}{4}} \theta\mathrm{d}\theta = \frac{3}{4}\theta^2\bigg|_0^{\frac{\pi}{4}} = \frac{3}{64}\pi^2.$$

例 7.3.6 计算 $I = \iint\limits_{D} \cos(x^2 + y^2)\mathrm{d}x\mathrm{d}y$, 其中 D: $x^2 + y^2 \leqslant R^2$(图 7.3.9).

解 D 用极坐标可表示为

$$0 \leqslant \theta \leqslant 2\pi, \quad 0 \leqslant r \leqslant R,$$

所以

$$I = \int_0^{2\pi} \mathrm{d}\theta \int_0^R r\cos r^2\mathrm{d}r = \frac{1}{2}\int_0^{2\pi} \sin R^2\mathrm{d}\theta = \pi\sin R^2.$$

例 7.3.7 计算 $\iint\limits_{D} y\mathrm{d}x\mathrm{d}y$, 其中 D 是由 $x^2 + y^2 = 2ax$ 与 x 轴围成的上半圆区域 (图 7.3.10), 这里 $a > 0$.

266

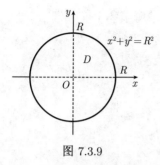

图 7.3.9

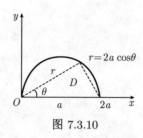

图 7.3.10

解 D 在极坐标系里可表示为

$$0 \leqslant \theta \leqslant \frac{\pi}{2}, \quad 0 \leqslant r \leqslant 2a\cos\theta,$$

所以

$$\iint\limits_{D} y\mathrm{d}x\mathrm{d}y = \int_0^{\frac{\pi}{2}} \mathrm{d}\theta \int_0^{2a\cos\theta} r\sin\theta \cdot r\mathrm{d}r = \frac{1}{3}\int_0^{\frac{\pi}{2}} r^3\sin\theta\bigg|_0^{2a\cos\theta} \mathrm{d}\theta$$

$$= \frac{8a^3}{3}\int_0^{\frac{\pi}{2}} \cos^3\theta\sin\theta\mathrm{d}\theta = -\frac{2}{3}a^3\cos^4\theta\bigg|_0^{\frac{\pi}{2}} = \frac{2}{3}a^3.$$

一般地, 当二重积分的积分区域为圆或圆的一部分时, 或被积函数形如 $f(x^2+y^2)$ 或 $f\left(\dfrac{y}{x}\right)$ 时, 用极坐标来计算二重积分较为简单.

例 7.3.8 计算 $\displaystyle\int_0^{2a} \mathrm{d}x \int_0^{\sqrt{2ax-x^2}} (x^2+y^2)\mathrm{d}y$.

解 由题意, 区域 D 用直角坐标表示为 $0 \leqslant x \leqslant 2a, 0 \leqslant y \leqslant \sqrt{2ax-x^2}$, 从而可知区域左右是由两条垂直于 x 轴的直线 $x=0, x=2a$ 所夹, 上下是由 $y=\sqrt{2ax-x^2}$ 及 $y=0$ 所夹, 实质上它是一个半圆, 用极坐标表示较简单, 同时被积函数 x^2+y^2 用极坐标表示也方便, 故此题应用极坐标来计算. 该区域用极坐标可表示为

$$0 \leqslant \theta \leqslant \frac{\pi}{2}, \quad 0 \leqslant r \leqslant 2a\cos\theta,$$

所以

$$\int_0^{2a} \mathrm{d}x \int_0^{\sqrt{2ax-x^2}} (x^2+y^2)\mathrm{d}y = \iint\limits_{D} (x^2+y^2)\mathrm{d}\sigma = \int_0^{\frac{\pi}{2}} \mathrm{d}\theta \int_0^{2a\cos\theta} r^3\mathrm{d}r$$

$$= \frac{1}{4}\int_0^{\frac{\pi}{2}} r^4\big|_0^{2a\cos\theta} \mathrm{d}\theta = 4a^4\int_0^{\frac{\pi}{2}} \cos^4\theta\mathrm{d}\theta = \frac{3a^4\pi}{4}.$$

例 7.3.9 求球面 $x^2+y^2+z^2=4a^2$ 和圆柱面 $x^2+y^2=2ax$ 所围空间立体的体积, 这里 $a > 0$.

解 根据对称性可知

$$V = 4\iint\limits_{D} \sqrt{4a^2-x^2-y^2}\mathrm{d}x\mathrm{d}y,$$

其中 D 为 xOy 平面上半圆 $y = \sqrt{2ax - x^2}$ 与 x 轴所围的平面区域, 用极坐标系表示为

$$0 \leqslant \theta \leqslant \frac{\pi}{2}, \quad 0 \leqslant r \leqslant 2a\cos\theta,$$

所以

$$V = 4\iint\limits_{D} \sqrt{4a^2 - r^2}\, r\mathrm{d}r\mathrm{d}\theta = 4\int_0^{\frac{\pi}{2}} \mathrm{d}\theta \int_0^{2a\cos\theta} \sqrt{4a^2 - r^2}\, r\mathrm{d}r$$

$$= \frac{32a^3}{3}\int_0^{\frac{\pi}{2}} (1 - \sin^3\theta)\mathrm{d}\theta = \frac{32}{3}a^3\left(\frac{\pi}{2} - \frac{2}{3}\right).$$

习题 7.3

1. 化二重积分 $\iint\limits_{D} f(x, y)\mathrm{d}x\mathrm{d}y$ 为极坐标形式的二次积分, 其中积分区域 D 为

(1) $x^2 + y^2 \leqslant 9$;   (2) $1 \leqslant x^2 + y^2 \leqslant 4$;

(3) $x^2 + y^2 \leqslant 2x$;   (4) $x^2 + y^2 \leqslant 2x, x^2 + y^2 \leqslant 2y$.

2. 将下列二次积分化为极坐标形式的二次积分:

(1) $\displaystyle\int_0^a \mathrm{d}y \int_0^{\sqrt{a^2-y^2}} f(x, y)\mathrm{d}x$;

(2) $\displaystyle\int_0^2 \mathrm{d}x \int_x^{\sqrt{3}x} f(\sqrt{x^2+y^2})\mathrm{d}y$;

(3) $\displaystyle\int_0^1 \mathrm{d}x \int_{1-x}^{\sqrt{1-x^2}} f(x^2+y^2)\mathrm{d}y$.

3. 利用极坐标计算下列二重积分:

(1) $\iint\limits_{D} \mathrm{e}^{x^2+y^2}\mathrm{d}\sigma$, 其中 D 是由 $x^2 + y^2 = 9$ 所围成的闭区域;

(2) $\iint\limits_{D} (x^2 + y^2)\mathrm{d}\sigma$, 其中 D 是由 $x^2 + y^2 = 2ax$ 与 x 轴所围成的上半部分的闭区域;

(3) $\iint\limits_{D} \ln(1 + x^2 + y^2)\mathrm{d}\sigma$, 其中 D 是由圆周 $x^2 + y^2 = 4$ 及坐标轴所围成的在第一象限内的闭区域;

(4) $\iint\limits_{D} \sin\sqrt{x^2+y^2}\mathrm{d}x\mathrm{d}y$, 其中 D 是由 $x^2 + y^2 = \pi^2$, $x^2 + y^2 = 4\pi^2$, $y = x, y = 2x$ 所围成的在第一象限内的闭区域.

4. 选用适当的坐标计算下列各题:

(1) $\iint\limits_{D} (x^2 + y^2)^{-\frac{1}{2}}\mathrm{d}\sigma$, 其中 D 是由 $y = x^2$ 与 $y = x$ 所围成的闭区域;

(2) $\iint\limits_{D} \dfrac{x^2}{y^2}\mathrm{d}\sigma$, 其中 D 是由 $x = 2, y = x$ 及 $xy = 1$ 所围成的闭区域;

(3) $\displaystyle\iint\limits_{D} \sqrt{\frac{1-x^2-y^2}{1+x^2+y^2}}\mathrm{d}x\mathrm{d}y$，其中 $D: x^2+y^2 \leqslant 1$；

(4) $\displaystyle\iint\limits_{D} \frac{\mathrm{d}\sigma}{(1+x^2+y^2)^{\frac{3}{2}}}$，其中 D 是由圆 $x^2+y^2=1$ 与坐标轴在第一象限所围部分.

5. 求由曲面 $z=3-x^2-2y^2$ 与 $z=2x^2+y^2$ 所围立体的体积.

6. 求球体 $x^2+y^2+z^2 \leqslant R^2$ 与 $x^2+y^2+z^2 \leqslant 2Rz$ 所围的公共部分的体积.

总习题 7

1. 选择题.

(1) 设 $I_1 = \displaystyle\iint\limits_{D_1} x\mathrm{d}x\mathrm{d}y$，区域 D_1 为 $\begin{cases} -1 \leqslant x \leqslant 1, \\ -1 \leqslant y \leqslant 1, \end{cases}$ $I_2 = \displaystyle\iint\limits_{D_2} x\mathrm{d}x\mathrm{d}y$，区域 D_2 为 $\{(x,y)|0 \leqslant x \leqslant 1, -1 \leqslant y \leqslant 1\}$，则以下正确的是（　　）.

A. $I_1 = 4I_2$；　　B. $I_1 = 2I_2$；　　C. $I_1 = -4I_2$；　　D. A, B, C 都不对.

(2) 设 D 是由 $y=x^2$ 与 $y=8-x^2$ 所围成的闭区域，则 $\displaystyle\iint\limits_{D} xy^2\mathrm{d}x\mathrm{d}y =$（　　）.

A. $\displaystyle\int_{-2}^{2} \mathrm{d}x \int_{8-x^2}^{x^2} xy^2\mathrm{d}y$；

B. $\displaystyle 2\int_{0}^{2} \mathrm{d}x \int_{x^2}^{8-x^2} xy^2\mathrm{d}y$；

C. $\displaystyle\int_{-2}^{2} \mathrm{d}x \int_{x^2}^{8-x^2} xy^2\mathrm{d}y$；

D. 0.

(3) 设 D 是由 $r=2a\cos\theta$ 与 $r=a\cos\theta$ 所围成的闭区域，则 $\displaystyle\iint\limits_{D} f(x,y)\mathrm{d}x\mathrm{d}y =$（　　）.

A. $\displaystyle\int_{-\frac{\pi}{2}}^{\frac{\pi}{2}} \mathrm{d}\theta \int_{0}^{2a\cos\theta} f(r\cos\theta, r\sin\theta)\mathrm{d}r$；

B. $\displaystyle\int_{0}^{\pi} \mathrm{d}\theta \int_{0}^{2a\cos\theta} f(r\cos\theta, r\sin\theta)r\mathrm{d}r$；

C. $\displaystyle\int_{-\frac{\pi}{2}}^{\frac{\pi}{2}} \mathrm{d}\theta \int_{a\cos\theta}^{2a\cos\theta} f(r\cos\theta, r\sin\theta)r\mathrm{d}r$；

D. 以上都不对.

(4) 设 D 是由 $x^2+(y-1)^2=1$ 与 $x=0$ 在第一象限内所围区域，则 $\displaystyle\iint\limits_{D} (x^2+y^2)\mathrm{d}x\mathrm{d}y =$（　　）.

A. $\displaystyle\int_{0}^{\pi} \mathrm{d}\theta \int_{0}^{\sin\theta} r^2\mathrm{d}r$；

B. $\displaystyle\int_{0}^{\frac{\pi}{2}} \mathrm{d}\theta \int_{0}^{2\sin\theta} r^3\mathrm{d}r$；

C. $\displaystyle\int_{0}^{\frac{\pi}{2}} \mathrm{d}\theta \int_{0}^{\sin^3\theta} r^3\mathrm{d}r$；

D. $\displaystyle\int_{0}^{\pi} \mathrm{d}\theta \int_{0}^{2\sin\theta} r^3\mathrm{d}r$.

2. 填空题.

(1) 设 $f(x,y)$ 为连续函数，则由平面 $z=0$、柱面 $x^2+y^2=1$ 和曲面 $z=f^2(x,y)$ 所围立体的体积可用二重积分表示为_____；

(2) 设区域 $D: x^2+y^2 \leqslant a^2$，其中 $a>0$，又有 $\displaystyle\iint\limits_{D} (x^2+y^2)\mathrm{d}x\mathrm{d}y = 8\pi$，$a =$ _____；

(3) 二次积分 $\int_0^2 \mathrm{d}x \int_x^2 \mathrm{e}^{-y^2} \mathrm{d}y$ 的值 = _____;

(4) 交换积分次序: $\int_0^a \mathrm{d}x \int_x^{\sqrt{2ax-x^2}} f(x,y)\mathrm{d}y =$ _____;

3. 计算以下各题.

(1) 计算二重积分 $\iint\limits_D (x+2y)\mathrm{d}x\mathrm{d}y$, 其中 D 是由 $y=x^2$ 及 $y=\sqrt{x}$ 所围成的闭区域;

(2) $\iint\limits_D \dfrac{x+y}{x^2+y^2}\mathrm{d}\sigma$, 其中 D: $x^2+y^2 \leqslant 1, x+y \geqslant 1$;

(3) 计算二重积分 $\iint\limits_D y\sqrt{1+x^2-y^2}\mathrm{d}x\mathrm{d}y$, 其中 D 是由直线 $y=x, x=-1, y=1$ 所围的区域;

(4) 计算二重积分 $\iint\limits_D \mathrm{e}^{y^2}\mathrm{d}x\mathrm{d}y$, 其中 D 是由 $y=1, y=x, x=0$ 所围区域.

4. 设 $f(x)$ 在 $[0,1]$ 上连续, 并设 $\int_0^1 f(x)\mathrm{d}x = A$, 求 $\int_0^1 \mathrm{d}x \int_x^1 f(x)f(y)\mathrm{d}y$.

5. 证明: $\int_0^a \mathrm{d}y \int_0^y \mathrm{e}^{m(a-x)}f(x)\mathrm{d}x = \int_0^a (a-x)\mathrm{e}^{m(a-x)}f(x)\mathrm{d}x$.

6. 设 $f(x)$ 在区间 $[a,b]$ 上连续, 证明: $\left[\int_a^b f(x)\mathrm{d}x\right]^2 \leqslant (b-a)\int_a^b f^2(x)\mathrm{d}x$.

7. 已知函数 $f(x)$ 的三阶导数连续, 且 $f(0)=f'(0)=f''(0)=-1, f(2)=-\dfrac{1}{2}$, 试计算 $I = \int_0^2 \mathrm{d}x \int_0^x \sqrt{(2-x)(2-y)}f'''(y)\mathrm{d}y$.

8. 求由曲面 $z=x^2+y^2, y=x^2, y=1, z=0$ 所围立体的体积.

习题分析

同步训练

第 **8** 章

微分方程与差分方程

本章导读

　　寻求变量之间的函数关系无论在理论上还是在实践中都具有重要的意义. 而在许多有关连续型变量变化规律的问题中, 一般不容易直接找出所需要的函数关系, 但是根据问题所提供的情况, 有时可以列出含有要找的函数及其导数或微分的关系式. 这样的关系式就是所谓的 *微分方程*. 微分方程建立以后, 对它进行研究, 找出未知函数来, 这就是解微分方程. 同样, 在一些理论和实际问题中, 变量是以定义在整数集上的数列形式变化的, 这类变量称为 *离散型变量*. 根据客观事物的运行机理和规律, 可以建立离散型变量之间关系的数学模型称为 *离散型模型*, 求解这类模型可以得到离散型变量之间的运行规律. *差分方程* 就是一种较常见的离散型数学模型.

　　微分方程本身是一门独立的、内容十分丰富且应用非常广泛的数学分支. 本章将结合一些典型的问题, 介绍微分方程和差分方程的一些基本概念, 以及几类常用的微分方程和差分方程的经典解法.

8.1　微分方程的基本概念

　　本节我们通过两个简单的例子来介绍微分方程的一些基本概念.

　　例 8.1.1　设一条平面曲线通过点 $(1,2)$, 且在该曲线上任一点 $M(x,y)$ 处的切线的斜率为 $2x$, 求这条曲线方程.

　　解　设所求曲线的方程为 $y=y(x)$. 由导数的几何意义可知函数 $y=y(x)$ 满足关系式

$$\frac{\mathrm{d}y}{\mathrm{d}x}=2x, \tag{8.1}$$

同时还满足以下条件:

$$x=1 \text{ 时, } y=2. \tag{8.2}$$

　　把式 (8.1) 两端积分, 得

$$y=\int 2x\mathrm{d}x, \quad \text{即 } y=x^2+C. \tag{8.3}$$

271

其中 C 是任意常数.

把条件 (8.2) 代入式 (8.3), 得

$$C = 1,$$

由此把 $C = 1$ 代入式 (8.3), 得到所求曲线方程:

$$y = x^2 + 1.$$

例 8.1.2   列车在平直线路上以 25m/s 的速度行驶, 当制动时列车获得加速度 -0.5m/s^2. 问开始制动后多少时间列车才能停住, 以及列车在这段时间里行驶了多少路程?

解   设列车开始制动后 t 秒时行驶了 s m. 根据题意, 反映制动阶段列车运动规律的函数 $s = s(t)$ 满足

$$\frac{\mathrm{d}^2 s}{\mathrm{d}t^2} = -0.5. \tag{8.4}$$

此外, 还满足条件:

$$t = 0 \text{ 时}, \ s = 0, \quad v = \frac{\mathrm{d}s}{\mathrm{d}t} = 25. \tag{8.5}$$

对式 (8.4) 两端积分一次, 得

$$v = \frac{\mathrm{d}s}{\mathrm{d}t} = -0.5t + C_1, \tag{8.6}$$

再积分一次, 得

$$s = -0.25t^2 + C_1 t + C_2, \tag{8.7}$$

其中 C_1, C_2 都是任意常数.

把条件 "$t = 0$ 时 $v = 25$" 和 "$t = 0$ 时 $s = 0$" 分别代入式 (8.6) 和式 (8.7), 得

$$C_1 = 25, \quad C_2 = 0.$$

把 C_1, C_2 的值代入式 (8.6) 和式 (8.7) 得

$$v = -0.5t + 25, \tag{8.8}$$

$$s = -0.25t^2 + 25t. \tag{8.9}$$

在式 (8.8) 中令 $v = 0$, 得到列车从开始制动到完全停止所需的时间:

$$t = \frac{25}{0.5} = 50(\text{s}).$$

再把 $t = 50$ 代入式 (8.9), 得到列车在制动阶段行驶的路程

$$s = -0.25 \times 50^2 + 25 \times 50 = 625(\text{m}).$$

结合以上两个例子, 下面给出有关微分方程的一些基本概念.

微分方程: 把含有未知函数、未知函数的导数 (或微分) 与自变量之间关系的方程, 称为微分方程, 有时也简称方程. 未知函数是一元函数的微分方程, 称为**常微分方程**. 未知函数是多元函数的微分方程, 称为**偏微分方程**. 本章只讨论常微分方程.

微分方程的阶: 微分方程中所出现的未知函数的最高阶导数或微分的阶数, 称为**微分方程的阶**. 例如, 方程 (8.1) 是一阶微分方程; 方程 (8.4) 是二阶微分方程. 又如方程

$$x^4 y''' + 2y'' + 3y = \mathrm{e}^x$$

是三阶微分方程; 方程

$$y^{(4)} - 4y''' + 10y'' - 12y' + 5y = \sin 2x$$

是四阶微分方程.

一般地, n 阶微分方程的一般形式是

$$F(x, y, y', \cdots, y^{(n)}) = 0, \tag{8.10}$$

其中, F 是个 $n+2$ 元的函数. 这里必须指出, 在方程 (8.10) 中, $y^{(n)}$ 是必须出现的, 而 $x, y, y', \cdots, y^{(n-1)}$ 等变量则可以不出现. 例如, 四阶微分方程

$$y^{(4)} - 1 = 0$$

中, 除 $y^{(4)}$ 外, 其他变量都没有出现.

微分方程的解: 使微分方程成为恒等式的函数 $y = y(x)$, 称为微分方程的解. 如果微分方程的解中含有任意常数, 且任意常数的个数与微分方程的阶数相同 (这里的任意常数应相互独立, 即它们不能合并而使得任意常数的个数减少), 这样的解叫做微分方程的**通解**. 例如, 函数 (8.3) 是方程 (8.1) 的解, 它含有一个任意常数, 而方程 (8.1) 是一阶的, 所以函数 (8.3) 是方程 (8.1) 的通解. 又如, 函数 (8.7) 是方程 (8.4) 的解, 它含有两个任意常数, 而方程 (8.4) 是二阶的, 所以函数 (8.7) 是方程 (8.4) 的通解. 用来确定微分方程通解中任意常数值的条件称为**定解条件**.

一般地, n 阶微分方程 $F(x, y, y', y'', \cdots, y^{(n)}) = 0$ 的通解为

$$y = y(x, c_1, c_2, \cdots, c_n).$$

常见的定解条件是

$$y(x_0) = y_0, \quad y'(x_0) = y_1, \quad y''(x_0) = y_2, \quad \cdots, \quad y^{(n-1)}(x_0) = y_{n-1}.$$

此条件又称为方程的**初始条件**, $y_0, y_1, y_2, \cdots, y_{n-1}$ 为给定常数. 确定了通解中的任意常数以后, 就得到微分方程的**特解**. 相应地, 求微分方程满足初始条件的特解的问题称为微分方程的**初值问题**. 微分方程解的图形又称为微分方程的**积分曲线**.

习题 8.1

1. 试说出下列各微分方程的阶数:

(1) $x^2 \mathrm{d}y - y^2 \mathrm{d}x = 0$;　　　　　　(2) $y'y''' - 3y(y'')^4 = 0$;

(3) $L\dfrac{\mathrm{d}^2 Q}{\mathrm{d}t^2} + R\dfrac{\mathrm{d}Q}{\mathrm{d}t} + \dfrac{Q}{C} = 0$;　　　(4) $(7x - 6y)\mathrm{d}x + (x + y)\mathrm{d}y = 0$;

(5) $\dfrac{\mathrm{d}\rho}{\mathrm{d}\theta} + \rho = \sin^2 \theta$;　　　　　(6) $y^{(5)} - 2y''' + y' + y = 0$.

2. 指出下列各题中的函数是否为所给微分方程的解:

(1) $x\dfrac{\mathrm{d}y}{\mathrm{d}x} + 3y = 0, y = \dfrac{c}{x^3}$;

(2) $x^2 \dfrac{\mathrm{d}y}{\mathrm{d}x} - 2x\dfrac{\mathrm{d}y}{\mathrm{d}x} + 2y = 0, y = 2x - 3x^2$;

(3) $\dfrac{\mathrm{d}^2 S}{\mathrm{d}t^2} + \omega^2 \dfrac{\mathrm{d}S}{\mathrm{d}t} = 0, S = C_1 \cos \omega t + C_2 \sin \omega t$;

(4) $(x + y)\mathrm{d}x + x\mathrm{d}y = 0, y = \dfrac{C - x^2}{2x}$;

(5) $y' - 2xy = 0, y = \mathrm{e}^{x^2} + \mathrm{e}^{x^2} \displaystyle\int_0^x \mathrm{e}^{-t^2} \mathrm{d}t$;

(6) $(x - 2y)y' = 2x - y, x^2 - xy + y^2 = C$.

3. 在下列各题中, 确定函数关系中的常数, 使函数满足所给的初始条件:

(1) $y^2 - C(x - 1)^2 = 1, y|_{x=0} = -2$;

(2) $y = (C_1 + C_2 x)\mathrm{e}^{-2x}, y|_{x=0} = 0, y'|_{x=0} = 1$;

(3) $y = C_1 \sin(x - C_2), y|_{x=\pi} = 1, y'|_{x=\pi} = 0$.

4. 设函数 $y = (1 + x)^2 u(x)$ 是方程 $y' - \dfrac{2}{x + 1}y = (x + 1)^2$ 的通解, 求 $u(x)$.

5. 写出由下列条件确定的曲线所满足的微分方程:

(1) 曲线上任一点的切线介于两坐标轴间的部分被切点等分;

(2) 曲线上任一点的切线的纵截距等于切点横坐标的平方;

(3) 曲线上任一点的切线的纵截距是切点的横坐标与纵坐标的平均值;

(4) 曲线上任一点的切线与两坐标轴所围成的三角形的面积等于 1.

8.2　一阶微分方程

一阶微分方程是微分方程中最基本的一类方程, 它的一般形式可表示为

$$F(x, y, y') = 0, \tag{8.11}$$

其中 $F(x, y, y')$ 是 x, y, y' 的已知函数. 如果能从中解出 y', 则有

$$y' = f(x, y). \tag{8.12}$$

下面介绍几种常见的一阶微分方程及其解法.

8.2.1 可分离变量的微分方程

如果一个一阶微分方程能写成

$$g(y)\mathrm{d}y = f(x)\mathrm{d}x \qquad (8.13)$$

的形式, 也就是说, 能把微分方程写成一端只含 y 的函数和 $\mathrm{d}y$, 另一端只含 x 的函数和 $\mathrm{d}x$, 那么原方程就称为可分离变量的微分方程. 可分离变量的微分方程是一阶微分方程中最基本的一种类型. 假定方程 (8.13) 中的函数 $g(y)$ 和 $f(x)$ 都是连续的. 将式 (8.13) 两端积分, 得

$$\int g(y)\mathrm{d}y = \int f(x)\mathrm{d}x.$$

设 $G(y)$ 及 $F(x)$ 依次为 $g(y)$ 和 $f(x)$ 的原函数, 于是有

$$G(y) = F(x) + C. \qquad (8.14)$$

式 (8.14) 就是微分方程 (8.13) 的通解. 有时这个解可能是以隐函数形式给出的称为隐式解或隐式通解.

例 8.2.1 求微分方程 $\dfrac{\mathrm{d}y}{\mathrm{d}x} = 3x^2 y$ 的通解.

解 方程是可分离变量的, 分离变量后得

$$\frac{\mathrm{d}y}{y} = 3x^2\mathrm{d}x,$$

两端积分

$$\int \frac{\mathrm{d}y}{y} = \int 3x^2\mathrm{d}x,$$

得

$$\ln|y| = x^3 + C_1,$$

从而

$$y = \pm\mathrm{e}^{x^3+C_1} = \pm\mathrm{e}^{C_1}\mathrm{e}^{x^3}.$$

又因为 $\pm\mathrm{e}^{C_1}$ 仍是任意常数, 把它记作 C, 便得到所求微分方程的通解

$$y = C\mathrm{e}^{x^3}.$$

以后在类似的情况下可以把 $\ln|y| = x^3 + C_1$, 直接简写成 $\ln y = x^3 + \ln C$, 最后得出通解 $y = C\mathrm{e}^{x^3}$, 这里 C 为任意常数.

例 8.2.2 求微分方程 $x(y^2-1)\mathrm{d}x - (x^2+1)\mathrm{d}y = 0$ 满足初始条件 $y|_{x=0} = -3$ 的特解.

275

解 将原方程分离变量, 得

$$\frac{\mathrm{d}y}{y^2 - 1} = \frac{x}{x^2 + 1} \mathrm{d}x,$$

两边积分, 得

$$\frac{1}{2} \ln \frac{y-1}{y+1} = \frac{1}{2} \ln(x^2 + 1) + \frac{1}{2} \ln C.$$

从而

$$\frac{y-1}{y+1} = C(x^2 + 1).$$

将初始条件 $y|_{x=0} = -3$ 代入上式, 解得 $C = 2$. 所以得初值问题的特解为

$$\frac{y-1}{y+1} = 2(x^2 + 1),$$

即

$$y = -\frac{2x^2 + 3}{2x^2 + 1}.$$

例 8.2.3 求 Logistic 方程 $\dfrac{\mathrm{d}y}{\mathrm{d}x} = ay(N - y)$ 的通解, 以及在条件 $y(0) = \dfrac{1}{4}N$ 下的特解, 式中 $a > 0, N > y > 0$.

解 分离变量得

$$\frac{\mathrm{d}y}{y(N - y)} = a\mathrm{d}x,$$

即

$$\left(\frac{1}{y} + \frac{1}{N - y} \right) \mathrm{d}y = aN\mathrm{d}x.$$

两边积分, 得

$$\ln \left| \frac{y}{N - y} \right| = aNx + \ln C = \ln C\mathrm{e}^{aNx}.$$

由于 $\dfrac{y}{N - y} > 0$, 整理得通解为

$$y = \frac{CN\mathrm{e}^{aNx}}{1 + C\mathrm{e}^{aNx}}, \quad C \text{ 为正常数}.$$

将 $y(0) = \dfrac{1}{4}N$ 代入, 得 $C = \dfrac{1}{3}$, 于是所求特解为

$$y = \frac{N\mathrm{e}^{aNx}}{3 + \mathrm{e}^{aNx}}.$$

例 8.2.4 某公司 t 年净资产 (单位: 百万元) 有 $W(t)$, 并且资产本身以每年 5%的速度连续增长, 同时该公司每年要以 30 百万元的数额连续支付职工工资.

(1) 给出描述净资产 $W(t)$ 的微分方程;

(2) 求解方程, 这时假设初始净资产为 W_0.

解　(1) 由经济学知识得

$$净资产增长速度 = 资产本身增长速度 - 职工工资支付速度,$$

得到微分方程

$$\frac{\mathrm{d}W}{\mathrm{d}t} = 0.05W - 30.$$

(2) 分离变量, 得

$$\frac{\mathrm{d}W}{W - 600} = 0.05\mathrm{d}t,$$

积分, 得

$$\ln|W - 600| = 0.05t + \ln C, \quad C \text{ 为正常数}.$$

于是

$$W - 600 = C\mathrm{e}^{0.05t}.$$

将 $W(0) = W_0$ 代入, 得方程通解为

$$W = 600 + (W_0 - 600)\mathrm{e}^{0.05t}.$$

上式推导过程中 $W \neq 600$, 当 $W = 600$ 时, $\dfrac{\mathrm{d}W}{\mathrm{d}t} = 0$, 可知 $W = 600 = W_0$, 通常称为平衡解, 仍包含在通解表达式中.

以上所讨论的微分方程都是可直接分离变量的, 有时所给的方程虽然不能直接分离变量, 但根据方程的特点, 对未知函数作适当的变量代换, 也可以将所给的方程化为可分离变量的微分方程. 下面介绍的齐次微分方程就是一种可化为可分离变量的微分方程的情况.

8.2.2　齐次微分方程

如果一阶微分方程可表示为

$$\frac{\mathrm{d}y}{\mathrm{d}x} = \varphi\left(\frac{y}{x}\right) \tag{8.15}$$

的形式, 则称此方程为*齐次微分方程*.

例如, 方程 $(xy - y^2)\mathrm{d}x - (x^2 - 2xy)\mathrm{d}y = 0$ 是齐次方程, 因为

$$\frac{\mathrm{d}y}{\mathrm{d}x} = \frac{xy - y^2}{x^2 - 2xy} = \frac{\dfrac{y}{x} - \left(\dfrac{y}{x}\right)^2}{1 - 2\left(\dfrac{y}{x}\right)}.$$

对齐次方程

$$\frac{\mathrm{d}y}{\mathrm{d}x} = \varphi\left(\frac{y}{x}\right)$$

作变量替换

$$u = \frac{y}{x},$$

有

$$y = ux, \qquad \frac{dy}{dx} = u + x\frac{du}{dx},$$

将它们代入方程 (8.15), 得

$$u + x\frac{du}{dx} = \varphi(u),$$

即

$$x\frac{du}{dx} = \varphi(u) - u.$$

分离变量, 得

$$\frac{du}{\varphi(u) - u} = \frac{dx}{x},$$

两边积分, 得

$$\int \frac{du}{\varphi(u) - u} = \int \frac{dx}{x}. \tag{8.16}$$

求出积分后, 再用 $\frac{y}{x}$ 代替 u, 便得所给齐次方程的通解.

从上述推导过程可以看出齐次方程理论上一定可以化为可分离变量的方程.

例 8.2.5　求微分方程 $y' = \frac{y}{x} + \tan\frac{y}{x}$ 的通解.

解　直观地可以看出所给方程为齐次方程. 令 $u = \frac{y}{x}$ 代入原方程, 得

$$xu' + u = u + \tan u,$$

即

$$x\frac{du}{dx} = \tan u.$$

分离变量, 得

$$\cot u du = \frac{1}{x}dx.$$

积分, 得

$$\ln|\sin u| = \ln|x| + \ln C = \ln|xC|,$$

即

$$\sin u = Cx.$$

将 $u = \frac{y}{x}$ 代入上式, 即得方程通解为

$$\sin\frac{y}{x} = Cx$$

或

$$y = x \arcsin Cx,$$

其中 C 为任意常数.

例 8.2.6　求微分方程 $xy' = y(1 + \ln y - \ln x)$ 的通解.

解　此题不能直观看出是齐次方程, 需要做一定变化. 原方程可化为

$$\frac{\mathrm{d}y}{\mathrm{d}x} = \frac{y}{x}\left(1 + \ln\frac{y}{x}\right),$$

令 $u = \dfrac{y}{x}$, 则 $\dfrac{\mathrm{d}y}{\mathrm{d}x} = x\dfrac{\mathrm{d}u}{\mathrm{d}x} + u$, 于是

$$x\frac{\mathrm{d}u}{\mathrm{d}x} + u = u(1 + \ln u),$$

分离变量, 得

$$\frac{\mathrm{d}u}{u\ln u} = \frac{\mathrm{d}x}{x},$$

两端积分, 得

$$\ln\ln u = \ln x + \ln C,$$

$$\ln u = Cx,$$

即

$$u = \mathrm{e}^{Cx}.$$

故方程通解为

$$y = x\mathrm{e}^{Cx}, \quad \text{其中 } C \text{ 为任意常数}.$$

例 8.2.7　设商品 A 和商品 B 的售价分别为 P_1, P_2, 已知价格 P_1 与 P_2 相关, 且价格 P_1 相对 P_2 的弹性为 $\dfrac{P_2\mathrm{d}P_1}{P_1\mathrm{d}P_2} = \dfrac{P_2 - P_1}{P_2 + P_1}$, 求 P_1 与 P_2 的函数关系式.

解　所给方程经变化、整理得

$$\frac{\mathrm{d}P_1}{\mathrm{d}P_2} = \frac{1 - \dfrac{P_1}{P_2}}{1 + \dfrac{P_1}{P_2}}\frac{P_1}{P_2},$$

显然为齐次方程. 令 $u = \dfrac{P_1}{P_2}$, 则有

$$P_2 u' + u = \frac{1 - u}{1 + u}u.$$

分离变量, 得

$$\left(-\frac{1}{u} - \frac{1}{u^2}\right)\mathrm{d}u = 2\frac{\mathrm{d}P_2}{P_2},$$

积分, 得

$$\frac{1}{u} - \ln u = \ln P_2^2 + \ln C.$$

将 $u = \dfrac{P_1}{P_2}$ 代回, 得通解

$$\mathrm{e}^{\frac{P_2}{P_1}} = CP_1P_2,$$

其中 C 为任意正的常数.

8.2.3　一阶线性微分方程

方程

$$\frac{\mathrm{d}y}{\mathrm{d}x} + P(x)y = Q(x) \tag{8.17}$$

称为一阶线性微分方程, 因为它对于未知函数及其导数均为一次的. 如果 $Q(x) \equiv 0$, 则方程称为齐次的; 如果 $Q(x)$ 不恒等于零, 则方程称为非齐次的.

首先, 我们讨论式 (8.17) 所对应的齐次线性方程

$$\frac{\mathrm{d}y}{\mathrm{d}x} + P(x)y = 0 \tag{8.18}$$

的通解问题. 分离变量, 得

$$\frac{\mathrm{d}y}{y} = -P(x)\mathrm{d}x,$$

两边积分, 得

$$\ln y = -\int P(x)\mathrm{d}x + \ln C$$

或

$$y = C\mathrm{e}^{-\int P(x)\mathrm{d}x}.$$

其次, 我们使用所谓的常数变易法来求非齐次线性方程 (8.17) 的通解. 将方程 (8.18) 通解中的常数 C 换成未知函数 $u(x)$, 即作变换

$$y = u \cdot \mathrm{e}^{-\int P(x)\mathrm{d}x}, \tag{8.19}$$

两边求导, 得

$$\frac{\mathrm{d}y}{\mathrm{d}x} = u'\mathrm{e}^{-\int P(x)\mathrm{d}x} - uP(x)\mathrm{e}^{-\int P(x)\mathrm{d}x}. \tag{8.20}$$

将 (8.19) 和 (8.20) 代入方程 (8.17) 得

$$u'\mathrm{e}^{-\int P(x)\mathrm{d}x} - uP(x)\mathrm{e}^{-\int P(x)\mathrm{d}x} + P(x)u\mathrm{e}^{-\int P(x)\mathrm{d}x} = Q(x),$$

即

$$u' = Q(x)\mathrm{e}^{\int P(x)\mathrm{d}x}.$$

两边积分, 得

$$u = \int Q(x)\mathrm{e}^{\int P(x)\mathrm{d}x}\mathrm{d}x + C.$$

于是得到非齐次线性方程 (8.17) 的通解为

$$y = \mathrm{e}^{-\int P(x)\mathrm{d}x}\left[C + \int Q(x)\mathrm{e}^{\int P(x)\mathrm{d}x}\mathrm{d}x\right]. \tag{8.21}$$

将式 (8.21) 改写成两项之和

$$y = C\mathrm{e}^{-\int P(x)\mathrm{d}x} + \mathrm{e}^{-\int P(x)\mathrm{d}x}\int Q(x)\mathrm{e}^{\int P(x)\mathrm{d}x}\mathrm{d}x.$$

上式右边第一项是对应的齐次线性方程 (8.18) 的通解, 第二项是非齐次线性方程 (8.17) 的一个特解 (通解 (8.21) 中令 $C=0$ 便得到这个特解). 由此可知, 一阶非齐次线性方程的通解等于对应的齐次方程的通解与非齐次方程的一个特解之和.

例 8.2.8　求方程 $x^2y' + xy = 1$ 的通解.

解　方程可化为

$$y' + \frac{1}{x}y = \frac{1}{x^2},$$

这是一个非齐次线性方程. 先求对应的齐次方程的通解

$$y' + \frac{1}{x}y = 0,$$

$$\frac{\mathrm{d}y}{y} = -\frac{\mathrm{d}x}{x},$$

$$\ln y = -\ln x + \ln C,$$

$$y = \frac{C}{x}.$$

用常数变异法, 把 C 换成 $u(x)$, 即令

$$y = \frac{u}{x},$$

那么

$$\frac{\mathrm{d}y}{\mathrm{d}x} = \frac{u'}{x} - \frac{u}{x^2},$$

代入原方程, 得

$$u' = \frac{1}{x}.$$

两边积分, 得

$$u = \ln|x| + C.$$

从而原方程的通解为

$$y = \frac{1}{x}(\ln|x| + C).$$

本例解法是先求对应的齐次方程的通解, 再用常数变易法的方法求非齐次方程的通解, 初学者应熟练掌握这种方法. 熟悉这种方法以后, 有时直接套用通解公式 (8.21) 也比较便捷.

例 8.2.9 求方程 $y\mathrm{d}x + (xy + x - \mathrm{e}^y)\mathrm{d}y = 0$ 的通解.

解 把 y 看成自变量, x 看成因变量时, 方程可化为

$$\frac{\mathrm{d}x}{\mathrm{d}y} + \frac{y+1}{y}x = \frac{\mathrm{e}^y}{y},$$

这是一阶线性方程, 其中 $P(y) = \dfrac{y+1}{y}, Q(y) = \dfrac{\mathrm{e}^y}{y}$.

直接利用式 (8.21) 得其通解为

$$x = \mathrm{e}^{-\int \frac{y+1}{y}\mathrm{d}y}\left[\int \frac{\mathrm{e}^y}{y}\mathrm{e}^{\int \frac{y+1}{y}\mathrm{d}y}\mathrm{d}y + C\right] = \frac{\mathrm{e}^{-y}}{y}\left(\frac{1}{2}\mathrm{e}^{2y} + C\right) = \frac{1}{2y}(\mathrm{e}^y + C\mathrm{e}^{-y}).$$

本例中若仍把 y 看成自变量 x 的函数, 则方程不是一阶线性方程. 所以在求解方程时, 要注意适当选择自变量和因变量.

例 8.2.10 设某企业 t 时刻产值 $y(t)$ 的增长率与产值 $y(t)$ 以及新增投资 $2bt$ 有关, 并有方程

$$y' = -2aty + 2bt,$$

其中 a, b 均为正常数, $y(0) = y_0 < b$, 求 $y(t)$.

解 所给方程为一阶线性非齐次方程, 它所对应的齐次方程为

$$\frac{\mathrm{d}y}{\mathrm{d}t} = -2aty.$$

分离变量, 积分得

$$y = C\mathrm{e}^{-at^2}.$$

变易常数, 令原方程通解为

$$y = C(t)\mathrm{e}^{-at^2},$$

代入原方程, 得

$$C'(t) = 2bt\mathrm{e}^{at^2}.$$

积分, 得

$$C(t) = \frac{b}{a}\mathrm{e}^{at^2} + C,$$

于是原方程的通解为

$$y(t) = C\mathrm{e}^{-at^2} + \frac{b}{a}.$$

将初始条件代入通解, 得

$$C = y_0 - \frac{b}{a}.$$

所以, 所求产值函数为

$$y(t) = \left(y_0 - \frac{b}{a} \right) \mathrm{e}^{-at^2} + \frac{b}{a}.$$

在本节中, 对于齐次方程

$$\frac{\mathrm{d}y}{\mathrm{d}x} = \varphi \left(\frac{y}{x} \right),$$

可以通过代换 $y = xu$, 将它化为变量可分离的方程, 然后经积分求得通解; 对于一阶非齐次线性方程

$$\frac{\mathrm{d}y}{\mathrm{d}x} + P(x)y = Q(x),$$

我们通过解对应的齐次线性方程找到变量代换

$$y = u \cdot \mathrm{e}^{-\int P(x)\mathrm{d}x},$$

利用这一代换, 把非齐次线性方程化为变量可分离方程, 经积分求得通解.

利用变量代换 (因变量的变量代换或自变量的变量代换), 将一个微分方程化为变量可分离的方程, 或化为已知其求解方法的方程, 这是解微分方程比较常用的方法. 下面再举一个例子.

例 8.2.11　求方程 $\dfrac{\mathrm{d}y}{\mathrm{d}x} = \dfrac{1}{x-y} + 1$ 的通解.

解　令 $x - y = u$, 则 $y = x - u, \dfrac{\mathrm{d}y}{\mathrm{d}x} = 1 - \dfrac{\mathrm{d}u}{\mathrm{d}x}$. 代入原方程, 得

$$1 - \frac{\mathrm{d}u}{\mathrm{d}x} = \frac{1}{u} + 1,$$

即

$$\frac{\mathrm{d}u}{\mathrm{d}x} = -\frac{1}{u}.$$

分离变量, 得

$$u\mathrm{d}u = -\mathrm{d}x,$$

两边积分, 得

$$\frac{u^2}{2} = -x + \frac{C}{2},$$

以 $u = x - y$ 代入上式, 即得原方程的通解为

$$(x-y)^2 = -2x + C.$$

习题 8.2

1. 求下列微分方程的通解:

(1) $xy' - y\ln y = 0$;

(2) $\sqrt{1-x^2}\,y' = \sqrt{1-y^2}$;

(3) $\sec^2 x \tan y\mathrm{d}x + \sec^2 y \tan x\mathrm{d}y = 0$;

(4) $(\mathrm{e}^{x+y} - \mathrm{e}^x)\mathrm{d}x + (\mathrm{e}^{x+y} + \mathrm{e}^y)\mathrm{d}y = 0$;

(5) $(y+1)^2 \dfrac{\mathrm{d}y}{\mathrm{d}x} + x^3 = 0$;

(6) $y\mathrm{d}x + (x^2 - 4x)\mathrm{d}y = 0$;

(7) $x\dfrac{\mathrm{d}y}{\mathrm{d}x} = y(\ln y - \ln x)$.

2. 求下列微分方程满足所给初始条件的特解:

(1) $y' = \mathrm{e}^{2x-y}, y|_{x=0} = 0$;

(2) $\cos y\mathrm{d}x + (1 + \mathrm{e}^{-x})\sin y\mathrm{d}y = 0, y|_{x=0} = \dfrac{\pi}{4}$;

(3) $y' = \mathrm{e}^{-\frac{y}{x}} + \dfrac{y}{x}, y|_{x=1} = 1$;

(4) $(y^2 - 3x^2)\mathrm{d}y + 2xy\mathrm{d}x = 0, y|_{x=0} = 1$.

3. 求下列微分方程的通解:

(1) $xy' + y = x^2 + 3x + 2$;

(2) $y' + y\tan x = \sin 2x$;

(3) $\dfrac{\mathrm{d}\rho}{\mathrm{d}\theta} + 3\rho = 2$;

(4) $y\ln y\mathrm{d}x + (x - \ln y)\mathrm{d}y = 0$;

(5) $(x-2)\dfrac{\mathrm{d}y}{\mathrm{d}x} = y + 2(x-2)^3$.

4. 求下列微分方程满足所给初始条件的特解:

(1) $\dfrac{\mathrm{d}y}{\mathrm{d}x} + \dfrac{y}{x} = \dfrac{\sin x}{x}, y|_{x=\pi} = 1$;

(2) $(x^2 - 1)y' + 2xy - \cos x = 0, y|_{x=0} = 1$.

5. 求一曲线的方程, 已知该曲线通过原点, 并且它在点 (x, y) 处的切线斜率等于 $2x + y$.

6. 设有一质量为 m 的质点做直线运动. 从速度等于零的时刻起, 有一个与运动方向一致、大小与时间成正比 (比例系数为 k_1) 的力作用于它, 此外还受一与速度成正比 (比例系数为 k_2) 的阻力作用. 求质点运动的速度与时间的函数关系.

7. 用适当的变量代换将下列方程化为可分离变量的方程, 再求出其通解:

(1) $\dfrac{\mathrm{d}y}{\mathrm{d}x} = (x+y)^2$;

(2) $xy' + y = y(\ln x + \ln y)$;

(3) $\dfrac{\mathrm{d}y}{\mathrm{d}x} + \dfrac{y}{x} = \mathrm{e}^{xy}$;

(4) $\dfrac{\mathrm{d}y}{\mathrm{d}x} = \dfrac{x - y + 5}{x - y - 2}$.

8.3 可降阶的高阶微分方程

从本节起我们将讨论二阶及二阶以上的微分方程, 即所谓的高阶微分方程. 对于有些高阶微分方程, 可以通过适当的变量替换化成较低阶的方程来求解. 降阶法是求解高阶微分方程的一种较为常用的方法.

下面介绍三类较容易降阶的高阶方程的求解方法.

8.3.1 $y^{(n)} = f(x)$ 型的微分方程

微分方程

$$y^{(n)} = f(x) \tag{8.22}$$

的右端仅含有自变量 x, 只要把 $y^{(n-1)}$ 作为新的未知函数, 那么方程 (8.22) 就是新未知函数的一阶微分方程. 两边积分, 就得到一个 $n-1$ 阶的微分方程

$$y^{(n-1)} = \int f(x)\mathrm{d}x + C_1.$$

同理

$$y^{(n-2)} = \int \left[\int f(x)\mathrm{d}x + C_1 \right] \mathrm{d}x + C_2.$$

依此类推, 连续积分 n 次, 便得到了方程 (8.22) 的含有 n 个任意常数的通解.

例 8.3.1 求 $y'' = \dfrac{1}{\sqrt{1-x^2}}$ 的通解.

解 对所给方程接连积分二次, 得

$$y' = \arcsin x + C_1,$$
$$y = \int (\arcsin x + C_1)\mathrm{d}x = x\arcsin x + \sqrt{1-x^2} + C_1 x + C_2,$$

其中 C_1, C_2 是任意常数. 这就是所求的通解.

例 8.3.2 求方程 $y''' = \dfrac{1}{x}$ 在初始条件 $y''|_{x=1} = 1, y'|_{x=1} = 0, y|_{x=1} = 0$ 下的特解.

解 对所给方程两边积分, 得

$$y'' = \ln x + C_1.$$

将条件 $y''|_{x=1} = 1$ 代入上式, 得 $C_1 = 1$. 于是, 得

$$y'' = \ln x + 1.$$

对上面方程两边积分, 得

$$y' = x\ln x + C_2.$$

将条件 $y'|_{x=1} = 0$ 代入上式, 得 $C_2 = 0$. 于是, 得

$$y' = x\ln x.$$

对上面方程两边积分, 得

$$y = \frac{x^2}{2}\ln x - \frac{x^2}{4} + C_3.$$

将条件 $y|_{x=1} = 0$ 代入上式, 得 $C_3 = \dfrac{1}{4}$. 于是所求方程的特解为

$$y = \frac{x^2}{2}\ln x - \frac{1}{4}(x^2 - 1).$$

注意例 8.3.2 中待定任意常数的方法, 边降阶边待定.

8.3.2　$y'' = f(x, y')$ 型的微分方程

微分方程

$$y'' = f(x, y') \tag{8.23}$$

的右端不显含有未知函数 y.

如果作变量替换 $y' = p(x)$, 则 $y'' = p'$. 方程 (8.23) 可化为

$$p' = f(x, p).$$

这是一个关于变量 x, p 的一阶微分方程, 若求出其通解为

$$p = \varphi(x, C_1),$$

由 $p = \dfrac{\mathrm{d}y}{\mathrm{d}x}$, 又得一个一阶微分方程

$$\frac{\mathrm{d}y}{\mathrm{d}x} = \varphi(x, C_1).$$

因此, 方程的通解为

$$y = \int \varphi(x, C_1)\mathrm{d}x + C_2,$$

其中 C_1, C_2 是任意常数.

例 8.3.3　求微分方程 $(1 + x^2)y'' = 2xy'$ 满足初始条件 $y|_{x=0} = 1, y'|_{x=0} = 3$ 的特解.

解　所给方程是 $y'' = f(x, y')$ 型的. 设 $y' = p$, 则 $y'' = \dfrac{\mathrm{d}p}{\mathrm{d}x}$, 代入方程, 得

$$(1 + x^2) \cdot \frac{\mathrm{d}p}{\mathrm{d}x} = 2xp.$$

分离变量, 有

$$\frac{\mathrm{d}p}{p} = \frac{2x}{1 + x^2}\mathrm{d}x.$$

两边积分, 得

$$\ln p = \ln(1 + x^2) + \ln C_1,$$

$$p = y' = C_1(1 + x^2).$$

由条件 $y'|_{x=0} = 3$, 得 $C_1 = 3$. 从而

$$y' = 3(1 + x^2).$$

上式两边再积分, 得

$$y = x^3 + 3x + C_2,$$

又由条件 $y|_{x=0} = 1$, 得 $C_2 = 1$. 于是所求特解为

$$y = x^3 + 3x + 1.$$

8.3.3 $y'' = f(y, y')$ 型的微分方程

微分方程

$$y'' = f(y, y') \tag{8.24}$$

的右端不显含有自变量 x. 作变量替换 $y' = p(y)$, 利用复合函数求导法则, 可将 y'' 写成如下形式:

$$y'' = \frac{\mathrm{d}p}{\mathrm{d}x} = \frac{\mathrm{d}p}{\mathrm{d}y} \cdot \frac{\mathrm{d}y}{\mathrm{d}x} = p\frac{\mathrm{d}p}{\mathrm{d}y}.$$

方程 (8.24) 可化为

$$p\frac{\mathrm{d}p}{\mathrm{d}y} = f(y, p),$$

这是一个关于变量 y, p 的一阶微分方程. 若求出它的通解为

$$y' = p = \varphi(y, C_1),$$

分离变量, 得

$$\frac{\mathrm{d}y}{\varphi(y, C_1)} = \mathrm{d}x,$$

两边积分, 得

$$\int \frac{\mathrm{d}y}{\varphi(y, C_1)} = x + C_2,$$

即得到方程 (8.24) 的通解.

例 8.3.4 求 $yy'' - y'^2 = 0$ 的通解.

解 所给方程为 $y'' = f(y, y')$ 型, 不显含有自变量 x. 设 $y' = p$, 则 $y'' = p\frac{\mathrm{d}p}{\mathrm{d}y}$, 代入原方程, 得

$$yp\frac{\mathrm{d}p}{\mathrm{d}y} - p^2 = 0.$$

当 $y \neq 0, p \neq 0$ 时, 约去 p 分离变量, 得

$$\frac{\mathrm{d}p}{p} = \frac{\mathrm{d}y}{y}.$$

两边积分, 得

$$\ln p = \ln y + \ln C_1,$$

即

$$p = y' = C_1 y.$$

再分离变量并两边积分, 得

$$\ln y = C_1 x + \ln C_2$$

或

$$y = C_2 e^{C_1 x}.$$

若 $p = 0$, 则有 $y = C$ (C 为任意常数), 显然, 它包含在解 $y = C_2 e^{C_1 x}$ 中 (取 $C_1 = 0$). 所以原方程的通解为

$$y = C_2 e^{C_1 x}, \quad C_1, C_2 \text{ 是任意常数}.$$

习题 8.3

1. 求下列微分方程的通解:

(1) $y'' = x + e^{-x}$;   (2) $y'' = \dfrac{1}{1 + x^2}$;   (3) $y''' = x e^x$;

(4) $y'' = y' + x$;   (5) $(1 - x^2)y'' - xy' = 0$;   (6) $1 + y'^2 = 2yy''$;

(7) $y^3 y'' - 1 = 0$;   (8) $y'' = y'^3 + y'$.

2. 求下列微分方程满足所给初始条件的特解:

(1) $xy'' + xy'^2 - y' = 0, y|_{x=2} = 2, y'|_{x=2} = 2$;

(2) $2y'^2 = (y - 1)y'', y|_{x=1} = 2, y'|_{x=1} = -1$;

(3) $y'' = e^{2y}, y|_{x=0} = 0, y'|_{x=0} = 1$;

(4) $y^3 y'' + 1 = 0, y|_{x=1} = 1, y'|_{x=1} = 0$.

3. 设函数 $y(x)(x \geqslant 0)$ 二阶可导, 且 $y'(x) > 0, y(0) = 1$. 过曲线 $y = y(x)$ 上任一点 $P(x, y)$ 作该曲线的切线及 x 轴的垂线, 上述两直线与 x 轴所围成的三角形的面积为 S_1. 区间 $[0, x]$ 上以 $y(x)$ 为曲边的曲边梯形面积为 S_2, 并设 $2S_1 - S_2$ 恒为 1, 求此曲线 $y = y(x)$ 的方程.

8.4 二阶线性微分方程

本节将讨论在实际问题中应用较多的高阶线性微分方程. 这里我们主要讨论二阶线性微分方程, 读者自己不难将有关结论推广到 $n(n > 2)$ 阶的情形.

8.4.1 二阶线性微分方程的解的结构

形如

$$\frac{\mathrm{d}^2 y}{\mathrm{d}x^2} + P(x)\frac{\mathrm{d}y}{\mathrm{d}x} + Q(x)y = f(x) \tag{8.25}$$

的微分方程称为二阶线性微分方程, 其中 $P(x), Q(x), f(x)$ 为已知函数. $f(x)$ 称为自由项, 当 $f(x) \equiv 0$ 时, 方程称为齐次的; 否则, 方程称为非齐次的. 为了寻求二阶线性微分方程的解法, 我们先讨论其解的性质与结构.

1. 二阶齐次线性微分方程的解的结构

为讨论方程 (8.25) 先讨论其对应的二阶齐次线性微分方程

$$\frac{\mathrm{d}^2 y}{\mathrm{d}x^2} + P(x)\frac{\mathrm{d}y}{\mathrm{d}x} + Q(x)y = 0. \tag{8.26}$$

定理 8.4.1 如果函数 y_1 与 y_2 是方程 (8.26) 的两个解, 则

$$y = C_1 y_1 + C_2 y_2 \tag{8.27}$$

也是方程 (8.26) 的解, 其中 C_1, C_2 是任意常数

证 将式 (8.27) 代入式 (8.26) 左边, 有

$$
\begin{aligned}
&y'' + P(x)y' + Q(x)y \\
&= (C_1 y_1'' + C_2 y_2'') + P(x)(C_1 y_1' + C_2 y_2') + Q(x)(C_1 y_1 + C_2 y_2) \\
&= C_1[y_1'' + P(x)y_1' + Q(x)y_1] + C_2[y_2'' + P(x)y_2' + Q(x)y_2] \\
&= C_1 \cdot 0 + C_2 \cdot 0 \\
&= 0.
\end{aligned}
$$

因此, 式 (8.27) 是方程 (8.26) 的解.

值得注意的是, 解 (8.27) 从形式上看含有 C_1, C_2 两个任意常数, 但它不一定是方程 (8.26) 的通解. 例如, 设 y_1 是方程 (8.26) 的一个解, 则 $y_2 = 2y_1$ 也是方程 (8.26) 的解, 这时, 式 (8.27) 成为

$$y = C_1 y_1 + C_2 y_2 = C_1 y_1 + 2C_2 y_1 = (C_1 + 2C_2)y_1,$$

可以把它写成 $y = Cy_1$ (其中 $C = C_1 + 2C_2$), 只有一个任意常数, 显然不是方程 (8.26) 的通解.

这样就提出了一个问题, 在什么情况下, 式 (8.27) 才是方程 (8.26) 的通解? 要解决这一问题, 我们还需引入一个新的概念, 即所谓函数的线性相关与线性无关.

定义 8.4.1 设 $y_1, y_2, \cdots, y_n$ 为定义在区间 I 内的 n 个函数, 如果存在 n 个不全为零的常数 $k_1, k_2, \cdots, k_n$, 使得当 x 在该区间内有恒等式

$$k_1 y_1 + k_2 y_2 + \cdots + k_n y_n \equiv 0$$

成立, 那么称这 n 个函数在区间 I 内线性相关, 否则称线性无关.

例如, 函数 $\cos 2x, \cos^2 x, \sin^2 x$ 在整个数轴上是线性相关的.

因为, 取 $k_1 = 1, k_2 = -1, k_3 = 1$, 就有恒等式

$$\cos 2x - \cos^2 x + \sin^2 x \equiv 0.$$

又如, 函数 $1, x, x^2$ 在整个数轴上是线性无关的. 因为对于不全为零的数 k_1, k_2, k_3, 一元二次方程

$$k_1 + k_2 x + k_3 x^2 = 0$$

至多只有两个实根. 因此, 它不会恒等于零.

下面, 我们寻找两个函数线性相关的条件.

给定两个函数 y_1, y_2, 若它们线性相关, 则存在两个不全为零的常数 k_1, k_2 (不妨假设 $k_1 \neq 0$), 使得

$$k_1 y_1 + k_2 y_2 \equiv 0,$$

即

$$\frac{y_1}{y_2} \equiv -\frac{k_2}{k_1} \quad (\text{常数}).$$

反过来, 如果 $\dfrac{y_1}{y_2} \equiv k$ (常数), 则 $y_1 - ky_2 \equiv 0$, 即 y_1, y_2 是线性相关的.

因此得到结论: 函数 y_1 与 y_2 线性相关的充要条件是 $\dfrac{y_1}{y_2}$ 恒等于常数或函数 y_1 与 y_2 线性无关的充要条件是 $\dfrac{y_1}{y_2}$ 不恒等于常数.

现在, 给出二阶齐次线性微分方程的通解结构定理.

定理 8.4.2 如果 y_1 与 y_2 是方程 (8.26) 的两个线性无关的特解, 则

$$y = C_1 y_1 + C_2 y_2 \quad (C_1, C_2 \text{ 为任意常数})$$

为方程 (8.26) 的通解.

例 8.4.1 验证: 函数 $y_1 = \mathrm{e}^x$ 与 $y_2 = x\mathrm{e}^x$ 是二阶齐次线性微分方程

$$y'' - 2y' + y = 0$$

的两个解, 并求该方程的通解.

解　因为

$$y_1'' - 2y_1' + y_1 = e^x - 2e^x + e^x = 0,$$

$$y_2'' - 2y_2' + y_2 = (2e^x + xe^x) - 2(e^x + xe^x) + xe^x = 0,$$

所以 $y_1 = e^x$ 与 $y_2 = xe^x$ 均为方程的解.

又 $\dfrac{y_2}{y_1} = \dfrac{xe^x}{e^x} = x \neq$ 常数, 因此, 方程的通解为

$$y = C_1 e^x + C_2 x e^x, \quad \text{其中 } C_1, C_2 \text{ 为任意常数.}$$

2. 二阶非齐次线性微分方程的解的结构

在 8.2 节中我们已经知道, 一阶非齐次线性微分方程的通解由两部分构成, 一部分是对应的齐次方程的通解, 另一部分是非齐次方程本身的一个特解. 实际上二阶及更高阶的非齐次线性微分方程的通解也具有同样的结构.

定理 8.4.3　设 $y^*(x)$ 是二阶非齐次线性方程 (8.25) 的一个特解, $Y(x)$ 是与方程 (8.25) 对应的齐次方程 (8.26) 的通解, 则

$$y = Y(x) + y^*(x) \tag{8.28}$$

是二阶非齐次线性微分方程 (8.25) 的通解.

证　把式 (8.28) 代入方程 (8.25) 左边, 有

$$y'' + P(x)y' + Q(x)y$$
$$= (Y'' + y^{*''}) + P(x)(Y' + y^{*'}) + Q(x)(Y + y^*)$$
$$= [Y'' + P(x)Y' + Q(x)Y] + [y^{*''} + P(x)y^{*'} + Q(x)y^*] = 0 + f(x)$$
$$= f(x),$$

因此 $y = Y + y^*$ 是方程 (8.25) 的解. 又由于齐次方程的通解 Y 含有两个独立的任意常数, 从而它是非齐次方程的通解.

例如, 方程 $y'' + y = x^2$ 是二阶非齐次线性方程. 已知 $Y = C_1 \cos x + C_2 \sin x$ 是对应的齐次线性方程 $y'' + y = 0$ 的通解; 又容易知道 $y^* = x^2 - 2$ 方程 $y'' + y = x^2$ 的一个特解. 因此

$$y = C_1 \cos x + C_2 \sin x + x^2 - 2$$

是所给方程的通解.

求非齐次方程的特解时, 下述定理会经常用到.

定理 8.4.4　设 y_1^* 与 y_2^* 分别是二阶非齐次线性微分方程

$$y'' + P(x)y' + Q(x)y = f_1(x)$$

与

$$y'' + P(x)y' + Q(x)y = f_2(x)$$

的特解, 则 $y_1^* + y_2^*$ 是二阶非齐次线性微分方程

$$y'' + P(x)y' + Q(x)y = f_1(x) + f_2(x) \tag{8.29}$$

的特解.

证 将 $y^* = y_1^* + y_2^*$ 代入方程 (8.29) 左边

$$(y_1^* + y_2^*)'' + P(x)(y_1^* + y_2^*)' + Q(x)(y_1^* + y_2^*)$$
$$= [y_1^{*''} + P(x)y_1^{*'} + Q(x)y_1^*] + [y_2^{*''} + P(x)y_2^{*'} + Q(x)y_2^*]$$
$$= f_1(x) + f_2(x).$$

因此, $y_1^* + y_2^*$ 是方程 (8.29) 的一个特解.

这一定理通常称为线性微分方程的解的**叠加原理**.

以上仅讨论了二阶线性微分方程的通解结构, 并未给出二阶线性微分方程的解法. 下面讨论其一种较简单的情形, 即二阶常系数线性微分方程.

8.4.2   二阶常系数齐次线性微分方程

方程

$$y'' + py' + qy = 0, \quad 其中 \ p, q \ 是常数 \tag{8.30}$$

称为二阶常系数齐次线性微分方程.

由上面讨论可知, 要求微分方程 (8.30) 的通解, 可先求出它的两个特解 y_1 与 y_2, 如果 $\dfrac{y_1}{y_2} \neq$ 常数, 即 y_1 与 y_2 线性无关, 那么 $y = C_1 y_1 + C_2 y_2$ 就是方程的通解.

观察方程 (8.30), 可以发现若 y 是方程 (8.30) 的解, 则 y'', y', y 之间应只相差常数因子. 而指数函数 $y = \mathrm{e}^{rx}$ (r 为常数) 的各阶导数之间都只相差一个常数因子. 因此, 可用 $y = \mathrm{e}^{rx}$ 尝试, 看能否选取适当的常数 r, 使 $y = \mathrm{e}^{rx}$ 满足方程 (8.30).

将 $y = \mathrm{e}^{rx}$ 求导, 得到

$$y' = r\mathrm{e}^{rx}, \quad y'' = r^2 \mathrm{e}^{rx}.$$

将 y, y' 和 y'' 代入方程 (8.30), 得

$$y'' + py' + qy = (r^2 + pr + q)\mathrm{e}^{rx} = 0.$$

由于 $\mathrm{e}^{rx} \neq 0$, 从而有

$$r^2 + pr + q = 0. \tag{8.31}$$

由此可见, 只要 r 满足代数方程 (8.31), 函数 $y = \mathrm{e}^{rx}$ 就是微分方程 (8.30) 的解. 我们把代数方程 (8.31) 称为微分方程 (8.30) 的特征方程.

特征方程 (8.31) 的两个根 r_1, r_2 可用公式

$$r_{1,2} = \frac{-p \pm \sqrt{p^2 - 4q}}{2}$$

求出, 它们有三种不同的情形:

(1) 当 $p^2 - 4q > 0$ 时, r_1, r_2 是两个不相等的实根:

$$r_1 = \frac{-p + \sqrt{p^2 - 4q}}{2}, \quad r_2 = \frac{-p - \sqrt{p^2 - 4q}}{2};$$

(2) 当 $p^2 - 4q = 0$ 时, r_1, r_2 是两个相等的实根:

$$r_1 = r_2 = -\frac{p}{2};$$

(3) 当 $p^2 - 4q < 0$ 时, r_1, r_2 是一对共轭复根:

$$r_1 = \alpha + \mathrm{i}\beta, \quad r_2 = \alpha - \mathrm{i}\beta,$$

其中 $\alpha = -\dfrac{p}{2}, \beta = \dfrac{\sqrt{4q - p^2}}{2}$.

相应地, 微分方程 (8.30) 的通解也就有三种不同的情形, 现分别讨论如下:

(1) 特征方程 (8.31) 有两个不相等的实根: $r_1 \neq r_2$.

由上面的讨论知道, $y_1 = \mathrm{e}^{r_1 x}$ 与 $y_2 = \mathrm{e}^{r_2 x}$ 均是微分方程的两个解, 并且 $\dfrac{y_2}{y_1} = \dfrac{\mathrm{e}^{r_2 x}}{\mathrm{e}^{r_1 x}} = \mathrm{e}^{(r_2 - r_1)x}$ 不是常数, 因此微分方程 (8.30) 的通解为

$$y = C_1 \mathrm{e}^{r_1 x} + C_2 \mathrm{e}^{r_2 x}.$$

(2) 特征方程 (8.31) 有两个相等的实根: $r_1 = r_2$.

这时, 只得到微分方程 (8.30) 的一个解 $y_1 = \mathrm{e}^{r_1 x}$, 为了得到方程的通解, 还需另求一个解 y_2, 并且要求 $\dfrac{y_2}{y_1} \neq$ 常数.

设 $\dfrac{y_2}{y_1} = u(x)$, 即 $y_2 = u(x)\mathrm{e}^{r_1 x}$, 下面来求 $u(x)$.

$$y_2' = u'\mathrm{e}^{r_1 x} + r_1 u \mathrm{e}^{r_1 x} = \mathrm{e}^{r_1 x}(u' + r_1 u),$$
$$y_2'' = r_1 \mathrm{e}^{r_1 x}(u' + r_1 u) + \mathrm{e}^{r_1 x}(u'' + r_1 u') = \mathrm{e}^{r_1 x}(u'' + 2r_1 u' + r_1^2 u).$$

将 y_2, y_2' 和 y_2'' 代入方程 (8.30), 得

$$\mathrm{e}^{r_1 x}[(u'' + 2r_1 u' + r_1^2 u) + p(u' + r_1 u) + qu] = 0.$$

约去 $\mathrm{e}^{r_1 x}$, 整理得

$$u'' + (2r_1 + p)u' + (r_1^2 + pr_1 + q)u = 0.$$

由于 $r_1 = -\dfrac{p}{2}$ 是特征方程的二重根, 所以 $2r_1 + p = 0, r_1^2 + pr_1 + q = 0$, 于是

$$u'' = 0.$$

因只要得到一个不为常数的解, 可取 $u = x$, 由此得到微分方程 (8.30) 的另一个解

$$y_2 = x\mathrm{e}^{r_1 x}.$$

从而得到微分方程 (8.30) 的通解为

$$y = c_1 \mathrm{e}^{r_1 x} + c_2 x \mathrm{e}^{r_1 x},$$

即

$$y = (C_1 + C_2 x)\mathrm{e}^{r_1 x}.$$

(3) 特征方程 (8.31) 有一对共轭复根: $r_1 = \alpha + \mathrm{i}\beta, \quad r_2 = \alpha - \mathrm{i}\beta(\beta \neq 0)$.

此时, $y_1 = \mathrm{e}^{(\alpha + \mathrm{i}\beta)x}, y_2 = \mathrm{e}^{(\alpha - \mathrm{i}\beta)x}$ 是微分方程 (8.30) 的两个复数形式的解. 为了得到实数形式的解, 利用欧拉公式 (可查阅无穷级数相关内容)

$$\mathrm{e}^{\mathrm{i}x} = \cos x + \mathrm{i}\sin x,$$

把 $y_1 = \mathrm{e}^{(\alpha + \mathrm{i}\beta)x}, y_2 = \mathrm{e}^{(\alpha - \mathrm{i}\beta)x}$ 改写为

$$y_1 = \mathrm{e}^{(\alpha + \mathrm{i}\beta) \cdot x} = \mathrm{e}^{\alpha x} \cdot \mathrm{e}^{\mathrm{i}\beta x} = \mathrm{e}^{\alpha x}(\cos \beta x + \mathrm{i}\sin \beta x),$$

$$y_2 = \mathrm{e}^{(\alpha - \mathrm{i}\beta)x} = \mathrm{e}^{\alpha x} \cdot \mathrm{e}^{-\mathrm{i}\beta x} = \mathrm{e}^{\alpha x}(\cos \beta x - \mathrm{i}\sin \beta x).$$

根据齐次方程解的结构 (定理 8.4.1), 实值函数

$$\bar{y}_1 = \frac{1}{2}(y_1 + y_2) = \mathrm{e}^{\alpha x}\cos \beta x,$$

$$\bar{y}_2 = \frac{1}{2\mathrm{i}}(y_1 - y_2) = \mathrm{e}^{\alpha x}\sin \beta x$$

也是微分方程 (8.30) 的解, 且

$$\frac{\bar{y}_2}{\bar{y}_1} = \frac{\mathrm{e}^{\alpha x}\sin \beta x}{\mathrm{e}^{\alpha x}\cos \beta x} = \tan \beta x \neq \ \text{常数}.$$

所以, 微分方程 (8.30) 的通解为

$$y = \mathrm{e}^{\alpha x}(C_1 \cos \beta x + C_2 \sin \beta x).$$

综上所述, 求二阶常系数齐次线性微分方程

$$y'' + py' + qy = 0$$

的通解的步骤如下:

第一步: 写出微分方程 (8.30) 的特征方程

$$r^2 + pr + q = 0;$$

第二步: 求出特征方程 (8.31) 的两个根 r_1, r_2;

第三步: 根据特征方程 (8.31) 的两个根的不同情形, 依表 8.4.1 写出微分方程的通解.

表 8.4.1

特征方程 $r^2 + pr + q = 0$ 的两个根 r_1, r_2	微分方程 $y'' + py' + qy = 0$ 的通解
(i) 两个不相等的实根 r_1, r_2	$y = C_1 \mathrm{e}^{r_1 x} + C_2 \mathrm{e}^{r_2 x}$
(ii) 两个相等的实根 $r_1 = r_2$	$y = (C_1 + C_2 x)\mathrm{e}^{r_1 x}$
(iii) 一对共轭复根 $r_{1,2} = \alpha \pm \mathrm{i}\beta$	$y = \mathrm{e}^{\alpha x}(C_1 \cos \beta x + C_2 \sin \beta x)$

例 8.4.2　求方程 $y'' + 2y' - 3y = 0$ 的通解.

解　所给微分方程的特征方程为

$$r^2 + 2r - 3 = 0,$$

其根为 $r_1 = 1, r_2 = -3$ 是两个不相等的实根, 因此所求通解为

$$y = C_1 \mathrm{e}^x + C_2 \mathrm{e}^{-3x}.$$

例 8.4.3　求微分方程 $y'' - 4y' + 5y = 0$ 的通解.

解　所给方程的特征方程为

$$r^2 - 4r + 5 = 0,$$

其根 $r_{1,2} = \dfrac{4 \pm \sqrt{16 - 20}}{2} = 2 \pm \mathrm{i}$ 为一对共轭复根. 因此所求通解为

$$y = \mathrm{e}^{2x}(C_1 \cos x + C_2 \sin x).$$

例 8.4.4　设函数 $\varphi(x)$ 连续, 且满足

$$\varphi(x) = 2x + 2\int_0^x \varphi(t)\mathrm{d}t - \int_0^x (x - t)\varphi(t)\mathrm{d}t,$$

求 $\varphi(x)$.

解 将原方程改写为

$$\varphi(x) = 2x + 2\int_0^x \varphi(t)\mathrm{d}t - x\int_0^x \varphi(t)\mathrm{d}t + \int_0^x t\varphi(t)\mathrm{d}t, \tag{8.32}$$

将式 (8.32) 两边对 x 求导, 得

$$\varphi'(x) = 2 + 2\varphi(x) - \int_0^x \varphi(t)\mathrm{d}t. \tag{8.33}$$

再将式 (8.33) 两边对 x 求导, 并整理得

$$\varphi'' - 2\varphi' + \varphi = 0.$$

这是二阶常系数齐次线性微分方程, 其特征方程为

$$r^2 - 2r + 1 = 0.$$

其根为 $r_1 = r_2 = 1$ 是两个相等的实根, 因此所求通解为

$$\varphi(x) = (C_1 + C_2 x)\mathrm{e}^x.$$

又由式 (8.32) 和式 (8.33) 知 $\varphi(0) = 0$ 及 $\varphi'(0) = 2$ 得, $C_1 = 0, C_2 = 2$. 因此

$$\varphi(x) = 2x\mathrm{e}^x.$$

例 8.4.4 所给方程称为积分方程. 积分方程的一般解法是通过求导转化为微分方程. 注意初始条件需要从原积分方程中去寻找.

以上讨论二阶常系数齐次线性微分方程所用的方法以及方程的通解的形式可推广到 n 阶常系数齐次线性微分方程上去, 对此不再详细讨论, 只给出相应的结论.

n 阶常系数齐次线性微分方程的一般形式是

$$y^{(n)} + p_1 y^{(n-1)} + p_2 y^{(n-2)} + \cdots + p_{n-1}y' + p_n y = 0, \tag{8.34}$$

其中 $p_1, p_2, \cdots, p_{n-1}, p_n$ 为常数.

方程 (8.3.4) 所对应的特征方程为

$$r^n + p_1 r^{n-1} + p_2 r^{n-2} + \cdots + p_{n-1}r + p_n = 0. \tag{8.35}$$

根据特征方程 (8.35) 的根可以写出对应方程的通解, 如表 8.4.2 所示.

表 8.4.2

特征方程的根	微分方程的通解中的对应项
(i) 单实根 r	给出一项: Ce^{rx}
(ii) k 重实根 r	给出 k 项: $(C_1 + C_2 x + \cdots + C_k x^{k-1})\mathrm{e}^{rx}$
(iii) 一对单复根 $r_{1,2} = \alpha \pm \mathrm{i}\beta$	给出二项: $y = \mathrm{e}^{\alpha x}(C_1 \cos\beta x + C_2 \sin\beta x)$
(iv) 一对 k 重共轭复根	$2k$ 项: $\mathrm{e}^{\alpha x}[(C_1 + C_2 x + \cdots + C_k x^{k-1})\cos\beta x$
$\quad r_{1,2} = \alpha \pm \mathrm{i}\beta$	$+ (D_1 + D_2 x + \cdots + D_k x^{k-1})\sin\beta x]$

从代数学知识知道, n 次代数方程有 n 个根. 而特征方程的每一个根都对应着通解中的一项, 且每项各含一个任意常数. 于是便可得到 n 阶常系数齐次线性微分方程 (8.34) 的通解为

$$y = C_1 y_1 + C_2 y_2 + \cdots + C_n y_n.$$

例 8.4.5　求微分方程 $y^{(4)} + 4y''' + 5y'' = 0$ 的通解.

解　所给方程的特征方程为

$$r^4 + 4r^3 + 5r^2 = 0,$$

即

$$r^2(r^2 + 4r + 5) = 0.$$

它的根是

$$r_1 = r_2 = 0, \quad r_{3,4} = -2 \pm \mathrm{i}.$$

因此所给方程的通解为

$$y = C_1 + C_2 x + \mathrm{e}^{-2x}(C_3 \cos x + C_4 \sin x).$$

例 8.4.6　求微分方程 $\dfrac{\mathrm{d}^4 S}{\mathrm{d}t^4} - S = 0$ 的通解.

解　所给方程的特征方程为

$$r^4 - 1 = 0,$$

即

$$(r^2 - 1)(r^2 + 1) = 0.$$

它的根是

$$r_1 = -1, \quad r_2 = 1, \quad r_{3,4} = \pm\mathrm{i}.$$

因此所给方程的通解为

$$y = C_1 \mathrm{e}^{-x} + C_2 \mathrm{e}^x + C_3 \cos x + C_4 \sin x.$$

8.4.3　二阶常系数非齐次线性微分方程

方程

$$y'' + py' + qy = f(x), \tag{8.36}$$

其中 p, q 是常数, 称为二阶常系数非齐次线性微分方程.

由定理 8.4.3 可知, 求二阶常系数非齐次线性微分方程的通解归结为求对应的齐次方程

$$y'' + py' + qy = 0$$

的通解和非齐次方程 (8.36) 本身的一个特解. 由于二阶常系数齐次线性微分方程的通解的求法前面已经解决, 所以这里只需讨论求二阶常系数非齐次线性微分方程 (8.36) 的一个特解 y^* 的方法.

这里只就方程 (8.36) 中的 $f(x)$ 取两种常见形式时介绍求 y^* 的方法. 这种方法称之为待定系数法. 下面分别讨论如下:

1. $f(x) = P_m(x)e^{\lambda x}$ 型

这里 λ 是常数, $P_m(x)$ 是 x 的一个 m 次多项式:

$$P_m(x) = a_0 x^m + a_1 x^{m-1} + \cdots + a_{m-1}x + a_m \quad (a_0 \neq 0).$$

由于 $f(x)$ 是多项式 $P_m(x)$ 与指数函数的乘积, 而多项式与指数函数的乘积的导数仍然是同一类型函数, 因此我们推测方程的特解具有形式 $y^* = Q(x)e^{\lambda x}$, 其中 $Q(x)$ 是某个多项式.

将

$$y^* = Q(x)e^{\lambda x},$$
$$y^{*\prime} = e^{\lambda x}[\lambda Q(x) + Q'(x)],$$
$$y^{*\prime\prime} = e^{\lambda x}[\lambda^2 Q(x) + 2\lambda Q'(x) + Q''(x)]$$

代入方程 (8.36) 并消去 $e^{\lambda x}$, 得

$$Q''(x) + (2\lambda + p)Q'(x) + (\lambda^2 + p\lambda + q)Q(x) = P_m(x). \tag{8.37}$$

(1) 若 λ 不是特征方程 $r^2 + pr + q = 0$ 的根, 即 $\lambda^2 + p\lambda + q \neq 0$, 由于 $P_m(x)$ 是 x 的一个 m 次多项式, 要使式 (8.37) 两边相等, 可设 $Q(x)$ 也是 x 的一个 m 次多项式:

$$Q(x) = Q_m(x) = b_0 x^m + b_1 x^{m-1} + \cdots + b_{m-1}x + b_m \quad (b_0 \neq 0),$$

代入式 (8.37), 比较等式两边 x 同次幂的系数, 就得到以 $b_0, b_1, \cdots, b_m$ 作为未知数的 $m+1$ 个方程的联立方程组. 从而可以待定出这些 $b_i(i = 0, 1, \cdots, m)$, 并得到所求的特解 $y^* = Q_m(x)e^{\lambda x}$.

(2) 若 λ 是 $r^2 + pr + q = 0$ 的单根, 即 $\lambda^2 + p\lambda + q = 0, 2\lambda + p \neq 0$, 要使式 (8.37) 两边相等, 则 $Q'(x)$ 必须是一个 m 次多项式, 此时可令

$$Q(x) = xQ_m(x) = x(b_0 x^m + b_1 x^{m-1} + \cdots + b_{m-1}x + b_m).$$

代入式 (8.37), 从而同样可以待定出这些 $b_i(i = 0, 1, \cdots, m)$, 并得到所求的特解 $y^* = xQ_m(x)\mathrm{e}^{\lambda x}$.

(3) 若 λ 是 $r^2 + pr + q = 0$ 的重根, 即 $\lambda^2 + p\lambda + q = 0, 2\lambda + p = 0$, 要使式 (8.37) 两边相等, 则 $Q''(x)$ 必须是一个 m 次多项式, 此时可令

$$Q(x) = x^2 Q_m(x) = x^2(b_0 x^m + b_1 x^{m-1} + \cdots + b_{m-1}x + b_m),$$

代入式 (8.37), 待定出这些 $b_i(i = 0, 1, \cdots, m)$, 并得到所求的特解 $y^* = x^2 Q_m(x)\mathrm{e}^{\lambda x}$.

综上所述, 我们得到如下结论:

如果 $f(x) = P_m(x)\mathrm{e}^{\lambda x}$, 则二阶常系数非齐次线性微分方程 (8.36) 具有形如

$$y^* = x^k Q_m(x)\mathrm{e}^{\lambda x} \tag{8.38}$$

的特解, 其中 $Q_m(x)$ 是与 $P_m(x)$ 同次的多项式, 而 k 按 λ 不是特征方程的根、是特征方程的单根或是特征方程的重根依次取为 $0, 1$ 或 2.

上述结论可推广到 n 阶常系数非齐次线性微分方程, 而 k 为相应特征方程中含根 λ 的重数 (即若 λ 不是特征方程的根, k 取为 0; 若 λ 是特征方程的 s 重根, k 取为 s).

例 8.4.7　求微分方程 $y'' + y = 2x^2 + 3$ 的通解.

解　这是二阶常系数非齐次线性微分方程, 且 $f(x)$ 是 $P_m(x)\mathrm{e}^{\lambda x}$ 型, 其中 $P_m(x) = 2x^2 + 3, \lambda = 0$. 与其所对应的齐次方程为

$$y'' + y = 0,$$

它的特征方程为

$$r^2 + 1 = 0,$$

特征方程的两个根是 $r_{1,2} = \pm\mathrm{i}$. 因此, 所给方程对应的齐次方程的通解为

$$Y = C_1 \cos x + C_2 \sin x.$$

由于 $\lambda = 0$ 不是特征方程的根, 所以应设特解为

$$y^* = b_0 x^2 + b_1 x + b_2.$$

把它代入所给方程, 得

$$b_0 x^2 + b_1 x + b_2 + 2b_0 = 2x^2 + 3.$$

比较两边 x 同次幂的系数, 得

$$\begin{cases} b_0 = 2, \\ b_1 = 0, \\ b_2 + 2b_0 = 3. \end{cases}$$

由此求得 $b_0 = 2, b_1 = 0, b_2 = -1$. 于是 $y^* = 2x^2 - 1$, 所以原方程的通解为

$$y = C_1 \cos x + C_2 \sin x + 2x^2 - 1.$$

例 8.4.8 求微分方程 $y'' + 2y' + y = xe^{-x}$ 的通解.

解 这是二阶常系数非齐次线性微分方程, 且 $f(x)$ 是 $P_m(x)e^{\lambda x}$ 型, 其中 $P_m(x) = x, \lambda = -1$. 与其所对应的齐次方程为

$$y'' + 2y' + y = 0,$$

它的特征方程为 $r^2 + 2r + 1 = 0$, 特征方程的两个根是 $r_1 = r_2 = -1$. 因此所给方程对应的齐次方程的通解为

$$Y = (C_1 + C_2 x)e^{-x}.$$

由于 $\lambda = -1$ 是特征方程的二重根, 所以所给方程的特解可设为

$$y^* = x^2(b_0 x + b_1)e^{-x}.$$

把它代入所给方程, 得

$$6b_0 x + 2b_1 = x.$$

比较两边 x 同次幂的系数, 得 $b_0 = \dfrac{1}{6}, b_1 = 0$. 于是 $y^* = \dfrac{1}{6}x^3 e^{-x}$. 所以原方程的通解为

$$y = (C_1 + C_2 x)e^{-x} + \frac{1}{6}x^3 e^{-x}.$$

2. $f(x) = e^{\lambda x}[P_l(x)\cos \omega x + P_n(x)\sin \omega x]$ 型

应用欧拉公式, 有

$$\begin{aligned}
f(x) &= e^{\lambda x}[P_l(x)\cos \omega x + P_n(x)\sin \omega x] \\
&= e^{\lambda x}\left[P_l(x)\frac{e^{i\omega x} + e^{-i\omega x}}{2} + P_n(x)\frac{e^{i\omega x} - e^{-i\omega x}}{2i}\right] \\
&= \left[\frac{P_l(x)}{2} + \frac{P_n(x)}{2i}\right]e^{(\lambda + i\omega)x} + \left[\frac{P_l(x)}{2} - \frac{P_n(x)}{2i}\right]e^{(\lambda - i\omega)x} \\
&= P(x)e^{(\lambda + i\omega)x} + \bar{P}(x)e^{(\lambda - i\omega)x},
\end{aligned}$$

其中

$$P(x) = \frac{P_l(x)}{2} + \frac{P_n(x)}{2i} = \frac{P_l(x)}{2} - \frac{P_n(x)}{2}i,$$

$$\bar{P}(x) = \frac{P_l(x)}{2} - \frac{P_n(x)}{2i} = \frac{P_l(x)}{2} + \frac{P_n(x)}{2}i$$

是互为共轭的 m 次复系数多项式 (即它们对应项的系数是共轭复数), 而 $m = \max\{l, n\}$.

对于 $f(x)$ 中的第一项 $P(x)\mathrm{e}^{(\lambda+\mathrm{i}\omega)x}$, 可求出一个 m 次多项式 $Q_m(x)$, 使得 $y_1^* = x^k Q_m(x)\mathrm{e}^{(\lambda+\mathrm{i}\omega)x}$ 为方程

$$y'' + py' + qy = P(x)\mathrm{e}^{(\lambda+\mathrm{i}\omega)x}$$

的一个特解, 其中 k 按 $\lambda+\mathrm{i}\omega$ 不是特征方程的根或是特征方程的根依次取为 0 或 1.

由于 $f(x)$ 中的第二项 $\bar{P}(x)\mathrm{e}^{(\lambda-\mathrm{i}\omega)x}$ 与第一项 $P(x)\mathrm{e}^{(\lambda+\mathrm{i}\omega)x}$ 共轭, 所以 $y_2^* = \bar{y}_1^* = x^k\bar{Q}_m\mathrm{e}^{(\lambda-\mathrm{i}\omega)x}$ 必然是方程

$$y'' + py' + qy = \bar{P}(x)\mathrm{e}^{(\lambda-\mathrm{i}\omega)x}$$

的一个特解. 于是方程 (8.36) 具有形如

$$y^* = x^k Q_m\mathrm{e}^{(\lambda+\mathrm{i}\omega)x} + x^k\bar{Q}_m\mathrm{e}^{(\lambda-\mathrm{i}\omega)x}$$

的特解. 上式可写为

$$
\begin{aligned}
y^* &= x^k Q_m\mathrm{e}^{(\lambda+\mathrm{i}\omega)x} + x^k\bar{Q}_m\mathrm{e}^{(\lambda-\mathrm{i}\omega)x} \\
&= x^k\mathrm{e}^{\lambda x}[Q_m(\cos\omega x + \mathrm{i}\sin\omega x) + \bar{Q}_m(\cos\omega x - \mathrm{i}\sin\omega x)] \\
&= x^k\mathrm{e}^{\lambda x}[(Q_m + \bar{Q}_m)\cos\omega x + \mathrm{i}(Q_m - \bar{Q}_m)\sin\omega x].
\end{aligned}
$$

由于 $Q_m + \bar{Q}_m, \mathrm{i}(Q_m - \bar{Q}_m)$ 皆为实多项式, 所以上式又可写成实函数的形式

$$y^* = x^k\mathrm{e}^{\lambda x}[R_m^{(1)}(x)\cos\omega x + R_m^{(2)}(x)\sin\omega x].$$

综上所述, 我们得到如下结论:

如果 $f(x) = \mathrm{e}^{\lambda x}[P_l(x)\cos\omega x + P_n(x)\sin\omega x]$, 则二阶常系数非齐次线性微分方程 (8.36) 具有形如

$$y^* = x^k\mathrm{e}^{\lambda x}[R_m^{(1)}(x)\cos\omega x + R_m^{(2)}(x)\sin\omega x] \tag{8.39}$$

的特解. 其中 $R_m^{(1)}(x), R_m^{(2)}(x)$ 是 m 次多项式, $m = \max\{l,n\}$, 而 k 按 $\lambda+\mathrm{i}\omega$ (或 $\lambda-\mathrm{i}\omega$) 不是特征方程的根或是特征方程的根依次取为 0 或 1.

上述结论可推广到 n 阶常系数非齐次线性微分方程, 而 k 为相应特征方程中含根 $\lambda+\mathrm{i}\omega$ 的重数 (即若 $\lambda+\mathrm{i}\omega$ 不是特征方程的根, k 取为 0; 若 λ 是特征方程的 s 重根, k 取为 s).

例 8.4.9 求微分方程 $y'' - 2y' + 5y = \sin 2x$ 的通解.

解 这是二阶常系数非齐次线性微分方程, 且 $f(x)$ 是 $\mathrm{e}^{\lambda x}[P_l(x)\cos\omega x + P_n(x)\sin\omega x]$ 型 (其中 $\lambda = 0, \omega = 2, P_l(x) = 0, P_n(x) = 1$). 所对应的齐次方程为

$$y'' - 2y' + 5y = 0,$$

它的特征方程为 $r^2 - 2r + 5 = 0$, 两特征根是 $r_{1,2} = 1 \pm 2i$. 因此所给方程对应的齐次方程的通解为

$$Y = e^x(C_1 \cos 2x + C_2 \sin 2x).$$

由于 $\lambda + i\omega = 2i$ 不是特征方程的根, 所以所给方程的特解可设为

$$y^* = a \cos 2x + b \sin 2x.$$

把它代入所给方程, 得

$$(a - 4b) \cos 2x + (4a + b) \sin 2x = \sin 2x.$$

比较两边同类项的系数, 得

$$\begin{cases} a - 4b = 0, \\ 4a + b = 1. \end{cases}$$

由此解得 $a = \dfrac{4}{17}, b = \dfrac{1}{17}$. 所以原方程的通解为

$$y = e^x(C_1 \cos 2x + C_2 \sin 2x) + \frac{4}{17} \cos 2x + \frac{1}{17} \sin 2x.$$

习题 8.4

1. 下列函数组在其定义区间内哪些是线性无关的?

(1) x, e^{-x};　　　　(2) x, x^2;　　　　(3) e^x, xe^x;

(4) e^{2x}, e^{3x};　　　(5) $\sin 2x, \cos 2x$;　　(6) $\sin 2x, \cos x \sin x$;

(7) $\ln x, \ln^2 x$;　　　(8) $e^{-x} \sin x, e^{-x} \cos x$.

2. 验证 $y_1 = \cos \omega x$ 及 $y_2 = \sin \omega x$ 都是方程 $y'' + \omega^2 y = 0$ 的解, 并写出该方程的通解.

3. 验证 $y_1 = e^{x^2}$ 及 $y_2 = xe^{x^2}$ 都是方程 $y'' - 4xy' + (4x^2 - 2)y = 0$ 的解, 并写出该方程的通解.

4. 验证 $y = \dfrac{1}{x}(C_1 e^x + C_2 e^{-x}) + \dfrac{e^x}{2}$ $(C_1, C_2$ 为任意常数$)$ 是方程 $xy'' + 2y' - xy = e^x$ 的通解.

5. 设 $y_1(x)$ 及 $y_2(x)$ 都是方程 $y'' + P(x)y' + Q(x)y = f(x)$ 的解, 试证: $y_1(x) - y_2(x)$ 为方程 $y'' + P(x)y' + Q(x)y = 0$ 的解.

6. 设 $x^3, x^3 + \ln x$ 都是方程 $y'' + P(x)y' = f(x)$ 的解, 求 $P(x), f(x)$ 及方程的通解.

7. 已知齐次线性方程 $x^2 y'' - 2xy' + 2y = 0$ 的通解为 $Y = C_1 x + C_2 x^2$, 求非齐次线性方程 $x^2 y'' - 2xy' + 2y = 2x^3$ 的通解.

8. 求下列各微分方程的通解:

(1) $y'' + y' - 2y = 0$;　　(2) $y'' + y = 0$;　　(3) $4\dfrac{d^2 x}{dt^2} - 20\dfrac{dx}{dt} + 25x = 0$;

(4) $y^{(4)} - y = 0$;　　(5) $y^{(4)} - 2y''' + y'' = 0$;　　(6) $y''' - 4y'' + 5y' - 2y = 0$.

9. 求下列各微分方程满足所给初始条件的特解:

(1) $y'' - 4y' + 3y = 0, y|_{x=0} = 6, y'|_{x=0} = 10$;

(2) $4y'' + 4y' + y = 0, y|_{x=0} = 2, y'|_{x=0} = 0$;

(3) $y'' + 25y = 0, y|_{x=0} = 2, y'|_{x=0} = 5$;

(4) $y'' - 4y' + 13y = 0, y|_{x=0} = 0, y'|_{x=0} = 3$.

10. 求下列各微分方程的通解:

(1) $2y'' + y' - y = 2e^x$; 　　(2) $2y'' + 5y' = 5x^2 - 2x - 1$;

(3) $y'' + 5y' + 4y = 3 - 2x$; 　　(4) $y'' - 2y' + 5y = e^x \sin 2x$;

(5) $y'' + y = e^x + \cos x$; 　　(6) $y'' - 2y = \sin^2 x$.

11. 求下列各微分方程满足所给初始条件的特解:

(1) $y'' + y + \sin 2x = 0, y|_{x=\pi} = 1, y'|_{x=\pi} = 1$;

(2) $y'' - 3y' + 2y = 5, y|_{x=0} = 1, y'|_{x=0} = 2$;

(3) $y'' - 10y' + 9y = e^{2x}, y|_{x=0} = \dfrac{6}{7}, y'|_{x=0} = \dfrac{33}{7}$;

(4) $y'' - y = 4xe^x, y|_{x=0} = 0, y'|_{x=0} = 1$.

12. 设函数 $\varphi(x)$ 连续, 且满足

$$\varphi(x) = e^x + \int_0^x t\varphi(t)\mathrm{d}t - x \int_0^x \varphi(t)\mathrm{d}t,$$

求 $\varphi(x)$.

*8.5　差　分　方　程

　　前面我们讨论的问题中的变量都是属于连续变化的类型. 但在经济管理及其他实际问题中, 许多数据都是以等间隔时间周期统计的. 例如, 银行中的定期存款是按所设定的时间等间隔计息, 外贸出口额按月统计, 国民收入按年统计, 产品的产量按月统计等. 通常称这类变量为离散型变量. 对这类变量, 可以得到在不同取值点上的各离散变量之间的关系, 如递推关系等. 描述各离散型变量之间关系的数学模型称为离散型模型. 求解这类模型就可以得到各离散型变量之间的运行规律. 本节将介绍在经济学和管理科学中最常见的一种离散型数学模型 —— 差分方程. 主要介绍差分方程的基本概念、解的基本定理及其解法.

8.5.1　差分的概念与性质

　　前面我们研究的函数的自变量都是连续变化的, 而在实际问题中有些函数是定义在整数集合上的函数, 一般记作 $y_t = y(t), t = \cdots, -2, -1, 0, 1, 2, \cdots$.

　　下面我们给出差分的定义.

定义 8.5.1 设函数 $y_t = y(t)$, 称改变量 $y_{t+1} - y_t$ 为函数 y_t 的差分, 也称为函数 y_t 的一阶差分, 记为 Δy_t, 即

$$\Delta y_t = y_{t+1} - y_t \quad 或 \quad \Delta y(t) = y(t+1) - y(t).$$

一阶差分的差分称为二阶差分, 记为 $\Delta^2 y_t$, 即

$$\begin{aligned}
\Delta^2 y_t = \Delta(\Delta y_t) &= \Delta y_{t+1} - \Delta y_t \\
&= (y_{t+2} - y_{t+1}) - (y_{t+1} - y_t) \\
&= y_{t+2} - 2y_{t+1} + y_t.
\end{aligned}$$

类似可定义三阶差分, 4 阶差分, $\cdots$,

$$\Delta^3 y_t = \Delta(\Delta^2 y_t), \quad \Delta^4 y_t = \Delta(\Delta^3 y_t), \quad \cdots.$$

一般地, 函数 y_t 的 $n-1$ 阶差分的差分称为 n 阶差分, 记作 $\Delta^n y_t$, 即

$$\Delta^n y_t = \Delta^{n-1} y_{t+1} - \Delta^{n-1} y_t = \sum_{i=0}^{n} (-1)^i C_n^i y_{t+n-i}.$$

二阶及二阶以上的差分统称为高阶差分.

例如, 设某公司经营一种商品, 第 t 月初的库存量是 $R(t)$, 第 t 月调进和销出这种商品的数量分别是 $P(t)$ 和 $Q(t)$, 则下月月初, 即第 $t+1$ 月月初的库存量 $R(t+1)$ 应是

$$R(t+1) = R(t) + P(t) - Q(t),$$

若将上式写成

$$R(t+1) - R(t) = P(t) - Q(t),$$

则等式两端就是相邻两月库存量的改变量. 若记

$$\Delta R(t) = R(t+1) - R(t),$$

并且认为库存量 $R(t)$ 是时间 t 的函数, 则称上式为库存量函数 $R(t)$ 在 t 时刻 (此处 t 以月为单位) 的差分.

例 8.5.1 设 $y_t = t^2 - 2t$, 求 $\Delta(y_t), \Delta^2(y_t)$.

解

$$\Delta(y_t) = (t+1)^2 - 2(t+1) - (t^2 - 2t) = 2t - 1.$$

$$\Delta^2(y_t) = \Delta(\Delta y_t) = 2(t+1) - 1 - (2t - 1) = 2.$$

例 8.5.2 求 $y_t = t^2 3^t$ 的差分 $\Delta(y_t)$.

解　$\Delta(y_t) = (t+1)^2 3^{t+1} - t^2 3^t = (2t^2 + 6t + 3)3^t.$

差分具有下列性质:

(1) $\Delta(Cy_t) = C\Delta y_t$ (C 为常数);

(2) $\Delta(y_t \pm z_t) = \Delta y_t \pm \Delta z_t;$

(3) $\Delta(y_t \cdot z_t) = z_t \Delta y_t + y_{t+1}\Delta z_t = z_{t+1}\Delta y_t + y_t \Delta z_t;$

(4) $\Delta\left(\dfrac{y_t}{z_t}\right) = \dfrac{z_t \Delta y_t - y_t \Delta z_t}{z_{t+1} \cdot z_t}$ ($z_t \neq 0$).

下面选择性质 (3) 给予证明, 其他性质读者自己证明.

$$
\begin{aligned}
\Delta(y_t \cdot z_t) &= y_{t+1} \cdot z_{t+1} - y_t \cdot z_t \\
&= y_{t+1} \cdot z_{t+1} - y_t \cdot z_{t+1} + y_t \cdot z_{t+1} - y_t \cdot z_t \\
&= z_{t+1}(y_{t+1} - y_t) + y_t \cdot (z_{t+1} - z_t) \\
&= z_{t+1}\Delta y_t + y_t \Delta z_t.
\end{aligned}
$$

8.5.2　差分方程的基本概念

下面先看一个实例.

设 A_0 是初始存款 ($t = 0$ 时的存款), 年利率 $r(0 < r < 1)$, 若以年复利计息, 试确定 t 年末的本利和 A_t.

在该问题中, 如果将时间 t(单位: 年) 看成自变量, 则本利和 A_t 可看成 t 的函数: $A_t = f(t)$. 虽然不能立即写出函数关系 $A_t = f(t)$, 但可以写出相邻两个函数值之间的关系式

$$A_{t+1} = A_t + rA_t, \quad t = 0, 1, 2, \cdots. \tag{8.40}$$

如写成函数 $A_t = f(t)$ 在 t 的差分 $\Delta A_t = A_{t+1} - A_t$ 的形式, 则上式为

$$\Delta A_t = rA_t, \quad t = 0, 1, 2, \cdots. \tag{8.41}$$

由式 (8.40) 可算出 t 年末的本利和为

$$A_t = (1+r)^t A_0, \quad t = 0, 1, 2, \cdots. \tag{8.42}$$

在式 (8.40) 和式 (8.41) 中, 因含有未知函数 $A_t = f(t)$, 所以这是一个函数方程; 又由于方程 (8.40) 中含有两个未知函数的函数值 A_t 和 A_{t+1}, 方程 (8.41) 中含有未知函数的差分 ΔA_t, 所以像这样的函数方程称为差分方程. 方程 (8.41) 中仅含未知函数的函数值 $A_t = f(t)$ 的一阶差分; 方程 (8.40) 中未知函数的下标最大差数是 1, 即 $(t+1) - t = 1$, 故方程 (8.40) 或方程 (8.41) 称为一阶差分方程.

式 (8.42) 中 A_t 是 t 的函数关系式, 就是要求的未知函数, 它满足差分方程 (8.40) 或 (8.41), 这个函数称为差分方程的解.

一般地, 含有自变量、未知函数以及未知函数差分的方程, 称为*差分方程*.

由于差分方程中必须含有未知函数的差分 (自变量、未知函数可以不显含), 所以差分方程也可称为含有未知函数差分的函数方程.

例如, $\Delta^2 y_t - 3\Delta y_t - 3y_t - t = 0$ 就是一个差分方程. 按函数差分定义, 任意阶的差分都可以表示为函数 $y_t = f(t)$ 在不同点的函数值的线性组合, 因此该差分方程又可分别表示为 $y_{t+2} - 5y_{t+1} + y_t - t = 0$.

正因如此, 差分方程又可定义如下:

含有自变量和多个点的未知函数值的函数方程称为*差分方程*. 差分方程中实际所含差分的最高阶数, 称为*差分方程的阶数*. 或者说, 差分方程中未知函数下标的最大差数, 称为*差分方程的阶数*. $y_{t+2} - 5y_{t+1} + y_t - t = 0$ 为二阶差分方程.

n 阶差分方程的一般形式可表示为

$$F(t, y_t, \Delta y_t, \Delta^2 y_t, \cdots, \Delta^n y_t) = 0, \quad t = 0, 1, 2, \cdots \tag{8.43}$$

或

$$G(t, y_t, y_{t+1}, \cdots y_{t+n}) = 0 \quad t = 0, 1, 2, \cdots. \tag{8.44}$$

形如式 (8.44) 的差分方程在日常经济生活中经常遇到, 所以以后我们只讨论式 (8.44) 的差分方程.

若把一个函数 $y_t = \varphi(t)$ 代入差分方程, 能使其成为恒等式, 则称 $y_t = \varphi(t)$ 为*差分方程的解*. 含有任意独立常数的个数等于差分方程的阶数的解, 称为*差分方程的通解*; 给任意常数以确定值的解, 称为*差分方程的特解*. 用以确定通解中任意常数的条件称为*初始条件*.

一阶差分方程的初始条件为一个, 一般是 $y_0 = a_0 (a_0$ 是常数); 二阶差分方程的初始条件为两个, 一般是 $y_0 = a_0, y_1 = a_1 (a_0, a_1$ 是常数), 依次类推.

8.5.3　线性差分方程的基本理论

若差分方程中所含未知函数及未知函数的各阶差分均为一次的, 则称该差分方程为*线性差分方程*. 线性差分方程的一般形式是

$$y_{t+n} + a_1(t)y_{t+n-1} + \cdots + a_{n-1}(t)y_{t+1} + a_n(t)y_t = f(t),$$

其特点是 $y_{t+n}, y_{t+n-1}, \cdots, y_t$ 都是一次的.

现在来讨论线性差分方程解的基本定理, 将以二阶线性差分方程为例, 任意阶线性差分方程有类似结论.

二阶线性差分方程的一般形式为

$$y_{t+2} + a(t)y_{t+1} + b(t)y_t = f(t), \tag{8.45}$$

其中 $a(t)$, $b(t)$ 和 $f(t)$ 均为 t 的已知函数, 且 $b(t) \neq 0$. 若 $f(t) \neq 0$, 则式 (8.45) 称为二阶非齐次线性差分方程; 若 $f(t) \equiv 0$, 则式 (8.45) 变为

$$y_{t+2} + a(t)y_{t+1} + b(t)y_t = 0, \tag{8.46}$$

式 (8.46) 称为二阶齐次线性差分方程.

与微分方程完全类似, 线性差分方程有如下结论. 其证明方法也与微分方程类似, 这里略去.

定理 8.5.1 如果函数 $y_1(t)$, $y_2(t)$ 是二阶齐次线性差分方程 (8.46) 的解, 则

$$y(t) = C_1 y_1(t) + C_2 y_2(t)$$

也是方程 (8.46) 的解, 其中 C_1, C_2 是任意常数.

定理 8.5.2 若函数 $y_1(t)$, $y_2(t)$ 是二阶齐次线性差分方程 (8.46) 的两个线性无关解, 则 $y_c(t) = C_1 y_1(t) + C_2 y_2(t)$ 是该方程的通解, 其中 C_1, C_2 是任意常数.

这里线性无关的含义与微分方程中介绍的含义相同, 如 $y_1(t) = t, y_2(t) = 2^t$ 是线性无关的; 而 $y_1(t) = 2^t, y_2(t) = 2^{t+1}$ 是线性相关的.

因此, 对于两个函数, 有结论: 函数 $y_1(t)$ 与 $y_2(t)$ 线性相关的充要条件是 $\dfrac{y_1(t)}{y_2(t)}$ 恒等于常数. 或函数 $y_1(t)$ 与 $y_2(t)$ 线性无关的充要条件是 $\dfrac{y_1(t)}{y_2(t)}$ 不恒等于常数.

定理 8.5.3 若 $y^*(t)$ 是二阶非齐次线性差分方程 (8.45) 的一个特解, $y_c(t)$ 是齐次线性差分方程 (8.46) 的通解, 则差分方程 (8.45) 的通解为

$$y_t = y_c(t) + y^*(t).$$

定理 8.5.4 若函数 $y_1^*(t)$, $y_2^*(t)$ 分别是二阶非齐次线性差分方程

$$y_{t+2} + a(t)y_{t+1} + b(t)y_t = f_1(t) \ \text{与} \ y_{t+2} + a(t)y_{t+1} + b(t)y_t = f_2(t)$$

的特解, 则 $y_1^*(t) + y_2^*(t)$ 是差分方程 $y_{t+2} + a(t)y_{t+1} + b(t)y_t = f_1(t) + f_2(t)$ 的特解.

8.5.4 一阶常系数线性差分方程

一阶常系数线性差分方程的一般形式为

$$y_{t+1} + ay_t = f(t), \tag{8.47}$$

其中 a 为非零常数, $f(t)$ 为已知函数. 如果 $f(t) = 0$, 则方程变为

$$y_{t+1} + ay_t = 0, \tag{8.48}$$

方程 (8.47) 称为一阶常系数非齐次线性差分方程. 相应地, 方程 (8.48) 称为一阶常系数齐次线性差分方程.

1. 一阶常系数齐次线性差分方程

把方程 (8.48) 写成 $y_{t+1} = (-a)y_t$. 假设在初始时刻, 即 $t = 0$ 时, 函数 y_t 取任意常数 C. 分别以 $t = 0, 1, 2, \cdots$ 代入上式, 得

$$y_1 = (-a)y_0 = C(-a),$$
$$y_2 = (-a)^2 y_0 = C(-a)^2,$$
$$\cdots\cdots$$
$$y_t = (-a)^t y_0 = C(-a)^t, \quad t = 0, 1, 2, \cdots.$$

最后一式就是齐次差分方程 (8.48) 的通解.

特别地, 当 $a = -1$ 时, 齐次差分方程 (8.48) 的通解为

$$y_t = C, \quad t = 0, 1, 2, \cdots.$$

为了后面讨论问题的需要, 下面用特征根的方法讨论一阶常系数齐次线性差分方程 (8.48) 的通解. 由定理 8.5.2, 只要求出其一非零的特解即可. 注意到方程 (8.48) 的特点, y_{t+1} 是 y_t 的常数倍, 而函数 $\lambda^{t+1} = \lambda \cdot \lambda^t$ 恰满足这个特点. 不妨设方程 (8.48) 有形如下式的特解:

$$y_t = \lambda^t,$$

其中 λ 是非零待定常数. 将其代入方程 (8.48) 中, 有

$$\lambda^{t+1} + a\lambda^t = 0,$$

即

$$\lambda^t(\lambda + a) = 0.$$

由于 $\lambda^t \neq 0$, 所以 $y_t = \lambda^t$ 是方程 (8.48) 的解的充要条件是 $\lambda + a = 0$. 所以 $\lambda = -a$ 时, 一阶齐次差分方程 (8.48) 的非零特解为

$$y_t = (-a)^t.$$

从而差分方程 (8.48) 通解为

$$y_C(t) = C(-a)^t, \quad C \text{ 为任意常数}.$$

称一次代数方程 $\lambda + a = 0$ 为差分方程 (8.48) 的特征方程. 特征方程的根为特征根或特征值. 由上述分析, 为求出一阶齐次差分方程 (8.48) 的通解, 先求出特征根, 然后写出其通解.

2. 一阶常系数非齐次线性差分方程

由定理 8.5.3 可知, 求常系数非齐次线性差分方程 (8.47) 的通解归结为求对应的齐次方程

$$y_{t+1} + ay_t = 0$$

的通解和非齐次方程 (8.47) 本身的一个特解. 由于一阶常系数齐次线性差分方程通解的求法前面已经解决, 所以这里只需讨论求一阶常系数非齐次线性差分方程 (8.47) 的一个特解 $y^*(t)$ 的方法.

这里只就方程 (8.47) 中的 $f(t)$ 取两种常见形式时介绍求 $y^*(t)$ 的方法. 这种方法称为**待定系数法**. 下面分别讨论如下:

1) $f(t) = P_m(t)d^t$ 型

这里 d 是常数, $P_m(t)$ 是 t 的一个 m 次多项式:

$$P_m(t) = a_0t^m + a_1t^{m-1} + \cdots + a_{m-1}t + a_m \quad (a_0 \neq 0).$$

由于 $f(t)$ 是多项式 $P_m(t)$ 与指数函数的乘积, 分析此函数的特点, 可以推测方程 (8.47) 的特解具有形式 $y^*(t) = Q(t)d^t$, 其中 $Q(t)$ 是某个多项式.

将

$$y^*(t) = Q(t)d^t,$$
$$y^*(t+1) = Q(t+1)d^{t+1}$$

代入方程 (8.47) 并消去 d^t, 得

$$dQ(t+1) + aQ(t) = P_m(t). \tag{8.49}$$

(1) 若 d 不是特征方程 $\lambda + a = 0$ 的根, 即 $a + d \neq 0$. 由于 $P_m(t)$ 是 t 的一个 m 次多项式, 要使式 (8.49) 两边相等, 可设 $Q(t)$ 也是 t 的一个 m 次多项式:

$$Q(t) = Q_m(t) = b_0t^m + b_1t^{m-1} + \cdots + b_m \quad (b_0 \neq 0).$$

代入式 (8.49), 比较等式两边 t 同次幂的系数, 就得到以 $b_0, b_1, \cdots, b_m$ 作为未知数的 $m+1$ 个方程的联立方程组. 从而可以待定出这些 $b_i(i = 0, 1, \cdots, m)$, 并得到所求的特解 $y^*(t) = Q_m(t)d^t$.

(2) 若 d 是特征方程 $\lambda + a = 0$ 的根, 即 $a + d = 0$. 要使式 (8.49) 两边相等, 则 $Q(t)$ 必须是一个 $m+1$ 次多项式, 此时可令

$$Q(t) = tQ_m(t) = t(b_0t^m + b_1t^{m-1} + \cdots + b_m).$$

代入式 (8.49), 从而可以待定出这些 $b_i(i = 0, 1, \cdots, m)$, 并得到所求的特解 $y^*(t) = tQ_m(t)d^t$.

综上所述, 得到如下结论:

如果 $f(t) = P_m(t)d^t$, 则一阶常系数非齐次线性差分方程 (8.47) 具有形如

$$y^*(t) = t^k Q_m(t)d^t \tag{8.50}$$

的特解, 其中 $Q_m(t)$ 是与 $P_m(t)$ 同次的多项式, 而 k 按 d 不是特征方程的根或是特征方程的根依次取为 0 或 1.

例 8.5.3 求差分方程 $y_{t+1} + y_t = 2^t$ 的通解.

解 特征方程为 $\lambda + 1 = 0$, 特征根 $\lambda = -1$. 对应齐次差分方程的通解为

$$y_c(t) = C(-1)^t.$$

由于 $f(t) = 2^t = d^t P_0(t)$, $d = 2$ 不是特征根, 所以设非齐次差分方程特解形式为

$$y^*(t) = B \cdot 2^t.$$

将其代入已知方程, 有

$$B \cdot 2^{t+1} + B \cdot 2^t = 2^t,$$

解得 $B = \dfrac{1}{3}$, 所以 $y^*(t) = \dfrac{1}{3}2^t$. 于是, 所求通解为

$$y_t = y_c(t) + y^*(t) = C(-1)^t + \frac{1}{3} \times 2^t, \quad C \text{ 为任意常数}.$$

例 8.5.4 求差分方程 $y_{t+1} - y_t = 3 + 2t$ 的通解.

解 特征方程为 $\lambda - 1 = 0$, 特征根 $\lambda = 1$. 对应齐次差分方程的通解为

$$y_c(t) = C.$$

由于 $f(t) = 3 + 2t$, 知 $d = 1$ 是特征根, 所以非齐次差分方程的特解可设为

$$y^*(t) = t(b_0 t + b_1).$$

将其代入原差分方程得

$$b_0 + b_1 + 2b_0 t = 3 + 2t,$$

比较该方程两端关于 t 的同次幂的系数, 可解得 $b_0 = 1$, $b_1 = 2$, 故 $y^*(t) = t^2 + 2t$.

于是, 所求通解为

$$y_t = y_c(t) + y^*(t) = C + t^2 + 2t, \quad C \text{为任意常数}.$$

例 8.5.5 求差分方程 $3y_t - 3y_{t-1} = t3^t$ 的通解.

解 已知方程改写为 $3y_{t+1} - 3y_t = (t+1)3^{t+1}$, 即

$$y_{t+1} - y_t = 3^t(t+1). \tag{8.51}$$

由方程的特征根 $\lambda = 1$ 及 $f(t) = 3^t(t+1) = d^t P_1(t)$, 知 $d = 3$ 不是特征根. 设特解为 $y^*(t) = 3^t(b_0 t + b_1)$, 将其代入方程 (8.51), 有

$$3^{t+1}[b_0(t+1) + b_1] - 3^t(b_0 t + b_1) = 3^t(t+1),$$

化简得

$$2b_0 t + 3b_0 + 2b_1 = t + 1.$$

比较两边 t 同次幂的系数, 得可解得 $b_0 = \dfrac{1}{2}$, $b_1 = -\dfrac{1}{4}$, 故 $y^*(t) = 3^t\left(\dfrac{1}{2}t - \dfrac{1}{4}\right)$. 又对应齐次差分方程的通解为 $y_c(t) = C$, 因此, 所求方程的通解为

$$y_t = y_c(t) + y^*(t) = C + 3^t\left(\frac{1}{2}t - \frac{1}{4}\right), \quad C \text{ 为任意常数.}$$

2) $f(t) = b_1 \cos \omega t + b_2 \sin \omega t$ 型

这里我们假设方程 (8.47) 中的 a 为实数, $\omega \neq m\pi (m$ 为整数$)$. 应用欧拉公式, 有

$$
\begin{aligned}
f(t) &= b_1 \cos \omega t + b_2 \sin \omega t, \\
&= \left(b_1 \frac{\mathrm{e}^{\mathrm{i}\omega t} + \mathrm{e}^{-\mathrm{i}\omega t}}{2} + b_2 \frac{\mathrm{e}^{\mathrm{i}\omega t} - \mathrm{e}^{-\mathrm{i}\omega t}}{2\mathrm{i}}\right), \\
&= \left(\frac{b_1}{2} + \frac{b_2}{2\mathrm{i}}\right)\mathrm{e}^{\mathrm{i}\omega t} + \left(\frac{b_1}{2} - \frac{b_2}{2\mathrm{i}}\right)\mathrm{e}^{-\mathrm{i}\omega t}, \\
&= A\mathrm{e}^{\mathrm{i}\omega t} + \bar{A}\mathrm{e}^{-\mathrm{i}\omega t},
\end{aligned}
$$

其中

$$A = \frac{b_1}{2} + \frac{b_2}{2\mathrm{i}}, \quad \bar{A} = \frac{b_1}{2} - \frac{b_2}{2\mathrm{i}}.$$

对于 $f(x)$ 中的第一项 $A\mathrm{e}^{\mathrm{i}\omega t}$, $d = \mathrm{e}^{\mathrm{i}\omega} = \cos \omega + \mathrm{i}\sin \omega$ 不是特征方程的根, 故可求出 $y_1^*(t) = B\mathrm{e}^{\mathrm{i}\omega t}$ 为方程 $y_{t+1} + ay_t = A\mathrm{e}^{\mathrm{i}\omega t}$ 的特解.

由于 $f(x)$ 中的第二项 $\bar{A}\mathrm{e}^{-\mathrm{i}\omega t}$ 与第一项 $A\mathrm{e}^{\mathrm{i}\omega t}$ 共轭, 所以 $y_2^*(t) = \bar{y}_1^*(t) = \bar{B}\mathrm{e}^{-\mathrm{i}\omega t}$ 必然是方程

$$y_{t+1} + ay_t = \bar{A}\mathrm{e}^{-\mathrm{i}\omega t}$$

的特解. 于是方程 (8.47) 具有形如

$$y^* = B\mathrm{e}^{\mathrm{i}\omega t} + \bar{B}\mathrm{e}^{-\mathrm{i}\omega t}$$

的特解. 上式可写为

$$
\begin{aligned}
y^* &= B\mathrm{e}^{\mathrm{i}\omega t} + \bar{B}\mathrm{e}^{-\mathrm{i}\omega t} \\
&= [B(\cos \omega t + \mathrm{i}\sin \omega t) + \bar{B}(\cos \omega t - \mathrm{i}\sin \omega t)]
\end{aligned}
$$

$$= [(B + \bar{B}) \cos \omega t + \mathrm{i}(B - \bar{B}) \sin \omega t].$$

由于 $B + \bar{B}, \mathrm{i}(B - \bar{B})$ 皆为实数, 所以上式又可写成实函数的形式

$$y^* = B_1 \cos \omega t + B_2 \sin \omega t.$$

综上所述, 可以得到如下结论:

如果 $f(t) = b_1 \cos \omega t + b_2 \sin \omega t$, $\omega \neq m\pi (m$ 为整数), 则一阶常系数非齐次线性差分方程 (8.47) 具有形如

$$y^* = B_1 \cos \omega t + B_2 \sin \omega t \tag{8.52}$$

的特解, 其中 B_1, B_2 是待定的常数.

例 8.5.6　求差分方程 $y_{t+1} - 2y_t = 2 \sin \dfrac{\pi}{2} t$ 的通解.

解　因特征根 $\lambda = 2$, 所以对应齐次差分方程的通解为 $y_C(t) = C2^t$.

设特解 $y^*(t) = B_1 \cos \dfrac{\pi}{2} t + B_2 \sin \dfrac{\pi}{2} t$. 将其代入原方程有

$$B_1 \cos \frac{\pi}{2}(t+1) + B_2 \sin \frac{\pi}{2}(t+1) - 2\left(B_1 \cos \frac{\pi}{2} t + B_2 \sin \frac{\pi}{2} t\right) = 2 \sin \frac{\pi}{2} t. \tag{8.53}$$

因为 $\cos \dfrac{\pi}{2}(t+1) = -\sin \dfrac{\pi}{2} t$, $\sin \dfrac{\pi}{2}(t+1) = \cos \dfrac{\pi}{2} t$, 将其代入式 (8.53), 并整理得

$$(B_2 - 2B_1) \cos \frac{\pi}{2} t - (B_1 + 2B_2) \sin \frac{\pi}{2} t = 2 \sin \frac{\pi}{2} t.$$

比较两边同类项的系数, 得

$$\begin{cases} B_2 - 2B_1 = 0, \\ -2B_2 - B_1 = 2. \end{cases}$$

由此解得 $B_1 = -\dfrac{2}{5}$, $B_2 = -\dfrac{4}{5}$.

所以原方程的通解为

$$y_t = C2^t - \frac{2}{5} \cos \frac{\pi}{2} t - \frac{4}{5} \sin \frac{\pi}{2} t, \quad C \text{ 为任意常数}.$$

例 8.5.7　某家庭从银行贷款 20 万元, 月利率为 1%, 计划在 10 年内用分期付款的方式还清贷款, 问每月要还银行多少钱?

解　设 P 表示每月向银行偿还的资金, a_t 表示偿还银行 t 个月后还欠银行的资金, 则关于 a_t 的差分方程模型为

$$a_{t+1} = (1.01)a_t - P, \tag{8.54}$$

且 $a_{120} = 0, a_0 = 200000$.

解方程 (8.54) 得通解为

$$a_t = C \cdot (1.01)^t + 100P.$$

再由 $a_{120} = 0, a_0 = 200000$ 得

$$\begin{cases} C + 100P = 200000, \\ C \cdot (1.01)^{120} + 100P = 0. \end{cases}$$

解得

$$P = \frac{200000 \times 1.01^{120}}{100(1.01^{120} - 1)} \approx 2869(\text{元}).$$

8.5.5 二阶常系数线性差分方程

二阶常系数线性差分方程的一般形式为

$$y_{t+2} + ay_{t+1} + by_t = f(t), \tag{8.55}$$

其中 a, b 为已知实常数, 且 $b \neq 0$, $f(t)$ 为已知函数. 与方程 (8.55) 相对应的二阶常系数齐次线性差分方程为

$$y_{t+2} + ay_{t+1} + by_t = 0. \tag{8.56}$$

1. 二阶常系数齐次线性差分方程

为了求出二阶常系数齐次线性差分方程 (8.56) 的通解, 首先要求出其两个线性无关的特解. 与一阶齐次线性差分方程同样分析, 设方程 (8.56) 有特解

$$y_t = \lambda^t,$$

其中 λ 是非零待定常数. 将其代入方程 (8.56) 有

$$\lambda^t(\lambda^2 + a\lambda + b) = 0.$$

因为 $\lambda^t \neq 0$, 所以 $y_t = \lambda^t$ 是方程 (8.56) 的解的充要条件是

$$\lambda^2 + a\lambda + b = 0. \tag{8.57}$$

称二次代数方程 (8.57) 为差分方程 (8.56) 或 (8.55) 的特征方程, 对应的根称为特征根.

(1) 特征方程有相异实根 λ_1 与 λ_2.

此时, 齐次差分方程 (8.56) 有两个特解 $y_1(t) = \lambda_1^t$ 和 $y_2(t) = \lambda_2^t$, 且它们线性无关. 于是, 其通解为

$$y_c(t) = C_1\lambda_1^t + C_2\lambda_2^t, \quad C_1, C_2 \text{ 为任意常数.}$$

(2) 特征方程有两个相等的实根 $\lambda_1 = \lambda_2$.

这时, $\lambda_1 = \lambda_2 = -\dfrac{1}{2}a$, 齐次差分方程 (8.56) 有一个特解

$$y_1(t) = \left(-\frac{1}{2}a\right)^t.$$

直接验证可知 $y_2(t) = t\left(-\dfrac{1}{2}a\right)^t$ 也是齐次差分方程 (8.56) 的特解. 显然, $y_1(t)$ 与 $y_2(t)$ 线性无关. 于是, 齐次差分方程 (8.56) 的通解为

$$y_c(t) = (C_1 + C_2 t)\left(-\frac{1}{2}a\right)^t, \quad C_1, C_2 \text{ 为任意常数}.$$

(3) 特征方程有一对共轭复根.

$$\lambda_1 = \alpha + \mathrm{i}\beta, \quad \lambda_2 = \alpha - \mathrm{i}\beta,$$

其中 $\alpha = -\dfrac{a}{2}, \beta = \dfrac{\sqrt{4b-a^2}}{2}$.

此时, 直接验证可知, 齐次差分方程 (8.56) 有两个线性无关的特解

$$y_1(t) = r^t \cos\omega t, \quad y_2(t) = r^t \sin\omega t,$$

其中 $r = \sqrt{b} = \sqrt{\alpha^2 + \beta^2}$, ω 由 $\tan\omega = \dfrac{\beta}{\alpha} = -\dfrac{1}{a}\sqrt{4b-a^2}$ 确定, $\omega \in (0,\pi)$ $\left(a = 0 \text{ 时},\right.$ $\left.\omega = \dfrac{\pi}{2}\right)$. 于是, 齐次差分方程 (8.56) 的通解为

$$y_c(t) = r^t(C_1\cos\omega t + C_2\sin\omega t), \quad C_1, C_2 \text{ 为任意常数}.$$

例 8.5.8 求差分方程 $y_{t+2} - 2y_{t+1} - 3y_t = 0$ 的通解.

解 特征方程是

$$\lambda^2 - 2\lambda - 3 = 0,$$

其根为 $\lambda_1 = -1, \lambda_2 = 3$, 是两个不相等的实根. 因此所求通解为

$$y_c(t) = C_1(-1)^t + C_2 3^t, \quad C_1, C_2 \text{ 为任意常数}.$$

例 8.5.9 求差分方程 $y_{t+2} - 6y_{t+1} + 9y_t = 0$ 的通解.

解 特征方程是

$$\lambda^2 - 6\lambda + 9 = 0,$$

特征根为二重根 $\lambda_1 = \lambda_2 = 3$. 于是, 所求通解为

$$y_c(t) = (C_1 + C_2 t)3^t, \quad C_1, C_2 \text{ 为任意常数}.$$

例 8.5.10 求差分方程 $y_{t+2} - 4y_{t+1} + 16y_t = 0$ 满足初值条件 $y_0 = 1, y_1 = 2 + 2\sqrt{3}$ 的特解.

解 特征方程为

$$\lambda^2 - 4\lambda + 16 = 0,$$

它有一对共轭复根 $\lambda_{1,2} = 2 \pm 2\sqrt{3}\mathrm{i}$.

令 $r = \sqrt{16} = 4$, 由 $\tan\omega = -\dfrac{1}{a}\sqrt{4b - a^2} = \dfrac{\beta}{\alpha} = \sqrt{3}$, 得 $\omega = \dfrac{\pi}{3}$. 于是原方程的通解为

$$y_c(t) = 4^t \left(C_1 \cos\frac{\pi}{3}t + C_2 \sin\frac{\pi}{3}t \right).$$

将初值条件 $y_0 = 1, y_1 = 2 + 2\sqrt{3}$ 代入上式解得 $C_1 = 1, C_2 = 1$. 于是所求特解为

$$y(t) = 4^t \left(\cos\frac{\pi}{3}t + \sin\frac{\pi}{3}t \right).$$

2. 二阶常系数非齐次线性差分方程

由定理 8.5.3 可知, 求二阶常系数非齐次线性差分方程的通解归结为求对应的齐次方程

$$y_{t+2} + ay_{t+1} + by_t = 0$$

的通解和非齐次方程 (8.55) 本身的一个特解. 由于二阶常系数齐次线性差分方程的通解的求法前面已经解决, 所以这里只需讨论求二阶常系数非齐次线性差分方程 (8.55) 的一个特解 $y^*(t)$ 的方法.

这里只就方程 (8.55) 中的 $f(t)$ 取两种常见形式时介绍求 $y^*(t)$ 的方法. 这种方法称为**待定系数法**. 与一阶常系数非齐次线性差分方程讨论类似, 我们这里只给出结论如表 8.5.1.

表 8.5.1

$f(t)$ 的形式	确定待定特解的条件	待定特解的形式	
$\rho^t P_m(t)$ ($\rho > 0$) $P_m(t)$ 是 m 次多项式	ρ 不是特征根	$\rho^t Q_m(t)$	其中 $Q_m(t)$ 是待定的 m 次多项式
	ρ 是单特征根	$t\rho^t Q_m(t)$	
	ρ 是 2 重特征根	$t^2\rho^t Q_m(t)$	
$\rho^t(b_1 \cos\theta t + b_2 \sin\theta t)$ ($\rho > 0$)	δ 不是特征根	$\rho^t(B_1 \cos\theta t + B_2 \sin\theta t)$	其中 $\delta = \rho(\cos\theta + \mathrm{i}\sin\theta)$, B_1, B_2 为待定的常数.
	δ 是单特征根	$t\rho^t(B_1 \cos\theta t + B_2 \sin\theta t)$	

例 8.5.11 求差分方程 $y_{t+2} - y_{t+1} - 6y_t = 3^t(2t + 1)$ 的通解.

解 特征根为 $\lambda_1 = -2, \lambda_2 = 3$. 由于 $f(t) = 3^t(2t + 1)$, 其中 $m = 1, \rho = 3$. 因 $\rho = 3$ 是单根, 故设特解为

$$y^*(t) = 3^t t(B_0 + B_1 t).$$

将其代入差分方程得

$$3^{t+2}(t+2)\left[B_0 + B_1(t+2)\right] - 3^{t+1}(t+1)\left[B_0 + B_1(t+1)\right] - 6 \cdot 3^t t \left(B_0 + B_1 t\right) = 3^t(2t+1),$$

即

$$(30B_1 t + 15B_0 + 33B_1)3^t = 3^t(2t+1).$$

解得 $B_0 = -\dfrac{2}{25}$, $B_1 = \dfrac{1}{15}$, 因此特解为

$$y^*(t) = 3^t t \left(\frac{1}{15}t - \frac{2}{25}\right).$$

所求通解为

$$y_t = y_c(t) + y^*(t) = C_1(-2)^t + C_2 3^t + 3^t t \left(\frac{1}{15}t - \frac{2}{25}\right), \quad C_1, C_2 \text{ 为任意常数}.$$

例 8.5.12 求差分方程 $y_{t+2} - 6y_{t+1} + 9y_t = 3^t$ 的通解.

解 特征根为 $\lambda_1 = \lambda_2 = 3$. $f(t) = 3^t = \rho^t P_0(t)$, 其中 $m = 0$, $\rho = 3$. 因 $\rho = 3$ 为二重根, 应设特解为

$$y^*(t) = Bt^2 3^t,$$

将其代入差分方程得

$$B(t+2)^2 3^{t+2} - 6B(t+1)^2 3^{t+1} + 9Bt^2 3^t = 3^t,$$

解得 $B = \dfrac{1}{18}$, 特解为

$$y^*(t) = \frac{1}{18}t^2 3^t.$$

故原方程的通解为

$$y_t = y_c(t) + y^*(t) = (C_1 + C_2 t)3^t + \frac{1}{18}t^2 3^t, \quad C_1, C_2 \text{ 为任意常数}.$$

例 8.5.13 设第 t 期内的国民收入 y_t 主要用于该期内的消费 M_t, 再生产投资 I_t 和政府用于公共设施的开支 K(K 为常数), 即 $y_t = M_t + I_t + K$; 又设第 t 期的消费水平与前一期的国民收入水平有关, 即 $M_t = ay_{t-1}(0 < a < 1)$; 第 t 期的生产投资应取决于消费水平的变化, 即 $I_t = b(M_t - M_{t-1})$.

(1) 试列出 y_t 所满足的差分方程;

(2) 当 $a = 0.5, b = 1, K = 1, y_0 = 2, y_1 = 3$ 时, 求出该方程的解.

解 (1) 由题意知 $M_t = ay_{t-1}$, 所以 $I_t = b(M_t - M_{t-1}) = ab(y_{t-1} - y_{t-2})$, 从而

$$y_t = M_t + I_t + K = ay_{t-1} + ab(y_{t-1} - y_{t-2}) + K,$$

即 y_t 所满足的差分方程为

$$y_t - a(1+b)y_{t-1} + aby_{t-2} = K.$$

(2) 由给定条件, 上述方程可写成

$$2y_{t+2} - 2y_{t+1} + y_t = 2.$$

特征方程为

$$2\lambda^2 - 2\lambda + 1 = 0,$$

特征根为 $\lambda_{1,2} = \dfrac{1}{2} \pm \dfrac{1}{2}\mathrm{i}$. 所以 $r = \dfrac{\sqrt{2}}{2}$, 由 $\tan\omega = 1$, 得 $\omega = \dfrac{\pi}{4}$. 所以齐次差分方程的通解为

$$y_C(t) = \left(\frac{\sqrt{2}}{2}\right)^t \left(C_1 \cos\frac{\pi}{4}t + C_2 \sin\frac{\pi}{4}t\right).$$

因 $\rho = 1$ 不是特征根, 故设特解 $y^*(t) = B$. 将其代入方程得 $B = 2$. 于是所求特解

$$y^*(t) = 2.$$

故原方程通解为

$$y(t) = \left(\frac{\sqrt{2}}{2}\right)^t \left(C_1 \cos\frac{\pi}{4}t + C_2 \sin\frac{\pi}{4}t\right) + 2.$$

将 $y_0 = 2, y_1 = 3$ 分别代入上式, 解得 $C_1 = 0, C_2 = 2$. 故所求特解为

$$y(t) = 2\left(\frac{\sqrt{2}}{2}\right)^t \sin\frac{\pi}{4}t + 2.$$

结果表明, 在给定条件下, 国民收入在 2 个单位上下波动, 并随时间推移稳定在 2 个单位.

* 习题 8.5

1. 求下列各函数的一阶和二阶差分:

(1) $y = 1 + 2t^2$;　　(2) $y = \dfrac{1}{t}$;　　(3) $y = t2^t$;　　(4) $y = \sin\dfrac{\pi}{2}t$.

2. 指出下列各差分方程的阶:

(1) $y_{t+2} - ty_{t+1} + y_t = t^3$;　　(2) $y_t - y_{t-1} + y_{t-2} = \sin t$;

(3) $\Delta^3 y_t - 2y_t = t$;　　(4) $\Delta^2 y_t - y_{t+2} + y_{t+1} - 3y_t = 2^t$.

3. 证明: $\Delta\left(\dfrac{y_t}{z_t}\right) = \dfrac{z_t \Delta y_t - y_t \Delta z_t}{z_{t+1} \cdot z_t}$.

4. 指出下列各题中的函数是否为所给差分方程的解:

(1) $y_{t+1} + y_t = 2t + 1, y_t = C(-1)^t + t$;　　　(2) $y_{t+1} + 2y_t = 2^{t+4}, y_t = [2 + (-1)^t]2^{t+1}$;

(3) $y_{t+2} - 2y_{t+1} + y_t = 1, y_t = (C + t)2^t$;　　　(4) $y_{t+2} - y_t = t, y_t = C + \dfrac{1}{2}t(t-1)$;

(5) $y_{t+1}(1 + y_t) = y_t, y_t = \dfrac{1}{1 + Ct}$.

5. 在下列各题中, 确定函数关系中的常数, 使函数满足所给的初始条件:

(1) $y_t - C(t+1)^2 = 2, y_0 = -1$;　　　　　　(2) $y_t = (C_1 + C_2 t)2^t, y_0 = 0, y_1 = 4$.

6. 验证 $y_1(t) = 2^t \cos \dfrac{\pi}{2}t$ 及 $y_2(t) = 2^t \sin \dfrac{\pi}{2}t$ 都是方程 $y_{t+2} + 4y_t = 0$ 的解, 并写出该方程的通解.

7. 设 $y_1(t)$ 及 $y_2(t)$ 都是方程 $y_{t+2} + P(t)y_{t+1} + Q(t)y_t = f(t)$ 的解, 试证: $y_1(t) - y_2(t)$ 为方程 $y_{t+2} + P(t)y_{t+1} + Q(t)y_t = 0$ 的解.

8. 已知 $y_{t+2} + ay_{t+1} + by_t = f(t)$ 有三个解分别为 $y_1(t) = 3 \cdot 2^t, y_2(t) = 3 \cdot 2^t + 1, y_3(t) = 3 \cdot 2^t + t$, 试写出该方程的通解并求出 a, b 及 $f(t)$.

9. 设 $y_1(t) = \dfrac{t(t+2)}{4}, y_2(t) = \dfrac{1}{t} + \dfrac{t(t+2)}{4}$ 都是方程 $y_{t+2} + P(t)y_t = f(t)$ 的解, 求 $P(t), f(t)$.

10. 求下列差分方程的通解:

(1) $y_{t+1} - 3y_t = 0$;　　(2) $3y_{t+1} + 2y_t = 0$;　　(3) $y_{t+1} - 2y_t = 2t^2 + 1$;

(4) $y_{t+1} - 3y_t = 3^t$;　　(5) $y_{t+1} + 3y_t = t \cdot 2^t$;　　(6) $y_{t+1} - 2y_t = \cos t$.

11. 求下列差分方程在给定初始条件下的特解:

(1) $y_{t+1} + 4y_t + 4 = 0, y_0 = \dfrac{1}{5}$;　　　　　(2) $y_t - 2y_{t-1} = 2 \cdot 5^t, y_0 = 1$;

(3) $\Delta y_t - y_t = t + 1, y_0 = -1$;　　　　　　(4) $y_{t+1} + 4y_t = 5t^2 - 3t + 10, y_0 = 3$;

(5) $y_t + y_{t-1} = (t-1)2^{t-1}, y_0 = 0$;　　　　　(6) $3y_{t+1} - y_t = -14 \sin \dfrac{\pi}{3}t, y_0 = 3\sqrt{3}$.

12. 给定一阶差分方程 $y_{t+1} + py_t = aq^t$, 验证:

(1) 当 $p + q \neq 0$ 时, $y_t = \dfrac{a}{p+q}q^t$ 是方程的解; (2) 当 $p + q = 0$ 时, $y_t = atq^{t-1}$ 是方程的解.

13. 某公司每年的工资总额在比前一年增加 20% 的基础上再追加 2 百万元, 若以 W_t 表示第 t 年的工资总额 (单位: 百万元), 求 W_t 满足的差分方程, 并求出该方程的通解.

14. 设某种商品在 t 时期的供给量 S_t 与需求量 D_t 都是这一时期该商品价格 p_t 的线性函数: $S_t = -a + bp_t, D_t = c - dp_t$, 其中 a, b, c, d 均为正常数. 且在 t 时期的价格 p_t 由 $t - 1$ 时期的价格与供给量及需求量之差 $S_{t-1} - D_{t-1}$ 按关系

$$p_t = p_{t-1} - \lambda(S_{t-1} - D_{t-1}) \quad (\lambda \text{ 为正常数})$$

确定, 试求该商品的价格随时间变化的规律.

15. 求下列齐次线性差分方程的通解或满足初始条件的特解:

(1) $y_{t+2} - 7y_{t+1} + 12y_t = 0$;　　　　　　(2) $y_{t+2} - 4y_{t+1} + 4y_t = 0$;

(3) $y_{t+2} = y_{t+1} + y_t$;　　　　　　　　　(4) $y_{t+2} + 4y_t = 0$;

(5) $y_{t+2} + 2y_{t+1} - 3y_t = 0, y_0 = -1, y_1 = 1$;　　(6) $y_{t+2} + y_t = 0, y_0 = 1, y_1 = 2$.

16. 求下列非齐次线性差分方程的通解或满足初始条件的特解:

(1) $y_{t+2} + 2y_{t+1} - 15y_t = -6$;　　(2) $4y_{t+2} - 4y_{t+1} + y_t = t + 1$;

(3) $y_{t+2} - y_t = t$;　　(4) $y_{t+2} - 4y_{t+1} + 4y_t = 3^t, y_0 = 4, y_1 = 1$;

(5) $y_{t+2} + 2y_{t+1} + y_t = (-1)^t$;　　(6) $y_{t+2} - 3y_{t+1} + 3y_t = 5, y_0 = 5, y_1 = 8$.

17. 某公司在第 t 年的销售收入 (单位: 百万元)R_t 比前两年的平均值还多 $3t - 1$, 求 R_t 满足的差分方程, 已知 $R_0 = 100, R_1 = 120$, 求出该方程的解.

总习题 8

1. 填空题.

(1) 与积分方程 $y = \int_{x_0}^{x} f(x, y)\mathrm{d}x$ 等价的微分方程初值问题是_____;

(2) 设 $y = \mathrm{e}^x(C_1 \sin x + C_2 \cos x)(C_1, C_2$ 为任意常数) 为某二阶常系数线性齐次微分方程的通解, 则该方程为_____;

(3) 已知 $y = 1, y = x, y = x^2$ 是某二阶非齐次线性微分方程的三个解, 则该方程的通解为_____;

(4) 设函数 $y = y(x)$ 满足 $y'' + 2y' + y = 0, y(0) = 0, y'(0) = 1$, 则 $\int_0^{+\infty} y(x)\mathrm{d}x = $_____;

*(5) 设 y_n 是差分方程 $4y_{n+2} - 4y_{n+1} + y_n = 0, y_0 = 3, y_1 = 2$ 的解, 则 $\sum_{n=1}^{+\infty} y_n = $_____.

2. 选择题.

(1) 若连续函数 $f(x)$ 满足关系式

$$f(x) = \int_0^{2x} f\left(\frac{t}{2}\right)\mathrm{d}t + \ln 2,$$

则 $f(x)$ 等于 (　　).

A. $\mathrm{e}^x \ln 2$;　　B. $\mathrm{e}^{2x} \ln 2$;　　C. $\mathrm{e}^x + \ln 2$;　　D. $\mathrm{e}^{2x} + \ln 2$.

(2) 已知函数 $y = y(x)$ 在任意点 x 处的增量 $\Delta y = \frac{y\Delta x}{1 + x^2} + \alpha$, 且当 $\Delta x \to 0$ 时, α 是 Δx 的高阶无穷小, $y(0) = \pi$, 则 $y(1)$ 等于 (　　).

A. 2π;　　B. π;　　C. $\mathrm{e}^{\frac{\pi}{4}}$;　　D. $\pi\mathrm{e}^{\frac{\pi}{4}}$.

(3) 设 $y = y(x)$ 是二阶常系数微分方程 $y'' + py' + qy = \mathrm{e}^{3x}$ 满足初始条件 $y(0) = y'(0) = 0$ 的特解, 则当 $x \to 0$ 时, 函数 $\frac{\ln(1 + x^2)}{y(x)}$ 的极限 (　　).

A. 不存在;　　B. 等于 1;　　C. 等于 2;　　D. 等于 3.

(4) 设 $y = f(x)$ 是方程 $2y'' + 3y' + 5y = 0$ 的一个解, 若 $f(x_0) < 0$, 且 $f'(x_0) = 0$, 则函数 $f(x)$ 在点 x_0(　　).

A. 某邻域内单调减少;　　　　B. 取得极大值;

C. 某邻域内单调增加;   D. 取得极小值.

*(5) 从 2006~2009 年期间, 甲每年 5 月 1 日都到银行存入 m 元的一年定期储蓄. 若年利率为 t 保持不变且计复利, 到 2010 年 5 月 1 日, 甲去取款, 则可取回本息共 (   ).

A. $m(1+t)^4$ 元;   B. $m(1+t)^5$ 元;

C. $\dfrac{m}{t}[(1+t)^4-1]$ 元;   D. $\dfrac{m}{t}[(1+t)^5-1]$ 元.

3. 求下列各微分方程的通解:

(1) $xy'+y=2\sqrt{xy}$;   (2) $xy'\ln x+y=ax(\ln x+1)$;   (3) $\dfrac{\mathrm{d}y}{\mathrm{d}x}=\dfrac{y}{2(\ln y-x)}$;

(4) $y''=1+y'^2$;   (5) $x^2y''+3xy'+y=0$;   (6) $\dfrac{\mathrm{d}y}{\mathrm{d}x}=\dfrac{1}{(x+y)^2}$.

4. 求下列各微分方程满足所给初始条件的特解:

(1) $y'+y\cos x=\sin x\cos x, y|_{x=0}=1$;   (2) $2yy''=y'^2+y^2, y|_{x=0}=1, y'|_{x=0}=-1$;

(3) $2y''=\sin 2y, y|_{x=0}=\dfrac{\pi}{2}, y'|_{x=0}=1$;   (4) $y''+2y'+y=\cos x, y|_{x=0}=0, y'|_{x=0}=\dfrac{3}{2}$.

5. 已知某曲线经过点 $(1,1)$, 它的切线在纵轴上的截距等于切点的横坐标, 求它的方程.

6. 在过原点和点 $(2,3)$ 的光滑曲线上任取一点, 作两坐标轴的平行线, 其中一条平行线与 x 轴及曲线所围成的面积是另一条平行线与 y 轴及曲线所围成的面积的两倍, 求此曲线方程.

7. 设可导函数 $\varphi(x)$ 满足

$$\varphi(x)\cos x+2\int_0^x \varphi(t)\sin t\,\mathrm{d}t=x+1,$$

求 $\varphi(x)$.

8. 设 $F(x)=f(x)g(x)$, 其中函数 $f(x), g(x)$ 在 $(-\infty,+\infty)$ 内满足以下条件:

$$f'(x)=g(x), \quad g'(x)=f(x), \quad 且 f(0)=0, \quad f(x)+g(x)=2\mathrm{e}^x.$$

(1) 求 $F(x)$ 所满足的一阶微分方程;

(2) 求出 $F(x)$ 的表达式.

9. 设 $y=f(x)$ 是第一象限内连接点 $A(0,1), B(1,0)$ 的一段连续曲线, $M(x,y)$ 为该曲线上任意一点, 点 C 为 M 在 x 轴上的投影, O 为坐标原点. 若梯形 $OCMA$ 的面积与曲边三角形 CBM 的面积之和为 $\dfrac{x^3}{6}+\dfrac{1}{3}$, 求 $f(x)$ 的表达式.

10. 求微分方程 $x\mathrm{d}y+(x-2y)\mathrm{d}x=0$ 的一个解 $y(x)$, 使得由曲线 $y=y(x)$ 与直线 $x=1$, $x=2$ 以及 x 轴所围成的图形绕 x 轴旋转一周的旋转体体积最小.

11. 设方程 $y''+\alpha y'+\beta y=\gamma\mathrm{e}^x$ 有特解 $y=2\mathrm{e}^{2x}+(1+x)\mathrm{e}^x$.

(1) 求常数 α, β, γ;   (2) 求微分方程的通解.

12. 设可导函数 $\varphi(x)$ 满足

$$\varphi(x)=\sin x-\int_0^x (x-t)\varphi(t)\mathrm{d}t,$$

求 $\varphi(x)$.

13. 设函数 $y = y(x)$ 在 $(-\infty, +\infty)$ 内具有二阶导数, 且 $y' \neq 0, x = x(y)$ 是 $y = y(x)$ 的反函数.

(1) 试将 $x = x(y)$ 所满足的微分方程 $\dfrac{\mathrm{d}^2 x}{\mathrm{d}y^2} + (y + \sin x)\left(\dfrac{\mathrm{d}x}{\mathrm{d}y}\right)^3 = 0$ 变换为 $y = y(x)$ 满足的微分方程;

(2) 求变换后的微分方程满足初始条件 $y(0) = 0, y'(0) = \dfrac{3}{2}$ 的解.

*14. 求下列差分方程的通解或特解:

(1) $y_{t+1} + 3y_t = t2^t$;

(2) $y_{t+1} + y_t = \cos \dfrac{\pi}{2} t, y_0 = 1$;

(3) $y_{t+2} - y_{t+1} - 12y_t = 0$;

(4) $y_{t+2} - 2y_{t+1} + 2y_t = 2t - 1, y_0 = 1, y_1 = 3$.

*15. 设某产品在时期 t 的价格、总供给量与总需求量分别为 P_t, S_t 与 D_t, 并设对于 $t = 0, 1, 2, \cdots,$ 有

(1) $S_t = 2P_t + 1$;

(2) $D_t = -4P_{t-1} + 5$;

(3) $S_t = D_t$.

证明: 价格满足差分方程 $P_{t+1} + 2P_t = 2$, 并求方程在已知 P_0 时的解.

习题分析

同步训练

第 9 章

本章导读

无 穷 级 数

无穷级数是高等数学的一个重要组成部分, 是一种应用广泛的数学工具. 它在表示函数、研究函数的性质以及进行数值计算等方面都有着独特的作用. 本章首先介绍无穷级数和常数项级数的一些基本概念和性质; 然后讨论函数项级数, 以及如何将函数展开成幂级数的问题.

9.1 常数项级数

9.1.1 常数项级数的概念

人们认识事物在数量方面的特征, 往往有一个由近似到精确的过程. 在这种认识过程中, 会遇到由有限个数量相加到无穷多个数量相加的问题.

下面从极限问题 "一尺之棰, 日取其半, 万世不竭" 谈起. 设每天把一尺长的木棒一分为二, 取其一半. 如果把每天截取的棒长相加, 到第 n 天所得棒长之和为

$$s_n = \frac{1}{2} + \frac{1}{2^2} + \frac{1}{2^3} + \cdots + \frac{1}{2^n}.$$

显然, 第 n 天总的和 s_n 的棒长小于 1, 并且 n 的值愈大, 其数值愈接近于 1; 当 $n \to +\infty$ 时, s_n 的极限为 1. 此时上式中的加项无限增多, 成为无穷多个数相加的式子, 这便是级数.

定义 9.1.1 设给定一个数列 $u_1, u_2, \cdots, u_n, \cdots$, 则表达式 $u_1 + u_2 + u_3 + \cdots + u_n + \cdots$ 称为无穷级数, 简称级数, 记作 $\sum\limits_{n=1}^{\infty} u_n$, 即

$$\sum_{n=1}^{\infty} u_n = u_1 + u_2 + u_3 + \cdots + u_n + \cdots, \tag{9.1}$$

其中第 n 项 u_n 称为级数的一般项或通项, 如果 $u_n(n = 1, 2, \cdots)$ 是常数, 则级数

$\displaystyle\sum_{n=1}^{\infty} u_n$ 称为常数项级数, 简称数项级数; 如果 u_n 是函数, 则级数 $\displaystyle\sum_{n=1}^{\infty} u_n$ 称为函数项级数.

例如:

$$1 + \frac{1}{2} + \frac{1}{4} + \frac{1}{8} + \cdots + \frac{1}{2^{n-1}} + \cdots;$$
$$1 - 2 + 3 - 4 + \cdots + (-1)^{n-1} n + \cdots;$$
$$1 + \frac{1}{2} + \frac{1}{4} + \frac{1}{4} + \frac{1}{8} + \frac{1}{8} + \frac{1}{8} + \frac{1}{8} + \frac{1}{16} + \cdots$$

都是常数项级数. 而

$$1 - x + x^2 - x^3 + \cdots + (-1)^{n-1} x^{n-1} + \cdots,$$
$$\sin x + \sin 2x + \cdots + \sin nx + \cdots$$

都是函数项级数. 本节将讨论的是常数项级数.

9.1.2　收敛级数的和的概念

常数项级数是无穷多个数的累加, 虽然不能像通常有限个数那样直接把它们逐项相加, 但我们可以先求出它的部分和, 再运用极限的方法求出它的全部项的和.

定义 9.1.2　给定级数 $\displaystyle\sum_{n=1}^{\infty} u_n$, 它的前 n 项之和

$$s_n = u_1 + u_2 + u_3 + \cdots + u_n = \sum_{i=1}^{n} u_i \tag{9.2}$$

s_n 称为级数 (9.1) 的部分和. 当 n 依次取 $1, 2, 3 \cdots$ 时, 它们构成一个新的数列:

$$s_1 = u_1, \quad s_2 = u_1 + u_2, \cdots, \quad s_n = u_1 + u_2 + \cdots + u_n, \cdots.$$

如果当 $n \to +\infty$ 时, 部分和数列 $\{s_n\}$ 以 s 为极限, 即 $\displaystyle\lim_{n \to +\infty} s_n = s$, 则称无穷级数 $\displaystyle\sum_{n=1}^{\infty} u_n$ 收敛, 并称 s 为该级数的和, 并记作

$$\sum_{n=1}^{\infty} u_n = u_1 + u_2 + u_3 + \cdots + u_n + \cdots = s;$$

如果当 $n \to +\infty$ 时, $\{s_n\}$ 极限不存在, 则称无穷级数 $\displaystyle\sum_{n=1}^{\infty} u_n$ 发散.

当级数 $\sum\limits_{n=1}^{\infty} u_n$ 收敛时, 其部分和 s_n 是级数的和 s 的近似值, 则把 $s - s_n$ 称为级数的余项, 记作 r_n, 即

$$r_n = s - s_n = u_{n+1} + u_{n+2} + \cdots.$$

由此可见, 研究级数的敛散性 (即收敛或发散) 以及收敛时的和是多少的问题, 就转化为研究数列的敛散性及收敛时部分和 s_n 的极限是多少的问题.

例 9.1.1 无穷级数

$$\sum_{n=0}^{\infty} aq^n = a + aq + aq^2 + \cdots + aq^n + \cdots \tag{9.3}$$

称为等比级数 (又称为几何级数), 其中 $a \neq 0$, q 称为级数的公比.

讨论级数 (9.3) 的敛散性.

解 若 $q \neq 1$, 则部分和为

$$s_n = \sum_{k=0}^{n-1} aq^k = a + aq + aq^2 + \cdots + aq^{n-1} = \frac{a - aq^n}{1 - q}.$$

当 $|q| < 1$ 时, 由于 $\lim\limits_{n \to +\infty} q^n = 0$, 从而 $\lim\limits_{n \to +\infty} s_n = \frac{a}{1-q}$, 因此等比级数收敛, 且和为 $\frac{a}{1-q}$;

当 $|q| > 1$ 时, $\lim\limits_{n \to +\infty} q^n = \infty$, 从而 $\lim\limits_{n \to +\infty} s_n = \infty$, 等比级数发散;

当 $q = 1$ 时, $s_n = \sum\limits_{k=0}^{n-1} a \cdot 1^k = n \cdot a \to \infty (n \to +\infty)$, $\lim\limits_{n \to +\infty} s_n$ 不存在, 级数发散;

当 $q = -1$ 时, $s_n = \sum\limits_{k=0}^{n-1} (-1)^k \cdot a = \begin{cases} 0, & n \text{ 为偶数}, \\ a, & n \text{ 为奇数}, \end{cases}$ $\lim\limits_{n \to +\infty} s_n$ 不存在, 级数发散.

因此当 $|q| = 1$ 时, 等比级数发散.

综合上述结果, 可以得到: 如果等比级数 (9.3) 的公比的绝对值 $|q| < 1$, 则级数收敛; 如果 $|q| \geqslant 1$, 则级数发散, 即

$$\sum_{k=0}^{\infty} aq^k = \begin{cases} \dfrac{a}{1-q}, & |q| < 1, \\ \text{发散}, & |q| \geqslant 1. \end{cases}$$

例 9.1.2 判断级数 $\dfrac{1}{1 \cdot 2} + \dfrac{1}{2 \cdot 3} + \dfrac{1}{3 \cdot 4} + \cdots + \dfrac{1}{n(n+1)} + \cdots$ 的敛散性, 若收

敛, 求它的和.

解 因为

$$s_n = \frac{1}{1 \cdot 2} + \frac{1}{2 \cdot 3} + \frac{1}{3 \cdot 4} + \cdots + \frac{1}{n(n+1)}$$

$$= \left(1 - \frac{1}{2}\right) + \left(\frac{1}{2} - \frac{1}{3}\right) + \left(\frac{1}{3} - \frac{1}{4}\right) + \cdots + \left(\frac{1}{n} - \frac{1}{n+1}\right)$$

$$= 1 - \frac{1}{n+1},$$

所以

$$\lim_{n \to +\infty} s_n = \lim_{n \to +\infty} \left(1 - \frac{1}{n+1}\right) = 1,$$

即该级数收敛, 其和为 1.

例 9.1.3 把循环小数 $5.232323\cdots$ 表示成两个整数之比.

解

$$5.232323\cdots = 5 + \frac{23}{100} + \frac{23}{100^2} + \frac{23}{100^3} + \cdots$$

$$= 5 + \frac{23}{100}\left(1 + \frac{1}{100} + \frac{1}{100^2} + \cdots\right)$$

$$= 5 + \frac{23}{100} \times \frac{1}{0.99} = \frac{518}{99}.$$

9.1.3 收敛级数的基本性质

根据级数敛散的定义, 可得级数如下的性质.

性质 9.1.1 若级数 $\sum\limits_{n=1}^{\infty} u_n$ 收敛, 其和为 s, 则对任一常数 k, 级数 $\sum\limits_{n=1}^{\infty} ku_n$ 也收敛, 其和为 ks.

证 设级数 $\sum\limits_{n=1}^{\infty} u_n$ 与 $\sum\limits_{n=1}^{\infty} k \cdot u_n$ 的部分和分别为 s_n 与 σ_n, 则

$$\sigma_n = k \cdot u_1 + k \cdot u_2 + \cdots + k \cdot u_n = ks_n,$$

于是

$$\lim_{n \to +\infty} \sigma_n = \lim_{n \to +\infty} k \cdot s_n = k \cdot \lim_{n \to +\infty} s_n = k \cdot s.$$

故级数 $\sum\limits_{n=1}^{\infty} k \cdot u_n$ 收敛且和为 $k \cdot s$.

由关系式 $\sigma_n = k \cdot s_n$, 如果 $\{s_n\}$ 没有极限, 且 $k \neq 0$, 那么 σ_n 也没有极限. 因此, 可以得到如下重要结论: 级数的每一项同乘一个不为零的常数后, 它的敛散性不变.

性质 9.1.2 若 $\sum\limits_{n=1}^{\infty} u_n$ 和 $\sum\limits_{n=1}^{\infty} v_n$ 分别收敛于 s 和 σ, 则级数 $\sum\limits_{n=1}^{\infty} (u_n \pm v_n)$ 也收敛, 且有

$$\sum_{n=1}^{\infty} (u_n \pm v_n) = \sum_{n=1}^{\infty} u_n \pm \sum_{n=1}^{\infty} v_n.$$

证 设级数 $\sum\limits_{n=1}^{\infty} u_n$, $\sum\limits_{n=1}^{\infty} v_n$ 的部分和分别为 s, σ, 则部分和

$$\begin{aligned} z_n &= (u_1 \pm v_1) + (u_2 \pm v_2) + \cdots + (u_n \pm v_n) \\ &= (u_1 + u_2 + \cdots + u_n) \pm (v_1 + v_2 + \cdots + v_n) \\ &= s_n \pm \sigma_n. \end{aligned}$$

故 $\lim\limits_{n \to +\infty} z_n = \lim\limits_{n \to +\infty} (s_n \pm \sigma_n) = \lim\limits_{n \to +\infty} s_n \pm \lim\limits_{n \to +\infty} \sigma_n = s \pm \sigma$. 这表明级数 $\sum\limits_{n=1}^{\infty} (u_n \pm v_n)$ 收敛且其和为 $s \pm \sigma$.

据性质 9.1.2, 可得到几个有用的结论:

(1) 若 $\sum\limits_{n=1}^{\infty} u_n$ 与 $\sum\limits_{n=1}^{\infty} v_n$ 收敛, 则 $\sum\limits_{n=1}^{\infty} (u_n \pm v_n) = \sum\limits_{n=1}^{\infty} u_n \pm \sum\limits_{n=1}^{\infty} v_n$;

(2) 若 $\sum\limits_{n=1}^{\infty} u_n$ 收敛, 而 $\sum\limits_{n=1}^{\infty} v_n$ 发散, 则 $\sum\limits_{n=1}^{\infty} (u_n \pm v_n)$ 必发散;

证 用反证法, 假设 $\sum\limits_{n=1}^{\infty} (u_n \pm v_n)$ 收敛, 则 $\sum\limits_{n=1}^{\infty} [(u_n \pm v_n) - u_n]$ 亦收敛, 即 $\pm \sum\limits_{n=1}^{\infty} v_n$ 收敛, 这与条件相矛盾.

(3) 若 $\sum\limits_{n=1}^{\infty} u_n$, $\sum\limits_{n=1}^{\infty} v_n$ 均发散, 那么 $\sum\limits_{n=1}^{\infty} (u_n \pm v_n)$ 可能收敛, 也可能发散. 例如, $u_n = 1, v_n = (-1)^n$,

$$\sum_{n=1}^{\infty} (u_n \pm v_n) = \sum_{n=1}^{\infty} [1 + (-1)^n] = 2 + 2 + \cdots + 2 + \cdots \text{发散}.$$

又如 $u_n = 1, v_n = -1$,

$$\sum_{n=1}^{\infty} (u_n \pm v_n) = \sum_{n=1}^{\infty} [1 - 1] = 0 + 0 + \cdots + 0 + \cdots \text{收敛}.$$

例 9.1.4 判别级数 $\sum\limits_{n=1}^{\infty} \left(\dfrac{1}{2^n} + \dfrac{1}{3^n} \right)$ 的敛散性.

解 因为级数

$$\sum_{n=1}^{\infty} \frac{1}{2^n} = \frac{1}{2} + \frac{1}{4} + \cdots + \frac{1}{2^n} + \cdots = \frac{\frac{1}{2}}{1 - \frac{1}{2}} = 1,$$

级数

$$\sum_{n=1}^{\infty} \frac{1}{3^n} = \frac{1}{3} + \frac{1}{3^2} + \cdots + \frac{1}{3^n} + \cdots = \frac{\frac{1}{3}}{1 - \frac{1}{3}} = \frac{1}{2},$$

所以级数 $\sum_{n=1}^{\infty} \left(\frac{1}{2^n} + \frac{1}{3^n} \right)$ 收敛, 其和为 $\sum_{n=1}^{\infty} \left(\frac{1}{2^n} + \frac{1}{3^n} \right) = 1 + \frac{1}{2} = \frac{3}{2}$.

性质 9.1.3 一个级数增加或减少有限项, 不改变级数的敛散性.

证 将级数

$$u_1 + u_2 + \cdots + u_k + u_{k+1} + u_{k+2} + \cdots + u_{k+n} + \cdots$$

的前 k 项去掉, 得到新级数

$$u_{k+1} + u_{k+2} + \cdots + u_{k+n} + \cdots.$$

新级数的部分和为

$$\sigma_n = u_{k+1} + u_{k+2} + \cdots + u_{k+n} = s_{k+n} - s_k,$$

其中 s_{k+n} 是原级数前 $k+n$ 项的部分和, 而 s_k 是原级数前 k 项之和 (它是一个常数). 故当 $n \to +\infty$ 时, σ_n 与 s_{k+n} 具有相同的敛散性.

注 9.1.1 在收敛的情况下其和将改变. 其收敛的和有关系式

$$\sigma = s - s_k,$$

其中 $\sigma = \lim\limits_{n \to +\infty} \sigma_n, s = \lim\limits_{n \to +\infty} s_n, s_k = \sum\limits_{i=1}^{k} u_i$.

如级数 $1 + \frac{1}{2} + \frac{1}{2^2} + \frac{1}{2^3} + \cdots + \frac{1}{2^{n-1}} + \cdots$ 收敛且和为 2, 若去掉前 3 项, 级数

$\frac{1}{2^3} + \frac{1}{2^4} + \cdots + \frac{1}{2^{n-1}} + \cdots$ 也是收敛的, 它的和为 $\frac{\frac{1}{2^3}}{1 - \frac{1}{2}} = \frac{1}{4}$. 类似地, 可以证明在级

数的前面增加有限项, 不会影响级数的敛散性.

性质 9.1.4 将收敛级数的某些项加括号之后所得到的新级数仍收敛于原来的和.

证明略.

性质 9.1.5 (级数收敛的必要条件) 若级数 $\sum\limits_{n=1}^{\infty} u_n$ 收敛, 则其一般项 u_n 必趋于零, 即

$$\lim_{n \to +\infty} u_n = 0.$$

证 因为级数 $\sum\limits_{n=1}^{\infty} u_n$ 收敛, 必有和 s 存在. 即 $\lim\limits_{n \to +\infty} s_n = s$.

因为 $u_n = s_n - s_{n-1}$, 而 $\lim\limits_{n \to +\infty} s_{n-1} = \lim\limits_{n \to +\infty} s_n = s$, 所以

$$\lim_{n \to +\infty} u_n = \lim_{n \to +\infty} (s_n - s_{n-1}) = \lim_{n \to +\infty} s - \lim_{n \to +\infty} s_{n-1} = s - s = 0.$$

注 9.1.2 由性质 9.1.5 可知, $\lim\limits_{n \to +\infty} u_n = 0$ 只是级数收敛的必要条件, 而非充分条件. 因此, 若 $n \to +\infty$, u_n 不趋于零, 则该级数一定发散, 如 $\dfrac{1}{2} - \dfrac{2}{3} + \dfrac{3}{4} - \dfrac{4}{5} + \cdots + (-1)^{n-1} \dfrac{n}{n+1} + \cdots$, 因为 $\lim\limits_{n \to +\infty} u_n = \lim\limits_{n \to +\infty} \dfrac{(-1)^{n-1} n}{n+1}$ 不存在, 即当 $n \to +\infty$ 时, 一般项不趋于零, 所以该级数发散.

要判断一个级数的敛散性, 首先应观察其一般项 u_n 是否趋于零 (当 $n \to +\infty$ 时), 如果 u_n 不趋于零, 则级数 $\sum\limits_{n=1}^{\infty} u_n$ 发散; 但是如果 $\lim\limits_{n \to +\infty} u_n = 0$, 级数 $\sum\limits_{n=1}^{\infty} u_n$ 不一定收敛.

例 9.1.5 证明调和级数 $1 + \dfrac{1}{2} + \dfrac{1}{3} + \cdots + \dfrac{1}{n} + \cdots$ 是发散的.

证 由微分学可证得不等式:

$$x > \ln(1 + x), \quad x > 0.$$

由

$$
\begin{aligned}
s_n &= 1 + \frac{1}{2} + \frac{1}{3} + \cdots + \frac{1}{n} \\
&> \ln(1+1) + \ln\left(1 + \frac{1}{2}\right) + \ln\left(1 + \frac{1}{3}\right) + \cdots + \ln\left(1 + \frac{1}{n}\right) \\
&= \ln 2 + \ln \frac{3}{2} + \ln \frac{4}{3} + \cdots + \ln \frac{n+1}{n} \\
&= \ln\left(2 \cdot \frac{3}{2} \cdot \frac{4}{3} \cdots \cdot \frac{n+1}{n}\right) = \ln(1+n) \to +\infty \quad (n \to +\infty),
\end{aligned}
$$

从而, $s_n \to +\infty$. 因此, 调和级数 $\sum\limits_{n=1}^{\infty} \dfrac{1}{n}$ 发散.

习题 9.1

1. 写出下列级数的一般项:

(1) $\dfrac{2}{1} - \dfrac{3}{2} + \dfrac{4}{3} - \dfrac{5}{4} + \dfrac{6}{5} - \dfrac{7}{6} + \cdots$;

(2) $\dfrac{a^2}{3} - \dfrac{a^3}{5} + \dfrac{a^4}{7} - \dfrac{a^5}{9} + \cdots$;

(3) $1 + \dfrac{1}{2} + 3 + \dfrac{1}{4} + 5 + \dfrac{1}{6} + \cdots$;

(4) $\dfrac{2}{2}x + \dfrac{2^2}{5}x^2 + \dfrac{2^3}{10}x^3 + \dfrac{2^4}{17}x^4 + \cdots$.

2. 判定下列级数的收敛性:

(1) $-\dfrac{8}{9} + \dfrac{8^2}{9^2} - \dfrac{8^3}{9^3} + \cdots + (-1)^n \dfrac{8^n}{9^n} + \cdots$;

(2) $\left(\dfrac{1}{2} - \dfrac{2}{3}\right) + \left(\dfrac{1}{2^2} - \dfrac{2^2}{3^2}\right) + \cdots \left(\dfrac{1}{2^n} - \dfrac{2^n}{3^n}\right) + \cdots$;

(3) $\displaystyle\sum_{n=1}^{\infty} \dfrac{1}{4+n}$;

(4) $1 + 2 + 3 + \cdots + 100 + \dfrac{2}{3} - \left(\dfrac{2}{3}\right)^2 + \left(\dfrac{2}{3}\right)^3 - \left(\dfrac{2}{3}\right)^4 + \cdots$;

(5) $\displaystyle\sum_{n=1}^{\infty} n^2 \left(1 - \cos \dfrac{1}{n}\right)$;

(6) $\dfrac{1}{3} + \dfrac{1}{6} + \dfrac{1}{9} + \cdots + \dfrac{1}{3n} + \cdots$.

9.2 常数项级数的审敛法

9.2.1 正项级数及其审敛法

一般情况下, 利用定义来判别级数的收敛性是很困难的, 能否找到更简单有效的判别法呢? 首先从最简单的一类级数入手, 那就是正项级数.

如果级数 $\displaystyle\sum_{n=1}^{\infty} u_n$ 的每一项都是非负数, 即 $u_n \geqslant 0 (n = 1, 2, \cdots)$, 则称该级数为正项级数. 正项级数是重要的级数, 在研究其他级数敛散性的问题时, 常常归结为正项级数的敛散性讨论. 下面介绍正项级数的性质以及正项级数的审敛法.

性质 9.2.1 正项级数的部分和数列 $\{s_n\}$ 单调递增, 即 $s_1 \leqslant s_2 \leqslant s_3 \leqslant \cdots \leqslant s_n \leqslant s_{n+1}$.

证 因为 $u_n \geqslant 0(n = 1, 2, \cdots), s_{n+1} - s_n = u_n$, 所以 $s_{n+1} \geqslant s_n$.

性质 9.2.2 正项级数 $\displaystyle\sum_{n=1}^{\infty} u_n$ 收敛的充分必要条件是: 它的部分和数列 $\{s_n\}$ 有界.

证 若 $\displaystyle\sum_{n=1}^{\infty} u_n$ 收敛, 则 $\{s_n\}$ 收敛, 故 $\{s_n\}$ 有界; 反之若 $\{s_n\}$ 有界, 又 $\{s_n\}$ 单调递增, 故 $\{s_n\}$ 收敛, 从而 $\displaystyle\sum_{n=1}^{\infty} u_n$ 收敛.

利用上述性质, 可以得出判定正项级数敛散性的审敛法.

定理 9.2.1 (比较审敛法)　给定两个正项级数 $\sum\limits_{n=1}^{\infty} u_n$ 和 $\sum\limits_{n=1}^{\infty} v_n$,

(1) 若 $u_n \leqslant v_n (n = 1, 2, \cdots)$, 而 $\sum\limits_{n=1}^{\infty} v_n$ 收敛, 则 $\sum\limits_{n=1}^{\infty} u_n$ 亦收敛;

(2) 若 $u_n \geqslant v_n (n = 1, 2, \cdots)$, 而 $\sum\limits_{n=1}^{\infty} v_n$ 发散, 则 $\sum\limits_{n=1}^{\infty} u_n$ 亦发散,

这里, 级数 $\sum\limits_{n=1}^{\infty} v_n$ 称为级数 $\sum\limits_{n=1}^{\infty} u_n$ 的比较级数.

证　(1) 设 $\sum\limits_{n=1}^{\infty} v_n$ 收敛于 σ, 由 $u_n \leqslant v_n (n = 1, 2, \cdots)$, 则 $\sum\limits_{n=1}^{\infty} u_n$ 的部分和 s_n 满足

$$s_n = u_1 + u_2 + \cdots + u_n \leqslant v_1 + v_2 + \cdots + v_n \leqslant \sigma,$$

即单调增加的部分和数列 $\{s_n\}$ 有上界, 根据性质 9.2.2 知, $\sum\limits_{n=1}^{\infty} u_n$ 收敛.

(2) 设 $\sum\limits_{n=1}^{\infty} v_n$ 发散, 于是它的部分和

$$\sigma_n = v_1 + v_2 + \cdots + v_n \to +\infty \quad (n \to +\infty).$$

由 $u_n \geqslant v_n (n = 1, 2, \cdots)$, 有

$$s_n = u_1 + u_2 + \cdots + u_n \geqslant v_1 + v_2 + \cdots + v_n = \sigma_n.$$

从而 $s_n \to +\infty (n \to +\infty)$, 即 $\sum\limits_{n=1}^{\infty} u_n$ 发散.

例 9.2.1　判别级数 $1 + \dfrac{1}{2^2} + \dfrac{1}{3^2} + \cdots + \dfrac{1}{n^2} + \cdots$ 的敛散性.

解　因为 $\dfrac{1}{(n+1)^2} \leqslant \dfrac{1}{n(n+1)}$, 而级数 $\sum\limits_{n=1}^{\infty} \dfrac{1}{n(n+1)}$ 在 9.1 节中已证明收敛, 所以根据比较审敛法可知, 级数

$$\sum_{n=1}^{\infty} \frac{1}{(n+1)^2} = \frac{1}{2^2} + \frac{1}{3^2} + \cdots + \frac{1}{n^2} + \frac{1}{(n+1)^2} + \cdots$$

也收敛.

330

再根据级数的性质 9.1.3 知, 级数

$$\sum_{n=1}^{\infty} \frac{1}{n^2} = 1 + \frac{1}{2^2} + \frac{1}{3^2} + \cdots + \frac{1}{n^2} + \frac{1}{(n+1)^2} + \cdots$$

收敛.

例 9.2.2 讨论 p-级数

$$\sum_{n=1}^{\infty} \frac{1}{n^p} = 1 + \frac{1}{2^p} + \frac{1}{3^p} + \cdots + \frac{1}{n^p} + \cdots$$

的敛散性, 其中 $p > 0$.

解 若 $0 < p \leqslant 1$, 则 $\frac{1}{n} \leqslant \frac{1}{n^p}$, 而调和级数 $\sum_{n=1}^{\infty} \frac{1}{n}$ 发散, 故由比较审敛法知 $\sum_{n=1}^{\infty} \frac{1}{n^p}$ 亦发散;

若 $p > 1$, 对于 $n - 1 \leqslant x \leqslant n (n \geqslant 2)$, 有 $\frac{1}{n^p} \leqslant \frac{1}{x^p}$, 所以

$$\frac{1}{n^p} = \int_{n-1}^{n} \frac{1}{n^p} \mathrm{d}x < \int_{n-1}^{n} \frac{1}{x^p} \mathrm{d}x, \quad n = 2, 3, \cdots,$$

从而级数 $\sum_{n=1}^{\infty} \frac{1}{n^p}$ 的部分和

$$s_n = 1 + \frac{1}{2^p} + \frac{1}{3^p} + \cdots + \frac{1}{n^p} < 1 + \int_{1}^{2} \frac{\mathrm{d}x}{x^p} + \cdots + \int_{n-1}^{n} \frac{\mathrm{d}x}{x^p}$$

$$= 1 + \int_{1}^{n} \frac{\mathrm{d}x}{x^p} = 1 + \frac{1}{p-1} \left(1 - \frac{1}{n^{p-1}} \right) < 1 + \frac{1}{p-1},$$

即部分和数列 $\{s_n\}$ 有界, 故此时 p-级数是收敛的.

综上讨论, 当 $0 < p \leqslant 1$ 时, p-级数为发散的; 当 $p > 1$ 时, p-级数是收敛的.

p-级数是一个重要的比较级数, 在解题中会经常用到. 如级数 $\sum_{n=1}^{\infty} \frac{1}{\sqrt{n}}$ 是 $p = \frac{1}{2}$ 的 p-级数, 所以它发散; 而级数 $\sum_{n=1}^{\infty} \frac{1}{\sqrt[3]{n^4}}$ 是 $p = \frac{4}{3}$ 的 p-级数, 所以它收敛.

要应用比较审敛法来判定给定的级数的收敛性, 就必须找出给定级数的一般项与某一已知级数的一般项之间的不等式. 但是有时直接建立这样的不等式有困难, 为了应用方便, 我们给出比较审敛法的极限形式.

定理 9.2.1' 设 $\sum_{n=1}^{\infty} u_n$ 及 $\sum_{n=1}^{\infty} v_n$ 为两个正项级数, 如果极限 $\lim_{n \to +\infty} \frac{u_n}{v_n} = l (0 <$

$l < \infty$), 则级数 $\displaystyle\sum_{n=1}^{\infty} u_n$ 与 $\displaystyle\sum_{n=1}^{\infty} v_n$ 同时收敛或同时发散.

例 9.2.3 判别级数 $\displaystyle\sum_{n=1}^{\infty} \dfrac{1}{2^n - n}$ 的敛散性.

解 由于 $\displaystyle\lim_{n\to+\infty} \dfrac{\dfrac{1}{2^n-n}}{\dfrac{1}{2^n}} = \lim_{n\to+\infty} \dfrac{2^n}{2^n-n} = \lim_{n\to+\infty} \dfrac{1}{1-\dfrac{n}{2^n}} = 1$, 而级数 $\displaystyle\sum_{n=1}^{\infty} \dfrac{1}{2^n}$ 是

公比为 $\dfrac{1}{2}$ 的等比级数, 是收敛的, 所以级数 $\displaystyle\sum_{n=1}^{\infty} \dfrac{1}{2^n - n}$ 收敛.

要用比较审敛法来判别级数的敛散性, 需要找到一个已知敛散的级数与之比较才行, 如调和级数、p-级数、等比级数等, 但这种选择有时比较困难, 为此再介绍一种利用级数自身便可判断其敛散性的方法.

定理 9.2.2 (比值审敛法或达朗贝尔审敛法) 设有正项级数 $\displaystyle\sum_{n=1}^{\infty} u_n$, 如果

$$\lim_{n\to+\infty} \dfrac{u_{n+1}}{u_n} = \rho \quad \text{或} + \infty,$$

则

(1) 当 $\rho < 1$ 时, 级数 $\displaystyle\sum_{n=1}^{\infty} u_n$ 收敛;

(2) 当 $\rho > 1$(包括 $+\infty$) 时, 级数 $\displaystyle\sum_{n=1}^{\infty} u_n$ 发散.

注 9.2.1 当 $\rho = 1$ 时, 无法判断级数的敛散性, 需要采用别的方法.

例 9.2.4 判别级数

$$1 + \dfrac{2}{2} + \dfrac{3}{2^2} + \dfrac{4}{2^3} + \cdots + \dfrac{n}{2^{n-1}} + \cdots$$

的敛散性.

解 由于

$$\lim_{n\to+\infty} \dfrac{u_{n+1}}{u_n} = \lim_{n\to+\infty} \left(\dfrac{n+1}{2^n} \cdot \dfrac{2^{n-1}}{n} \right) = \lim_{n\to+\infty} \dfrac{n+1}{2n} = \dfrac{1}{2} < 1,$$

所以级数 $\displaystyle\sum_{n=1}^{\infty} \dfrac{n}{2^{n-1}}$ 收敛.

例 9.2.5 判别级数 $\displaystyle\sum_{n=1}^{\infty} \dfrac{3^n}{n^2 2^n}$ 的敛散性.

解　由于

$$\lim_{n\to+\infty}\frac{u_{n+1}}{u_n}=\lim_{n\to+\infty}\left(\frac{3^{n+1}}{(n+1)^2 2^{n+1}}\cdot\frac{n^2 2^n}{3^n}\right)=\lim_{n\to+\infty}\frac{3n^2}{2(n+1)^2}=\frac{3}{2}>1,$$

所以级数 $\displaystyle\sum_{n=1}^{\infty}\frac{3^n}{n^2 2^n}$ 发散.

例 9.2.6　判别级数 $\displaystyle\sum_{n=1}^{\infty}\frac{1}{n(2n-1)}$ 的敛散性.

解　由于 $\displaystyle\lim_{n\to+\infty}\frac{u_{n+1}}{u_n}=\lim_{n\to+\infty}\frac{n(2n-1)}{(n+1)(2n+1)}=1$, 所以不能用比值审敛法来判别该级数的敛散性, 而采用比较审敛法的极限形式.

因为

$$\lim_{n\to+\infty}\frac{\dfrac{1}{n(2n-1)}}{\dfrac{1}{n^2}}=\lim_{n\to+\infty}\frac{n^2}{2n^2-n}=\frac{1}{2},$$

而级数 $\displaystyle\sum_{n=1}^{\infty}\frac{1}{n^2}$ 收敛, 所以级数 $\displaystyle\sum_{n=1}^{\infty}\frac{1}{n(2n-1)}$ 收敛.

9.2.2　交错级数及其审敛法

所谓交错级数是这样的级数, 它的各项是正、负交错的, 其形式如下:

$$\sum_{n=1}^{\infty}(-1)^{n-1}u_n,\quad u_n\geqslant 0\quad(n=1,2,\cdots).$$

对于交错级数有如下的判定定理.

定理 9.2.3 (莱布尼茨定理)　如果交错级数 $\displaystyle\sum_{n=1}^{\infty}(-1)^{n-1}u_n$ 满足如下两个条件:

(1) $u_n\geqslant u_{n+1}\quad(n=1,2,\cdots)$;

(2) $\displaystyle\lim_{n\to+\infty}u_n=0$,

则级数 $\displaystyle\sum_{n=1}^{\infty}(-1)^{n-1}u_n$ 收敛, 并且其和 $s\leqslant u_1$, 余项 r_n 的绝对值 $|r_n|\leqslant u_{n+1}$.

例 9.2.7　判别级数 $\displaystyle\sum_{n=1}^{\infty}(-1)^{n-1}\frac{1}{n}$ 的敛散性.

解　因为

$$u_n=\frac{1}{n}>\frac{1}{n+1}=u_{n+1}(n=1,2,\cdots),$$

$$\lim_{n\to+\infty}u_n=\lim_{n\to+\infty}\frac{1}{n}=0,$$

所以, 由莱布尼茨审敛法知, 级数 $\sum\limits_{n=1}^{\infty}(-1)^{n-1}\dfrac{1}{n}$ 收敛, 并且和 $s < 1$.

若用 $1 - \dfrac{1}{2} + \dfrac{1}{3} - \dfrac{1}{4} + \cdots + (-1)^{n-1}\dfrac{1}{n}$ 作为级数 $\sum\limits_{n=1}^{\infty}(-1)^{n-1}\dfrac{1}{n}$ 和的近似值, 则其

绝对误差 $|r_n| \leqslant \dfrac{1}{n+1}$.

9.2.3 级数的绝对收敛与条件收敛

以上我们讨论了正项级数的敛散性和交错级数的敛散性, 下面简单地讨论一下任意项级数的敛散性.

形如

$$\sum_{n=1}^{\infty} u_n = u_1 + u_2 + u_3 + u_4 + \cdots + u_n + \cdots \tag{9.4}$$

其中 $u_n (n = 1, 2, \cdots)$ 为任意实数, 该级数称为任意项级数.

级数 (9.4) 各项的绝对值构成了一个正项级数, 即

$$\sum_{n=1}^{\infty} |u_n| = |u_1| + |u_2| + |u_3| + \cdots + |u_n| + \cdots, \tag{9.5}$$

称级数 (9.5) 为原级数 (9.4) 的绝对值级数.

上述两个级数的收敛性有一定的联系.

定理 9.2.4 如果级数 $\sum\limits_{n=1}^{\infty} |u_n|$ 收敛, 则级数 $\sum\limits_{n=1}^{\infty} u_n$ 也收敛.

证 设级数 $\sum\limits_{n=1}^{\infty} |u_n|$ 收敛, 令

$$a_n = \frac{1}{2}\left(|u_n| + u_n\right), \quad b_n = \frac{1}{2}\left(|u_n| - u_n\right).$$

显然, 有 $a_n \geqslant 0$, $b_n \geqslant 0$, 且有 $a_n \leqslant |u_n|$ 和 $b_n \leqslant |u_n|$. 由于级数 $\sum\limits_{n=1}^{\infty} |u_n|$ 收敛, 根

据比较审敛法知, 正项级数 $\sum\limits_{n=1}^{\infty} a_n$ 和 $\sum\limits_{n=1}^{\infty} b_n$ 均收敛, 再根据级数的基本性质得: 级数

$\sum\limits_{n=1}^{\infty}(a_n - b_n)$ 是收敛的.

因为

$$a_n - b_n = \frac{1}{2}\left(|u_n| + u_n\right) - \frac{1}{2}\left(|u_n| - u_n\right) = u_n,$$

所以级数 $\sum\limits_{n=1}^{\infty} u_n$ 收敛.

根据定理 9.2.4, 可以将许多任意项级数的敛散性转化为正项级数敛散性的判别. 即当一个任意项级数所对应的绝对值级数收敛时, 这个任意项级数必收敛. 对于级数的这种收敛性, 可以给出以下定义.

定义 9.2.1 设 $\sum\limits_{n=1}^{\infty} u_n$ 为任意项级数, 则

(1) 当 $\sum\limits_{n=1}^{\infty} |u_n|$ 收敛时, 称 $\sum\limits_{n=1}^{\infty} u_n$ 绝对收敛;

(2) 当 $\sum\limits_{n=1}^{\infty} |u_n|$ 发散, 但 $\sum\limits_{n=1}^{\infty} u_n$ 收敛时, 称 $\sum\limits_{n=1}^{\infty} u_n$ 条件收敛.

根据上述定义, 对于任意项级数, 我们应当判别它是绝对收敛、条件收敛, 还是发散. 而判别任意项级数的绝对收敛时, 我们可以借助正项级数的判别法来讨论.

例 9.2.8 证明级数 $\sum\limits_{n=1}^{\infty} \dfrac{\sin nx}{n^3}$ 绝对收敛.

证 因为 $\left| \dfrac{\sin nx}{n^3} \right| \leqslant \dfrac{1}{n^3}$, 而级数 $\sum\limits_{n=1}^{\infty} \dfrac{1}{n^3}$ 是 $p = 3 > 1$ 的 p-级数, 它收敛, 所以级数 $\sum\limits_{n=1}^{\infty} \left| \dfrac{\sin nx}{n^3} \right|$ 也收敛, 因此级数 $\sum\limits_{n=1}^{\infty} \dfrac{\sin nx}{n^3}$ 绝对收敛.

注 9.2.2 绝对收敛的级数都是收敛的, 但收敛的级数并非都绝对收敛. 例如, 交错级数 $\sum\limits_{n=1}^{\infty} (-1)^{n-1} \dfrac{1}{n}$ 收敛, 但它的绝对值级数是调和级数 $\sum\limits_{n=1}^{\infty} \dfrac{1}{n}$, 发散, 因此级数 $\sum\limits_{n=1}^{\infty} (-1)^{n-1} \dfrac{1}{n}$ 非绝对收敛, 仅仅是条件收敛的.

例 9.2.9 判别级数 $\sum\limits_{n=1}^{\infty} (-1)^n \dfrac{n^{n+1}}{(n+1)!}$ 的敛散性.

解 这是一个交错级数, 其一般项为

$$u_n = (-1)^n \frac{n^{n+1}}{(n+1)!},$$

先判断 $\sum\limits_{n=1}^{\infty} |u_n|$ 是否收敛. 利用比值审敛法, 因为

$$\lim_{n \to +\infty} \frac{|u_{n+1}|}{|u_n|} = \lim_{n \to +\infty} \frac{(n+1)^{n+2}}{[(n+1)+1]!} \frac{(n+1)!}{n^{n+1}}$$

$$= \lim_{n\to+\infty} \left(\frac{n+1}{n}\right)^n \cdot \frac{(n+1)^2}{n(n+2)} = \lim_{n\to+\infty} \left(1+\frac{1}{n}\right)^n$$
$$= e > 1,$$

所以级数 $\sum_{n=1}^{\infty} |u_n|$ 发散, 即题设级数非绝对收敛. 其次, 由 $\lim_{n\to+\infty} \dfrac{|u_{n+1}|}{|u_n|} > 1$ 知, 当 n

充分大时, 有 $|u_{n+1}| > |u_n|$, 故 $\lim_{n\to+\infty} u_n \neq 0$, 所以题设级数发散.

习题 9.2

1. 用比较审敛法或其极限形式判别下列级数的敛散性:

(1) $\sum_{n=1}^{\infty} \dfrac{1+n}{n^2+1}$; (2) $\sum_{n=1}^{\infty} \dfrac{1}{n^2+1}$; (3) $\sum_{n=1}^{\infty} \dfrac{1}{n\sqrt{n+1}}$;

(4) $\sum_{n=1}^{\infty} \dfrac{1}{\sqrt{n(n+1)}}$; (5) $\sum_{n=1}^{\infty} \dfrac{1}{\sqrt{n}} \sin \dfrac{2}{\sqrt{n}}$; (6) $\sum_{n=1}^{\infty} \sin \dfrac{\pi}{2^n}$.

2. 用比值审敛法判别下列级数的敛散性:

(1) $\dfrac{1}{2} + \dfrac{3}{2^2} + \dfrac{5}{2^3} + \dfrac{7}{2^4} + \cdots$; (2) $\sum_{n=1}^{\infty} \dfrac{3^n}{n \cdot 2^n}$; (3) $\sum_{n=1}^{\infty} \dfrac{1}{2^{2n-1}(2n-1)}$;

(4) $\dfrac{2}{1 \cdot 2} + \dfrac{2^2}{2 \cdot 3} + \dfrac{2^3}{3 \cdot 4} + \dfrac{2^4}{4 \cdot 5} + \cdots$; (5) $\sum_{n=1}^{\infty} \dfrac{4^n}{5^n - 3^n}$; (6) $\sum_{n=1}^{\infty} n \tan \dfrac{\pi}{2^{n+1}}$.

3. 判别下列级数的敛散性:

(1) $\sum_{n=1}^{\infty} \dfrac{1+n}{n(n+2)}$; (2) $\sum_{n=1}^{\infty} 2^n \sin \dfrac{\pi}{3^n}$; (3) $\sum_{n=1}^{\infty} \sqrt{\dfrac{n+1}{n}}$;

(4) $\dfrac{3}{4} + 2\left(\dfrac{3}{4}\right)^2 + 3\left(\dfrac{3}{4}\right)^3 + \cdots + n\left(\dfrac{3}{4}\right)^n + \cdots$; (5) $\dfrac{1^4}{1!} + \dfrac{2^4}{2!} + \dfrac{3^4}{3!} + \cdots + \dfrac{n^4}{n!} + \cdots$.

4. 判别下列级数的敛散性, 若收敛, 是条件收敛还是绝对收敛?

(1) $\sum_{n=1}^{\infty} (-1)^{n-1} \dfrac{1}{\sqrt{n}}$; (2) $\dfrac{1}{3} \cdot \dfrac{1}{2} - \dfrac{1}{3} \cdot \dfrac{1}{2^2} + \dfrac{1}{3} \cdot \dfrac{1}{2^3} - \dfrac{1}{3} \cdot \dfrac{1}{2^4} + \cdots$;

(3) $\sum_{n=1}^{\infty} \dfrac{(-1)^n}{n2^n}$; (4) $\dfrac{1}{2} - \dfrac{3}{10} + \dfrac{1}{2^2} - \dfrac{3}{10^2} + \dfrac{1}{2^3} - \dfrac{3}{10^3} + \cdots$;

(5) $\sum_{n=1}^{\infty} (-1)^{n-1} \left(\dfrac{n}{n+1}\right)^n$; (6) $\dfrac{1}{\ln 2} - \dfrac{1}{\ln 3} + \dfrac{1}{\ln 4} - \dfrac{1}{\ln 5} + \cdots$.

9.3 幂 级 数

9.3.1 函数项级数的概念

设有定义在区间 I 上的函数列

$$u_1(x), \quad u_2(x), \quad \cdots, \quad u_n(x), \cdots,$$

由此函数列构成的表达式

$$\sum_{n=1}^{\infty} u_n(x) = u_1(x) + u_2(x) + \cdots + u_n(x) + \cdots \tag{9.6}$$

称为定义在区间 I 上的**函数项级数**.

对于确定的值 $x_0 \in I$, 函数项级数 (9.6) 成为常数项级数

$$\sum_{n=1}^{\infty} u_n(x_0) = u_1(x_0) + u_2(x_0) + \cdots + u_n(x_0) + \cdots . \tag{9.7}$$

若级数 (9.7) 收敛, 则称点 x_0 是函数项级数 (9.6) 的收敛点; 若 (9.7) 发散, 则称点 x_0 是函数项级数 (9.6) 的发散点. 函数项级数 (9.6) 的所有收敛点的全体称为它的**收敛域**, 函数项级数的所有发散点的全体称为它的**发散域**.

对于函数项级数收敛域内任意一点 x, 级数 (9.6) 收敛, 其收敛和自然应依赖于 x 的取值, 故其收敛和应为 x 的函数, 即为 $s(x)$. 通常称 $s(x)$ 为函数项级数的**和函数**. 它的定义域就是级数的收敛域, 并记

$$s(x) = u_1(x) + u_2(x) + \cdots + u_n(x) + \cdots .$$

若将函数项级数 (9.6) 的前 n 项之和 (即部分和) 记作 $s_n(x)$, 则在收敛域上有

$$\lim_{n \to +\infty} s_n(x) = s(x).$$

若把 $r_n(x) = s(x) - s_n(x)$ 叫做函数项级数的**余项**(这里 x 在收敛域上), 则有

$$\lim_{n \to +\infty} r_n(x) = 0.$$

9.3.2 幂级数及其收敛性

函数项级数中最常见的一类级数是幂级数, 它的形式是

$$\sum_{n=0}^{\infty} a_n x^n = a_0 + a_1 x + a_2 x^2 + \cdots + a_n x^n + \cdots \tag{9.8}$$

或

$$\sum_{n=0}^{\infty} a_n (x - x_0)^n = a_0 + a_1(x - x_0) + a_2(x - x_0)^2 + \cdots + a_n(x - x_0)^n + \cdots , \tag{9.9}$$

其中常数 $a_0, a_1, a_2, \cdots, a_n, \cdots$ 称为**幂级数系数**.

式 (9.9) 是幂级数的一般形式, 作变量代换 $t = x - x_0$, 可以把它化为式 (9.8) 的形式. 因此, 在下述讨论中, 如不作特殊说明, 用幂级数 (9.8) 作为讨论的对象.

1. 幂级数的收敛域、发散域的构造

先看一个例子, 考察幂级数

$$1 + x + x^2 + \cdots + x^n + \cdots$$

的收敛性.

由例 9.1.1 知道, 当 $|x| < 1$ 时, 该级数收敛于和 $\dfrac{1}{1-x}$; 当 $|x| \geqslant 1$ 时, 该级数发散. 因此, 该幂级数的收敛域是开区间 $(-1, 1)$, 发散域是 $(-\infty, -1]$ 及 $[1, +\infty)$, 如果在收敛域 $(-1, 1)$ 内该级数的和函数为 $s(x) = \dfrac{1}{1-x}$, 即

$$1 + x + x^2 + \cdots + x^n + \cdots = \frac{1}{1-x} = s(x).$$

由此例可以观察到, 这个幂级数的收敛域是一个区间. 事实上, 这一结论对一般的幂级数也是成立的.

定理 9.3.1 (阿贝尔 (Abel) 定理) 如果幂级数 $\displaystyle\sum_{n=0}^{\infty} a_n x^n$ 当 $x = x_0(x_0 \neq 0)$ 时收敛, 则适合不等式 $|x| < |x_0|$ 的一切 x 均使该幂级数绝对收敛, 反之, 如果级数 $\displaystyle\sum_{n=0}^{\infty} a_n x^n$ 当 $x = x_0$ 时发散, 则适合不等式 $|x| > |x_0|$ 的一切 x 均使该幂级数发散.

证 先设 $x = x_0$ 是幂级数 $\displaystyle\sum_{n=0}^{\infty} a_n x^n$ 的收敛点, 即级数

$$a_0 + a_1 x_0 + a_2 x_0^2 + \cdots + a_n x_0^n + \cdots$$

收敛, 根据级数收敛的必要条件, 有

$$\lim_{n \to +\infty} a_n x_0^n = 0,$$

于是存在一个正数 M, 使得

$$|a_n x_0^n| \leqslant M, \quad n = 0, 1, 2, \cdots.$$

从而

$$|a_n x^n| = \left| a_n x_0^n \cdot \frac{x^n}{x_0^n} \right| = |a_n x_0^n| \cdot \left| \frac{x}{x_0} \right|^n \leqslant M \cdot \left| \frac{x}{x_0} \right|^n, \quad n = 0, 1, 2, \cdots.$$

当 $|x| < |x_0|$ 时, $\left| \dfrac{x}{x_0} \right| < 1$, 等比级数 $\displaystyle\sum_{n=0}^{\infty} M \cdot \left| \frac{x}{x_0} \right|^n$ 收敛, 从而 $\displaystyle\sum_{n=0}^{\infty} |a_n x^n|$ 收敛, 故幂级

数 $\sum\limits_{n=0}^{\infty} a_n x^n$ 绝对收敛.

定理 9.3.1 的第二部分可用反证法证明.

假设幂级数 $\sum\limits_{n=0}^{\infty} a_n x^n$ 当 $x = x_0$ 时发散, 而有一点 x_1 适合 $|x_1| > |x_0|$ 使级数收敛, 则根据定理 9.3.1 的第一部分, 级数当 $x = x_0$ 时应收敛, 这与假设矛盾, 故定理的第二部分成立.

阿贝尔定理揭示了幂级数的收敛域与发散域的结构. 对于幂级数 $\sum\limits_{n=0}^{\infty} a_n x^n$, 若在 $x = x_0$ 处收敛, 则在开区间 $(-|x_0|, |x_0|)$ 之内的任何 x, 幂级数都收敛; 若在 $x = x_0$ 处发散, 则在开区间 $(-|x_0|, |x_0|)$ 之外的任何 x, 幂级数都发散. 这表明, 幂级数的发散点不可能位于原点与收敛点之间.

于是, 可以这样来寻找幂级数的收敛域与发散域:

设幂级数 $\sum\limits_{n=0}^{\infty} a_n x^n$ 在数轴上既有收敛点 (不仅仅只是原点, 原点肯定是一个收敛点), 也有发散点.

从原点出发, 沿数轴向右方搜寻, 最初只遇到收敛点, 然后就只遇到发散点, 设这两部分的界点为 P, 点 P 可能是收敛点, 也可能是发散点. 从原点沿数轴向左方走情形也是如此. 两个界点 P 与 P' 在原点的两侧, 且由定理 9.3.1 知它们到原点的距离是一样的.

如图 9.3.1 位于点 P' 与 P 之间的点, 就是幂级数的收敛域; 位于这两点之外的点, 就是幂级数的发散域. 借助上述几何解释, 就得到如下重要推论.

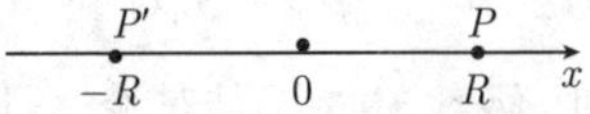

图 9.3.1

推论 9.3.1 如果幂级数 $\sum\limits_{n=0}^{\infty} a_n x^n$ 不是仅在 $x = 0$ 一点收敛, 也不是在整个数轴上都收敛, 则必有一个确定的正数 R 存在, 使得

当 $|x| < R$ 时, 幂级数绝对收敛;

当 $|x| > R$ 时, 幂级数发散;

当 $x = \pm R$ 时, 幂级数可能收敛, 也可能发散.

正数 R 通常称作幂级数的收敛半径. 由幂级数在 $x = \pm R$ 处的敛散性就可决定它在区间 $(-R, R)$, $[-R, R)$, $(-R, R]$ 或 $[-R, R]$ 这 4 个区间之一上收敛, 该区间叫做幂级数的收敛区间.

特别地, 如果幂级数只在 $x = 0$ 处收敛, 则规定收敛半径 $R = 0$; 如果幂级数对一切 x 都收敛, 则规定收敛半径 $R = +\infty$.

2. 幂级数的收敛半径的求法

定理 9.3.2 设有幂级数 $\sum\limits_{n=0}^{\infty} a_n x^n$, 且

$$\lim_{n \to +\infty} \left| \frac{a_{n+1}}{a_n} \right| = \rho,$$

其中 a_n, a_{n+1} 是幂级数的相邻两项的系数, 则此幂级数的收敛半径

$$R = \begin{cases} \dfrac{1}{\rho}, & \rho \neq 0, \\ +\infty, & \rho = 0, \\ 0, & \rho = +\infty. \end{cases}$$

证 考察幂级数的各项取绝对值所成的级数

$$|a_0| + |a_1 x| + |a_2 x^2| + \cdots + |a_n x^n| + \cdots, \tag{9.10}$$

该级数相邻两项之比为

$$\frac{|a_{n+1} x^{n+1}|}{|a_n x^n|} = \left| \frac{a_{n+1}}{a_n} \right| \cdot |x|.$$

若 $\lim\limits_{n \to +\infty} \left| \dfrac{a_{n+1}}{a_n} \right| = \rho(\rho \neq 0)$ 存在, 根据比值审敛法, 当 $\lim\limits_{n \to +\infty} \dfrac{|a_{n+1} x^{n+1}|}{|a_n x^n|} = \lim\limits_{n \to +\infty} \left| \dfrac{a_{n+1}}{a_n} \right| \cdot |x| = \rho \cdot |x| < 1$, 即 $|x| < \dfrac{1}{\rho}$ 时, 级数 (9.10) 收敛, 从而原幂级数绝对收敛; 当 $\rho \cdot |x| > 1$, 即 $|x| > \dfrac{1}{\rho}$ 时, 级数 (9.10) 从某个 n 开始, 有

$$|a_{n+1} x^{n+1}| > |a_n x^n|,$$

从而 $|a_n x^n|$ 不趋向于零, 进而 $a_n x^n$ 也不趋向于零, 因此原幂级数发散. 于是, 收敛半径 $R = \dfrac{1}{\rho}$.

若 $\rho = 0$, 则对任何 $x \neq 0$, 有

$$\lim_{n \to +\infty} \frac{|a_{n+1} x^{n+1}|}{|a_n x^n|} = \lim_{n \to +\infty} \left| \frac{a_{n+1}}{a_n} \right| \cdot |x| = \rho \cdot |x| = 0,$$

从而级数 (9.10) 收敛, 原幂级数绝对收敛, 于是收敛半径 $R = +\infty$.

若 $\rho = +\infty$, 则对任何 $x \neq 0$, 有

$$\lim_{n \to +\infty} \frac{|a_{n+1}x^{n+1}|}{|a_n x^n|} = \lim_{n \to +\infty} \left| \frac{a_{n+1}}{a_n} \right| \cdot |x| = +\infty,$$

依极限理论知, 从某个 n 开始有

$$\frac{|a_{n+1}x^{n+1}|}{|a_n x^n|} > 1, \quad 即 \ |a_{n+1}x^{n+1}| > |a_n x^n|,$$

因此 $\lim\limits_{n \to +\infty} |a_n x^n| \neq 0$.

从而 $\lim\limits_{n \to +\infty} a_n x^n \neq 0$, 原幂级数发散. 于是, 收敛半径 $R = 0$.

例 9.3.1　求下列幂级数的收敛半径与收敛域:

(1) $x - \dfrac{x^2}{2} + \dfrac{x^3}{3} - \cdots + (-1)^{n-1}\dfrac{x^n}{n} + \cdots$;

(2) $\displaystyle\sum_{n=1}^{\infty} \dfrac{2n-1}{2^n} x^{2n-2}$.

解　(1) 因为

$$\rho = \lim_{n \to +\infty} \left| \frac{a_{n+1}}{a_n} \right| = \lim_{n \to +\infty} \left| \frac{(-1)^n \dfrac{1}{n+1}}{(-1)^{n-1}\dfrac{1}{n}} \right| = \lim_{n \to +\infty} \frac{n}{n+1} = 1,$$

所以收敛半径

$$R = \frac{1}{\rho} = 1.$$

在左端点 $x = -1$, 幂级数成为

$$-1 - \frac{1}{2} - \frac{1}{3} - \frac{1}{4} - \cdots - \frac{1}{n} - \cdots,$$

它是发散的.

在右端点 $x = 1$, 幂级数成为交错级数

$$1 - \frac{1}{2} + \frac{1}{3} - \frac{1}{4} + \cdots + (-1)^{n-1}\frac{1}{n} + \cdots,$$

它是收敛的. 因此, 收敛域为 $(-1, 1]$.

(2) 此幂级数缺少奇次幂的项, 定理 9.3.2 不能直接应用, 可根据比值审敛法来求收敛半径:

$$\lim_{n \to +\infty} \left| \frac{u_{n+1}(x)}{u_n(x)} \right| = \lim_{n \to +\infty} \left(\frac{2n+1}{2^{n+1}} x^{2n} \bigg/ \frac{2n-1}{2^n} x^{2n-2} \right) = \lim_{n \to +\infty} \frac{2n+1}{4n-2} \cdot |x|^2 = \frac{1}{2} \cdot |x|^2.$$

当 $\frac{1}{2}|x|^2 < 1$, 即 $|x| < \sqrt{2}$ 时, 幂级数收敛; 当 $\frac{1}{2}|x|^2 > 1$, 即 $|x| > \sqrt{2}$ 时, 幂级数发散.

所以收敛半径 $R = \sqrt{2}$. 对于左端点 $x = -\sqrt{2}$, 幂级数成为

$$\sum_{n=1}^{\infty} \frac{2n-1}{2^n}(-\sqrt{2})^{2n-2} = \sum_{n=1}^{\infty} \frac{2n-1}{2^n} \cdot 2^{n-1} = \sum_{n=1}^{\infty} \frac{2n-1}{2}.$$

它是发散的.

对于右端点 $x = \sqrt{2}$, 幂级数成为

$$\sum_{n=1}^{\infty} \frac{2n-1}{2^n}(\sqrt{2})^{2n-2} = \sum_{n=1}^{\infty} \frac{2n-1}{2^n} \cdot 2^{n-1} = \sum_{n=1}^{\infty} \frac{2n-1}{2}.$$

它也是发散的. 因此, 收敛域是 $(-\sqrt{2}, \sqrt{2})$.

例 9.3.2　求幂级数 $\sum_{n=1}^{\infty} \frac{x^n}{n!}$ 的收敛域.

解　因为

$$\rho = \lim_{n \to +\infty} \left| \frac{a_{n+1}}{a_n} \right| = \lim_{n \to +\infty} \frac{\frac{1}{(n+1)!}}{\frac{1}{n!}} = \lim_{n \to +\infty} \frac{1}{n+1} = 0,$$

所以收敛半径 $R = +\infty$, 从而收敛域是 $(-\infty, +\infty)$.

例 9.3.3　求幂级数 $\sum_{n=0}^{\infty} n! x^n$ 的收敛半径.

解　因为

$$\rho = \lim_{n \to +\infty} \left| \frac{a_{n+1}}{a_n} \right| = \lim_{n \to +\infty} \frac{(n+1)!}{n!} = +\infty,$$

所以收敛半径 $R = 0$, 即级数仅在 $x = 0$ 处收敛.

例 9.3.4　求函数项级数 $\sum_{n=1}^{\infty} n2^{2n}(1-x)^n x^n$ 的收敛域.

解　作变量替换 $t = (1-x)x$, 则函数项级数变成了幂级数

$$\sum_{n=1}^{\infty} n2^{2n} t^n.$$

因为

$$\rho = \lim_{n \to +\infty} \left| \frac{a_{n+1}}{a_n} \right| = \lim_{n \to +\infty} \left| \frac{(n+1)2^{2(n+1)}}{n2^{2n}} \right| \lim_{n \to +\infty} \frac{4(n+1)}{n} = 4,$$

所以收敛半径为 $R = \dfrac{1}{4}$.

对于左端点 $t = -\dfrac{1}{4}$, 幂级数成为

$$\sum_{n=1}^{\infty} n 2^{2n} \left(-\frac{1}{4}\right)^n = \sum_{n=1}^{\infty} (-1)^n n,$$

它是发散的.

对于右端点 $t = \dfrac{1}{4}$, 幂级数成为

$$\sum_{n=1}^{\infty} n 2^{2n} \left(\frac{1}{4}\right)^n = \sum_{n=1}^{\infty} n,$$

它也是发散的, 故收敛域为 $-\dfrac{1}{4} < t < \dfrac{1}{4}$, 即

$$-\frac{1}{4} < (1-x)x < \frac{1}{4},$$

亦即 $x \in \left(\dfrac{1-\sqrt{2}}{2}, \dfrac{1+\sqrt{2}}{2}\right)$ 且 $x \neq \dfrac{1}{2}$.

9.3.3　幂级数的运算性质

对下述性质证明从略.

1. 幂级数的加、减运算

设幂级数 $\displaystyle\sum_{n=1}^{\infty} a_n x^n$ 及 $\displaystyle\sum_{n=1}^{\infty} b_n x^n$ 的收敛区间分别为 $(-R_1, R_1)$ 与 $(-R_2, R_2)$, 记 $R = \min\{R_1, R_2\}$, 当 $|x| < R$ 时, 有

$$\sum_{n=1}^{\infty} a_n x^n \pm \sum_{n=1}^{\infty} b_n x^n = \sum_{n=1}^{\infty} (a_n \pm b_n) x^n.$$

2. 幂级数和函数的性质

性质 9.3.1　幂级数 $\displaystyle\sum_{n=1}^{\infty} a_n x^n$ 的和函数 $s(x)$ 在收敛区间 $(-R, R)$ 内连续.

若幂级数在收敛区间的左端点 $x = -R$ 收敛, 则其和函数 $s(x)$ 在 $x = -R$ 处右连续, 即 $\displaystyle\lim_{x \to -R^+} s(x) = \sum_{n=0}^{\infty} a_n(-R)^n$; 若幂级数在收敛区间的右端点 $x = R$ 处收敛, 则

其和函数 $s(x)$ 在 $x = R$ 处左连续, 即

$$\lim_{x \to R^-} s(x) = \sum_{n=0}^{\infty} a_n(R)^n.$$

注 9.3.1 这一性质在求某些特殊的数项级数之和时, 非常有用.

性质 9.3.2 (逐项求导) 幂级数 $\sum\limits_{n=1}^{\infty} a_n x^n$ 的和函数 $s(x)$ 在其收敛区间 $(-R, R)$ 内可导, 并且有逐项求导公式

$$s'(x) = \left(\sum_{n=0}^{\infty} a_n x^n \right)' = \sum_{n=0}^{\infty} (a_n x^n)' = \sum_{n=1}^{\infty} n \cdot a_n x^{n-1}, \quad |x| < R, \tag{9.11}$$

逐项求导后所得到的幂级数和原级数有相同的收敛半径.

性质 9.3.3 (逐项求积分) 幂级数 $\sum\limits_{n=1}^{\infty} a_n x^n$ 的和函数 $s(x)$ 在其收敛区间 $(-R, R)$ 内可积, 并且有逐项积分公式

$$\int_0^x s(x)\mathrm{d}x = \int_0^x \left(\sum_{n=0}^{\infty} a_n x^n \right) \mathrm{d}x = \sum_{n=0}^{\infty} \int_0^x a_n x^n \mathrm{d}x$$

$$= \sum_{n=0}^{\infty} \frac{a_n}{n+1} x^{n+1} \quad (|x| < R). \tag{9.12}$$

注 9.3.2 幂级数通过逐项求导、逐项求积分之后所得到的新的幂级数在原收敛区间内仍然收敛; 但在收敛区间的端点处其敛散性会发生改变, 因此, 应予以重新判定.

例 9.3.5 求幂级数 $\sum\limits_{n=1}^{\infty} (-1)^{n-1} \dfrac{x^n}{n}$ 的和函数.

解 先求收敛域. 由

$$\rho = \lim_{n \to +\infty} \left| \frac{a_{n+1}}{a_n} \right| = \lim_{n \to +\infty} \left| (-1)^n \frac{1}{n+1} \Big/ (-1)^{n-1} \frac{1}{n} \right| = \lim_{n \to +\infty} \frac{n}{n+1} = 1,$$

得收敛半径 $R = 1$.

在端点 $x = -1$ 处, 幂级数成为 $-\sum\limits_{n=1}^{\infty} \dfrac{1}{n}$, 它是发散的; 在端点 $x = 1$ 处, 幂级数成为 $\sum\limits_{n=1}^{\infty} \dfrac{(-1)^{n-1}}{n}$, 它是收敛的, 因此, 收敛域为 $(-1, 1]$. 设其和函数为 $s(x)$, 即

$$s(x) = \sum_{n=1}^{\infty} (-1)^{n-1} \frac{x^n}{n} = x - \frac{x^2}{2} + \frac{x^3}{3} - \frac{x^4}{4} + \cdots \quad (-1 < x \leqslant 1).$$

显然, $s(0) = 0$, 利用性质 9.3.2, 逐项求导

$$s'(x) = 1 - x + x^2 - x^3 + \cdots + (-1)^{n-1} x^{n-1} + \cdots = \frac{1}{1+x}, \quad -1 < x < 1.$$

对上式从 0 到 x 积分, 由 $\int_0^x s'(x)\mathrm{d}x = s(x) - s(0)$, 得

$$s(x) = s(0) + \int_0^x s'(x)\,\mathrm{d}x = \int_0^x \frac{1}{1+x}\mathrm{d}x = \ln(1+x),$$

因题设级数在 $x = 1$ 时收敛, 所以

$$s(x) = \sum_{n=1}^{\infty} (-1)^{n-1} \frac{x^n}{n} = \ln(1+x), \quad -1 < x \leqslant 1.$$

例 9.3.6 求幂级数 $\sum_{n=1}^{\infty} \frac{1}{2n-1} x^{2n-1}$ 在 $|x| < 1$ 的和函数, 并求 $\sum_{n=1}^{\infty} \frac{1}{(2n-1)\,2^n}$.

解 设所求幂级数的和函数为 $s(x)$, 即

$$s(x) = \sum_{n=1}^{\infty} \frac{1}{2n-1} x^{2n-1} \quad (-1 < x < 1),$$

利用性质 9.3.2, 逐项求导有

$$s'(x) = \left(\sum_{n=1}^{\infty} \frac{1}{2n-1} x^{2n-1} \right)' = \sum_{n=1}^{\infty} \left(\frac{1}{2n-1} x^{2n-1} \right)' = \sum_{n=1}^{\infty} x^{2n-2} = \frac{1}{1-x^2},$$

所以

$$s(x) = s(0) + \int_0^x s'(x)\,\mathrm{d}x = \int_0^x \frac{1}{1-x^2}\mathrm{d}x = \frac{1}{2} \ln \frac{1+x}{1-x},$$

即

$$\sum_{n=1}^{\infty} \frac{1}{2n-1} x^{2n-1} = \frac{1}{2} \ln \frac{1+x}{1-x}, \quad -1 < x < 1.$$

上式两端同时乘以 x, 有

$$\sum_{n=1}^{\infty} \frac{x^{2n}}{2n-1} = \frac{x}{2} \ln \frac{1+x}{1-x},$$

令 $x = \frac{1}{\sqrt{2}}$, 得

$$\sum_{n=1}^{\infty} \frac{1}{(2n-1)\,2^n} = \frac{1}{2\sqrt{2}} \ln \frac{2+\sqrt{2}}{2-\sqrt{2}} = \frac{1}{\sqrt{2}} \ln \left(1 + \sqrt{2} \right).$$

例 9.3.7 求幂级数 $\sum\limits_{n=0}^{\infty} (n+1)^2 x^n$ 的和函数.

解 因为

$$\rho = \lim_{n \to +\infty} \left| \frac{a_{n+1}}{a_n} \right| = \lim_{n \to +\infty} \frac{(n+2)^2}{(n+1)^2} = 1,$$

得收敛半径 $R = 1$, 易见当 $x = \pm 1$ 时, 题设级数发散, 所以题设级数的收敛域为 $(-1, 1)$.

设 $s(x) = \sum\limits_{n=0}^{\infty} (n+1)^2 x^n (|x| < 1)$, 则

$$\int_0^x s(x) \, \mathrm{d}x = \sum_{n=0}^{\infty} (n+1) x^{n+1} = x \sum_{n=0}^{\infty} \left(x^{n+1} \right)'$$

$$= x \left(\sum_{n=0}^{\infty} x^{n+1} \right)' = x \left(\frac{x}{1-x} \right)' = \frac{x}{(1-x)^2},$$

在上式两端求导, 得所求和函数

$$s(x) = \frac{1+x}{(1-x)^3}, \quad |x| < 1.$$

习题 9.3

1. 求下列幂级数的收敛域:

(1) $x + 2x^2 + 3x^3 + \cdots + nx^n + \cdots$;

(2) $\dfrac{x}{2} + \dfrac{x^2}{2 \cdot 4} + \dfrac{x^3}{2 \cdot 4 \cdot 6} + \cdots + \dfrac{x^n}{2 \cdot 4 \cdots (2n)} + \cdots$;

(3) $\dfrac{x}{1 \cdot 2} - \dfrac{x^2}{2 \cdot 2^2} + \dfrac{x^3}{3 \cdot 2^3} + \cdots + (-1)^{n-1} \dfrac{x^n}{n \cdot 2^n} + \cdots$;

(4) $1 + \dfrac{x}{a} + \dfrac{x^2}{2 \cdot a^2} + \dfrac{x^3}{3 \cdot a^3} + \cdots + \dfrac{x^n}{n \cdot a^n} + \cdots (a > 0)$;

(5) $\ln x + (\ln x)^2 + (\ln x)^3 + (\ln x)^4 + \cdots$;

(6) $\sum\limits_{n=0}^{\infty} (-1)^n \dfrac{x^n}{5^n \sqrt{n+1}}$;   (7) $\sum\limits_{n=0}^{\infty} (-1)^n \dfrac{x^{2n}}{2n!}$;   (8) $\sum\limits_{n=1}^{\infty} n! \dfrac{(x-5)^n}{n^n}$.

2. 求下列幂级数的收敛半径及收敛域:

(1) $\sum\limits_{n=1}^{\infty} \left(1 + \dfrac{1}{n} \right)^{-n^2} x^n$;   (2) $\sum\limits_{n=1}^{\infty} \dfrac{(x-3)^n}{\sqrt{n}}$;   (3) $\sum\limits_{n=0}^{\infty} (-1)^n \dfrac{x^{2n}}{3^n}$.

3. 求下列幂级数的和函数:

(1) $\sum\limits_{n=1}^{\infty} nx^{n-1}$;   (2) $\sum\limits_{n=1}^{\infty} \dfrac{x^{2n-1}}{2n-1}$.

4. 求幂级数 $\displaystyle\sum_{n=1}^{\infty}\frac{x^n}{n}$ 的和函数, 并求 $1-\dfrac{1}{2}+\dfrac{1}{3}-\cdots+(-1)^{n-1}\dfrac{1}{n}+\cdots$.

9.4　函数展开成幂级数

在实际问题中常常需要将一个函数展开成幂级数以便进行近似计算. 那么如何把一个已知函数展开成幂级数呢? 这也是本节要研究的主要问题.

9.4.1　泰勒级数

如果 $f(x)$ 在 $x=x_0$ 的某个邻域 $U(x_0)$ 内具有任意阶的导数, 把级数

$$f(x_0)+\frac{f'(x_0)}{1!}(x-x_0)+\frac{f''(x_0)}{2!}(x-x_0)^2+\cdots+\frac{f^{(n)}(x_0)}{n!}(x-x_0)^n+\cdots$$
$$=\sum_{n=0}^{\infty}\frac{f^{(n)}(x_0)}{n!}(x-x_0)^n \tag{9.13}$$

称为函数 $f(x)$ 在 $x=x_0$ 处的泰勒 (Taylor) 级数.

式 (9.13) 的前 $n+1$ 项部分和用 $s_{n+1}(x)$ 记之, 且

$$s_{n+1}(x)=\sum_{k=0}^{n}\frac{f^{(k)}(x_0)}{k!}(x-x_0)^k,$$

这里 $0!=1, f^{(0)}(x_0)=f(x_0)$.

由泰勒中值定理, 有

$$f(x)=s_{n+1}(x)+R_n(x).$$

当然, 这里 $R_n(x)$ 是**拉格朗日型余项**, 且

$$R_n(x)=\frac{f^{(n+1)}(\xi)}{(n+1)!}(x-x_0)^{n+1},\quad \xi\text{ 在 }x\text{ 与 }x_0\text{ 之间}.$$

由 $R_n(x)=f(x)-s_{n+1}(x)$, 有

$$\lim_{n\to+\infty}R_n(x)=0\Leftrightarrow\lim_{n\to+\infty}s_{n+1}(x)=f(x).$$

因此, 当 $\displaystyle\lim_{n\to+\infty}R_n(x)=0$ 时, 函数 $f(x)$ 的泰勒级数

$$f(x_0)+\frac{f'(x_0)}{1!}(x-x_0)+\frac{f''(x_0)}{2!}(x-x_0)^2+\cdots+\frac{f^{(n)}(x_0)}{n!}(x-x_0)^n+\cdots$$

就是它的另一种精确的表达式, 即

$$f(x)=f(x_0)+\frac{f'(x_0)}{1!}(x-x_0)+\frac{f''(x_0)}{2!}(x-x_0)^2+\cdots+\frac{f^{(n)}(x_0)}{n!}(x-x_0)^n+\cdots.$$

即

$$f(x) = \sum_{n=0}^{\infty} \frac{f^{(n)}(x_0)}{n!}(x - x_0)^n, \quad x \in U(x_0). \tag{9.14}$$

展开式 (9.14) 称为函数 $f(x)$ 在点 x_0 处的泰勒展开式.

函数 $f(x)$ 在 $U(x_0)$ 内能展开成幂级数的充分必要条件是泰勒展开式 (9.14) 成立, 也就是泰勒级数 (9.13) 在 $U(x_0)$ 内收敛, 且收敛到 $f(x)$.

对此, 有下面的定理.

定理 9.4.1 设函数 $f(x)$ 在 x_0 的某一邻域 $U(x_0)$ 内具有任意阶导数, 则 $f(x)$ 在该邻域内能展开成泰勒级数的充分必要条件是在该邻域内 $f(x)$ 的泰勒公式中的余项 $R_n(x)$ 当 $n \to +\infty$ 时的极限为零, 即

$$\lim_{n \to +\infty} R_n(x) = 0, \quad x \in U(x_0).$$

特别地, 当 $x_0 = 0$ 时, 有

$$f(x) = f(0) + \frac{f'(0)}{1!}x + \frac{f''(0)}{2!}x^2 + \cdots + \frac{f^{(n)}(0)}{n!}x^n + \cdots = \sum_{n=0}^{\infty} \frac{f^{(n)}(0)}{n!}x^n. \tag{9.15}$$

级数 (9.15) 称为函数 $f(x)$ 的麦克劳林级数. 如果 $f(x)$ 能在 $(-r, r)$ 内展开成 x 的幂级数, 则有

$$f(x) = \sum_{n=0}^{\infty} \frac{f^{(n)}(0)}{n!}x^n, \quad |x| < r. \tag{9.16}$$

式 (9.16) 称为函数 $f(x)$ 的麦克劳林展开式.

9.4.2 函数展开成幂级数

1. 直接展开法

将函数展开成麦克劳林级数可按如下几步进行:

第一步: 求出函数 $f(x)$ 的各阶导数及函数值

$$f(0), \quad f'(0), \quad f''(0), \quad \cdots, \quad f^{(n)}(0), \quad \cdots,$$

若函数的某阶导数不存在, 则函数不能展开为 x 的幂级数.

第二步: 写出麦克劳林级数

$$f(0) + \frac{f'(0)}{1!}x + \frac{f''(0)}{2!}x^2 + \cdots + \frac{f^{(n)}(0)}{n!}x^n + \cdots,$$

并求其收敛半径 R.

第三步: 考察当 $x \in (-R, R)$ 时, 拉格朗日型余项

$$R_n(x) = \frac{f^{(n+1)}(\theta \cdot x)}{(n+1)!} x^{n+1}, \quad 0 < \theta < 1,$$

当 $n \to +\infty$ 时, $R_n(x)$ 的极限是否趋向于零. 若 $\lim\limits_{n \to +\infty} R_n(x) = 0$, 则函数 $f(x)$ 在区间 $(-R, R)$ 内的幂级数展开式为

$$f(x) = f(0) + \frac{f'(0)}{1!} x + \frac{f''(0)}{2!} x^2 + \cdots + \frac{f^{(n)}(0)}{n!} x^n + \cdots = \sum_{n=0}^{\infty} \frac{f^{(n)}(0)}{n!} x^n, \quad x \in (-R, R).$$

若 $\lim\limits_{n \to +\infty} R_n(x) \neq 0$, 则函数无法展开成麦克劳林级数.

例 9.4.1　将函数 $f(x) = \mathrm{e}^x$ 展开成麦克劳林级数.

解　由于

$$f^{(n)}(x) = \mathrm{e}^x, \quad f^{(n)}(0) = 1 \quad (n = 0, 1, 2, \cdots),$$

于是得麦克劳林级数

$$1 + \frac{x}{1!} + \frac{x^2}{2!} + \cdots + \frac{x^n}{n!} + \cdots,$$

而

$$\rho = \lim_{n \to +\infty} \left| \frac{a_{n+1}}{a_n} \right| = \lim_{n \to +\infty} \left| \frac{1}{(n+1)!} \middle/ \frac{1}{n!} \right| = \lim_{n \to +\infty} \frac{1}{n+1} = 0,$$

故 $R = +\infty$.

对于任意 $x \in (-\infty, +\infty)$, 有

$$|R_n(x)| = \left| \frac{\mathrm{e}^{\theta \cdot x}}{(n+1)!} \cdot x^{n+1} \right| \leqslant \mathrm{e}^{|x|} \cdot \frac{|x|^{n+1}}{(n+1)!} \quad (0 < \theta < 1),$$

这里 $\mathrm{e}^{|x|}$ 是与 n 无关的有限数, 考虑辅助幂级数

$$\sum_{n=1}^{\infty} \frac{|x|^{n+1}}{(n+1)!}$$

的敛散性. 由比值法有

$$\lim_{n \to +\infty} \left| \frac{u_{n+1}(x)}{u_n(x)} \right| = \lim_{n \to +\infty} \left| \frac{|x|^{n+2}}{(n+2)!} \middle/ \frac{|x|^{n+1}}{(n+1)!} \right| = \lim_{n \to +\infty} \frac{|x|}{n+2} = 0,$$

故辅助级数收敛, 从而一般项趋向于零, 即 $\lim\limits_{n \to +\infty} \dfrac{|x|^{n+1}}{(n+1)!} = 0$.

因此 $\lim\limits_{n \to \infty} R_n(x) = 0$, 故

$$\mathrm{e}^x = 1 + \frac{x}{1!} + \frac{x^2}{2!} + \cdots + \frac{x^n}{n!} + \cdots, \quad -\infty < x < +\infty.$$

例 9.4.2　将函数 $f(x) = \sin x$ 展开成 x 的幂级数.

解 初等函数 $f(x) = \sin x$ 在 $(-\infty, +\infty)$ 内具有任意阶导数, 且

$$f^{(n)}(x) = \sin\left(x + n \cdot \frac{\pi}{2}\right), \quad n = 0, 1, 2, \cdots,$$

$$f^{(n)}(0) = \sin\left(n \cdot \frac{\pi}{2}\right) = \begin{cases} 0, & n = 0, 2, 4, \cdots, \\ (-1)^{\frac{n-1}{2}}, & n = 1, 3, 5, \cdots. \end{cases}$$

于是得幂级数

$$\frac{x}{1!} - \frac{x^3}{3!} + \frac{x^5}{5!} - \cdots + (-1)^k \frac{x^{2k+1}}{(2k+1)!} + \cdots = \sum_{k=0}^{\infty} (-1)^k \frac{x^{2k+1}}{(2k+1)!},$$

容易求出, 它的收敛半径为 $R = +\infty$.

对任意的 $x \in (-\infty, +\infty)$, 有

$$|R_n(x)| = \left| \frac{\sin\left(\theta \cdot x + (n+1) \cdot \frac{\pi}{2}\right)}{(n+1)!} \cdot x^{n+1} \right| \leqslant \left| \frac{|x|^{n+1}}{(n+1)!} \right|, \quad 0 < \theta < 1,$$

由例 9.4.1 可知, $\displaystyle\lim_{n \to +\infty} \frac{|x|^{n+1}}{(n+1)!} = 0$, 故 $\displaystyle\lim_{n \to +\infty} R_n(x) = 0$.

因此, 得到展开式

$$\sin x = \frac{x}{1!} - \frac{x^3}{3!} + \frac{x^5}{5!} - \cdots + (-1)^k \frac{x^{2k+1}}{(2k+1)!} + \cdots, \quad x \in (-\infty, +\infty).$$

以上将函数展开成幂级数的例子, 是直接按公式 $a_n = \dfrac{f^{(n)}(0)}{n!}$ 计算幂级数的系数, 最后考察余项 $R_n(x)$ 的极限是否趋向于零. 这种直接展开的方法计算量较大, 而且研究余项也不是一件容易的事. 下面介绍间接展开的方法, 就是利用一些已知的函数展开式, 通过幂级数的运算 (如四则运算、逐项求导、逐项积分) 以及变量代换等, 将所给的函数展开成幂级数. 这样做不但计算简单, 而且可以避免研究余项.

2. 间接展开法

前面我们已经求得的幂级数展开式有

$$\mathrm{e}^x = 1 + \frac{x}{1!} + \frac{x^2}{2!} + \cdots + \frac{x^n}{n!} + \cdots, \quad -\infty < x < +\infty,$$

$$\sin x = \frac{x}{1!} - \frac{x^3}{3!} + \frac{x^5}{5!} - \cdots + (-1)^k \frac{x^{2k+1}}{(2k+1)!} + \cdots, \quad x \in (-\infty, +\infty),$$

$$\frac{1}{1+x} = 1 - x + x^2 - x^3 \cdots + (-1)^n x^n + \cdots, \quad -1 < x < 1.$$

例 9.4.3 将函数 $f(x) = \cos x$ 展开成 x 的幂级数.

解　对展开式

$$\sin x = \frac{x}{1!} - \frac{x^3}{3!} + \frac{x^5}{5!} - \cdots + (-1)^k \frac{x^{2k+1}}{(2k+1)!} + \cdots, \quad x \in (-\infty, +\infty),$$

两边关于 x 逐项求导, 得

$$\cos x = 1 - \frac{x^2}{2!} + \frac{x^4}{4!} - \cdots + (-1)^k \frac{x^{2k}}{(2k)!} + \cdots = \sum_{k=0}^{\infty} \frac{(-1)^k}{(2k)!} x^{2k}, \quad x \in (-\infty, +\infty).$$

例 9.4.4　将函数 $f(x) = \ln(1+x)$ 展开成 x 的幂级数.

解　因为 $f'(x) = \dfrac{1}{1+x}$, 而且

$$\frac{1}{1+x} = 1 - x + x^2 - x^3 + \cdots + (-1)^n x^n + \cdots, \quad -1 < x < 1,$$

将上式从 0 到 x 逐项积分得

$$\ln(1+x) = x - \frac{x^2}{2} + \frac{x^3}{3} - \cdots + (-1)^n \frac{x^{n+1}}{n+1} + \cdots,$$

当 $x = 1$ 时, 交错级数

$$1 - \frac{1}{2} + \frac{1}{3} - \cdots + (-1)^n \frac{1}{n+1} + \cdots$$

是收敛的. 因此有

$$\ln(1+x) = x - \frac{x^2}{2} + \frac{x^3}{3} - \cdots + (-1)^n \frac{x^{n+1}}{n+1} + \cdots, \quad -1 < x \leqslant 1.$$

下面介绍十分重要的牛顿二项展开式.

例 9.4.5　将函数 $f(x) = (1+x)^\alpha$ 展开成 x 的幂级数, 其中 α 为任意实数.

解　$f(x) = (1+x)^\alpha$ 的各阶导数为

$$f'(x) = \alpha(1+x)^{\alpha-1},$$
$$f''(x) = \alpha(\alpha-1)(1+x)^{\alpha-2},$$
$$\cdots\cdots$$
$$f^{(n)}(x) = \alpha(\alpha-1)\cdots(\alpha-n+1)(1+x)^{\alpha-n},$$
$$\cdots\cdots$$

所以

$$f(0) = 1, \quad f'(0) = \alpha, \quad f''(0) = \alpha(\alpha-1), \quad \cdots,$$
$$f^{(n)}(0) = \alpha(\alpha-1)\cdots(\alpha-n+1),$$
$$\cdots\cdots$$

于是得到幂级数

$$1 + \frac{\alpha}{1!} \cdot x + \frac{\alpha(\alpha-1)}{2!}x^2 + \cdots + \frac{\alpha(\alpha-1)\cdots(\alpha-n+1)}{n!}x^n + \cdots.$$

$$\rho = \lim_{n\to+\infty}\left|\frac{a_{n+1}}{a_n}\right| = \lim_{n\to+\infty}\left|\frac{\alpha-n}{n+1}\right| = 1.$$

因此, 对任意实数 α, 幂级数在 $(-1,1)$ 内收敛, 所以在开区间 $(-1,1)$ 内有展开式

$$(1+x)^\alpha = 1 + \alpha \cdot x + \frac{\alpha(\alpha-1)}{2!}x^2 + \frac{\alpha(\alpha-1)(\alpha-2)}{3!}x^3 + \cdots$$

$$+ \frac{\alpha(\alpha-1)\cdots(\alpha-n+1)}{n!}x^n + \cdots \quad (-1 < x < 1) \tag{9.17}$$

注 9.4.1 在区间端点 $x = \pm1$ 处的敛散性, 要看实数 α 的取值而定, 这里, 不作进一步地介绍. 公式 (9.17) 称为牛顿二项展开式. 特别地, 当 α 为正整数时, 级数成为 x 的 α 次多项式, 它就是初等代数中的二项式定理.

例如, 对应 $\alpha = \frac{1}{2}$, $\alpha = -\frac{1}{2}$ 的二项展开式分别为

$$\sqrt{1+x} = 1 + \frac{1}{2}x - \frac{1}{2\times4}x^2 + \frac{1\times3}{2\times4\times6}x^3 - \frac{1\times3\times5}{2\times4\times6\times8}x^4 + \cdots \quad (-1 \leqslant x \leqslant 1),$$

$$\frac{1}{\sqrt{1+x}} = 1 - \frac{1}{2}x + \frac{1\times3}{2\times4}x^2 - \frac{1\times3\times5}{2\times4\times6}x^3 + \frac{1\times3\times5\times7}{2\times4\times6\times8}x^4 - \cdots \quad (-1 < x \leqslant 1).$$

最后, 举一个将函数展开成 $x - x_0$ 的幂级数形式的例子.

例 9.4.6 将函数 $f(x) = \dfrac{1}{x^2+4x+3}$ 展开成 $x-1$ 的幂级数.

解 $f(x) = \dfrac{1}{(x+3)(x+1)} = \dfrac{1}{2(1+x)} - \dfrac{1}{2(3+x)}$

$$= \frac{1}{4\left(1+\dfrac{x-1}{2}\right)} - \frac{1}{8\left(1+\dfrac{x-1}{4}\right)},$$

而

$$\frac{1}{4\left(1+\dfrac{x-1}{2}\right)} = \frac{1}{4}\sum_{n=0}^{\infty}\frac{(-1)^n}{2^n}(x-1)^n \quad (-1 < x < 3),$$

$$\frac{1}{8\left(1+\dfrac{x-1}{4}\right)} = \frac{1}{8}\sum_{n=0}^{\infty}\frac{(-1)^n}{4^n}(x-1)^n \quad (-3 < x < 5),$$

所以

$$\frac{1}{x^2+4x+3} = \sum_{n=0}^{\infty}(-1)^n\left[\frac{1}{2^{n+2}} - \frac{1}{2^{2n+3}}\right]\cdot(x-1)^n, \quad -1 < x < 3.$$

习题 9.4

1. 将下列函数展开成 x 的幂级数:

(1) $f(x) = \mathrm{e}^{2x}$;　　　　　　　　　(2) $f(x) = \cos x^2$;

(3) $f(x) = x \cdot \arctan x$;　　　　　　(4) $f(x) = \ln(a+x)\,(a > 0)$.

2. 将函数 $f(x) = \dfrac{1}{x}$ 展开成为 $x - 3$ 的幂级数.

3. 将函数 $f(x) = \dfrac{1}{x^2 + 3x + 2}$ 展开成为 $x + 4$ 的幂级数.

4. 将函数 $f(x) = \dfrac{1}{1+x}$ 展开成为 $x - 3$ 的幂级数.

9.5　幂级数的应用

由于幂级数的形式简单, 运算方便, 所以经常利用幂级数来解决各种问题, 下面介绍幂级数的一些初步应用.

9.5.1　函数值的近似计算

例 9.5.1　计算 e 的近似值, 精确到 10^{-4}.

解　利用 e^x 的幂级数展开式, 得

$$\mathrm{e}^x = 1 + x + \frac{x^2}{2!} + \frac{x^3}{3!} + \cdots \quad (-\infty < x < +\infty),$$

取 $\mathrm{e}^x \approx 1 + x + \dfrac{x^2}{2!} + \dfrac{x^3}{3!} + \cdots + \dfrac{x^{n-1}}{(n-1)!}$ 作为近似式, 于是取 $x = 1$ 时,

$$\mathrm{e} \approx 1 + 1 + \frac{1}{2!} + \frac{1}{3!} + \cdots + \frac{1}{(n-1)!}.$$

如果取前 n 项的和作为 e 的近似值, 其中误差为

$$|r_n| = \frac{1}{n!} + \frac{1}{(n+1)!} + \frac{1}{(n+2)!} + \cdots$$
$$= \frac{1}{n!}\left(1 + \frac{1}{n+1} + \frac{1}{(n+2)(n+1)} + \cdots\right).$$

将上式进行放大使成为等比级数, 则有

$$|r_n| < \frac{1}{n!}\left(1 + \frac{1}{n+1} + \frac{1}{(n+1)^2} + \cdots\right) = \frac{1}{n!} \cdot \frac{1}{1 - \dfrac{1}{n+1}},$$

即

$$|r_n| < \frac{n+1}{n \cdot n!}.$$

由于要求 $|r_n| < 10^{-4}$, 只要 $\dfrac{n+1}{n \cdot n!} < 10^{-4}$, 当取 $n = 8$ 时,

$$\frac{9}{8 \times 8!} < \frac{1}{8 \times 8 \times 7 \times 6 \times 4 \times 3} = \frac{1}{64 \times 24 \times 21} < \frac{1}{(60) \times (20)^2} < 0.0001,$$

故取 $n = 8$, 即取级数前 8 项的部分和作为近似值, 每项取 5 位小数计算得

$$e \approx 1 + 1 + \frac{1}{2!} + \frac{1}{3!} + \cdots + \frac{1}{7!} \approx 2.71823.$$

9.5.2 求定积分的近似值

在计算定积分时, 如果被积函数较复杂或不能用初等函数来表示, 就要用其他方法来进行计算. 如 $\frac{\sin x}{x}, \frac{1}{\ln x}, e^{-x^2}$ 等函数, 其原函数不能用初等函数表示, 但若被积函数在积分区间上能展开成幂级数, 则可通过幂级数展开式的逐项积分, 用积分后的级数近似计算所给的定积分.

例 9.5.2 计算 $\int_0^1 \frac{\sin x}{x} dx$ 的近似值, 精确到 10^{-4}.

解 利用 $\sin x$ 的幂级数展开式, 得

$$\frac{\sin x}{x} = 1 - \frac{x^2}{3!} + \frac{x^4}{5!} - \frac{x^6}{7!} + \cdots, \quad x \in (-\infty, +\infty),$$

所以

$$\int_0^1 \frac{\sin x}{x} dx = 1 - \frac{1}{3 \times 3!} + \frac{1}{5 \times 5!} - \frac{1}{7 \times 7!} + \cdots.$$

这是一个收敛的交错级数, 因其第 4 项中 $\frac{1}{7 \times 7!} < 10^{-4}$, 因此取前三项来计算积分的近似值, 得

$$\int_0^1 \frac{\sin x}{x} dx \approx 1 - \frac{1}{3 \times 3!} + \frac{1}{5 \times 5!} \approx 0.9461.$$

9.5.3 解微分方程

当微分方程的解不能用初等函数或其积分式表达时, 就要寻求其他解法, 常用的有幂级数解法和数值解法. 下面简单介绍幂级数解法.

例 9.5.3 求微分方程 $\frac{dy}{dx} = x + y^2$ 满足 $y|_{x=0} = 0$ 的特解.

解 由于 $x_0 = 0, y_0 = 0$, 所以设微分方程的解为

$$y = a_1 x + a_2 x^2 + a_3 x^3 + \cdots = \sum_{n=1}^{\infty} a_n x^n,$$

把 y 及 y' 的幂级数展开式代入原方程, 得

$$a_1 + 2a_2 x + 3a_3 x^2 + 4a_4 x^3 + 5a_5 x^4 + \cdots$$
$$= x + (a_1 x + a_2 x^2 + a_3 x^3 + \cdots)^2$$
$$= x + a_1^2 x^2 + 2a_1 a_2 x^3 + (a_2^2 + 2a_1 a_3) x^4 + \cdots,$$

上式为恒等式, 比较上式两端的同次幂的系数, 得

$$a_1 = 0, \quad a_2 = \frac{1}{2}, \quad a_3 = 0, \quad a_4 = 0, \quad a_5 = \frac{1}{20}, \quad \cdots,$$

于是所求解的幂级数展开式的开始几项为

$$y = \frac{1}{2}x^2 + \frac{1}{20}x^5 + \cdots.$$

9.5.4 求极限

例 9.5.4 求极限 $\lim\limits_{x \to 0} \dfrac{x - \sin x}{x^3}$.

解 利用 $\sin x$ 的幂级数展开式, 得

$$\lim_{x \to 0} \frac{x - \sin x}{x^3} = \lim_{x \to 0} \frac{x - \left(x - \dfrac{1}{3!}x^3 + \dfrac{1}{5!}x^5 - \cdots \right)}{x^3} = \frac{1}{3!} = \frac{1}{6}.$$

9.5.5 求常数项级数的和

在本章前几节我们已经熟悉了常数项级数求和的方法. 这里再介绍一种借助幂级数的和函数来求常数项级数的和的方法, 即所谓的阿贝尔方法, 其基本步骤如下:

(1) 对所给常数项级数 $\sum\limits_{n=0}^{\infty} a_n$, 构造幂级数 $\sum\limits_{n=0}^{\infty} a_n x^n$;

(2) 利用幂级数的运算性质, 求出 $\sum\limits_{n=0}^{\infty} a_n x^n$ 的和函数 $s(x)$;

(3) 所求常数项级数 $\sum\limits_{n=0}^{\infty} a_n = \lim\limits_{x \to 1^-} s(x)$.

例 9.5.5 求级数 $\sum\limits_{n=1}^{\infty} \dfrac{2n-1}{2^n}$ 的和.

解 构造幂级数 $\sum\limits_{n=1}^{\infty} \dfrac{2n-1}{2^n} x^{2n-2}$, 由比值审敛法知, 其收敛区间为 $(-\sqrt{2}, \sqrt{2})$.

设

$$s(x) = \sum_{n=1}^{\infty} \frac{2n-1}{2^n} x^{2n-2}, \quad x \in \left(-\sqrt{2}, \sqrt{2} \right),$$

因为

$$s(x) = \left(\sum_{n=1}^{\infty} \int_0^x \frac{2n-1}{2^n} t^{2n-2} \mathrm{d}t \right)' = \left(\sum_{n=1}^{\infty} \frac{x^{2n-1}}{2^n} \right)' = \left(\frac{1}{x} \sum_{n=1}^{\infty} \left(\frac{x^2}{2} \right)^n \right)'$$

$$= \left(\frac{1}{x} \cdot \frac{x^2}{2 - x^2} \right)' = \left(\frac{x}{2 - x^2} \right)' = \frac{x^2 + 2}{(2 - x^2)^2}, \quad x \in \left(-\sqrt{2}, \sqrt{2} \right),$$

所以

$$\sum_{n=1}^{\infty} \frac{2n-1}{2^n} = \lim_{x \to 1^-} s(x) = \lim_{x \to 1^-} \frac{x^2+2}{(2-x^2)^2} = 3.$$

习题 9.5

1. 利用函数的幂级数展开式, 求下列各数的近似值:

(1) e^2(精确到 10^{-3}); 　　　　　 (2) $\ln 3$(精确到 10^{-4});

(3) $\cos 2°$(精确到 10^{-4}); 　　　　　 (4) $\sqrt[9]{522}$(精确到 10^{-5}).

2. 利用被积函数的幂级数展开式求定积分 $\int_0^{0.5} \dfrac{1}{1+x^4} \mathrm{d}x$ 的近似值 (精确到 10^{-4}).

3. 求级数 $\displaystyle\sum_{n=1}^{\infty} \dfrac{n(n+1)}{2^n}$ 的和.

总 习 题 9

1. 填空题.

(1) 对级数 $\displaystyle\sum_{n=1}^{\infty} u_n$, $\displaystyle\lim_{n \to \infty} u_n = 0$ 是它收敛的_____条件, 不是它收敛的_____条件;

(2) 若级数 $\displaystyle\sum_{n=1}^{\infty} u_n$ 绝对收敛, 则级数 $\displaystyle\sum_{n=1}^{\infty} u_n$ 必定_____; 若级数 $\displaystyle\sum_{n=1}^{\infty} u_n$ 条件收敛, 则级数 $\displaystyle\sum_{n=1}^{\infty} |u_n|$ 必定_____;

(3) 设常数 $p > 0$, 则当 p 满足条件_____时, 级数 $\displaystyle\sum_{n=1}^{\infty} n^2 \sin \dfrac{\pi}{n^p}$ 收敛;

(4) 幂级数 $\displaystyle\sum_{n=0}^{\infty} \dfrac{x^n}{n!}$ 的收敛区间是_____;

(5) 设 $\displaystyle\sum_{n=1}^{\infty} a_n x^n$ 的收敛半径为 3, 则 $\displaystyle\sum_{n=1}^{\infty} a_n (x-1)^{n-1}$ 的收敛区间为_____.

2. 选择题.

(1) 若级数 $\displaystyle\sum_{n=1}^{\infty} u_n$ 收敛于 s, 则级数 $\displaystyle\sum_{n=1}^{\infty} (u_n + u_{n+1})($ 　　 $)$.

A. 收敛于 $2s - u_1$; 　　　　　 B. 收敛于 $2s + u_1$;

C. 收敛于 $2s$; 　　　　　 D. 发散.

(2) 设 a 为常数, 则级数 $\displaystyle\sum_{n=1}^{\infty} \left[\dfrac{\sin(na)}{n^2} - \dfrac{1}{\sqrt{n}} \right]($ 　　 $)$.

A. 绝对收敛; 　　　　　 B. 条件收敛;

C. 发散; 　　　　　 D. 敛散性与 a 取值有关.

(3) 正项级数 $\displaystyle\sum_{n=1}^{\infty} u_n (u_n > 0)$ 若满足 (　　) 条件必收敛.

A. $\lim\limits_{n\to+\infty} u_n = 0$;   B. $\lim\limits_{n\to+\infty} \dfrac{u_n}{u_{n+1}} < 1$;   C. $\lim\limits_{n\to+\infty} \dfrac{u_n}{u_{n+1}} > 1$;   D. $\lim\limits_{n\to+\infty} \dfrac{u_{n+1}}{u_n} < 1$.

(4) 幂级数 $\sum\limits_{n=1}^{\infty} \dfrac{x^n}{n \cdot 3^n}$ 的收敛区间是 (   ).

A. $[-3, 3)$;   B. $(-3, 3)$;   C. $(-3, 3]$;   D. $[-3, 3]$.

(5) 级数 $\sum\limits_{n=1}^{\infty} \dfrac{(-1)^{n+1}}{n^p}$ $(p > 0)$ 的敛散情况是 (   ).

A. $p > 1$ 时绝对收敛, $p \leqslant 1$ 时条件收敛;   B. $p < 1$ 时绝对收敛, $p \geqslant 1$ 时条件收敛;

C. $p \leqslant 1$ 时发散, $p > 1$ 时收敛;   D. 对任何 $p > 0$ 时, 绝对收敛.

3. 判定下列级数的收敛性:

(1) $\sum\limits_{n=1}^{\infty} \dfrac{(n!)^2}{2^{n^2}}$;   (2) $\sum\limits_{n=2}^{\infty} \dfrac{1}{\ln^{10} n}$;   (3) $\sum\limits_{n=1}^{\infty} \dfrac{2}{3n^{\frac{3}{2}}}$;

(4) $\sum\limits_{n=1}^{\infty} \dfrac{n \cos^2 \frac{n\pi}{3}}{2^n}$;   (5) $\sum\limits_{n=1}^{\infty} \dfrac{2 + (-1)^n}{2^n}$.

4. 讨论级数 $\sum\limits_{n=2}^{\infty} (-1)^n \dfrac{a^n}{\ln n}$ $(a > 0)$ 的敛散性. 若收敛, 是绝对收敛, 还是条件收敛.

5. 讨论下列级数的绝对收敛性与条件收敛性:

(1) $\sum\limits_{n=1}^{\infty} (-1)^n \ln \dfrac{1+n}{n}$;   (2) $\sum\limits_{n=1}^{\infty} (-1)^{n+1} \dfrac{\sin \frac{\pi}{1+n}}{\pi^{n+1}}$;

(3) $\sum\limits_{n=1}^{\infty} \sin \dfrac{nx}{n!}$;   (4) $\sum\limits_{n=1}^{\infty} (-1)^{n+1} \dfrac{2^{n^2}}{n!}$.

6. 求下列幂级数的收敛半径及收敛区间:

(1) $\sum\limits_{n=1}^{\infty} \dfrac{1}{n} \left(\dfrac{x}{2} \right)^n$;   (2) $\sum\limits_{n=1}^{\infty} \dfrac{3^n + 5^n}{n} x^n$;

(3) $\sum\limits_{n=1}^{\infty} \dfrac{(x-5)^n}{\sqrt{n}}$;   (4) $\sum\limits_{n=1}^{\infty} \dfrac{x^{2n-1}}{(2n-1)(2n-1)!}$.

7. 已知 $\sum\limits_{n=0}^{\infty} \dfrac{n+1}{n!} x^n (-\infty < x < +\infty)$, 求其和函数 $s(x)$, 并求级数 $\sum\limits_{n=0}^{\infty} \dfrac{n+1}{n! 2^n}$ 的和.

8. 已知 $\sum\limits_{n=1}^{\infty} \dfrac{x^{2n-1}}{2n-1} (|x| < 1)$, 求其和函数 $s(x)$, 并求级数 $\sum\limits_{n=1}^{\infty} \dfrac{1}{(2n-1)4^n}$ 的和.

9. 求 $\sum\limits_{n=1}^{\infty} \dfrac{x^n}{3^n n}$ 的和函数, 并求级数 $\sum\limits_{n=1}^{\infty} \dfrac{(-1)^{n+1}}{3^n n}$ 的和.

10. 将 $f(x) = \dfrac{1}{x}$ 展成 $x - 3$ 的幂级数.

习题分析

同步训练

第 10 章

数 学 实 验

随着计算机软硬件的快速发展, 计算机应用领域越来越广泛. 高等数学中的很多计算可以运用一些专门的数学软件, 通过计算机来实现. 这样就产生了一门新兴的课程 —— 数学实验, 数学实验是实验者通过使用数学工具, 探究数学知识、解决数学问题的自主实践过程. 狭义地说, 就是在数学软件的辅助下, 学习和研究数学. 目前, 常用的数学软件有 MATLAB, Mathematica, Maple 等, 这些软件都可以完成数学专业领域中的数值运算, 还可以进行符号运算, 即用户只要在计算机上输入相关的公式、符号和等式等, 就能很容易地算出代数、积分、三角以及很多科技领域中复杂表达式的值. 另外, 这些数学软件可以绘制数学表格和图形, 使用户通过对表格和图形结果的分析加深对有关问题的理解.

本章的数学实验都是用 MATLAB 数学软件来完成的. MATLAB 是 "Matrix Laboratory" 的缩写, 意为 "矩阵实验室", 是当前很流行的科学计算软件, 在控制论、时间序列分析、系统仿真、图像信号处理等领域都有很多应用. MATLAB 是一个交互式系统, 提供了大量的矩阵及其他运算函数, 可以方便地进行一些很复杂的计算, 而且运算效率极高. MATLAB 命令和数学中的符号、公式非常接近, 可读性强, 容易掌握. 另外, MATLAB 还根据各专门领域中的特殊需要提供了许多可选的工具箱, 如应用于自动控制领域的 Control System 工具箱和神经网络中的 Neural Network 工具箱等. MATLAB 还提供编程语言, 通过编程完成特定的工作. 因此, MATLAB 数学软件无论是对数学实验, 还是对将来进行科学研究都是很有效的工具.

本章针对高等数学中的教学内容, 挑选了一些例题, 运用 MATLAB 数学软件, 通过计算机完成了计算和作图. 大家可以按照例题中的命令 (程序) 进行检验, 对高等数学中的相关计算有一个直观的认识.

10.1　极限与连续

实验一　一元函数的图形

MATLAB 绘制简单的线性图形的命令为

plot (x, y)—— 表示用 plot 命令将 x 对应的点绘出并用直线连接起来, y 为关于变量 x 的函数.

例 10.1.1 画出 $y = \sin x$ 的图形.

解 首先建立点的坐标, 然后用 plot 命令将 x 对应的点绘出并用直线连接, 采用中学学过的五点作图法, 选取五点 $(0,0)$, $\left(\dfrac{\pi}{2}, 1\right)$, $(\pi, 0)$, $\left(\dfrac{3\pi}{2}, -1\right)$, $(2\pi, 0)$.

输入命令:

```
x=[0,pi/2,pi,3*pi/2,2*pi];y=sin(x);plot(x,y)
```

可以想象, 随着点数的增加, 图形越来越接近 $y = \sin x$ 的图形. 例如, 在 0 到 2π 之间取 30 个数据点, 绘出的图形与 $y = \sin x$ 的图形已经非常接近了.

```
x=linspace(0,2*pi,30);y=sin(x);plot(x,y)
```

此命令运行结果如图 10.1.1.

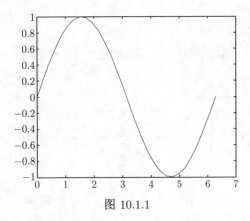

图 10.1.1

还可以给图形加标记、格栅线.

```
x=0:0.1:2*pi;
y=sin(x);
plot(x,y,'r-')
title('正弦曲线')
xlabel('自变量 x')
ylabel('函数 y=sinx')
text(5.5,0,'y=sinx')
grid
```

运行后绘制的图形如图 10.1.2.

上述命令的第三行选择了红色实线, 第四行给图加标题 "正弦曲线", 第五行给 x 轴加标题 "自变量 x", 第六行给 y 轴加标题 "函数 $y = \sin x$", 第七行在点 $(5.5, 0)$ 处放置文本 "$y = \sin x$", 第八行给图形加格栅线.

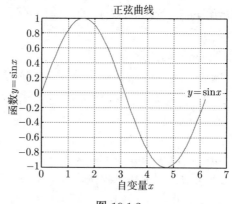

图 10.1.2

例 10.1.2　画出 $y = \arctan x$ 的图形.

解　输入命令:

　　x=−20:0.1:20;y=atan(x);

　　plot(x,y,[−20,20],[pi/2,pi/2],[−20,20],[−pi/2,−pi/2])

　　grid

输出结果为图 10.1.3.

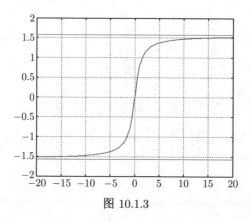

图 10.1.3

从图形上看, $y = \arctan x$ 是有界函数, $y = \pm\dfrac{\pi}{2}$ 是其水平渐近线.

例 10.1.3　在同一坐标中, 画出 $y = 10^x - 1$ 及 $y = \lg(x+1)$ 的图形.

解　因为 $y = 10^x - 1$ 与 $y = \lg(x+1)$ 互为反函数, 图像关于 $y = x$ 对称, 为了更清楚看出这一点, 我们同时画出 $y = x$ 的图形.

输入命令:

　　x1=−1:0.1:2;y1=10.^x1−1;x2=−0.99:0.1:2;y2=log10(x2+1);

　　plot(x1,y1,x2,y2)

　　hold on

x=−1:0.01:2;y=x;plot(x,y,'r')

axis([−1,2,−1,2])

axis square;hold off

运行结果如图 10.1.4.

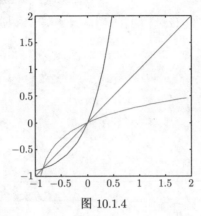

图 10.1.4

其中, hold on 语句保持当前图形.

实验二　函数极限

MATLAB 求解函数极限的指令为

limit (f(x), x,1)—— 表示用 limit 命令求解 x 趋向于 1 时函数 $f(x)$ 的极限.

例 10.1.4　求 $\lim\limits_{x \to -1}\left(\dfrac{1}{x+1} - \dfrac{3}{x^3+1}\right)$.

解　输入命令:

syms x;

f=1/(x+1)−3/(x^3+1);

limit(f,x,−1)

得出结果: ans =−1.

例 10.1.5　求 $\lim\limits_{x \to 0}\dfrac{\tan x - \sin x}{x^3}$.

解　输入命令:

syms x;

f=(tan(x)−sin(x))/x^3;

limit(f,x,0)

得出结果: ans =1/2.

例 10.1.6　求 $\lim\limits_{x \to 0^+}(\cot x)^{\frac{1}{\ln x}}$.

解　输入命令:

```
syms x;
f=(cot(x))^(1/log(x));
limit(f,x,0,'right')
```

得出结果: ans =exp(−1).

例 10.1.7　考察函数 $f(x) = \left(1 + \dfrac{1}{x}\right)^x$ 当 $x \to \infty$ 时的变化趋势.

解　输入命令:

```
x=1:1:500;y=(1+1./x).^x;y1=exp(1);plot(x,y)
hold on
plot(x,y1,'r−')
hold off
```

输出图形为图 10.1.5.

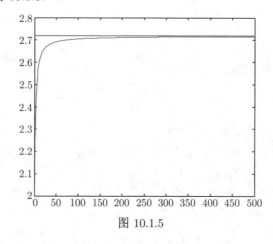

图 10.1.5

为了看清楚函数值的变化趋势, 命令中加入了直线 $y = e$. 从图形上看, 当 $x \to \infty$ 时, 函数与某常数无限接近, 我们知道, 这个常数就是 e.

10.2　导数与微分

实验三　导数的计算

MATLAB 求解导数的命令为

diff(S)——求符号表达式 S 的导数;

diff(S, sym('x'))——对自变量 x, 求符号表达式 S 的导数.

例 10.2.1　求函数 $f(x) = 2x^3 + 3x^2 - 4x + 8$ 的导数.

解　输入命令:

```
syms x;
```

diff(2*x^3+3*x^2−4*x+8)

结果显示:

ans =

　6*x^2+6*x−4

例 10.2.2　求函数 $f(x) = \mathrm{e}^{ax}\sin bx$ 的导数.

解　输入命令:

syms a b x;

diff(exp(a*x)*sin(b*x),'x')

结果显示:

　ans =

　a*exp(a*x)*sin(b*x)+exp(a*x)*cos(b*x)*b

例 10.2.3　求由参数方程 $\begin{cases} x = \mathrm{e}^t\cos t, \\ y = \mathrm{e}^t\sin t \end{cases}$ 确定的函数的导数.

解　输入命令:

syms t x y;

dx=diff(exp(t)*cos(t),'t');

dy=diff(exp(t)*sin(t),'t');

ans=dy/dx

结果显示:

　ans =

　(exp(t)*sin(t)+exp(t)*cos(t))/(exp(t)*cos(t)−exp(t)*sin(t))

可以用命令 simplify 化简函数的表达式:

simplify(ans)

结果显示:

　ans =

　−(sin(t)+cos(t))/(−(cos(t)+sin(t)))

实验四　曲线切线的绘制

MATLAB 常用的绘制曲线命令为

plot(Y)—— 若 Y 为向量, 则绘制的图形以向量索引为横坐标值, 以向量元素值为纵坐标值;

plot(X,Y)—— 一般来说是绘制向量 Y 对向量 X 的图形;

plot(X,Y,s)—— 想绘制不同的线型、标识、颜色等的图形时, 可调用此形式.

例 10.2.4 绘制曲线 $y = \sin x \cos x$ 在点 $\left(\dfrac{\pi}{4}, \dfrac{1}{2}\right)$ 处的切线.

解 输入命令:

clear;

syms x;

f1=diff(sin(x)*cos(x),'x');

k=subs(f1,'x',pi/4);

x=0:0.1:pi;

y=sin(x).*cos(x);

plot(x,y,'−r')

hold on

y1=k*(x−pi/4)+0.5;

plot(x,y1,'−b')

结果如图 10.2.1 所示.

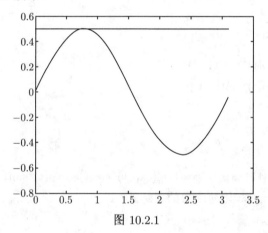

图 10.2.1

实验五　计算函数的高阶导数

MATLAB 求解高阶导数的命令为

diff(S, n)——对表达式 S 求 n 阶导数 (n 为正整数);

diff(S,'x',n) 和 diff(S,n,'x') 这两种格式也都可以被识别.

例 10.2.5 求函数 $y = x^{10} + 2(x-1)^9$ 的 1 到 10 阶的导数.

解 输入命令:

clear;

syms x;

for i=1:10

```
        df(i)=diff(x^10+2*(x−1)^9,'x',i)
end
```
结果显示

df =

$$10*x^9+18*(x−1)^8$$

$$90*x^8+144*(x−1)^7$$

$$720*x^7+1008*(x−1)^6$$

$$5040*x^6+6048*(x−1)^5$$

$$30240*x^5+30240*(x−1)^4$$

$$151200*x^4+120960*(x−1)^3$$

$$604800*x^3+362880*(x−1)^2$$

$$1814400*x^2+725760*x−725760$$

$$3628800*x+725760$$

$$3628800$$

10.3　微分中值定理与导数的应用

实验六　泰勒公式

MATLAB 求函数的泰勒公式的命令为

taylor(f)—— 表示函数 f 的 5 阶麦克劳林公式;

taylor(f,n)—— 表示函数 f 的 $n-1$ 阶麦克劳林公式;

taylor(f,n,a)—— 表示函数 f 的在点 a 处的 $n-1$ 阶泰勒公式.

例 10.3.1　求 $f(x)=\sin x$ 的 5 阶麦克劳林公式.

解　输入命令:

syms x

f=taylor(sin(x))

结果显示:

x−1/6*x^3+1/120*x^5

例 10.3.2　求 $f(x)=\arctan x$ 在 $x=1$ 处的 3 阶泰勒公式.

解　输入命令:

　　syms x

　　f=taylor(atan(x),4,1)

结果显示:

　　1/4*pi+1/2*x−1/2−1/4*(x−1)^2+1/12*(x−1)^3

例 10.3.3　利用泰勒公式 $e^x=1+x+\dfrac{x^2}{2!}+\cdots+\dfrac{x^n}{n!}+R_n(x)$ 近似计算 e^x. 若

365

$|x| < 1$ 要求截断误差 $|R_n(x)| < 0.005$, 问 n 应取多大?

解 因为 $|R_n(x)| = \left| \dfrac{e^x}{(n+1)!} x^{n+1} \right| < \dfrac{e}{(n+1)!} |x|^{n+1} < \dfrac{3}{(n+1)!}$, 所以, 欲使 $|R_n(x)| < 0.005$, 只要取 $n = 5$ 即可.

输入命令:

x=[−1;−0.6;−0.2;0.2;0.6;1];

f=1+x+1/2*x^2+1/6*x^3+1/24*x^4+1/120*x^5;

e=exp(x);

R=e−f;

[x,f,e,R]

显示结果:

−1.0000	0.3667	0.3679	0.0012
−0.6000	0.5488	0.5488	0.0001
−0.2000	0.8187	0.8187	0.0000
0.2000	1.2214	1.2214	0.0000
0.6000	1.8220	1.8221	0.0001
1.0000	2.7167	2.7183	0.0016

实验七　拉格朗日中值定理与罗尔定理的关系

MATLAB 求单变量函数的零点的命令为

fzero(F,x)—— 表示单变量的实值函数, 返回零点, 搜索失败返回 NAN. x 为二维向量, 并使得 $F(x(1))$ 与 $F(x(2))$ 反号条件, 函数返回区间内的零点. 不满足条件时给出出错信息. 当 x 为数量时, 将 x 作为初始猜测值, 函数寻找 F 变号的区间.

例 10.3.4 对函数 $f(x) = \ln(1 + x)$ 在区间 $[0,4]$ 上观察拉格朗日中值定理的几何意义.

解 函数 $f(x) = \ln(1 + x)$ 在区间 $[0,4]$ 上满足拉格朗日中值定理的条件, 因此, 存在 $\xi \in (0, 4)$, 使 $f'(\xi) = \dfrac{f(4) - f(0)}{4 - 0} = \dfrac{1}{4} \ln 5$, 即函数

$$\varphi(x) = \frac{1}{1 + x} - \frac{1}{4} \ln 5$$

在区间 $[0,4]$ 上存在零点.

(1) 画出 $y = f(x)$ 及其左、右端点连线的图形;

先在 Editor 窗口中建立函数文件:

function r=f(x)　　%定义函数

r=log(1+x);

编写好之后, 将此文件保存在当前目标下, 注意文件名为 "f.m". 再在 MATLAB 命令窗口中输入如下程序:

```
a=0;b=4;
x=0:0.001:4;
y1=f(a)+(f(b)−f(a))*(x−a)/(b−a);
y2=f(x);
plot(x,y1,'k−',x,y2,'b−*')
```

得到图 10.3.1.

(2) 画出函数 $y = f'(x) - \dfrac{f(4) - f(0)}{4 - 0}$ 的曲线图 (图 10.3.2), 并求出 ξ 使得

$$f'(\xi) = \frac{f(4) - f(0)}{4 - 0}.$$

输入程序:

```
x=0:0.001:4;
y2=1/(1+x)−log(5)/4;
plot(x,y2,'k−');
fzero('1/(1+x)−log(5)/4',[0,4])
```

显示结果: 1.4853

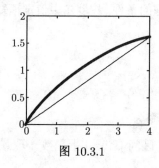

图 10.3.1

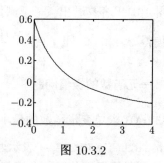

图 10.3.2

表明在区间 $[0,4]$ 上存在一点 $\xi =1.4853$, 使得该点处的切线斜率等于 $\dfrac{1}{4}\ln 5$.

(3) 画出 $y = f(x)$ 在 ξ 处的切线, 以及在左、右端点连线的图形.

输入程序:

```
x1= fzero('1/(1+x)−log(5)/4',[0,4]);
x=0:0.001:4;
y1=f(a)+(f(b)−f(a))*(x−a)/(b−a);
y2=f(x1)+(x−x1)/(1+x1);
y=f(x);
plot(x,y1,'k−',x,y2,'k−',x,y,'b*')
```

图形如图 10.3.3 所示.

(4) 画出 $\varphi(x) = f(x) - f(a) - \dfrac{f(b) - f(a)}{b - a}(x - a)$ 的图形.

输入程序:

x=0:0.001:4;a=0;b=4;

y=f(x)−f(a)−(f(b)−f(a))*(x−a)/(b−a);

plot(x,y,'k-')

得到图 10.3.4.

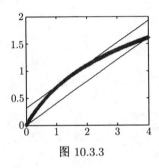

图 10.3.3

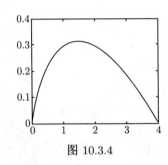

图 10.3.4

由图 10.3.4 容易看出, $\varphi(x)$ 满足罗尔中值定理的条件. 按罗尔中值定理知, 存在一点 ξ 使得 $\varphi'(\xi) = 0$, 即 $f'(\xi) = \dfrac{f(4) - f(0)}{4 - 0}$.

实验八　一元函数的极值问题

MATLAB 求单变量函数的最小函数值运算指令为

fminsearch('f',x1,x2)——表示返回自变量 x 在区间 $[x_1, x_2]$ 上函数 f 取最小值时的 x 值, f 为目标函数的函数名字符串.

例 10.3.5　求函数 $f(x) = \dfrac{x}{1 + x^2}$ 的极值.

输入程序:

x=−6:0.01:6;

y=x/(1+x.^2);

plot(x,y)

则输出图 10.3.5.

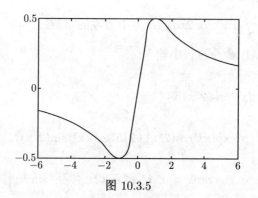

图 10.3.5

观察它的两个极值可能在 $[-2,0]$ 和 $[0,2]$ 之间, 为此, 输入程序:

x1=fminsearch('x/(1+x^2)',−2,0)

x2=fminsearch('−x/(1+x^2)',0,2)

结果显示:

−1.0000

1.0000

故函数的极大值为 0.5000, 极小值为 −0.5000.

10.4　不　定　积　分

MATLAB 中的积分运算包括不定积分、定积分和反常积分等, 积分函数的调用格式有以下几种:

int(s)——求符号表达式 s 在确定默认符号变量下进行不定积分;

int(s,v)——求符号表达式 s 关于变量 v 的不定积分.

实验九　不定积分的计算

例 10.4.1　求 $\displaystyle\int x\cos x\mathrm{d}x$.

解　在 MATLAB 命令窗口中输入:

syms x;

y=x*cos(x);

int(y)

ans=

　　　cos(x)+x*sin(x)　　　%结果显示为最简原函数%

即

$$\int x\cos x\mathrm{d}x = \cos x + x\sin x + C.$$

369

例 10.4.2　求 $\int a^3 \mathrm{e}^x \cos 2x \mathrm{d}x$ (a 为不为零的常数).

解　在 MATLAB 命令窗口中输入:

syms x a;

int(a^3*exp(x)*cos(2*x),x)

ans =

a^3*(1/5*exp(x)*cos(2*x)+2/5*exp(x)*sin(2*x))

即

$$\int a^3 \mathrm{e}^x \cos 2x \mathrm{d}x = a^3 \left(\frac{1}{5} \mathrm{e}^x \cos 2x + \frac{2}{5} \mathrm{e}^x \sin 2x \right) + C.$$

可以调用 simple 函数化简不定积分的结果, 上例中可在命令窗口中再输入:

simple(ans)

ans =

1/5*a^3*exp(x)*(cos(2*x)+2*sin(2*x))

例 10.4.3　求 $\int \dfrac{x^2 - x - 1}{(x-1)^2(x-2)} \mathrm{d}x$

解　在 MATLAB 窗口中输入:

syms x ;

y=(x*x−x−1)/((x−1)*(x−1)*(x−2));

int(y)

ans =

log(x−2)−1/(x−1)

即

$$\int \frac{x^2 - x - 1}{(x-1)^2(x-2)} \mathrm{d}x = \log(x - 2) - \frac{1}{x-1} + C.$$

10.5 定 积 分

MATLAB 中的积分运算包括不定积分、定积分和反常积分等, 积分函数的调用格式有以下几种:

int(s,a,b)——求符号表达式 s 关于默认变量从 $a \to b$ 的定积分;

int(s,v,a,b)——求符号表达式 s 关于变量 v 从 $a \to b$ 的定积分.

实验十　定积分和反常积分的计算

例 10.5.1　求 $\int_0^1 \dfrac{x}{\sqrt{2 - x^2}} \mathrm{d}x$.

解　在 MATLAB 命令窗口中输入:

syms x;

y=x/sqrt(2−x^2);

int(y,0,1)

ans=

2^(1/2)/(2+2^(1/2))　%结果显示为最简原函数%

simple(ans)

ans=

2^(1/2)−1

即

$$\int_0^1 \frac{x}{\sqrt{2-x^2}}\mathrm{d}x = \sqrt{2}-1.$$

例 10.5.2　求 $\int_0^a \sqrt{a^2-x^2}\mathrm{d}x \ (a>0)$.

解　在 MATLAB 命令窗口中输入:

syms x a;

int(sqrt(a^2−x^2),x,0,a)

ans=

1/4*(a^2)^(1/2)*pi/(1/a^2)^(1/2)

simple(ans)

ans=

1/4*a^2*pi

即

$$\int_0^a \sqrt{a^2-x^2}\mathrm{d}x = \frac{\pi}{4}a^2.$$

例 10.5.3　求反常积分 $\int_{-\infty}^{+\infty} \frac{1}{1+x^2}\mathrm{d}x \ (a>0)$.

解　在 MATLAB 命令窗口中输入:

syms x;

int(1/(1+x^2),x,−inf,+inf)

ans=

　　pi

即

$$\int_{-\infty}^{+\infty} \frac{1}{1+x^2}\mathrm{d}x = \pi.$$

例 10.5.4　求反常积分 $\int_{-1}^{1} \frac{1}{x^2}\mathrm{d}x \ (a>0)$.

解　在 MATLAB 命令窗口中输入:

syms x;

$$int(x^\wedge(-2),x,-1,1)$$

ans=

$$Inf$$

即

$$\int_{-1}^{1} \frac{1}{x^2} \mathrm{d}x = \infty.$$

实验十一   定积分的近似计算

有一类函数 (如 e^{-x^2}) 的定积分虽然存在, 但调用 int 函数求解结果仍然是一个函数式, 此时可用 vpa 函数求出它的值. 另外 MATLAB 提供了使用辛普森 (Simpson) 法则的自适应递归法求积函数 quad(低阶方法) 和牛顿–科茨 (Newon-Cotes) 法则的自适应递归法求积函数 quadl(高阶方法) 来计算函数的定积分, 调用格式为:

quad ('f(x)',a,b,tol)

或

quadl ('f(x)',a,b,tol),

其中 tol 参数用来用来指明相对误差和绝对误差, 默认的相对误差为 1.0×10^{-3}.

例 10.5.5   分别用 int, quad 和 quad8 函数求积分 $\int_0^{\frac{\pi}{2}} e^{-x^2} \mathrm{d}x$, 精确到 1.0×10^{-6}.

解   在命令窗口中输入:

format long   %设置数据的显示输入格式为长型%

syms x;

I=int(exp(−x^2),0,pi/2)

I=

1/2*erf(1/2*pi)*pi^(1/2)

在命令窗口中继续输入:

vpa(I)   %将结果显示为数值%

ans=

0.86290048015025140934340505197410

即

$$\int_0^{\frac{\pi}{2}} e^{-x^2} \mathrm{d}x \approx 0.862900.$$

在命令窗口中继续输入:

quad('exp(−x^2)',0,pi/2,1e-6)

ans=

0.86290052937298

即

$$\int_0^{\frac{\pi}{2}} e^{-x^2} dx \approx 0.862901.$$

也可在命令行中输入:

quadl('exp(−x^2)',0,pi/2,1e−6)

ans=

0.86290064923137

即

$$\int_0^{\frac{\pi}{2}} e^{-x^2} dx \approx 0.862901.$$

可见, 调用不同函数计算定积分时, 会产生一定的误差, 但差别很小.

实验十二　平面图形面积的计算

例 10.5.6　在一个坐标系中作出抛物线 $y^2 = 2x$ 与直线 $y = x - 4$ 的图形, 并求出它们所围成的平面图形的面积.

(1) 求曲线的交点.

syms x y;

s1=y^2−2*x;

s2=y−x+4;

[x,y]=solve(s1,s2)

运行结果显示:

x =

　　8

　　2

y =

　　　4

　　　−2

即交点为 $(8,4)$ 和 $(2, -2)$.

(2) 作出函数图形图 10.5.1.

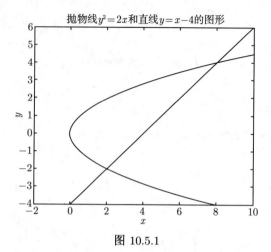

图 10.5.1

(3) 求面积 $S = \int_{-2}^{4}\left[(y+4) - \frac{1}{2}y^2\right]\mathrm{d}y$.

int('y+4−0.5*y^2',−2,4)

运行结果显示:

ans = 18

实验十三 卫星轨道长度问题

人造卫星轨道可视为平面上的椭圆. 我国第一颗人造地球卫星近地点距离地球表面 439km, 远地点距离地球表面 2384km, 地球半径为 6371km, 求该卫星的轨道长度.

卫星轨道椭圆的参数方程为 $\begin{cases} x = a\cos t, \\ y = b\sin t \end{cases}$ $(0 \leqslant t \leqslant 2\pi)$, a, b 分别为长短半轴.

根据计算参数方程的弧长公式, 椭圆长度可表示为如下积分:

$$L = 4\int_0^{\frac{\pi}{2}}\left(a^2\sin^2 t + b^2\cos^2 t\right)^{\frac{1}{2}}\mathrm{d}t,$$

称之为椭圆积分, 其无法用解析法计算, 可用数值积分法计算.

根据所给数据 $a=6371+2384=8755, b=6371+439=6810$.

(1) 建立被积函数文件 fguidao.m.

function f=fguidao(t);

f=sqrt(8755^2*(sin(t)).^2+6810^2*(cos(t)).^2)

(2) 调用数值积分函数 quad 求定积分.

S=4*quad8('fguidao',0,0.5*pi)

S =

4.9090e+004

可见, 计算得到的卫星轨道长度为 49090 km.

10.6 多元函数的微分学

实验十四 多元函数偏导数的符号运算

MATLAB 求多元函数偏导数的命令为

diff(fun,x,n)—— 其中 fun 为多元函数, x 为自变量, n 表示对 x 求 n 阶偏导数.

例 10.6.1 已知 $z = x^2 \cos xy$, 求 $\dfrac{\partial z}{\partial x}, \dfrac{\partial z}{\partial y}, \dfrac{\partial^2 z}{\partial x^2}, \dfrac{\partial^2 z}{\partial x \partial y}$.

解 MATLAB 的程序如下:

```
clear;
syms x y;
z=x^2*cos(x*y);
dzdx=diff(z,x)
dzdy=diff(z,y)
d2zdx2=diff(z,x,2)
d2zdxdy=diff(diff(z,x),y)
```

运行结果如下:

```
dzdx =
      2*x*cos(x*y)−x^2*sin(x*y)*y
dzdy =
      −x^3*sin(x*y)
d2zdx2 =
      2*cos(x*y)−4*x*sin(x*y)*y−x^2*cos(x*y)*y^2
d2zdxdy =
      −3*x^2*sin(x*y)−x^3*cos(x*y)*y
```

实验十五 最小二乘曲线拟合问题

对平面上 n 个点: $(x_1, y_1), (x_2, y_2), \cdots, (x_n, y_n)$, 如何选择 a 与 b 使直线 $y = ax + b$ 的坐标与这 n 个点间的偏差越小越好.

用 $\delta_i = y_i - (ax_i + b)(i = 1, 2, \cdots, n)$ 表示相应的偏差, 这些偏差的平方和叫做总偏差, 记为 M, 即

$$M = \sum_{i=1}^{n} \delta_i^2 = \sum_{i=1}^{n} (y_i - ax_i - b)^2.$$

它是 a 与 b 的函数 $M(a,b)$, 此时已将实际问题化为求二元函数 $M(a,b)$, 当 a,b 为何值时的 $M(a,b)$ 取最小值的问题. 这种由偏差的平方和为最小的条件来选择 a,b 的方法称为**最小二乘法**. 由二元函数求极值的方法求得 a,b 为

$$b = \frac{n\sum\limits_{i=1}^{n} x_i y_i - \left(\sum\limits_{i=1}^{n} x_i\right)\left(\sum\limits_{i=1}^{n} y_i\right)}{n\sum\limits_{i=1}^{n} x_i^2 - \left(\sum\limits_{i=1}^{n} x_i\right)^2},$$

$$a = \frac{\sum\limits_{i=1}^{n} y_i}{n} - b\frac{\sum\limits_{i=1}^{n} x_i}{n} = \bar{y} - b\bar{x}.$$

由此求得的直线方程 $y = ax + b$ 也称为回归直线方程.

例 10.6.2 已知如下点列, 求其回归直线, 并计算最小偏差平方和 (小数点后保留四位有效数字).

x	0.1	0.11	0.12	0.13	0.14	0.15	0.16	0.17	0.18	0.2	0.21	0.23
y	42	43.5	45	45.5	45	47.5	49	53	50	55	55	60

解 MATLAB 的程序如下:

```
x=[0.1 0.11 0.12 0.13 0.14 0.15 0.16 0.17 0.18 0.2 0.21 0.23];
y=[42 43.5 45 45.5 45 47.5 49 53 50 55 55 60];
n=length(x);
sumxy=sum(x*y);
sumx=sum(x);
sumy=sum(y);
sumx2=sum(x^2);
b=(n*sumxy−sumx*sumy)/(n* sumx2−sumx^2)
meany=mean(y);
meanx=mean(x);
a= meany −b* meanx
y1=a+b.*x;
plot(x,y,'*',x,y1);
serror=sum((y−y1)^2)
```

程序运行结果如下:

```
b =
130.8348294434462e+002
```

a =

 28.49281867145435

serror =

     17.40956014362659

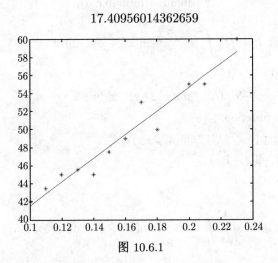

图 10.6.1

所以回归直线方程为 $y = 28.4928x + 130.8348$, 最小偏差平方和为 17.4096(图 10.6.1).

10.7 二 重 积 分

实验十六 重积分的计算

重积分计算的 MATLAB 函数命令是 int, 分步进行.

例 10.7.1 计算下列重积分的数值解:

$$I = \int_0^1 \mathrm{d}y \int_y^1 x^2 \sin(xy)\mathrm{d}x.$$

解 输入程序:

syms x y;

p=int(int(x^2*sin(x*y),x,y,1),y,0,1);

vpa(p,50) %vpa 是 MATLAB 内部函数显示 50 位数字的数值结果%

结果显示:

 ans =0.79264507596051746673748839184850500188718469600082e−1

即

$$I = \int_0^1 \mathrm{d}y \int_y^1 x^2 \sin(xy)\mathrm{d}x = 0.792645075960517466e − 1$$

另外, MATLAB 软件提供了计算重积分的专门函数.

(1)MATLAB 软件计算二重积分问题 $I = \int_c^d \int_a^b f(x,y)\mathrm{d}x\mathrm{d}y$ 的数值解的函数为

$$\text{dblquad(fun,a,b,c,d).}$$

例 10.7.2 求 $I = \int_{-1}^1 \int_{-2}^2 \mathrm{e}^{-x^2/2} \sin(x^2 + y)\mathrm{d}x\mathrm{d}y$.

解 输入程序:

f=inline('exp(−x^2/2).*sin(x^2+y)','x','y')

f = Inline function:

f(x,y) = exp(−x^2/2).*sin(x^2+y)

dblquad(f,−2,2,−1,1)

ans = 1.5745

即

$$I = \int_{-1}^1 \int_{-2}^2 \mathrm{e}^{-x^2/2} \sin(x^2 + y)\mathrm{d}x\mathrm{d}y = 1.5745.$$

(2) MATLAB 软件计算三重积分问题 $I = \int_e^f \int_c^d \int_a^b f(x,y,z)\mathrm{d}z\mathrm{d}y\mathrm{d}x$的数值解的

函数为

$$\text{triplequad(fun,e,f,c,d,a,b).}$$

例 10.7.3 求 $I = \int_0^1 \int_0^\pi \int_0^\pi 4xz\mathrm{e}^{-x^2y-z^2}\mathrm{d}z\mathrm{d}y\mathrm{d}x$.

解 输入程序:

syms x y z;

triplequad(inline('4*x.*z.*exp(−x.*x.*y−z.*z)','x','y','z'),0,pi,0,pi,0,1,1e−7,

@quadl)

ans = 2.5357

即

$$I = \int_0^1 \int_0^\pi \int_0^\pi 4xz\mathrm{e}^{-x^2y-z^2}\mathrm{d}z\mathrm{d}y\mathrm{d}x = 2.5357.$$

10.8 微分方程与差分方程

实验十七 常微分方程的解析解

在 MATLAB 中, 符号常微分方程求解可以通过函数 dsolve 来实现, 其调用格式

为

dsolve(e,c,v).

该函数求解常微分方程 e 在初值条件 c 下的特解. 参数 v 描述方程中的自变量, 省略时按缺省原则处理, 若没有给出初值条件 c, 则求方程的通解.

例 10.8.1　求 $\dfrac{\mathrm{d}y}{\mathrm{d}x} = \dfrac{x^2 + y^2}{2x^2}$ 的通解.

解　输入程序:

　　　y=dsolve('Dy=(x^2+y^2)/(2*x^2)','x')

结果显示:

　　　y =

　　　　x*(−2+Ln(x)+C1)/(Ln(x)+C1)

即通解为

$$y = \frac{x(-2 + \mathrm{Ln}(x) + C_1)}{\mathrm{Ln}(x) + C_1}.$$

例 10.8.2　求 $\dfrac{\mathrm{d}y}{\mathrm{d}x} = 2xy^2$ 当 $y(0) = 1$ 时的特解.

解　输入程序:

　　　y=dsolve('Dy=2*x*y^2','y(0)=1','x')

结果显示:

　　　y =

　　　　−1/(x^2−1)

即特解为

$$y = \frac{-1}{x^2 - 1}.$$

实验十八　常微分方程的数值解

常微分方程初值问题的数值解法多种多样, 本节简单介绍龙格-库塔法的 MATLAB 实现.

基于龙格-库塔法, MATLAB 提供了求常微分方程数值解的函数, 一般调用格式为:

[t,y]=ode23('fname',tspan,y0)

[t,y]=ode45('fname',tspan,y0)

其中 fname 是定义 $f(t, y)$ 的函数文件名, 该函数文件必须返回一个列向量. $tspan$ 形式为 $[t0, tf]$, 表示求解区间. $y0$ 是初始状态列向量. t 和 y 分别给出时间向量和相应的状态向量.

这两个函数分别采用了二阶、三阶龙格-库塔法和四阶、五阶龙格-库塔法, 并采用自适应变步长的求解方法, 从而使得计算精度很高.

例 10.8.3 设有初值问题:

$$\begin{cases} y' = \dfrac{y^2 - t - 2}{4(t+1)}, & 0 \leqslant t \leqslant 10, \\ y(0) = 2, \end{cases}$$

试求其数值解, 并与精确解相比较 (精确解为 $y(t) = \sqrt{t+1} + 1$).

解 运算程序如下:

(1) 建立函数文件 funt.m.

function yp=funt(t,y)

yp=(y^2−t−2)/(4*(t+1))

(2) 求解微分方程

t0=0;tf=10;

y0=2;

[t,y]=ode23('funt',[t0,tf],y0);

y1=sqrt(t+1)+1;

t'

结果显示:

ans =

0	0.3200	0.9380	1.8105	2.8105	3.8105	4.8105	5.8105
	6.8105	7.8105	8.8105	9.8105	10.0000		

y'

ans =

2.0000	2.1490	2.3929	2.6786	2.9558	3.1988	3.4181
3.6198	3.8079	3.9849	4.1529	4.3133	4.3430	

y1'

ans =

2.0000	2.1489	2.3921	2.6765	2.9521	3.1933	3.4105
3.6097	3.7947	3.9683	4.1322	4.2879	4.3166	

10.9 无 穷 级 数

实验十九　无穷级数的计算

MATLAB 求解数列部分和符号运算指令为

symsum(s,t,a,b)—— 表示 s 中的符号变量 t 从 a 到 b 的级数和 (t 缺省时设定为 x 或最接近 x 的字母).

例 10.9.1 计算 $\displaystyle\sum_{n=0}^{k-1} n$.

解 输入程序：

syms k

symsum(k)

结果显示：

ans=1/2*k^2−1/2*k

即

$$\sum_{n=0}^{k-1} n = \frac{1}{2}k^2 - \frac{1}{2}k.$$

例 10.9.2 计算 $s1 = \displaystyle\sum_{k=1}^{3} \frac{1}{k}, s2 = \sum_{k=1}^{+\infty} \frac{1}{k^2}, s3 = \sum_{k=1}^{+\infty} \frac{1}{k^3}, s4 = \sum_{k=0}^{+\infty} x^k.$

解 输入程序：

syms x k

s1=symsum(1/x,1,3)

结果显示：

ans s1=11/6

即

$$s1 = \sum_{k=1}^{3} \frac{1}{k} = \frac{11}{6}.$$

s2=symsum(1/k^2,k,1,inf)

结果显示：

s2=1/6*pi^2

即

$$s2 = \sum_{k=1}^{+\infty} \frac{1}{k^2} = \frac{1}{6}\pi^2.$$

s3=symsum(1/k^3,k,1,inf)

结果显示：

s3=zeta(3)

vpa(zeta(3))

ans = 1.2020569031595942366408280577161

即

$$s3 = \sum_{k=1}^{+\infty} \frac{1}{k^3} = 1.2020569031595942366408280577161.$$

s4=symsum(x^k,k,0,inf)

结果显示:

s4 = −1/(x−1)

即

$$s4 = \sum_{k=0}^{\infty} x^k = \frac{-1}{x-1}.$$

例 10.9.3 通过编写 MATLAB 程序计算 p-级数 $\sum\limits_{n=1}^{+\infty} \dfrac{1}{n^p}$ 的部分和数列, 观察部分和数列的变化趋势.

解 (1) 当 $p > 1$ 时, 级数收敛. 设 $p = 2, p = 3$, 观察部分和数列的变化趋势.

```
for n=1:50
s1=0;
s2=0
for i=1:n
s1=s1+1/i^2;
s2=s2+1/i^3;
ss(n)=s1;
sss(n)=s2;
end
end
ss
```

结果显示:

ss=Columns 1 through 9

1.0000　1.2500　1.3611　1.4236　1.4636　1.4914　1.5118　1.5274　1.5398

　Columns 10 through 18

　1.5498　1.5580　1.5650　1.5709　1.5760　1.5804　1.5843　1.5878　1.5909

　Columns 19 through 27

　1.5937　1.5962　1.5984　1.6005　1.6024　1.6041　1.6057　1.6072　1.6086

　Columns 28 through 36

　1.6098　1.6110　1.6122　1.6132　1.6142　1.6151　1.6160　1.6168　1.6175

　Columns 37 through 45

　1.6183　1.6190　1.6196　1.6202　1.6208　1.6214　1.6219　1.6225　1.6230

　Columns 46 through 50

　1.6234　1.6239　1.6243　1.6247　1.6251

即部分和 $ss = \sum\limits_{n=1}^{k} \dfrac{1}{n^2}$ 当 $k = 1, 2, 3, \cdots, 50$ 时的值.

sss

结果显示:

sss=

Columns 1 through 15

    1.0000   1.1250   1.1620   1.1777   1.1857   1.1903   1.1932   1.1952   1.1965
1.1975   1.1983   1.1989   1.1993   1.1997   1.2000

Columns 16 through 30

    1.2002   1.2004   1.2006   1.2007   1.2009   1.2010   1.2011   1.2012   1.2012
1.2013   1.2013   1.2014   1.2014   1.2015   1.2015

Columns 31 through 45

    1.2016   1.2016   1.2016   1.2016   1.2017   1.2017   1.2017   1.2017   1.2017
1.2018   1.2018   1.2018   1.2018   1.2018   1.2018

Columns 46 through 50

1.2018   1.2018   1.2018   1.2019   1.2019

即部分和 $\text{sss}=\sum\limits_{n=1}^{k}\dfrac{1}{n^3}$ 当 $k=1,2,3,\cdots,50$ 时的值.

下面作出部分和 ss 和 sss 的图形:

plot(ss)   %绘制图形

hold on

plot(sss)

grid   %在坐标系中绘制网格线

hold off

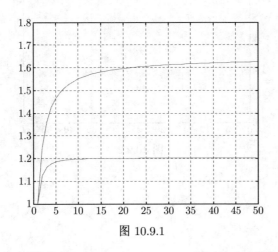

图 10.9.1

(2) 当 $p \leqslant 1$ 时, 级数发散. 设 $p=1$, $p=1/2$, 观测部分和数列的变化趋势, 绘制前 50 项部分和数列图像.

输入程序：

```
for n=1:50
s1=0;
s2=0
for i=1:n
s1=s1+1/i;
s2=s2+1/i^0.5;
ss(n)=s1;
sss(n)=s2;
end
end
ss
sss
plot(ss)          %绘制图形
hold on
plot(sss)
grid              %在坐标系中绘制网格线
hold off
```

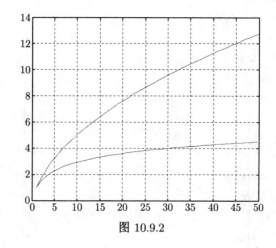

图 10.9.2

部分习题答案与提示

第 1 章

习题 1.1

2. (1) $(-\infty, -1)\bigcup(-1, +\infty)$;　(2) $[-\sqrt{5}, 2)\bigcup(2, \sqrt{5}]$;

　(3) $(-\infty, -1)\bigcup(1, 3)$;　(4) $(1, 2)\bigcup(2, 4)$;

　(5) $(2k\pi, (2k+1)\pi)$, $k = 0, \pm1, \pm2, \cdots$;　(6) $[1 - e^2, 1 - e^{-2}]$.

4. (1) 不相同;　(2) 不相同;　(3) 不相同;　(4) 相同.

5. $f[f(x)] = \begin{cases} 9x + 4, & x < 0, \\ 3x + 1, & 0 \leqslant x < 1, \\ x, & x \geqslant 1. \end{cases}$

6. (1) $[1, e]$;　(2) $[-1, 1]$;

　(3) $0 < a \leqslant \dfrac{1}{2}$ 时为 $[a, 1 - a]$, 而 $a > \dfrac{1}{2}$ 时无意义;　(4) $[-1, 1]$.

7. $\varphi(x) = \arcsin(1 - x^2)$, $[-\sqrt{2}, \sqrt{2}]$.

8. (1) 奇函数;　(2) 非奇非偶函数;　(3) 偶函数;　(4) 奇函数.

10. (1) 是周期函数, 周期 $l = \pi$;　(2) 是周期函数, 周期 $l = 2$;　(3) 不是周期函数.

11. (1) 无界;　(2) 有界.

12. (1) $y = \arctan u$, $u = e^v$, $v = \sqrt{x}$;

　(2) $y = \dfrac{1}{3} u^3$, $u = \ln v$, $v = x^2 - 1$;

　(3) $y = e^u$, $u = x \ln x$ (注: 此处 u 是两个初等函数的乘积);

　(4) $y = \lg u$, $u = \cos v$, $v = \sqrt{w}$, $w = \arcsin x$.

13. $y = \begin{cases} 3x, & 0 \leqslant x < 30, \\ 2.7x, & x \geqslant 30. \end{cases}$

14. (1)100;　(2)6394;　(3)1.

习题 1.2

1. (1) 通项为 $\dfrac{1}{n!}$, 极限为 0;　　(2) 通项为 $\dfrac{2n+1}{n}$, 极限为 2;

　(3) 通项为 $\dfrac{(-1)^n}{n}$, 极限为 0;　(4) 通项为 $1-\left(\dfrac{2}{3}\right)^n$, 极限为 1.

3. $\lim\limits_{n\to+\infty} x_n = 0$, $N = 10000$.

习题 1.3

1. $\delta = 0.5$.

2. $X = \sqrt{397}$.

4. $\lim\limits_{x\to 1} f(x)$ 不存在.

习题 1.4

1. (1) 不正确;　(2) 不正确;　(3) 正确;　(4) 不正确;　(5) 不正确;　(6) 不正确.

2. (1) 无穷小;　(2) 无穷大;　(3) 无穷小;　(4) 无穷小;　(5) 无穷大;　(6) 无穷小.

4. (1) 3;　(2) 3;　(3) 不存在.

*5. $x\to\infty$ 时, $\mathrm{e}^{\frac{1}{x}}$ 极限为 1, 但在 $x\to 0$ 时, $\mathrm{e}^{\frac{1}{x}}$ 极限不存在.

习题 1.5

1. (1) $\dfrac{1}{15}$;　(2) $\dfrac{1}{4}$;　(3) 不存在;　(4) 0;　(5) $3x^2$;　(6) 6;　(7) $\dfrac{3}{2}$;

　(8) $\dfrac{2}{3}$;　(9) $\dfrac{1}{2}$;　(10) 0;　　(11) 2;　(12) $\dfrac{1}{2}$;　(13) 3;　(14) $\dfrac{1}{2}$.

2. (1) 0;　(2) 0;　(3) $\dfrac{3}{2}$;　(4) 1.

3. $\lim\limits_{x\to 0} f(x)$ 不存在, $\lim\limits_{x\to 1} f(x) = 2$, $\lim\limits_{x\to-\infty} f(x)$ 不存在, $\lim\limits_{x\to+\infty} f(x) = 0$.

4. $k = -3$.

5. $a = 4, b = -16$.

习题 1.6

1. (1) 1;　(2) $\dfrac{3}{4}$;　(3) $-\dfrac{1}{3}$;　(4) $\dfrac{1}{k}$;　(5) $\dfrac{1}{2}$;　(6) 2;　(7) $\sqrt{2}$;　(8) $\dfrac{2}{3}$.

2. (1) e^{-k};　(2) e^{-2};　(3) e^6;　(4) e;　(5) $\sqrt[3]{\mathrm{e}}$;　(6) e^3.

3. $c = \ln 3$.

5. 15590.23 元.

习题 1.7

1. (1) 低阶无穷小;　(2) 等价无穷小;　(3) 同阶无穷小, 但非等价无穷小;　(4) 高阶无穷小.

2. (1) 6;　(2) 3;　(3) 5;　(4) $-\dfrac{1}{4}$;　(5) 6;　(6) $\ln 3$.

习题 1.8

1. (1) $f(x)$ 在 $(-\infty, -1) \bigcup (-1, +\infty)$ 内连续;

   (2) $f(x)$ 在 $[1, +\infty)$ 内连续. $x = 0$ 是 $f(x)$ 的孤立点.

2. (1) 点 $x = 0$ 是 $f(x)$ 第一类跳跃间断点, 点 $x = 1$ 是 $f(x)$ 第一类可去间断点,

    点 $x = -1$ 是 $f(x)$ 第二类无穷间断点;

   (2) 点 $x = 0$ 是 $f(x)$ 第一类可去间断点, 点 $x = 1$ 是 $f(x)$ 第二类无穷间断点;

   (3) 点 $x = 0$ 是 $f(x)$ 第一类跳跃间断点;

   (4) 点 $x = 0$ 是 $f(x)$ 第一类可去间断点, 点 $x = 1$ 是 $f(x)$ 第一类跳跃间断点,

    点 $x = 2k(k \neq 0$ 的整数$)$ 是 $f(x)$ 第二类无穷间断点;

   (5) 点 $x = \pm 1$ 是 $f(x)$ 第一类跳跃间断点.

3. (1) $a = -2$; (2) $a = \dfrac{1}{\sqrt{e}}$; (3) $a > 0$.

4. 若函数 $f(x)$ 在点 x_0 处连续, 则 $|f(x)|, f^2(x)$ 在点 x_0 处也连续. 反之不然. 例如
$f(x) = \begin{cases} 1, & x \geqslant 0, \\ -1, & x < 0. \end{cases}$ 显然, $|f(x)|, f^2(x)$ 在点 $x = 0$ 处连续, 但 $f(x)$ 在点 $x = 0$ 处并
不连续.

习题 1.9

1. (1) $(-\infty, 2) \bigcup (2, +\infty)$; (2) $(-\infty, 0) \bigcup (0, 1) \bigcup (1, +\infty)$.

2. (1) 0; (2) $\cos a$; (3) $\ln \left(\dfrac{6 + \sqrt{72 + \pi^2}}{6} \right)$; (4) 1;

   (5) e^{-2}; (6) $\dfrac{2\ln 2}{3\ln 3}$; (7) $\dfrac{3}{2}$; (8) $\sqrt{(ab)^3}$.

3. (1) $a = 1, b = 0$; (2) $a = 1, b = 2$.

4. 提示: (1) 令 $f(x) = e^x - x - 2$, 利用零点定理可证;

   (2) 令 $f(x) = x - a\sin x - b$, 利用零点定理可证;

   (3) 利用零点定理可证.

5. 因函数 $f(x)$ 在闭区间 $[a, b]$ 上连续, 则 $f(x)$ 在 $[a, b]$ 上一定有最大值 M 和最小值 m.
于是对 $a < c < d < b$, 有 $m < f(c) < M$ 和 $m < f(d) < M$, 从而对任意正数 p 和 q, 有
$(p+q)m < pf(c) + qf(d) < (p+q)M$, 即 $m < \dfrac{pf(c) + qf(d)}{p+q} < M$, 由介值定理知, 至少存在一
点 $\xi \in (a, b)$, 使 $\dfrac{pf(c) + qf(d)}{p+q} = f(\xi)$.

6. 不正确. 例如, 函数 $f(x) = \begin{cases} e, & 0 < x \leqslant 1, \\ -2, & x = 0, \end{cases}$ $f(x)$ 在 $(0, 1)$ 内连续, $f(0) \cdot (1) = -2e < 0$. 但 $f(x)$ 在 $(0, 1)$ 内无零点.

总习题 1

1. (1) $\dfrac{1}{1-x}$; (2) 二, 无穷; (3) -1; (4) 0; (5) 0.

2. (1) D; (2) B; (3) A; (4) B; (5) B.

3. 1.

4. (1) 因 $x \to -2$, 不妨设 $|x-(-2)| < 1$, 则 $3 < |x-2| < 5$. 对 $\forall \varepsilon > 0$, 要使 $\left|\dfrac{x+2}{x^2-4} - \left(-\dfrac{1}{4}\right)\right| = \left|\dfrac{x+2}{4(x-2)}\right| < \varepsilon$ 成立, 又 $3 < |x-2| < 5$, 所以 $\left|\dfrac{x+2}{4(x-2)}\right| < \dfrac{|x+2|}{12}$, 于是只要 $\dfrac{|x+2|}{12} < \varepsilon$, 即有 $\left|\dfrac{x+2}{x^2-4} - \left(-\dfrac{1}{4}\right)\right| < \varepsilon$. 取 $\delta = \min\{1, 12\varepsilon\}$, 当 $0 < |x-(-2)| < \delta$ 时, 恒有 $\left|\dfrac{x+2}{x^2-4} - \left(-\dfrac{1}{4}\right)\right| < \varepsilon$.

(2) 因 $\left|\dfrac{x+1}{x^2+2} - 0\right| < \dfrac{|x|+1}{|x|^2-1} < \dfrac{1}{|x|-1}$, 则对 $\forall \varepsilon > 0$, 要使 $\left|\dfrac{x+1}{x^2+2} - 0\right| < \varepsilon$ 成立, 只要 $\dfrac{1}{|x|-1} < \varepsilon$, 即 $|x| > \dfrac{\varepsilon+1}{\varepsilon}$. 取 $X > \dfrac{\varepsilon+1}{\varepsilon}$, 当 $|x| > X$ 时, 恒有 $\left|\dfrac{x+1}{x^2+2} - 0\right| < \varepsilon$ 成立.

5. (1) 因为 $n < 1 + \sqrt[3]{2} + \sqrt[3]{3} + \cdots + \sqrt[3]{n} < n \cdot \sqrt[3]{n}$, 所以 $\dfrac{n}{n\sqrt{n}} < \dfrac{1}{n\sqrt{n}}\left(1 + \sqrt[3]{2} + \sqrt[3]{3} + \cdots + \sqrt[3]{n}\right) < \dfrac{n \cdot \sqrt[3]{n}}{n\sqrt{n}}$, 而 $\lim\limits_{n\to+\infty} \dfrac{n}{n\sqrt{n}} = 0$, $\lim\limits_{n\to+\infty} \dfrac{n \cdot \sqrt[3]{n}}{n\sqrt{n}} = 0$, 所以 $\lim\limits_{n\to+\infty} \dfrac{1}{n\sqrt{n}}\left(1 + \sqrt[3]{2} + \sqrt[3]{3} + \cdots + \sqrt[3]{n}\right) = 0$.

(2) 因为 $\dfrac{3}{x} - 1 \leqslant \left[\dfrac{3}{x}\right] \leqslant \dfrac{3}{x}$, 所以当 $x > 0$ 时, $3 - x \leqslant x\left[\dfrac{3}{x}\right] \leqslant 3$, 所以当 $x < 0$ 时, $3 - x \geqslant x\left[\dfrac{3}{x}\right] \geqslant 3$, 所以 $\lim\limits_{x\to 0} x\left[\dfrac{3}{x}\right] = 3$.

6. (1) 1; (2) 0; (3) 0; (4) $\dfrac{1}{2}$; (5) $\dfrac{1}{2}$; (6) -4; (7) $\dfrac{9}{2}$; (8) 5.

7. (1) $a = 0, b \neq 1$; (2) $a \neq 1, b = e$.

8. -1.

9. 因 $f(x)$ 在闭区间 $[a,b]$ 上连续, $a < x_1 < x_2 < \cdots < x_n < b$, $[x_1, x_n] \subseteq [a,b]$, $f(x)$ 在闭区间 $[x_1, x_n]$ 上连续, $f(x)$ 在 $[x_1, x_n]$ 上一定有最大值 M 和最小值 m. 所以对 $\forall x_i \in [x_1, x_n]$, 有 $m \leqslant f(x_i) \leqslant M, i = 1, 2, \cdots, n$. 将这 n 个式子相加除以 n 得 $m \leqslant \dfrac{f(x_1) + f(x_2) + \cdots + f(x_n)}{n} \leqslant M$, 由介质定理得, 存在 $\xi \in [x_1, x_n]$, 使 $\dfrac{f(x_1) + f(x_2) + \cdots + f(x_n)}{n} = f(\xi)$.

10. 提示: 令 $F(x) = f(x+\pi) - f(x)$, 在 $[0, \pi]$ 上利用零点定理.

11. $x^2 + 2x - 3$.

12. $x = \pm 1, x = \pm\sqrt{3}$ 是 $f(x)$ 跳跃间断点.

第 2 章

习题 2.1

1. -2.

2. 12m/s.

3. (1) $3f'(x_0)$; (2) $-f'(x_0)$.

4. (1) $5x^4$; (2) $\dfrac{5}{3}x^{-\frac{2}{5}}$; (3) $-\dfrac{1}{2}x^{-\frac{3}{2}}$; (4) $\dfrac{7}{3}x^{\frac{4}{3}}$.

5. $y'|_{x=1} = 1$.

6. $f'(0) = 1$.

7. $x + y - 2 = 0$.

8. 切线方程为 $\dfrac{\sqrt{2}}{2}x - y + \dfrac{\sqrt{2}}{2} - \dfrac{\sqrt{2}}{8}\pi = 0$; 法线方程为 $\sqrt{2}x + y - \dfrac{\sqrt{2}}{2} - \dfrac{\sqrt{2}}{4}\pi = 0$.

9. 切线方程为 $x - y - 1 = 0$; 法线方程为 $x + y - 1 = 0$.

10. 连续且可导.

11. 连续但不可导.

12. $a = 2$, $b = -1$.

习题 2.2

1. (1) $y' = 4x^3 - 6x^2 + 6x - 1$; (2) $y' = 3 + \dfrac{5}{2\sqrt{x}} + \dfrac{2}{x^3}$;

   (3) $y' = 3x^2 + 3^x \ln 3 - 3e^x$; (4) $y' = \sec^2 x + 2\sec x \tan x$;

   (5) $y' = x\cos x$; (6) $y' = 2x\ln x + x$;

   (7) $y' = e^x(x^2 + 4x + 1)$; (8) $y' = \dfrac{1 - x^2}{(1 + x^2)^2}$;

   (9) $y' = \dfrac{1 - \ln x}{x^2}$; (10) $y' = \dfrac{1 + \sin x + \cos x}{(1 + \cos x)^2}$;

   (11) $y' = (x\cos x - \sin x)\left(\dfrac{1}{x^2} - \dfrac{1}{\sin^2 x}\right)$; (12) $y' = x^2(3\ln x \cos x + \cos x - x\ln x \sin x)$.

2. (1) $y'|_{x=0} = \dfrac{1}{3}$; (2) $f'\left(\dfrac{\pi}{2}\right) = e^{\frac{\pi}{2}}$.

3. $y = x$.

4. $b = 3$.

5. (1) $y' = 15(3x + 4)^4$; (2) $y' = -2\sin(2x - 1)$;

   (3) $y' = (4x + 1)e^{2x^2 + x}$; (4) $y' = \dfrac{2x + 1}{1 + x + x^2}$;

   (5) $y' = -3x^2 \csc^2(x^3)$; (6) $y' = 6\sin^2(2x + 1)\cos(2x + 1)$;

   (7) $y' = -\dfrac{x}{\sqrt{a^2 - x^2}}$; (8) $y' = \dfrac{e^x}{1 + e^{2x}}$;

   (9) $y' = \dfrac{|x|}{x^2\sqrt{x^2 - 1}}$; (10) $y' = \dfrac{1}{x \cdot \ln x \cdot \ln(\ln x)}$.

6. (1) $y' = 2x\sin\dfrac{1}{x} - \cos\dfrac{1}{x}$; (2) $y' = 2x\cos(x^2)\sin^2 x + \sin(x^2)\sin 2x$;

   (3) $y' = \sec x$; (4) $y' = -\dfrac{1}{(1 + x)\sqrt{2x(1 - x)}}$;

   (5) $y' = -\dfrac{1}{2}e^{-\frac{x}{2}}[\cos(3x) + 6\sin(3x)]$; (6) $y' = e^{\cos x}(\cos x - \sin^2 x)$;

   (7) $y' = \dfrac{e^{\arctan\sqrt{2x+1}}}{2(x + 1)\sqrt{2x + 1}}$; (8) $y' = 10^{x\tan 2x} \cdot \ln 10 \cdot [\tan 2x + 2x\sec^2(2x)]$;

   (9) $y' = \dfrac{2\sqrt{x} + 1}{4\sqrt{x}\sqrt{x + \sqrt{x}}}$; (10) $y' = \dfrac{1}{\sqrt{x}(1 - x)}$.

7. (1) $2xf'(x^2)$;　　　(2) $\sin 2x[f'(\sin^2 x) - f'(\cos^2 x)]$.

8. $f'(x) = -x\mathrm{e}^{x-1}$.

9. $f'(x+2) = 4(x-1)^3$, $f'(x) = 4(x-3)^3$.

习题 2.3

1. (1) $y'' = 6(2x^2 - 2x + 1)$;　　　　(2) $y'' = 2\cos x - x\sin x$;

　(3) $y'' = -2\mathrm{e}^{-x}\cos x$;　　　　(4) $y'' = -\dfrac{1}{(1-x^2)\sqrt{1-x^2}}$;

　(5) $y'' = 2\sec^2 x\tan x$;　　　　(6) $y'' = \dfrac{6x^2 - 2}{(1+x^2)^3}$;

　(7) $y'' = 2\arctan x + \dfrac{2x}{1+x^2}$;　　　(8) $y'' = -\dfrac{x}{(a^2+x^2)^{\frac{3}{2}}}$.

2. (1) $y'' = 2f'(x^2) + 4x^2 f''(x^2)$;

　(2) $y'' = \dfrac{f''(x)f'(x) - [f'(x)]^2}{f^2(x)}$.

3. (1) $y^{(n)} = 2^n \cdot n!$;　　　　(2) $y^{(n)} = (x+n)\mathrm{e}^x$;

　(3) $y^{(n)} = (-1)^n \dfrac{n!}{(1+x)^{n+1}}$;

　(4) 当 $n = 1$ 时, $y' = \ln x + 1$; 当 $n \geqslant 1$ 时, $y^{(n)} = (-1)^n \dfrac{(n-2)!}{x^{n-1}}$.

4. (1) $y^{(n)} = n! \cdot \left[\dfrac{1}{(1-x)^{n+1}} - \dfrac{2}{(2-x)^{n+1}}\right]$;

　(2) $y^{(n)} = 2^{n-1} \cdot \cos\left(2x + n \cdot \dfrac{\pi}{2}\right)$.

5. (1) $y^{(30)} = \mathrm{e}^x(x^3 + 90x^2 + 2610x + 24360)$;

　(2) $y^{(50)} = 2^{50} \cdot \left(-x^2\sin 2x + 50x\cos 2x + \dfrac{1225}{2}\sin 2x\right)$.

6. $(-1)^{n-1}\dfrac{n!}{n-2}$.

习题 2.4

1. (1) $-\dfrac{3x}{4y}$;　　　　(2) $\dfrac{\cos(x+y)}{\mathrm{e}^y - \cos(x+y)}$;

　(3) $\dfrac{\mathrm{e}^y}{1 - x\mathrm{e}^y}$;　　　(4) $\dfrac{x+y}{x-y}$.

2. 切线方程为 $x + y - \dfrac{a}{2} = 0$; 法线方程为 $x - y = 0$.

3. (1) $\dfrac{y^2 - x^2}{y^3}$;　　　　(2) $-\dfrac{(x+y)(\cos^2 y - \sin y)}{[(x+y)\cos y - 1]^3}$;

　(3) $-2\csc^2(x+y)\cot^3(x+y)$;　　(4) $\dfrac{y}{(1-y)^3}$.

4. $y''(0) = -2$.

5. (1) $(1+x^2)^{\tan x}\left[\sec^2 x\ln(1+x^2) + \dfrac{2x\tan x}{1+x^2}\right]$;

(2) $\left(\dfrac{x}{1+x}\right)^x\left[\ln\left(\dfrac{x}{1+x}\right)+\dfrac{1}{1+x}\right];$

(3) $\dfrac{1}{3}\cdot\sqrt[3]{\dfrac{3x-2}{(5-2x)(x-1)}}\cdot\left(\dfrac{3}{3x-2}+\dfrac{2}{5-2x}-\dfrac{1}{x-1}\right);$

(4) $\dfrac{(2x+3)^4\sqrt{x-6}}{\sqrt[3]{x+1}}\cdot\left[\dfrac{8}{2x+3}+\dfrac{1}{2(x-6)}-\dfrac{1}{3(x+1)}\right].$

6. (1) $4t;$ (2) $-\dfrac{\sqrt{1+\theta}}{\sqrt{1-\theta}};$ (3) $\dfrac{\cos t-\sin t}{\cos t+\sin t};$ (4) $t.$

7. 切线方程为 $x-2y-\ln 2+\dfrac{\pi}{2}=0$, 法线方程为 $2x+y-2\ln 2-\dfrac{\pi}{4}=0.$

8. (1) $\dfrac{4}{9}\mathrm{e}^{3t};$ 　　　　　　(2) $-\dfrac{b}{a^2}\csc^3 t;$

(3) $-\dfrac{3t^2+1}{4t^3};$ 　　　　　　(4) $\dfrac{1+t^2}{4t}.$

习题 2.5

1. (1) $\left(2x+\dfrac{1}{2\sqrt{x}}+\dfrac{1}{2x^3}\right)\mathrm{d}x;$ 　　　　(2) $(\sin 2x+2x\cos 2x)\mathrm{d}x;$

(3) $\left(-\dfrac{x}{\sqrt{1-x^2}}\right)\mathrm{d}x;$ 　　　　(4) $\csc x\,\mathrm{d}x;$

(5) $\left(\dfrac{1}{4\sqrt{\arcsin\sqrt{x}}\cdot\sqrt{1-x}\cdot\sqrt{x}}\right)\mathrm{d}x;$ 　　(6) $2x\mathrm{e}^{2x}(1+x)\mathrm{d}x;$

(7) $-\dfrac{2x}{x^4+1}\mathrm{d}x;$ 　　　　(8) $2(\mathrm{e}^{2x}-\mathrm{e}^{-2x})\mathrm{d}x.$

2. $\mathrm{d}y=-\dfrac{2xy^2+y\sin(xy)}{2x^2y+x\sin(xy)}\mathrm{d}x=-\dfrac{y}{x}\mathrm{d}x$

3. $\mathrm{d}y=\dfrac{2xy}{2y^2+1}\mathrm{d}x.$

4. (1) $\dfrac{x^3}{3}+C;$ 　　　　　　(2) $-\dfrac{1}{x}+C;$

(3) $-\dfrac{1}{2}\mathrm{e}^{-2x}+C;$ 　　　　(4) $\dfrac{1}{3}\sin 3x+C;$

(5) $\ln(1+x)+C;$ 　　　　(6) $\dfrac{1}{5}\tan 5x+C;$

(7) $\dfrac{1}{2}\arctan\left(\dfrac{x}{2}\right)+C;$ 　　　(8) $\dfrac{1}{2}\ln^2 x+C.$

5. (1) 1.001;　(2) 9.9867;　(3) 0.87476;　(4) $30°47'.$

6. 增量精确值为 2.01, 近似值为 2.

总 习 题 2

1. (1) C;　　(2) C;　　(3) D;　　(4) C;　　(5) A.

2. (1) $\lambda>2;$　(2) $2\mathrm{e}^3;$　(3) $1+\sqrt{2};$　(4) $-\pi\mathrm{d}x;$　(5) 0.05.

3. (1) $y' = (3x+5)^2(5x+4)^4(120x+161)$;　　　　(2) $y' = \dfrac{1}{\sqrt{1-x^2}+1-x^2}$;

　　(3) $y' = \sin x \ln(\tan x)$;　　　　　　　　　　(4) $y' = \arcsin \dfrac{x}{2}$;

　　(5) $y' = x^{\sin x}\left(\cos x \ln x + \dfrac{\sin x}{x}\right)$;　　　　(6) $y' = x^{\frac{1}{x}}\left(\dfrac{1-\ln x}{x^2}\right)$.

4. $f'(2) = 2$.

5. $f'(0) = 100!$.

6. $\mathrm{e}^{f(x)}[\mathrm{e}^x f'(\mathrm{e}^x) + f(\mathrm{e}^x)f'(x)]$.

8. $-\dfrac{1}{(1+x)^2}$.

9. $2 + \dfrac{1}{x^2}$.

10. $a = 2,\ b = -1$.

11. 连续且可导.

12. $x - y = 0$.

14. $\sqrt{2}$.

15. $y = 2x - 12$.

18. $y''(0) = -2$.

19. $-\dfrac{f''(x)}{[f'(x)]^3}$.

20. (1) $n! \cdot \left[\dfrac{1}{(1-x)^{n+1}} - \dfrac{1}{(2-x)^{n+1}}\right]$;　　　　(2) $4^{n-1} \cdot \cos\left(4x + n \cdot \dfrac{\pi}{2}\right)$.

21. $\mathrm{d}y = \mathrm{e}^{f(x)}\left[\dfrac{f'(\ln x)}{x} + f'(x)f(\ln x)\right]\mathrm{d}x$.

22. $\dfrac{\mathrm{d}y}{\mathrm{d}x} = -2x\sin x^2,\ \dfrac{\mathrm{d}y}{\mathrm{d}x^2} = -\sin x^2,\ \dfrac{\mathrm{d}^2 y}{\mathrm{d}x^2} = -2\sin x^2 - 4x^2\cos x^2$.

23. $\dfrac{5}{\pi}$ 度$/$s.

24. 2.5m/s.

25. 17.28s.

第 3 章

习题 3.1

1. 因为 $f(x) = \ln\sin x$ 在区间 $\left[\dfrac{\pi}{6}, \dfrac{5\pi}{6}\right]$ 上连续可微, 且 $f\left(\dfrac{\pi}{6}\right) = \ln\sin\dfrac{\pi}{6} = -\ln 2$, $f\left(\dfrac{5\pi}{6}\right) = \ln\sin\dfrac{5\pi}{6} = -\ln 2$. 又 $f'(\xi) = \cot\xi = 0$, 则 $\xi = \dfrac{\pi}{2}, \xi \in \left(\dfrac{\pi}{6}, \dfrac{5\pi}{6}\right)$. 故定理正确.

2. $f(2) = 4, f(5) = 25, f'(\xi) = 4\xi - 7$, 则由拉格朗日中值定理有 $f'(\xi) = \dfrac{f(b)-f(a)}{b-a}$, 即 $4\xi - 7 = \dfrac{25-4}{5-2}, \xi = 3.5$. 由于 $2 < \xi < 5$, 故定理是正确的.

3. $f(x), g(x)$ 在 $[0,1]$ 连续可微, $f(0) = 0, f(1) = 1; g(0) = 1, g(1) = 2, f'(\xi) = 2\xi$, $g'(\xi) = 1$. $\dfrac{f(1) - f(0)}{g(1) - g(0)} = 1 = 2\xi$, 则 $\xi = \dfrac{1}{2} \in (0,1)$.

5. 令 $f(x) = \arcsin x + \arccos x$, 则 $f'(x) = \dfrac{1}{\sqrt{1 - x^2}} - \dfrac{1}{\sqrt{1 - x^2}} \equiv 0, \forall x \in (0,1)$, 又因为 $f(x)$ 在 $[0,1]$ 上连续, 故 $f(x) \equiv f(0) = \dfrac{\pi}{2}, (0 \leqslant x \leqslant 1)$. 原恒等式得证.

6. 由于 $f(x)$ 在 $[x_1, x_2]$ 上连续, 在 (x_1, x_2) 上可导, 又 $f(x_1) = f(x_2)$, 由罗尔定理, 至少存在一点 $\xi_1 \in (x_1, x_2)$, 使 $f'(\xi_1) = 0$. 同理. $f(x)$ 在 $[x_2, x_3]$ 上连续, 在 (x_2, x_3) 上可导至少存在一点 $\xi_2 \in (x_2, x_3)$, 使 $f'(\xi_2) = 0$. 又因为 $f'(x)$ 在 $[\xi_1, \xi_2]$ 上连续, 在 (ξ_1, ξ_2) 上可导, 且 $f'(\xi_1) = 0, f'(\xi_2) = 0$. 由罗尔定理, 至少存在一点 $\xi \in (\xi_1, \xi_2)$, 使 $f''(\xi) = 0$.

10. 令 $f(x) = x^3 + x - 1$, 则 $f'(x) = 3x^2 + 1 > 0$ 恒成立, 故 $f(x)$ 在 $(-\infty, +\infty)$ 上严格单调递增, 又 $f(0) = -1 < 0, f(1) = 1 > 0$, 由零点存在定理, 知 $f(x)$ 在 $[0,1]$ 上至少存在一根, 又因为 $f(x)$ 是严格单调递增的, 所以方程 $x^3 + x - 1 = 0$ 只有一个实根.

习题 3.2

1. (1) 1; (2) 2; (3) $\cos a$; (4) $-\dfrac{3}{5}$; (5) $-\dfrac{1}{8}$; (6) 3; (7) 1; (8) $\dfrac{m}{n} a^{m-n}$; (9) 1;

(10) 1; (11) $\dfrac{1}{2}$; (12) $+\infty$; (13) 1; (14) $\dfrac{1}{2}$; (15) 1; (16) $\dfrac{1}{e}$; (17) $\dfrac{3}{2}$; (18) $-\dfrac{1}{4}$.

3. 在 $x = 0$ 处连续.

习题 3.3

1. (1) $1 - 9x + 30x^2 - 45x^3 + o(x^3)$;   (2) $\cos\alpha - \sin\alpha \cdot x - \dfrac{\cos\alpha}{2!} x^2 + \dfrac{\sin\alpha}{3!} x^3 + \dfrac{\cos\alpha}{4!} x^4 + o(x^4)$;

(3) $1 + x + \dfrac{1}{2} x^2 + o(x^3)$;   (4) $x + \dfrac{1}{3} x^3 + o(x^3)$.

2. $x + x^2 + \dfrac{x^3}{2!} + \cdots + \dfrac{x^{n+1}}{n!} + \dfrac{e^{\theta x}}{(n+1)!} x^{n+1}, 0 < \theta < 1$.

3. (1) $-1 - 3(x-1)^2 - 2(x-1)^3$;

(2) $(x-1) - \dfrac{1}{2}(x-1)^2 + \dfrac{1}{3}(x-1)^3 - \cdots + \dfrac{(-1)^{n-1}}{n}(x-1)^n + o((x-1)^n)$;

(3) $\sqrt{2} + \dfrac{1}{2\sqrt{2}}(x-2) - \dfrac{1}{16\sqrt{2}}(x-2)^2 + \cdots + \dfrac{(-1)^{n-1}(2n-3)!!}{2^{2n-\frac{1}{2}} n!}(x-2)^n + o((x-2)^n)$.

4. (1) 0.3090;   (2) 3.0171.

5. $e^x = 1 + x + \dfrac{x^2}{2!} + \cdots + \dfrac{x^n}{n!} + o(x^n)$. 当 $n = 9$ 时, 满足题意, 此时 $e \approx 2.718281$.

6. (1) $\dfrac{1}{3}$; (2) $\dfrac{7}{12}$; (3) $\dfrac{3}{2}$; (4) $\dfrac{1}{3}$; (5) $\dfrac{1}{3}$.

习题 3.4

1. (1) 在 $(-\infty, -1], [2, +\infty)$ 内单调增加, 在 $[-1, 2]$ 内单调减少;

(2) 在 $(-\infty, -1], [3, +\infty)$ 内单调增加, 在 $[-1, 3]$ 内单调减少;

(3) 在 $\left(-\infty, -\dfrac{2}{\sqrt{3}}\right]$, $\left[\dfrac{2}{\sqrt{3}}, +\infty\right)$ 内单调增加, 在 $\left[-\dfrac{2}{\sqrt{3}}, 0\right)$, $\left(0, \dfrac{2}{\sqrt{3}}\right]$ 内单调减少;

(4) 在 $[2, +\infty)$ 内单调增加, 在 $(0, 2]$ 内单调减少;

(5) 在 $(-\infty, +\infty)$ 内单调增加;

(6) 在 $[0, +\infty)$ 内单调增加, 在 $(-1, 0]$ 内单调减少;

(7) 在 $\left[-\dfrac{1}{2}\ln 2, +\infty\right)$ 内单调增加, 在 $\left(-\infty, -\dfrac{1}{2}\ln 2\right]$ 内单调减少;

(8) 在 $[0, n]$ 内单调增加, 在 $[n, +\infty)$ 内单调减少.

3. 当 $0 < k < 1$ 时, $\arctan x - kx = 0$ 存在正实根.

习题 3.5

1. (1) 当 $x = \dfrac{3}{2}$ 时取得极大值 $\dfrac{27}{16}$;

(2) 当 $x = 0$ 时取得极小值为 0;

(3) $x_1 = -1$ 是 $f(x)$ 的极小值点, 且极小值 $\dfrac{3}{2}$,

$x_1 = 1$ 是 $f(x)$ 的极小值点, 且极小值 $-\dfrac{3}{2}$;

(4) 当 $x = -3$ 时取得极大值 $-\dfrac{8}{3}$, 当 $x = 1$ 时取得极小值 0;

(5) 没有极值点;

(6) 当 $x = -\dfrac{1}{2}\ln 2$ 时取得极小值 $2\sqrt{2}$;

(7) 当 $x = 1$ 时取得极大值 2, 当 $x = -1$ 时取得极小值 -2;

(8) 当 $x = \dfrac{1}{5}$ 时取得极大值 $\dfrac{128}{3125}$, 当 $x = 1$ 时取得极小值 0.

2. $a = -\dfrac{2}{3}, b = -\dfrac{1}{6}$. 在 $x_1 = 1$ 处取得极小值, 极小值为 $f(1) = \dfrac{5}{6}$; 在 $x_2 = 2$ 处取得极大值, 极大值为 $f(2) = \dfrac{4}{3} - \dfrac{2}{3}\ln 2$.

3. $a = 2$, 在 $x = \dfrac{\pi}{3}$ 处取得极大值 $\sqrt{3}$.

习题 3.6

1. (1) 最小值为 $f(-1) = -5$, 最大值为 $f(4) = 80$;

(2) 最小值为 $f(2) = -14$, 最大值为 $f(3) = 11$;

(3) 最小值为 $f(-1) = -10$, 最大值为 $f(1) = 2$;

(4) 最小值为 $f\left(\dfrac{1}{e^2}\right) = -\dfrac{2}{e}$, 无最大值;

(5) 最小值为 $f(-5) = -5 + \sqrt{6}$, 最大值为 $f\left(\dfrac{3}{4}\right) = \dfrac{5}{4}$.

2. 当 $x = -3$ 时取得最小值 $f(-3) = 27$.

3. 当 $x = 1$ 时取得最大值 $f(1) = \dfrac{1}{2}$.

4. 我军从 B 处发起追击后 1.5 分钟射击最好.

5. 把 l 平分为两段, 此时矩形面积取得最大值 $\dfrac{1}{4}l^2$.

6. 当 $x = \dfrac{a}{6}$ 时, 盒子的容积达到最大值 $\dfrac{2}{27}a^3$.

7. 每月每套租金为 350 元时收入最高. 最大收入为 10890 元.

8. 定价为 $p = \dfrac{5}{8}b + \dfrac{1}{2}a$ 元时取得最大利润为 $\dfrac{c}{16b}(5b - 4a)^2$ 元.

9. 当 $R = r$ 时, 即外阻等于内阻时, 输出功率达到最大值 $\dfrac{E^2}{4R}$.

习题 3.7

1. (1) 曲线在 $(-\infty, +\infty)$ 内是凸的;

    (2) 曲线在 $(0, +\infty)$ 内是凹的;

    (3) 曲线在 $(-\infty, -1), (0, +\infty)$ 内是凹的, 在 $(-1, 0)$ 内是凸的;

    (4) 曲线在 $\left(-\infty, -\dfrac{\sqrt{3}}{3}\right), \left(\dfrac{\sqrt{3}}{3}, +\infty\right)$ 内是凹的, 在 $\left(-\dfrac{\sqrt{3}}{3}, \dfrac{\sqrt{3}}{3}\right)$ 内是凸的.

2. 曲线的凹区间为 $\left(-\dfrac{1}{2}, +\infty\right)$, 凸区间为 $\left(-\infty, -\dfrac{1}{2}\right)$, 拐点为 $\left(-\dfrac{1}{2}, \dfrac{65}{6}\right)$.

3. $a = -\dfrac{3}{2}, b = \dfrac{9}{2}$.

5. 曲线的渐近线为: $y = 0, x = 1, x = 2$.

6. (1)

x	$(-\infty, -2)$	-2	$(-2, -1)$	-1	$(-1, 1)$	1	$(1, +\infty)$
y'	$-$	0	$+$	$+$	$+$	0	$+$
y''	$+$	$+$	$+$	0	$-$	0	$+$
$y = f(x)$	$\searrow$ 凹	$-\dfrac{17}{5}$ 极小值	$\nearrow$ 凹	$-\dfrac{6}{5}$ 拐点	$\nearrow$ 凸	2 拐点	$\nearrow$ 凹

(2)

x	0	$(0, 1)$	1	$(1, \sqrt{3})$	$\sqrt{3}$	$(\sqrt{3}, +\infty)$
y'	$+$	$+$	0	$-$	$-$	$-$
y''	0	$-$	$-$	$-$	0	$+$
$y = f(x)$	0 拐点	$\nearrow$ 凸	$\dfrac{1}{2}$ 极大值	$\searrow$ 凸	$\dfrac{\sqrt{3}}{4}$ 拐点	$\searrow$ 凹

(3)

x	$(-\infty, -1)$	-1	$(-1, 0)$	0	$(0, 1)$	1	$(1, +\infty)$
y'	$+$	0	$-$	$-$	$-$	0	$+$
y''	$-$	$-$	$-$	0	$+$	$+$	$+$
$y = f(x)$	$\nearrow$ 凸	$\dfrac{\pi}{2} - 1$ 极大值	$\searrow$ 凸	0 拐点	$\searrow$ 凹	$1 - \dfrac{\pi}{2}$ 极小值	$\nearrow$ 凹

奇函数, 渐近线方程: $y = x - \pi, y = x + \pi$.

(4)

x	$(-\infty, 1)$	1	$(1, 2)$	2	$(2, +\infty)$
y'	$+$	0	$-$	$-e^{-2}$	$-$
y''	$-$	$-$	$-$	0	$+$
$y = f(x)$	↗ 凸	e^{-1} 极大值	↘ 凸	$2e^{-2}$ 拐点	↘ 凹

渐近线方程: $y = 0$.

总习题 3

1. (1) $\dfrac{3}{4}$;　(2) $-\dfrac{1}{\ln 2}$;　(3) $\sqrt{3} + \dfrac{\pi}{6}$;　(4) $\left(-\dfrac{\sqrt{2}}{2}, \dfrac{\sqrt{2}}{2}\right)$;　(5) $y = x + \dfrac{1}{e}$.

2. (1) C;　(2) B;　(3) B;　(4) C.

8. (1) $R(x) = px = 10xe^{-\frac{x}{2}}, 0 \leqslant x \leqslant 6$;

(2) 当产量为 2 时, 收益取得最大值为 $R(2) = 20e^{-1}$, 相应的价格为 $10e^{-1}$.

9. (1) 1000 件;　(2) 600 件.

10. 单调增加区间为 $(-\infty, -1), (0, +\infty)$; 单调减少区间为 $(-1, 0)$. 极小值为 $f(0) = -e^{\frac{\pi}{2}}$; 极大值为 $f(-1) = -2e^{\frac{\pi}{4}}$. 渐近线为 $y = e^{\pi}(x - 2), y = x - 2$.

第 4 章

习题 4.1

1. (1) 错;　(2) 对;　(3) 错;　(4) 错.

2. (1) $\dfrac{x^4}{4} + C$;　(2) $\arcsin x + C$;　(3) $\sin x + C$;　(4) $\dfrac{x^2}{2} + C, \dfrac{x^2}{2} + 2$.

3. (1) $-\dfrac{1}{2x^2} + C$;　　　　　　　(2) $\dfrac{2}{7}x^3\sqrt{x} + C$;

(3) $-\dfrac{3}{\sqrt[3]{x}} + C$;　　　　　　　(4) $\dfrac{1}{2}x^2 - 3x + 3\ln|x| + \dfrac{1}{x} + C$;

(5) $\dfrac{2}{7}x^{\frac{7}{2}} - 5 \cdot \dfrac{2}{3}x^{\frac{3}{2}} + C$;　　　　(6) $e^x - 3\sin x + C$;

(7) $\arctan x + \ln|x| + C$;　　　　(8) $\dfrac{1}{2}(x - \sin x) + C$;

(9) $\dfrac{1}{\ln 2}2^x - 3\sin x + 4x + C$;　(10) $\dfrac{\left(\dfrac{5}{3}\right)^x}{\ln \dfrac{5}{3}} - \dfrac{\left(\dfrac{2}{3}\right)^x}{\ln \dfrac{2}{3}} + C$;

(11) $\tan x - \cot x + C$;　　　　(12) $\dfrac{x^5}{5} - \dfrac{x^3}{3} + x - \arctan x + C$;

(13) $-\dfrac{1}{x} - \arctan x + C$;　　　(14) $\dfrac{8}{5}x^2\sqrt{x} - \dfrac{8}{3}x\sqrt{x} + 2\sqrt{x} + C$;

(15) $\dfrac{4}{7}x^{\frac{7}{4}} + 4x^{-\frac{1}{4}} + C$;　　　　(16) $\dfrac{10^x}{\ln 10} - \cot x - x + C$;

(17) $2\arcsin x + C$;　　　　　　(18) $\sin x - \cos x + C$.

4. $-\sin x + c_1 x + c_2$.

5. 提示: 等式两边对 x 求导, 得

$$\dfrac{x^2}{\sqrt{1-x^2}} = A\sqrt{1-x^2} - \dfrac{Ax^2}{\sqrt{1-x^2}} + \dfrac{B}{\sqrt{1-x^2}} = \dfrac{(A+B) - 2Ax^2}{\sqrt{1-x^2}} \Rightarrow \begin{cases} A = -\dfrac{1}{2}, \\ B = \dfrac{1}{2}. \end{cases}$$

6. 提示: $f(\ln x) = -\dfrac{1}{x}$, $-\dfrac{1}{2}x^2 + C$.

7. $y = \ln|x| + 1$.

习题 4.2

1. (1) $\dfrac{1}{2}$;　(2) $\dfrac{1}{3}$;　(3) $\sin x + C$;　(4) $-\dfrac{1}{2}$;　(5) $\dfrac{3}{2}$;

(6) C;　(7) 1;　(8) $\dfrac{1}{2}$;　(9) $\dfrac{1}{5}$;　(10) 2.

2. (1) $-\dfrac{1}{2}\ln|3 - 2x| + C$;　　　　(2) $\dfrac{2}{3}(\ln x)^{\frac{3}{2}} + C$;

(3) $\dfrac{1}{5}\sin^5 x + C$;　　　　　　(4) $-\sqrt{1-x^2} + C$;

(5) $-\dfrac{1}{3}\mathrm{e}^{-x^3} + C$;　　　　　　(6) $\dfrac{1}{6}\arctan\dfrac{2x}{3} + C$;

(7) $\dfrac{1}{2}\arctan\dfrac{x+1}{2} + C$;　　　　(8) $2\sqrt{\tan x + 1} + C$;

(9) $2\sin\sqrt{x} + C$;　　　　　　(10) $-\cos(\mathrm{e}^x + 1) + C$;

(11) $\dfrac{1}{5}\arcsin^5 x + C$;　　　　(12) $\dfrac{1}{3}\tan^3 x - \tan x + x + C$;

(13) $\arctan^2\sqrt{x} + C$;　　　　(14) $x - \ln(1 + \mathrm{e}^x) + C$;

(15) $\arcsin\dfrac{x-1}{2} + C$;　　　　(16) $\sqrt{x^2 - 9} - 3\arccos\dfrac{3}{|x|} + C$;

(17) $-\dfrac{1}{3}(1 - x^2)^{\frac{3}{2}} + C$;　　　　(18) $\dfrac{1}{2}\arcsin x - \dfrac{x}{2}\sqrt{1-x^2} + C$;

(19) $-\dfrac{\sqrt{1+x^2}}{x} + C$;　　　　(20) $\arcsin x - \dfrac{1 - \sqrt{1-x^2}}{x} + C$;

(21) $\dfrac{1}{3}\sqrt{(1+x^2)^3} - \sqrt{1+x^2} + C$;　　(22) $\dfrac{1}{a^2}\dfrac{x}{\sqrt{x^2+a^2}} + C$.

3. $f(x) = \sqrt{2x} - \ln(1 + \sqrt{2x}) + 1$.

习题 4.3

1. (1) $-x\cos x + \sin x + C$;　　　　(2) $-\dfrac{\ln x}{x} - \dfrac{1}{x} + C$;

(3) $(\ln x)\ln\ln x - \ln x + C$;　　　　(4) $x^2\sin x + 2x\cos x - 2\sin x + C$;

(5) $-\dfrac{1}{2}\mathrm{e}^{-2y}\left(y + \dfrac{1}{2}\right) + C$;

(6) $x(\arcsin x)^2 + 2\sqrt{1-x^2}\arcsin x - 2x + C$;

(7) $x \tan x + \ln|\cos x| - \dfrac{x^2}{2} + C$;　　　　　　(8) $e^x \sin e^x + \cos e^x + C$;

(9) $x \text{arc} \sin x + \sqrt{1-x^2} + C$;

(10) $x(\arccos x)^2 - 2\sqrt{1-x^2} \arccos x - 2x + C$;

(11) $\tan x \cdot \ln|\cos x| + \tan x - x + C$;　　　(12) $2\sqrt{x} \sin \sqrt{x} + 2\cos \sqrt{x} + C$;

(13) $\dfrac{1}{5} e^{2x}(2\sin x - \cos x) + C$;　　　　(14) $\dfrac{1}{2}(x^2-1)\ln(x+1) - \dfrac{1}{4}x^2 + \dfrac{1}{2}x + C$;

(15) $\dfrac{1}{2}x(\cos \ln x + \sin \ln x) + C$;　　　(16) $x\ln^2 x - 2x\ln x + 2x + C$;

(17) $-\sqrt{1-x^2} \arcsin x + x + C$;

(18) $\dfrac{x^3}{6} - \dfrac{1}{4}x^2 \sin 2x - \dfrac{1}{4}x \cos 2x + \dfrac{1}{8}\sin 2x + C$;

(19) $x\ln(x + \sqrt{1+x^2}) - \sqrt{1+x^2} + C$;　　(20) $2\sqrt{x}\ln(1+x) - 4\sqrt{x} + 4\arctan \sqrt{x} + C$;

(21) $-\dfrac{1}{2}e^{-x} - \dfrac{1}{10}e^{-x}(2\sin 2x - \cos 2x) + C$;　(22) $3e^{\sqrt[3]{x}}\left(\sqrt[3]{x^2} - 2\sqrt[3]{x} + 2\right) + C$.

2. $(x^2-6)\cos x - 4x\sin x + C$.

3. $\left(1 - \dfrac{2}{x}\right)e^x + C$.

习题 4.4

1. (1) $\dfrac{1}{3}x^3 - \dfrac{3}{2}x^2 + 9x - 27\ln|x+3| + C$;　(2) $\dfrac{1}{2}\ln|x^2 + 2x + 3| - \dfrac{3}{\sqrt{2}}\arctan \dfrac{x+1}{\sqrt{2}} + C$;

(3) $\ln|x| - \dfrac{1}{2}\ln(x^2+4) + \dfrac{1}{2}\arctan \dfrac{x}{2} + C$;　(4) $\ln\left(\dfrac{x+3}{x+2}\right)^2 - \dfrac{3}{x+3} + C$;

(5) $7\ln|x-2| - 4\ln|x-1| + C$;

(6) $\ln|x| - \dfrac{1}{2}\ln|x+1| - \dfrac{1}{4}\ln(x^2+1) - \dfrac{1}{2}\arctan x + C$;

(7) $\ln|x| - \dfrac{1}{n}\ln|x^n + 1| + C$;　　　　　(8) $\dfrac{1}{4}\ln|x| - \dfrac{1}{24}\ln(x^6 + 4) + C$;

(9) $\dfrac{1}{6}\ln\left|\dfrac{1+x^3}{1-x^3}\right| + C$;　　　　(10) $\dfrac{1}{3}\left(\ln\left|\dfrac{x^3}{x^3+1}\right| + \dfrac{1}{x^3+1}\right) + C$.

2. (1) $2(\sqrt{x-1} - \arctan\sqrt{x-1}) + C$;　　　(2) $-2\arctan\sqrt{1-x} + C$;

(3) $\dfrac{1}{2}x^2 - \dfrac{2}{3}\sqrt{x^3} + x + C$;　　　　(4) $2\sqrt{x} - 4\sqrt[4]{x} + 4\ln(1 + \sqrt[4]{x}) + C$;

(5) $a\arcsin \dfrac{x}{a} - \sqrt{a^2 - x^2} + C$;　　　(6) $\dfrac{4}{3}\left[x^{\frac{3}{4}} - \ln(1 + x^{\frac{3}{4}})\right] + C$.

总习题 4

1. (1) C ;　(2) A;　(3) B;　(4) D;　(5) B.

2. (1) $-\sin x + C_1 x + C_2$ (C_1, C_2 为任意常数);

(2) $-\dfrac{1}{3}(1 - x^2)^{3/2} + C$;　　　(3) $-F(e^{-x}) + C$;

(4) $3x + 2e^x + C$;　　　　　(5) $-\sqrt{1-x^2}\arcsin x + x + C$.

3. $\arctan[\arctan(\sin x)] + C$ （提示: 先求出 $f(x) = \arctan(\sin x)$）.

4. $f(x) = \dfrac{\sin^2 2x}{\sqrt{x - \dfrac{1}{4}\sin 4x + 1}}$ （提示: 先求出 $F(x) = \left(x - \dfrac{1}{4}\sin 4x + 1\right)^{\frac{1}{2}}$）.

5. (1) $2\sqrt{e^x - 1} - 2\arctan\sqrt{e^x - 1} + C$;　　(2) $-\dfrac{\sqrt{(1+x^2)^3}}{3x^3} + \dfrac{\sqrt{1+x^2}}{x} + C$;

　(3) $\tan x - \dfrac{1}{\cos x} + C$;　　(4) $\dfrac{1}{3}\ln|x^3 + 3\sin x| + C$;

　(5) $-\dfrac{4}{3}(1 - \sqrt{x})^{\frac{3}{2}} + C$;　　(6) $\dfrac{1}{2}\ln|x| - \dfrac{1}{20}\ln(x^{10} + 2) + C$;

　(7) $\dfrac{1}{\sin x - 2} + C$;　　(8) $\dfrac{xe^x}{e^x + 1} - \ln(1 + e^x) + C$;

　(9) $\dfrac{1}{3\cos^3 x} + \dfrac{1}{\cos x} - \ln|\csc x + \cot x| + C$;　　(10) $\arctan(e^x - e^{-x}) + C$.

6. $t = 50$s; $s = 500$m.

7. $c(x) = \dfrac{1}{3}x^3 - 4x^2 + 100x + 2000$.

第 5 章

习题 5.1

1. (1) $k(a - b)$;　(2) $e - 1$.

2. (1) $\dfrac{1}{2}(b^2 - a^2)$;　(2) 0;　(3) 0;　(4) $\dfrac{\pi}{4}a^2$.

3. (1) $\displaystyle\int_0^1 x\mathrm{d}x < \int_0^1 \sqrt{x}\mathrm{d}x$;　　(2) $\displaystyle\int_0^1 (1+x)\mathrm{d}x < \int_0^1 e^x\mathrm{d}x$;

　(3) $\displaystyle\int_0^1 x\mathrm{d}x > \int_0^1 \ln(1+x)\mathrm{d}x$;　　(4) $\displaystyle\int_{-\pi/2}^0 \sin x\mathrm{d}x < \int_0^{\pi/2} \cos x\mathrm{d}x$.

4. (1) $\pi \leqslant \displaystyle\int_{\frac{\pi}{4}}^{\frac{5\pi}{4}} (\sin^2 x + 1)\mathrm{d}x \leqslant 2\pi$;　(2) $-2e^3 \leqslant \displaystyle\int_2^0 e^{x^2 - x + 1}\mathrm{d}x \leqslant -2e^{\frac{3}{4}}$.

习题 5.2

1. (1) 0;　(2) $\dfrac{\cos x}{\sqrt{1 + \sin^2 x}} - \dfrac{3x^2}{\sqrt{1 + x^6}}$.

2. $\dfrac{\mathrm{d}y}{\mathrm{d}x} = \dfrac{\sin x}{x}e^{-y^2}$.

3. (1) $\dfrac{1}{6}$;　(2) $\dfrac{1}{2}$;　(3) $\dfrac{1}{2}$;　(4) ∞.

4. (1) $\dfrac{7}{6}$;　(2) $\dfrac{3}{2}\ln 2 + \pi - 2$;　(3) -3;　(4) π;　(5) $\sqrt{3}$;

　(6) $\ln 2 - \dfrac{3}{4}\ln 3$;　(7) $\dfrac{\pi}{8}$;　(8) $\dfrac{1}{5}$;　(9) $2\sqrt{2} - 2$;　(10) $\dfrac{8\sqrt{2} - 1}{6}$.

5. 设 $f(x) = 2x - \dfrac{1}{1 + x^2}$.

6. $f(x) = \mathrm{e}^x + \dfrac{3}{2}(\mathrm{e} - 1)x^2$.

7. $\Phi(x) = \begin{cases} \dfrac{1}{2}x^2 + x, & x \in [0, 1), \\[2mm] \dfrac{1}{3}x^3 + \dfrac{7}{6}, & x \in [1, 2], \end{cases}$ $\Phi(x)$ 在 $(0, 2)$ 上连续.

8. $\Phi(x) = \begin{cases} 0, & x \leqslant 0, \\[2mm] \dfrac{1}{2}x^2 - \dfrac{1}{4}x^4, & 0 \leqslant x \leqslant 1, \\[2mm] \dfrac{1}{4}, & x > 1. \end{cases}$

习题 5.3

1. (1) $\dfrac{1}{2}$; (2) $\arcsin\dfrac{1}{3}$; (3) $\dfrac{7}{3}$; (4) $-\dfrac{2}{5}$; (5) $\dfrac{1}{3}$;

(6) $2\sqrt{2} - 2$; (7) $\dfrac{\sqrt{3}}{18}\pi$; (8) $\dfrac{1}{2}$; (9) $\dfrac{17}{6}$.

2. (1) $\dfrac{1}{2}\ln 2$; (2) $\dfrac{2}{3}$; (3) $6 - 2\ln 4$; (4) $2 - \dfrac{\pi}{2}$; (5) $\dfrac{2}{5}$;

(6) $2\sqrt{2} - 3\sqrt[3]{2} + 6\sqrt[6]{2} - 5 - 6\ln(1 + \sqrt[6]{2}) + 6\ln 2$; (7) 0; (8) $-\dfrac{\pi}{2}$;

(9) $\sqrt{3} - \dfrac{\pi}{3}$; (10) 0; (11) $\dfrac{22}{3}$; (12) $\dfrac{\pi}{4}$; (13) $\dfrac{10}{3}$; (14) $\dfrac{2}{3}$.

3. (1) $1 - 2\mathrm{e}^{-1}$; (2) $\dfrac{1}{2} - \dfrac{1}{2}\ln 2$; (3) $\mathrm{e} - 2$; (4) $\dfrac{\pi}{4} - \dfrac{1}{2}\ln 2$; (5) π;

(6) $\dfrac{1}{2}(\mathrm{e}^{\frac{\pi}{2}} - 1)$; (7) $\dfrac{6 + \sqrt{3}\pi}{12}$; (8) $2\pi^2 - 16$; (9) $\dfrac{\mathrm{e}}{2}(\sin 1 + \cos 1) - \dfrac{1}{2}$; (10) $\dfrac{\pi^2}{2}$.

4. $\begin{cases} \dfrac{(n-1)!!}{n!!} \cdot \dfrac{\pi^2}{2}, & n \text{ 为偶数}, \\[3mm] \dfrac{(n-1)!!}{n!!} \cdot \pi, & n \text{ 为奇数}. \end{cases}$

习题 5.4

1. (1) 1; (2) $1 - \ln 2$; (3) $\dfrac{1}{2}$; (4) $\dfrac{\pi}{4} + \dfrac{1}{2}\ln 2$; (5) $\dfrac{1}{2}$;

(6) 2; (7) $\dfrac{\sqrt{3}}{18}\pi$; (8) $\dfrac{8}{3}$; (9) 发散; (10) 发散.

2. 当 $k > 1$ 时, $\displaystyle\int_2^{+\infty} \dfrac{\mathrm{d}x}{x(\ln x)^k} = \dfrac{1}{(k-1)(\ln 2)^{k-1}}$; 当 $k \leqslant 1$ 时, $\displaystyle\int_2^{+\infty} \dfrac{\mathrm{d}x}{x(\ln x)^k}$ 发散;

当 $k = 1 - \dfrac{1}{\ln\ln 2}$ 时, 广义积分取得最小值.

习题 5.5

1. (1) $\dfrac{5}{12}$; (2) $\mathrm{e} + \mathrm{e}^{-1} - 2$; (3) $\dfrac{\mathrm{e}}{2} - 1$; (4) $\dfrac{\pi}{2}$.

2. $\dfrac{16}{3}p^2$.

3. $18\pi a^2$.

4. $\dfrac{3}{8}\pi a^2$.

5. (1) $\dfrac{2}{3}\pi$; (2) $\dfrac{3}{10}\pi$; (3) $8\pi^2$; (4) $\dfrac{32}{105}\pi a^3$.

6. $\dfrac{6-2\mathrm{e}}{3}\pi$.

7. (1) $a = \dfrac{\sqrt{2}}{2}$ 时, $S_1 + S_2$ 取得最小值, 其值为 $S_1 + S_2 = \dfrac{2-\sqrt{2}}{6}$; (2) $\dfrac{\sqrt{2}}{60}\pi$.

8. (1) $C(x) = 0.25x^2 + 4x + 20$;

(2) 生产 32 单位产品才能获得最大利润, 最大利润 236 元.

9. 平均日库存为 150 箱, 平均日保管费为 300 元.

10. (1) 约为 5820 元/年; (2) 约为 36788 元.

11. 3300 万只.

总习题 5

1. (1) $\dfrac{\cos 1}{3}$; (2) $x = 1$; (3) 8; (4) 0; (5) 1.

2. (1) A; (2) B; (3) C; (4) C; (5) D.

3. $\sin 1 - \cos 1$.

4. $2x - 2$.

5. $a = 4, \ b = 1$.

6. $a = \dfrac{1}{2}$.

8. (1) $\dfrac{\pi}{2}$; (2) $\dfrac{\pi}{8}\ln 2$; (3) $\mathrm{e}^{f(1)}$; (4) $1 + \ln(1 + \mathrm{e}^{-1})$.

9. $0\left(\text{提示: } \dfrac{1}{2} \leqslant \dfrac{1}{1+x} \leqslant 1, x \in [0,1]\right)$.

10. $f(x) = x\mathrm{e}^{-x} + 3(1 - 2\mathrm{e}^{-1})\sqrt{x}$.

11. $f(x) = -1$.

12. $f(x) = \sin x + x\cos x$.

13. $\dfrac{1}{2}(\mathrm{e} - 1)$.

15. 提示: 对任意实数 t, 有

$$t^2 \int_a^b f^2(x) + 2t \int_a^b f(x)g(x)\mathrm{d}x + \int_a^b g^2(x)\mathrm{d}x \geqslant 0.$$

16. (1) $\dfrac{2}{3}\ln 2$; (2) π; (3) $\dfrac{\pi}{2} - 1$; (4) $n!$.

17. $(9\pi - 2) : (3\pi + 2)$.

18. (1) $V(a) = \dfrac{a^2}{(\ln a)^2}\pi$; (2) $a = \mathrm{e}$ 时, 最小值为 $V(\mathrm{e}) = \mathrm{e}^2\pi$.

19. (1) $V(t) = \pi^2 t^2 - 4\pi t + \dfrac{1}{2}\pi^2$; (2) $t = \dfrac{2}{\pi}$ 时, 最大值为 $\dfrac{1}{2}\pi^2 - 4$.

20. 最大利润为 512.864 元.

21. 62960 元.

第 6 章

习题 6.1

1. A: Ⅱ, B: Ⅳ, C: Ⅲ, D: Ⅷ.

2. A 在 xOy 面上, B 在 yOz 面上, C 在 x 轴上, D 在 y 轴上.

3. (1) $(a,b,-c)$, $(-a,b,c)$, $(a,-b,c)$; (2) $(a,-b,-c)$, $(-a,b,-c)$, $(-a,-b,c)$;
   (3) $(-a,-b,-c)$.

4. $\left(0,0,\dfrac{4}{3}\right)$.

6. $(x-1)^2+(y-3)^2+(z+2)^2=14$.

7. (1) $y^2+z^2=5x$, $z^2=5\sqrt{x^2+y^2}$;
   (2) $y^2+z^2=4x^2$, $y^2=4(x^2+z^2)$;
   (3) $5y^2-3(x^2+z^2)=15$, $5(x^2+y^2)-3z^2=15$.

习题 6.2

1. (1) $L=2r\sin\left(\dfrac{\theta}{2}\right)\ (r>0,\ 0<\theta<\pi)$; (2) $L=2\sqrt{r^2-d^2}\ (0\leqslant d<r)$.

2. (1) $\{(x,y)|x\geqslant\sqrt{y},\ y\geqslant 0\}$, 无界, 连通集, 闭区域;
   (2) $\{(x,y)|1<x^2+y^2\leqslant 2\}$, 有界, 连通集, 非开非闭区域;
   (3) $\{(x,y,z)|x^2+y^2+z^2<1\}$, 有界, 连通集, 开区域.

3. $f(x)=x^2-x, z=(x-y)^2+2y$.

习题 6.3

1. (1) 1; (2) e^{π^2}; (3) $-\dfrac{1}{4}$; (4) 2; (5) $\dfrac{1}{2}$; (6) $-\dfrac{1}{2}$.

2. (1) 间断点: $(0,0)$;   (2) 间断线: $x^2+y^2=4$;
   (3) 间断线: $x=0$ 或 $y=0$; (4) 间断线: $y^2=2x$.

习题 6.4

1. (1) $\dfrac{\partial z}{\partial x}=3x^2y-y^3,\ \dfrac{\partial z}{\partial y}=x^3-3xy^2$;

   (2) $\dfrac{\partial s}{\partial u}=\dfrac{1}{v}-\dfrac{v}{u^2},\ \dfrac{\partial s}{\partial v}=\dfrac{1}{u}-\dfrac{u}{v^2}$;

   (3) $\dfrac{\partial z}{\partial x}=\dfrac{1}{2x\sqrt{\ln(xy)}},\ \dfrac{\partial z}{\partial y}=\dfrac{1}{2y\sqrt{\ln(xy)}}$;

   (4) $\dfrac{\partial z}{\partial x}=y[\cos(xy)-\sin(2xy)],\ \dfrac{\partial z}{\partial y}=x[\cos(xy)-\sin(2xy)]$;

   (5) $\dfrac{\partial z}{\partial x}=\dfrac{1}{y}\mathrm{e}^{\tan\frac{x}{y}}\sec^2\dfrac{x}{y},\ \dfrac{\partial z}{\partial y}=-\dfrac{x}{y^2}\mathrm{e}^{\tan\frac{x}{y}}\sec^2\dfrac{x}{y}$;

(6) $\dfrac{\partial z}{\partial x} = y^2(1+xy)^{y-1}$, $\dfrac{\partial z}{\partial y} = (1+xy)^y\left[\ln(1+xy) + \dfrac{xy}{1+xy}\right]$;

(7) $\dfrac{\partial u}{\partial x} = \dfrac{y}{z}x^{\frac{y}{z}-1}$, $\dfrac{\partial u}{\partial y} = \dfrac{1}{z}x^{\frac{y}{z}}\ln x$, $\dfrac{\partial u}{\partial z} = -\dfrac{y}{z^2}x^{\frac{y}{z}}\ln x$;

(8) $\dfrac{\partial u}{\partial x} = \dfrac{z(x-y)^{z-1}}{1+(x-y)^{2z}}$, $\dfrac{\partial u}{\partial y} = -\dfrac{z(x-y)^{z-1}}{1+(x-y)^{2z}}$, $\dfrac{\partial u}{\partial z} = \dfrac{(x-y)^z\ln(x-y)}{1+(x-y)^{2z}}$.

3. $f_x'(x,1) = 1$.

4. (1) $\dfrac{\partial^2 z}{\partial x^2} = 12x^2 - 8y^2$, $\dfrac{\partial^2 z}{\partial y^2} = 12y^2 - 8x^2$, $\dfrac{\partial^2 z}{\partial x\partial y} = -16xy$;

(2) $\dfrac{\partial^2 z}{\partial x^2} = 2\cos(x+y) - x\sin(x+y)$, $\dfrac{\partial^2 z}{\partial y^2} = -x\sin(x+y)$,

$\dfrac{\partial^2 z}{\partial x\partial y} = \cos(x+y) - x\sin(x+y)$;

(3) $\dfrac{\partial^2 z}{\partial x^2} = \dfrac{2xy}{(x^2+y^2)^2}$, $\dfrac{\partial^2 z}{\partial y^2} = -\dfrac{2xy}{(x^2+y^2)^2}$, $\dfrac{\partial^2 z}{\partial x\partial y} = \dfrac{y^2-x^2}{(x^2+y^2)^2}$;

(4) $\dfrac{\partial^2 z}{\partial x^2} = y^x\ln^2 y$, $\dfrac{\partial^2 z}{\partial y^2} = x(x-1)y^{x-2}$, $\dfrac{\partial^2 z}{\partial x\partial y} = y^{x-1}(1+x\ln y)$.

5. $f_{xx}''(0,0,1) = 2$, $f_{xz}''(1,0,2) = 2$, $f_{yz}''(0,-1,0) = 0$.

6. $\dfrac{\partial^3 z}{\partial x^2\partial y} = 0$, $\dfrac{\partial^3 z}{\partial x\partial y^2} = -\dfrac{1}{y^2}$.

8. $a = 1$.

习题 6.5

1. (1) $\mathrm{d}u = x^y y^z z^x\left[\left(\dfrac{y}{x} + \ln z\right)\mathrm{d}x + \left(\dfrac{z}{y} + \ln x\right)\mathrm{d}y + \left(\dfrac{x}{z} + \ln y\right)\mathrm{d}z\right]$;

(2) $\mathrm{d}z = -\dfrac{1}{x}\mathrm{e}^{\frac{y}{x}}\left(\dfrac{y}{x}\mathrm{d}x - \mathrm{d}y\right)$;

(3) $\mathrm{d}z = -\dfrac{x}{(x^2+y^2)^{\frac{3}{2}}}(y\mathrm{d}x - x\mathrm{d}y)$;

(4) $\mathrm{d}u = yzx^{yz-1}\mathrm{d}x + zx^{yz}\ln x\mathrm{d}y + yx^{yz}\ln x\mathrm{d}z$;

(5) $\mathrm{d}z = \dfrac{2}{x}\csc\dfrac{2y}{x}\left(-\dfrac{y}{x}\mathrm{d}x + \mathrm{d}y\right)$.

2. $\dfrac{1}{3}\mathrm{d}x + \dfrac{2}{3}\mathrm{d}y$.

3. $\mathrm{d}x - \mathrm{d}y$.

4. 2.95.

5. 2.039.

6. $-5\mathrm{cm}$.

习题 6.6

1. (1) $(\sin x)^{\ln x}\left[(\cot x)\ln x + \dfrac{1}{x}\ln\sin x\right]$;   (2) $\mathrm{e}^{\sin t - 2t^3}(\cos t - 6t^2)$;

(3) $\dfrac{3(1-4t^2)}{\sqrt{1-(3t-4t^3)^2}}$;   (4) $\dfrac{\mathrm{e}^x(1+x)}{\sqrt{1-x^2\mathrm{e}^{2x}}}$.

2. (1) $\dfrac{\partial z}{\partial x} = 4x$, $\dfrac{\partial z}{\partial y} = 4y$;

(2) $\dfrac{\partial z}{\partial x} = \dfrac{2x}{y^2}\ln(3x-2y) + \dfrac{3x^2}{(3x-2y)y^2}$, $\dfrac{\partial z}{\partial y} = -\dfrac{2x^2}{y^3}\ln(3x-2y) - \dfrac{2x^2}{(3x-2y)y^2}$;

(3) $\dfrac{\partial u}{\partial x} = 2x(1+2x^2\cos^2 y)$, $\dfrac{\partial u}{\partial y} = 2y - x^4\sin 2y$.

3. (1) $\dfrac{\partial z}{\partial s} = f_1' + tf_2'$, $\dfrac{\partial z}{\partial t} = f_1' + sf_2'$;

(2) $\dfrac{\partial u}{\partial r} = 2r(f_1' + f_2' + f_3')$, $\dfrac{\partial u}{\partial s} = 2s(f_1' - f_2' - f_3')$, $\dfrac{\partial u}{\partial t} = 2t(f_1' - f_2' + f_3')$;

(3) $\dfrac{\partial z}{\partial x} = 2xf_1' + ye^{xy}f_2'$, $\dfrac{\partial z}{\partial y} = -2yf_1' + xe^{xy}f_2'$;

(4) $\dfrac{\partial u}{\partial x} = \dfrac{1}{y}f_1'$, $\dfrac{\partial u}{\partial y} = -\dfrac{x}{y^2}f_1' + \dfrac{1}{z}f_2'$, $\dfrac{\partial u}{\partial z} = -\dfrac{y}{z^2}f_2'$.

6. $\dfrac{1}{yf(x^2 - y^2)}$.

7. (1) $\dfrac{\partial^2 z}{\partial x^2} = 2f' + 4x^2 f''$, $\dfrac{\partial^2 z}{\partial x \partial y} = 4xyf''$, $\dfrac{\partial^2 z}{\partial y^2} = 2f' + 4y^2 f''$;

(2) $\dfrac{\partial^2 z}{\partial x^2} = y^2 f_{11}''$, $\dfrac{\partial^2 z}{\partial x \partial y} = f_1' + y(xf_{11}'' + f_{12}'')$, $\dfrac{\partial^2 z}{\partial y^2} = x^2 f_{11}'' + 2xf_{12}'' + f_{22}''$;

(3) $\dfrac{\partial^2 z}{\partial x^2} = f_{11}'' + \dfrac{2}{y}f_{12}'' + \dfrac{1}{y^2}f_{22}''$, $\dfrac{\partial^2 z}{\partial x \partial y} = -\dfrac{x}{y^2}(f_{12}'' + \dfrac{1}{y}f_{22}'') - \dfrac{1}{y^2}f_2'$, $\dfrac{\partial^2 z}{\partial y^2} = \dfrac{2x}{y^3}f_2' + \dfrac{x^2}{y^4}f_{22}''$;

(4) $\dfrac{\partial^2 z}{\partial x^2} = 2yf_2' + y^4 f_{11}'' + 4xy^3 f_{12}'' + 4x^2 y^2 f_{22}''$,

$\dfrac{\partial^2 z}{\partial x \partial y} = 2yf_1' + 2xf_2' + 2xy^3 f_{11}'' + 5x^2 y^2 f_{12}'' + 2x^3 y f_{22}''$,

$\dfrac{\partial^2 z}{\partial^2 y} = 2xf_1' + 4x^2 y^2 f_{11}'' + 4x^3 y f_{12}'' + x^4 f_{22}''$.

8. (1) $\dfrac{x+y}{x-y}$; (2) $\dfrac{y^2(1-\ln x)}{x^2(1-\ln y)}$; (3) $\dfrac{\partial z}{\partial x} = \dfrac{yz - \sqrt{xyz}}{\sqrt{xyz} - xy}$, $\dfrac{\partial z}{\partial y} = \dfrac{xz - 2\sqrt{xyz}}{\sqrt{xyz} - xy}$.

10. $dz = -[1 + \tan(x+z)]dx - \tan(x+z)dy$.

11. $\dfrac{\partial u}{\partial x} = ze^{xz} - [xe^{xz} + y\cos(yz)]\dfrac{\sin 2x}{\sin 2z}$.

12. $\dfrac{\partial^2 z}{\partial x^2} = \dfrac{2y^2 ze^z - 2xy^3 z - y^2 z^2 e^z}{(e^z - xy)^3}$.

13. $\dfrac{\partial^2 z}{\partial x^2} = \dfrac{(2-z)^2 + x^2}{(2-z)^3}$.

习题 6.7

1. (1) 极大值 $f(2,-2) = 8$;

(2) 极大值 $f\left(-\dfrac{1}{3}, -\dfrac{1}{3}\right) = \dfrac{1}{27}$, 在 $(0,0)$ 点处无极值;

(3) 极小值 $f(1,1) = 2$;

(4) 极小值 $f\left(\dfrac{1}{2}, -1\right) = -\dfrac{e}{2}$;

2. 最大面积为 $2ab$.

3. $a \geqslant \dfrac{1}{2}$ 时, 最小距离为 $\sqrt{a - \dfrac{1}{4}}$; $a < \dfrac{1}{2}$ 时, 最小距离为 $|a|$.

4. $p_1 = 80$, $p_2 = 120$, 最大总利润为 605.

总习题 6

1. (1) $\dfrac{1}{2}$; (2) 3; (3) $\dfrac{1}{2}(\mathrm{d}x - \mathrm{d}y)$; (4) 1; (5) $4\mathrm{d}x - 2\mathrm{d}y$; (6) $\mathrm{d}x + 3\mathrm{d}y$.

2. (1) C; (2) C; (3) B; (4) A; (5) B; (6) D.

3. (1) $g(x) = \dfrac{1}{x} - \dfrac{1 - \pi x}{\arctan x}$; (2) π.

4. $\dfrac{x^2 - y^2}{x^2 + y^2}$.

6. $x^{x^y} x^{y-1} \left[(y \ln x + 1)\mathrm{d}x + x \ln^2 x \mathrm{d}y \right]$.

7. $-(x + y) + f(y) - f(x)$.

9. 令 $u = xy$, $v = x + y$,

$$\frac{\partial z}{\partial x} = -\frac{1}{x^2} f(u) + \frac{y}{x} f'(u) + y f'(v), \qquad \frac{\partial^2 z}{\partial x \partial y} = y f''(u) + f'(v) + y f''(v).$$

10. $\dfrac{2y}{x} f'\left(\dfrac{y}{x}\right)$.

11. $\mathrm{e}^x \cos y f_1' + \mathrm{e}^{2x} \sin y \cos y f_{11}'' + 2\mathrm{e}^x (x \cos y + y \sin y) f_{12}'' + 4xy f_{22}''$.

12. $f_1' + y f_2'$, $f_2' + f_{11}'' + (x + y) f_{12}'' + xy f_{22}''$.

13. $\dfrac{\mathrm{d}u}{\mathrm{d}x} = \dfrac{\partial f}{\partial x} + \dfrac{y^2}{1 - xy} \dfrac{\partial f}{\partial y} + \dfrac{z}{xz - x} \dfrac{\partial f}{\partial z}$.

14. $x \mathrm{e}^{2y} f_{11}'' + \mathrm{e}^y f_{13}'' + x \mathrm{e}^y f_{12}'' + f_{23}'' + \mathrm{e}^y f_1'$.

15. $x^2 + y^2$.

16. $-\dfrac{1}{y + x} \left[(z + y)\mathrm{d}x + (z + x)\mathrm{d}y \right]$.

17. $\mathrm{d}u = \dfrac{\partial u}{\partial x}\mathrm{d}x + \dfrac{\partial u}{\partial y}\mathrm{d}y = \left(\dfrac{x}{\sqrt{x^2 + y^2}} f_1' + \dfrac{1 + y}{1 + \mathrm{e}^z} f_2' \right)\mathrm{d}x + \left(\dfrac{y}{\sqrt{x^2 + y^2}} f_1' + \dfrac{1 + x}{1 + \mathrm{e}^z} f_2' \right)\mathrm{d}y$.

18. $\dfrac{z}{(1 - z)^3} (z \neq 1)$.

19. 0.

20. $-\dfrac{F_1' + yz F_2'}{xy F_2'}$, $-\dfrac{F_1' + xz F_2'}{xy F_2'}$.

21. $f''_{11}(2, 1)$.

22. 最大值为 8, 最小值为 0.

23. $\left(\dfrac{\sqrt{3}}{3}a, \dfrac{\sqrt{6}}{3}b \right)$, V 的最小值为 $V_{\min} = \left(\dfrac{\sqrt{3}}{2} - \dfrac{2}{3} \right) \pi ab^2$.

24. $x = \dfrac{3\alpha - 2\beta}{2\alpha^2 - \beta^2}, y = \dfrac{4\alpha - 3\beta}{4\alpha^2 - 2\beta^2}$.

25. (1) 最优广告策略为: 电台广告费用 1.5 万元, 报纸广告费用 1 万元;

(2) 将广告费用 1.5 万元全部用于报纸做广告, 可使所获利润最大.

26. 最佳策略是每季度甲乙两类产品各研发一个品种获利 600 万元, 最大风险是单一产品研发, 导致亏损 5900 万元.

第 7 章

习题 7.1

1. $\iint\limits_{D} \mu(x,y)\mathrm{d}\sigma$.

3. (1) $\dfrac{2}{3}\pi R^3$; (2) 0; (3) 15π.

4. (1) $\iint\limits_{D} (x+y)^2\mathrm{d}\sigma > \iint\limits_{D} (x+y)^3\mathrm{d}\sigma$; (2) $\iint\limits_{D} (x+y)^2\mathrm{d}\sigma < \iint\limits_{D} (x+y)^3\mathrm{d}\sigma$.

5. (1) $0 \leqslant \iint\limits_{D} xy(x+y)\mathrm{d}\sigma \leqslant 2$; (2) $0 \leqslant \iint\limits_{D} (x^2+4y^2)\mathrm{d}\sigma \leqslant 16\pi$;

   (3) $0 \leqslant \iint\limits_{D} \sqrt{xy(x+y)}\mathrm{d}\sigma \leqslant 2\sqrt{6}$.

习题 7.2

1. (1) $\displaystyle\int_{-1}^{1}\mathrm{d}x\int_{0}^{\sqrt{1-x^2}} f(x,y)\mathrm{d}y$ 或 $\displaystyle\int_{0}^{1}\mathrm{d}y\int_{-\sqrt{1-y^2}}^{\sqrt{1-y^2}} f(x,y)\mathrm{d}x$;

   (2) $\displaystyle\int_{1}^{2}\mathrm{d}x\int_{\frac{1}{x}}^{x} f(x,y)\mathrm{d}y$ 或 $\displaystyle\int_{\frac{1}{2}}^{1}\mathrm{d}y\int_{\frac{1}{y}}^{2} f(x,y)\mathrm{d}x + \int_{1}^{2}\mathrm{d}y\int_{y}^{2} f(x,y)\mathrm{d}x$.

2. (1) $\displaystyle\int_{0}^{1}\mathrm{d}x\int_{x}^{1} f(x,y)\mathrm{d}y$; (2) $\displaystyle\int_{0}^{1}\mathrm{d}y\int_{\mathrm{e}^y}^{\mathrm{e}} f(x,y)\mathrm{d}x$; (3) $\displaystyle\int_{-1}^{1}\mathrm{d}x\int_{0}^{\sqrt{1-x^2}} f(x,y)\mathrm{d}y$;

   (4) $\displaystyle\int_{-1}^{0}\mathrm{d}y\int_{0}^{y+1} f(x,y)\mathrm{d}x + \int_{0}^{1}\mathrm{d}y\int_{0}^{1-y} f(x,y)\mathrm{d}x$; (5) $\displaystyle\int_{0}^{2}\mathrm{d}x\int_{\frac{1}{2}x}^{3-x} f(x,y)\mathrm{d}y$;

   (6) $\displaystyle\int_{0}^{1}\mathrm{d}y\int_{y}^{2-y} f(x,y)\mathrm{d}x$.

3. (1) 9; (2) $\dfrac{20}{3}$; (3) 1; (4) $\pi^2 - \dfrac{40}{9}$; (5) $\dfrac{\pi^2}{4}$; (6) $7a^3$.

4. (1) $\mathrm{e}-\mathrm{e}^{-1}$; (2) $\dfrac{1}{2}(1-\cos 2)$; (3) $\dfrac{1}{2} - \dfrac{1}{2\mathrm{e}}$; (4) $\dfrac{9}{8}\ln 3 - \ln 2 - \dfrac{1}{2}$.

5. $1-\sin 1$.

8. $\dfrac{4}{3}$.

9. $\dfrac{17}{6}$.

习题 7.3

1. (1) $\displaystyle\int_{0}^{2\pi}\mathrm{d}\theta\int_{0}^{3} f(r\cos\theta, r\sin\theta)r\mathrm{d}r$; (2) $\displaystyle\int_{0}^{2\pi}\mathrm{d}\theta\int_{1}^{2} f(r\cos\theta, r\sin\theta)r\mathrm{d}r$;

(3) $\int_{-\frac{\pi}{2}}^{\frac{\pi}{2}} d\theta \int_{0}^{2\cos\theta} f(r\cos\theta, r\sin\theta)rdr$;

(4) $\int_{0}^{\frac{\pi}{4}} d\theta \int_{0}^{2\sin\theta} f(r\cos\theta, r\sin\theta)rdr + \int_{\frac{\pi}{4}}^{\frac{\pi}{2}} d\theta \int_{0}^{2\cos\theta} f(r\cos\theta, r\sin\theta)rdr$.

2. (1) $\int_{0}^{\frac{\pi}{2}} d\theta \int_{0}^{a} f(r\cos\theta, r\sin\theta)rdr$;   (2) $\int_{\frac{\pi}{4}}^{\frac{\pi}{3}} d\theta \int_{0}^{2\sec\theta} f(r)rdr$;

(3) $\int_{0}^{\frac{\pi}{2}} d\theta \int_{\frac{1}{\cos\theta+\sin\theta}}^{1} f(r^2)rdr$.

3. (1) $\pi(e^9 - 1)$;   (2) $\frac{3}{4}\pi a^4$;   (3) $\frac{\pi}{4}(5\ln 5 - 4)$;   (4) $-3\pi\left(\arctan 2 - \frac{\pi}{4}\right)$.

4. (1) $\sqrt{2} - 1$;   (2) $\frac{9}{4}$;   (3) $\frac{\pi^2}{2} - \pi$;   (4) $\frac{\pi}{4}(2 - \sqrt{2})$.

5. $\frac{3\pi}{2}$.

6. $\frac{5}{12}\pi R^3$.

总习题 7

1. (1) D;   (2) C;   (3) C;   (4) B.

2. (1) $\iint\limits_{x^2+y^2\leqslant 1} f^2(x,y)dxdy$;   (2) 2;   (3) $\frac{1}{2}(1 - e^{-4})$;   (4) $\int_{0}^{a} dy \int_{a-\sqrt{a^2-y^2}}^{y} f(x,y)dx$.

3. (1) $\frac{9}{20}$;   (2) $2 - \frac{\pi}{2}$;   (3) $\frac{1}{2}$;   (4) $\frac{1}{2}(e - 1)$.

4. $\frac{A^2}{2}$.

7. 6.

8. $\frac{88}{105}$.

第 8 章

习题 8.1

1. (1) 一阶;   (2) 三阶;   (3) 二阶;   (4) 一阶;   (5) 一阶;   (6) 五阶.

2. (1) 是;   (2) 是;   (3) 不是;   (4) 是;   (5) 不是;   (6) 是.

3. (1) $C = 3$;   (2) $C_1 = 0, C_2 = 1$;   (3) $C_1 = 1, C_2 = \frac{\pi}{2}$.

4. $u(x) = x + C$.

5. (1) $xy' + y = 0$;   (2) $y - xy' = x^2$;   (3) $y - xy' = \frac{x+y}{2}$;   (4) $\left|(y - xy')\left(x - \frac{y}{y'}\right)\right| = 2$.

习题 8.2

1. (1) $y = e^{Cx}$;   (2) $\arcsin y = \arcsin x + C$;

   (3) $\tan x \tan y = C$;   (4) $(e^x + 1)(e^y - 1) = C$;

   (5) $3x^4 + 4(y+1)^3 = C$;   (6) $(x-4)y^4 = Cx$;

   (7) $y = xe^{Cx+1}$.

2. (1) $y = \ln(e^{2x} + 1) - \ln 2$;   (2) $(1 + e^x) = 2\sqrt{2}\cos y$;

   (3) $e^{\frac{y}{x}} = e + \ln x$;   (4) $y^3 = y^2 - x^2$.

3. (1) $y = \dfrac{1}{3}x^2 + \dfrac{3}{2}x + 2 + \dfrac{C}{x}$;   (2) $y = C\cos x - 2\cos^2 x$;

   (3) $\rho = \dfrac{2}{3} + Ce^{-3\theta}$;   (4) $2x\ln y = \ln^2 y + C$;

   (5) $y = (x-2)^3 + C(x-2)$.

4. (1) $y = \dfrac{\pi - 1 - \cos x}{x}$;   (2) $y = \dfrac{\sin x - 1}{x^2 - 1}$.

5. $y = 2(e^x - x - 1)$.

6. $v = \dfrac{k_1}{k_2}t - \dfrac{k_1 m}{k_2^2}(1 - e^{-\frac{k_2}{m}t})$.

7. (1) $y = -x + \tan(x + C)$;   (2) $y = \dfrac{1}{x}e^{Cx}$;

   (3) $\dfrac{1}{2}x^2 + e^{-xy} = C$;   (4) $x^2 + y^2 - 2xy + 4y + 10x = C$.

习题 8.3

1. (1) $y = \dfrac{1}{6}x^3 + e^{-x} + C_1 x + C_2$;   (2) $y = x\arctan x - \dfrac{1}{2}\ln(1 + x^2) + C_1 x + C_2$;

   (3) $y = (x-3)e^x + C_1 x^2 + C_2 x + C_3$;   (4) $y = C_1 e^x - \dfrac{1}{2}x^2 - x + C_2$;

   (5) $y = C_1 \arcsin x + C_2$;   (6) $4(C_1 y - 1) = C_1^2(x + C_2)^2$;

   (7) $C_1 y^2 - 1 = (C_1 x + C_2)^2$;   (8) $y = \arcsin(C_2 e^x) + C_1$.

2. (1) $y = 2 + \ln\left(\dfrac{x}{2}\right)^2$;   (2) $y = \dfrac{x-3}{x-2}$;

   (3) $y = -\ln(1-x)$;   (4) $y = \sqrt{2x - x^2}$.

3. $y = e^x$.

习题 8.4

1. (1) 线性无关;   (2) 线性无关;   (3) 线性无关;

   (4) 线性无关;   (5) 线性无关;   (6) 线性相关;

   (7) 线性无关;   (8) 线性无关.

2. $y = C_1 \cos \omega x + C_2 \sin \omega x$.

3. $y = (C_1 + C_2 x)e^{x^2}$.

6. $P(x) = \dfrac{1}{x}$, $f(x) = 9x$, $y = C_1 + C_2 \ln x + x^3$.

7. $y = C_1 x + C_2 x^2 + x^3$.

8. (1) $y = C_1 e^x + C_2 e^{-2x}$;　　　　　　(2) $y = C_1 \cos x + C_2 \sin x$;

　　(3) $y = (C_1 + C_2 t) e^{\frac{5}{2} t}$;　　　　　　(4) $y = C_1 e^x + C_2 e^{-x} + C_3 \cos x + C_4 \sin x$;

　　(5) $y = C_1 + C_2 x + (C_3 + C_4 x) e^x$;　　(6) $y = C_1 e^{2x} + (C_2 + C_3 x) e^x$.

9. (1) $y = 4 e^x + 2 e^{3x}$;　　　　　(2) $y = (2 + x) e^{-\frac{x}{2}}$;

　　(3) $y = 2 \cos 5x + \sin 5x$;　　(4) $y = e^{2x} \sin 3x$.

10. (1) $y = C_1 e^{\frac{x}{2}} + C_2 e^{-x} + e^x$;

　　(2) $y = C_1 + C_2 e^{-\frac{5}{2} x} + \dfrac{1}{3} x^3 - \dfrac{3}{5} x^2 + \dfrac{7}{25} x$;

　　(3) $y = C_1 e^{-x} + C_2 e^{-4x} + \dfrac{11}{8} - \dfrac{1}{2} x$;

　　(4) $y = e^x (C_1 \cos 2x + C_2 \sin 2x) - \dfrac{1}{4} x e^x \cos 2x$;

　　(5) $y = C_1 \cos x + C_2 \sin x + \dfrac{e^x}{2} + \dfrac{x}{2} \sin x$;

　　(6) $y = C_1 e^x + C_2 e^{-x} - \dfrac{1}{2} + \dfrac{1}{10} \cos 2x$.

11. (1) $y = -\cos x - \dfrac{1}{3} \sin x + \dfrac{1}{3} \sin 2x$;　　(2) $y = -5 e^x + \dfrac{7}{2} e^{2x} + \dfrac{5}{2}$;

　　(3) $y = \dfrac{1}{2} (e^{9x} + e^x) - \dfrac{1}{7} e^{2x}$;　　　　　(4) $y = e^x - e^{-x} + e^x (x^2 - x)$.

12. $\varphi(x) = \dfrac{1}{2} (\cos x + \sin x + e^x)$.

*习题 8.5

1. (1) $\Delta y_t = 4t + 2, \Delta^2 y_t = 4$;

　　(2) $\Delta y_t = -\dfrac{1}{t(t+1)}, \Delta^2 y_t = \dfrac{1}{t(t+1)(t+2)}$;

　　(3) $\Delta y_t = 2^t (t+2), \Delta^2 y_t = 2^t (t+4)$;

　　(4) $\Delta y_t = \cos \dfrac{\pi}{2} t - \sin \dfrac{\pi}{2} t, \Delta^2 y_t = -2 \cos \dfrac{\pi}{2} t$.

2. (1) 二阶;　(2) 二阶;　(3) 三阶;　(4) 一阶.

4. (1) 是;　(2) 是;　(3) 不是;　(4) 不是;　(5) 不是.

5. (1) $C = -3$;　(2) $C_1 = 0, C_2 = 2$.

6. $y_t = 2^t \left(C_1 \cos \dfrac{\pi}{2} t + C_2 \sin \dfrac{\pi}{2} t \right)$.

8. $y_t = (C_1 + C_2 t) + 3 \cdot 2^t, a = -2, b = 1, f(t) = 3 \cdot 2^t$.

9. $P(t) = -\dfrac{t}{t+2}, f(t) = \dfrac{3}{2} t + 2$.

10. (1) $y_t = C 3^t$;　　　　　　　　　　(2) $y_t = C \left(-\dfrac{2}{3} \right)^t$;

　　(3) $y_t = C \cdot 2^t - 2t^2 - 4t - 3$;　　(4) $y_t = C \cdot 3^t + t \cdot 3^{t-1}$;

　　(5) $y_t = C(-3)^t - \left(\dfrac{1}{5} t + \dfrac{2}{25} \right) 2^t$;　(6) $y_t = \dfrac{\cos 1 - 2}{5 - 4 \cos 1} \cos t + \dfrac{\sin 1}{5 - 4 \cos 1} \sin t$.

11. (1) $y_t = (-4)^t - \dfrac{4}{5}$; (2) $y_t = \dfrac{10}{3} \cdot 5^t - \dfrac{7}{3} \cdot 2^t$;

(3) $y_t = 2^t - (t + 2)$; (4) $y_t = (-4)^t + t^2 - t + 2$;

(5) $y_t = (-1)^t \dfrac{2}{9} + \left(\dfrac{1}{3} t - \dfrac{2}{9}\right) 2^t$; (6) $y_t = 3\sqrt{3} \cos \dfrac{\pi}{3} t - \sin \dfrac{\pi}{3} t$.

13. $W_{t+1} = 1.2 W_t + 2,\ W_t = C \cdot 1.2^t - 10$.

14. $p_t = C[1 - \lambda(b + d)]^t + \dfrac{a + c}{b + d}$.

15. (1) $y_t = C_1 3^t + C_2 4^t$; (2) $y_t = (C_1 + C_2 t) 2^t$;

(3) $y_t = C_1 \left(\dfrac{1 + \sqrt{5}}{2}\right)^t + C_2 \left(\dfrac{1 - \sqrt{5}}{2}\right)^t$; (4) $y_t = 2^t \left(C_1 \cos \dfrac{\pi}{2} t + C_2 \sin \dfrac{\pi}{2} t\right)$;

(5) $y_t = -\dfrac{1}{2}[1 + (-3)^t]$; (6) $y_t = \cos \dfrac{\pi}{2} t + 2 \sin \dfrac{\pi}{2} t$.

16. (1) $y_t = [C_1 3^t + C_2 (-5)^t] + \dfrac{1}{2}$; (2) $y_t = (C_1 + C_2 t)\left(\dfrac{1}{2}\right)^t + t - 3$;

(3) $y_t = [C_1 + C_2 (-1)^t] + \dfrac{1}{4} t(t - 2)$; (4) $y_t = (3 - 4t)2^t + 3^t$;

(5) $y_t = (C_1 + C_2 t)(-1)^t + (-1)^t \dfrac{t^2}{2}$; (6) $y(t) = 2(\sqrt{3})^{t+1} \sin \dfrac{\pi}{6} t + 5$.

17. $2R_{t+2} - R_{t+1} - R_t = 6t + 10;\ R_t = 112 - 12\left(-\dfrac{1}{2}\right)^t + t(t + 1)$.

总 习 题 8

1. (1) $y' = f(x, y),\ y\big|_{x=x_0} = 0$; (2) $y'' - 2y' + 2y = 0$;

(3) $y = C_1(x - 1) + C_2(x^2 - 1) + 1$; (4) 1; (5) 5.

2. (1) B; (2) D; (3) C; (4) D; *(5) D.

3. (1) $x - \sqrt{xy} = C$; (2) $y = ax + \dfrac{C}{\ln x}$;

(3) $x = \dfrac{C}{y^2} + \ln y - \dfrac{1}{2}$; (4) $y = -\ln |\cos(x + C_1)| + C_2$;

(5) $x^2 y'' + 3xy' + y = 0$; (6) $y - \arctan(x + y) = C$.

4. (1) $y = 2e^{-\sin x} + \sin x - 1$; (2) $y = e^{-x}$;

(3) $y = 2 \arctan e^x$; (4) $y = xe^{-x} + \dfrac{1}{2} \sin x$.

5. $y = x - x \ln x$.

6. $y = \dfrac{3\sqrt{2}}{2} \sqrt{x}$.

7. $\varphi(x) = \cos x + \sin x$.

8. $F(x) = e^{2x} - e^{-2x}$.

9. $f(x) = (x - 1)^2$.

10. $y = x - \dfrac{75}{124} x^2$.

11. (1) $\alpha = -3, \beta = 2, \gamma = -1$; (2) $y = C_1 \mathrm{e}^x + C_2 \mathrm{e}^{2x} + x\mathrm{e}^x$.

12. $\varphi(x) = \dfrac{1}{2}(\sin x + x\cos x)$.

13. (1) $y'' - y = \sin x$; (2) $y = C_1 \mathrm{e}^x + C_2 \mathrm{e}^{-x} - \dfrac{1}{2}\sin x$.

*14. (1) $y_t = C(-3)^t + \left(\dfrac{t}{5} - \dfrac{2}{25}\right)2^t$; (2) $y_t = (-1)^t \dfrac{1}{2} + \dfrac{1}{2}\sin\dfrac{\pi}{2}t + \dfrac{1}{2}\cos\dfrac{\pi}{2}t$;

(3) $y_t = C_1(-3)^t + C_2 4^t$; (4) $y_t = 2(\sqrt{2})^t \cos\dfrac{\pi}{4}t + 2t - 1$.

*15. $P_t = \left(P_0 - \dfrac{2}{3}\right)(-2)^t + \dfrac{2}{3}$.

第 9 章

习题 9.1

1. (1) $(-1)^{n-1}\dfrac{n+1}{n}$; (2) $(-1)^{n-1}\dfrac{a^{n+1}}{2n+1}$; (3) $n^{(-1)^{n+1}}$; (4) $\dfrac{(2x)^n}{n^2+1}$.

2. (1) 收敛; (2) 收敛; (3) 发散; (4) 收敛; (5) 发散; (6) 发散.

习题 9.2

1. (1) 发散; (2) 收敛; (3) 收敛; (4) 发散; (5) 发散; (6) 收敛.

2. (1) 收敛; (2) 发散; (3) 收敛; (4) 发散; (5) 收敛; (6) 收敛.

3. (1) 发散; (2) 收敛; (3) 发散; (4) 收敛; (5) 收敛.

4. (1) 条件收敛; (2) 绝对收敛; (3) 绝对收敛;

(4) 绝对收敛; (5) 发散; (6) 条件收敛.

习题 9.3

1. (1) $(-1,1)$; (2) $(-\infty, +\infty)$; (3) $(-2,2]$; (4) $[-a,a)$;

(5) $\left(\dfrac{1}{\mathrm{e}}, \mathrm{e}\right)$; (6) $(-5,5]$; (7) $(-\infty, +\infty)$; (8) $(5-\mathrm{e}, 5+\mathrm{e})$.

2. (1) 收敛半径 $R = \mathrm{e}$, 收敛域 $(-\mathrm{e}, \mathrm{e})$; (2) 收敛半径 $R = 1$, 收敛域 $[2,4)$;

(3) 收敛半径 $R = \sqrt{3}$, 收敛域 $(-\sqrt{3}, \sqrt{3})$.

3. (1) $s(x) = \dfrac{1}{(1-x)^2}\ (-1 < x < 1)$; (2) $\dfrac{1}{2}\ln\dfrac{1+x}{1-x}\ (-1 < x < 1)$.

4. $s(x) = -\ln(1-x)\ (-1 \leqslant x < 1)$, $1 - \dfrac{1}{2} + \dfrac{1}{3} - \cdots + (-1)^{n-1}\dfrac{1}{n} + \cdots = \ln 2$.

习题 9.4

1. (1) $\mathrm{e}^{2x} = \sum\limits_{n=0}^{\infty} \dfrac{1}{n!}2^n x^n,\ x \in (-\infty, +\infty)$;

(2) $\cos x^2 = \sum\limits_{k=0}^{\infty}(-1)^k \dfrac{x^{4k}}{(2k)!},\ x \in (-\infty, +\infty)$;

$(3)\ x\cdot\arctan x=\sum_{n=0}^{\infty}(-1)^{n}\dfrac{x^{2n+2}}{2n+1},\ |x|\leqslant 1;$

$(4)\ \ln(a+x)=\ln a+\sum_{n=1}^{\infty}(-1)^{n-1}\dfrac{1}{n}\left(\dfrac{x}{a}\right)^{n},\ (-a,a].$

2. $\dfrac{1}{x}=\dfrac{1}{3}\sum_{n=0}^{\infty}(-1)^{n}\dfrac{(x-3)^{n}}{3^{n}},\ (0,6).$

3. $\dfrac{1}{x^{2}+3x+2}=\sum_{n=0}^{\infty}\left[\dfrac{1}{2^{n+1}}-\dfrac{1}{3^{n+1}}\right]\cdot(x+4)^{n},\ (-6,-2).$

4. $\dfrac{1}{1+x}=\sum_{n=0}^{\infty}\dfrac{(-1)^{n}}{4^{n+1}}(x-3)^{n},\ (-1,7).$

习题 9.5

1. (1) 7.389; (2) 1.0986; (3) 0.9994; (4) 2.0043.
2. 0.4940.
3. 8.

总习题 9

1. (1) 必要, 充分; (2) 收敛, 发散; (3) $p>3$; (4) $(-\infty,+\infty)$; (5) $(-2,4)$.
2. (1) A; (2) C; (3) D; (4) A; (5) A.
3. (1) 发散; (2) 发散; (3) 收敛; (4) 收敛; (5) 收敛.
4. 当 $0<a<1$ 时, 绝对收敛; 当 $a>1$ 时, 发散; 当 $a=1$ 时, 条件收敛.
5. (1) 条件收敛; (2) 绝对收敛; (3) 绝对收敛; (4) 发散.
6. (1) $R=2,[-2,2)$; (2) $R=\dfrac{1}{5},\left[-\dfrac{1}{5},\dfrac{1}{5}\right)$;

   (3) $R=1,[4,6)$; (4) $R=+\infty,(-\infty,+\infty)$.

7. $s(x)=(x+1)\mathrm{e}^{x},\ \sum_{n=0}^{\infty}\dfrac{n+1}{n!2^{n}}=\dfrac{3}{2}\mathrm{e}^{\frac{1}{2}}.$

8. $s(x)=\dfrac{1}{2}\ln\dfrac{1+x}{1-x},\ \sum_{n=1}^{\infty}\dfrac{1}{(2n-1)4^{n}}=\dfrac{1}{4}\ln 3.$

9. $s(x)=\ln\dfrac{3}{3-x},\ x\in[-3,3),\ \sum_{n=1}^{\infty}\dfrac{(-1)^{n+1}}{3^{n}n}=\ln\dfrac{4}{3}.$

10. $f(x)=\dfrac{1}{x}=\dfrac{1}{3}\sum_{n=0}^{\infty}\dfrac{(-1)^{n}}{3^{n}}(x-3)^{n},\ 0<x<6.$

附录1 常用三角函数公式

1. 同角三角函数的关系:

$$\sin^2\alpha + \cos^2\alpha = 1; \quad \tan\alpha = \frac{\sin\alpha}{\cos\alpha}; \quad \cot\alpha = \frac{\cos\alpha}{\sin\alpha}; \quad \tan\alpha\,\cot\alpha = 1;$$

$$\sec\alpha = \frac{1}{\cos\alpha}; \quad \csc\alpha = \frac{1}{\sin\alpha}; \quad \sec^2\alpha = 1 + \tan^2\alpha; \quad \csc^2\alpha = 1 + \cot^2\alpha.$$

2. 和差角公式:

$$\sin(\alpha \pm \beta) = \sin\alpha\cos\beta \pm \cos\alpha\,\sin\beta; \quad \cos(\alpha \pm \beta) = \cos\alpha\cos\beta \mp \sin\alpha\,\sin\beta;$$

$$\tan(\alpha \pm \beta) = \frac{\tan\alpha \pm \tan\beta}{1 \mp \tan\alpha\,\tan\beta}.$$

3. 倍角公式:

$$\sin 2\alpha = 2\sin\alpha\cos\alpha; \quad \cos 2\alpha = 2\cos^2\alpha - 1 = 1 - 2\sin^2\alpha = \cos^2\alpha - \sin^2\alpha;$$

$$\sin 2\alpha = \frac{2\tan\alpha}{1 + \tan^2\alpha}; \quad \cos 2\alpha = \frac{1 - \tan^2\alpha}{1 + \tan^2\alpha}; \quad \tan 2\alpha = \frac{2\tan\alpha}{1 - \tan^2\alpha}.$$

4. 半角公式:

$$\sin\frac{\alpha}{2} = \pm\sqrt{\frac{1 - \cos\alpha}{2}}; \quad \cos\frac{\alpha}{2} = \pm\sqrt{\frac{1 + \cos\alpha}{2}};$$

$$\tan\frac{\alpha}{2} = \pm\sqrt{\frac{1 - \cos\alpha}{1 + \cos\alpha}} = \frac{1 - \cos\alpha}{\sin\alpha} = \frac{\sin\alpha}{1 + \cos\alpha}.$$

5. 和差化积公式:

$$\sin\alpha + \sin\beta = 2\sin\frac{\alpha + \beta}{2}\cos\frac{\alpha - \beta}{2}; \quad \sin\alpha - \sin\beta = 2\cos\frac{\alpha + \beta}{2}\sin\frac{\alpha - \beta}{2};$$

$$\cos\alpha + \cos\beta = 2\cos\frac{\alpha + \beta}{2}\cos\frac{\alpha - \beta}{2}; \quad \cos\alpha - \cos\beta = -2\sin\frac{\alpha + \beta}{2}\sin\frac{\alpha - \beta}{2}.$$

6. 积化和差公式:

$$\sin\alpha\sin\beta = \frac{1}{2}[\sin(\alpha + \beta) + \sin(\alpha - \beta)];$$

$$\cos\alpha \sin\beta = \frac{1}{2}[\sin(\alpha + \beta) - \sin(\alpha - \beta)];$$

$$\cos\alpha\cos\beta = \frac{1}{2}[\cos(\alpha + \beta) + \cos(\alpha - \beta)];$$

$$\sin\alpha \sin\beta = -\frac{1}{2}[\cos(\alpha + \beta) - \cos(\alpha - \beta)].$$

附录2 希腊字母表

序号	大写	小写	英文注音	读音
1	A	α	alpha	阿尔法
2	B	β	beta	贝塔
3	Γ	γ	gamma	伽马
4	Δ	δ	delta	德耳塔
5	E	ε	epsilon	艾普西隆
6	Z	ζ	zeta	截塔
7	H	η	eta	艾塔
8	Θ	θ, ϑ	theta	西塔
9	I	ι	iota	约塔
10	K	κ	kappa	卡帕
11	Λ	λ	lambda	兰布达
12	M	μ	mu	米尤
13	N	ν	nu	纽
14	Ξ	ξ	xi	克西
15	O	o	omicron	奥密克戎
16	Π	π	pi	派
17	P	ρ	rho	洛
18	Σ	σ	sigma	西格马
19	T	τ	tau	陶
20	Υ	υ	upsilon	宇普西隆
21	Φ	φ, ϕ	phi	斐
22	X	χ	chi	喜
23	Ψ	ψ	psi	普西
24	Ω	ω	omega	奥墨伽

附录3 积分表

(一) 含有 $ax + b$ 的积分

1. $\displaystyle\int \frac{\mathrm{d}x}{ax+b} = \frac{1}{a}\ln|ax+b| + C$

2. $\displaystyle\int (ax+b)^{\mu}\mathrm{d}x = \frac{1}{a(\mu+1)}(ax+b)^{\mu+1} + C(\mu \neq -1)$

3. $\displaystyle\int \frac{x}{ax+b}\mathrm{d}x = \frac{1}{a^2}(ax+b-b\ln|ax+b|) + C$

4. $\displaystyle\int \frac{x^2}{ax+b}\mathrm{d}x = \frac{1}{a^3}\left[\frac{1}{2}(ax+b)^2 - 2b(ax+b) + b^2\ln|ax+b|\right] + C$

5. $\displaystyle\int \frac{\mathrm{d}x}{x(ax+b)} = -\frac{1}{b}\ln\left|\frac{ax+b}{x}\right| + C$

6. $\displaystyle\int \frac{\mathrm{d}x}{x^2(ax+b)} = -\frac{1}{bx} + \frac{a}{b^2}\ln\left|\frac{ax+b}{x}\right| + C$

7. $\displaystyle\int \frac{x}{(ax+b)^2}\mathrm{d}x = \frac{1}{a^2}\left(\ln|ax+b| + \frac{b}{ax+b}\right) + C$

8. $\displaystyle\int \frac{x^2}{(ax+b)^2}\mathrm{d}x = \frac{1}{a^3}\left(ax+b-2b\ln|ax+b| - \frac{b^2}{ax+b}\right) + C$

9. $\displaystyle\int \frac{\mathrm{d}x}{x(ax+b)^2} = \frac{1}{b(ax+b)} - \frac{1}{b^2}\ln\left|\frac{ax+b}{x}\right| + C$

(二) 含有 $\sqrt{ax+b}$ 的积分 $(a \neq 0)$

10. $\displaystyle\int \sqrt{ax+b}\,\mathrm{d}x = \frac{2}{3a}\sqrt{(ax+b)^3} + C$

11. $\displaystyle\int x\sqrt{ax+b}\,\mathrm{d}x = \frac{2}{15a^2}(3ax-2b)\sqrt{(ax+b)^3} + C$

12. $\displaystyle\int x^2\sqrt{ax+b}\,\mathrm{d}x = \frac{2}{105a^3}(15a^2x^2 - 12abx + 8b^2)\sqrt{(ax+b)^3} + C$

13. $\displaystyle\int \frac{x}{\sqrt{ax+b}}\mathrm{d}x = \frac{2}{3a^2}(ax-2b)\sqrt{ax+b} + C$

14. $\int \dfrac{x^2}{\sqrt{ax+b}}\mathrm{d}x = \dfrac{2}{15a^3}(3a^2x^2 - 4abx + 8b^2)\sqrt{ax+b} + C$

15. $\int \dfrac{\mathrm{d}x}{x\sqrt{ax+b}} = \begin{cases} \dfrac{1}{\sqrt{b}} \ln \left| \dfrac{\sqrt{ax+b}-\sqrt{b}}{\sqrt{ax+b}+\sqrt{b}} \right| + C \ (b>0) \\[4mm] \dfrac{2}{\sqrt{-b}} \arctan \sqrt{\dfrac{ax+b}{-b}} + C \ (b<0) \end{cases}$

16. $\int \dfrac{\mathrm{d}x}{x^2\sqrt{ax+b}} = -\dfrac{\sqrt{ax+b}}{bx} - \dfrac{a}{2b} \int \dfrac{\mathrm{d}x}{x\sqrt{ax+b}}$

17. $\int \dfrac{\sqrt{ax+b}}{x}\mathrm{d}x = 2\sqrt{ax+b} + b \int \dfrac{\mathrm{d}x}{x\sqrt{ax+b}}$

18. $\int \dfrac{\sqrt{ax+b}}{x^2}\mathrm{d}x = -\dfrac{\sqrt{ax+b}}{x} + \dfrac{a}{2} \int \dfrac{\mathrm{d}x}{x\sqrt{ax+b}}$

(三) 含 $x^2 \pm a^2$ 的积分

19. $\int \dfrac{\mathrm{d}x}{x^2+a^2} = \dfrac{1}{a} \arctan \dfrac{x}{a} + C$

20. $\int \dfrac{\mathrm{d}x}{(x^2+a^2)^n} = \dfrac{x}{2(n-1)a^2(x^2+a^2)^{n-1}} + \dfrac{2n-3}{2(n-1)a^2} \int \dfrac{\mathrm{d}x}{(x^2+a^2)^{n-1}}$

21. $\int \dfrac{\mathrm{d}x}{x^2-a^2} = \dfrac{1}{2a} \ln \left| \dfrac{x-a}{x+a} \right| + C$

(四) 含有 $ax^2 + b(a > 0)$ 的积分

22. $\int \dfrac{\mathrm{d}x}{ax^2+b} = \begin{cases} \dfrac{1}{\sqrt{ab}} \arctan \sqrt{\dfrac{a}{b}}x + C \ (b>0) \\[4mm] \dfrac{1}{2\sqrt{-ab}} \ln \left| \dfrac{\sqrt{a}x - \sqrt{-b}}{\sqrt{a}x + \sqrt{-b}} \right| + C \ (b<0) \end{cases}$

23. $\int \dfrac{x}{ax^2+b}\mathrm{d}x = \dfrac{1}{2a} \ln |ax^2+b| + C$

24. $\int \dfrac{x^2}{ax^2+b}\mathrm{d}x = \dfrac{x}{a} - \dfrac{b}{a} \int \dfrac{\mathrm{d}x}{ax^2+b}$

25. $\int \dfrac{\mathrm{d}x}{x(ax^2+b)} = \dfrac{1}{2b} \ln \dfrac{x^2}{|ax^2+b|} + C$

26. $\int \dfrac{\mathrm{d}x}{x^2(ax^2+b)} = -\dfrac{1}{bx} - \dfrac{a}{b} \int \dfrac{1}{ax^2+b}\mathrm{d}x$

27. $\int \dfrac{\mathrm{d}x}{x^3(ax^2+b)} = \dfrac{a}{2b^2} \ln \dfrac{|ax^2+b|}{x^2} - \dfrac{1}{2bx^2} + C$

28. $\int \dfrac{\mathrm{d}x}{(ax^2+b)^2} = \dfrac{x}{2b(ax^2+b)} + \dfrac{1}{2b} \int \dfrac{1}{ax^2+b}\mathrm{d}x$

(五) 含有 $ax^2 + bx + c(a > 0)$ 的积分

29. $\displaystyle\int \frac{\mathrm{d}x}{ax^2 + bx + c} = \begin{cases} \dfrac{2}{\sqrt{4ac - b^2}}\arctan\dfrac{2ax + b}{\sqrt{4ac - b^2}} + C \ (b^2 < 4ac) \\[4mm] \dfrac{1}{\sqrt{b^2 - 4ac}}\ln\left|\dfrac{2ax + b - \sqrt{b^2 - 4ac}}{2ax + b + \sqrt{b^2 - 4ac}}\right| + C \ (b^2 > 4ac) \end{cases}$

30. $\displaystyle\int \frac{x}{ax^2 + bx + c}\mathrm{d}x = \frac{1}{2a}\ln|ax^2 + bx + c| - \frac{b}{2a}\int \frac{\mathrm{d}x}{ax^2 + bx + c}$

(六) 含有 $\sqrt{x^2 + a^2}(a > 0)$ 的积分

31. $\displaystyle\int \frac{\mathrm{d}x}{\sqrt{x^2 + a^2}} = \operatorname{arsh}\frac{x}{a} + C_1 = \ln(x + \sqrt{x^2 + a^2}) + C$

32. $\displaystyle\int \frac{\mathrm{d}x}{\sqrt{(x^2 + a^2)^3}} = \frac{x}{a^2\sqrt{x^2 + a^2}} + C$

33. $\displaystyle\int \frac{x}{\sqrt{x^2 + a^2}}\mathrm{d}x = \sqrt{x^2 + a^2} + C$

34. $\displaystyle\int \frac{x}{\sqrt{(x^2 + a^2)^3}}\mathrm{d}x = -\frac{1}{\sqrt{x^2 + a^2}} + C$

35. $\displaystyle\int \frac{x^2}{\sqrt{x^2 + a^2}}\mathrm{d}x = \frac{x}{2}\sqrt{x^2 + a^2} - \frac{a^2}{2}\ln(x + \sqrt{x^2 + a^2}) + C$

36. $\displaystyle\int \frac{x^2}{\sqrt{(x^2 + a^2)^3}}\mathrm{d}x = -\frac{x}{\sqrt{x^2 + a^2}} + \ln(x + \sqrt{x^2 + a^2}) + C$

37. $\displaystyle\int \frac{\mathrm{d}x}{x\sqrt{x^2 + a^2}} = \frac{1}{a}\ln\frac{\sqrt{x^2 + a^2} - a}{|x|} + C$

38. $\displaystyle\int \frac{\mathrm{d}x}{x^2\sqrt{x^2 + a^2}} = -\frac{\sqrt{x^2 + a^2}}{a^2 x} + C$

39. $\displaystyle\int \sqrt{x^2 + a^2}\,\mathrm{d}x = \frac{x}{2}\sqrt{x^2 + a^2} + \frac{a^2}{2}\ln(x + \sqrt{x^2 + a^2}) + C$

40. $\displaystyle\int \sqrt{(x^2 + a^2)^3}\,\mathrm{d}x = \frac{x}{8}(2x^2 + 5a^2)\sqrt{x^2 + a^2} + \frac{3}{8}a^4\ln(x + \sqrt{x^2 + a^2}) + C$

41. $\displaystyle\int x\sqrt{x^2 + a^2}\,\mathrm{d}x = \frac{1}{3}\sqrt{(x^2 + a^2)^3} + C$

42. $\displaystyle\int x^2\sqrt{x^2 + a^2}\,\mathrm{d}x = \frac{x}{8}(2x^2 + a^2)\sqrt{x^2 + a^2} - \frac{a^4}{8}\ln(x + \sqrt{x^2 + a^2}) + C$

43. $\displaystyle\int \frac{\sqrt{x^2 + a^2}}{x}\mathrm{d}x = \sqrt{x^2 + a^2} + a\ln\frac{\sqrt{x^2 + a^2} - a}{|x|} + C$

44. $\displaystyle\int \frac{\sqrt{x^2 + a^2}}{x^2}\mathrm{d}x = -\frac{\sqrt{x^2 + a^2}}{x} + \ln(x + \sqrt{x^2 + a^2}) + C$

(七) 含有 $\sqrt{x^2-a^2}(a>0)$ 的积分

45. $\displaystyle\int \frac{\mathrm{d}x}{\sqrt{x^2-a^2}} = \frac{x}{|x|}\mathrm{arch}\frac{|x|}{a} + C_1 = \ln|x+\sqrt{x^2-a^2}| + C$

46. $\displaystyle\int \frac{\mathrm{d}x}{\sqrt{(x^2-a^2)^3}} = -\frac{x}{a^2\sqrt{x^2-a^2}} + C$

47. $\displaystyle\int \frac{x}{\sqrt{x^2-a^2}}\mathrm{d}x = \sqrt{x^2-a^2} + C$

48. $\displaystyle\int \frac{x}{\sqrt{(x^2-a^2)^3}}\mathrm{d}x = -\frac{1}{\sqrt{x^2-a^2}} + C$

49. $\displaystyle\int \frac{x^2}{\sqrt{x^2-a^2}}\mathrm{d}x = \frac{x}{2}\sqrt{x^2-a^2} + \frac{a^2}{2}\ln|x+\sqrt{x^2-a^2}| + C$

50. $\displaystyle\int \frac{x^2}{\sqrt{(x^2-a^2)^3}}\mathrm{d}x = -\frac{x}{\sqrt{x^2-a^2}} + \ln|x+\sqrt{x^2-a^2}| + C$

51. $\displaystyle\int \frac{\mathrm{d}x}{x\sqrt{x^2-a^2}} = \frac{1}{a}\arccos\frac{a}{|x|} + C$

52. $\displaystyle\int \frac{\mathrm{d}x}{x^2\sqrt{x^2-a^2}} = \frac{\sqrt{x^2-a^2}}{a^2 x} + C$

53. $\displaystyle\int \sqrt{x^2-a^2}\,\mathrm{d}x = \frac{x}{2}\sqrt{x^2-a^2} - \frac{a^2}{2}\ln|x+\sqrt{x^2-a^2}| + C$

54. $\displaystyle\int \sqrt{(x^2-a^2)^3}\,\mathrm{d}x = \frac{x}{8}(2x^2-5a^2)\sqrt{x^2-a^2} + \frac{3}{8}a^4\ln|x+\sqrt{x^2-a^2}| + C$

55. $\displaystyle\int x\sqrt{x^2-a^2}\,\mathrm{d}x = \frac{1}{3}\sqrt{(x^2-a^2)^3} + C$

56. $\displaystyle\int x^2\sqrt{x^2-a^2}\,\mathrm{d}x = \frac{x}{8}(2x^2-a^2)\sqrt{x^2-a^2} - \frac{a^4}{8}\ln|x+\sqrt{x^2-a^2}| + C$

57. $\displaystyle\int \frac{\sqrt{x^2-a^2}}{x}\mathrm{d}x = \sqrt{x^2-a^2} - a\arccos\frac{a}{|x|} + C$

58. $\displaystyle\int \frac{\sqrt{x^2-a^2}}{x^2}\mathrm{d}x = -\frac{\sqrt{x^2-a^2}}{x} + \ln|x+\sqrt{x^2-a^2}| + C$

(八) 含有 $\sqrt{a^2-x^2}(a>0)$ 的积分

59. $\displaystyle\int \frac{\mathrm{d}x}{\sqrt{a^2-x^2}} = \arcsin\frac{x}{a} + C$

60. $\displaystyle\int \frac{\mathrm{d}x}{\sqrt{(a^2-x^2)^3}} = -\frac{x}{a^2\sqrt{a^2-x^2}} + C$

61. $\displaystyle\int \frac{x}{\sqrt{a^2-x^2}}\mathrm{d}x = -\sqrt{a^2-x^2} + C$

62. $\displaystyle\int \frac{x}{\sqrt{(a^2-x^2)^3}}\mathrm{d}x = \frac{1}{\sqrt{a^2-x^2}} + C$

63. $\int \dfrac{x^2}{\sqrt{a^2-x^2}}\mathrm{d}x = -\dfrac{x}{2}\sqrt{a^2-x^2} + \dfrac{a^2}{2}\arcsin\dfrac{x}{a} + C$

64. $\int \dfrac{x^2}{\sqrt{(a^2-x^2)^3}}\mathrm{d}x = \dfrac{x}{\sqrt{a^2-x^2}} - \arcsin\dfrac{x}{a} + C$

65. $\int \dfrac{\mathrm{d}x}{x\sqrt{a^2-x^2}} = \dfrac{1}{a}\ln\dfrac{a-\sqrt{a^2-x^2}}{|x|} + C$

66. $\int \dfrac{\mathrm{d}x}{x^2\sqrt{a^2-x^2}} = -\dfrac{\sqrt{a^2-x^2}}{a^2x} + C$

67. $\int \sqrt{a^2-x^2}\mathrm{d}x = \dfrac{x}{2}\sqrt{a^2-x^2} + \dfrac{a^2}{2}\arcsin\dfrac{x}{a} + C$

68. $\int \sqrt{(a^2-x^2)^3}\mathrm{d}x = \dfrac{x}{8}(5a^2-2x^2)\sqrt{a^2-x^2} - \dfrac{3}{8}a^4\arcsin\dfrac{x}{a} + C$

69. $\int x\sqrt{a^2-x^2}\mathrm{d}x = -\dfrac{1}{3}\sqrt{(a^2-x^2)^3} + C$

70. $\int x^2\sqrt{a^2-x^2}\mathrm{d}x = \dfrac{x}{8}(2x^2-a^2)\sqrt{a^2-x^2} + \dfrac{a^4}{8}\arcsin\dfrac{x}{a} + C$

71. $\int \dfrac{\sqrt{a^2-x^2}}{x}\mathrm{d}x = \sqrt{a^2-x^2} + a\ln\dfrac{a-\sqrt{a^2-x^2}}{|x|} + C$

72. $\int \dfrac{\sqrt{a^2-x^2}}{x^2}\mathrm{d}x = -\dfrac{\sqrt{a^2-x^2}}{x} - \arcsin\dfrac{x}{a} + C$

(九) 含有 $\sqrt{\pm ax^2+bx+c}(a>0)$ 的积分

73. $\int \dfrac{\mathrm{d}x}{\sqrt{ax^2+bx+c}} = \dfrac{1}{\sqrt{a}}\ln|2ax+b+2\sqrt{a}\sqrt{ax^2+bx+c}| + C$

74. $\int \sqrt{ax^2+bx+c}\,\mathrm{d}x = \dfrac{2ax+b}{4a}\sqrt{ax^2+bx+c}$
$$+ \dfrac{4ac-b^2}{8\sqrt{a^3}}|2ax+b+2\sqrt{a}\sqrt{ax^2+bx+c}| + C$$

75. $\int \dfrac{x}{\sqrt{ax^2+bx+c}}\mathrm{d}x = \dfrac{1}{a}\sqrt{ax^2+bx+c}$
$$- \dfrac{b}{2\sqrt{a^3}}\ln|2ax+b+2\sqrt{a}\sqrt{ax^2+bx+c}| + C$$

76. $\int \dfrac{\mathrm{d}x}{\sqrt{c+bx-ax^2}} = -\dfrac{1}{\sqrt{a}}\arcsin\dfrac{2ax-b}{\sqrt{b^2+4ac}} + C$

77. $\int \sqrt{c+bx-ax^2}\,\mathrm{d}x = \dfrac{2ax-b}{4a}\sqrt{c+bx-ax^2} + \dfrac{b^2+4ac}{8\sqrt{a^3}}\arcsin\dfrac{2ax-b}{\sqrt{b^2+4ac}} + C$

78. $\int \dfrac{\mathrm{d}x}{\sqrt{c+bx-ax^2}} = -\dfrac{1}{a}\sqrt{c+bx-ax^2} + \dfrac{b}{2\sqrt{a^3}}\arcsin\dfrac{2ax-b}{\sqrt{b^2+4ac}} + C$

(十) 含有 $\sqrt{\pm\dfrac{x-a}{x-b}}$ 或 $\sqrt{(x-a)(b-x)}$ 的积分

79. $\displaystyle\int\sqrt{\frac{x-a}{x-b}}\mathrm{d}x=(x-b)\sqrt{\frac{x-a}{x-b}}+(b-a)\ln(\sqrt{|x-a|}+\sqrt{|x-b|})+C$

80. $\displaystyle\int\sqrt{\frac{x-a}{b-x}}\mathrm{d}x=(x-b)\sqrt{\frac{x-a}{b-x}}+(b-a)\arcsin\sqrt{\frac{x-a}{b-a}}+C$

81. $\displaystyle\int\frac{\mathrm{d}x}{\sqrt{(x-a)(b-x)}}=2\arcsin\sqrt{\frac{x-a}{b-a}}+C(a<b)$

82. $\displaystyle\int\sqrt{(x-a)(b-x)}\mathrm{d}x=\frac{2x-a-b}{4}\sqrt{(x-a)(b-x)}+\frac{(b-a)^2}{4}\arcsin\sqrt{\frac{x-a}{b-a}}$
$\qquad +C(a<b)$

(十一) 含有三角函数的积分

83. $\displaystyle\int\sin x\mathrm{d}x=-\cos x+C$

84. $\displaystyle\int\cos x\mathrm{d}x=\sin x+C$

85. $\displaystyle\int\tan x\mathrm{d}x=-\ln|\cos x|+C$

86. $\displaystyle\int\cot x\mathrm{d}x=\ln|\sin x|+C$

87. $\displaystyle\int\sec x\mathrm{d}x=\ln\left|\tan\left(\frac{\pi}{4}+\frac{x}{2}\right)\right|+C=\ln|\sec x+\tan x|+C$

88. $\displaystyle\int\csc x\mathrm{d}x=\ln\left|\tan\frac{x}{2}\right|+C=\ln|\csc x-\cot x|+C$

89. $\displaystyle\int\sec^2 x\mathrm{d}x=\tan x+C$

90. $\displaystyle\int\csc^2 x\mathrm{d}x=-\cot x+C$

91. $\displaystyle\int\sec x\tan x\mathrm{d}x=\sec x+C$

92. $\displaystyle\int\csc x\cot x\mathrm{d}x=-\csc x+C$

93. $\displaystyle\int\sin^2 x\mathrm{d}x=\frac{x}{2}-\frac{1}{4}\sin 2x+C$

94. $\displaystyle\int\cos^2 x\mathrm{d}x=\frac{x}{2}+\frac{1}{4}\sin 2x+C$

95. $\displaystyle\int\sin^n x\mathrm{d}x=-\frac{1}{n}\sin^{n-1}x\cos x+\frac{n-1}{n}\int\sin^{n-2}x\mathrm{d}x$

96. $\displaystyle\int\cos^n x\mathrm{d}x=\frac{1}{n}\cos^{n-1}x\sin x+\frac{n-1}{n}\int\cos^{n-2}x\mathrm{d}x$

97. $\displaystyle\int \frac{\mathrm{d}x}{\sin^n x} = -\frac{1}{n-1}\cdot\frac{\cos x}{\sin^{n-1} x} + \frac{n-2}{n-1}\int \frac{\mathrm{d}x}{\sin^{n-2} x}$

98. $\displaystyle\int \frac{\mathrm{d}x}{\cos^n x} = \frac{1}{n-1}\cdot\frac{\sin x}{\cos^{n-1} x} + \frac{n-2}{n-1}\int \frac{\mathrm{d}x}{\cos^{n-2} x}$

99. $\displaystyle\int \cos^m x \sin^n x\,\mathrm{d}x = \frac{1}{m+n}\cos^{m-1} x\sin^{n+1} x + \frac{m-1}{m+n}\int \cos^{m-2} x \sin^n x\,\mathrm{d}x$

$\displaystyle\qquad = -\frac{1}{m+n}\cos^{m+1} x\sin^{n-1} x + \frac{n-1}{m+n}\int \cos^m x \sin^{n-2} x\,\mathrm{d}x$

100. $\displaystyle\int \sin ax \cos bx\,\mathrm{d}x = -\frac{1}{2(a+b)}\cos(a+b)x - \frac{1}{2(a-b)}\cos(a-b)x + C$

101. $\displaystyle\int \sin ax \sin bx\,\mathrm{d}x = -\frac{1}{2(a+b)}\sin(a+b)x + \frac{1}{2(a-b)}\sin(a-b)x + C$

102. $\displaystyle\int \cos ax \cos bx\,\mathrm{d}x = \frac{1}{2(a+b)}\sin(a+b)x + \frac{1}{2(a-b)}\sin(a-b)x + C$

103. $\displaystyle\int \frac{\mathrm{d}x}{a+b\sin x} = \frac{2}{\sqrt{a^2-b^2}}\arctan\frac{a\tan\dfrac{x}{2}+b}{\sqrt{a^2-b^2}} + C \ (a^2 > b^2)$

104. $\displaystyle\int \frac{\mathrm{d}x}{a+b\sin x} = \frac{1}{\sqrt{b^2-a^2}}\ln\left|\frac{a\tan\dfrac{x}{2}+b-\sqrt{b^2-a^2}}{a\tan\dfrac{x}{2}+b+\sqrt{b^2-a^2}}\right| + C \ (a^2 < b^2)$

105. $\displaystyle\int \frac{\mathrm{d}x}{a+b\cos x} = \frac{2}{a+b}\sqrt{\frac{a+b}{a-b}}\arctan\left(\sqrt{\frac{a-b}{a+b}}\tan\frac{x}{2}\right) + C \ (a^2 > b^2)$

106. $\displaystyle\int \frac{\mathrm{d}x}{a+b\cos x} = \frac{1}{a+b}\sqrt{\frac{a+b}{b-a}}\ln\left|\frac{\tan\dfrac{x}{2}+\sqrt{\dfrac{a+b}{b-a}}}{\tan\dfrac{x}{2}-\sqrt{\dfrac{a+b}{b-a}}}\right| + C \ (a^2 < b^2)$

107. $\displaystyle\int \frac{\mathrm{d}x}{a^2\cos^2 x + b^2\sin^2 x} = \frac{1}{ab}\arctan\left(\frac{b}{a}\tan x\right) + C$

108. $\displaystyle\int \frac{\mathrm{d}x}{a^2\cos^2 x - b^2\sin^2 x} = \frac{1}{2ab}\ln\left|\frac{b\tan x + a}{b\tan x - a}\right| + C$

109. $\displaystyle\int x \sin ax\,\mathrm{d}x = \frac{1}{a^2}\sin ax - \frac{1}{a}x\cos ax + C$

110. $\displaystyle\int x^2\sin ax\,\mathrm{d}x = -\frac{1}{a}x^2\cos ax + \frac{2}{a^2}x\sin ax + \frac{2}{a^3}\cos ax + C$

111. $\displaystyle\int x \cos ax\,\mathrm{d}x = \frac{1}{a^2}\cos ax + \frac{1}{a}x\sin ax + C$

112. $\displaystyle\int x^2\cos ax\,\mathrm{d}x = \frac{1}{a}x^2\sin ax + \frac{2}{a^2}x\cos ax - \frac{2}{a^3}\sin ax + C$

(十二) 含有反三角函数的积分 (其中 $a > 0$)

113. $\displaystyle\int \arcsin\frac{x}{a}\mathrm{d}x = x\arcsin\frac{x}{a} + \sqrt{a^2 - x^2} + C$

114. $\displaystyle\int x\arcsin\frac{x}{a}\mathrm{d}x = \left(\frac{x^2}{2} - \frac{a^2}{4}\right)\arcsin\frac{x}{a} + \frac{x}{4}\sqrt{a^2 - x^2} + C$

115. $\displaystyle\int x^2\arcsin\frac{x}{a}\mathrm{d}x = \frac{x^3}{3}\arcsin\frac{x}{a} + \frac{1}{9}(x^2 + 2a^2)\sqrt{a^2 - x^2} + C$

116. $\displaystyle\int \arccos\frac{x}{a}\mathrm{d}x = x\arccos\frac{x}{a} - \sqrt{a^2 - x^2} + C$

117. $\displaystyle\int x\arccos\frac{x}{a}\mathrm{d}x = \left(\frac{x^2}{2} - \frac{a^2}{4}\right)\arccos\frac{x}{a} - \frac{x}{4}\sqrt{a^2 - x^2} + C$

118. $\displaystyle\int x^2\arccos\frac{x}{a}\mathrm{d}x = \frac{x^3}{3}\arccos\frac{x}{a} - \frac{1}{9}(x^2 + 2a^2)\sqrt{a^2 - x^2} + C$

119. $\displaystyle\int \arctan\frac{x}{a}\mathrm{d}x = x\arctan\frac{x}{a} - \frac{a}{2}\ln(a^2 + x^2) + C$

120. $\displaystyle\int x\arctan\frac{x}{a}\mathrm{d}x = \frac{1}{2}(a^2 + x^2)\arctan\frac{x}{a} - \frac{a}{2}x + C$

121. $\displaystyle\int x^2\arctan\frac{x}{a}\mathrm{d}x = \frac{x^3}{3}\arctan\frac{x}{a} - \frac{a}{6}x^2 + \frac{a^3}{6}\ln(a^2 + x^2) + C$

(十三) 含有指数函数的积分

122. $\displaystyle\int a^x\mathrm{d}x = \frac{1}{\ln a}a^x + C$

123. $\displaystyle\int \mathrm{e}^{ax}\mathrm{d}x = \frac{1}{a}\mathrm{e}^{ax} + C$

124. $\displaystyle\int x\mathrm{e}^{ax}\mathrm{d}x = \frac{1}{a^2}(ax - 1)\mathrm{e}^{ax} + C$

125. $\displaystyle\int x^n\mathrm{e}^{ax}\mathrm{d}x = \frac{1}{a}x^n\mathrm{e}^{ax} - \frac{n}{a}\int x^{n-1}\mathrm{e}^{ax}\mathrm{d}x$

126. $\displaystyle\int xa^x\mathrm{d}x = \frac{x}{\ln a}a^x - \frac{1}{(\ln a)^2}a^x + C$

127. $\displaystyle\int x^na^x\mathrm{d}x = \frac{1}{\ln a}x^na^x - \frac{n}{\ln a}\int x^{n-1}a^x\mathrm{d}x$

128. $\displaystyle\int \mathrm{e}^{ax}\sin bx\mathrm{d}x = \frac{1}{a^2 + b^2}\mathrm{e}^{ax}(a\sin bx - b\cos bx) + C$

129. $\displaystyle\int \mathrm{e}^{ax}\cos bx\mathrm{d}x = \frac{1}{a^2 + b^2}\mathrm{e}^{ax}(b\sin bx + b\cos bx) + C$

130. $\displaystyle\int \mathrm{e}^{ax}\sin^n bx\mathrm{d}x = \frac{1}{a^2 + b^2n^2}\mathrm{e}^{ax}\sin^{n-1} bx(a\sin bx - nb\cos bx)$

$$+ \frac{n(n-1)b^2}{a^2 + b^2n^2}\int \mathrm{e}^{ax}\sin^{n-2} bx\mathrm{d}x$$

131. $\displaystyle\int e^{ax}\cos^n bx\mathrm{d}x = \frac{1}{a^2+b^2n^2}e^{ax}\cos^{n-1}bx(a\cos bx + nb\sin bx)$

$$+\frac{n(n-1)b^2}{a^2+b^2n^2}\int e^{ax}\cos^{n-2}bx\mathrm{d}x$$

(十四) 含有对数函数的积分

132. $\displaystyle\int \ln x\mathrm{d}x = x\ln x - x + C$

133. $\displaystyle\int \frac{\mathrm{d}x}{x\ln x} = \ln|\ln x| + C$

134. $\displaystyle\int x^n\ln x\mathrm{d}x = \frac{1}{n+1}x^{n+1}\left(\ln x - \frac{1}{n+1}\right) + C$

135. $\displaystyle\int (\ln x)^n\mathrm{d}x = x(\ln x)^n - n\int (\ln x)^{n-1}\mathrm{d}x$

136. $\displaystyle\int x^m(\ln x)^n\mathrm{d}x = \frac{1}{m+1}x^{m+1}(\ln x)^n - \frac{n}{m+1}\int x^m(\ln x)^{n-1}\mathrm{d}x$

(十五) 含有双曲函数的积分

137. $\displaystyle\int \mathrm{sh}\, x\mathrm{d}x = \mathrm{ch}\, x + C$ 138. $\displaystyle\int \mathrm{ch}\, x\mathrm{d}x = \mathrm{sh}\, x + C$ 139. $\displaystyle\int \mathrm{th}\, x\mathrm{d}x = \ln \mathrm{ch}\, x + C$

140. $\displaystyle\int \mathrm{sh}^2 x\mathrm{d}x = -\frac{x}{2} + \frac{1}{4}\mathrm{sh}2\, x + C$ 141. $\displaystyle\int \mathrm{ch}^2 x\mathrm{d}x = \frac{x}{2} + \frac{1}{4}\mathrm{sh}2\, x + C$

(十六) 定积分

142. $\displaystyle\int_{-\pi}^{\pi} \cos nx\mathrm{d}x = \int_{-\pi}^{\pi} \sin nx\mathrm{d}x = 0$

143. $\displaystyle\int_{-\pi}^{\pi} \cos mx \sin nx \,\mathrm{d}x = 0$

144. $\displaystyle\int_{-\pi}^{\pi} \cos mx \cos nx \,\mathrm{d}x = \begin{cases} 0, & m \neq n \\ \pi, & m = n \end{cases}$

145. $\displaystyle\int_{-\pi}^{\pi} \sin mx \sin nx \,\mathrm{d}x = \begin{cases} 0, & m \neq n \\ \pi, & m = n \end{cases}$

146. $\displaystyle\int_{0}^{\pi} \sin mx \sin nx \,\mathrm{d}x = \int_{0}^{\pi} \cos mx \cos nx \,\mathrm{d}x = \begin{cases} 0, & m \neq n \\ \pi/2, & m = n \end{cases}$

147. $\displaystyle I_n = \int_{0}^{\frac{\pi}{2}} \sin^n x\mathrm{d}x = \int_{0}^{\frac{\pi}{2}} \cos^n x\mathrm{d}x,$

$$I_n = \frac{n-1}{n}I_{n-2} \begin{cases} I_n = \dfrac{n-1}{n}\cdot\dfrac{n-3}{n-2}\cdot\cdots\cdot\dfrac{4}{5}\cdot\dfrac{2}{3}(n为大于 1 的正奇数), & I_1 = 1 \\[2mm] I_n = \dfrac{n-1}{n}\cdot\dfrac{n-3}{n-2}\cdot\cdots\cdot\dfrac{3}{4}\cdot\dfrac{1}{2}\cdot\dfrac{\pi}{2}(n为正偶数), & I_0 = \dfrac{\pi}{2} \end{cases}$$